中国科学院科学出版基金资助出版

民用飞机运营支持丛书
国家自然科学基金资助项目(编号：U1933202，U1733201)

# 民用飞机预测维修建模方法及应用

左洪福　孙见忠　李　鑫　朱　磊　王容辉　著

科学出版社
北　京

# 内 容 简 介

本书是作者多年理论研究与工程实践工作的总结，系统阐述了民用飞机预测维修研究的基本问题与解决办法，介绍了民用飞机预测维修建模及应用的方法和研究成果。

全书围绕民用飞机预测维修建模方法及应用的理论与工程实践问题进行阐述，共分12章：第1章为绪论，概述了民用飞机预测维修的研究背景；第2章介绍了预测维修的条件——监测与健康管理；第3章概述了状态监测分析及典型监测方法；第4章主要介绍可靠性建模；第5章探讨了基于随机过程的预测模型；第6章主要介绍状态空间模型；第7章阐述了多参数多模式预测模型；第8章讨论了基于故障统计的维修间隔优化；第9章主要介绍了基于预测的维修决策方法；第10章讨论了预测维修模式下备件资源优化研究；第11章探讨了预测维修模式设计及应用方案；第12章介绍了民用飞机预测维修模式实践。

本书可供航空领域的科技工作者参考，同时适合高等院校航空技术及相关专业的师生和研究人员阅读。

**图书在版编目(CIP)数据**

民用飞机预测维修建模方法及应用/左洪福等著.
—北京：科学出版社，2020.2
(民用飞机运营支持丛书)
ISBN 978-7-03-063104-6

Ⅰ.①民… Ⅱ.①左… Ⅲ.①民用飞机—维修—研究
Ⅳ.①V267

中国版本图书馆CIP数据核字(2019)第250407号

责任编辑：徐杨峰/责任校对：谭宏宇
责任印制：黄晓鸣/封面设计：殷 靓

科 学 出 版 社 出版
北京东黄城根北街16号
邮政编码：100717
http://www.sciencep.com
南京展望文化发展有限公司排版
中国科学院印刷厂印刷
科学出版社发行 各地新华书店经销

*

2020年2月第 一 版 开本：B5(720×1000)
2020年2月第一次印刷 印张：25 1/2
字数：495 000

**定价：200.00元**

(如有印装质量问题，我社负责调换)

民用飞机运营支持丛书

## 专家委员会


**主任委员** 吴光辉

**委　　员** （按姓名笔画排序）

白　杰　李　军　吴希明　周凯旋　徐庆宏

黄领才　龚海平　董建鸿　薛世俊


## 编审委员会


**主任委员** 马小骏

**副主任委员** 左洪福　杨卫东　徐建新　辛旭东

**委　　员** （按姓名笔画排序）

丁宏宇　王允强　石靖敏　卢　斌　冉茂江

丛美慧　吉凤贤　吕　鹭　朱亚东　任　章

刘　虎　刘　昕　关　文　苏茂根　李　怡

佟　宇　宋玉起　徐志锋　诸文洁　黄　蓝

曹天天　常芙蓉　崔章栋　梁　勇　彭焕春

曾　勇

# 丛书总序1

# PREFACE 1

民用飞机产业是典型的知识密集、技术密集、资本密集的高技术、高附加值、高风险的战略性产业，民用飞机运营支持是民用飞机产业链上的重要环节。2010年，我国工业和信息化部首次在“十二五”民用飞机专项科研领域设立“运营支持专业组”，并列入国家五年规划，将民用飞机运营支持与飞机、发动机等并列为独立专业，进行规划研究。2014年，中国民用航空局飞行标准司发布《国产航空器的运行评审》（AC－91－10R1）和《航空器制造厂家运行支持体系建设规范》（MD－FS－AEG006），对主制造商航空器评审和运营支持体系建设提出了明确的要求和指导意见，为民用飞机运营支持专业的建设和发展指明了方向。

经过改革开放数十年的发展历程，我国航空工业对市场、客户、成本的概念并不陌生，但由于缺乏固定持续的项目投入，我国在按照国际标准自主研制民用飞机方面，没有走完一个完整的研制生产和商业化运营的过程，运营支持的理论和实践都比较薄弱。随着我国自主研制的大飞机项目的推进，对标国际一流标准，面对市场化和客户化需求，运营支持专业建设的重要性愈加凸显。

民用飞机运营支持工作是民用飞机制造业与民航运输业的纽带和桥梁，既要理解和满足客户运营要求，又要满足适航和运行标准，确保客户顺畅安全运营，保障我国民用飞机产品取得技术成功、市场成功和商业成功。运营支持专业具有一定的特殊性：一是服务时间长，随着产品复杂性的提高和市场竞争的激烈化，运营支持已经贯穿于飞机研制、制造、试验试飞、交付运营的全过程；二是技术要求高，服务内容涉及设计、制造、仿真、培训、维修、物流、信息技术及适航管控等多个领域，是一项高技术综合集成、多领域高效协作的复杂系统工程；三是服务范围广，民用飞机在使用过程中必须按照全球化运营要求，对培训、维修、备件服务、运行支援等服务链进行细分和布局，才能满足不同国家和地区，以及不同用户的各种需求；四是带动效益高，运营支持作为一种增值环节，是民用飞机产业化后的重要利润来源，能推动飞行品质的持续改进，推动每一款新型飞机赢得忠实客户并实现市场化运作。

中国商用飞机有限责任公司作为国家大型客机项目的运作实体，已经对标国际一流先进理念，构建了以研发、生产、客服三大平台为主体的公司架构，中国商飞上海飞机客户服务有限公司作为运营支持的主体，建立了对标国际一流的运营支持体系，填补了国内运营支持领域的空白，在该专业领域开展了许多卓有成效的工作。西安飞机工业(集团)有限责任公司作为按照中国民用航空规章第121部运行规范管理的公共航空运输企业中的航空器制造商，目前也建立了自己的客户服务体系。运营支持工作不仅仅是飞机主制造商战略层面的需求，更是民用飞机产业发展的必经之路。

“民用飞机运营支持丛书”作为科学出版社重点图书出版，是我国民用飞机研制过程中的重要内容。该丛书既包括领域内先进的理论方法和技术，也包括“十二五”以来民用飞机运营支持领域第一线的研究成果和工作经验。该丛书的出版将完善民用飞机专业技术体系，为我国民用飞机研制和产业发展提供有力的技术保障。丛书亦可供航空院校的学生及与航空工作相关的专业人士参考。

在此，对在民用飞机运营支持领域默默耕耘的行业开拓者表示敬意，对为该丛书的出版贡献智慧和力量的国内外航空领域专业人士表示谢意！

张彦仲

国务院大型飞机重大专项专家咨询委员会主任委员

中国商飞公司大型客机项目专家咨询组组长

中国工程院院士

二〇一七年三月

# 从书总序2

# PREFACE 2

民用飞机运营支持专业是一个综合了飞机设计、制造、可靠性与维修性工程、安全工程、适航技术与管理、工业工程、物流工程、信息技术以及系统工程等专业逐渐发展形成的新兴领域，是实现民用飞机制造商产品价值增值、持续发展的关键，也是实现民用飞机运营商安全运营、持续有效创造利润的核心要素。加强民用飞机运营支持体系建设可以提高主制造商的服务水平和保障能力，增强对上下游供应链的控制能力，从而打造主制造商的品牌价值。国外一流的民用飞机主制造商早已意识到运营支持是自身品牌占据市场份额的竞争要素，运营支持的理念、模式、内容和技术不断更新，以为客户提供快速、可靠、低成本、网络化和信息化的服务为目标，建设完备先进的运营支持网络和设施。

2010年，我国工业和信息化部首次在“十二五”民用飞机专项科研领域设立“运营支持专业组”，并列入国家五年规划。经过“十二五”的预研攻关，我国民用飞机运营支持在多个前沿技术领域取得重要突破，并应用到国产支线飞机、干线飞机、直升机和通用飞机的型号研制工作中。

在总结民用飞机运营支持专业“十二五”工作成果和国产民用飞机投入市场运行的实践经验的同时，技术的进步和市场竞争的日益激烈，使得民用飞机运营支持专业领域涵盖的范围不断扩展，全方位、客户化的运营支持价值日益凸显。全新的客户理念推动运营支持专业迅速发展，工作内容涉及了客户培训、技术服务、备件支援、技术出版物和维修工程等多个领域，其范围也已延伸到飞机的研制前期，贯穿于飞机方案论证、产品设计、生产、试验试飞、交付运营的全生命过程。

民用飞机运营支持丛书涵盖了培训工程、维修工程与技术、运行安全工程与技术、工程数据应用等专业，涉及我国国产民用飞机、直升机和通用飞机运营支持的诸多关键技术。丛书的专家顾问、编委、编写人员由国内民用飞机运营支持领域的知名专家组成，包括我国民用飞机型号总设计师、高校教授、民航局专业人士等。丛书统一部署和规划，既从较高的理论高度关注基础科学问题，又密切结合民用飞机运营支持领域发展的前沿成果，注重相关专业领域的应用技术内容。

该套丛书作为科学出版社"十三五"重点图书出版，体现了国家对民用飞机运营支持体系建设的高度重视，也体现了该领域迎来了前所未有的发展机遇。丛书的出版既可以为从事该领域研究、生产、应用和教学的诸行业专业人员提供系统的参考，又是对该领域发展极好的回顾和总结。作为国内全面阐述民用飞机运营支持体系的首套丛书，该丛书对促进中国民用飞机产业实现后发优势，填补专业领域空白，推动我国航空服务业发展，早日跻身航空大国有着重要的意义。

在此，我谨代表"民用飞机运营支持丛书"专家委员会，向耕耘在运营支持领域的广大工作者们致以敬意。同时，也愿每一位读者从中受益！

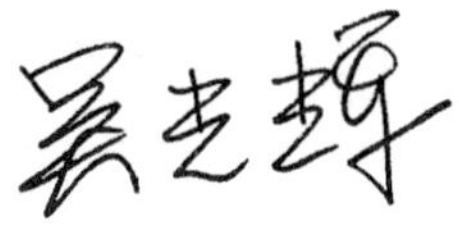

中国商用飞机有限责任公司副总经理
C919 大型客机项目总设计师、副总指挥
中国工程院院士
二〇一七年十二月

# 前　言

# FOREWORD

设计、制造与运营支持形成民机产业三足鼎立之势，运营支持或客服是现代民机型号商业成功的必要条件，现代民机健康管理与维修工程分析技术是现代民用客机的关键技术。

民机健康管理技术的发展，实质上也是伴随着航空科技，特别是航电技术的进步而不断发展。以波音、空客为代表的系列化机型的发展，第一代的机械、模拟系统，以手动测试、告警灯、信号灯等方式提示故障；到 80 年代的数字航电系统；90 年代以 777 为代表的模块化航电、中央维护系统，飞机机载健康管理技术得到长足发展；到 2010 年前后，以 787 飞机为代表，出现了机载维护系统（OMS）以及空地一体实时故障诊断与预测系统，新一代民机健康管理呈现出“监控实时化”“诊断智能化”“维修精细化”的发展趋势。

民机维修理论也在不断往前发展，从定时翻修到以可靠性为中心的维修，再到先进的视情维修理念。目前，在役的民机型号仍然主要以可靠性维修为主，部分机载系统，如航空发动机，逐渐实现了视情维修模式。航空维修理论的发展，与新技术的采用、特别是飞机机载维护系统、健康监测技术的发展离不开。实质上飞机制造商（OEM）及用户改善飞机维修的需求，促进了飞机健康管理技术的发展；反之新技术的应用，也促进民机维修理论的向前发展。现代民机测试性的发展，特别是系统/结构健康监测技术的发展和成熟，丰富了现有的持续适航概念和方法体系，在确保飞机满足持续适航要求的前提下，飞机由经验化的基于时间的计划维修向更加高效的基于系统/结构实际健康状态的维修转变。顺应这一技术发展趋势，在 ATA、SAE 等国际组织中，新的 MSG－3 分析方法做了相应调整，为计划维修任务分析中引进健康管理方法奠定了基础。飞机健康监测技术的引进将对目前的飞机维修任务制定和优化带来一定的变化，引起维修任务分析方法的改变：一些传统的依靠人工实施的定时检查任务将可能被自动化的计划健康监测取代；还有相当一部分计划维修任务将被取消，取而代之的是视情维修或预测维修。极大地减少停机时间和检查的人工成本，有效地降低飞机的运营维护成本。

随着健康管理技术的发展以及在新一代民机上的应用，未来的民机预测维修模式下，预期总的维修保障成本将大幅度降低，这主要得益于两个方面：一方面是计划维修任务的减少；另一方面，非计划维修任务理想情况下几乎可以取消，这得益于飞机健康管理技术，通过故障预测，提前预判故障从而将部分非计划任务转换成预测维修。

本书是在我们过去承担的民机健康管理与维修工程相关科研项目和几位博士生、硕士生学位论文研究工作的基础上，经过编撰人员的进一步归纳和系统化总结提炼而成，凝聚了项目合作单位、本单位合作人员及研究生们的集体智慧和研究成果。另外还有一些上面未提及的合作单位相关人员及研究生直接或间接地对本书产生过贡献，这里不一一列举。

本书的研究得到了国家自然科学基金资助项目(编号：U1933202，U1733201)的资助，撰写的过程中参阅了许多参考文献，在此一并表示感谢。

本书编写时间仓促，难免存在疏漏和错误，希望读者能够给予指正，不胜感谢。

左洪福

二〇一九年九月

# 目　录

CONTENTS

# 第 1 章　绪论

## 1.1　维修概念

维修是为保持或恢复工程系统到其规定的技术状态所进行的全部活动[1]。它是一个非常广泛的概念,涉及工程系统的各个组成部分,也贯穿于工程系统从设计到报废的全寿命周期过程。

维修活动包括维修资源使用和维修任务完成的所有工作。维修活动既包括技术性的活动(如润滑保养、检测、故障隔离、拆卸安装、零部件更换、修理或修复、大修、校正、调试等),又包括管理性活动(如使用或储存条件的监测、使用或运转时间及频率的控制等)。现代维修的概念,还扩展到了对工程系统进行的局部改进和改装。

维修的对象可以是所有的工程系统。这里的工程系统是指通过用比较大而复杂的设备建造的可维修人造系统,如航空器、水陆载运工具、工矿设备、武器装备、大型计算机软件、建筑设施等大型系统。

航空器维修的直接目的是持续保持其处在规定的技术状态下工作,即预防航空器及其组成系统的功能退化、故障及其后果;而当其状态受到破坏(即发生故障或遭到损坏)后,使其恢复到规定状态。

航空器维修的根本目标是以最低的维修成本,尽可能保持、恢复甚至延长其可靠性寿命、保证其飞行安全,最大限度地提高其利用率。不采取及时、合理的维修,航空器的使用可靠性和安全是无法保障的。

维修的代价是维修成本。在民航运输业,一台发动机一次送修的费用大致为 200 万美元。一架飞机每飞行一小时的直接维修成本大致是 300～500 美元。民航业的维修成本通常要占到全部直接运营成本的 11%～20%，其中动力装置部分约占 40%。一架军用喷气飞机每年的维修成本高达 160 万美元，约占总使用成本的 11%。

美军 1997 财政年度预算中装备使用维修费用为 790 亿美元。美军每年花费在武器装备上的维修费用大约为 120 亿美元，其中，海军占 59%，空军占 27%，陆军占 13%，其他为 1%。据统计，20 世纪 80 年代以来美军装备维修费约占国防费用的 14.2%，几乎接近装备研制费与采购费之和。

维修成本如此之大，是值得专门对维修进行研究的。1968 年，英国进行过估算，合理的维修可以提高设备的利用率，每年可减少约 3 亿英镑因设备停用而造成的生产损失。

1）基本的预防性维修策略

预防性维修（preventive maintenance, PM）策略是在发生故障之前，使产品保持在规定状态所进行的各种维修活动。它一般包括擦拭、润滑、调整、检查、定期拆修和定期更换等活动。这些活动的目的是在产品故障前发现故障并采取措施，防患于未然。预防性维修适用于故障后果危及安全、影响任务完成、导致较大经济损失的情况。目前，预防性维修策略包括定时维修策略、视情维修策略和主动维修策略[2]。

（1）定时维修策略。定时维修（time based maintenance, TBM）策略是在对产品故障规律充分认识的基础上，根据规定的间隔期或固定的累计工作时间（如飞行小时）或里程，按事先安排的时间计划进行的维修。定时维修策略的条件是已知产品的寿命分布规律且确有耗损期，其故障与使用时间有明确的关系，系统中大部分零部件能工作到预期的时间。

（2）视情维修策略。视情维修（condition based maintenance, CBM；on condition maintenance, OCM；predictive maintenance, PdM）策略是通过采用一定的状态监测技术对产品可能发生功能故障的二次效应进行周期性的检测、分析、诊断，再根据状态发展情况所安排的预防性维修。视情维修的检查计划是基于状态而安排的动态的时间间隔或周期，适用于耗损故障初期有明显劣化征候的产品，并要求有适用的监测技术手段和标准。只有加强对故障机理和劣化征候的研究，完善监测手段，才能做好这项工作。

（3）主动维修策略。主动维修（proactive maintenance）策略对引起产品故障的根源性参数（如油液污染度、物体的理化性能以及温度等）进行识别，主动采取事前的维修措施将其控制在一个合理的范围内，以防止引发产品发生进一步的故障或失效。这是从源头切断故障的维修策略，以达到减少或者避免故障发生的目的。一般的维修策略只能消除产品表面上的异常现象，而没有注意到产品内部的隐患性故障及根源。主动维修策略着重监测和控制可能导致产品材料损坏的根源,主动消除产生故障的根源,达到预防故障或失效发生并延长产品寿命的目的。

2）事后策略

事后维修(corrective maintenance, CM)策略也称修复性维修、修理或排故,不在故障前采取预防性的措施,而是等到产品发生故障或遇到损坏后,再采取措施使其恢复到规定技术状态所进行的维修活动。这些措施包括下述一个或全部活动:故障定位、故障隔离、分解、更换、再装、调校、检验以及修复损坏件等。

3）改进性维修策略

改进性维修(improvement or modification)策略是利用完成产品维修任务的时机,对其进行经过批准的改进或改装,以消除产品使用性和安全性方面的缺陷,提高使用性能、可靠性或维修性;或者使之适合某一持续的用途。它是维修工作的扩展,实质是修改产品的设计。结合维修进行改进,一般属于基地级维修(制造厂或修理厂)的职责范围。

无论完成何种维修工作,都需要一定资源。维修保障系统(maintenance supporting system)是由实施维修的所有维修保障要素经过综合和优化后的总体,是维修所需的物质资源、人力资源、信息资源以及管理手段等要素组成的系统。

军用飞机的综合后勤保障(integrated logistics support, ILS)可以简单地分成使用保障和维修保障两部分,维修保障系统是ILS的核心组成部分。民用飞机称ILS为"产品支援"或"客户服务",其基本内容和军用飞机综合后勤保障是一致的。

维修保障活动是围绕许多与维修工作紧密相关的因素进行的,包括:

(1) 维修设备与工具,包括保障航空维修所需的各种设备、检测仪器和操作工具;

(2) 技术资料或技术出版物,是指导用户如何维修的一批技术文件,包括技术说明书、故障隔离手册、飞机维修手册、发动机维修手册、图解零备件目录等;

(3) 备件供应,包括确定采购、分类、接收、贮存、转运、拨发和处理补给品要求的所有管理活动、程序和技术,是综合后勤保障重要的要素之一;

(4) 人力,指按预定的维修任务要求,确定维修人员的技能水平和人员数量,以确保对飞机进行正确维修和放行;

(5) 培训和培训保障,指进行人员培训时涉及的程序、技术、培训教材、培训装置和设备等;

(6) 外场(或现场)技术服务,由于航空器极其复杂,交付使用后还会发生许多预料之外的问题,需要承制方提供服务代表、信息、技术指导、应急支援等外场技术服务,民用航空器外场技术服务的依赖性更高。

## 1.2 航空维修思想的发展

维修思想(maintenance concept),又称维修原理、维修理念或维修哲学。航空维修伴随飞机的诞生而出现,伴随航空事业的进步而发展。航空维修从传统的安全第一、预防为主的预防维修思想,经过多年的发展,不断地研究、创造、推陈出新,发展到维修指导小组思想和“以可靠性为中心”控制维修相结合的现代航空维修思想,拓展了众多的新思想、新成果,获得了长足的进步和突破。

维修指导小组(maintenance steering group, MSG)思想是世界各国民用航空界公认的制订民用飞机维修大纲的指导思想。以可靠性为中心的维修(reliability centered maintenance, RCM)思想起源于航空界,是国内外军方制订维修大纲的指导思想,也在航空界以外的其他工业领域中广泛应用。

维修思想中涉及以下两种维修策略。

1) 基于时间或使用的维修

基于时间或使用的维修(time/use based maintenance, TBM/UBM)是一种使用最广泛的预定维修形式。TBM 是在一个特定的时间段(例如,1 个月、1 000 工时等)后进行。如果设备的故障是可以预测的、故障率是增长的、设备开始有疲劳迹象出现以及故障率正在增长,这时使用 TBM 最有效。当然,采用 TBM 要比事后维修更经济。UBM 任务经常聚集成一个维修包,从而减少每年计划维修的总停工次数。然而,许多设备的失效模式在本质上是随机的,UBM 任务在改进设备性能方面的效果有限。

2) 基于状态的维修(视情工作)

基于状态的维修(condition based maintenance, CBM)依赖于一个事实——大多数的失效不是突然发生的,而是经过一段时间形成的(著名的 P-F 曲线)。每次设定的系统参数值(接近)超过了预计值(例如,振动增加、温度升高)时,进行 CBM。很多传统的 PM 策略(例如 UBM)通常比 CBM 更便宜。然而,CBM 使用更加普遍,这是由于一些根本技术(例如振动分析等)的使用更广泛、更便宜,大量的高技术状态监控技术和监控系统不断涌现。传统工厂中采用的检查单,实际上是一个原始的 CBM 类型。CBM 的优缺点如表 1.1 所示。

**表 1.1 CBM 的优缺点**

| 优点 | 缺点 |
|---|---|
| ● 设备可用性最大化,减少停产时间<br>● 能分析失效原因 | ■ 针对监控、温度记录和油液分析需要专门的设备和训练。公司必须仔细选择正确的技术。趋势的形成需要一段时间,需要评估机器的状态。费用高 |
| ● 在严重损伤发生前,停止设备,减少二次损伤,降低成本 | |
| ● 如果发现潜在故障,可改进生产,从而延长个体寿命 | |

续 表

| 优 点 | 缺 点 |
|---|---|
| ● 维修能提前计划(备件可用性、技术员可用性和生产停止) | ■ 需要培训专门人员 |
| ● 整体的设备状态变好,减少了产品的不合格率、返工次数和废料 | |
| ● 期望寿命提高,排除了机器和设备的不合理更换 | |
| ● 确定有过多维修费用的设备,指示需要的 CM、操作者培训和旧设备的更换 | |
| ● 减少加班成本,使用维修工人更经济(因为工人是按计划工作而不是突然地加班工作) | |

### 1.2.1 以可靠性为中心的维修

以可靠性为中心的维修是目前国际上通用的一种用以确定装备(设备)预防性维修需求、优化维修制度的系统工程过程[3-4]。根据 GJB 1378—2007,RCM 可定义为:按照以最少的资源消耗保持装备固有可靠性和安全性的原则,应用逻辑决断的方法确定装备预防性维修要求的过程。

1. RCM 理论起源

RCM 理论最早起源于 20 世纪 60 年代的美国航空界,在此以前各国在设备维修中的普遍做法是对设备定时进行维修,因为人们普遍认为设备故障曲线符合"浴盆曲线",如图 1.1 所示,即设备可靠性随时间的推移而下降,必须定期对设备进行维修才能恢复其可靠性。基于这种认识,维修人员认为维修工作做得越多、维修周期越短、维修深度越大,则设备的可靠性就越高。然而,后来工作人员发现,无论维修工作做得如何充分到位,还有很多故障是无法进行预防的。

20 世纪 60 年代初,美国联合航空公司通过收集大量的数据并进行分析,结果出人预料:航空设备的故障率曲线有六种基本模式,从图 1.1 可以看出,除了模式 A"浴盆曲线";模式 B 开始为稳定的故障率,到最后进入损耗期;模式 C 表明故障率随时间成比例增加,并没有明显的故障损耗期;模式 D 表明设备刚出厂时故障率比较低,但随着时间的增加而增大,直到一定值后将保持不变;模式 E 是指在整个设备周期内故障率都稳定不变;模式 F 表明在刚出厂时有较高的故障率,但随时间增加而逐渐降低并趋于恒定值。经统计表明,这 A、B、C、D、E、F 六种模式所占比例分别为 4%、2%、5%、7%、14%、68%。显然主要的故障率特征曲线为 E、F 两种模式。这一研究说明,符合典型的"浴盆曲线"的只占 4%,其他没有损耗期的部件约占 89%,这样与时间有关的故障模式所占的比例很少(不到 11%),因此对于大部分的设备而言,经常对设备进行维修或定期大修,不会有效防止故障的发生,定期大修与提高复杂设备的可靠性基本上没有关系。

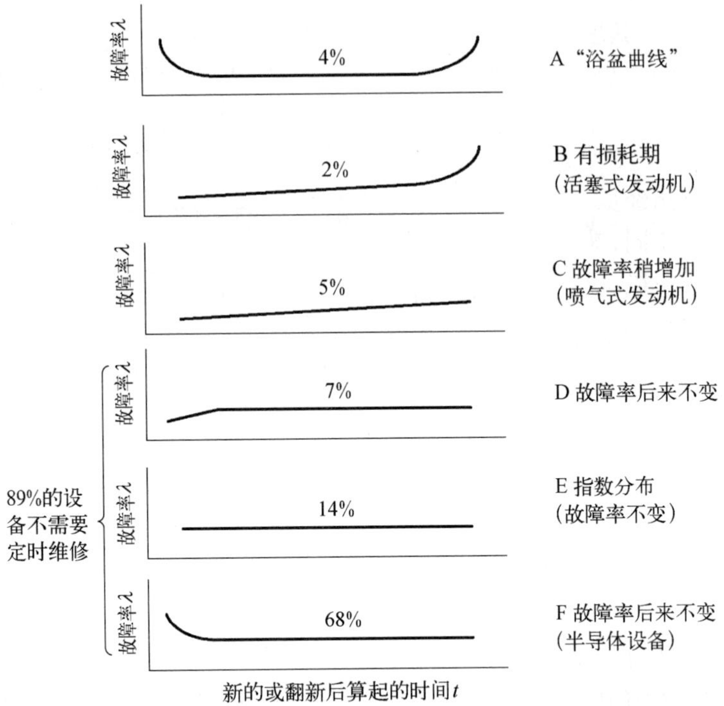


图 1.1　六种基本故障率与时间的关系曲线

这个新发现与人们原先认为的维修理论相反。在其后的 10 年研究探索中,通过运用可靠性大纲、针对性维修、按需检测和更新等一系列实验和总结,逐渐形成了一种新的维修理论——以可靠性为中心的维修。1968 年,美国航空运输协会颁布了体现这种可靠性理论的飞机维修大纲,制定了第一个国家级的零基准的航空维修策略——《手册: 维修的鉴定与大纲的制订》(MSG-1),这是 RCM 理论的最初版本。在该手册中,发明了一种用逻辑决断图,根据设备的故障模式和后果来帮助人们进行维修决断。按照 MSG-1 理论制订的波音 747 飞机维修性大纲,在降低飞机维修费用、保证设备可靠性上取得了巨大成功。1970 年颁布的 MSG-2 是 MSG-1 的升级版,其中增加了对隐蔽性故障的判断。

尽管 MSG-1 和 MSG-2 对彻底改变飞机的维修策略做出了巨大贡献,但它们的针对性太强,很难在其他领域得到运用。1978 年,美国国防部委托美国联合航空公司在 MSG-1 和 MSG-2 的基础上研究,提出适合其他领域运用的维修大纲制定方法。联合航空公司的诺兰(Nowlan)和希普(Heap)在这种情况下合著出版了《可靠性为中心的维修》一书,此书最大的特点是提出一种全新的 RCM 逻辑决断方法,弥补 MSG-1 和 MSG-2 所存在的不足,并将 RCM 理论通用化。自此,RCM 理论在世界范围内得到进一步的推广运用,并不断地得到改进和发展。20 世纪 90

年代以后,RCM 已广泛应用于众多领域,如航空、武器、核设施、电力、石油化工、甚至房产等。此后,其理论又得到了更进一步的发展。1991 年,英国的约翰·莫布雷(John Moubrary)出版了新的《可靠性为中心的维修》(RCM Ⅱ),主要增加了对环境保护的内容,是目前世界上使用最多的 RCM 教科书。

2. RCM 技术发展历程

工业发展历经从手工作坊到机械化、自动化、信息化时代,各个时期的设备维修管理有很大不同,维修管理的发展主要经历了三个发展阶段:事后维修、定期维修和视情维修阶段。

1) 事后维修阶段

事后维修(break maintenance, BM),也称故障维修(corrective maintenance, CM),是指设备发生故障后,使其恢复到规定或初始状态所进行的维修活动,也称故障维修。这一阶段发生在 1939 年以前,主要是因为当时设备机械化程度不高,设备故障所造成的影响也不是很大,因此只需对设备进行简单维护保养,不需要进行系统的维修。事后维修是最早的检修方式,这种检修方式是等设备发生故障且无法运转时才进行维修。它是以机械出现功能性故障为判断依据,这种应急维修缺乏周密的准备,维修过程需要付出很大的费用和代价,而且还会严重威胁到设备和操作维修人员的人身安全。

2) 定期维修阶段

定期维修(time based maintenance, TMB),也称计划维修(schedule maintenance, SM),是指设备使用到规定时间再进行维修,使其恢复到规定的状态。在第二次世界大战期间(1939~1945 年),情况发生了很大改变,由于战争所带来的压力,设备的机械化程度逐步提高,设备变得更多、更复杂,生产制造过程中对设备的需求程度越来越大,故障造成的停机损失也随之增大,这时人们不得不想到应该采用新的维修策略来降低故障所造成的损失,因此当时形成了以时间为主的定期维修概念。到 60 年代,预防性维修主要表现为根据时间周期对设备进行维修。这种维修方式认为维修频率越高、维修得越彻底,防止故障发生的可能性就越大。定期维修的优点是维修可以有准备、有计划地进行,便于组织。这种维修方式比较适合于故障特征随时间变化的设备,但是这种维修方式不能依靠每个设备的具体情况,单靠固定的时间间隔对设备进行维修,不可避免地会产生“过维修”或“欠维修”,从而造成不必要的损失。

3) 视情维修阶段

视情维修(predictive diagnostic maintenance, PDM),也称状态维修(condition based maintenance, CBM),是指设备的运行和使用状态受到严格监视,根据设备的实际技术状态来控制修理时机。显然这种维修方式能够识别设备的早期故障征兆,对故障部位和发展趋势进行判断,在设备即将发生故障之前及早地采取有效措施，抑制故障发生。这种维修方式需要进行设备状态监测，因而需要一些精密测试仪器并产生一定的费用，适用于利用率较高的重要生产设备。

20 世纪 80 年代，美国引入一种全新的维修策略，即以可靠性为中心的维修。这种维修策略改变定期维修只凭经验、推断以及以往规定来确定维修计划的模式，通过对可靠性的评价和实验结果的分析，应用逻辑决断分析，优选维修方式，科学地制定维修内容，以最低的资源消耗，保证设备运行的可靠性。RCM 强调的是根据设备的具体情况进行分析，不同的设备可采用三种不同的维修方式来进行维修，对每个设备做到因需维修。RCM 同样也改变以往只考虑"要做什么维修工作"的思想，拓展成为进一步考虑"为什么和是否需要做这些维修工作"。

三种不同时期的维修方式比较如表 1.2 所示。这三种维修方式的选择是根据设备的工作机制和故障特征来决定的，对于一些结构复杂的重要设备，可能同时存在三种维修方式，无论采用何种维修方式，主要目的是在保证设备可靠性的情况下，使维修费用最低。

**表 1.2　维修方式比较**

| 特　征 | 事 后 维 修 | 定 期 维 修 | 视 情 维 修 |
| --- | --- | --- | --- |
| 基本依据 | 故障统计数据或经验 | 磨损故障规律或经验 | 状态检测技术、检测性能参数、参数标准 |
| 维修判据 | 监控项目故障后的状态变化，按故障统计结果采取相应措施 | 定期进行全面分解，能检修或更换，可能出现维修过度 | 事故发生前监控项目的状态，按状态监控数据维修或更换 |
| 适用范围 | 安全无直接危害的偶然故障、规律不清楚的故障、维修经济性好的耗损故障 | 有安全性、环境故障后果、发展迅速、无状态维修技术、维修经济性好的耗损故障 | 有安全性、环境故障后果、发展缓慢、有状态维修技术、维修经济性好的耗损故障 |
| 维修费用 | 需要充分的维修资源和一定的维修费用，有生产停机损失 | 接近事后维修的费用，但所需备件最多，有生产停机损失 | 需要高投资，日常维修费用高，没有生产停机损失 |

3. RCM 与传统维修观念的比较

RCM 与传统维修观念的比较如表 1.3 所示。RCM 与传统维修相比较，在观念和方法上都有很大的不同。传统维修是建立在以时间为基础的定时维修基础上的，认为设备的故障率随着时间的增长而增加，传统维修制定的维修大纲比较简单，考虑的因素比较少，一般只考虑费用和设备可靠度，大纲制订完成后可以长期使用而不需修订。而 RCM 考虑因素比较周全，提出了一些新的概念和想法，如绝大多数设备的故障率与时间没有直接的联系，设备故障影响中包含安全性和环境性后果等。通过以上的比较可以得出 RCM 与传统维修相比具有很大的优越性，采用 RCM 理论指导设备维修可以在保证可靠性的情况下大大降低设备维修费用和故障发生所带来的不利影响。

表 1.3 RCM 与传统观念的比较

| 序号 | RCM 新观念 | 传统维修观念 |
|---|---|---|
| 1 | 设备老,故障不见得多;设备新,故障不见得少;设备故障与时间一般没有直接关系,定时维修不普遍适用 | 设备老,故障多,设备故障与使用时间有直接相关,定时维修普遍适用 |
| 2 | 有明确的潜在故障概念,视情维修是由潜在故障发展成为功能故障的时间间隔来确定,与定时维修比较,倾向于视情维修 | 无明确的潜在故障概念,视情维修的依据仅仅是故障频率和危险程度。视情维修与定时维修相比较更倾向于后者 |
| 3 | 有隐蔽功能故障概念,了解隐蔽功能故障与多重故障有密切关系,认为多重故障可以预防,可以将故障降低到可接受水平,手段为提高对隐蔽功能故障的检测能力和改进设计 | 无隐蔽性功能故障概念,不了解隐蔽功能故障与多重故障的关系,并认为多重故障的严重后果无法预测 |
| 4 | 预防维修不可以提高设备的固有可靠度,只能保持或恢复设备的固有可靠度 | 预防性维修可以提高设备的固有可靠度 |
| 5 | 故障后果远比故障的技术特性重要得多,实施预防性维修的原因是不在于对故障本身进行预防,而在于避免或减轻故障后果 | 主要考虑故障的技术特性,实施预防性维修是为了防止故障的发生 |
| 6 | 预防维修难以避免故障发生,不能改变故障后果,故障后果的改变只能通过设计的改变来实现 | 预防维修能避免故障发生,也能改变故障后果 |
| 7 | 初始预防性维修大纲是在设备使用之前的研制阶段就着手制定,然后在使用中不断修订,逐步完善 | 初始预防性维修大纲是在设备投入使用后才制定,一旦制定,一般可以长期使用,不再修订 |
| 8 | 只有故障后果严重且技术可行而又有效果的预防性维修才有必要,否则就应该放弃 | 对可能出现的任何故障都可以进行预防性维修 |
| 9 | 完善的预防性维修大纲不能单独由使用、维护或研制部门制定,只有通过各方长期共同协作才能完成 | 完善的预防性维修大纲可以单独由使用、维修或研制部门制定出来 |
| 10 | 维修不仅影响设备的可靠度和费用,还有安全性、环境保护、能源效率、产品质量和售后服务等风险 | 维修的目标是以最低费用优化设备的可靠度 |

### 1.2.2 MSG 维修思想

现代民用飞机制订维修大纲的原理是 MSG 原理,制订维修大纲的维修指导思想是 MSG 思想。从 MSG－1、MSG－2、MSG－3 的制订和发展过程以及它们所包含的技术内容可以看出,MSG 思想是航空运输协会集体智慧的结晶。它是飞机设计制造方、使用维修方和管理当局共同研究的成果,是各国管理当局共同认可和使用的工作原理。在 MSG 文件中,虽然从理论方面阐述不多,但它的实用性、科学性很强,得到了全世界民用航空部门、航空公司的认可,并得到了广泛应用,带来了巨大的经济和社会效益。

当代世界各国普遍采用的科学维修理论,即 MSG 维修思想和利用可靠性方法控制维修原理相结合,指出了最高的安全标准、满意的可靠性水平和良好的经济效益是 MSG 思想的核心。提出了维修工作的总目标——以安全、可靠、经济为目标的维修。影响维修工作的主要因素是安全性、可靠性和经济性。三个要素独立存在,又相互联系,形成维修工作的总目标,人们称为“维修三角形”。这一理论,揭示了当代维修思想的本质,即以安全、可靠、经济为目标的维修。

## 1.3 以 MSG-3/RCM 为代表的预防性维修原理

### 1.3.1 从策略到工作

维修策略(maintenance strategy/maintenance policy)是指针对产品劣化情况制定的维修方针,包括决策依据、维修措施及执行时机。

1) 决策依据(criteria)

决策依据是指用于评估产品劣化情况的依据,主要包括寿命、状态和故障。

(1) 寿命:产品统计寿命即可靠性寿命,一般用累计疲劳时间(飞行小时、起落次数等)或日历时间来描述。

(2) 状态:产品实际运行状态,一般用观察状态即产品运行时的各种“二次效应”,如振动信号、磨损颗粒、性能参数、功能参数等来描述。

(3) 故障:是对系统发生故障后的描述,如使用困难报告、故障检测报告、停机现象等。

2) 维修措施或维修工作(task)

维修措施或维修工作是执行维修决策和达到预期效果的手段。维修措施一般包括润滑保养、一般检查、详细功能检查、修理、更换、改进设计等多种类型。预期效果是产品功能、性能或可靠性的保持或恢复的程度或水平,主要有以下3种。

(1) 基本维修或最小维修:产品修复后瞬间的故障率与故障前瞬间的故障率相同(其故障率以 $\lambda_2$ 表示)。

(2) 完全维修:产品修复后瞬间的故障率与新产品刚投入使用时的故障率相同,即修复如新(其初始故障率以 $\lambda_3$ 表示)。

(3) 中度维修:产品修复后瞬间的效果介于基本维修和完全维修之间(故障率以 $\lambda_0$ 表示)。

除此之外,还有改进性维修(改进后功能得到增加或性能得到增强,故障率以 $\lambda_4$ 表示)和不良维修(如更换后增加了早期故障率、维修差错导致故障率增加等情况,其故障率以 $\lambda_1$ 表示)等预期效果。

几种维修预期效果故障率之间的关系可以表示为:$\lambda_1 > \lambda_2 > \lambda_0 > \lambda_3 > \lambda_4$,如图 1.2 所示。

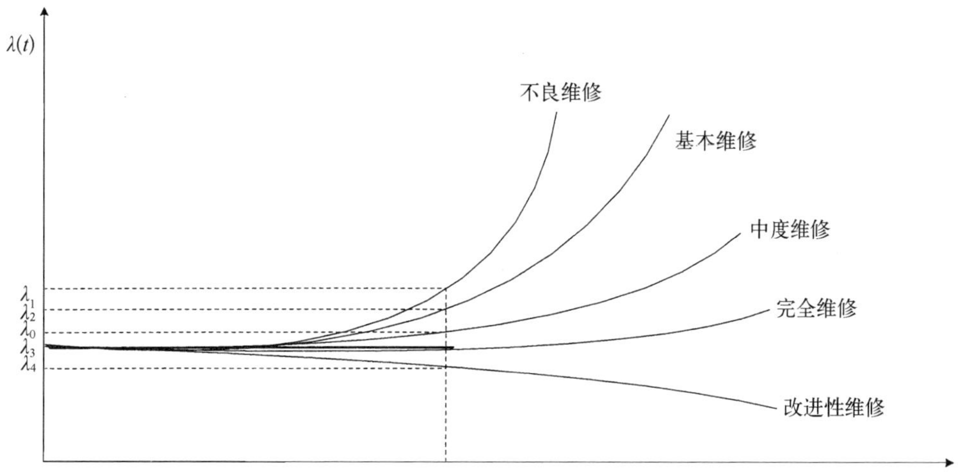


图 1.2 不同维修程度对系统故障率 λ 的影响

3）执行时机或计划(plan)

维修执行时机或计划包括维修间隔或周期的安排、检查间隔和周期的安排等。民用飞机各种级别的维修检查周期一般为：日检,24 小时;A 检,500 飞行小时;多重 A 检,N＊500 飞行小时;C 检,4 000 飞行小时或 4 000 循环数或 18 个月。

有效的维修策略可以减少产品运营过程中的停工次数和降低维修成本。维修策略优化的目标是提高系统可靠性、预防系统故障的发生和降低劣化带来的维修费用,即以尽可能最低的维修费用,保持或恢复产品到最合适的系统可靠性、可用度和安全性能。

因此,维修策略的科学定义可以表述为对何种事件(如失效、超时)需要何种维修工作类型(修理检查、更换等)的完整描述。既可以在设计阶段使用,也可以在使用阶段使用。多数维修策略的理论优化问题可采用运筹学模型来考虑。当前,随着维修重要性的提高,优化维修策略具有提高系统可靠性、降低故障率和维修成本的作用日益受到重视,促进了优化维修策略思想的发展,推动了维修策略的应用[5]。

这里,从维修策略优化角度出发,结合王文义等的观点[6],归纳出以下几个主要的维修策略组成要素。

(1) 系统的状态模式：如果系统状态只有“好”或“坏”两种,那状态模式是二元的;如果系统状态为多元的,则可用离散形式 0, 1, …, $N$ 表示。其中,可用 0 状态表示系统状态是新的,$N$ 状态表示系统故障失效状态。

(2) 系统的结构：包括单部件系统、多部件系统和复杂系统等。

(3) 系统的劣化模式：如果系统是普通失效,可以用递增的失效率来表示系统的劣化;如果系统的运行主要受某个外部和系统内部冲击的影响,可以用冲击模型来表示系统的劣化和失效。

(4) 维修时间点：可以在与役龄相关的周期 $T$ 时进行维修；也可以在与状态相关的某个检测时间点进行维修；当然发生故障失效时也是进行维修的时间点。

(5) 维修方式：主要包括预防性维修和事后维修。维修方式与维修程度密切相关，如采取更换、最小维修、不完好维修等。

(6) 维修时间：如果维修(修理或者更换等)是瞬间完成的，即用于维修的时间远小于运行时间，那么可以不计维修所用时间；否则，如果需要考虑维修所用时间，可将维修时间看作一个常数或者是一个随机变量来确定维修占用时间的影响。

(7) 系统状态检测模式：随时(连续)检测，即可以随时获知系统状态；定时检测，即对系统状态做定时检测，只有在检测时才能获知系统状态；随机检测，即对系统状态的检测是随机进行的。

(8) 信息水平：指对系统状态的了解程度。完全信息水平是指检测时获得关于系统状态的信息是完全的；不完全信息水平是指检测结果以一定的概率符合系统运行状态。

(9) 费用结构：费用包括系统正常运行费用、失效损失费用、修理费用、更换费用、备件相关费用和维修设施设备折旧等。

(10) 优化目标：即优化模型的目标函数。可以是关于费用的，例如长期运行下，单位时间平均费用最小、期望折扣费用最小等；也可以是关于可用度的，如在某中费用结构限制下，使得系统在某时间区间里的可用度最大；另外目标还可以是关于生产率(利用率)或安全性方面的，如使生产率(或利用率)最大或安全性最好。

总体来讲，本章主要从维修优化理论角度阐述维修策略，即以较低的维修费用和高可靠性、安全性、可用性为目标，优化维修策略。

上面各个要素的不同组合，可以得到各种相关的维修模型，目前文献中的大量维修模型大致包含上述某些要素。因在同一维修策略下，可以得出多种维修模型，要综述所有的维修模型几乎不可能，所以，在一定的标准下，从维修策略的角度研究维修优化是很有必要的。

### 1.3.2 MSG-3 分析的逻辑框架

在维修思想的基本框架中讲述了维修策略的决策过程，这对 MSG 同样也是适用的，只是针对民航业，MSG 思想方法中选择维修策略的过程更具体和完善。MSG 思想的框架流程如图 1.3 所示。

### 1.3.3 RCM 分析的逻辑框架

根据分析进程要求，应尽可能收集下述有关信息，以确保 RCM 分析工作能顺利进行。

(1) 产品概况，如产品的构成、功能(包含隐蔽功能)和余度等。

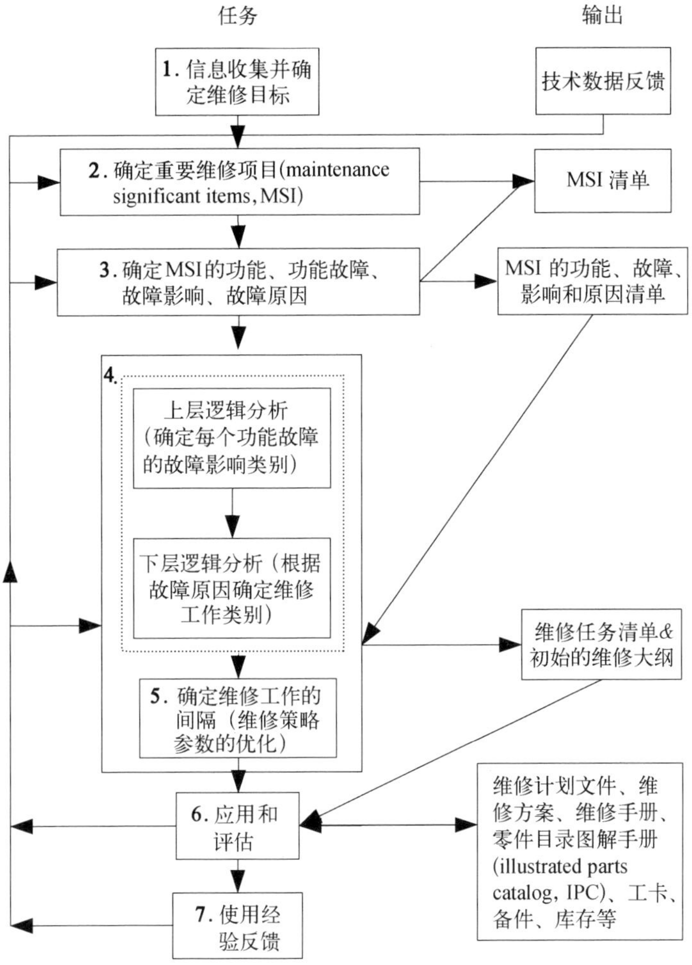


图 1.3 MSG 思想的框架流程

（2）产品的故障信息，如产品的故障模式、故障原因和影响、故障率、故障判据、潜在故障发展到功能故障的时间、功能故障和潜在故障的检测方法等。

（3）产品的维修保障信息，如维修设备、工具、备件、人力等。

（4）费用信息，如预计的研制费用、维修费用等。

（5）相似产品的上述信息。

RCM 分析的一般步骤如下：

1. 确定重要功能设备

重要功能设备（functionally significant item, FSI），是指那些发生故障会影响任务和安全性，或有重大经济后果的设备。这些设备可以指系统、分系统、部件或零件。鉴定重要功能设备就是从系统、分系统、部件和零件的每一层次中确定出重要设备。首先应按设备的功能进行划分依次列出其所有系统及零部件,形成"构造树",然后把其故障没有产生严重性后果的设备从"树"中略去,留下来的设备即为可靠性分析对象。利用构造树来进行重要功能设备选择主要是依靠维修管理人员的经验和判断力来进行。对于某些设备,如果其故障后果不能确定,应保守地划为 FSI。隐蔽功能设备由于其故障发生对操作人员不明显,可能产生严重后果或多重故障,因此,通常将其都作为 FSI。此外,可依据表 1.4 的内容确定 FSI。

**表 1.4　确定 FSI 的提问**

| 问　　题 | 回　答 | 重　要 | 不重要 |
|---|---|---|---|
| 故障影响安全吗? | 是 | √ | ? |
| | 否 | | |
| 有功能余度吗? | 是 | | ? |
| | 否 | ? | |
| 故障影响任务吗? | 是 | √ | ? |
| | 否 | | |
| 故障导致很高的维修费用吗? | 是 | √ | ? |
| | 否 | | |

注:"√"表示可以确定;"?"表示可以考虑。在表中任一问题如能将设备确定为 FSI,则不必再问其他的问题。

2. 进行故障模式及影响分析

故障模式及影响分析(failure mode and effect analysis, FMEA)是可靠性工程中最为有效的定性分析方法之一,通过分析各设备的功能、故障模式、故障原因及故障后果,使维修管理人员对设备故障有一个全面了解,可以找出控制、预防该故障的对策。只有明确了各种重要功能设备会发生什么故障,这些故障是由什么原因引起的,才能进行 RCM 决断分析,因此,FMEA 是 RCM 决策过程中最为基础和重要的环节。

1) FMEA 的分析步骤

FMEA 的任务是列出设备中各个故障模式、故障原因,并对每种故障模式可能造成的影响及后果进行分析,提出拟采取的预防性维修措施。以下为其主要分析步骤:

(1) 收集分析对象的有关信息。

(2) 对分析对象进行功能分析,并对其所有功能进行划分。

(3) 确定设备所有可能的故障模式,这些故障模式可以通过相似产品、试验信息、使用信息和工程经验等方面来进行判定。

(4) 确定每个故障模式的故障过程及影响。

(5) 根据这些故障模式和故障原因,确定所应采取的措施。

综合起来可以归纳为:功能-模式-原因-影响-后果-措施,其流程如图1.4所示。

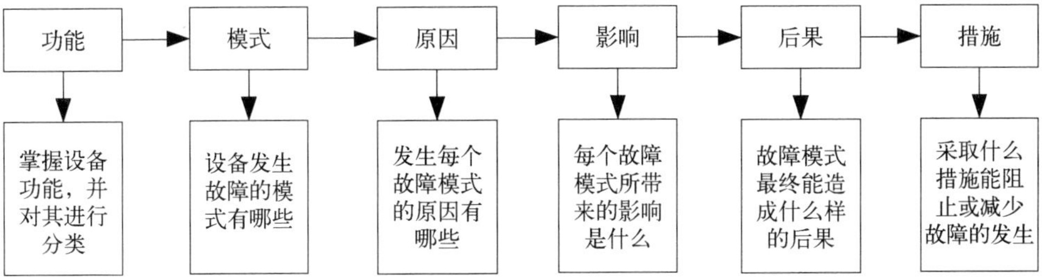


图1.4 FMEA的分析步骤

2) FMEA表格的填写

实施FMEA的第二步是填写FMEA表格。一种典型的RCM-FMEA表格如表1.5所示,可根据分析的需要对其内容进行增补。

(1) 表头中初始约定层次、二级约定层次及本表约定层次的含义如下:初始约定层次,又称作最高级,是指要进行FMEA分析总的、完整的设备所在的层次,也就是分析级设备所隶属的最高级别设备。二级约定层次,分析级上面的一个层次。本表约定层次,又称作分析级,是指本表所要进行FMEA分析的对象名称。

以上各个层次的设备都给予了编号,其编号应填写在其后对应的编号栏里。

(2) 表格中各栏的填写说明如下:第一栏(功能),简要填写该设备的功能,有的设备可能有多个功能,应按功能重要程度逐个填写。第二栏(故障模式),填写设备可能发生的故障或失效的表现形式,力求准确、全面、有效,避免遗漏。尤其当设备出现潜在故障模式时更应注意。故障模式列举的是否完备直接影响到分析结果的精确度,进而影响到实施效果的好与坏,所以故障模式填写便成了最为重要的一个环节。常见的故障模式有:功能方面的故障模式、机械类故障模式、化学类故障模式。故障模式的收集可以通过以往的设备故障种类、同类公司相关设备和设计技术资料进行。第三栏(故障原因),故障原因是指直接导致功能故障或引起性能降低到设计要求以下的任何事件。填写引起故障模式发生的内因和外因。内因包括功能、机械、电器等方面自身造成故障的原因,外因包括外力冲击、环境变化、使用不当等一些外部因素所造成的故障。每一个故障模式产生的原因一般都不止

表 1.5　RCM－FMEA 表格

| RCM－FMEA 信息记录表 | 初始约定层次： | 编号： | 制表人：　　日期： | 第　页　　共　页 |
|---|---|---|---|---|
| | 二级约定层次： | 编号： | 实施人：　　日期： | |
| | 本表约定层次： | 编号： | 审查人：　　日期： | |
| 功能（F） | 功能故障模式（FM） | 故障原因（FC） | 故障过程及影响描述 | 建议工作 |
| | | | | |

一种，在分析时，应把所有的故障原因逐个列出。第四栏（故障过程及影响描述）：是用来描述当该功能故障发生时会出现什么情况，及可能造成什么样的后果。在描述故障影响时要特别注意以下内容：① 发生故障后有何迹象？② 故障是否会危及安全和环境？③ 故障是否会影响任务完成？④ 故障发生后会造成什么样的后果？⑤ 要排除故障需要做哪些工作？第五栏（建议工作）：指建议维修管理人员用来检测故障模式发生的方法和应采取的措施。

3. RCM 逻辑决断与分析记录

当设备的故障模式与故障原因确定后，下一步的工作就是针对具体故障原因选择适用的预防性维修工作类型。我们一般是依据 RCM 逻辑决断图（图 1.5）来对设备进行工作类型选择。RCM 逻辑决断图提供了简便的、易于理解的准则，用于确定哪种维修工作是可行和有效的。

1）RCM 决断过程

RCM 逻辑决断分析是 RCM 分析过程中的核心部分。通过对重要功能设备的故障原因进行 RCM 分析决断，以便找出有效的预防维修工作类型。RCM 逻辑决断分析一般是依据 RCM 逻辑决断图（图 1.5）进行的。逻辑决断图由一系列具有逻辑性的方框和矢线组成，设备逻辑决断分析流程一般是从上至下逐步进行的，维修管理人员只需顺着矢线对方框的问题回答“是”或“否”来确定下一步分析的流程方向。逻辑决断图分为两层：

第一层（问题 H、S、O、N）：用来确定各个设备功能故障的影响类型。根据 FMEA 分析结果，对各个重要功能设备的故障原因进行逻辑决断，确定其故障影响类型。功能故障的影响可分为四类，即隐蔽性（H）、安全性（S）、任务性（O）和经济性（N）。通过回答 H、S、O、N 中的问题即可得出设备的故障影响类型，然后按照该设备所对应的故障影响类型分支做进一步分析。

第二层（问题 H0～H5、S0～S4、O0～O3、N0～N3）：选择合适的预防性维修工作类型。根据 FMEA 分析中各重要功能设备的故障原因所表现出的特征、规律和后果，按所需资源和技术要求由低到高选择适用而有效的维修工作类型。为了尽可能地确保设备使用安全，对于安全性和环境性影响分支来说，必须在回答完所有的问题之后，选择其中最为有效的维修工作。对于其他影响分支，如果在某一问题中所问的工作类型对预防所分析的功能故障既是技术可行又值得去做的话，则按最少的费用保持设备固有可靠性水平原则，不必再进一步回答其他工作类型适用且有效的问题。分析过程严格记录，并填入表 1.6 RCM 决断信息记录表中。

2）RCM 决断信息记录表

实施 RCM 分析的一项重要工作是依据图 1.5 RCM 逻辑决断图分析结果确定相应设备的 RCM 决断信息记录表（表 1.6）。这里简单地介绍一下表 1.6 中所要填写的内容和字母的含义。

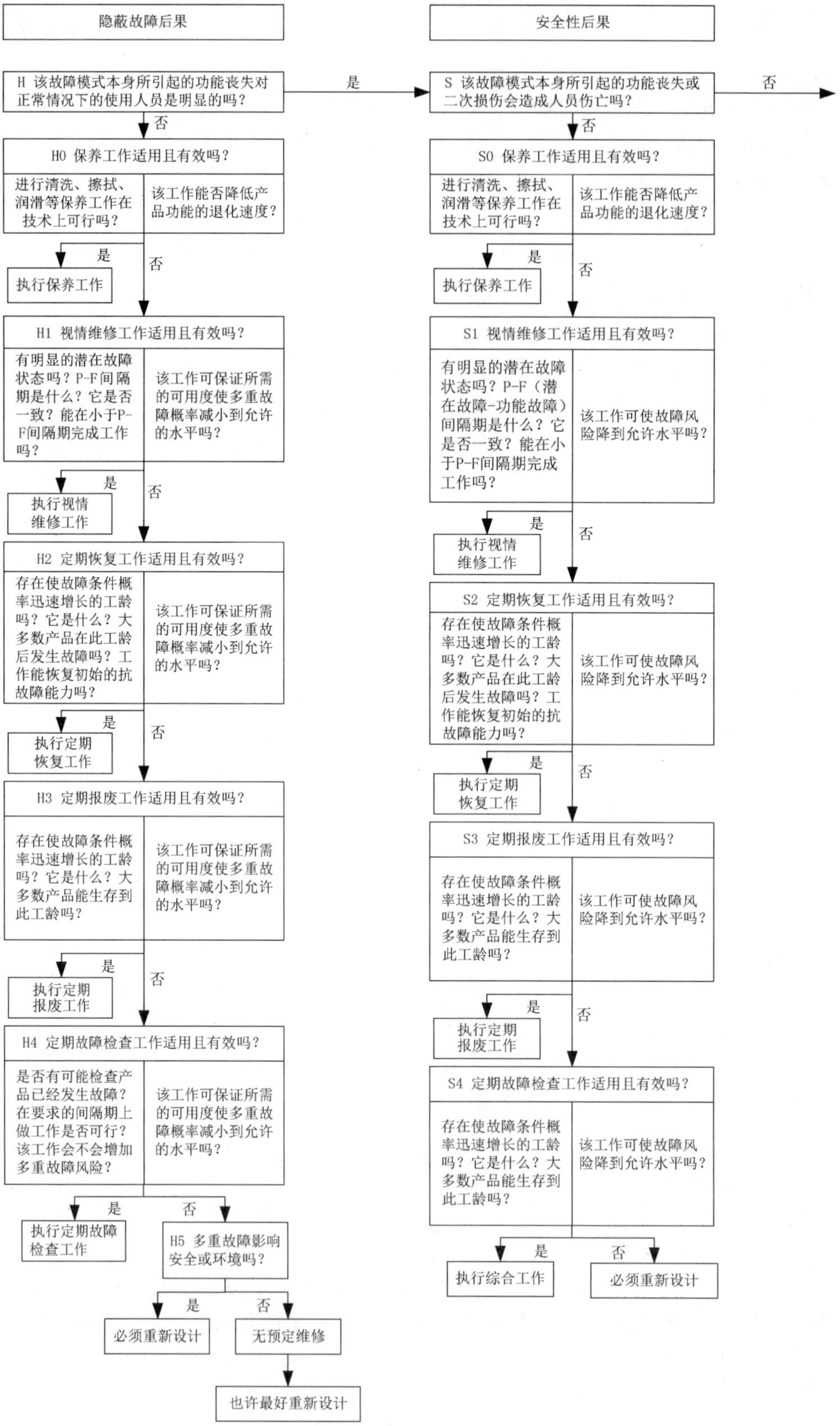


图 1.5　RCM 逻辑决断图

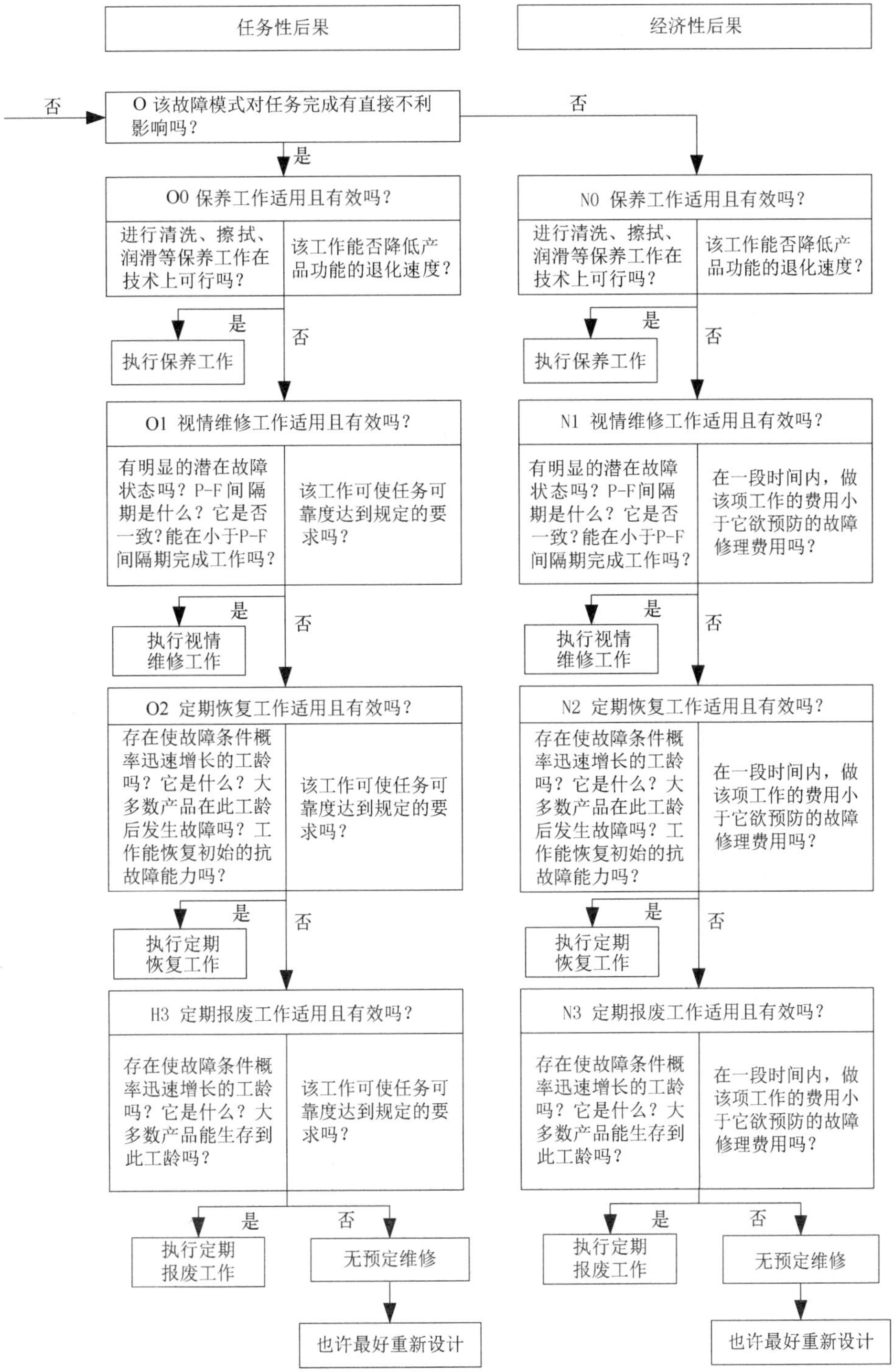


图 1.5(续) RCM 逻辑决断图

**表 1.6　RCM 决断信息记录表**

| RCM 决断信息记录表 | | | | | | 分系统： | | | | 编号： | 制表人： | | 日期： | 第　页<br>共　页 | |
|---|---|---|---|---|---|---|---|---|---|---|---|---|---|---|---|
| | | | | | | 分析项目： | | | | 编号： | 审查人： | | 日期： | | |
| FMEA 编码 | | | 后果评估 | | | H0<br>S0<br>O0<br>N0 | H1<br>S1<br>O1<br>N1 | H2<br>S2<br>O2<br>N2 | H3<br>S3<br>O3<br>N3 | 非主动对策 | | | 建议的工作 | 间隔期 | 维修级别 |
| F | FM | FC | H | S | O | | | | | H4 | H5 | S4 | | | |
| | | | | | | | | | | | | | | | |

（1）决断图涉及术语。在 RCM 决断信息记录表决断工作栏中的字母所代表的含义为：① F、FM、FC 分别代表功能、功能故障模式和故障原因；② H、S、O 和 N 栏用于记录各故障模式后果有关问题的答案，它们分别表示隐蔽性故障后果、安全性后果使用性后果；③ 后面 3 栏（H1、H2、H3）记录是在已判定故障影响类型后，在其分支中选择所要进行的预防性工作类型；④ 如果需要回答某些暂定问题，则可用 H4、H5 栏记录这些答案。

最后 3 栏记录是在选定工作类型后，所要采取的工作内容、维修间隔时间和维修级别。

（2）故障后果影响类型介绍。重要功能设备的故障后果所带来的影响主要有 H、S、E、O 这四个，下面分别对其进行介绍。

（a）H——隐蔽性后果。隐蔽性功能故障对设备维修管理人员来说不是明显的。它本身对其他的设备没有直接的故障后果，但会导致多重故障的发生，当隐蔽性后果与其他设备故障后果相结合时，可能导致安全性或环境性后果，因此需要对隐蔽性后果进行特殊的处理。

（b）S——安全性和环境性后果。如果设备故障造成了人员伤亡或关键设备损坏的事故，那它就是安全性后果。如果故障导致违反了行业、地区和国家颁布的环境标准，则它就是环境性后果。对于安全性和环境性后果的故障模式，只有通过维修把故障后果造成的影响降低到接受的程度，这样的维修工作才算是有效的。

（c）E——使用性后果。如果故障影响到使用功能或功能的实现，如产量、产品质量、售后服务、除直接维修费用外的运行费用等，那么它就有使用性后果，这种故障后果主要体现在经济上，一般会对企业造成重大经济损失。使用性后果和安全环境性后果不是没有联系的，当使用性后果发生到一定程度时可能会转化成安全性和环境性后果。

（d）O——非使用性后果。该故障后果对安全、环境和使用性能都没有直接的不利影响，因此它只涉及直接维修费用。当预防性维修费用小于事后维修所花费的费用则对该设备进行预防性维修才有意义。反之，就应对该设备进行事后维修方式。

（3）建议工作。对每个设备故障模式所产生的原因进行逻辑决断图决断完成后，根据该设备原因所能造成后果的影响程度，提出一些减少这种影响的措施和工作内容。可由设备维修管理人员和专家共同讨论填写。

（4）初始间隔。设备根据所选维修方式进行维修时的时间间隔，它并不是一成不变的，而是随可靠性维修大纲的修正而不断改变。它是依据故障和设备本身性能而定，概括如下：

视情维修工作的时间间隔主要是由 P－F 曲线中的潜在故障点 P 所决定。通过监测设备来监测设备是否达到 P 点,进而判断是否该对设备进行维修工作。

预定翻修和预定报废工作类型的时间间隔可以取决于设备的使用寿命、故障的发生频率及相关设备故障统计数据。这些类型的时间间隔通常是以月或年计。

故障检测工作时间间隔由多重故障以及隐蔽性故障的平均间隔时间所决定,多重故障主要由所需的可靠度所决定的,这些时间间隔的范围可以从几周到几年。

(5) 实施人员。在 RCM 决断信息记录的最后一栏用来填写应由谁来实施这种维修工作。RCM 程序所考虑的实施人员应该是对该项维修最为合适的人员,他不仅对该设备十分了解,并且应具有丰富的理论知识和经验。

4. 预防性维修工作结合

工作组合的目的是把分析确定的各项预防性维修工作类型按不同的时间间隔组成可靠性维修大纲。

即使前面分析使得单项维修工作时间间隔最优,但并不能保证整体的维修工作效果最优。有时为了提高整体的维修工作效率,就把相近间隔时间的维修工作优化在一起,这样也许单项维修工作时间发生了改变,但总的维修效率却提高了,降低了整体维修成本。在确定间隔期时应尽量采用预定的间隔期,这样能使其与现有维修制度保持一致。例如采用日、周、月、季、年作为预定间隔期,然后把各项预防性维修工作间隔时间并入相邻的预定间隔期内,但是对于安全性后果和环境性后果的维修工作应划入比其间隔小的预定间隔期内。

5. 形成以可靠性为中心的维修大纲

制定以可靠性为中心的维修大纲是确定设备维修方式和内容的基本手段和主要途径。RCM 分析的最终结果是将以上分析步骤所得的资料进行汇总形成以可靠性为中心的维修大纲,该大纲是规定设备预防性维修要求的总的纲要,用来指导以后设备预防性维修工作,不同的维修大纲设计要求略有不同,但主要应包含以下几个方面:需要进行可靠性维修的设备(WHAT);设备维修的维修方式及工作内容(HOW);进行维修工作的时机(WHEN);实施维修工作的维修人员(WHO)。

### 1.3.4 预防性维修大纲和维修方案

预防性维修大纲(简称维修大纲)是装备预防性维修要求的汇总文件,一般包括下列文件:需进行预防性维修的项目;各维修项目需做的预防性工作类型及其简要说明;各项预防性维修工作的间隔期(包括首次工作期);实施每项预防性维修工作的维修级别。它是编制作业文件(如维修需求卡、维护规程等)和准备维修资源(人员、备件、保障设备、专用设施、计算机保障资源以及资金等)

的依据。

制定维修大纲的目的有两个：一是通过适用而有效的预防性维修工作，以最少的资源消耗来保持和恢复装备的固有水平，安全性和可靠性的固有水平是由设计、制造所赋予的，能在有效的维修中体现出来，如维修不够有效，则这些固有水平会下降或要耗费过多的人力、物力和财力来保持和恢复；二是提供必要的设计改进所需的信息，在用以可靠性为中心的维修分析制订维修大纲的过程中，可暴露出安全性、可靠性方面的薄弱环节，提供有关的信息供改进设计之用。

### 1.3.5 维修管理

1. 维修生产活动的组织与管理

为了提高航空器的维修效率，减少因为维修带来的停机问题，需要根据预计的维修任务进行分类，然后针对不同的维修活动组织不同的维修生产活动，不仅保证了维修任务的有序进行，而且最大限度地发挥了不同维修组织的作用，从而间接提高了航空器的可用度[7–9]。

1）维修生产活动

维修生产活动是维修中的一个局部，主要包括航线检查维修、定期维修以及航空器部附件的维修，不同的维修组织其维修的对象不同，维修能力和维修成本也不相同。但是无论哪种维修组织，都必须能使一个处于失效或故障的项目或产品能够通过维修活动保持或恢复到规定状态的基本维修环节。但是，无论何种维修组织，都包含了以下基本的维修任务：

（1）检查/功能检查：即为了检查一个项目的技术状态或者测试该项目的功能状态是否在规定限度内的定量检查。

（2）润滑/勤务环节：是对一些特定的设备、项目进行润滑勤务工作（或保养），即为了保证一个项目或结构处于规定状态所需要采取的维修措施，包括润滑、清洗、添加燃油或润滑油等工作。

（3）故障定位：根据故障的表现形式以及经验确定故障的大体位置的过程。

（4）故障隔离：即进一步把故障部分确定到必须进行维修的范围的过程。

（5）分解过程：为了便于检查、维修、调整等而对维修项目进行的结构拆分零部件的过程。

（6）更换：将需要拆换的或者出现故障的项目拆下换装新项目的过程。

（7）修复：即对出现裂纹或其他故障的项目或结构采用原件加工处理或其他修复措施，以恢复零部件的功能，也叫原件修复。

（8）再装（结合）/组装：把分解拆下的各种零部件重新组装的过程。

（9）调整：根据修复项目的情况，对其中工作不协调的部分进行调整校正，使项目恢复到规定工作状态的过程。

(10) 使用检查：为检查或检验维修效果，对修复项目进行的试运转检查，保证项目能够在规定状态下进行正常的工作。

(11) 校准：由指定机构或标准的测量仪器查出并校正仪表或检测设备的任何偏差。

2) 维修记录要求

民机运营人应当保存所运营飞机的记录，包含下述信息的记录内容：① 机体总的使用时间；② 每一发动机和螺旋桨的总使用时间；③ 每一机体、发动机、螺旋桨和设备上的时寿件的现行状况；④ 装在飞机上的所有要求定期翻修项目自上次翻修后的使用时间；⑤ 飞机的目前维修状态，包括按照飞机维修方案要求进行的上次检查或者维修工作后的使用时间；⑥ 目前适用的适航指令的符合状况，包括符合的方法和数据，如果适航指令涉及连续的工作，应当列明下次工作的时间和日期；⑦ 目前对每一机体、发动机、螺旋桨和固定设备进行的重要改装的情况。

同时，民机运营人应当按照下述期限要求保存维修记录：① 除飞机、发动机、螺旋桨和固定设备上一次翻修的记录外，维修记录应当保存至该工作完成后至少 2 年；② 飞机、发动机、螺旋桨和固定设备上一次翻修的记录应保存至该工作被同等范围和深度的工作所取代；③ 每一发动机和螺旋桨的总使用时间的记录应当保存至飞机出售或者永久性退役后一年，飞机出售时维修记录应随同飞机转移。

民机运营人终止运行时，所有保存的维修记录应转交给新的合格证持有人；民机运营人如果将飞机干租给另一民机运营人超过 6 个月时，所有保存的维修记录应转交给新民机运营人；如果干租的租赁期小于 6 个月，所有必要的维修记录都应转交给承租方或者承租方可以获取这些记录的副本。而且，民机运营人应当保证所有的维修记录可以提供给局方或者国家授权的安全调查机构检查。

3) 飞机放行要求

民机运营人在每次完成维修工作和对任何缺陷、故障进行处理后，应该按照飞行放行要求，被授权的维修放行人员在飞机飞行记录本上签署飞机放行，飞机放行的条件如下：① 维修工作是按照合格证持有人的要求进行的；② 所有的工作项目都是由合格的维修人员完成，并按照 CCAR－145 部颁发了维修放行证明；③ 没有已知的飞机不适航的任何状况；④ 至目前所完成的维修工作为止，飞机处于安全运行的状态。

在规定的使用限制条件下，民机运营人可以在符合局方批准的最低设备清单和外形缺损清单时放行带有某些不工作的设备或者带有缺陷的飞机。对于航线维修、A检或者相当级别(含)以下的飞机定期检修工作及结合其完成的改装工作,如飞机放行结合CCAR-145部维修放行证明一同进行,则无须重复签署。

2. 维修生产管理体系

为了保证维修生产的合理有序进行,必须对航空器上所有需要进行维修的项目、部件和结构等进行合理的分配,保证最低的维修成本和航空器最高的可用度。一般来说,车间维修生产的能力最强,但其维修成本也最高,部附件维修由于具有一定的独特性,其本身成本相对较少,可以在其更换下来后对其进行维修,技术难度相对较低,产品的修复性好;航线维修一般主要是进行一些勤务工作,包括一般目视检查和清洗、添加润滑油等工作。他们之间的相互关系表示为图1.6。

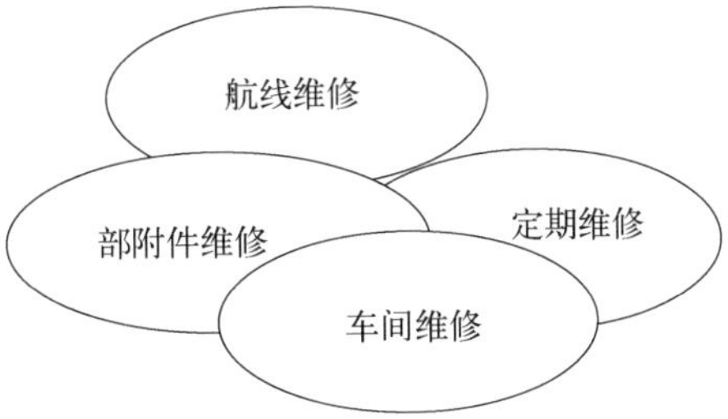


图1.6 航空器维修组织及其关系

1) 航线维修

所谓航线维修(也称低级维修),主要包括航行前维修、航行后维修以及过站(短停)维修三部分。航行前维修是指每次执行任务前的维修任务;航行后维修是指每天执行完飞行任务后进行的维修任务;过站(短停)维修表示执行过一次飞行任务,经过过站维修后再次执行任务之间的维修任务。显然,航线维修的成本最低,在对航空器维修时应尽可能将维修任务分配到航线维修中。所以科学规划航线维修对保障航空器正点正常运营、及时掌握航空器及其部件技术参数的变化、保证恢复航空器固有可靠性、保持航空器持续适航及航空公司营运人的运营安全和效益都有极大影响。一般来说,航线维修具有如下的特点:

(1) 最基础的维修单位。营运人在组建自己的维修单位时,维修能力和维修经济性是考虑的主要要素。在考虑维修成本、投资回报率及组织风险等问题时,营运人也只有从航线维修开始,在积累一定经验后,经过经济及风险评估,才能考虑设立更大规模的维修机构。因此,航线维修是航空公司的最基础的维修单位。

(2) 最基础的维修活动。航空器营运的目的是为了创造更大的社会和经济效益。安全与正点成为承运人与被承运人关心的焦点。飞机营运期间最直接的维修活动便是航线维修,从而使得航线维修也成为基础的维修活动。为了降低维修成本、缩短飞机停场时间、提高维修效率,越来越多的维修活动被纳入航线维修之中。例如,低级定检维护、发动机孔探及拆卸、低级防腐及结构修理、无损检验、可靠性数据采集等。

(3) 最关心的维修活动。首先,航线维修的时间性强,不论是航前、短停、航后，时间都是固定的，稍一拖延，就会延误航班；其次，航线维修的另一重点是处理飞机停飞（airplane on ground，AOG）事件。飞机的 AOG 事件，大多由航材、停场时间、人员等引起，一旦发生在外站而需要调机，每次费用约 5 万美元。显然，航线维修的这种“消防员”角色，尤其受营运人关注。

作为最基础的维修单位和维修活动，航线维修相对于其他维修生产具有维修成本低、管理方便、效果明显等特点，所以为了保证飞行安全和正点飞行，并达到航空公司对维修经济性的要求，可以按照下述原则对其进行管理。

（1）减少航线维修的内容。由于航线检查是在定期检查的基础上完成，因而可以说，根据计划维修的做法，所有计划维修都安排在定期检查中，也就是说通过计划维修，在理论上讲应该完全可以排除故障的发生，可以不做航线检查，至少应该是将航线维修的内容降低到最少。并且，由于航线维修的时间性比较强（因为航行前、航行后以及过站维修的时间都是固定的），这在客观上也要求不能将潜在故障保留到这时完成。因为这时一旦出现由于时间性原因而不能发现故障或者不能排除故障，则必然出现轻者造成飞机航班的延误或者取消，重者可能出现严重的事故，造成严重的后果。此外，由于航线维修时间紧迫、维修内容比较少，通常，不可能为航线维修准备过多的维修工具（包括检测设备、维修工具等），这样也决定了航线维修不能排除更加复杂或者太多的故障。

（2）重视航行后维修。首先，航行后维修是在完成一个飞行任务后接着进行的，这时如果飞机上存在什么不当问题或潜在故障，一般应该有一定症状的表现，而这些表现往往会被飞行员或者机组人员发现，而且机组人员会将其记录在飞行记录本上，以协助航行后维修任务的开展，帮助他们对故障定位，所以这样很容易排除已经存在的潜在故障。另外，即使没有被机组人员及时发现，航行后维修人员也可以根据其已经掌握的故障发生规律及由此制订的航行后维修计划，及时发现和检查出故障，并将其予以排除。其次，由于航行后维修的时间性相对弱些，而航行前维修和过站维修的时间非常有限，所以航行前和过站维修根本不可能在如此短的时间发现故障，而航行后维修的时间通常需要一个晚上，有相对充足的检查时间和维修时间，所以基本不会出现发现问题而不能确定，最终以“请飞行中观察”或者“地面检查正常”结束，这样做能有效降低航行前维修的工作。

（3）合理分配定期维修。目前航空器多采用定期维修和非计划维修相结合。定期维修包括 A、B、C、D 检。有些航空器没有采用字母检的方式，但是也基本都是根据维修间隔的目标值将维修活动集中在一个时间段进行维修，显然，其维修成本所占比例也相对较多。为了减少定检压力，应该尽量减少定检维修项目，缩短维修工时，所以航空公司一般都会尽量将一些定检内容分配到航线维修生产中，提高整体维修效率。

2001年12月21日发布施行的《民用航空器维修单位合格审定的规定》(CCAR-145-R2)制定了专门的航线管理咨询通告。该通告指出：航空营运人在任何外站的航线维修必须由持有维修许可证的单位进行，由于航线维修任务的管理主要在航空营运人的主基地，因此鼓励航空营运人在其主基地管理的基础上申请在外站的航线维修许可，并允许在书面落实责任的情况下采取等效安全措施；如外站单独申请维修许可证，则不能采取类似的等效安全措施；航空营运人的维修单位对除自身以外的航空器进行航线维修时视为独立的航线维修单位。

一般勤务工作不作为航线维修项目，不论航空营运人采用自理或协议委托其他单位实施勤务工作，均由航空营运人承担全部责任，因此航线的一般勤务工作不单独批准，而作为航空营运人运行许可审查的一部分。

为了便于航空器的航线维修，对于航空器制造厂家提供的适航性资料，除外站现场配备以外，航空营运人的维修单位还可以采用机上携带的方式配备常用的适航性资料，非常用的适航性资料还可以采用需要时以传真或电子邮件的方式提供，但必须在外站维修管理手册中说明并对使用适航性资料的有效性负责。按适用性，这些资料包括：航空器维修手册(AMM)、最低设备清单(MEL)、外形缺损清单(CDL)、故障隔离手册(FIM)、线路图册(WDM)、图解零件目录(IPC)。

对于航空营运人的维修单位自编的航线维护手册(如使用)及其他维护指南则必须在外站现场配备其有效的复印件。

对于航线维修质量的监管，要求航空营运人的维修单位必须明确对外站维修管理的责任部门及管理职责，这些责任可分解到不同的部门，但应避免职责的重叠和交叉。

此外，不论使用何种人员，航空营运人的维修单位必须对外站航线维修有关的各类人员明确其资格要求并建立人员岗位资格评估制度，对于满足资格要求的人员应当以书面的形式进行授权。维修人员的授权可以由质量经理或者其授权的人员签署；放行人员的授权应当由责任经理或者由其授权的质量经理签署；在质量部门应当保存一份完整的对外站维修人员授权的记录，在外站的工作现场应当保存一份复印件；在质量经理处应当保存一份完整的对外站放行人员授权的记录，在外站的工作场所应当保存一份授权的复印件。

航空营运人的维修单位必须建立外站工作程序，工作程序应当涵盖航空营运人的维修单位基地对外站的管理和外站具体的航线维修任务程序，如不同航站的维修方式及其管理不同则应分别建立不同的工作程序并明确其适用范围，制定和修改工作程序应当由责任经理或者由其授权的质量经理批准并且应当在批准后在实际工作中实施。

航空营运人的维修单位如申请外站的维修许可证，其维修单位手册应包含外站航线维修有关的全部内容，其管理部分可包含在总的维修管理手册中，也可单独编成外站维修管理手册（此单独的手册亦需民航总局或地区管理局签字批准）。特别地，航空营运人的维修单位还必须编制列出航站的名称、地址、有能力的机型和维修方式（如跟机或派驻人员进行××工作、委托××单位进行××工作）的航线维修能力清单作为维修管理手册或外站维修管理手册的附件。航空营运人维修单位的维修管理手册或外站维修管理手册必须分发至外站现场并提供给有关人员。

航空营运人的维修单位如在外站委托其他单位进行航线维修或放行工作，应当与外委单位签订明确的维修协议。维修协议应当至少包括下列内容：① 航空营运人提供的技术文件、资料、管理程序及控制其有效性的说明；② 航空营运人提供的工具、设备和器材及其管理的说明，包括对借用工具、设备和器材的说明；③ 航空营运人提供的培训的说明；④ 航空营运人委托工作范围及授权的说明；⑤ 维修记录及报告方式；⑥ 其他有关说明。维修协议应在外站现场保存一份复印件。

对于独立的航线维修单位，如果申请合格后，则必须履行以下责任：① 对在批准地点的航线维修符合 CCAR－145 部的要求及营运人在维修协议中委托的航线维修任务满足经批准的标准承担全部责任；② 在航空营运人提出的维修要求明显不能保证其航空器达到适航状态的情况下，航线维修单位应当告知航空营运人实际情况，并不得签发维修放行证明文件。

航线维修单位必须在维修许可证批准的航线维修任务地点从航空营运人获得航线维修有关的适航性资料。这些资料包括：① 维修手册（MM）；② 最低设备清单（MEL）和外形缺损清单（CDL）；③ 故障隔离手册（FIM）；④ 线路图册（WDM）；⑤ 图解零件目录（IPC）；⑥ 航线维护手册及其他维护指南（如适用）。

上述资料的有效性控制主要在航空营运人，但航线维修单位必须至少每季度从航空营运人处获得资料有效性确认的书面记录并与航线维修任务地点的资料核对相符。

2）定期维修

定期维修是指飞机、发动机和机载设备经过一段时间的飞行，需要对可能发生的磨损、松动、断裂和腐蚀等缺陷进行恢复；飞机、发动机和机载设备各系统使用的油料（如液压油、滑油、齿轮油等）油脂可能变质或短缺，需要更换或添加。所以每隔一段时间就要进行一次检查和修理。同时，可以在这时对飞机各系统进行必要的检查和测试，以发现和排除存在的故障和缺陷，使飞机恢复其原有的可靠性，完成另一个周期的飞行任务。

这种“定期维修”的周期划分，一般有以下两类不同的方法。

(1) 前苏联飞机的定检周期：按每200小时、1 000小时……来划分的。我国国产飞机、发动机和机载设备往往采用这一划分方法。

(2) 美、英飞机的定检周期：一般是按A、B、C、D四级定检周期来划分的，一般按4A=B;4B=C;4C=D的方法来排列。而且，每个“A检”的时间可以视飞机设计的完善程度、维修部门和人员的素质情况、维修设备的完善情况、维修经验的积累情况及飞行使用情况来确定每个“A检”的长度；或者开始时，“A检”周期较短，根据上述情况逐渐延长，以减少维修次数、缩短维修停场时间、减少维修工时和维修费用。

当进行的定期检修延长时，希望能减少飞机停场。为此，很多航空公司取消了“B检”，将“B检”的工作内容分到了“A检”和“C检”中，以进一步减少因“B检”而造成的停场。因为“A检”不要专门的飞行日来停场检修，只利用当日飞回过夜的时间，一般为4~6小时即可完成；而“C检”要有专门检修停场的目的；取消“B检”，就可以到“C检”才停场检修了。

为缩短检修停场，增加飞机利用率，还有一种办法，即取消A、B、C、D的划分，把一个“D检”的周期划分成若干“段”，把这一“D检”段的维修工作分配到各段去做。但执行起来，有很多不便。例如，到某一“段”检时，要拆起落架、襟翼等大件，这些工作是一个较小的维修单位不可完成的，当然更不可能在飞回的当夜完成，有时就为这一工作不得不停场，致使检修的停场日更多。所以很快就不执行这一检修周期的划分方法了。

前苏联（和一些我国国产）飞机规定最大的检修是“翻修”，而英、美飞机规定的最大的检修是“D检”（结构检查）。这种“翻修”或“D检”不同于一般的“检修”，理论上讲，通过“翻修”或“D检”，已经完全恢复了其原有的可靠性，可以承担另一个“翻修”或“D检”周期的飞行任务，所以，经过“翻修”或“D检”后，飞机飞行将重新从“0小时”开始统计。

3）车间维修

所谓车间维修，就是根据将失去功能的故障件带入车间进行维修的过程。一般来说，车间维修主要针对一些无法在外场进行修复的故障件进行的维修，所以通常包括一些项目的大修、大改及有些失去功能的贵重件的修复。显然，对于车间维修，其维修项目包括计划维修中的重要结构项目维修、重要维修项目的维修，同时还包括在进行使用、维修等活动中发现的非计划维修项目的维修。对于计划维修，显然，其维修间隔可以根据维修大纲中的规定间隔进行；但对于非计划维修项目，由于其出现的随机性，所以很难完全制定维修计划，需要根据长期的统计才能比较模糊地确定；另外，对于车间维修来说，其维修一般需要特定的检查设备、维修设备等，维修时间相对较长，所以需要特别注意，如果车间维修生产时间比较快，则显然可以明显减少航空器的停场时间，降低备件的库存量，加快备件的周转周期,提高航空器的利用率。否则,可能会造成直接维修成本的大幅上涨,不仅会对直接维修成本造成很大影响,也会对间接维修成本造成很大影响。

4）部附件维修

由于航空器是一个复杂系统,所以在整体观的支配下,可以对其故障规律等进行统计分析,但是当对其进行维修时还必须落实到部附件上。所谓航空器的部附件,泛指构成航空器的零部件的总称。在航空器维修过程中,航空器部附件一般在维修过程中以一个独立的单元从航空器上拆下,同时,这些部附件均需能承担航空器上的某一独立的功能。因而,小到可以是一个传感器的小部件,大到可以是飞机发动机的大组件。

在部件管理和分析工作中,航空器部附件可以分为以下几种类型。

（1）按修理特性：可以分为可修理的部附件（周转件）和不可修理的部附件（消耗件）。

（2）按修理状况：可以分为新件、大修件和修理件。其中还没有进行过任何修理的新部附件称为新件;刚完成大修的功能部附件称为大修件;刚完成修理的功能部附件称为修理件。

（3）按改装状况：可以分为改装件和未改装件。其中执行了特定改装项目的部件称为改装件,而尚未执行特性改装项目的部附件称为未改装件。

（4）按其是否存在序号：有序号标记的部件称为序号件,无序号标记的部件称为无序号件。

（5）按部件的使用特性：分为寿控件和非寿控件。其中有寿命规定的部件称为寿控件,无寿命规定的部件称为非寿控件。

（6）按部件的控制方式：分为硬时件、视情件和修复件等。

（7）按修理单位：分为自修件和外修件,其中航空公司自行修理的部附件称为自修理件,送外修理的部附件称为外修件。

（8）按部件来历：分为原装机件和外修件,其中新飞机出厂时所安装的部件称为原装机件,装在飞机上（不管是新飞机还是旧飞机）与飞机一起加入机队的部件称为随机件。

（9）按照部件的价值：高价值的部件称为高价件,低价值的部件称为低值件。

航空器部附件在使用过程中会因为各种原因被拆换,这些原因如表 1.7 所示。根据拆换原因的不同,部件拆换又可分为计划/非计划拆换,故障/可用件拆换。在日常工作中计划到限和送厂改装一般均定义为故障拆换,但在部附件分析中,则可能根据分析的需要被定义为故障件或可用件。此外,故障拆换数据还可分为使用故障拆换和领出件故障。

表1.7　部附件拆换原因分类

| 序号 | 拆换原因 | 拆换类型 | 部件状态 |
|---|---|---|---|
| 1 | 故障/功能失效 | 非计划拆换 | 故障拆换 |
| 2 | 证实故障 | 非计划拆换 | 可用件拆换 |
| 3 | 磨损(特指轮胎) | 非计划拆换 | 故障拆换 |
| 4 | 低压(特指气瓶类部件) | 非计划拆换 | 故障拆换 |
| 5 | 计划到限 | 计划拆换 | 故障拆换 |
| 6 | 相关工作 | 非计划拆换 | 可用件拆换 |
| 7 | 送厂改装 | 非计划拆换 | 故障拆换 |
| 8 | 拉梯次 | 计划拆换 | 可用件拆换 |
| 9 | 租借件归还 | 计划拆换 | 可用件拆换 |

航空器部附件的维修间隔通常采用参数和频率来表示。其中参数是根据故障原因来确定,如果部附件出现故障主要是由于时间关系发生,则其参数可以选择为日历时间,即日历年、日历月、日历周等;如果其故障发生主要与起落有关,则可以将其表示为飞行循环;如果故障发生主要与飞行里程有关,则可以表示为飞行小时;当然,在特定条件下,也许还会出现采用双重参数来控制,如日历年/飞行小时,这时,以先到者为准。其中频率主要根据有两种:如果该部件为时控件/寿控件,则其维修间隔是从交付用户后的时间开始计算,即使部附件尚未安装到航空器上使用,其使用时间也应该计入维修间隔中;对于非寿命控制件,只有当航空器部附件被安装至航空器上使用时才会进行部附件使用时间的计算,此时可以采用使用时间来表示,即用部附件被安装到飞机上提供其应有的功能开始计算到需要进行维修时的时间。

对部附件进行维修的间隔,有以下几种计算办法:① TSN(time since new):自出厂使用时间开始计算;② TSO(time since overhaul):自上次大修使用时间(在计算机系统的存储中,常将首次大修前的部件的自上次大修使用时间等同于自出厂使用时间);③ TSR(time since repair):自上次修理使用时间(在计算机系统的存储中,常将首次修理前的部件的自上次修理使用时间等同于自出厂使用时间)。

3. 工作包及工卡管理

有了先进的维修理念,就有了保证制订安全、可靠、经济为目标的维修方案的总指导原则,但要把它落到实处,在维护实践中得以正确实施,需要工程部门以工卡的形式下发或通知实际施工单位,因此它是有效维修的保证。

1) 工卡、工作包简介

工卡又称工作单,是航空公司维修工程部门维修或检查直管航空器的指令性文件,主要用来指导维修任务的实施。其内容主要包括完成维修任务的技术指令、施工标准和注意事项,同时也包括维修、修理和改装工作所需要的工序及检验要求。简单地说,工卡主要是制订"什么时候""做什么"及"怎么做"的问题。

在飞机的定检中,航空公司维修工程部门要根据计划维修任务和非计划维修任务等,选择和确定本次定检中所要完成维修任务。然后将这些任务汇总打包,即为工作包。当然工作包中的具体任务都会对应到具体的工卡上。

工作包是很多维修任务的汇总,而维修任务以工卡的形式下发、实施。

2）工作包的制订原则及作用

根据工作包定义可以看出,对于工作包来讲,如何打包是其关键所在。因此,在制订工作包时,必须遵守以下原则:

(1) 适用同一类机型。对于航空器来说,首先不同机型和不同的发动机其表现出的性能是各不相同的,其承载能力也不相同;其次,对于相同的机型,由于每个航空器上有许多可选装的部附件,所以在建立工作包时首先必须考虑适用机型。

(2) 接近方式一致。只有接近方式一致时,放在一起做工作才能节约维修时间、降低维修费用、提高维修效率;

(3) 检查间隔接近或一致(包括检查门槛值和重复检查间隔)。只有维修间隔一致时,才能将其放在一起去完成,利用机会维修的优越性,完成其他维修检查工作,否则起不到提高维修效率的目的。

(4) 维修工作一致或者虽然不一致,但是可以相互包容。如对其进行详细检查,则肯定可以保证一般目视检查的要求,这样在做维修检查工作时,就可以用一个维修工作代替其他维修工作。

工作包的制定具有非常重要的作用,具体表现为以下几个方面:

(1) 便于维修工作的管理。众所周知,在进行航空器的维修工作中,不仅包括计划维修工作,而且包括非计划维修工作,所以要将这些维修工作落实到航线维修和定期检查中,则必须首先对其进行分类,并按照一定的原则进行打包,实现维修工作的整合,避免维修工作的遗漏或重复,便于维修工作的管理。

(2) 提高完成维修工作的效率。众所周知,大多维修工作都有一个共同的特点,就是其维修活动基本都包括准备、故障定位、故障隔离、分解、检查/检测、组合/装配、调试、校核等,显然,如果将所有维修工作都单独进行的话,则会需要更多的辅助维修工作,从而降低了维修工作完成的效率,增加了维修成本,延长了维修时间。

(3) 便于维修工卡的建立和索引。经过维修工作打包后,使得维修间隔接近,接近方式一致、工作任务相似的所有维修工作成为一组,便于维修工作的安排,并依据一定的组织方式建立索引，方便以后的维修工作的统一管理。

3）工卡的内容及作用

根据最新CCAR－145（R2）《民用航空器维修单位合格审定规定》，工卡应当至少包括以下内容：① 单位名称；② 工卡编号；③ 维修任务标题或者名称；④ 维修任务实施依据文件及版次；⑤ 机号或者件号；⑥ 接工作顺序或者步骤编写的具体工作内容及工作记录；⑦ 工作者签名或者盖章；⑧ 编写或者修订日期；⑨ 工时记录；⑩ 完成日期。具体形式如表1.8所示。

**表1.8 波音637－600/700/800/900工卡**

<table>
<tr><td>DATE</td><td>TAIL<br>NUMBER</td><td>STATION</td><td>AIRLINE<br>CARD NO.</td><td></td><td>BOEING CARD<br>NO.35－050－<br>00－00</td></tr>
<tr><td>SKILL<br>AIRPL</td><td colspan="2">WORK AREA<br>FWD CARGO<br>COMPT</td><td>RELATED<br>TASK</td><td colspan="2">VERSION THRESHOLD<br>REPEAT PHASE<br>1.1 2 000 HRS 2 000 HRS</td></tr>
<tr><td>TASK<br>GENERAL<br>VISUAL</td><td colspan="3">TITLE<br>FLIGHT CREW OXYGEN CYLINDER</td><td colspan="2">APPLICABILITY<br>AIRPLANE<br>ENGINE<br>ALL ALL</td></tr>
<tr><td colspan="2">ZONES<br>122 210</td><td colspan="4">ACCESS<br>117A</td></tr>
<tr><td colspan="4" rowspan="2">SYSTEMS<br>MPD ITEM：35－050－00<br>VISUALLY（CROSS）CHECK THE FLIGHT CREW OXYGEN CYLINDER PRESSURE INDICATOR AND THE CONTROL COMPARTMENT FLIGHT CREW OXYGEN INDICATOR.<br>References<br>（1）AMM TASK 24－22－00－860－811 p201，Supply Electrical Power<br>（2）AMM TASK 24－22－00－860－812 p201，Remove Electrical Power<br>（3）AMM TASK 35－00－00－910－801 p201，Oxygen System General Maintenance Practices</td><td>MECH</td><td>INSP</td></tr>
<tr><td></td><td></td></tr>
<tr><td colspan="2">CUSTOMER FLEET<br>EFFECTIVITY<br>ALL</td><td>SOURCE<br>MRB</td><td colspan="3">FLIGHT CREW OXYGEN CYLINDER<br>PAGE 1 of 2<br>35－050－00－00 Oct 10/99</td></tr>
</table>

有些工卡只有维修要求,具体施工或检查工作则要求按照维修手册或工艺规章进行。对这类工卡,要认真研究、评审,确保维修和检查要求正确、全面完成并对工作情况有正确记录。大量事件研究表明,维修质量和人为差错,大都和工卡编制水平有关。正确、完善和可行的工卡,在减少维修人为差错中发挥重要作用。具体表现在以下几个方面:首先,通过工卡的形式,向具体施工的维修车间传达预定及非预定维修的具体项目,起到一个纽带桥梁作用。具体施工的维修车间又将具体施工后航空器的实际状况记录于工卡,通过工卡进行反馈,便于建立可靠性控制;其次,完成维修任务并正确签署的工卡,是维修质量和航空器适航性的证明文件,是飞机历史记录的一部分。根据维修单的内容,属于例行任务的工卡,需保存一个月;属于 EO、AD/CAD 等改编的工卡,需保存至航空器撤销注册一年后。

最后,工卡是规范化施工的保证,是减少人为差错的有利武器。只有严格统一按照工卡施工,才能确保不同人完成同一维修任务,得到同样的维修结果。也只有严格按工卡程序步骤施工,才能铲除具体维修施工中非良性个性化表现,减少违章操作的概率,有利于降低人为差错。

4）维修任务的执行

制定维修方案执行计划,是实施维修方案的重要步骤,其主要步骤如下:

(1) 确定机队的维修循环时间。通常将重要维修时间(“D 检”、结构检查或翻修)时间定为维修循环时间,然后制订每次维修循环的执行计划;

(2) 列出每一维修项目的维修类型或维修控制间隔;

(3) 制订工作包组合表,将不同使用时限所应完成的维修任务组合;

(4) 制订工卡矩阵图。工卡矩阵图表明每一个工卡号在哪些时限适用矩阵图表,它是工作包组合表的具体化,即将工作包项目明确地列出工卡号码,使每一检修级别所需工作单一目了然,便于下发;

(5) 从矩阵图提出每一检修级别的工卡目录,并配相应的工卡,形成任务卡和工卡组合;

(6) 分析每一检修级别的工作量,进行工时分析,若发现某一级别的工时与实际可提供的工时差别比较大时,应该及时进行调整,并确定最后的计划维修任务项目;

(7) 审查附件时限管理部门或零部件使用和储存限制(component operating and storage limits, COSL)管理部门提供的附件更换通知单,并列入计划;

(8) 维修控制部门综合各项非例行维修项目,并将其列入计划。

根据上述各步结果,编制每次定检的总维修项目,配以相应的工卡,下发车间执行。同时,应通知质控、航材、工具设备等部门,作好相应的准备工作。

在制作工卡的过程中,还要注意如下情况:

（1）要根据维修方案和制造厂家提供的相关手册和通告等编写工卡，其内容应包括维修方案、手册和本单位的具体情况等；

（2）与生产管理部门和车间共同评审工作施工和签署要求，工卡应符合生产组织和分工情况，符合检查者的技术等级要求。否则，应对工卡进行协调修改；

（3）确定工卡或某些工序必须检查的要求，做出必检项目标志；

（4）列出维修方案和工卡编号对应表，以便制定执行计划和跟踪管理。

维护工作中最难管理的是非例性工卡。由于它涉及面广，通常又具有偶然性，有严格的完成期限要求，工作负荷重，因此最容易发生差错。对这类工作，要尽快补充完善工卡，必要时应请求工程技术支援，按照有关的程序施工和签署。

维修计划制订和执行过程如图 1.7 所示。

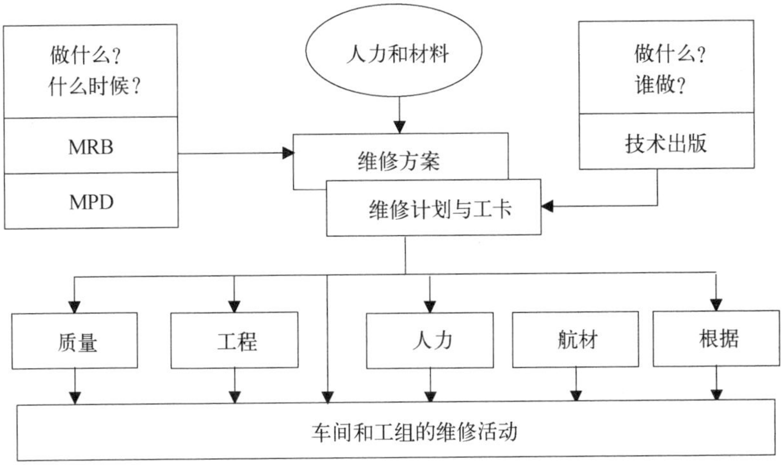


图 1.7　维修计划的制订与执行

为了在工卡执行时便于管理，通常对工卡建立了相应的索引。工卡索引系统的建立是客户化工卡包的基础部分，制造厂可以根据索引系统查找任何一份工卡，以多种方式的索引系统还可以针对某一特定的航空公司以间隔等条件查找相应的工卡包，这就要求制造厂在建立工卡系统时，健全自己的索引系统，具体的方法可以各不相同，通常要包含多种的索引条件：① 以检查间隔条件；② 以用户名称条件；③ 以工卡编号条件；④ 以 MPD 和 MRB 任务项目编号条件。

波音公司还开发了一种以工卡的相号（Phase）来索引的方式，就是用一个 8 位数字的代码来对工卡进行索引，如 01004004，其中前两位代表在第一个飞机大修间隔，如“D1 检”，其后的三位数表示完成此工卡的门槛值，最后三位数表示完成重复检查间隔。

表 1.9 为波音 737 飞机以检查门槛值和相号排列的工卡索引示例。

表 1.9 BOEING 737 678 TASK CARD INDEX 7.8

| BOEING 737 678 TASK CARD INDEX 7.8 | | | | | | | | | | |
|---|---|---|---|---|---|---|---|---|---|---|
| PHASE | THRESH | REPEAT | CARD | MPD | MHRS | ZONES | ACCESS | | TASK | TITLE |
| | 2000 HRS | 2000 HRS | 79 - | ITEM | 0.10 | 411 | 413 | 0.2 | CHECK | LEFT ENGINE |
| 01004004 | 2000 HRS | | 030 - | 79 - | | | | | /INSP | SCAVENGE |
| | 1600 CYC | | 01 - 0 | 030 - | | | | | CHECK | SCREENS |
| | 1600 CYC | 2000 HRS | 79 - | 01 | 0.10 | 421 | 423 | 0.2 | /INSP | |
| | | 1600 CYC | 030 - | 79 - | | | | | INSPECTION | ON |
| 01004004 | | 1600 CYC | 02 - 0 | 030 - | | | | | INSPECTION | LUBRICATION |
| | | | 80 - | 02 | 0.05 | 411 | 413 | 0.2 | | UNIT |
| | | | 010 - | 80 - | 0.05 | 421 | 423 | 0.2 | | |
| | | | 01 - 0 | 010 - | | | | | | RIGHT |
| 01004004 | | | 80 - | 01 | | | | | | |
| | | | 010 - | 80 - | | | | | | ENGINE |
| 01004004 | | | 02 - 0 | 010 - | | | | | | SCAVENGE |
| | | | | 02 | | | | | | SCREENS ON |
| | | | | | | | | | | LUBRICATION |
| | | | | | | | | | | UNIT |
| | | | | | | | | | | MAGNETIC |
| | | | | | | | | | | CHIP |
| | | | | | | | | | | DETECTOR |
| | | | | | | | | | | LEFT |
| | | | | | | | | | | ENGINE |
| | | | | | | | | | | STARTER |
| | | | | | | | | | | MAGNETIC |
| | | | | | | | | | | CHIP |
| | | | | | | | | | | DETECTOR |
| | | | | | | | | | | RIGHT |
| | | | | | | | | | | ENGINE |
| | | | | | | | | | | STARTER |

## 1.4 预测维修模式

### 1.4.1 预测维修模式的提出

随着系统/结构健康监测(system/structure health monitoring)技术的发展及基于 S3000L 的综合保障理念在维修领域的应用,其在提高民用飞机安全性、降低寿命周期成本方面日益表现出巨大应用潜力,现行计划维修任务分析标准规范(如 MSG-3、RCM、S4000M 等)如何吸收融合这些先进的理念和方法以不断对自身进行完善和改进成为目前行业内研究的热点,也是未来民机维修和全寿命管理的发展趋势。在此背景下,国际维修审查委员会政策委员会发布了 IP92 和 IP105,对现行 MSG-3 标准进行补充和修正,但缺乏对结构健康监测(structure health monitoring, SHM)任务的适用性评估及系统 SHM 任务工程分析方法的深入研究,与预测维修相适应的系统化的维修工程分析方法亟须建立。

SHM 能够在线实时监测飞机结构健康情况，从而提高飞行安全性能，降低维修费用。特别是，现代大型飞机越来越多地采用复合材料，相对于传统监测方法，SHM 技术可以很好地解决复合材料结构的健康监测问题。因此，世界主流的飞机制造商，如波音公司、空客公司以及庞巴迪公司等，都非常重视结构健康监测技术的研究和应用，投入大量的人力、物力开展相关研究，其技术成熟度不断提高，目前已从飞机的地面试验以及装机后的离线测试发展到在役飞机的在线监测阶段，波音和空客也在新一代的飞机型号中规划了结构健康监测系统。结构健康监测技术的引进将对目前的飞机结构持续适航概念和方法体系带来一定的变化，引起结构维修任务分析方法的改变，部分需人工实施的结构检查任务将可能由健康监测系统取而代之，极大地减少停机时间和检查的人工成本，同时部分结构由定时维修转变为视情维修，充分利用了结构的剩余寿命，这将有效地降低民用飞机的维护成本，延长其使用寿命。但结构健康监测技术的成功应用还需与目前的行业规范和标准相结合，特别是与现行的飞机计划维修任务分析标准 MSG－3 的有机融合是 SHM 成功应用的前提。在确保飞机满足持续适航要求的前提下，SHM 的采用促使飞机由定时的计划维修向更加高效的视情维修转变，这对传统的基于 MSG－3 的结构维修任务分析方法提出了挑战，如何融合吸收这些新的持续适航技术方法，制定更加有效的飞机维修任务，成为各国适航当局和世界主流飞机制造商所面临的重要问题。

### 1.4.2 预测维修的内涵

预测维修将充分考虑当前飞机健康管理技术的发展趋势，将健康管理理念引入以 MSG－3 规范为基础的计划维修任务分析中，并吸收融合 ASD、SAE 等规范的成熟方法和技术，建立预测维修任务规划的工程分析方法，以指导飞机预测维修计划的制定与实施。

1）预测维修思想原理

首先通过先进传感器和检测技术检测早起故障，进而通过预测技术确定修理/更换间隔，变预防性维修为计划维修，通过故障诊断判定子系统间故障影响和传播，避免二次损伤，同时又可以更深一步对子系统甚至航线可更换件（line replaceable unit, LRU）的寿命进行预测。

2）预测维修模型方法

在引进健康监测技术后，相当一部分的 MSI/SSI 的计划维修任务将被取消，取而代之的是视情维修或预测维修。针对实施视情维修或预测维修策略的 MSI/SSI，研究根据健康监测确定其最优的修理/更换时机的预测维修模型，重点研究基于物理模型的预测模型、基于数据驱动的预测模型和基于统计模型的预测模型以及相互间的融合方法等。并在此基础上，基于现有实验条件和数据，开展模型方法的验证研究。

3）预测维修全系统全寿命优化

由 MSG－3 结合相似产品初始维修任务分析方法确定初始维修计划，飞机投入运行后，由航空公司根据运营监控数据来调整维修计划，并结合飞机视情／预测维修任务，形成适时维修计划，最终结合机队结构、航线结构以及维修能力等形成面向用户的全寿命最优维修方案。

### 1.4.3 预测维修的关键问题

针对初始维修大纲缺乏实际健康状态及风险评估和预测环节，分布个体的针对性、寿命周期的适应性及退化趋势的可预测性等比较差的问题，研究预测维修理论，将全寿命健康管理思想系统引入到计划维修任务分析中和计划维修管理中，提高维修计划的针对性和动态适应性，实现逐步逼近的精准计划和因地制宜的灵巧计划。

飞机维修思想是指导飞机计划维修任务分析和全寿命管理的基本原则和方法，直接决定飞机运行的安全性、利用率及寿命周期成本。传统的基于 MSG－3 的维修任务制定主要以定时维修策略为主，由于设计阶段缺乏可靠性数据，“过修”和“失修”问题严重，影响飞机安全性和经济性。预测维修思想充分考虑飞机健康管理发展趋势，将全寿命预知维修思想引入以 MSG－3 规范为基础的维修管理中，并吸收融合 ASD、SAE 等规范的最新成果，建立全系统全寿命的维修思想，以指导飞机系统和结构中计划维修具体分析理论和模型的研究，如图 1.8 所示。

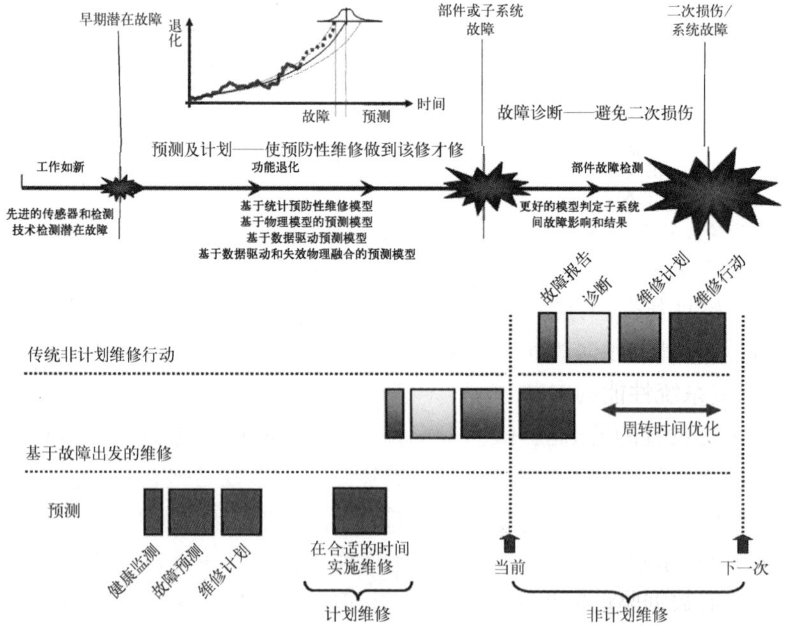


图 1.8　预测维修思想

预测维修需要收集、处理和综合整个机队的状态信息,进而做出以状态信息为依据的维修决策,产生确保安全的维修行动,因此需要一套完整的预测维修体系结构用以支持维修决策的制定。通过先进的传感器和检测技术用以发现潜在故障,突破寿命预测模型,从而动态调整系统、结构的维修间隔,形成计划维修。研究以状态监测、数据处理、健康评估、寿命预测、维修决策等组成的预知维修思想体系结构,使维修在最合适的时间进行。

在引进健康监测技术后,相当一部分的 MSI/SSI 的计划维修任务将被取消,取而代之的是视情维修或预测维修。这些 MSI 或 SSI 将由 AHM/SHM 持续地监控其健康状态,并在必要的时间触发维修活动的实施。针对实施视情维修或预测维修策略的 MSI/SSI,如何根据健康监测确定其最优的修理/更换时机成为一个首要问题,因此,急需在预测维修模型方法方面开展相关研究。目前主要的预测模型主要分为基于物理模型的预测模型、基于数据驱动的预测模型、基于统计模型的预测模型及相互间的融合——基于数据驱动与失效物理融合的预测模型等,如图 1.9 所示,各模型的适用条件如图 1.10 所示。

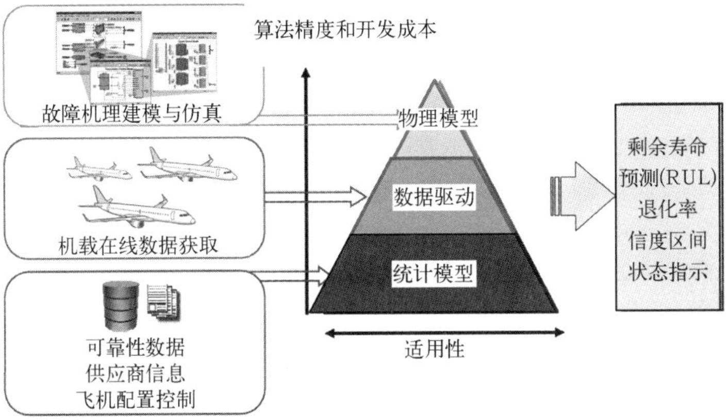


图 1.9　预测维修模型分类

1）基于统计数据的预防性维修模型

基于机队统计的预防性维修模型主要分为两类,如图 1.11 所示,一是通过历史数据对反应系统性能的参数进行统计建模,以使各性能参数受控,若出现失控状态,即超过预先设置的警戒值,则需根据控制图提供的信息安排维修,消除潜在的异常因素,使飞机达到稳态;二是运用威布尔分布,贝叶斯方法进行可靠性评估,得到故障率曲线的分布,通过相应的置信度水平的设置,得到设备剩余寿命,从而指导修理/更换间隔的优化。

2）传感器数据驱动的预测维修模型

系统或结构的失效可归结为其潜在的复杂的物理或化学退化过程,系统或结

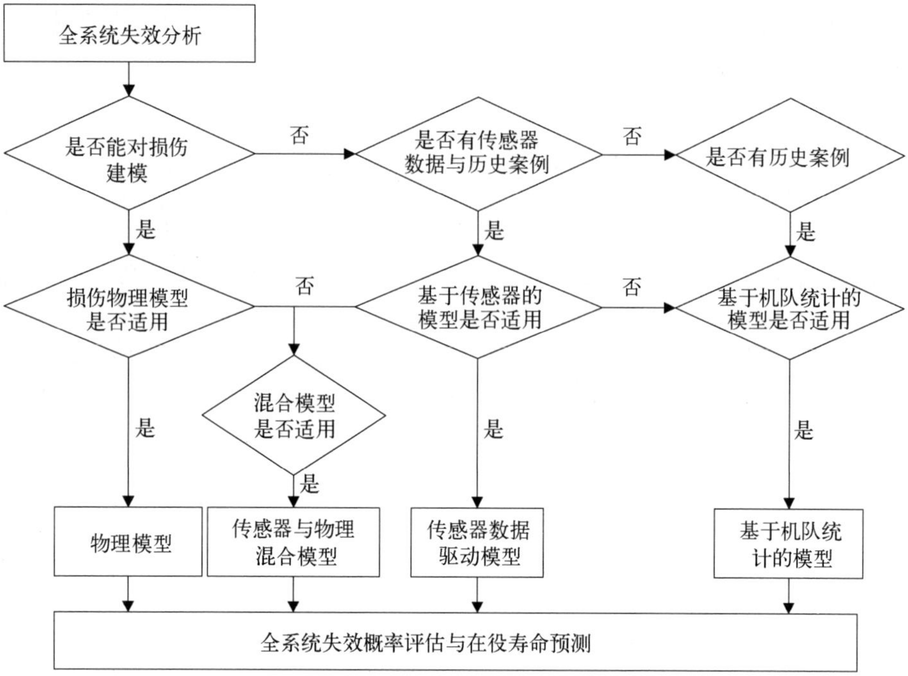


图 1.10　预测维修模型适用条件

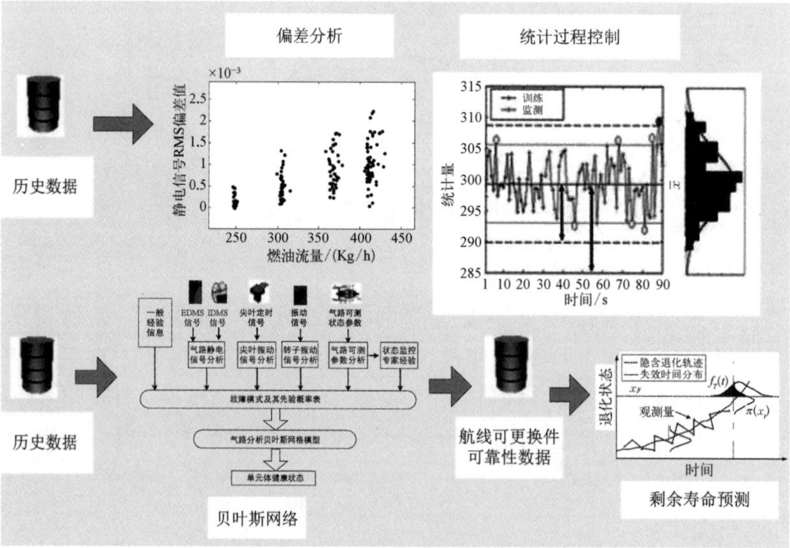


图 1.11　基于机队统计的预防性维修模型

构运行期间收集的状态数据与其潜在的退化过程有直接或间接的关系,状态和性能参数是系统/结构潜在的退化过程的一种外在表现。性能可靠性方法是一种典型的纯传感器数据驱动的预测方法,如图 1.12 所示,利用退化数据确定设备的退化规律,并通过统计推断对该模型的参数进行估计以确定设备的退化量统计模型,然后根据退化量统计模型确定设备的退化失效模型,从而得到设备的剩余寿命分布。在退化问题的研究中,其统计推断的最终目的是建立设备总体的退化失效统计规律,而设备总体的退化失效统计规律是由退化失效模型加以描述的。这一类预测模型包括带漂移的布朗运动模型、动态线性模型等,这种方法需要大量的系统/结构退化状态数据,可能是直接监测的性能参数或从多个状态参数中提取的表征系统/结构退化状态的特征参数。

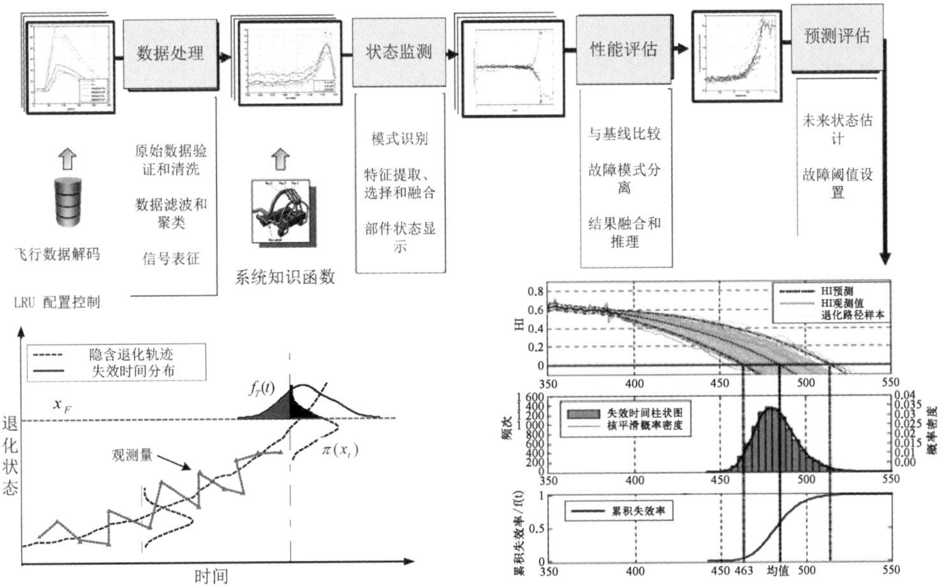


图 1.12　传感器数据驱动的预测维修模型

3）传感器数据与失效物理融合的预测维修模型

这一类方法通常比纯数据驱动的剩余寿命预测方法能够更加准确和精确地预测剩余寿命。这一种剩余寿命预测方法,同样需要大量的时序数据,因此要求 SHM 系统的工作模式为持续监测,根据监测数据类型的不同,通常分为以下两类方法。

(1) 基于使用监测数据与寿命损耗模型的剩余寿命预测。系统/结构在各种环境和工作应力的作用下发生缓慢的退化而导致最终失效,其退化程度和速率取决于其工作环境和载荷应力的大小及工作时间,基于运行环境和载荷数据的剩余寿命预测方法通过分析个体对象实际的运行环境及载荷数据,结合对象的损伤模型或寿命损耗模型来评估其累积损伤量，并预测其剩余可用寿命。这种方法需要建立两种模型：一种为环境载荷模型，通过对系统/结构实测的环境和载荷历史数据的模式进行学习建模，用来预测未来的环境和载荷谱，这一类环境载荷模型有马尔可夫模型以及概率模型等；另一种为损伤或寿命损耗模型，建立起了环境载荷数据与系统/结构损伤量或寿命损耗之间的映射关系，这种模型的建立需要了解系统/结构的主要的失效模式的失效机理，如图 1.13 所示。

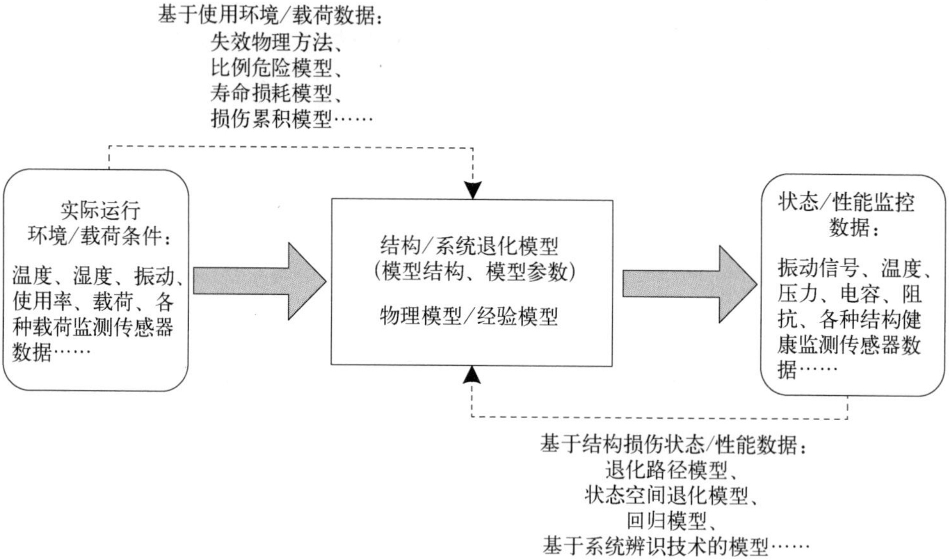


图 1.13　基于 AHM/SHM 数据与物理模型的 MSI/SSI 剩余寿命预测方法

（2）基于损伤监测数据与物理退化模型的剩余寿命预测。退化参数是与系统/结构失效密切相关且能够表征其退化程度的变量，可能由传感器直接测量的状态或性能参数，也可能是信号的某一特征值或多个可测参数的函数值。退化参数的选择取决于所研究对象的失效模式及现有的监测数据，依靠物理规律、专家经验、历史数据的分析来确定一个合适的变量。通过选择合适的退化参数来表征结构的退化程度，并定义系统/结构退化失效的阈值，可借助退化模型及实际采集的退化数据来预测其失效时间分布。引进状态空间模型用于系统/结构的退化建模，建立基于损伤监测数据与物理或经验的衰退规律相结合的状态空间衰退模型；在此基础上，借助贝叶斯方法，给定损伤监测数据可估计出系统/结构当前的退化状态，并预测其未来的衰退趋势，再通过设定衰退阈值，可实现对失效时间分布的预测。

（3）预测维修模型验证。系统或结构的失效可归结为其潜在的复杂的物理或化学退化过程，比如结构件的疲劳裂纹扩展、滚动轴承和机构的磨损、液压系统和气源系统等的磨损退化、电源系统中电子器件的热老化以及电老化等，系统或结构运行期间收集的数据与其潜在的退化过程有直接或间接的关系，通过监测数据与物理或退化模型可建立预测维修模型，如图 1.14 所示。

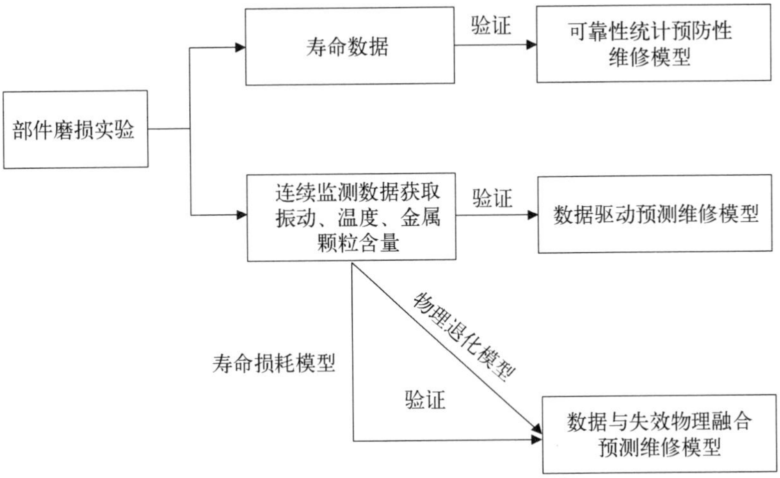


图 1.14　基于零部件磨损监测实验的预测维修模型验证

磨损是一类典型的耗损型失效模式，占机构和机械系统故障的 80%，通过部件磨损寿命实验验证和修正基于数据驱动的预测模型，基于数据驱动与失效物理融合的预测模型，从而指导机构系统、液压系统、燃油系统、气源系统等飞机典型系统的预测维修建模，如图 1.15 所示。

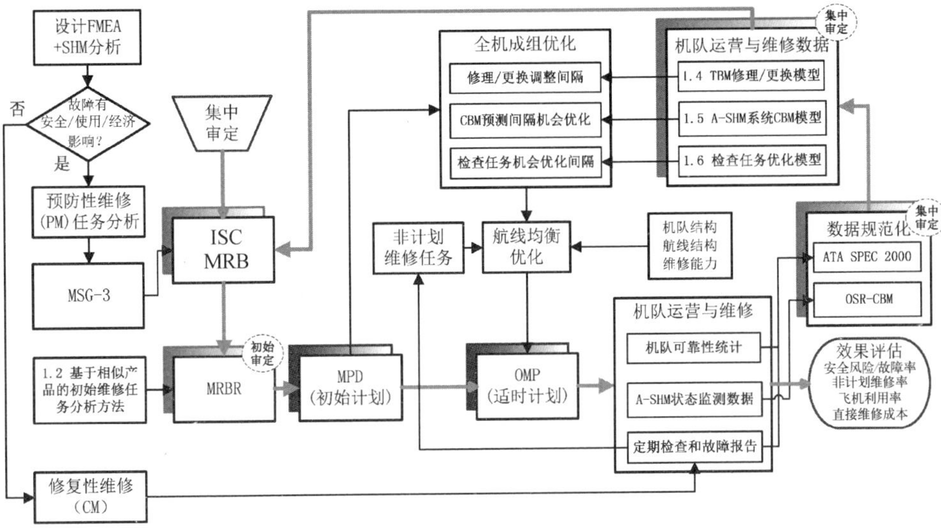


图 1.15　预测维修全系统全寿命优化过程

预测维修思想将 MSG－3 和预测与健康管理技术相结合以指导维修。首先，通过相似产品初始维修任务分析方法确定初始计划 MPD,在实际运营中,由航空公司根据运营监控数据动态预测调整维修计划,形成适时计划 OMP,最终集合机队结构、航线结构以及维修能力等优化调整适时计划。通过故障率、非计划维修率、飞机利用率、直接维修成本等评估适时计划的准确性和有效性。该系统由众多子系统或者因素组成,具有高维数、多目标、变量种类多、约束耦合复杂等难点,故其子系统的独立优化并不能带来整个大系统的优化方法,如耦合法、分解协调法(模型协调法、目标协调法),都是针对特殊的数学模型而提出的,通常工程系统的优化模型预先未知，需要通过子系统或者结构的具体优化模型来构造大系统的全局优化模型，故这些方法难以应用。因此,需要考虑工程系统中的动态可靠度与模糊因素,构造适用于大系统的全局优化算法,研究全系统全寿命优化模型。

## 参考文献

[1] 左洪福,蔡景,吴昊,等. 航空维修工程学[M]. 北京：科学出版社,2011.

[2] 甘茂治,康建设,高崎,等.军用装备维修工程学[M].北京：国防工业出版社,2005.

[3] 莫布雷.以可靠性为中心的维修[M].北京：机械工业出版社,1995.

[4] 左洪福,蔡景,王华伟. 维修决策理论与方法[M]. 北京：航空工业出版社,2008.

[5] Waeyenbergh G, Pintelon L. Maintenance concept development：A case study [J]. International Journal of Production Economics, 2004,89(3)：395－405.

[6] 王文义，张洪芬. 维修策略的概念、方法和模型(Ⅱ)[J]. 运筹与管理, 1997,(2)：95－99.

[7] Airlines Electronic Engineering Committee. Design guidance for onboard maintenance system (BITE)[M]. Annapolis：Aeronautical Radio Inc., 1993.

[8] IEEE Standards Coordinating Committee 20. IEEE standard for artificial intelligence exchange and service tie to all test environments (AI-ESTATE)：IEEE Std 1232－2002[S]. New York：IEEE,2011.

[9] IEEE Standards Coordinating Committee 20. IEEE standard for software interface for maintenance information collection and analysis (SIMICA)：IEEE Std 1636－2009[S]. New York：IEEE,2009.

# 第 2 章　预测维修的条件——监测与健康管理

## 2.1　产品设计特性、故障和维修的关系

可靠性是基础,不能满足可靠性要求的系统要么以低可靠性部署,要么进行可靠性改进,两者代价都很高,不可靠的系统不仅降低完成任务的能力,而且使全寿命持续保障费用大幅度上升。

产品设计特性通过研制与生产固化到产品中,是综合保障的基础,需要通过持续的综合保障工作,使系统持续保持其设计特性。

## 2.2　测试性

测试性[1](testability):产品能及时准确地确定其工作状态(可工作、不可工作或性能下降)并隔离其内部故障的能力。

测试性设计准则(testability design criteria):在产品设计中为提高测试性而应遵循的细则,它是根据在产品设计、生产、使用中积累起来的行之有效的经验和方法编制的。

符合性(conformity):产品设计与测试性设计准则所提要求的符合程度。

符合性分析与检查(conformity analysis and check):对产品的测试性设计进行分析与检查,以确认与测试性设计准则的符合程度。

机内测试(built-in test, BIT):系统或设备自身具有的监测和隔离故障的自动测试功能。

### 2.2.1　测试性概念

制定测试性设计准则的目的是提高产品测试性,进而提高产品设计质量。有助于落实测试性设计与分析工作项目要求;进行测试

性设计与分析的重要依据；达到产品测试性要求的重要途径；规范设计人员的测试性设计工作，是检查测试性设计符合性的基准。

### 2.2.2 测试性指标

制定测试性设计准则的依据如下：① 型号《研制总要求》及研制合同（包括工作说明）中规定的测试性设计要求；② GJB 2547－1995《装备测试性大纲》、GJB／Z 91－1997《维修性设计技术手册》等有关标准、手册和规范中提出的测试性要求和设计准则；③ 相似产品中制定的测试性设计准则；④ 在测试性设计方面的经验和教训；⑤ 产品的特性。

型号测试性设计准则：制定测试性设计准则的要求、实现测试性定性设计要求的有关具体规定以及测试性设计准则的一些通用条款。

测试性设计准则的一般内容与应用如表 2.1。

**表 2.1　测试性设计准则的一般内容和应用**

| 类　　别 | 系　统 | 分系统或设备 | 电　路 |
|---|---|---|---|
| 1. 测试要求和数据 | | | |
| （1）测试要求 | √ | √ | √ |
| （2）诊断能力综合 | √ | √ | × |
| （3）性能监控 | √ | √ | × |
| （4）机械系统状态监控 | √ | √ | × |
| （5）光电设备测试设计 | | √ | × |
| （6）测试数据和资料 | △ | △ | √ |
| 2. 固有测试性和兼容性 | | | |
| （7）测试控制 | √ | √ | √ |
| （8）测试通路 | √ | √ | √ |
| （9）划分 | √ | √ | √ |
| （10）结构设计（电子功能） | △ | √ | √ |
| （11）测试点 | √ | √ | √ |
| （12）传感器 | √ | √ | × |
| （13）指示器 | √ | √ | × |
| （14）连接器设计 | √ | √ | × |
| （15）兼容性设计 | √ | √ | × |
| 3. BIT 设计 | | | |
| （16）BIT 设计 | √ | √ | √ |

注：√——适用；△——部分使用；×——不适用

在研制过程中分析测试性设计准则的贯彻情况，确定产品维修性设计与设计准则的符合度，改进存在的问题。

## 2.3 全机监测概念

### 2.3.1 机内监测技术

以航空发动机为例，实现关键部件的健康状态的在线监测是一个涉及摩擦学、力学、流体力学、振动科学等多学科的系统工程，特别地对于航空发动机的在线监测还涉及空气动力学与热力学的知识。目前，国内外有众多学者及研究机构针对航空发动机与风电齿轮箱状态监测等问题进行了深入的研究。

状态监测技术不仅可以获取发动机状态的实时信息从而实现对发动机工作状态的监测，而且可以利用获得的监测信息为后续的故障评估与维修决策等提供支持。航空发动机状态监测技术随着发动机的发展而不断进步。20 世纪六七十年代美国就提出了对发动机的健康状态进行监测的计划，1969 年成功开发了 T700 系列涡轴发动机的健康状态监测系统，1970 年开发了 TF4－A－2 发动机健康状态监测系统，随后又开发了 F404－GE－400 发动机健康状态监测系统[2]。美国汽车工程协会发布了多个可供飞机发动机制造商设计 EMS 系统时借鉴的航空燃气涡轮发动机监测系统指南与标准[3-4]。由此，航空发动机状态监测系统作为重要的机械故障在线监测系统开始广泛地应用于各种工业飞行器上，如直升机的健康状态监测系统[5-6]和航天飞机主发动机健康监测[7]等。而对于风电齿轮箱的机械故障在线监测通常采用振动监测技术[8]、温度监测技术[9]与滑油监测技术[10]。

随着研究的不断深入，在线监测技术与计算机科学结合得越来越紧密使得航空发动机与风电齿轮箱的状态监测系统有了长足的发展。目前，对航空发动机与风电齿轮箱的机械故障在线监测的传统技术可以分为振动监测技术与滑油监测技术两大类，而基于气路的状态监测技术只适用于航空发动机的机械故障在线监测。

航空发动机气路的主要性能参数有压力、温度、转速、燃油量及推力或功率等。当发动机的工作状态处于稳定时，这些参数可以通过数据采集系统实现在线采集，并且具有测点多、通用性好与采样率低等特点，非常适合于对稳定工作状态的航空发动机进行状态监测。基于气路主要性能参数状态监测是对这些参数进行测量，从而建立可以刻画它们之间客观存在的各种守恒规律的气路热力学模型。根据使用气路参数实现监测发动机状态方法的不同，大致可分为基于模型的方法和基于数据驱动的方法[11]。根据模型的方法又可以细分为基于线性模型的方法和非线性模型的方法，基于线性模型的方法有最小二乘法、最大后验法及卡尔曼滤波方法等，基于非线性模型的方法有改进的卡尔曼滤波的方法、复合目标函数法等。在获取气路的性能参数值的基础上，利用气路热力学模型可以实现求解单部件性能参数的变化，从而实现对气路单部件状态监测的目的。而基于数据驱动的方法不需要对气路的主要性能参数进行采集，而需要大量的航空发动机状态监测数据和故障样本数据，通过对这些数据的分析和比较，从而实现航空发动机状态监测的目的。目前，应用较多的技术有神经网络技术、支持向量机技术、模糊逻辑技术以及专家系统等。也有个别的研究者提出了物理模型和智能技术相结合的诊断法，如模式分类与气路分析相结合的方法及神经网络与气路分析相结合的方法。

由于航空发动机是一个复杂的系统，并且工作环境多变，根据采集的性能参数值而建立的气路热力学模型是非常复杂并且难以求解的，而且基于气路参数的状态监测主要目的偏重于监测发动机整体性能，使得发动机故障的定位是不准确的。此外，虽然基于气路性能参数的状态监测技术具有测点多、通用性好与采样率低等特点，但是，由于可测的气路主要性能参数有限，并且这些参数随着工作状态的改变而改变，因此，其测量值具有不确定性。这些因素都影响了基于气路性能参数的状态监测的可靠性和准确性。

基于振动的在线监测技术的应用和研究较为广泛，也一直是航空发动机状态监测的研究热点。振动传感器一般安装在发动机可以感受到振动的部位，如轴承的支座、涡轮壳体或风扇壳体等，支座与壳体的振动是发动机主质量的振动，同时风扇，叶片，轴承和其他激励源同样会引发振动，所以，支座与壳体的振动表征了发动机振动的总体情况及部件的不平衡度和受激振的水平，从而使得振动监测技术可以实现对发动机气路转静件碰摩等故障的监测。

同时，随着信号处理技术的持续发展，特别是信号处理、特征提取和融合评估方法有效地提高了对轴承健康状态的监测能力。而滚动轴承作为航空发动机的关键部件，对其实施故障预测与健康管理（prognostic and health management, PHM），可以在确保安全的前提下，最大限度地发挥轴承的工作潜力，降低维护成本，减少事故的发生的概率。在信号处理方面，时频分析方法提高了微弱特征信号检测的水平，Peng 和 Chu 系统总结了小波分析在机械设备状态监测和故障诊断领域的应用成果[12]，Lei 从原始经验模态分解、改进的经验模态分解、经验模态分解与其他方法相结合等方面总结了目前经验模态分解在机械设备故障诊断领域的应用情况[13]。在特征提取方面，主要包括时域、频域以及时频域三类特征提取方法，其中，时域特征主要包括均方根值、峭度和裕度等，频域特征主要包括频率中心、均方根频率和频率偏差等。时域和频域信号特征提取方法能够反应轴承性能状态，对机械设备的状态监测、故障诊断以及预测提供了信息来源，至今仍是机械设备振动监测特征信息中的重要组成部分，但是时域和频域特征提取是基于平稳过程的处理方法，而在设备运行过程中监测信息往往是非线性非平稳的，一些学者提出了基于时频分析的特征提取方法，如小波能量、经验模态分解能量、经验模态分解-奇异值、经验模态分解-自回归系数等，取得了一系列成果。在特征融合评估方面，与现有轴承故障位置识别方法的差异在于性能退化评估方法不是对某一时间点的状态进行诊断，而是综合利用多个特征参数融合形成能够反应轴承性能退化程度的定量指标，能够解决单一指标对退化程度反应不灵敏或者不一致的问题。有采用逻辑回归模型进行设备退化状态的评估方法，采用相关向量机和逻辑回归相结合的方法对轴承退化程度与故障时间进行评估与预测，与以试验数据相对正常状况的隶属度作为反映轴承性能衰退的定量标准并选用模糊 C 均值法建立评估模型。但是，这些方法的缺点是它们都需要利用失效数据建立评估模型，但是这在实际应用中是不可能的或者很难获得的。于是，又出现一种基于自组织特征映射网络鲁棒性能评估方法，该方法只需要正常状况的数据便可建模，在此基础上，利用自组织特征映射网络和人工神经网络的轴承的剩余寿命预测方法，取得了较好的效果。此外，有研究者选用局部保持投影的方法对特征进行选取，然后对轴承性能衰退水平选用高斯混合模型和统计指标进行评估，研究表明局部保持投影特征选取效果明显好于主成分分析的方法，评估过程仅需要正常状态数据即可建模，并且提出了采用基于贝叶斯推断的概率作为反映轴承失效概率的指标[14]。文献[15]针对风电机组工作条件动态变化的情况，比较分析了自组织特征映射网络，高斯混合模型和神经网络用于风电机组性能评估的情况，试验结果表明高斯混合模型更适用于退化趋势的跟踪并且能够为长期维修决策的制定提供了更好的时间窗口。

振动监测可以在不影响结构与工作状态的情况下进行监测诊断，可以将传感器安装至结构深处和不易接近的部位进行故障探测。然而，航空发动机整体结构十分复杂，在进行振动研究时经常将发动机抽象为较简单的模型加以研究。同时，在实际应用中因部件状态发生异常而引起的振动往往被正常的工作噪声覆盖，因此，振动监测并非在任何场合都很适用，如在航空发动机中，初期微弱信号容易被环境噪声淹没，于是，在故障初期这种信号不易被察觉，而正是这种潜在的而又不易察觉的初期故障可能导致灾难性后果。

油液磨粒监测是对航空发动机与风电齿轮箱的轴承、齿轮、花键及其他润滑部件进行监测，并预测润滑部件即将发生故障的可能，进而有效地预测部件的寿命，以便保障发动机及齿轮箱的安全、节约维修保养成本、实现经济效益最大化。因此，它是发动机及齿轮箱状态监测系统的重要组成部分之一。

当发动机与齿轮箱工作时，通常可以在润滑油中发现发动机与齿轮箱的润滑部件开始磨损的征兆。例如，发动机与齿轮箱的润滑部件经过滑动、疲劳或蠕变，细小的金属块将会从基体剥落形成磨粒并随着润滑油一起流动。因此，磨粒的形成是摩擦表面失效的结果，油液监测中发现的数量异常或者较大的磨粒则表明发动机与齿轮箱中的部件发生过度磨损或者疲劳失效。

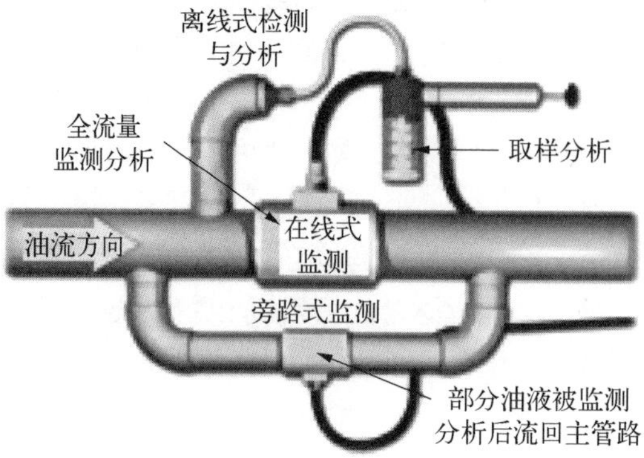


图 2.1　油液磨粒监测技术

油液磨粒监测技术根据油液的取样方式和分析方法分为三类，即离线式检测、旁路式监测与在线式全流量监测，如图 2.1 所示。有文献将旁路式监测与在线式全流量监测合并称为在线式监测，也有文献根据获取油液中磨粒的场所的不同，针对航空发动机将油液磨粒监测分为机载式和离机式。

其中，曾广泛使用的是离线式检测技术，它需要一个物理的取样，随后在现场或场外实验室，使用相关设备对样品进行分析。旁路式监测与在线式全流量监测使用的传感器都能够自动监控含有磨粒的润滑油路。因此，这两种监测技术受外界的影响小。旁路式监测传感器对润滑油流的一部分进行连续取样和分析。但是，如果取样相对于系统流量太小，则旁路式监测结果可能不能表征系统的实际状态。即使在油液中实际存在磨粒，但小样本的取样结果无法作为评价系统现实状态的依据，这也是旁路式分析存在的问题。在线式全流量监测传感器能够实时地监测油流，其监测的结果是实时的，并且一般不会受外界的影响。在线式全流量监测技术使用的传感器能够连续提供实时的监测数据，可以实现对发动机及齿轮箱的状态监测，从而为 PHM 提供了基础。

### 2.3.2　机外检测技术

现代民用航空发动机的状态监控技术，一般包括以下几个方面：① 飞行数据分析；② 滑油分析；③ 无损探伤；④ 寿命件时间跟踪。详细的分类如图 2.2 所示。

1. 飞行数据分析

飞机飞行数据是在飞行过程中，由机载数据采集设备采集并通过飞行数据记录器（flight data recorder, FDR）或快速存取记录器（quick access recorder, QAR）记录下来的飞机在运行状态的各种可测参数的数据。飞行数据中与发动机有关的数据是分析发动机性能状态的重要依据。飞行数据经过译码由发动机监控工程师进行分析，一般的流程如图 2.3 所示。发动机制造厂商提供相应的分析软件帮助分析，一些发动机制造厂商的软件在上章已做简要介绍。发动机飞行数据分析的主要内容包括发动机气路参数分析、关键部件的振动参数分析和滑油系统参数分析。

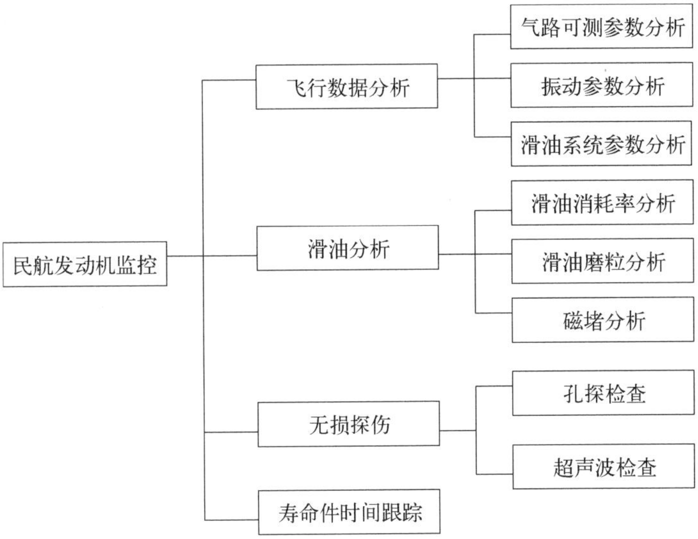


图 2.2　现代民用航空发动机的状态监控技术

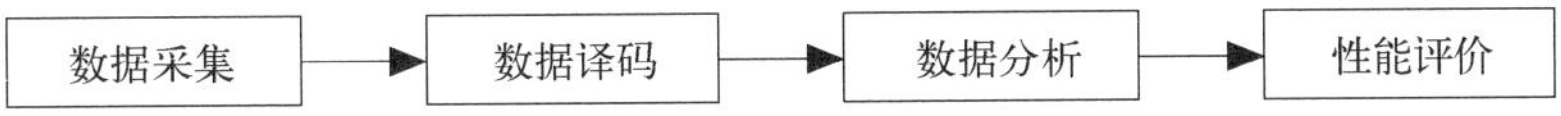


图 2.3　飞行数据分析流程

1）发动机气路参数分析

民用航空发动机的核心部件是气路系统部件，包括压气机、燃烧室、涡轮。气路部件的一些热力参数可反应发动机性能变化，如温度（发动机进气温度、发动机排气温度）、压力、转子转速、燃油流量等。这些参数可由机载设备直接采集，也称为发动机可测参数。气路参数分析就是在起飞阶段和巡航阶段分别分析参数的变化情况，再把这些参数转换成标准状态下的数值与发动机厂家所给定的该型发动机的标准性能参数进行比较，看偏差的变化情况。通过对偏差的分析以及偏差变化趋势分析，来判断发动机健康状况，实现对发动机的监控，及时发现参数与标准值的偏差异常或参数的变化趋势异常，并分析出产生异常的原因，为预防和排除故障提供依据。这是发动机厂家目前普遍采用的发动机状态监控方法，表 2.2 列出了民用航空发动机在起飞阶段和巡航阶段需要监控的气路监控参数。

**表 2.2　民用航空发动机气路监控参数**

| 飞行阶段 | 监控参数 | 参　数　解　释 |
|---|---|---|
| 起飞阶段 | EGT 裕度 | 起飞阶段的排气温度裕度 |
| | N2 裕度 | 起飞阶段的高压转子转速裕度 |

续 表

| 飞行阶段 | 监控参数 | 参 数 解 释 |
|---|---|---|
| 巡航阶段 | EGT 偏差 | EGT 与基线值的偏差 |
| | N2 偏差 | N2 与基线值的偏差 |
| | FF 偏差 | 燃油流量与基线值的偏差 |
| | N1 偏差 | N1 与基线值的偏差 |

气路参数分析通常包括参数偏差分析、参数偏差趋势分析和参数裕度监控。参数值的升高或下降反映了发动机性能的变化。监控参数发展趋势也是数据分析的重要内容。性能趋势监控是视情维修的重要手段。发动机性能趋势监控是一个闭环过程，其流程如图 2.4 所示。

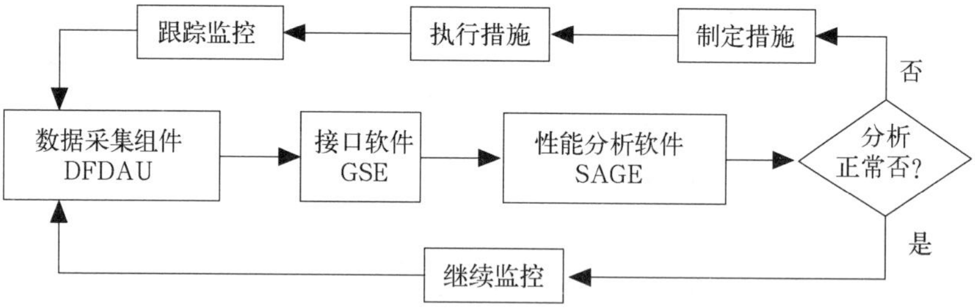


图 2.4 发动机性能趋势流程图

2）振动参数分析

振动信号是发动机状态监控与故障诊断过程中常见的一类数据。发动机高、低压转子由盘、轴、叶片等零部件组成，在运行过程中，这些部件不可能做到完全平衡，并且发动机转子是高速旋转部件，这种不平衡在旋转过程中会产生一定程度的振动，振动信号就是状态监控与故障诊断的征兆信息。

发动机制造厂商规定了各种型号的发动机在使用过程中所允许的最大转子振动值。以通用电气公司的 CF6－80C 型发动机为例，低压转子的振动最大值为4.0 units，高压转子的振动最大值为 3.0 units。如果监控值超过了最大值，说明转子部件出现故障。一般情况下，发动机振动增加或超限，可能的原因如下：① 工作叶片折断或部分损坏，如风扇叶片或压气机叶片的外来物损伤；② 工作叶片不合适的安装；③ 转子上部件丢失，如螺栓、螺帽丢失等；④ 工作叶片或转子变形；⑤ 转子轴承不同轴或轴承磨损；⑥ 在单元体更换时，联轴器的安装或连接螺栓拧紧不当。

一旦发现振动值有不断增加的趋势或突然增加的现象，则说明发动机结构出现了故障，应及时采取措施排除故障。

3）滑油系统参数分析

发动机滑油系统的重要工作状态参数主要是滑油压力和滑油温度。

滑油压力的不正常表现在滑油压力过大、过小或滑油压力脉动。引起滑油压力升高的因素有滑油喷嘴堵塞、油滤堵塞或调压器工作不正常；引起滑油压力降低的因素有泄漏、油管破裂、油泵故障、油面太低或调压活门工作不正常。对滑油压力的测量在早期的活塞发动机上就有。在涡轮发动机上不但有滑油压力指示，而且还有滑油压力低警告指示。当滑油压力低到一定值时，此指示会给出显示，发动机厂家都有规定；当滑油压力低到一定值时，发动机必须停车。

滑油温度也是一个很重要的参数。滑油温度不仅能反映发动机轴承和齿轮等的工作状态，而且影响滑油的黏度。滑油温度过高会改变滑油的特性（焦化、氧化）或损坏轴承的封严。滑油温度既可在供油路上测量，也可在回油路上测量。在涡轮发动机上，通常采用燃油/滑油热交换器来冷却滑油，散热器中的燃油管路的堵塞、空气滑油散热器表面不洁都会造成滑油温度升高。另外，滑油通气系统堵塞也会造成滑油温度升高。

4）发动机监控软件概述

发动机性能监控是实施航空发动机视情维修的必要基础，这里将简要介绍发动机性能监控的主要内容和国内外一些著名的发动机性能监控软件。

发动机性能状态监控软件主要由发动机制造商提供，包括普惠公司的发动机健康状态监控（engine health monitoring, EHM）软件，通用发动机公司的涡轮发动机分析系统（system for the analysis of gas turbine engines, SAGE）软件，罗罗公司的状态监控与性能分析软件系统（condition monitoring performance analysis software system, COMPASS）软件。

随着发动机状态监控软件功能的不断完善，发动机状态监控软件在发动机监控和故障诊断方面起到了越来越大的作用。飞行数据记录器记录了包括发动机转子的转速、发动机排气温度、发动机压比、燃油流量、发动机振动值、滑油温度、滑油量等与发动机状态相关的参数，发动机监控软件从存储器中读出这些参数，然后进行译码，与发动机厂家所给定的该型发动机的标准性能参数进行比较，看偏差的变化情况，通过对偏差的分析以及偏差变化趋势分析，来判断发动机的健康状况，实现对发动机的监控。

发动机状态监控软件需要输入起飞、巡航过程中发动机的工作参数。根据这些输入数据，相应的发动机监控软件就可算出发动机的实际参数与这些参数的名义值（由代表发动机标准性能的基准模型发动机，按实际飞行条件、发动机的工作状态计算出的参数值）之间的差值，这些差值的大小和变化情况反映了发动机的健康状况。

发动机状态监控软件的输出通常包括：① 巡航状态下，发动机的性能偏差，即被监控的发动机参数的实际值（记录值）与相应的名义值的差值，并以原始值和平滑值两种形式给出，这些差值的变化趋势反映了发动机性能衰退情况，若差值有突变，则表明发动机工作不正常，或发动机的某些部件进行了更换或修理（这些可从维修记录中查找)；② 起飞状态下，发动机的排气温度和转子转速的裕度值，或全功率起飞时外界大气温度的限制值，这些参数反映了发动机全功率起飞的能力；③ 警告信息。警告信息是发动机工作不正常的指示，说明需要对发动机采取一定的维护措施。

2. 滑油分析

滑油监测技术是机械设备状态监测与故障诊断的主要方法之一，适用于机械磨损类故障监控与诊断。这是对发动机润滑系统部件特别是对其封严系统状况的一种监控手段。民用航空发动机是复杂的技术密集型机械产品，其中包含大量的齿轮、轴承等机械部件，因此滑油监测也是发动机状态监测与故障诊断的重要内容之一。

航空涡轮发动机的滑油监控包括：① 滑油消耗率监控；② 滑油中的金属屑分析；③ 滑油的品质状况分析。第①点通过机载设备完成，第②~③点利用地面实验室中的设备离线分析完成。

1）滑油中的金属屑分析

在发动机运转过程中，尽管有滑油润滑，但相互接触的运动部件之间仍存在一定的磨损，因此，在滑油中可能悬浮有金属颗粒。若磨损严重，还会引起某些零件掉皮或掉块。尤其是发动机主轴承，有可能出现掉皮或滑蹭现象。根据摩擦学理论，不同类型的磨损故障所产生的磨屑的大小、形状有所不同，可以通过分析滑油中的金属屑确定发动机磨损故障类型，通过金属屑数量的多少来确定故障程度。

滑油中金属颗粒的监控方法分为两大类：① 在线监测；② 离线的实验室分析。

2）滑油的品质状况分析

涡轮发动机使用的滑油为人工合成滑油，是由矿物质油和从动植物中提取的二元酸酯混合而成，而不是纯矿物质滑油。在长期使用过程中滑油可能被氧化、酸化、分解，或被燃油稀释，从而改变它的特性，影响滑油效果。通过观察滑油颜色的变化或实验室中的化学分析，可判断滑油是否变质，是否能继续使用。新鲜航空滑油的颜色较明亮，使用后由于氧化所生成的胶质及沉淀的影响，会使滑油变暗。如果滑油氧化强烈，它就变为淡红色。严重过热时，还可能闻到滑油烧焦的味道，且里面还会有小的黑颗粒，使滑油变成暗黑色。在做化学分析时，一定要注意取样的方法、设备和取样的频率。

对发动机滑油系统进行监控，可有效预估和预防发动机磨损故障，提高发动机使用寿命，提高维护的灵活性，降低维修成本。

3. 无损探伤

无损探伤是航空发动机的检查方法，包括孔探检查、超声波检查等。此处主要介绍孔探检查。

孔探技术在经历了最初的棱镜、后来的光纤镜、发展到现在的视频内窥镜，其设备和技术得到了很大的改善，发动机的孔探技术已成为当今发动机维护工作中一项不可缺少的检测手段。孔探工作主要分为三类：① 定检规定的孔探工作。定检工作通常是在无故障的飞机上进行的,工作开始之前应参阅最近一次的孔探报告,并了解发动机的技术状况,然后按照工作单卡规定的区域开始工作;② 突发事件后的孔探工作。所谓的突发事件是指发动机超温、喘振、发现异物、外来物打击进气道、参数异常等。相应的孔探工作多为针对某一部位进行的检查,工作前应详细了解故障,仔细分析由此而引起的损伤部位,并和有关技术人员一起制定工作程序,以确保不漏检因故障损坏的机件;③ 故障监控的孔探工作。此类工作在实际工作中所占比例较高,缺陷可分三类：可忽略的缺陷;缺陷不影响飞行安全,但如缺陷发展就会危及飞行安全;超标需要换发的缺陷。其中以第一类缺陷最为常见,但在长期使用的发动机上,第二类缺陷较多,因而需要在更换发动机前定期监控发动机的故障状态,直至超标换发为止。

航空发动机是在高温、高压、高转速的状态下工作的,因此故障多发部位也多在这三高状态下的高压压气机、燃烧室、高压涡轮中。

4. 寿命件时间跟踪

发动机上通常装有时间限制的部件或者盘类件,成为时控件(life limit part, LLP)。这些元件都有一个到下次大修时规定的最大使用寿命。如果在使用时限超过规定的限制后,可能会发生影响飞行安全的问题,因此对这些元件监控是非常必要的,对其进行监控管理直到该元件被更换为止。发动机在每次拆下送修回来后,都要列出发动机的时控件的更换清单,这使工程师对于该发动机的寿命件的情况有清楚的了解,便于进一步的监控执行。

依靠发动机的时控件剩余寿命的限制来监控发动机的下发日期,这对于保持飞机安全的运行和乘客的安全显得尤为重要。这里只要跟踪发动机中最低的时控件的剩余寿命作为该发动机下发日期的一个限制。

## 2.4　测试性的设计与评估

20 世纪 90 年代初,美国的康涅狄格大学 Deb 和 Pattipati 等人在从信号的多维属性出发,分析系统的原理和功能,确定系统中各组成信号与其相关检测信号之间的因果关系,定义了多信号模型[16-19]。多信号模型类似于在结构模型上覆盖依赖模型的集合,将系统中的材料流、能量流、信息流、故障添加到组成模块中,并将系统功能特性看作模块属性。多信号模型能够提供被诊断系统的测试性和诊断分析特性,可以在被诊断系统整个生命周期中对设备进行评估,改进和维护诊断解决方案,并通过合理安排测试帮助提高故障诊断的效率。Deb 和 Pattipati 等人还成立了 Qualtech System, Inc.(QSI)公司,以多信号建模为基础开发了一系列的商用软件 TEAMS 工具箱[20]。TEAMS 商用软件产品通过诊断对象的定性模型来进行故障推理,并能够基于定性模型考察系统的可测性和维护性,开展传感/测试的优化工作,提供系统健康监视系统解决方案，TEAMS 在国外尤其是美国航空航天领域得到了广泛的应用。1998 年 QSI 公司对 UH－60 通用直升机的健康监控与故障诊断进行研究，并将多信号建模技术与 TEAMS 故障诊断技术应用于发动机和传动系统[21]。

Livingstone 是由美国国家航空航天局（National Aeronautics and Space Administration，NASA）下属的埃姆斯研究中心基于综合诊断引擎的方法开发的故障分析自动建模平台，能同时处理单故障系统以及处理多故障系统。基于综合诊断引擎的方法首先根据待诊断对象的定性模型和输入参数计算当前理论预测值，然后通过测量获取系统实际观测值，由预测值与实测值两者的差异，采用广义约束传播等方法得到系统最小冲突集，最后基于最小冲突集选取最佳搜索策略并且生成故障候选集[22]。美国深空 1 号探测器的自主诊断系统 Livingstone 中应用基于综合诊断引擎的方法[23]成功实现了系统状态实时监测，当出现异常时，能够根据定性模型推理得到的预测结果和传感器的实测信息来识别具体的故障部件及原因，并通过采取重构措施，使系统从故障中恢复[24]。另外，一些航天系统如 X－34 型火箭推进式飞机和 X－37 型轨道飞行器中也应用了基于综合诊断引擎的方法[25]。

埃姆斯研究中心还开发了基于模型的故障诊断推理机 HyDE[26]。HyDE 是一基于知识观测器法的定性方法，HyDE 分析量仍然是系统传感器观测值与混合系统模型预测值两者间的差异。其推理算法是使得故障候选集始终与目前所有传感器观测保持一致。当出现新的有效观测值，对故障候选集进行一致性检查。一致性检查首先通过模型确定变量的当前值，然后将当前值与预测值进行比较分析，确定不一致性。若有一候选者与观测值不一致时，就从候选集中删除该候选者，并在比较分析后形成产生新的候选者。

Vanderbilt 大学开发的 FACT 主要利用定性仿真理论进行定性或定量推理[27]。FACT 是一个综合工具集，其建模环境可以生成被诊断系统的仿真模型，故障作为系统模型中未期望的参数值变化被建模。FACT 中基于定性/定量组合模型的混杂故障诊断，其诊断推理机中主要工作部件是混杂观测器，它能够在容许模型误差以及测量误差的状况下实时监测系统的模式变化以及系统行为。一旦混杂观测器测量值与模型预测值偏差较大时，故障检测器执行故障隔离方案。

## 2.5 全机健康管理

### 2.5.1 健康管理及其发展

系统健康管理最初源于运载工具健康监测（vehicle health monitoring，VHM），在 20 世纪 90 年代，美国国家航空航天局通过在航天运载工具上安装传感器和相应软件来监测系统的健康状态，促进了对运载工具健康监测的相关研究，但之后工程人员便发现VHM至少在两个方面还存在不足：一方面，仅仅对系统进行健康监测还远远不够，监测的最终目的或意义应该在于采取相应措施以降低负面事件对运载工具的影响，因此“监测”（monitoring）一词很快被“管理”（management）所取代以涵盖“采取主动措施消除潜在的故障或失效对运载工具运行的影响”之意；另一方面，运载工具实际上仅反映了整个复杂的人-机大系统的一个方面，仅仅“监测”或“管理”运载工具还不够，特别是2003年“哥伦比亚号”航天飞机事故以后，美国国家航空航天局和美国国防部认识到运载工具的失效会源于复杂的人-机大系统中的一些人为因素，如负责运行运载工具的相关组织内部人员的协作、沟通方式以及个人或团体的认知特点等[28]，因此“系统（system）”一词也取代了“运载工具（vehicle）”以明确对整个复杂的人-机大系统进行健康管理，而非仅仅运载工具本身。因此，20世纪90年代中期以后，系统健康管理逐渐成为健康管理领域里所广泛接受和采用的概念。同一时期，有些文献或报告中出现“综合”（integrated）一词，出现了“运载工具综合健康管理”，突出强调在整个系统级别上的健康信息的集成（如整机系统），以区别于单个子系统级别的健康管理（如推进子系统）。

系统健康管理经过几十年的发展，从最初的简单运载工具健康监测到今天复杂的系统综合健康管理，其内涵和外延都得到了扩展，一些新的专业名词也不断涌现，如系统综合健康管理（integrated system health management, ISHM）、预测与健康管理（prognostics and health management, PHM）、扩展的基于状态的维修（condition based maintenance plus, CBM+）、企业健康管理（enterprise health management, EHM）等。运载工具综合健康管理[29]目的为自动化地（故障）检测、诊断、预测以消除或降低飞行中负面事件的影响；预测与健康管理通过评估产品性能或状态退化来预测其可靠性，并据此主动采取相应的措施以应对潜在的故障或失效[30]。系统健康管理定义为系统包容、预防、检测、诊断异常状态并做出响应使之恢复到正常状态的能力[31]。这些理念和技术由不同的学术团体或工业组织提出，虽然其侧重点有所不同，但其基本的概念框架和关键技术却是相通的，通过对系统的持续监测、评估系统当前以及未来一段时间内的健康状态，为运营保障提供辅助决策，以维持系统完成其预定功能的能力，同时追求寿命周期成本的最优。

系统健康管理并非传统的可靠性安全性的一类方法，事实上系统健康管理已发展成为一门系统科学，涉及从产品设计、制造、服役以及报废的各个寿命周期环节，其不仅仅关注工程系统本身的健康状态，还上升为对整个复杂的人-机大系统进行健康管理，强调对一些非技术性因素的重视。特别是近几年一些航空航天系统以及交通运输系统的灾难性事故调查报告显示，事故往往源于一些非技术性因素，如系统内人员的协作沟通方式的问题以及人员的组织管理问题等，引起了研究机构对人-机系统健康管理中一些非技术性因素重视和相关研究，这种以整个人-机大系统为对象的广义的系统健康管理，除了关注运载工具本身的健康管理方法和技术外，还强调系统内"人"的因素的影响，涉及系统内人员协作沟通行为、人机交互、机构组织管理方式以及知识管理等方法的研究，这一类研究主要以美国国家航空航天局为主展开。狭义的系统健康管理则指运载工具健康管理，即系统仍指代运载工具，以运载工具为主要研究对象开展相关关键技术的研究，这也是目前学术界和工业界的所广泛关注的，如不做特别说明，本书后续内容中系统健康管理一般指的是狭义的系统健康管理，即以运载工具自身为主要研究对象。

系统健康管理基于一个基本的事实，即所有的机电部件在使用中都会出现老化现象，且通常为使用时间、载荷以及运行条件的函数，随着服役时间的增加，部件老化会导致其性能衰退，进而可能引起子系统、系统的故障或失效。因此，在实际中系统老化是无法完全避免的，而对于安全关键或任务关键的系统，工程人员通常在设计阶段就考虑到这些问题，采取措施以尽量避免系统的失效或降低系统失效后的影响，这些措施包括传统的可靠性工程以及风险管理方法，如安全寿命设计、设计裕度、系统容错以及部件/子系统冗余设计等。系统健康管理则认为，尽管在实际运行中这些故障或失效无法完全避免，但系统服役期间借助合适的监测手段及相应的数据处理模型和方法，通常能够对系统迫近的潜在故障发出预警，进而采取相应措施避免失效的发生或降低失效带来的影响。图 2.5 所示为一典型的系统健康管理的概念框架，图 2.6 所示为系统健康管理所涉及的关键技术及其相互关系[32]。

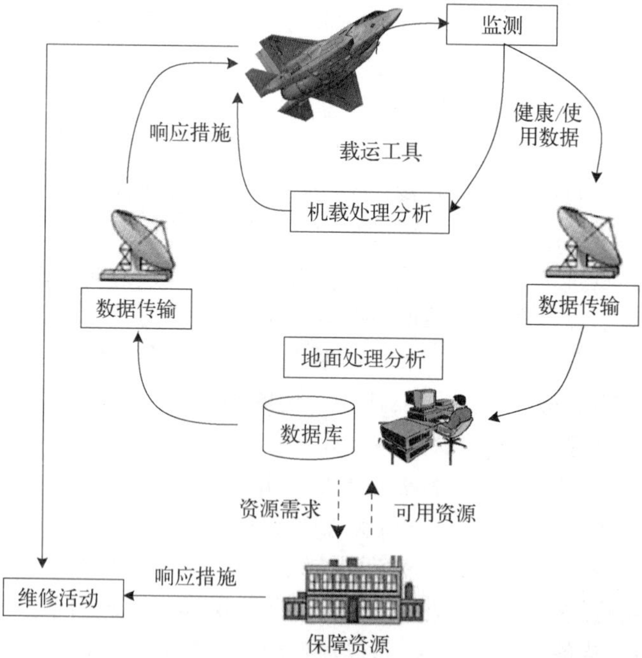


图 2.5　系统健康管理的概念框架

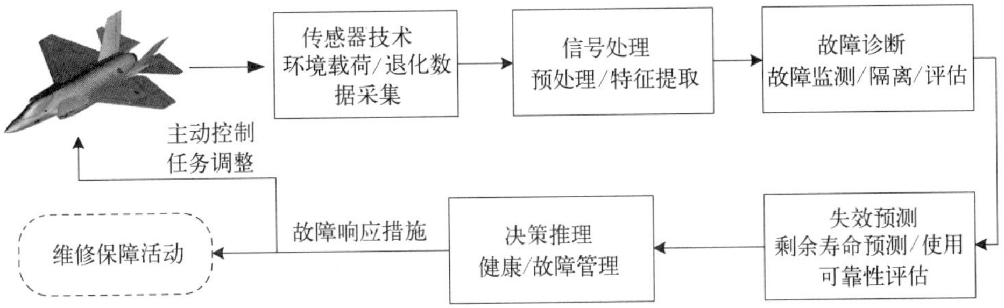


图 2.6　系统健康管理的关键技术及相互关系

一个典型的健康管理系统的物理结构包括一系列的机载传感器装置以及相应地分散于运载工具以及地面支持设施中的数据处理分析硬件和软件。图 2.6 所示的飞机健康管理系统，布置在飞机各关键部位的各种机载传感器实时地监控相关部件或子系统的状态以及飞机的环境与载荷数据，采集的数据部分由机载设备或通过无线传输由远程地面数据处理中心实时分析处理以及时采取响应措施，避免故障进一步恶化影响飞行安全，而大部分飞机健康/使用数据由数据记录系统保存，飞行后采集并由地面数据处理中心分析。机载或地面数据处理系统通过分析采集的数据，持续的评估飞机的健康状态并预测部分关键部件或子系统的剩余寿命，并据此采取相应的响应措施：一方面通过飞行任务调整或主动控制，降低系统故障的影响或减缓故障恶化；另一方面，可以触发后勤保障活动，根据可用保障资源情况及飞机健康状况合理安排维修活动。健康管理系统与控制系统的结合使得健康管理成为一个闭环系统，进一步拓展了健康管理的潜力和更为广阔的应用领域，健康管理也不再局限于被动地为运营维修提供辅助决策，可用通过控制系统主动调整系统的运行载荷和任务计划，进而达到延寿或降低故障影响的目的，从而实现真正意义上的健康“主动管理”。图 2.5 所示为典型的健康管理系统的概念框架，实际中不同的对象根据其自身特点、任务属性及运行环境的不同而有所侧重，如实施太空探索任务的无人飞船，由于发射后无法维护以及通信的滞后问题，此类载运工具的健康管理系统更加注重系统的机载数据处理分析能力以及系统的自动化水平，以便在出现故障后能主动做出响应措施调整任务目标，发挥运载工具的最大效能，而对于商业运输机，安全、高效、低成本地完成航班飞行任务是其主要目标，如何减少飞机转场时间(地面排故时间、航线维修时间等)以及合理的安排维修生产活动具有重要意义，因此，其健康管理系统更加注重地面数据处理分析能力及保障资源的调度安排。

系统健康管理研究开展的驱动力最初主要来源于用户对提高系统的安全性和经济可承受性的要求，随着这一概念逐渐被接受和技术成熟度的提高，系统健康管理也逐渐被一些装备集成商作为一项提高其产品竞争力的重要战略来实施，进而引起了维修保障行业的变革，制造商由提供单一产品向提供客户化的产品和保障一体化服务而转变，由此产生了一些新的商业运行模式，如“基于性能的后勤保障”（performance based logistics，PBL）、“金牌服务”等。实施系统健康管理策略在提高装备的安全性和经济可承受性方面具有以下几个方面的潜在优势。

在装备运营计划方面，实施系统健康管理能提高装备的任务成功率以及装备的战场生存率。在执行任务过程中若某一子系统出现故障或失效后，健康管理系统能够及时做出响应措施，通过自适应控制来调整其他子系统的工作状态以补偿当前子系统的失效所引起的功能损失，降低飞行中故障对飞行安全和任务目标的影响，或中断任务的执行以保证装备和人员的安全。如当代高成本的先进战机F－22和F－35均具备失效包容机制，在执行任务中出现故障或战斗损伤后仍能确保飞机尽量返回基地。准确评估装备当前的健康状态并预测其未来的发展趋势，能够在故障发生的早期就发出预警，在故障恶化引起事故之前就能够实施维修或更换，提高了装备的安全性。此外，装备运行人员还可以根据装备的实际健康状况，决定装备是否执行任务、执行什么类型任务或返回基地进行维护，以实现整个机队的装备和保障资源效能的最大化。

在装备维修保障方面，实施系统健康管理将在以下几个方面明显降低装备的维修保障成本：借助先进的状态监测系统，可减少装备需检查的次数以及成本，提高故障检测覆盖率，减少故障隔离时间，从而降低飞机地面维修时间及转场停留时间，最大化装备的利用率；自动化地检测和数据分析系统还可以减少因人为干预而引起的误差，从而提高装备的可靠性、维修性，减少人力成本；依据装备的健康状况实施视情维修活动，避免“过修”和“失修”问题，能够最大化装备利用率及部件的可用寿命，降低维修费用。

在装备后勤保障方面，实施系统健康管理后可以提高后勤保障的响应灵敏度，实现以装备健康状态和可用资源信息为驱动的精益保障。一方面，在故障发生发展的初期即触发后勤保障资源调度，预留足够的准备时间；另一方面，后勤保障部门借助健康管理系统可以持续更新相关部件的使用和消耗信息，维持保障资源在合理的水平，同时确保后勤保障的可靠性。此外，借助健康管理系统所收集的外场使用数据，子系统供应商可进一步改进产品设计，提高装备的可用性，降低维护保障成本。

### 2.5.2 典型健康管理系统的架构、功能及流程

系统健康管理涉及多个学科，其关键技术涵盖从最前端的传感器技术到后端的推理决策技术，从零部件级到子系统再到系统级的集成，以实现整机健康管理的顶层目标。由于其涉及的技术体系复杂，通常健康管理系统为分布式系统，即整机的健康管理目标由各个子系统的健康管理系统共同完成，具有一定的层次结构，各个层次完成整机健康管理的部分功能[29, 33, 34]，图2.7为美国国家航空航天局提出的系统健康管理关键技术架构。

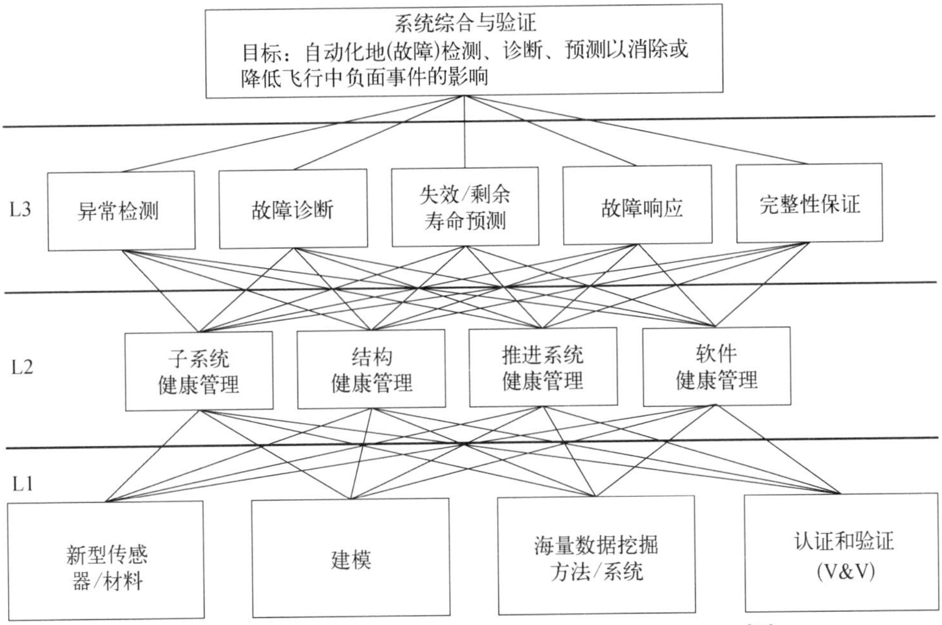


图2.7 美国国家航空航天局系统健康管理关键技术架构[29]

处于架构最底层(L1)的是系统健康管理的关键支撑技术,包括新型传感器/材料的研发,损伤评估、寿命预测物理模型的建模技术,先进的海量数据挖掘方法/系统以及系统的认证和验证等。

监测是系统健康管理系统的基础,传感器数据是后续异常检测、故障诊断与剩余寿命预测的数据来源。新型传感器技术和监测系统,如光纤传感器、微机电系统(microelectromechanical systems, MEMS)以及纳米技术传感器等,不仅能够被动的感知周边环境和状态,还可以根据需要,主动地“询问”监测对象的状态,且对运行环境、尺寸、重量、能耗、通讯、可靠性等方面均提出了更高的要求。用于大型结构健康管理的传感器系统(如基于光纤的传感器系统)和推进系统健康管理的传感器系统(如各种新型微机电系统)是目前新型传感器技术研究的重要领域,涉及严酷环境下的传感器无线通讯、能量捕获、耐久性特性的研究;具有自修复功能材料(包括自修复金属材料和复合材料)的研发也是系统健康管理基础技术的重要研究领域之一,在结构损伤无法探测或无法实施人为修复的环境下,一旦结构出现损伤或退化,通过材料的自修复功能可恢复结构的部分或全部的承载能力,或者延缓结构损伤的发展,对提高结构可靠性、安全性和延长服役寿命具有重要意义。

损伤评估或寿命预测建模侧重于对部件或系统级损伤检测、损伤退化的建模描述、剩余寿命预测及其不确定性表示与管理方法的研究,针对特定子系统或部件建立的基于物理规律的或历史数据的模型,是开发后续故障诊断与剩余寿命预测方法的基础,也是系统健康管理的最为关键的支撑技术。损伤识别方法和损伤增长模型是结构损伤在线监测与剩余寿命预测的基础,损伤识别方法侧重于多种传感器数据的处理分析与特征提取及信息的融合,特别是新的结构损伤检测(监测)方法的采用,如基于光纤技术的结构损伤监测系统、基于电阻抗的损伤结构损伤监测系统等对损伤识别方法也提出了新的要求,损伤增长模型描述了结构或系统的退化过程,这些模型或基于物理失效机理或基于历史数据训练得到,结合剩余寿命预测算法,如统计方法、人工智能方法、滤波方法以及简单的线性回归算法等实现对部件或系统的剩余寿命预测。

海量数据挖掘方法和决策系统则侧重于大规模的复杂、异构数据的分析与挖掘,这些数据可能来自整机的不同的子系统甚至整个机队的各个子系统。系统运行期间产生的数字和文本格式的海量数据,包括各种机载传感器数据、机组报告、维修记录甚至技术手册等,涉及小到一个零部件大到整个机队系统,这些数据含有丰富的信息,数据挖掘工具将对这些数据进行处理以用于子系统、系统级别的健康状态评估、趋势预测,及时发现安全隐患并采取措施。

系统的认证和验证技术侧重于各项关键技术准确性和可靠性的验证,为系统健康管理的部署实施提供保障。健康管理系统采用的各项先进技术,如健康监测技术、数据处理与融合、故障诊断、失效预测方法等必须经过严格认证与验证,以确保在其部署实施后具有足够的准确度和可靠度,特别是系统健康管理涉及大量的异构数据的处理分析以及各子系统间的交互,现有的仿真、测试等方法难以有效验证系统的合理性和准确性,健康管理系统及关键技术的认证和验证方法成为健康管理系统研究的一项重要挑战。这方面研究主要包括:验证系统的可测试性及特定故障的可诊断性;各种故障检测、诊断及预测方法的有效性和准确性;自动化的故障容错/缓解技术的认证;软件驱动的故障诊断方法的认证与验证;软件健康管理系统的认证与验证方法等。

健康管理系统技术架构的中间层次(L2)为关键支持技术(L1 层次)在子系统级别的集成,侧重某一特定子系统的相关方法和技术的研究,包括特定子系统的故障检测、诊断与预测方法研究,子系统仿真及实验方法,子系统级别的集成以及相关的认证和验证(V&V)技术等。

子系统健康管理的主要目标:一方面是通过持续监控子系统及其部件健康状态而采取必要的响应措施以消除潜在的故障影响,从而保持子系统的安全、可靠地完成其预定功能;另一方面,作为整机健康管理的分布式系统中的一部分,各子系统同时向上一级别,即整机健康管理系统提供相应的有关各子系统的健康状态信息,以便于对整机健康状态做出评估,而在整机级别做出最优响应措施。飞机子系统的健康管理侧重于特定子系统的状态异常检测、故障诊断与失效预测方法以及故障响应措施的研究,但对所有子系统和部件实施健康管理既不现实也无必要,因此子系统健康管理研究主要关注影响飞机安全运行的关键子系统或部件。飞行控制系统是影响飞行安全的关键子系统，不仅需要保证子系统在设计时就具有较高的可靠度，还必须确保子系统具有一定故障容错能力，一旦发生故障能够及时检测到并采取相应的响应措施降低故障危害，而实施健康管理是实现这一目标的重要途径。机电作动器是航空航天系统广泛应用的一类重要关键部件，实现机构的旋转和位移功能，特别是新一代的电传操纵飞机广泛采用机电作动器，因此机电作动器的健康管理技术研究成为飞控系统健康管理研究的重点。电子器件和设备的健康管理是子系统健康管理的另一个重要研究领域，这些器件或设备在飞机控制系统、通信系统以及导航系统中扮演关键角色，又被称为飞机的“中枢神经系统”，这些航空电子系统的失效对飞行器的安全运行及任务成功率具有重要影响。随着新的航空电子系统复杂度的日益升高，以及一些新型的无铅电子器件和微机电系统的使用，其发生的故障的概率也随之上升，研究这些部件或子系统的物理失效机理，从状态参数里识别提取出其失效前征兆，并进一步开发故障检测与剩余寿命预测模型和算法是航空电子系统健康管理的重要研究方向。航空电源系统是飞机子系统健康管理的另一个重要研究领域，航空电源系统通常包括能源产生、能源存储、能源分配以及能源管理四个子系统，每一子系统均有其独特的退化和失效模式，一旦出现性能退化或故障，对系统的运行安全性和任务能力会产生重大影响。目前，健康管理方法在能源产生与存储子系统的相关领域研究较多，如电池剩余寿命估计等方面，而在能源分配与管理子系统方面的研究却相对薄弱。随着新一代多电飞机(more electric aircraft, MEA)的发展，其传统的机械、液压以及气动部件和系统正逐渐被电力驱动的部件所取代，因此对飞机电力系统的可靠性和安全性提出了更高的要求，而实施飞机电力系统的健康管理是实现这一目标的重要途径。

结构健康管理主要目标是有效地检测、诊断出结构损伤，评估结构完整性并预测损伤发展趋势，进一步采取相应的措施减缓结构损伤的进一步发展或降低其影响。主动状态感知技术和材料以及结构损伤建模是结构健康管理的重要研究方向，借助新型的传感器技术，结构健康监测由传统被动的收集数据转变为主动的“询问”结构的健康状态，可实时诊断评估结构的损伤状态，同时结合结构损伤模型和预测算法可实现对结构剩余寿命的评估。随着现代飞机更多地采用复合材料，对飞机结构完整性和持续适航带来一些新的问题和挑战，结构健康监测被认为是解决这一问题非常具有前景的途径。

推进系统健康管理涉及状态监控、故障诊断、趋势预测以及性能衰退和故障发生后的响应措施的实施。发动机健康管理主要关注：新兴传感器技术的研究，如耐高温传感器、无线传感器的能量捕获技术以及无线通讯技术等；发动机自适应性能模型的建立以实现更加精确的故障检测与诊断；基于单元体的寿命控制与管理；关键零部件，如轴承、轮盘、涡轮叶片的剩余寿命的预测方法等。

软件健康管理的目的是及时检测、诊断、预测因软件系统问题而引起的故障或负面事件,并采取响应措施消除或降低影响。一般认为软件系统故障是由设计缺陷引起的,且软件系统的故障通常是由硬件系统问题而触发,因此软件系统的健康管理需要在整个大系统(包括软件和硬件)背景下考虑。

处于系统健康管理技术架构最高层次(L3)的专题研究侧重于整机级别的信息融合、检测、诊断、预测、响应以及集成的方法研究,这些功能模块直接支持系统健康管理的顶层目标。

检测的主要目标是借助监测系统对整机的状态进行监控,以及时发现部件/系统异常状态或不利事件,同时触发后续的诊断、预测以及响应功能模块。这部分研究侧重于来自各子系统传感器数据的分析处理以及信息的融合、异常检测方法和模型的研究和改进,以确保检测系统较低的虚警率和漏警率。

诊断的主要目标是在整机级别实现故障的准确定位和故障严重程度的评估,由于复杂系统的故障具有隐蔽性和传播性,同样需要集成来自各个子系统或部件的传感器数据和信息,并借助合理的故障诊断模型才能实现目标。来自各子系统的异步混杂数据的处理以及混杂系统故障建模方法,如有向图、贝叶斯网络等是这部分研究的重要内容。

预测的目标是实现剩余寿命预测以及预测不确定性的表示与管理,主要侧重于各种基于失效物理的、数据驱动的剩余寿命预测建模方法以及不确定性表示与管理,预测算法性能评估也是一个重要研究方向。

故障响应的目标是通过采取相应措施尽量降低或消除飞行中不利事件的负面影响,以确保飞行安全。系统投入使用后,故障响应措施主要包括故障预防与故障冗余两大类:故障预防措施即故障发生或即将发生时通过提前维修或更换部件以防止故障发生,或者改变系统的使用载荷而到达延缓故障发生/发展的目的;故障冗余措施通过冗余管理、材料自修复功能以及任务目标的调整等策略,来降低或消除已发生的故障的不利影响。

完整性保障主要是研究各种集成方法、测试工具以确保整个系统架构的完整性和稳定性。健康管理系统的开发和实施涉及多个学科和工程部门,需有一套质量管理的方法和工具,以确保各子系统和模块的界面定义清楚、信息的流畅,并严格控制错误或故障在其他子模块的传播。

鉴于系统健康管理在提高系统安全性和经济可承受性方面的巨大的潜力,西方发达国家一直以来很重视这项技术的发展,特别是近几年加大了研发投入的力度,在政府部门的牵引下,工业组织和学术团体积极参与,不断推动技术向前发展,一些成熟的技术和方法已被新一代的装备所采用。

目前系统健康管理虽然在一些关键的技术,如结构健康监测、无损检测、损伤建模以及失效预测方法方面均取得了明显进展,但部署实施先进的健康管理系统仍然存在很多挑战，到目前仍然没有一个成功的商业应用案例。霍尼韦尔的飞机诊断与维修系统（aircraft diagnostic and maintenance system，ADMS）主要用于飞机故障隔离与诊断，声称能够覆盖飞机子系统多达 200 多个，实现了真正的整机故障的覆盖，并已在波音 777 飞机上应用，但其功能与先进的系统健康管理相比还有较大差距，特别是故障或失效预测方面几乎是空白。联合攻击战斗机 F－35 项目在系统健康管理的应用方面迈出了重要一步，项目在设计阶段就同步考虑了系统健康管理的实施，新型的传感器、先进的信号处理以及推理决策方法得到了应用，特别是关键部件或系统的失效预测功能的实现，为自主后勤保障的实现奠定了基础，对提高系统可靠性和安全性、降低寿命周期成本具有重要意义[35]。F－35 项目在系统健康管理的实施方面取得了重要的进展，在 PHM 系统的开发实施方面积累了一定的经验，但其实际应用效果还未见相关报道，项目组的公开资料也指出，要实现真正意义上的可靠的、有效的系统健康管理，在健康监测、异常检测、故障诊断与失效预测等关键支撑技术上仍有待突破。

### 2.5.3　典型民用飞机的健康管理系统

自 20 世纪 90 年代国际领先的民用飞机制造商引入飞机健康管理的概念和技术，经过了 20 多年的发展，建立起了基于空地双向数据通信系统的实时监控与健康管理系统，实时收集飞机的状态信息，及时获取飞机的健康状态，并对飞机的全寿命周期内的健康状态进行有效管理。目前，PHM 技术在美国、欧洲的主要航空发达国家得到了充分的认可和研究推广应用，并且朝着更加综合化、标准化和智能化的方向发展，在民用飞机 PHM 框架研究、标准制定等方向均取得了长足的发展。

对于一个完整的飞机 PHM 系统来说，机载健康管理系统必须包含用于检测或触发事件快照记录的算法。理想情况下，事件数据在飞行期间就需进行传输，使得地面工作人员能够提前备好用于修理的更换部件，从而减少排故和飞机周转次数。事实上，目前多数平台还无法实现这种方式，且数据只能在飞机返航后才能获得。因此，对地面支持系统提出的要求，是能够将机载健康管理系统记载的数据下载到地面进行后续分析。通过提供更加强大的处理能力对健康管理数据进行综合分析和操作，并为维修和飞行提供相关信息。随着数据存储处理能力的提高，要求离机处理功能更加灵活。

此类系统的典型代表是波音飞机健康管理（aircraft health management，AHM）系统、空客飞机维修分析（aircraft maintenance analysis，AIRMAN）系统、巴西航空工业公司飞机健康分析和诊断（aircraft health analysis and diagnosis，AHEAD）系统、庞巴迪的飞机故障诊断解决方案（aircraft diagnostics solutions，ADS）。飞机主制造商利用其在飞机设计、参数设定及系统集成方面的技术优势和经验，借助其在飞机市场的领先地位，在飞机健康管理系统的开发应用方面形成得天独厚的条件。

波音公司与霍尼韦尔、日本航空公司联合开发了 AHM 系统。波音的飞机健康管理体系架构是基于中央维护系统 CMS /AHM 平台+网络化的软件平台 e-Enanbled 环境+空地维护网络。这套体系覆盖范围很广泛,可以实现空地一体化的管理,提高了飞行安全和航班运营效率;支持机型众多,目前主要有: B737NG、B747、B757、B767、B777、B787 等。波音公司的电子使能工具和服务的相关产品主要包括电子飞行包、AHM 和维修性能工具箱。AHM 收集飞行中的数据,主要来自中央维护计算机或者是飞机状态监控系统等,并由电子飞行包的电子飞行日志提供一些补充信息。电子飞行日志包括驾驶舱和技术日志。信息的下传工作由飞机的飞机通信寻址和报告系统(aircraft communication addressing and report system, ACARS)数据链完成。并通过 MyBoeingFleet 网站实时向客户指定的地点发送报警或者通知地面维护人员,在飞机降落前准备好零备件和资料,同时还可帮助航空公司识别一些重复出现的故障和性能趋势,支持机队长期可靠性计划的实现。AHM 的功能架构如图 2.8 所示。

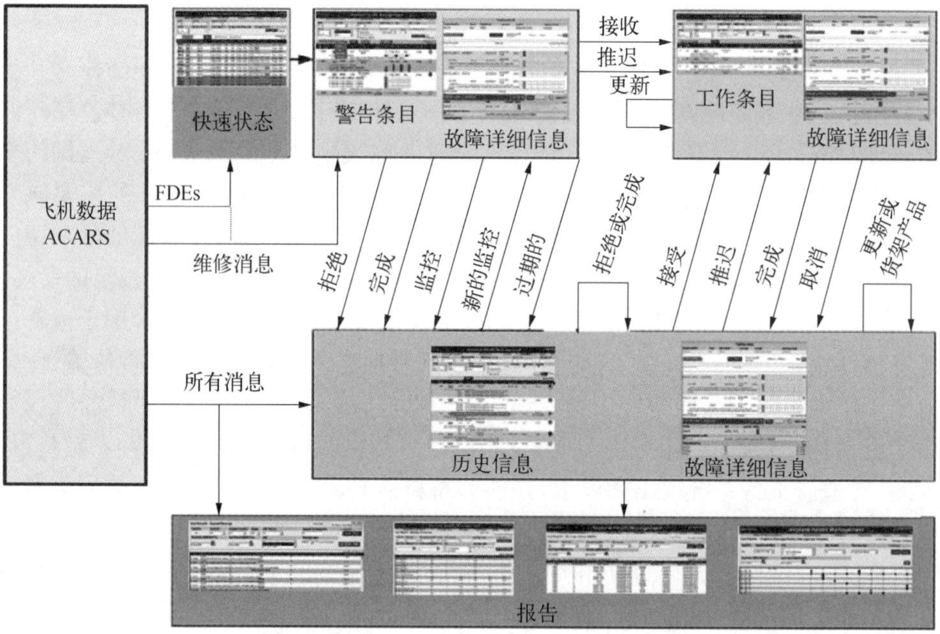


图 2.8　波音的 AHM 系统功能架构示意图

AHM 的功能组成主要包括: ① 机队监控(fleet status),通过处理来自空地数据链的实时数据,获得每架飞机的信息,实现实时航行动态监控、实时故障监控、实时飞机状态参数监控;② 激活任务(actionable items)分析,接收来自空地数据链的故障飞行数据,按预先编辑的逻辑将警告信息显示给机务维修人员,由维修工程师筛选虚警，进行任务派发；③ 故障详情（fault details）分析，为排故工程师提供与故障相关的详细信息，综合显示历史故障情况，故障处理流程，相似故障案例；④ 工作任务（work items）分析，根据故障现象，通过一定的算法逻辑，综合应用维修类手册、维修历史案例等信息，实现对飞机故障的快速诊断，给出合适的排故方案；⑤ 历史记录（history items）分析，显示半年内所有相关故障的处理情况，提供历史数据分析工具；⑥ 报告（reports）发布，提供多种分析报表及自定义报表发布功能。

波音公司每年会根据用户需求持续升级完善，及时发布新版本，确保 AHM 系统的生命力和竞争力，也为航空公司带来持续的使用价值。波音公司的 AHM 系统，为全球 42%以上的波音 777 飞机和 28%以上的波音 747－400 飞机提供实时监控和决策支持服务，并以 AHM 服务为重要组成部分推出了金牌服务包，提高了飞行安全和航班运营效率。据波音的初步估计，通过使用 AHM 可使航空公司节省约 25%的因航班延误和取消而导致的费用。

2007 年，波音推出新的 AHM 模块，扩大了信息提供的范围，先后又推出了勤务监控模块功能、电子飞行日志报告功能等。系统的状态监控装置在收集到飞机的数据后，与系统的性能进行对比，当被监控系统（如辅助动力装置、发动机滑油、胎压、液压油等）接近运营极限时会发出报警。日本航空公司从 2004 年春季开始作为系统开发的合作伙伴参与 AHM 的研究中。2005 年 12 月，日本航空公司成为首家全面采用波音 AHM 系统的航空公司，对其波音 747－400 和波音 777 机队进行监控。

2007 年，新加坡航空公司更广泛地采用了波音公司的电子维修和性能软件产品，也完整地评估了波音电子飞行日志报告功能。实践表明，AHM 能为飞机提供胎压、氧压和液压油等数据，系统数据的管理提供了更好的方式，通过跟踪这些系统的性能趋势，可制定维修计划并计算出最佳的维修间隔。

空客飞机健康管理体系基于飞机中央维护系统 OMS 平台+AIRMAN 软件+空地维护网络，AIRMAN 支持众多机型，包括 A320、A330、A340、A380，也将支持 A350。AIRMAN 开发的初衷是为了弥补机载中央维护系统的不足，消除各机载子系统内装测试设备大量的虚警。AIRMAN 由三个部分组成：第一个部分是实时信息获取模块，通过空地数据链实时采集和管理一个机队多架飞机上机载维护系统的信息；第二个部分是 AIRMAN 知识库，包含飞机过往执行飞行任务的历史报告、排故手册、维修经验案例库；第三个部分是电子排故功能，对故障信息进行深入分析、诊断和统计学运算，算出出现大故障的可能性、排故措施和最优化的维修时机。

空客公司在飞机的设计阶段就已经充分考虑飞机交付后的可维修性和健康管理功能。经过多年的探索和实践，空客系列飞机的健康管理机载和地面系统的功能不断扩展和优化。空客公司在设计世界第一代电传式民用飞机 A320 时，将飞机上的指示/记录系统中与故障和维修有关的信息提取出来提供给维修人员。在

A320 上,维修人员主要通过电子集中监控系统和中央故障显示系统获得相关的发动机和飞机故障信息。通过各个机内自检设备探测、定位并储存系统故障;机内自检设备将维修数据传给中央故障显示接口组件进行显示或打印,还可以通过 ACARS 传给地面系统。在 A330/A340 上,空客专门设计了机载维护系统,下设中央维护系统、上传下载系统、打印等子系统。A330/A340 上的中央维护系统通过两台中央维护计算机与所有的机内自测设备相连。A380 设计了机载维护系统(onboard maintenance system, OMS)和机载信息系统,OMS 不但能收集飞机各系统、发动机汇总到驾驶舱的故障信息,还与客舱的监控装置相连。A380 维护信息的空地数据传输通过机载信息系统实现。

AIRMAN 从 1999 年问世以来,一直深受各类飞机运营商的青睐,这些运营商的机队规模和业务模式各不相同。由于具有极高的数据分配效率,AIRMAN 大大提高了用户的运营效率,并且显著降低了直接和间接维护成本。AIRMAN 通过减少计划外的维护工作,从而提高飞机的签派可靠率,是空客公司和航空公司以及维护、维修、大修厂商协商后开发的。

AIRMAN 的功能是监测飞机系统在飞行途中的状况,把实时信息传送给地面维护部门,依靠这些早期信息,维护人员在飞机着陆前就能清楚判断出故障所在。安装 AIRMAN 能最大限度地缩短由于飞机维护而造成的运营时间延误,从而保证准点签派。这种技术先进的系统也有助于降低飞机的计划外维修次数。通过分析以前的飞机维护和故障资料,该系统还能找到适当措施,预防以后发生类似的维护问题。如图 2.9 所示。

AIRMAN 作为空客公司设计研发的专业数字化排故及维护管理软件,其主要作用是:帮助地面航站基地对整个机队的维修信息进行跟踪管理;简化和优化排故维修工作,提高排故效率;提供更为积极的预防性维修措施,减少非定期的排故维修任务,从而提高调度可靠性,降低维修成本。对 50 架空客电传动操纵飞机进行长达一年的研究结果显示,通过安装 AIRMAN 系统,避免了 3 200 多起维修活动、节省了近 900 份飞行员日志报告、避免了 70 多次签派延误事件的发生。据此推算,航空公司安装该系统后,至少可以为每架飞机每飞行小时节约 4~6 美元费用。此外,应用该系统还能降低飞机停场次数及相应的巨额费用。

通过安全的互联网技术,用户可以在世界上任何地方访问 AIRMAN 系统。通过友好的用户界面,AIRMAN 提供了通往集中存储的实时维护资料和飞机或机队分析资料的门户,可容易地和航空公司 IT 系统整合一起,为航空公司提高运营效率提供了宝贵知识。AIRMAN 和空客其他运营支持系统之间具有互操作性,用户能从中获得全面的飞机服务。

空客新的实时健康监控软件(AiRTHM)更进一步,作为新型飞机的系统提供更多参数,使空客能远程实时收集和分析数据。AiRTHM 与空客维护控制中心的

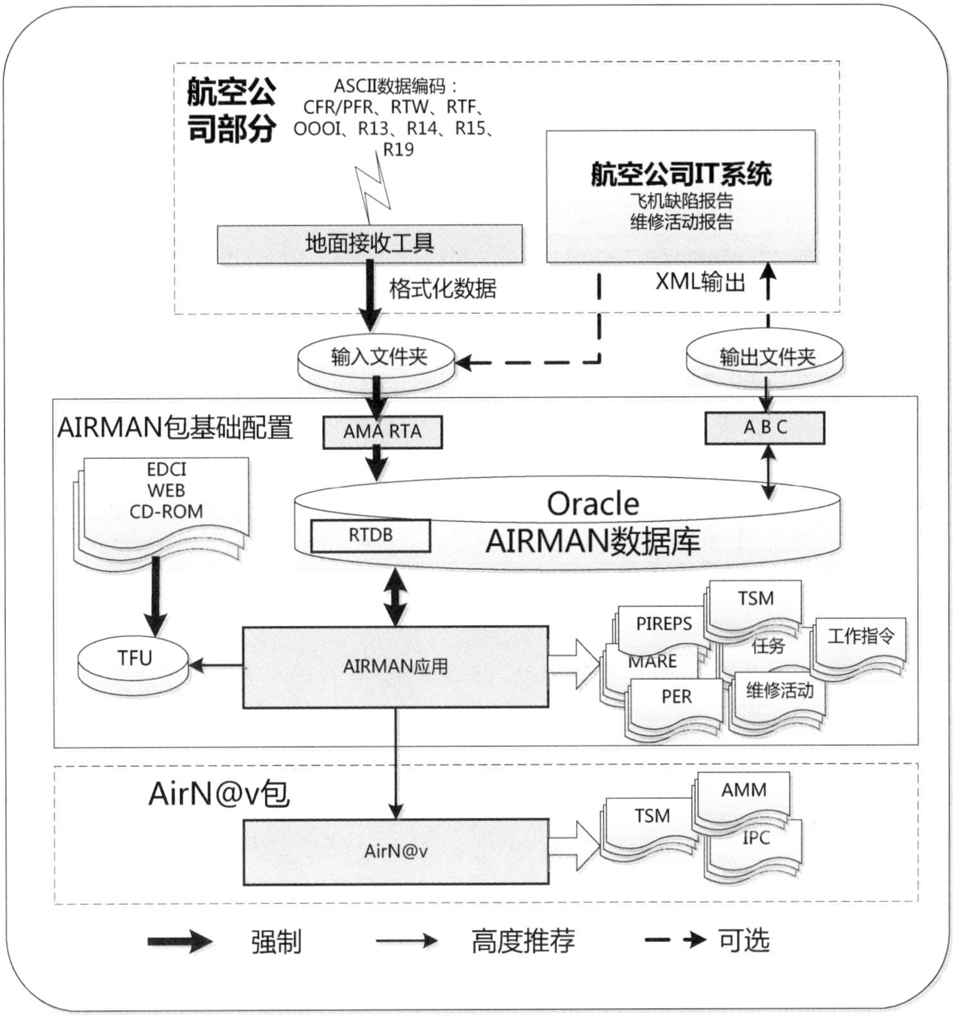


图 2.9　空客 AIRMAN 功能架构简图

飞机停场技术中心系统(AIRTAC)集成，能够提供实时排故支援，指导备件供应，监控预期故障下的系统健康状态。

## 参考文献

[1] 国防科学技术工业委员会.装备测试性大纲[S].GJB 2547，1995.

[2] Roemer M，Pomfret C. Engine health monitoring (EHM) system for advanced diagnostic monitoring of gas turbine engines[R/OL]. (1981－12－31)[2019－

7－25]. https://doi. org/10.4271/961305.

[3] SAE. Aircraft gas turbine engine monitoring system guide[R/OL]. (1981－12－31)[2019－7－25]. https://doi. org/10.4271/ARP1587

[4] SAE. Airborne engine vibration monitoring system guidelines for performance[R/OL].(1996－12－31)[2019－7－25].https://doi. org/10.4271/AS8054.

[5] Cronkhite J D. Practical application of health and usage monitoring (HUMS) to helicopter rotor, engine, and drive systems[C]. Alexandria: Annual Forum Proceedings-American Helicopter Society, 1993.

[6] Green A J. The development of engine-health monitoring for gas-turbine engine health and life management[C]. Cleveland: 34th AIAA/ASME/SAE/ASEE Joint Propulsion Conference and Exhibition, 1998.

[7] Fiorucci T R, Lakin D R, Reynolds T D. Advanced engine health management applications of the SSME real-time vibration monitoring system[C]. Huntsville: 36th AIAA/ASME/SAE/ASEE Joint Propulsion Conference and Exhibit,2000.

[8] 盛迎新,周继威.风电机组在线振动监测系统及现场应用[J]. 振动、测试与诊断,2010,30(6):703－705.

[9] 郭鹏,杨锡运.风电机组齿轮箱温度趋势状态监测及分析方法[J]. 中国电机工程学报,2011,31(32):129－136.

[10] 张文秀,武新芳.风电机组状态监测与故障诊断相关技术研究[J]. 电机与控制应用,2014,41(2):50－56.

[11] 黄文杰. 润滑油路磨损颗粒静电在线监测及识别技术研究[D].南京:南京航空航天大学,2014.

[12] Peng Z K, Chu F L. Application of the wavelet transform in machine condition monitoring and fault diagnostics: a review with bibliography[J]. Mechanical Systems and Signal Processing,2004,18(2):199－221.

[13] Lei Y, Lin J, He Z, et al. A review on empirical mode decomposition in fault diagnosis of rotating machinery[J]. Mechanical Systems and Signal Processing, 2013,35(1):108－126.

[14] Yu J. A hybrid feature selection scheme and self-organizing map model for machine health assessment[J]. Applied Soft Computing,2011,11(5):4041－4054.

[15] Lapira E, Brisset D, Davari A H, et al. Wind turbine performance assessment using multi-regime modeling approach[J]. Renewable Energy,2012,45:86－95.

[16] Somnath D, Krishha R P, Vijay R, et al. Multi-signal flow graphs: a novel approach for system testability analysis and fault diagnosis[C] Anaheim: 1994

IEEE Autotestcon Proceedings IEEE,1994.
[17] Somnath D, Krishha R P, Roshan S. QSI's integrated diagnosetics toolset[C]. Anaheim: 1997 IEEE Autotestcon Proceedings IEEE, 1997.
[18] Somnath Deb, Sudipto Ghoshal, Amit Mathur, et al. Multi-signal modeling for diagnosis, FMECA, and reliability[C]. San Diego: Proceedings of the IEEE International Conference on Systems, Man, and Cybernetics,1998: 3026 - 3031.
[19] 刘松风,朱明初,叶晓慧.基于多信号模型的故障诊断算法研究[J].计算机测量与控制,2009,17(6): 1042 - 1044.
[20] Deb S, Pattipati K R, Shrestha R. QSI's integrated diagnostics toolset[C]. Anaheim: IEEE Systems Readiness Technology Conference. Systems Readiness Supporting Global Needs and Awareness in the 21st Century, 1997: 408 - 421.
[21] 孔令宽.基于多信号模型的卫星故障诊断技术[D].长沙: 国防科学技术大学, 2009.
[22] Kleer J, Williams B C. Diagnosing multiple faults[J]. Artificial Intelligence, 1987, 32: 97 - 130.
[23] Sandra C, Adam J, Scott E, et al. Livingstone model-based diagnosis of earth observing one [C]. Chicago: AIAA 1st Intelligent Systems Technical Conference, 2004.
[24] Siamak T, Sun X H. Inference techniques for diagnosis based on set operations [C]. Chicago: AIAA the 1st Intelligent Systems Technical Conference,2004.
[25] 代树武.航天器自主运行关键技术的研究[D].北京: 中国科学院, 2002.
[26] Narasimhan S, Dearden R, Benazera E. Combining particle filter sand consistency-based approaches for monitoring and diagnosis of stochastic hybrid systems [C]. Carcassonne: 15th Inter-national Workshop on Principles of Diagnosis(DX04),2004.
[27] Bradley T. Discrete time linear models of the fastrac startup sequence for fault detection[C]. Reno: 46th AIAA Aerospace Sciences Meeting and Exhibit,2008.
[28] Rick D. Husband. Columbia Accident Investigation Board Report [R], Washington: National Aeronautics and Space Administration, 2003.
[29] Ashok N S, Robert W M, Claudia M. Integrated vehicle health management[R]. Washington: National Aeronautics and Space Administration, 2009.
[30] Michael G P. Prognostics and health management of electronics[M]. Hoboken: John Wiley & Sons, 2008.
[31] Stephen B J. System health management: with aerospace applications[M]. Hoboken: John Wiley & Sons, 2011.

[32] Benedettini O, Baines T S, Lightfoot H W, et al. State-of-the-art in integrated vehicle health management [J]. Journal of Aerospace Engineering, 223 (2): 157 – 170.

[33] Wilber G F. Boeing's SoSE approach to e-enabling commercial airlines, in system of systems engineering[M]. Hoboken: John Wiley & Sons, 2008.

[34] Scandura P A. Vehicle health management systems, in the avionics handbook [M].2nd ed. Boca Raton: CRC Press, 2006.

# 第 3 章　状态监测分析及典型监测方法

## 3.1　系统的可监测性问题

在当代,航电技术和数字化的电子飞行仪器在飞机上普遍存在,飞机基本上都具备了获取和记录飞机维护数据的能力。这些数据包括:显示给机组人员的飞机综合电子监控报警、机载计算机记录的故障信息、来自数据管理组件的发动机报告和 APU 报告等。更进一步,这些对飞机维护有很大信息价值的数据,都可以实时地从飞机传输到地面工作站。航空公司开始使用电子数据处理工具来管理各种各样的事件,这些工具具有处理来自整个机队的大容量数据的能力。许多航空公司都已经开始使用从飞机上下载的发动机报告来监控发动机部件状况了,这可以进一步的提高航线维护能力和发动机效率。波音公司和空客公司都认识到要进一步加强这种维护能力,有必要开发一套软件系统来系统地分析处理这些数据,发挥它们的实际价值。最终,空客公司开发了 AIRMAN(aircraft maintanance analysis)系统,波音公司也研制了 AHM(aircraft health management)系统。

### 3.1.1　概念、目的和内涵

系统一词最早来源于希腊语,指由部分到整体的意思。由于研究角度的不同各研究者对其认识也存在差异,致使产生了许多不同的理解与定义。有的认为系统是指各元素与它们顺常行为的给定集合,有的认为系统是有组织的和被组织化的全体,有的认为系统是有联系的物质和过程的集合等。系统论认为系统是指若干个元素按照一定的结构形式组成的具备某项功能特性的有机的整体,其内涵包括系统、结构、要素与功能四个方面的概念,暗示了系统与要素、系统和环境、元素之间三个方面存在关联。

系统论被公认为由美籍奥地利人理论生物学家贝塔朗菲均创立。它是一门研究系统一般模式、结构与规律学问的科学理论。它通过数学方法定量地描述系统共同特征，寻找和建立能适用于所有系统的基本原理并构建数量化的数学模型。它认为整体化、等级结构化、关联性与动态的平衡化，以及时序化等特性是所有系统所具备的基本特征。系统整体性是系统论核心思想，它认为世界万物都可以看作系统。它强调系统的整体性，指出系统不是组成部分随便地机械组合也不是简单地相互叠加，系统表现出来的整体功能是组成部分所不能拥有的特性。它认为系统中各组成部分不是单独存在的，各个组成部分是密切关联的，他们之间是不可分割，如果失去一个部分，那么这个系统将不再是原来的那个系统了，其功能特性也会发生质的变化。

系统论基本研究方法就是把所有要研究的对象都看作系统，用系统的观点去分析研究对象的结果与功能，确立研究对象各部分的关系和变化规律，最终对研究对象进行优化。

整个世界可以看作是系统的集合，在这个集合中各系统均不相同，存在千差万别。在长期的研究中人们形成了多种系统划分方法，因为角度的不同，其划分方法各不相同，如从大小的角度来分，系统被划分为大系统和小系统。

研究系统论的目的是通过对各种系统的研究，认识系统普遍存在的特点和规律，让掌握的系统共同特点和规律为系统服务，去管理、控制、改造甚至创造新系统，使新系统更加符合人们的需要。简单地概括就是调整系统的结构，对其各组成部分进行协调最终达到系统的优化。

系统论的研究丰富了人类开展研究的新思路，促进了各个学科的快速发展。为众多现代科学理论提供了理论和方法支撑，在现代社会发展中解决了很多复杂问题。众多新理论不断渗入系统论，系统论不断得到丰富和提高。系统论正朝着构建统一、科学的系统论体系方向发展，主要发展趋势概括为两点：① 系统论与当前发展的新型学科互相渗透；② 系统论作为信息论和控制论的基础，三者正向三合一的方向发展。

全寿命周期理论最早出现在 20 世纪 60 年代，首先由美国军方应用于航母、导弹、战斗机等大型高科技武器装备的生产设计管理上。年代全寿命周期理论进入一个快速发展的阶段，许多国家将全寿命周期理论广泛应用于交通运输系统、国防建设、航空航天、能源系统工程、大型机械装备等领域的生产管理上。

全寿命周期是指装备从设计、开发、生产、使用、保障，直到退役和材料回收的全过程。全寿命周期费用是指整个寿命周期内各阶段所发生费用的总和。全寿命周期管理是指以实现长期效益为目的，利用先进的技术与管理模式优化管理系统或项目论证、设计、生产制造、运行直至报废的所有环节，即从项目对象的建设构思到项目对象的工程报废的所有阶段，在确保系统或项目高效、可靠、经济、安全顺利的基础上，实现系统或项目的全生命过程的整体最优。其具体管理内容包括资产、时间、费用、质量、人力资源、沟通、风险等内容，其管理的周期以项目的期限为周期转变到系统的运营期为周期的全寿命模式。

基于系统或产品全寿命周期的考虑，就诞生了全寿命周期成本管理，它是多学科交叉融合产生的一种全新的管理方法和理念，具备全系统、全过程、全费用的鲜明特色。全寿命周期成本管理的最终目标是在保障设备或系统可靠性的前提下，实现其全寿命周期的最小化的成本管理，主要涉及工程和财务两个方面的内容。该管理模式具备全面控制和宏观预测两大特性，它全面考虑了系统的整个生命过程，有效避免了短期目标行为，它以总体效益为最终目标，充分考虑了所有可能的费用，在保障系统或设备正常运行与所有费用平衡的基础上，给出最佳的方案。

全寿命周期理论的目标是效益，故而全寿命周期理论的核心便是全寿命周期的成本。美国国防部和美国预算局分别给出了不同的含义，一般来说全寿命周期成本包括设计成本、制造成本、销售成本、使用成本、维修成本和回收报废成本。

全寿命周期根据研究的需要，主要分为物理寿命、经济寿命、功能寿命以及法律寿命四种不同的类型。当进行项目的全寿命周期内的费用分析时，经济寿命便被作为项目的全寿命周期。

全寿命周期管理的基本特点包括：① 系统性，它是一项系统工程，为达到各个阶段效益的最大化，必须进行科学系统的全面管理；② 全面性，其管理涉及项目的全过程，在不同的管理阶段特点与目标各不相同，且各阶段相互关联；③ 持续性，项目的全寿命周期既具备阶段性又具备整体性，这就需要项目的各个阶段之间具备良好的持续性；④ 约束性，参加管理的主体往往很多，他们之间既有联系又有约束；⑤ 复杂性，由项目全寿命周期管理的系统性、阶段性、多主体性决定。

### 3.1.2　如何评估

可监测性设计是机械系统产品创新的一种活动，创造可靠性、智能化水平高，具备市场领先水平的机械系统。而可监测性设计评价是在一定的原则基础上，在满足选定评价指标基础上采取适当的方法与手段对可监测性设计的过程及结果进行事实判断与价值确定的活动，是对被监测系统可监测性设计工作的认定工作。其目的是强化可监测性设计工作者的质量观念，保质保量地完成可监测性设计各阶段的工作任务和工作指标，并及时更正可监测性设计工作中存在的问题。

可监测性评价指标是可监测性设计工作评价的依据，所以构建可监测性设计评价指标体系是进行机械系统可监测性评价首要解决的。首先选取设定可监测性评价指标要制定科学、全面和合理的原则，其次要把影响机械系统可监测性的因素作为重点指标，分成不同的可监测性设计评价指标。制定全面合理的可监测性指标是进行可监测性评价的基础和保障，综合考虑机械系统可监测性设计的特点，可监测性评价指标选取应按照以下的原则来进行。

(1) 全面性原则。即选定的指标应全面反映可监测性设计的情况，综合技术、经济和社会等方面进行评价，全面考虑多学科之间的交叉，保障评价的全面性。

(2) 适用性原则。即选定指标对被监测机械系统来说是适合系统实际情况和可实现的，在满足适用的情况下应尽量简洁。

(3) 定性与定量相结合。选定指标时既要考虑评价的定性要求也要充分考虑到定量要求，做到二者兼顾。当一些指标难以量化时，可以从定性的角度来评价。

(4) 科学性原则。选定可监测性评价指标时要针对被监测系统的“可监测性”设计属性，选取真实、可靠、客观的因素指标。即使指标在评价时难以获取也要进行考虑。

(5) 远瞻性原则。选定指标时既要考虑当前的技术状态，也要充分考虑未来发展趋势和前景。

(6) 不重复性原则。选定的指标应尽量避免出现类似和相近，其应具备代表性。可监测性设计的要求和可监测性设计的指标都可以作为评价指标。在现代机械系统的市场背景下，综合用户、可监测性设计者和制造商三方面的因素，借鉴各种成熟的设计评价成果，根据机械系统可监测性评价实际需要，可监测性设计指标可以划分为技术方面评价指标、经济方面评价指标、社会方面评价指标和美学方面评价指标四类。

### 3.1.3 主要方法

协同理论由德国斯图加特大学哈肯教授提出，用以研究交叉学科协同机理，着重探讨各种系统从无序变为有序时的相似性，是系统科学的重要分支理论。受益于近代科学技术的突飞猛进，特别是在系统论、信息论、控制论、突变论、结构耗散论等方面的突破，协同理论得到了快速发展，形成了具有自身独特优点的整套数学模型和处理方案，从宏观到微观角度对无序到有序现象的转变规律进行了统一描述。对于具有物质或能量交换的开放系统，协同理论主要在其远离平衡态时的内部协同机理，发现形成时间、空间和功能上有序的规律。协同理论作为研究完全不同学科中共同存在的本质特征为目的的系统理论，以其广泛的适用性或普适性在各种不同系统的自组织现象的分析、建模、预测以及决策等过程中得到了广泛的应用。以解决系统间和系统内部的协同为目标，保持系统间和系统内部的有序性和合理性。经过几十年的发展，协同理论在物理学、化学、经济学、社会学、管理学、计算机、自然科学等学科领域中得到了快速发展，并在农业、工业、国防等领域的管理方面发挥了重要的作用，得到了广泛的应用。协同理论特别感兴趣如何在适当的时间与空间域获取重要的信息，并通过计算机网络科学来实现信息的传递、存储、共享、利用等。在设计中可以有效解决分布在不同部门或场所、具有不同领域知识的设计者之间信息的沟通和传递，实现数据的实时交互，保障设计任务的顺利进行。

分布式系统来源于计算机领域，它是指多个处理机通过通信线路互连而构成的松散混合的系统，对分布式系统资源进行合理的集约，实现计算机组间的工作协调与任务协同。分布式系统通过统一的操作界面与标准接口，直接分配调度系统资源，为计算机组提供必要的信息、控制和协同，并实现软件的集约管理与共享。分布式操作是网络操作系统的更高级形式，它保持网络操作系统拥有的全部功能，同时又具有透明性、可靠性和高性能等。

## 3.2　监测数据预处理

随着发动机管理信息化系统的建立，管理部门内部积累了大量的电子数据，这些数据对发动机的视情维修管理来说是非常重要的。通过调研发现，各种维修信息存放比较凌乱，并且存在很多质量问题。因此，在民用航空发动机视情维修信息管理系统开发过程中，需要对这些数据进行数据清洗，从而使监控数据更准确地反应发动机的性能情况[1]。

在信息系统升级或再工程过程中，数据迁移是一项重要的工作，数据迁移就是将电子数据从原始系统环境移入新系统数据环境中[2]。同时，为了保证信息系统的数据质量，在数据迁移的过程中需要考虑数据清洗问题。本文开发的管理信息系统需要处理的数据信息有：部件日数据、滑油数据、电子数据系统（electronic data system，EDS）数据、SAGE 数据、EHM 数据。

### 3.2.1　数据质量概念及评价指标

目前，数据质量问题已引起广泛的关注。数据质量问题并不仅仅是指数据错误。文献[3]把数据质量定义为数据的一致性（consistency）、正确性（correctness）、完整性（completeness）和最小性（minimality）在信息系统中得到满足的程度。评价数据质量最主要的指标是：① 准确性（accuracy），是指数据源中实际数据值与假定正确数据值的一致程度；② 完整性（completeness），是指数据源中需要数值的字段中无值缺失的程度；③ 一致性（consistency），是指数据源中数据对一组约束的满足程度；④ 唯一性（uniqueness），是指数据源中记录以及编码是否唯一；⑤ 适时性（timeliness），是指在所要求的或指定的时间提供一个或多个数据项的程度；⑥ 有效性（validity），是指维护的数据足够严格以满足分类准则的接受要求。

### 3.2.2 数据质量对管理信息系统的影响

数据质量问题是制约信息系统应用的瓶颈之一。系统频繁地从各式各样的源数据中装载和刷新，这些数据中不可避免地存在很多异常，数据错误大约占到总数据量的5%[4]。管理者的决策质量与数据质量和可用性直接有关。由于进行决策分析的数据取自数据库，所以数据库的质量是保证信息系统能否得到实际应用的前提。

劣质数据会对发动机工程师的实际工作带来负面的影响。如果滑油添加量数据是错的，那么公司要么会花时间去确认这一故障，要么会使发动机提前下发，造成不必要的经济损失。同时，错误数据类型会使信息系统不正常，使业务处理发生故障。

在任何可能的情况下，采集数据之前应该证实并清洗该数据。如果劣质数据进入了信息系统，它会毁掉管理者使用它的信心。因此，有必要在开发系统和采集数据的时候，利用数据清洗技术保证信息系统的数据质量。

### 3.2.3 数据库中的数据质量问题

当建立一个信息系统的时候，即使进行了良好的设计和规划，也不能保证在所有情况下，信息系统中数据的质量都能满足用户的要求。用户录入错误、企业合并以及企业环境随着时间的推移而改变，这些都会影响所存放数据的质量。信息系统中可能存在的数据质量问题有很多种，总结起来主要有以下几种[5]：重复的记录，是指在一个数据源中有指现实世界同一个实体的重复信息，或在多个数据源中有指现实世界同一个实体的重复信息；不完整的数据，由于录入错误等原因，字段值或记录未被记入数据库，造成信息系统数据源中应该有的字段或记录缺失；不正确的数据，由于录入错误、数据源中的数据未及时更新或不正确的计算等，导致数据源中数据过时，或者一些数据与现实实体中字段的值不相符；无法理解的数据值，是指由于某些原因，导致数据源中的一些数据难以解释或无法解释，如伪值、多用途域、古怪的格式、密码数据等；不一致的数据，包括多种问题，比如，由不同数据源来的数据很容易发生不一致；同一数据源的数据也会因位置、单位以及时间不同产生不一致。

在以上这些问题中，前三种问题在数据源中出现得最多。根据数据质量问题产生的原因，数据质量问题可分成单数据源问题和多数据源问题两个方面，其分类如图3.1所示[6]。

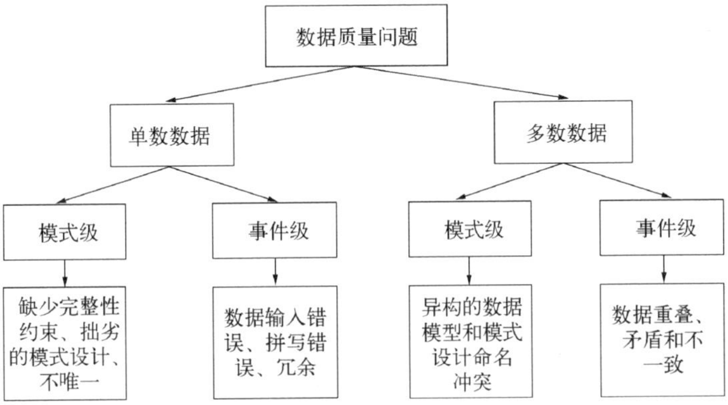


图 3.1　数据质量问题的分类

### 3.2.4　数据清洗原理和方法

1. 数据清洗内涵及原理

通过以上对数据质量问题的分析,可以看出,数据质量问题是信息化建设中的一个重要问题。为了提高信息系统的数据质量,研究数据清洗非常重要。

目前,对于数据清洗没有统一的定义。一般来说,从广义上讲,数据清洗是将数据库精简以除去重复记录,并使剩余部分转换成标准可接收格式的过程;而狭义上讲,数据清洗特指在构建数据仓库和实现数据挖掘前对数据源进行处理,使数据实现准确性、完整性、一致性、唯一性、适时性、有效性以适应后续操作的过程。

本文的研究主要是提高和保证信息系统的数据质量,在这里采用文献[5]的定义:凡是有助于提高信息系统数据质量的处理过程,都可认为是数据清洗。所以,数据清洗可简单看成就是从数据源中清除错误数值和重复记录,即利用有关技术如数理统计、数据挖掘或预定义的清理规则等,从数据源中检测和消除错误数据、不完整数据和重复数据,从而提高信息系统的数据质量。

数据清洗包括以下几个步骤:数据分析,数据分析是指从数据中发现控制数据的一般规则,比如字段域、业务规则等,通过对数据的分析,定义数据清洗的规则,并选择合适的清洗算法;数据检测,数据检测是指根据预定义的清理规则及相关数据清洗算法,检测数据是否正确,比如是否满足字段域、业务规则等,或检测记录是否是重复记录;数据修正,数据修正是指手工或自动地修正检测到的错误数据或处理重复的记录;对于数据清洗应该满足,数据清洗应该能检测和消除所有主要的错误和不一致,包括单数据源和多数据源集成时,数据清洗方法能被这样的工具支持,人工检测和编辑工作要尽可能少,并具有可扩展性。

根据以上分析,数据清洗的原理可总结为如图 3.2 所示。

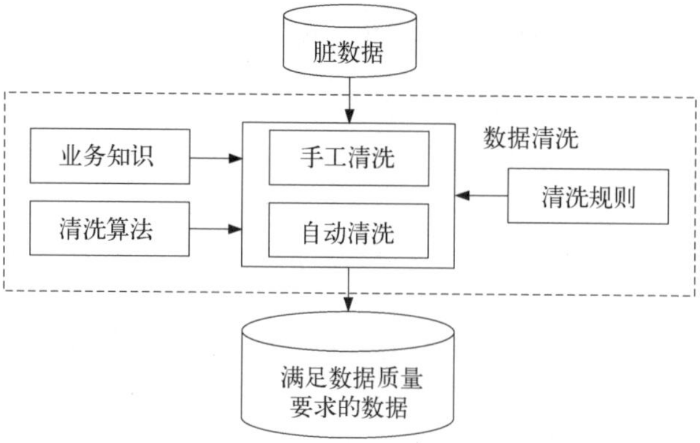


图 3.2　数据清洗原理

2. 相似重复数据的清洗

由于数据输入错误、不标准的缩写词,或其他原因,数据库中可能包含关于现实世界同一实体的重复记录[7]。虽然关系数据库系统不允许含有重复主键值的记录输入,但是,由于数据输入错误,不管主键的值是否被这些错误影响,关系数据库不能再保证不存在重复的记录。因此,在数据清理中,相似重复记录的检测与清除是一个重要问题。

数据源中的重复记录可分成完全重复记录和相似重复记录。完全重复记录是指在数据表中除了主键外,其他各字段完全相同的记录,或者是在那些设计差的数据库中,没有主键,所有字段完全相同的记录。相似重复记录是指那些客观上表示现实世界同一实体的,但是由于在格式、拼写上有些差异而导致数据库系统不能正确识别的记录。

要想清理数据源中的相似重复记录,必须要先通过某种方法检测出相似重复记录,然后采取一定的策略清除这些重复记录,从而达到清洗的目的。在相似重复记录的检测方面已经有了一些成果。在一个数据表中,完全重复记录的标准检测方法是先将数据库中的记录排序,然后,通过比较邻近记录是否相等来检测完全重复记录。完全重复记录不管以记录的哪一个部分进行分类,在分类排序后,都能保证互相相邻。这种方法可被扩展后用来检测相似重复记录,研究人员在此基础上提出了很多方法。

当完成相似重复记录的检测之后,对检测出的重复记录要进行处理。对于一组相似重复记录,一般有两种处理方法。

第一种处理方法是把每一条相似重复记录看成是一组记录。于是,任务就是删除数据库中的重复记录。在这种情况下,一些常用的处理规则包括:人工规则,是指由人工从一组相似重复记录中选出一条最准确的记录保留,并把其他重复记录从数据库中删除掉,这种方法最简单。随机规则,是指从一组相似重复记录中随机地选出一条记录保留,并把其他重复记录从数据库中删除掉。

最新规则,在很多情况下,最新的记录能更好地代表一组相似重复记录。比如,越接近当前日期的信息,准确性可能越高,经常使用账户上的地址要比退休账户上的地址权威一些。基于这种分析,最新规则是指选择每一组相似重复记录中最新的一条记录保留,并把其他重复记录从数据库中删除掉。完整规则,是指从一组相似重复记录中选择最完整的一条记录保留,并把其他重复记录从数据库中删除掉。实用规则,是指从一组相似重复记录中选择与其他记录匹配次数最多的一条记录保留,并把其他重复记录从数据库中删除掉。可以把以上方法定义成规则,存放在规则库中,供用户根据具体的业务要求选择使用。

第二种处理方法是把每一条相似重复记录看成是信息源的一部分。于是,目的就是合并一组重复记录,产生一个具有更完整信息的新记录。该方法一般要由人工进行处理。

以上给出了常用的几种处理相似重复记录的方法,至于在执行相似重复记录的清理过程中采用什么样的处理方法,要根据具体的数据源以及用户要求来确定。

3. 不完整数据的清洗

数据不完整是产生数据质量问题的一个重要因素[8],简单地说,数据不完整是指数据源中字段值的缺失问题。不完整数据的存在不但会影响信息系统的运行效果,还会引起决策错误,特别是数值数据中出现不完整数据。故必须要解决数据源中的数据不完整问题。在多数情况下,数据源之间的字段值并不是相互独立的。所以,通过识别字段值之间的关系可以推断出缺失的字段值。

在各种实用的数据库中,属性值缺失的情况经常发生甚至是不可避免的。造成数据缺失的原因是多方面的,主要可能有以下几种：有些信息暂时无法获取;有些信息是被遗漏的;有些对象的某个或某些属性是不可用的;有些信息(被认为)是不重要的;有些信息的获取代价太大;系统实时性能要求较高,即要求得到这些信息前迅速做出判断或决策。

4. 不完整数据清洗方法总体描述

对于数据源中不完整数据的清理,可分为以下三步来处理：① 检测数据源中的不完整数据。要清理数据源中的不完整数据,首先要做的就是把数据源中的不完整数据检测出来,以便于下一步的处理;② 判断数据的可用性。如果一条记录中字段值缺失的太多,或者剩余的字段值中根本就不包含关键信息,就没有必要花费精力去处理该记录。因此,对于检测出的不完整数据,要根据每一条记录的不完整程度以及其他因素,来决定这些记录是保留还是删除。判断数据的可用性就是完成这一工作;③ 推断缺失字段的值。推断缺失字段的值是指对那些要保留的记录,要采取一定的方法来处理该记录中缺失的字段值。

根据以上分析,作者提出一种不完整数据清洗方法,其原理如图 3.3 所示。采用该方法清洗数据源中不完整数据的过程简要描述如下。

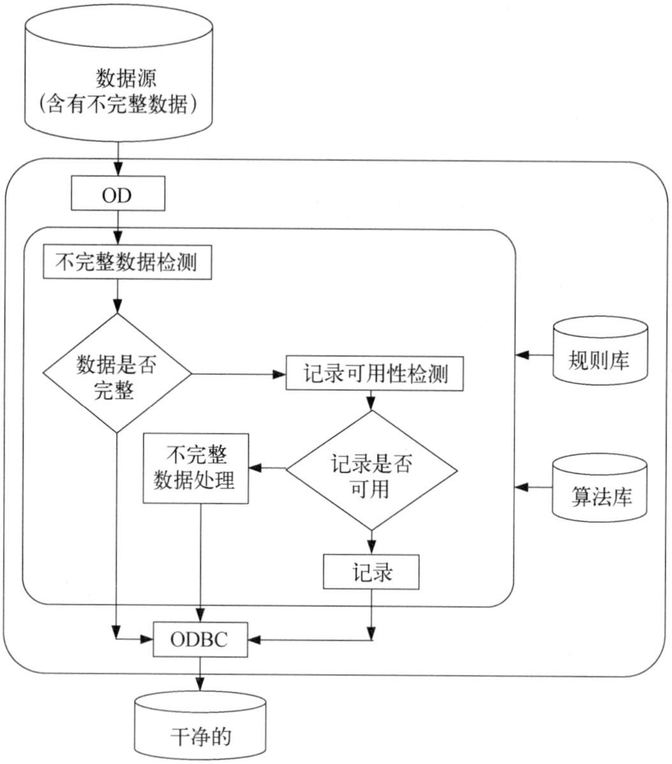


图 3.3　不完整数据清洗的原理

首先,把数据源中需要清洗的数据通过 ODBC 接口调入到系统中来,不完整数据检测模块调用算法库中的检测算法,来判定每条记录是否完整。如果记录完整,则无须清理,直接将该记录通过 ODBC 接口导入到数据源中;如果记录不完整,则把该记录导入到记录可用性检测模块中,记录可用性检测模块从算法库中调用可用性检测算法,执行记录的可用性检测,然后根据规则库中预定义的规则,来判定该记录是否可用。如果记录不可用,则直接删除该记录;如果记录可用,则不完整数据处理模块从算法库中调用相关算法来处理该记录中缺失的字段值。最后,处理完的数据经 ODBC 接口导入到数据源中。

在以上这种不完整数据清洗方法中,通过在规则库中定义合适的阈值,能灵活、合理地确定记录的取舍;对于要保留的记录,又可以通过选用合适的不完整数据处理方法来处理该记录,可见这种不完整数据清洗方法具有较强的通用性和灵活性。所以,该方法能较好地完成不完整数据的清洗工作。

5. 不完整数据的可用性检测

从图 3.3 中可以看出，记录的可用性检测是不完整数据清洗过程中的一个重要步骤。如果一条记录字段值缺失的太多，或者剩余的字段值中根本就不包含关键信息，就没有必要花费精力去处理该记录。因此，要解决数据的不完整问题，判断记录的可用性非常重要。判断记录的可用性也就是根据每一条记录的不完整程度及其他因素，来决定该记录是保留还是删除。

对于记录的可用性检测，作者采用的方法是：先评估每一条记录的不完整程度，也就是先计算每一条记录中缺失字段值的百分比，再考虑其他因素，如记录剩余的字段值中关键信息是否存在，然后决定记录的取舍。评估一条记录不完整程度的方法如下：

假设一条记录 $R$ 可表示为

$$R = \{a_1, a_2, \cdots, a_n\} \tag{3.1}$$

如果

$$\text{AMR} = \frac{m}{n} < \varphi, \varphi \in [0, 1] \tag{3.2}$$

则表示该记录比较完整，应保留记录 $R$，否则，删除记录 $R$。

在式(3.1)和式(3.2)中，$a_1, a_2, \cdots, a_n$ 表示记录 $R$ 的 $n$ 个字段，$m$ 表示记录 $R$ 中字段值缺失的数目(包括字段值取缺省值的字段)，AMR 表示记录 $R$ 中字段值缺失的比率，$\varphi$ 为记录 $R$ 中字段值缺失比率的阈值。在进行不完整数据清理时，$\varphi$ 的值由域专家根据对具体数据源的分析来确定其取值，并定义在规则库中，供系统调用。

此外，在决定记录取舍时，除了评估每一条记录的不完整程度外，有时还需要考虑该字段中关键字段的值是否存在，关键字段由域专家根据对具体数据源的分析来确定。如果不完整数据中关键字段值存在，即使 $\text{AMR} > \varphi$，也应该保留该记录。

由图 3.3 可知，在检测记录的可用性之前，要先检测出数据表中的不完整记录，然后检测不完整记录的可用性。在具体的清洗过程中，为了提高系统运行效率，可以把不完整数据检测合并到数据可用性检测这一步骤中。合并后的记录检测算法的伪码描述如下：

```
选取阈值 φ，初始化 m：= 0；
FOR  I=1  TO  T;   //T 为数据表中记录的总数
    FOR  J=1  TO  n;   //n 为记录的字段数
        IF  Ri(aj)  is  NULL  Then  //Ri(aj)等于空值
```

```
            m = m + 1;
            END  IF;
        IF  m=0  Then
        待导入数据源;
        ELSE
    //******以下伪码表示检测过程中考虑了记录的关键字段******
            IF  Ri(ak)  is  Not  NULL  Then
            //Ri(ak)表示该数据表中的关键字段的值
            把该记录标识为可用不完整数据;
            ELSE
    //******以上伪码表示检测过程中考虑了记录的关键字段**** **
            计算 AMR;
            END  IF;
        END  IF;
        IF  AMR>φ  Then
        Delete  Ri;  //Ri 不可用,删除掉
        ELSE
        把该记录标识为可用不完整数据;
        END  IF;
        END;
    END;
```

在以上算法中,$R_i(a_j)$表示记录 $R_i$ 第 $j$ 个字段 $a_j$ 的值,$R_i(a_k)$表示记录 $R_i$ 中关键字段 $a_k$ 的值。以上记录检测算法保存在算法库中,供数据清洗时调用。

6. 缺失字段值的处理

在完成记录可用性检测之后,对那些要保留的不完整数据记录 $R$,要采取一定的方法来处理该记录中缺失的字段值,一般采取以下几种处理方法:

(1) 忽略元组:当类标号缺少时经常这样做。但是除非记录的多个属性都缺少值,否则这个办法并不是很有效。因为虽然记录的某个属性缺少值,但是其他属性的值可能是有用的。

(2) 人工处理法:对一些重要数据,或当不完整数据的数据量不大时应该采用这种方法。

(3) 常量值替代法:常量替代法就是对所有缺失的字段值用同一个常量来填充,比如用“Unknown”或“Miss Value”,这种方法最简单。但是,由于所有的缺失值都被当成同一个值,容易导致错误的分析结果。

(4) 平均值替代法:平均值替代法就是使用一个字段的平均值来填充该字段

的所有缺失值。

(5) 常见值替代法：常见值替代法就是使用一个字段中出现最多的那个值来填充该字段的所有缺失值。

(6) 估算值替代法：估算值替代法是最复杂，也是最科学的一种处理方法。采用这种方法处理缺失字段值的过程为：首先采用相关算法，如回归、判定树归纳、K-最临近等算法预测该字段缺失值的可能值，然后用预测值填充缺失值。

以上给出了常用的几种处理记录中缺失字段值的方法，至于在执行不完整数据的清理过程中采用什么样的处理方法，要根据具体的数据源以及用户要求来确定。

7. 错误数据的清洗

在三种重要的数据质量问题上，数据错误是最重要的数据质量问题。简单地说，数据错误是指数据源中记录字段的值和实际的值不相符。如果信息系统中包含错误数据，记录重复问题和数据不完整问题则会更难清理。故必须要清理数据源中的错误数据。

对于错误数据的清理，有两种相联系的方法：① 通过检测数据表中单个字段的值来发现错误数据，这种方法主要是根据数据表中单个字段值的数据类型、长度、取值范围等，来发现数据表中的错误数据，如表 3.1 中列出了几种检测单个字段值中错误数据的方法；② 通过检测字段之间以及记录之间的关系来发现错误数据，这种方法主要是通过在大量数据中发现特定的数据格式，如几个字段之间的关系，从而得到字段之间的完整性约束，如采用函数依赖或特定应用的业务规则来检测并改正数据源中的错误数据。另外，采用一个具有高置信度的关联规则能够检测违反这一规则的数据质量问题，比如，一个置信度为 99% 的关联规则“总数 = 数量×单价”表明 1%记录不遵守这一规则，需要对记录做进一步的检查。

**表 3.1　检测单个字段中错误数据的几种方法**

| 问　题 | 方　法 | 说　明 |
|---|---|---|
| 不合法值 | 采用集的势(cardinality) | 字段集的势应该在允许的范围内，如 cardinality(性别) > 2，表明该字段中数据有问题 |
| | 采用最大、最小值 | 字段的最大、最小值不应该超出允许范围 |
| | 采用不一致、偏差 | 字段统计值的不一致、偏差不应该高于某一极限 |

对于数据源中检测出的孤立点，一般先要采用人工方法来判定该数据是否为错误数据。如果是错误数据，再对该数据进行处理。一般说来，从数据源中检测出的错误数据数量不大，所以，对于检测出的错误数据，可以直接由人工来处理。

当然，对于一些不重要的错误数据，也可以采取类似于不完整数据的处理方法，比如，常量替代法，常量替代法就是对所有错误数据用同一个常量来填充，比如用"Error"或"Wrong Value",这种方法最简单,但是不能从根本上解决问题;平均值替代法,就是使用一个字段的平均值来填充该字段的所有错误数据;最常见值替代法,就是使用一个字段中出现最多的那个值来填充该字段的所有错误数据;估算值替代法,采用其处理错误数据的过程为:首先采用相关算法,如回归、判定树归纳等算法预测该错误数据的可能值,然后用预测值替代错误数据。

对于错误数据的清理,由于每种方法的适用范围不同,故需要尽可能采用多种清理方法,多种方法能提高错误数据清洗的综合效果。

### 3.2.5 数据迁移方法

所谓数据迁移就是把源数据库指定表中数据从一种源数据库的环境迁移到目的数据库指定表的环境中去的过程。但是在实际数据迁移过程中,往往不是简单的数据搬家,由于数据保存的环境有所变化,常常需要做数据保存格式的转换[9]。

在本书管理信息系统的应用软件和数据库系统开发中,涉及数据迁移(也称数据导入导出或数据导换)问题,源数据有部件日数据、滑油数据、EDS 数据、SAGE 数据、EHM 数据。需要将数据从源数据库环境(如 EXCEL, ACCESS, SYBASE)迁移到目标数据库环境(ORACLE)中。

1. 数据迁移概述

在实际应用中,数据迁移并不是简单的数据搬家,常常需要做数据格式的转换。进行彻底而准确的数据转换应遵循以下关键步骤:识别源数据、确定数据转换的规则以及开发转换规则代码。因此,如何正确、快速地实现数据信息的继承、保证原始数据的完整性是多数据源集成中的一个重要问题。

数据迁移过程通常可以描述为:制定数据迁移策略;确定数据迁移的范围;确定数据迁移的环境;确定数据迁移的技术;考察原始系统数据结构,包括原始系统数据结构的描述、原始系统数据结构的依赖关系;考察新系统数据结构,包括新系统数据结构的描述、新系统数据结构的依赖关系;建立对照关系,即建立原始系统数据结构和新系统数据结构的对照表;确定数据迁移的顺序列表;编写数据迁移脚本;整体数据迁移测试;数据迁移正确性确认;整体数据质量检验。

在数据迁移过程中,要想实现严格的数据库等价转换是比较困难的,首先要确定两种模型中所存在的各种语法和语义上的冲突,这些冲突可能包括:

(1) 命名冲突。比如,原始系统数据库结构中的标识符可能是新系统数据库结构中的保留字;原始系统数据库结构中的标识符为汉语拼音,而在新系统数据库结构中为英文,这时需要重新命名。

(2) 格式冲突。同一种数据类型可能有不同的表示方法和语义差异,这时需要定义新老系统数据模型之间的转换函数。

(3) 结构冲突。如果新老数据库系统之间的数据定义模型不同,如分别为关系模型和层次模型,那么需要重新定义实体字段和联系,以防止字段或联系信息的丢失。

在完成数据迁移之后,一方面,原始系统数据库中所有需要共享的信息都要转换到新系统数据库中,另一方面,这种转换又不能包含冗余的关联信息。因此,如何正确、快速地实现数据信息的继承、保证原始数据的完整性是正在共同研究的课题。然而,前人对数据迁移的研究多是仅从数据迁移的方法入手,而没有考虑数据迁移过程中的数据清理问题。正是由于在数据迁移过程中忽视了数据清理过程,因而不能保证数据迁移后新系统的数据质量,这样会对新系统的运行带来很多麻烦。因此,必须重视数据迁移过程中的数据清理问题。这就要求在完成数据迁移的同时,也应该考虑数据的清理问题。

针对前人数据迁移方法的不足,作者提出一种集成数据清理功能的数据迁移方法,该方法把数据迁移和数据清理紧密地结合在一起,当多个数据源集成、完成数据迁移时,数据清理过程根据预定义的清理规则和所选择的清理算法,自动清理数据库中的错误。在完成数据迁移的同时,也完成了数据的清理工作。这样,不仅灵活、准确地完成了数据的迁移,还保证了数据迁移后新系统的数据质量。

2. 数据迁移实现方法

实际数据迁移有很多方法,下面介绍数据迁移的一些实现方法[10]。

1) 利用数据管道实现数据迁移

利用数据管道实现数据迁移的方法,因为很多软件系统或者是集成开发环境中都有专门的实现途径或者是专门的转换控件,因此,实现比较方便,而且可以实现数据类型的自动转化。数据管道是一种用于数据迁移的工具,它用于从一种数据库向另一种数据库迁移数据。这些数据可以是相同的数据库管理系统(database management system, DBMS),也可以是不同的数据库管理系统。

数据管道在数据迁移中能实现对表属性的修改。当源数据库中有备注型字段时,数据管道在迁移数据时自动将它转变为相应 LONG 类型的字段,因为在 FoxPro 中备注字段是以十进制方式存储一个整数,指明相应的备注内容在备注文件中的位置,改值的作用相当于索引。

2) 利用数据窗口实现数据迁移

数据窗口包括数据源和显示样式两个主要部分。在数据窗口中有一组移动和拷贝数据行的函数,在此可以利用这些函数以文本形式实现数据迁移,条件是接收行的列与源数据行的列要完全匹配。利用数据窗口实现老数据库系统中的 DBF 文件数据库到 Oracle 目标数据库中的数据迁移与利用数据管道基本上差不多,不同的是利用数据窗口控件进行数据迁移时用到的函数是 ImpotFile( ) 函数。

在用数据窗口迁移数据过程中若数据源.DBF 文件存在备注型 MEMO 字段,则

ImportFile()函数执行时就要出错,返回的出错信息为文件格式不支持。因此,用这种方法进行迁移数据时具有一定的局限性,源数据库中不能存在 MEMO 类型字段。在 FoxPro 文件数据库中包含备注字段时,如果删除本字段后对整个系统信息不会造成很大影响,则在利用数据窗口进行数据迁移前,在 FoxPro 环境下,先把备注型字段删除,这样可以将其他字段的数据正确迁移到新的数据库中。

3）利用动态的 SQL 语句实现数据迁移

动态 SQL 语句能对所有的关系数据库进行处理,可以利用 SQL 语句对源数据库分条进行读取,将这些数据以字符串形式存入到变量中,然后插入到目的数据库的表字段中,实现数据迁移。用动态的 SQL 语句进行迁移的关键是如何构造字段值字符 StringVar,因为在源数据库中肯定有很多字段值不是字符型的,而是数字型或者是布尔型的,问题的关键是这些字段值如何进行迁移。为了实现简便,以字符型为准对数值型做特殊处理。在实际应用中一般采用第一类和第四类动态 SQL 语句,因为它们的语法规则比较严格,对整体数据的操作比较灵活。用动态的 SQL 语句实现数据迁移同样需要两个事务对象,用于访问两类不同类型的数据库。在 Delphi 数据库连接中,Transaction 对象作为应用程序与数据库之间的通信区域,声明了 Delphi 连接数据库时用到的参数,并接收有数据库返回的状态信息。在 Delphi 中缺省的提供一个事务对象 SQLCA,还需要创建事务对象作为应用程序访问源数据库时通信的桥梁。这种数据迁移方法最灵活,对各种关系型数据库都可以使用,也不易造成数据丢失,但是这种方法实现较麻烦,有时会忽略掉一些重要信息。

4）利用 Delphi 的 BDE 实现数据迁移

在 Borland 数据库引擎(borland database engine, BDE)的发动下,借助于可视化的开发环境,程序员可以快速简便地完成对数据库数据的访问。

BDE 为访问不同格式的标准数据库(如 Dbase、Paradox、FoxPro、Access)以及任何符合 ODBC(open database connection)标准的数据源提供了一致 API 接口。通过它可以访问本地或服务器数据库。因此,对数据的访问都是从这里开始的,只要在这里设置好要访问的数据库数据,就可完成对数据的灵活访问。BDE 的实质就是为各种不同数据库系统设定一条访问链路,以便在程序数据库控件中设定。

5）利用 Oracle 的 DCT 实现数据迁移

利用数据转换工具(data conversion tool, DCT)是 Oracle 解决数据库迁移问题的一种方法。DCT 的基本思想是为数据迁移建立过渡区,首先使用 DCT 建立提取文件,将源数据移到过渡区,然后把数据移到支持该过渡区的 Oracle 数据库,最后由 PL/SQL 把过渡区的数据转换成新的模式,并且保留在 DCT 库中,DCT 建立迁移需要的元素,并提供跟踪这些元素的方法。

在实际的数据迁移过程中具体使用哪一种方法,须根据要迁移数据的源数据库和目的数据库以及其中的数据类型，在保证数据的完整性和安全性的前提下，尽量选择简便易行的方法，这样不但可以节省时间，还能够保证数据不在迁移过程中丢失。

### 3.2.6　具有数据清洗功能的数据迁移研究

3.2.5 节研究了本系统数据迁移的 BDE 方法，是本系统所有数据迁移的一般方法。为了保证数据迁移后系统的数据质量，本系统应用了一种具有数据清洗功能的数据迁移原理技术。该技术把数据迁移和数据清理紧密地结合在一起，当从数据源导入数据，完成数据迁移时，数据清洗过程在后台运行；根据特定的数据源，选择合适的规则算法，清洗数据库中的种种错误；在完成数据迁移的同时，也完成了数据的清洗工作。这样，不仅灵活、准确地完成了数据的迁移，还保证了数据迁移后系统的数据质量。

1. 具有数据清理功能的数据迁移原理

具有数据清洗功能的数据迁移原理如图 3.4 所示。

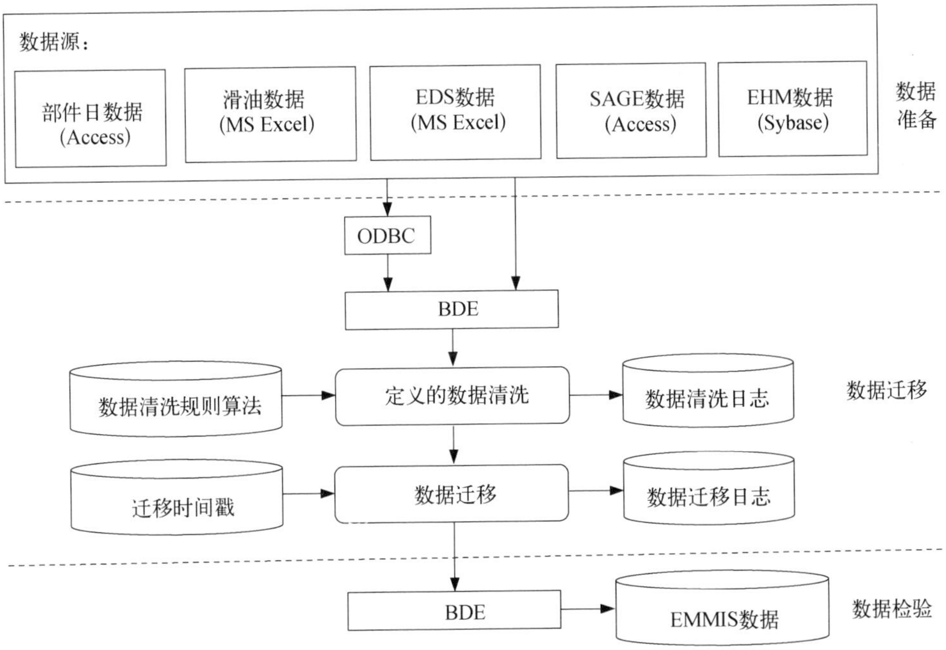


图 3.4　具有数据清洗功能的数据迁移原理

第一阶段：数据准备。把数据源中的数据通过 ODBC 或 Borland 公司的 BDE 连接，这些数据表可能含有一些错误数据，在原始系统数据显示窗口中观察原始数据的正确性，对发现的错误数据进行修改。

第二阶段：数据迁移。按照数据表的依赖关系，按顺序分步执行数据迁移。在数据迁移的同时，数据清洗过程在后台运行，根据预定义的数据清洗规则，利用算法查找并修改错误数据，完成数据的迁移和数据的清洗工作。在这一阶段，正确的清洗方法、准确的业务分析是提高整个清洗质量的关键。

第三阶段：数据检验。程序运行结束后，在系统数据显示窗口中检验迁移后的数据，并根据警告信息，手工迁移不符合系统预定义规则的数据、处理未清洗的数据，从而完成系统的数据迁移，并得到一致的、正确的数据。此外，用户还可以查看数据清洗日志和数据迁移日志，检验数据迁移和数据清洗的正确性。

2. 规则库与算法库

从图 3.4 可以看出数据清洗规则库与算法库和迁移时间戳是数据迁移的核心。对于特定的数据源，需定义特定的数据清洗规则和算法。定义的时间戳避免了数据的重复导入，保证了系统数据的质量。其中，规则库用来存放关于数据清洗的规则，主要包括：① 业务规则，是指符合业务的某一数值范围、一个有效值的集合，或者是指某种模式，如地址或日期，业务规则能帮助检测数据中的例外情况，比如违反属性依赖的值、超出范围的值等；② 不完整识别规则，用来指定一条记录为不完整数据的条件，比如记录中字段值缺失比率的阈值 $\varphi$；③ 重复识别规则，用来指定两条记录为相似重复记录的条件；④ 合并/清除规则，用来指定对一组相似重复记录如何进行处理；⑤ 错误识别规则，用来指定一条记录为错误整数据的条件。

另外，在完成多数据源集成时，数据迁移规则也可以在规则库中定义。

在对数据源进行数据清洗时，可根据具体的业务，在规则库中定义相应的规则，或者修改已有的规则，从而使该软件平台适用于不同的数据源，具有较强的通用性和适应性。

通过在数据库中创建一个数据表实现规则库，用于重复识别规则、不完整识别规则、错误识别规则等清理规则，其数据表的结构如表 3.2 所示。

**表 3.2 规则库数据表的结构**

| 字　段 | 类　型 | 长度 | 说　明 | 键 |
|---|---|---|---|---|
| RULENO | CHAR | 10 | 规则编号 | PK |
| RULENAME | CHAR | 10 | 规则名称 | |
| RULEDATA | CHAR | 10 | 规则数值 | |
| RULEEXPLAIN | VARCHAR | 50 | 规则说明 | |

算法库用来存放数据清理所需要的算法。多种数据清理算法通过 Delphi 程序实现后，以类的形式存放在算法库中，供数据清理时根据不同的情况来调用相应的合适算法，所需的新算法可通过 Delphi 编程实现后加入算法库中。

3. 时间戳

系统的数据库中包含一个时间戳表,用来记录导入数据的最新时间。源数据表结构存在一个时间列,在数据迁移时,需要比较时间列和时间戳表的时间。通过比较时间戳表的时间,所有时间在时间戳表时间之后的数据就是未导入的数据。确定了源数据表变化数据后,对这部分更新数据执行数据迁移,导入系统数据库表中。由于变化的数据不会太多,因此,系统数据库的更新速度会比较快。

4. 基于 BDE 的数据迁移 Delphi 实现

在所开发系统的数据迁移过程中,使用的客户端开发工具是 Delphi6,在实际项目中使用的数据迁移模块是利用 Delphi6 的 BDE 实现。下面介绍具体的迁移实现过程。

1) 建立工程项目

在项目的主题窗体上放置迁移过程中用到的控件及其属性设置。4 个组合框(combobox),作为显示源数据库名、目的数据库名、源表名、目的表名的下拉框,把它们分别命名为 CombDbSource、CombDbTarget、CombTableSource、CombTableTarget;2 个 ListBbox,作为显示源表字段和目的表数据字段的列表框,分别命名为 LbFieldFource 和 Lb2FieldTarget;6 个 Bitbtn,作为功能按钮;1 个 Dbgrid;1 个 DataDSource;1 个 Table,用于显示拷贝时源数据字段和目的数据字段的对应关系;2 个 Database 和 2 个 Table,作为拷贝的源数据源和目的数据源,其中,2 个 Database 最为主要,是实现异构数据库间数据拷贝的主要功能控件,可分别命名 DatabaseSource 和 DatabaseTarget。

设置好各个控件的属性,两个 Database 需要设置的属性包括: DatabaseName、DriverName、Params 和 LoginPrompt。

(1) DatabaseName 是数据库名(不是控件名),是将来在数据库下拉框中可以找到的数据库名,用户可以自己命名。

(2) DriverName 是要连接的数据库驱动程序,是一个可选择项,能看到目前系统中所提供的数据库驱动程序,如 DB2、MSSERVER、ORACLE 等,还包括通过 Microsoft 的 ODBC 连接的数据源名。选择需要连接的数据源即可。

(3) Params 是访问数据源的参数,是最主要的一项。要合法访问数据源,首先应是该数据源的用户。作为数据源的用户,可获得如下参数: ① Host name,数据源主机地址,即数据库服务器地址(IP 地址);② Server name,服务器名;③ Database name,数据库名;④ User name,用户名;⑤ Password,用户口令。

在获得以上参数后,并且和数据源主机保持网络物理连接,即可访问该数据源。

(4) Loginprompt,即是否显示输入用户口令提示框,当用户名和口令已写入参数时,只要将该属性置为 False 即可。

以上步骤完成后,将数据库空间的 Connected 设置为 true,连接数据库。如连接失败,先检查网络连接,之后检查是否安装了数据源驱动程序,最后检查参数设置,当然系统提示的信息能很准确地显示错误原因,是排除错误的主要依据。

2）实现数据迁移的程序设计

（1）首先在 Form 的 Create 事件中写如下代码：

```
DatabasSource.Open;
DatabaseTarger.Open;
Session. GetAliasNames(combdbsource.items);
Session. GetAliasNames(combdbtarget.items);
```

其中,前两句用于打开两个数据库,即进行数据库连接;后两句用于取得系统中可访问的数据源别名,放到两个数据库名下拉框中。Session 即进程,每个数据库空间都必须连接一个 BDE 进程,这是由系统自动完成的,你也可以在程序中动态改变。程序运行后,你会发现两个 Database 控件所配置的数据库名也加入两个数据库名下拉框中。

（2）得到数据源名,再获取表名。在源数据库下拉框的 OnChange 事件中写下如下代码：

```
Session.GetTableNames(CombDbSource.text,'',False,False,CombTableSource.Items)
```

可以看到 GetTableNames 函数有五个参数,含义分别是：① 数据库名(程序中取数据库名下拉框中的当前所选数据库名);② 选择文件格式,如 *.mdb,全选置为空串;③ 文件名过滤,对 Paradox 和 DBASE 有效,对基于 SQL 的数据库,该属性置为 False;④ 设置系统表选择,置为 True 可查看和操作系统表,对基于 SQL 的数据库有效,对于 Paradox 和 Dbase 置为 False。本程序不操作系统表,也将此参数置为 False;⑤ 保存表名的字符串数组,程序中置为表明下拉框的 items。

上面一行程序是取得源表名的,取目的表名的代码写在目的数据库名下拉框的 OnChange 事件中,代码同上。

（3）取得源表和目的表的字段名,只以取源表字段名为例,取目的表字段名与其相似。将如下代码写入源表名的 OnChange 事件中。

```
Procedure TForm1.CombTableSourceChange(Sender:TObject);
var
    i:integer;
    sfield:st ring;
Begin
    if TableSource.Active then TableSource.close;      //如果表是打开的,关掉
    TableSource.DatabaseName := CombDbSource.text; //连接数据库
    Tablesource.TableName := CombTableSource.text; //连接表
```

```
    TableSource.open; //打开表
    LbFieldSource.items.Clear; //清空字段列表内容
    For i := 0 to TableSource.FieldCount - 1 do
    Begin
        sField := TableSource. Fields[i].FieldName;
        LbFieldSource.items.Add(sField);
    End; //将字段名加入下拉列表
End;
```

(4) 选择数据字段对应关系。完成上面的步骤,源表和目的表的字段就会左右分列在两个列表框中,再确定拷贝的对应关系,就可以进行批量的数据迁移了。因此,目前最主要的是选择两者对应关系的实现方法。

程序的部分代码如下:

```
if    TableSource.FieldByName(sfieldsource).datatype    <>    TableTarget.
    FieldByName(sfieldtarget).datatype then
Begin
    ShowMessage ('源数据字段和目的数据字段类型不匹配!');
    Exit; //类型不匹配,不建立对应关系
End;
TableCopyFile.Append;
TableCopyFile.FieldByName('Fieldsource').asst ring := sfieldsource;
    TableCopyFile.FieldByName('FieldTarget').asst ring := sfieldtarget; //加
    入对应关系
LbFieldSource.Items.Delete(LbFieldSource.itemindex);
    LbFieldTarget.Items.Delete(LbFieldTarget.itemindex); //去掉已建立对应
    关系的字段
TableCopyFile.post; //保存对应关系记录
```

(5) 取消按钮用来取消对应关系,其代码此处略。

(6) 数据迁移。程序实现部分代码如下:

```
Var
i ,j :integer;
SourceField ,Target Field :string;
Begin
    For i := 1 to TableSource.RecordCount do
    Begin
        TableTarget . Append;
```

```
            With TableCopyFile Do
            Begin
                First;
                For j := 1 to RecordCount do
                Begin
                  SourceField := FieldByName ('FieldSource') . asstring;
                  TargetField := FieldByName ('FieldTarget') . asstring;
                  TableTarget . FieldByName (Target Field) . asstring
                  := TableSource. FieldByName (SourceField) . asstring;
                  Next;
                End;
            End;
            TableSource. Next;
        End;
    End;
```

在程序中包括两个变量 sourcefield 和 targetfield 的赋值,这两个语句是为了使程序看起来更清晰,在实际操作时可将三条语句合为一句,这个微小调整至少可以减少复制过程的一半时间。

选择源数据表和目的数据表相互对应的一个字段,当然两者的类型必须一致,如果出现不一致的情况,就需要进行数据类型的转换,然后再进行数据的迁移。在 Delphi 中提供了强制转换函数,在进行数据赋值时,先使用这些函数把数据类型强制转换,即可顺利进行数据赋值,并且能够保证数据迁移的正确性。例如,数值型到字符型的转换使用 IntToStr( )或者是 FloatToStr( )函数,日期类型到字符类型的转换可以使用 DataToStr( )函数。若在 Delphi 中,源数据表和目的数据表中的数据类型不一致,可以使用这些函数进行转换。

### 3.2.7 应用实例

EDS 数据导入发动机装机时部件信息情况,包括时控件信息。下面以 EDS 数据迁移为例,来说明具有数据清洗功能的数据迁移的应用。

(1) 首先从原始 EDS 表中获取数据。采用 Delphi 的 OleObject,通过 ODBC 接口把原始数据导入数据迁移模块中。获取方法如下:

```
MSExcel.oleobject := MSExcel.CreateObjectFromFile(xlsname,false); //创建
Olecon.show;                //显示
Olecon.doverb(0);           //激活
```

(2) 将获取的数据导入到系统数据结构中,根据系统的数据结构进行数据类

型的转换。笔者采用 Delphi6.0 的类型转换函数进行数据转换工作。这样，通过 BDE 接口就把数据导入到系统的数据库中。

（3）在迁移过程中，注意数据的质量问题。经过分析，EDS 的数据有时控件信息，在标注是否为时控件的字段里，存在数据缺失。因此，在迁移过程中要利用定义的不完整数据的清洗方法对其进行处理，把数据迁移和数据清洗紧密地结合在一起，以保证数据迁移后的数据质量。

首先，确定各参数的取值，并在规则库中进行定义。经过对 EDS 数据表的分析，记录中字段值缺失比率的阈值 $\varphi$ 取 0.5，并把“发动机号+部件号”作为关键字段。然后，运行不完整数据的检测。最后，采取一定的方法处理检测出的不完整数据。对于在 EDS 数据表中检测出的不完整数据，利用常量值替代法来处理。图 3.5 为不完整数据清洗界面。

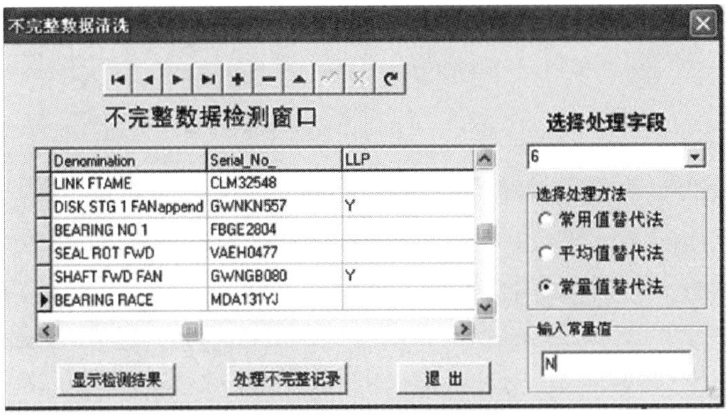


图 3.5 EDS 数据的不完整数据清洗界面

## 3.3 监测方法分类

### 3.3.1 概念、目的和内涵

特征参数的提取对于故障诊断、性能退化评估以及寿命预测的准确性至关重要。例如，滚动轴承大都由于外圈、内圈或者滚动体的疲劳剥落和裂纹而失效，此时静电监测时域、频域等均由于大量电荷的产生而发生变化。

### 3.3.2 主要方法

1. 时域频域特征提取

时域频域特征提取与振动监测类似，属于常规手段，如峰值、均值、均方根值、波形指标、脉冲指标、峭度和裕度等，这些参数指标能够很好地描述轴承从正常状态到故障状态的变化过程，时域、频域特征提取参数如表 3.3 所示。

**表 3.3　时域、频域特征提取参数**

| 时域特征参数 | | 频域特征参数 | |
|---|---|---|---|
| 参　数 | 公　　式 | 参　数 | 公　　式 |
| 均方根 | $x_{\mathrm{rms}}=\sqrt{\dfrac{\sum_{n=1}^{N}(x(n))^2}{N}}$ | 频率中心 | $x_{\mathrm{fc}}=\dfrac{\sum_{k=1}^{K}f_k s(k)}{\sum_{k=1}^{K}s(k)}$ |
| 标准偏差 | $x_{\mathrm{std}}=\sqrt{\dfrac{\sum_{n=1}^{N}(x(n)-x_m)^2}{N-1}}$ | 均方根频率 | $x_{\mathrm{rmsf}}=\sqrt{\dfrac{\sum_{k=1}^{K}f_k^2 s(k)}{\sum_{k=1}^{K}s(k)}}$ |
| 峰峰值 | $x_{\mathrm{p-p}}=\max(x_n)-\min(x_n)$ | 标准偏差频率 | $x_{\mathrm{stdf}}=\sqrt{\dfrac{\sum_{k=1}^{K}(f_k-x_{\mathrm{fc}})^2 s(k)}{\sum_{k=1}^{K}s(k)}}$ |
| 偏度 | $x_{\mathrm{ske}}=\dfrac{\sum_{n=1}^{N}(x(n)-x_m)^3}{(N-1)x_{\mathrm{std}}^3}$ | 内圈谱峰比 | $\mathrm{SPRI}=\dfrac{k\sum_{i=1}^{H}p_{\mathrm{I}}(h)}{\sum_{k=1}^{K}s(k)}$ |
| 峭度 | $x_{\mathrm{kur}}=\dfrac{\sum_{n=1}^{N}(x(n)-x_m)^4}{(N-1)x_{\mathrm{std}}^4}$ | 外圈谱峰比 | $\mathrm{SPRO}=\dfrac{k\sum_{i=1}^{H}p_{\mathrm{o}}(h)}{\sum_{k=1}^{K}s(k)}$ |
| 峰值指标 | $\mathrm{CF}=\dfrac{x_{\mathrm{p}}}{x_{\mathrm{rms}}}$ | 滚动体谱峰比 | $\mathrm{SPRB}=\dfrac{k\sum_{i=1}^{H}p_{\mathrm{b}}(h)}{\sum_{k=1}^{K}s(k)}$ |
| 脉冲指标 | $\mathrm{IF}=\dfrac{x_{\mathrm{p}}}{\left(\frac{1}{N}\sum_{n=1}^{N}\lvert x(n)\rvert\right)}$ | | |
| 裕度 | $\mathrm{CLF}=\dfrac{x_{\mathrm{p}}}{\left(\frac{1}{N}\sum_{n=1}^{N}\sqrt{\lvert x(n)\rvert}\right)^2}$ | | $s(k)$是信号的频谱；$k=1,2,\cdots,K$；$K$是谱线数；$f_k$ 是第 $k$ 条谱线的频率值 |
| 形状因子 | $\mathrm{SF}=\dfrac{x_{\mathrm{rms}}}{\left(\frac{1}{N}\sum_{n=1}^{N}\lvert x(n)\rvert\right)}$<br>$x(n)$是信号值 | | |

表3.3时域指标中RMS和峰峰值属于带量纲的参数,其对信号幅值和能量波动较敏感,但是易受载荷转速等工况变化的影响,存在不足,其他几类时域指标为无量纲参数,其主要优点是受工况变化较小,适用于变工况运行设备状态的监测,无量纲参数是两个相同量纲的量的比值,因而具有一定的物理意义,但是部分无量纲参数对轴承状态变化的反应能力不足,因此与有量纲参数能够形成互补,共同构成静电监测时域指标特征参数集。

频域指标中,前三个表示频域能量的大小,后三个表示频域主频带的变化以及故障发生位置,以及主频带能量大小。

2. 复杂度度量

有效提取信号特征能够准确反映设备运行状态的变化,能够更早地发现异常,为故障诊断及寿命预测等提供可靠的信息输入,提高诊断精度和预测的准确性,因此一直是研究热点。目前大量的研究集中在振动监测领域,在常规时域、频域指标提取基础上,基于小波(包)分析、EMD分解等时频域非线性非平稳信号处理方法的特征被提出用于轴承故障类别的诊断。但是从第3章静电信号去噪结果可以看到,滚动轴承故障静电监测信号频域成分较干净,主要集中在故障特征频率附近,对其进行小波分析或者EMD分解,然后提取能量或者奇异值均不合适。本节利用复杂度度量方法描述全寿命周期滚动轴承静电监测信号中随机成分的变化过程。熵是一种对时间序列复杂度和系统动力学突变度量的方法,目前主要有奇异谱熵、近似熵、样本熵、排列熵等,在心电信号检测和振动信号特征提取方面取得了应用,将复杂度度量方法用于静电信号特征提取方面将有助于提高静电监测的早期故障检测能力,弥补常规时域、频域指标的不足。

熵的概念来源于信息论,由Shannon于1948年提出,用来评定信息量问题。1965年,动力系统熵的概念由苏联科学家Kolmogorov提出后,熵的理论在原有的基础上进行了拓展。人们提出用信息系统的复杂程度去定义熵。新的定义使熵能够度量系统在该确定状态下的复杂程度,而非动力系统状态的不稳定度,这使得在系统的状态监测与信号分析中,信息熵的使用成为可能。20世纪80年代,人们将不同的信号处理方法与信息熵的理论加以结合,用于分析系统运行状态。90年代以来,小波变换等现代信号分析理论和方法得到了快速的发展,通过其与熵的理论相结合,构建了不同的信号信息熵特征指标,为信号评价以及系统状态监测提供了新的方法[11]。

1) 信息熵的基本概念及性质

设一离散的随机变量 $X=\{x_1, x_2, \cdots, x_n\}$ 为信源,其发生的概率 $p_i=p(x_i)$ $(i=1, 2, \cdots, n)$,且 $\sum p(x_i)=1$,该变量 $X$ 的信息熵的定义为

$$H(X)=\sum_{i=1}^{n} p_i \log_2 \frac{1}{p_i}=-k\sum_{i=1}^{n} p_i \ln p_i \tag{3.3}$$

其中，$k = \log_2 e$ 为常数。

由信息熵的定义可知，其主要用于衡量信源中的信息量大小，同时也表征其信息输出的不确定度和随机性。所以，当 $H(X)$ 越大，信源中所包含的信息量越大，信源 $X$ 的不确定性也就越大。

由信息论理论可知，信息熵主要具有如下几种基本性质[12-13]：

（1）非负性。由于熵的定义为信息量的概率加权统计平均，而信息量具有非负性，所以熵也具有非负性，记为 $H(X) > 0$。

（2）对称性。熵值不随 $P(x_1)$，$P(x_2)$，…，$P(x_n)$ 之间的顺序的变化而改变。这一性质说明熵反映信源的总体统计特征，只要信源的消息数和概率分布的总体结构是相同的，那么这些信源的熵就是相同的。

（3）确定性。熵的确定性是指，只要有一个 $p_i$ 是 1，则熵一定是 0。此时，由于随机变量变为确定量，信源变为一个确知信源，不确定度为 0，所以熵的值为 0。

（4）极值性。极值性是指熵存在最大值，当且仅当信源各符号等概率分布时取得最大值：

$$H(X) \leqslant H\left[\frac{1}{n}, \frac{1}{n}, \cdots, \frac{1}{n}\right] = \log_2 n \tag{3.4}$$

此时，信源中各个消息发生的概率相等，没有任何倾向性，此时平均不确定性最大，故此时熵出现最大值。

（5）凸函数性。信息熵具有严格的凸函数性，所以熵具有极大值。

（6）扩展性。熵的扩展性是指信源的消息数增多时，若这些消息对应的概率很小，则信源的熵不变：

$$\lim_{\varepsilon \to 0} H_{n+1}[p_1, p_2, \cdots, p_n - \varepsilon, \varepsilon = p_{n+1}] = H_n[p_1, p_2, \cdots, p_n] \tag{3.5}$$

也就是说，当信源中增加的离散消息对应的概率很小时，可以忽略其对熵的贡献，这也是熵的总体平均性的一种体现。

2）近似熵

近似熵（approximate entropy, ApEn）是时间序列复杂度或者不规则度的一种度量方法。近似熵首先将信号分割成规定长度的向量，计算每一向量与其他向量相比较的不规则程度，因此，重复的模式将会导致 ApEn 值的降低，即时间序列中随机成分的减少都将导致 ApEn 值的降低，这是因为如果两个向量在 $m$ 维数时相似，则在 $m+1$ 维数也会因为模式重复而相似。ApEn 算法对于给定长度的时间序列主要由两个根据先验经验给定的参数计算，分别是 $m$（分段信号维数）、$r$（两向量的可接受的相似容限）。ApEn 计算一般采用 Pincus 的研究结果即 $m = 2$，$r = (0.1 \sim 0.25)k \cdot std(X)$，$k > 0$，其中 $X$ 为时间序列，$std(X)$ 为标准差。

对于一观察时间序列 $X = \{x_1, x_2, \cdots, x_n\}$，计算近似熵的步骤如下：

（1）进行相空间重构，$Y_{N-m+1} = \{x_{N-m+1}, x_{N-m+2}, \cdots, x_N\}$。

（2）计算任意向量与其他所有向量的距离：

$$d_{ij} = \max_{0 \leqslant k \leqslant m-1} |x(i+k) - x(j+k)| \tag{3.6}$$

（3）给定相似容限 $r = (0.1 \sim 0.25) k \cdot std(X)$，$k > 0$，计算任意向量与其他向量的距离小于相似容限的数目，即 $d_{ij} \leqslant r$，$j = 1, 2, \cdots, N - m + 1$ 与 $N-m+1$ 的比值，记做 $C_i^m(r)$。

$$C_i^m(r) = \frac{1}{N - m + 1} \sum_{j=1}^{N-m+1} \Theta[r - d(Y_i - Y_j)] \tag{3.7}$$

（4）将 $C_i^m(r)$ 先求对数再求平均值，记做 $\phi^m(r)$。

$$\phi^m(r) = \frac{1}{N - m + 1} \sum_{j=1}^{N-m+1} \ln[C_i^m(r)] \tag{3.8}$$

（5）计算维数 $m+1$ 时的 $C_i^{m+1}(r)$ 和 $\phi^{m+1}(r)$。

$$C_i^{m+1}(r) = \frac{1}{N - m} \sum_{j=1}^{N-m} \Theta[r - d(Y_i - Y_j)] \tag{3.9}$$

$$\phi^{m+1}(r) = \frac{1}{N - m} \sum_{j=1}^{N-m} \ln[C_i^{m+1}(r)] \tag{3.10}$$

（6）近似熵 $\text{ApEn}(m, r) = \lim_{N \to \infty} [\phi^m(r) - \phi^{m+1}(r)]$。

对于给定长度信号的 ApEn 的估计值为

$$\text{ApEn}(m, r) = \phi^m(r) - \phi^{m+1}(r) \tag{3.11}$$

3）样本熵

Richman 和 Moorman[14] 借鉴 Pincus 的思路对近似熵进行改进并提出样本熵(sample entropy, SamEn)用以减小算法的统计偏差。SamEn 与 ApEn 具有两个关键的不同点，一是在计算总和时排除了自身的相似性，二是在定义熵时采用 $C^m(r)$ 代替 $\phi$。

$$\text{SamEn}(m, r) = \lim\{-\ln[C^{m+1}(r) / C^m(r)]\} \tag{3.12}$$

采用式(3.13)进行样本熵的估计：

$$\text{SamEn}(m, r) = -\ln[C^{m+1}(r) / C^m(r)] \tag{3.13}$$

同样与近似熵类似，有两个参数需要设定，设定方法与近似熵类似。

4）排列熵

Bandt 等提出了另一种描述时间序列复杂度的指标——排列熵(permutation entropy, PE),由于其仅使用数值排序,因此对于非线性信号更具鲁棒性,并且计算简单[15-17]。算法的基本原理如下：

首先对时间序列进行相空间重构：

$$Y = |\, x(i) \quad x(i+\tau) \quad \cdots \quad x(i+(m-1)\tau) \,| \tag{3.14}$$

其中,$m$ 是嵌入维数;$\tau$ 是延迟时间。

对重构矩阵每行进行升序排列：

$$[x(i+(j_1-1)\tau) \leqslant x(i+(j_2-1)\tau) \leqslant \cdots \leqslant x(i+(j_m-1)\tau)] \tag{3.15}$$

其中,$j_1$, $j_2$, …, $j_m$ 表示各元素的列索引。

如果存在相等的值,则按照索引的大小来排序,即如果

$$x(i+(j_p-1)\tau) = x(i+(j_q-1)\tau) \tag{3.16}$$

当 $j_p \leqslant j_q$ 时,有

$$x(i+(j_p-1)\tau) \leqslant x(i+(j_q-1)\tau) \tag{3.17}$$

对每种符号出现概率,计算其排列熵：

$$H_P = H_P(m)/(m-1) \tag{3.18}$$

当 $P_\nu = 1/m!$ 时,$H_P(m)$就达到了最大值 $\ln(m!)$。

对 $H_P(m)$进行归一化处理：

$$0 \leqslant H_P = H_P/\ln(m!) \leqslant 1 \tag{3.19}$$

排列熵的大小反映了时间序列的复杂度或不规则性,时间序列随机成分越少越规则,则排列熵值越小,反之越大。当系统设备发生退化或失效时,监测信号中的复杂度和不规则程度随之变化,因此可以通过排列熵来监测反映设备状态。

排列熵算法有三个参数需要定义：数据长度、嵌入维数以及延迟时间。文献对三个参数的选取进行了详细的研究和分析。为减少计算成本,每分钟文件的 4 096 个数据点分成 4 个部分(每部分 1 024 个数据点),分别计算每部分的 PE 值,另外两个参数经过尝试选取 $m=6$, $\tau=3$, 然后求取 4 个部分的平均值作为该文件的 PE 值。

## 3.4　状态监测原理

民用飞机上的有些系统在功能故障发生前具有潜在故障期,若能够发现潜在

故障,则可以采取适当的措施,避免功能故障造成的安全、使用或经济影响。譬如,对于发动机的叶片而言,一开始叶片上出现裂纹时,由于裂纹长度很小,不易发觉;当裂纹到达一定长度时就可以被发觉,但此时叶片仍能正常工作;只有当叶片的裂纹长度超过一定值时,才会影响使用。从图 3.6 看出,叶片不是在一出现裂纹时就不能被使用的。这就是所谓的故障的延迟性特点,可以用图进行表示。系统在 O 点出现故障,称为故障发生点,虽然此时故障征兆已经出现,但是由于征兆信号较弱以及监控技术水平等的限制,尚不能被检测到;随着故障不断地扩展,当最早一个能够被检测到故障征兆的时刻点出现时称为 P 点(即潜在故障发生点)。只有在此点之后,才能够通过技术手段准确地检测到反映故障过程的特征量的变化[8]。此后,在不考虑修理的情形下,故障征兆进一步扩展直至最终达到功能故障的时刻点(F 点)。从 P 点到 F 点之间所经历的时间长度称为 P－F 间隔(又称延迟时间、警告期或故障扩展时间)。因此,具有延迟性特点的系统故障可以分为两个阶段:第一个阶段,系统由“正常状态 $S_1$”到“潜在故障状态 $S_2$”阶段;第二个阶段,系统由“潜在故障状态 $S_2$”到“功能故障状态 $S_3$”阶段。系统在第一阶段能够正常工作,系统在第二阶段结束前仍能正常工作,但若不及时采取预防维修措施系统就会发生功能故障。

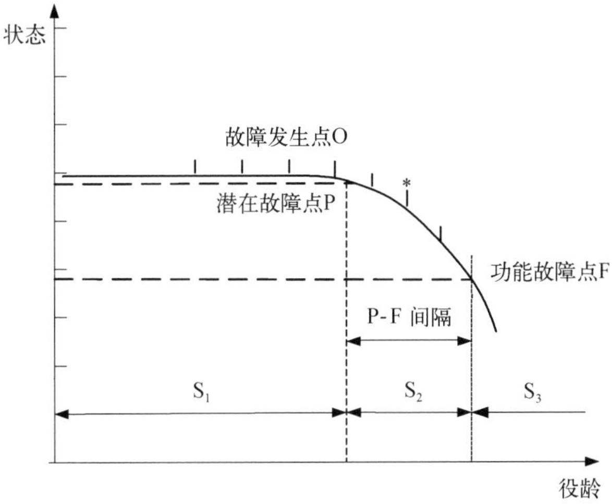


图 3.6　故障延迟曲线

根据备用系统的故障是否具有延迟性,可以分别采用两种不同的维修策略:使用检查策略和功能检测策略。

1）使用检查策略

所谓使用检查是指确定某一项目是否能完成其预定的工作目的的任务,这种检查不是一种定量检查,只是一种发现故障的维修任务。这种维修策略适用于不具有延迟性特点的备用系统,因为这种系统所处的状态要么是正常,要么就是功能故障,不需要对故障的严重程度作定量的鉴定。譬如,对于起落架应急放系统而言,在进行检查时,只要看看它能否正常放下,因此,不存在量的概念。

通常使用检查策略采用单一间隔,但在多数系统的寿命周期内,发生故障的可能性是随时间而变化的,因而采用不等间隔的检查更为合理。本书采用以下的使用检查策略,如图 3.7 所示。

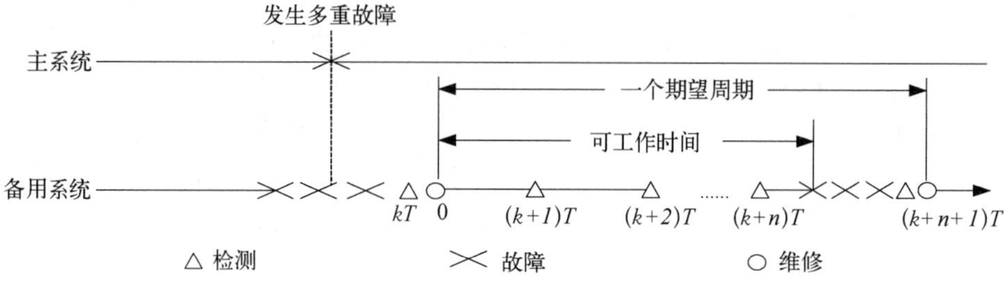


图 3.7　备用系统使用检查策略

(1) 系统工作到首检期 $kT$ 进行第一次使用检查(其中 $k$ 取正整数),以后则每隔周期 $T$ 进行一次使用检查;

(2) 在使用检查时,如发现系统工作正常,则不进行预防性维修;

(3) 如发现功能故障,则及时进行修复性维修,以避免产生多重故障这样的严重后果,所谓多重故障是指主系统和备用系统都发生功能故障的情况;

(4) 如果由于主系统和备用系统都发生故障而造成多重故障,则需要及时进行修复性维修。

2) 功能检测策略

功能检测是一种定量的检测,以确定一个项目的一种或几种功能是否在规定的限度之内。这种维修策略适用于具有延迟性特点的备用系统,因为这种系统的故障具有潜在期,所以需要通过功能检测对系统是否处于潜在状态进行鉴定。前面已经列举过关于发动机叶片的例子,还有像刹车系统、阀门等,它们不只是存在正常和不正常两种状态,故障程度都有量的概念。

功能检测策略与使用检查策略类似,所以也采用不等间隔的功能检测策略。具体策略如下:

(1) 系统工作到首检期 $kT$ 进行第一次功能检测(其中 $k$ 取正整数),以后则每隔周期 $T$ 进行一次功能检测;

(2) 在功能检测时,如发现系统工作正常,则不进行维修;

(3) 如发现潜在故障或功能故障,则及时进行预防性维修,以避免产生多重故障在内的严重后果;

(4) 如由于主系统和备用系统都发生故障而造成多重故障，则及时进行修复性维修。

为了便于备用系统维修优化模型的建立，本书作了如下的假设：

(1) 使用检查、功能检测是完备的，即在检查/检测时，只要系统存在潜在故障或功能故障就一定能够被检查或检测到；

(2) 系统的使用检查和功能检测等预防性维修工作所占用时间忽略不计；

(3) 预防性维修、修复性维修都能使系统恢复如新；

(4) 主系统和备用系统结合的多重故障能被即时发现；

(5) 假定主系统在运行中的故障失效率服从指数分布，并当主系统发生故障后，备用系统能可靠地启动工作。

飞机维修任务分析是一项复杂、严密而细致的系统工程，是各种经验、方法、策略和技术的综合。民机维修大纲是用 MSG－3 逻辑决断法进行分析的，但它只提供了一个总体的分析程序与框架方法，而其中具体的维修任务确定，还需要采用有效、合理的具体化的方法，通过建立相关问题模型来分析确定。

### 3.4.1　矩阵法基本原理

飞机在投入使用之前，必须制定出结构、区域和闪电/高强度辐射场防护系统的预定维修任务。项目的预定维修任务是与未被探测的损伤后果联系起来的，根据其对各种损伤的敏感性和检查的难易程度来确定维修任务。比如，确定结构项目的维修任务，需要考虑的因素有偶然损伤(accidental damage, AD)、环境损伤(environmental deterioration, ED)和疲劳损伤(fatigue damage, FD)等。偶然损伤是指一个项目的实际恶化状况。它是由于该项目与飞机以外的物体接触/碰撞或者其他影响因素造成的，也可能是在飞机的制造、使用、维修过程中由于人为差错造成的。环境损伤是指由于项目与气候或者环境的化学作用引起项目强度和抗故障能力的实际恶化。疲劳损伤是指由于交变载荷和持续扩张所产生的一个或多个裂纹。每种损伤因素可能包括多项子因素/指标，并且每个指标可以划分为几个不同的等级。比如，环境损伤包括温度、振动、液体和损坏四项子因素/指标，温度分为大、中、小、很小四个等级。随后，根据项目对这些因素的敏感性和检查的难易程度制定出预定维修任务。

矩阵图法就是从多维问题的事件中，找出成对的因素，将属于因素群 $L$ 的因素 $L_1$, $L_2$, …, $L_i$, …, $L_m$ 和属于因素群 $R$ 的因素 $R_1$, $R_2$, …, $R_j$, …, $R_n$ 分布排列成行和列，构成一个矩阵图(matrix chart)，然后在行和列的交点上表示 $L$ 和 $R$ 各因素关系的方法。即以矩阵图中行和列的交点作为构思的要点来有效地解决问题的方法就是矩阵图法，本书简称矩阵法。它是一种通过多因素综合思考，探索问题的好方法，常作为质量管理的工具之一。因此，结合工程实际经验，本书采用矩阵法确定飞机结构、区域和 L/HIRF 的预定维修任务,如图 3.8 所示。由于不同飞机设计理念、结构以及使用环境不同,采用矩阵法确定飞机结构、区域和 L/HIRF 的预定维修任务时,考虑的因素以及矩阵图会有所变化,在使用时,需要根据实际情况进行调整。

| | | R | | | |
|---|---|---|---|---|---|
| | | $R_1$ | $R_2$ | … | $R_n$ |
| | $I_1$ | | | | |
| | $I_2$ | | $X_{22}$ | | |
| | … | | | | |
| | $I_m$ | | | | |

图 3.8 L 型矩阵图

### 3.4.2 飞机结构疲劳损伤维修任务的确定

1. *疲劳损伤分析步骤*

疲劳损伤分析的目的是选择与实际有效的检查中最低的检查等级相对应的任务,下标 a、b 和 c 被用于标明一般目视检查、详细检查、特殊详细检查三个检查等级。

对于所有的损伤容限,建议采用以下的步骤进行分析(图 3.9):

步骤 1: 计算平均疲劳寿命 $T_C$。如果裂纹扩展寿命 $R_C$($R_C$是从可检裂纹扩展到临界裂纹的裂纹扩展寿命)占结构项目全寿命(从小的初始裂纹扩展到临界裂纹的寿命)中较大的比例,那么对于不同的检查级别,就要考虑采用不同的 $T_C$值。

步骤 2: 建立从初始裂纹到临界裂纹的裂纹扩展寿命曲线。

步骤 3: 采用评估方法建立最低检查等级的可检裂纹长度。对于目视检查,其可见裂纹长度要记录在疲劳损伤分析工作单中。

步骤 4: 使用裂纹扩展曲线与给定的检查等级可检裂纹长度,按照如下方法确定检查门槛值 $T_t$ 和重复检查间隔 $T_i$。首次检查的门槛值 $T_t$: $T_t < T_c/K_t$。重复检查间隔 $T_i$: $T_i < R_c/K_i$。$K_t$ 和 $K_i$ 是适当的分散因子。

步骤 5: 如果选定检查等级产生的要求不可接受,那么,必须选择高一级的检查等级,并重复步骤 3 到步骤 5 的内容,直到获取一个可接受的检查等级。

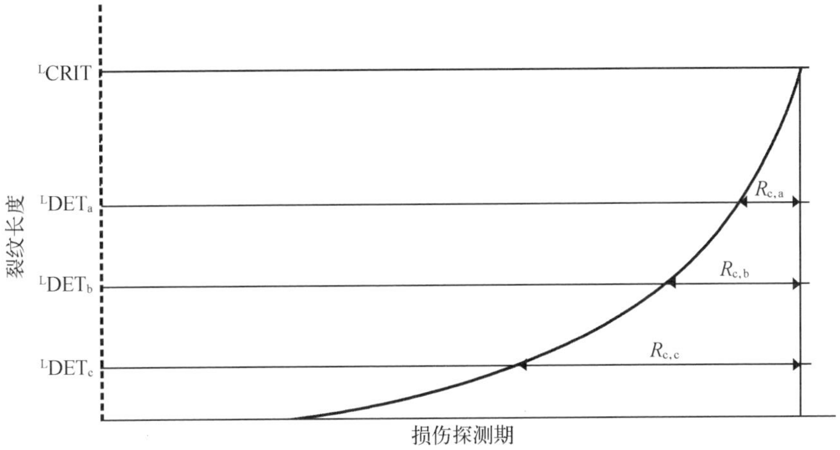


图 3.9 裂纹扩展曲线图

$^{L}$CRIT——临界裂纹长度；$^{L}$DET$_a$——一般目视检查的可检裂纹长度；$^{L}$DET$_b$——详细检查的可检裂纹长度；$^{L}$DET$_c$——特殊详细检查的可检裂纹长度；$R_{c,a}$——与一般目视检查相关的裂纹扩展寿命；$R_{c,b}$——与详细检查相关的裂纹扩展寿命；$R_{c,c}$——与特殊详细检查相关的裂纹扩展寿命。

2. 可检裂纹长度评估

1）目视检查可检裂纹长度评估

为了选择实际有效检查的最低检查等级采用下面的方法进行，以保证对目视可检裂纹尺寸评估的一致性。

分析所得到的裂纹可检长度并不是最小可检裂纹长度，而是通常情况下不被遗漏的可检裂纹长度。下面的程序不应用于特殊详细检查。

在这个方法中，考虑下面的参数：检查等级、结构的重要项目（structural significant item，SSI）的可见性、项目尺寸、光照条件、表面情况、材料厚度和边缘影响、隐蔽裂纹尺寸。

图 3.10 中的流程图说明了确定可检裂纹尺寸的方法。

2）参数等级的选择

（1）目视等级。该等级是由检查项目与眼睛的距离决定的，划分为以下等级：0，无距离——隐蔽项目或距离大于 300 cm；1，“差”——距离在 150～300 cm；2，“中等”——距离在 50～150 cm；3，“好”——没有严格规定，与所需距离相当。

当考虑一般目视检查时，应该根据区域检查情况选择目视等级。当考虑详细检查时，必须选择目视等级为 3。

（2）稠密度等级。根据区域内被检查设备组件的数量和复杂程度，稠密度

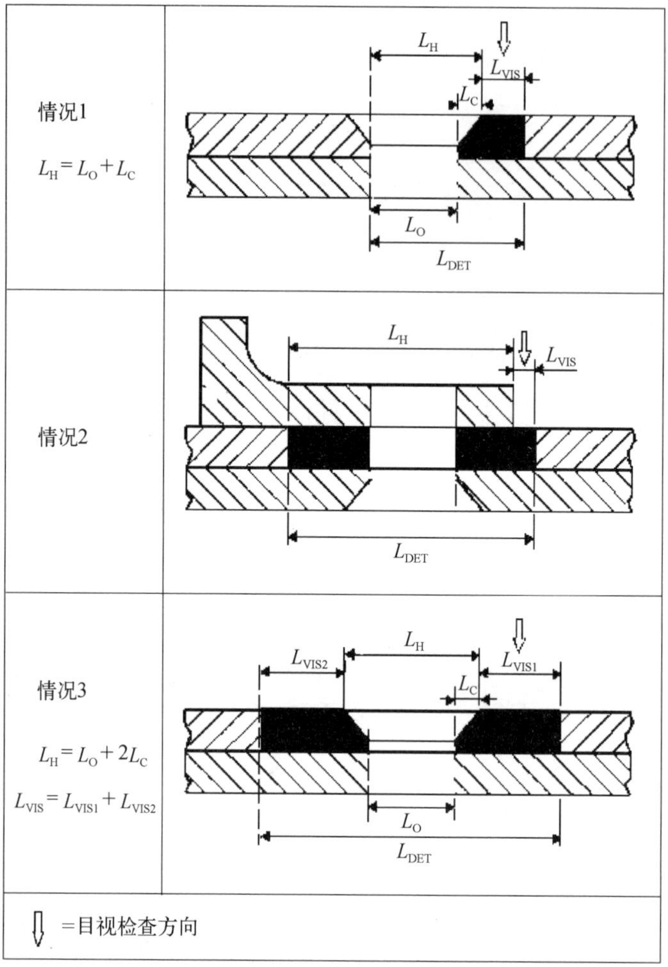


图 3.10　三种典型裂纹图

被划分为 3 个等级，等级判断如下：1 为稠密的等级；2 为中等等级；3 为不稠密等级。

无论采用一般目视检查还是详细检查，都要根据 SSI 的范围选择设备稠密度等级。

（3）尺寸等级。对被检查的项目或区域的尺寸做以下评估：① 区域尺寸：大范围——例如在机身或机翼的整个蒙皮；中等范围——约等于或小于 1 $m^2$。② SSI 的尺寸：大型装置——例如机身、梁等；中等尺寸装置——包括机身的一部分、梁、肋或桁条等；小装置——小于或等于 10 $cm^2$ 的项目。

尺寸等级包括 4 个等级：1 为大范围；2 为中等范围/大型装置；3 为中等尺寸

装置;4 为小范围/小装置。

一般目视检查的尺寸等级按照区域尺寸进行评估,就像区域大纲所描述的一样,而对于详细目视检查的尺寸等级评估必须采用 SSI 的实际尺寸来确定。

(4) 光照等级。光照条件和质量随使用照明工具和镜子的光照亮度而改变。光照等级分为: 1,在阴影区内的飞机外表面,例如没用直接光源的起落架吊舱; 2,有充足光照的飞机外表面,有人工光照的飞机内部;3,具有所需的集中光照。三个等级与所采用的检查类型有关。

一般目视检查采用等级 1 和等级 2(通常机舱的光源能够满足需要)。详细目视检查应该选择等级 3。

(5) 表面等级。表面情况将根据涂层性质、密封胶和清洁剂的使用而改变,包括两个等级: 1,容易被密封胶覆盖或易遭受过多油脂、燃油或灰尘污染物影响的区域或项目;2,清洁的区域。

对于详细检查,由于检查以前需要对表面做清洁准备工作,所以选择等级 2。

3) 有效的可检裂纹长度

(1) 目视可检裂纹长度 $L_{VIS}$。基本可检裂纹长度可以通过可行的检查等级和基本目视可检长度从疲劳损伤分析工作单的图标中得到。

材料越厚,裂纹靠的越紧,检查的难度就更大。对基本可检裂纹长度做如下修正: a——材料厚度少于 5 mm,乘以 1; b——材料厚度为 5 ~ 10 mm,乘以 1.25; c——材料厚度大于 10 mm,乘以 1.5。

裂纹从材料边缘产生或在边缘终止,可检裂纹长度要乘以 0.5。无边缘效应的裂纹乘以 1。目视可检裂纹长度的定义为

$$L_{VIS} = L_{BAS} \times \text{尺寸影响因子} \times \text{边缘影响因子}$$

其中,$L_{BAS}$为基本可检裂纹长度。

(2) 隐蔽裂纹长度 $L_H$。确定隐蔽裂纹长度需要考虑设计、局部载荷和选择的材料。因此,可能只有 FAI 的结构强度能计算出其精确值。图 3.11 给出了金属结构可检裂纹长度的评估流程图,其中 $L_{VIS}$是由 MSG - 3 分析得到的值。

(3) 有效的可检裂纹长度 $L_{DET}$。通过修正以后虽然可以确定目视检查的可检裂纹长度,但由于该过程没有考虑隐蔽裂纹长度带来的影响,所以在确定裂纹从可检长度扩展到临界长度的扩展期时,还需要考虑裂纹的隐蔽部分。有效的可检裂纹长度的确定,如下式所示:

$$L_{DET} = L_{VIS} + L_H$$

其中,$L_{DET}$为有效的可检裂纹长度;$L_{VIS}$为目视可检裂纹长度;$L_H$为隐蔽裂纹长度。

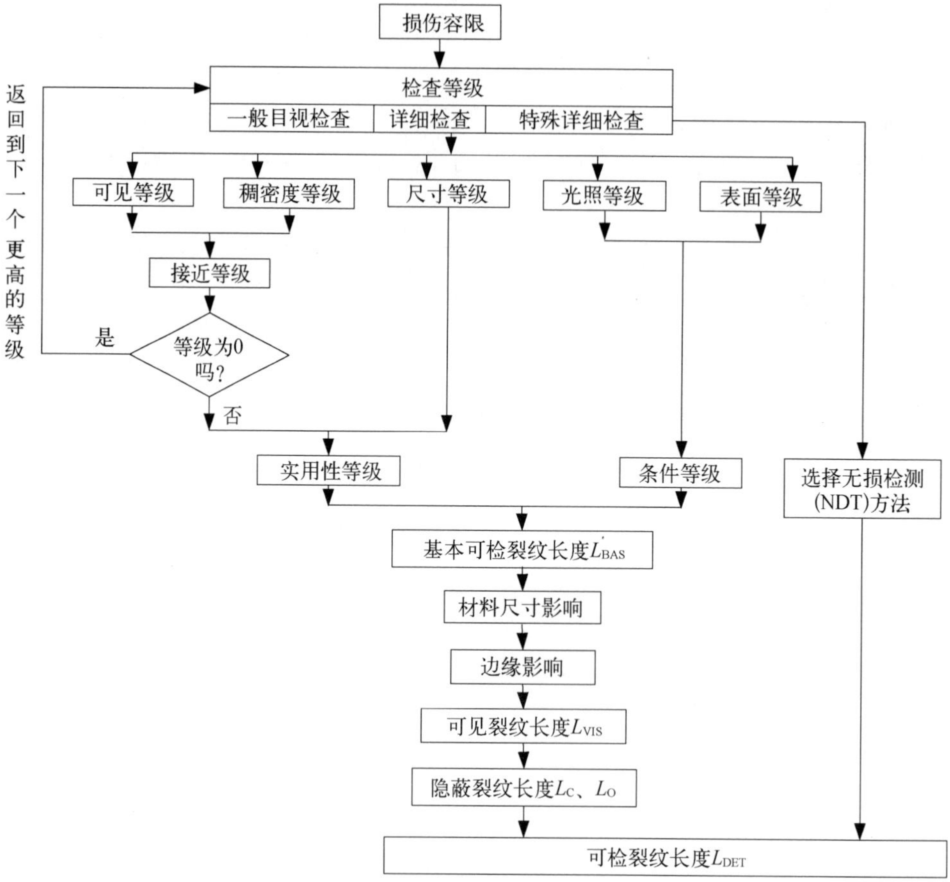


图 3.11 金属结构可检裂纹长度的评估流程图

4）评估特殊详细检查的可检裂纹长度

当详细目视检查不合适的时候，必须考虑使用特殊详细目视检查（special detailed inspection，SDI）方法来检查，以便能够得到实际有效的间隔。在分析裂纹扩展曲线时，需要确定所要探测的裂纹长度，以便得到合适的检查间隔。此外，必须考虑以下因素，以便选择最合适的 SDI 方法：① 预期的可检裂纹长度；② SSI 的几何外形和材料；③ 可能的损伤位置。

一旦，一种 SDI 方法被选择，必须证明所选任务的有效性。

3. 疲劳损伤维修任务的选择

对于疲劳损伤分析，一般目视检查必须在重复检查间隔为 4 000 FC 以上时才被认为该检查是适用和有效的，如图 3.12 所示。

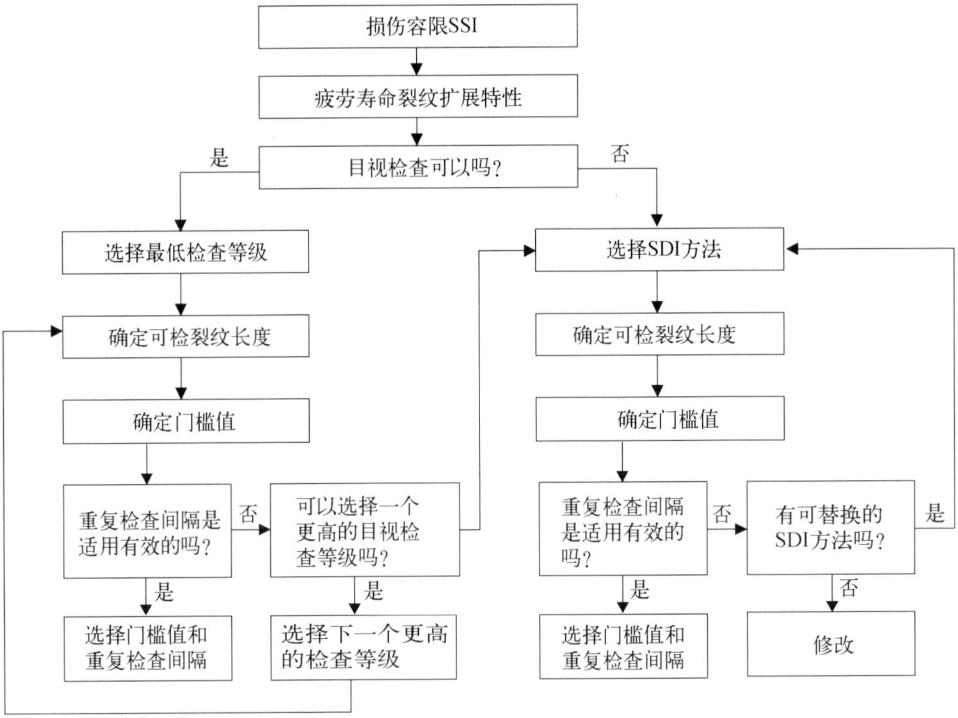


图3.12　金属结构疲劳损伤分析流

# 3.5　基于时间序列分析的状态监测方法

## 3.5.1　ARIMA 模型

ARIMA 模型将收集到的时间序列数据看作是随机过程序列,然后对序列进行数学建模,用数学模型来近似模拟这个序列,模型建立后,就可以根据以往数据和当前数据进行预测。ARIMA($p$, $d$, $q$)分为三种类型[19]。

1) AR($p$)模型——自回归序列

设$\{X_t\}$是零均值的平稳序列,如果满足下式:

$$X_t = \varphi_1 X_{t-1} + \varphi_2 X_{t-2} + \cdots + \varphi_p X_{t-p} + \varepsilon_t \tag{3.20}$$

其中,$\varepsilon_t$ 是零均值的平稳白噪声;序列$\{X_t\}$是阶数为 $p$ 的自回归序列,简记为 AR($p$)序列;$\varphi = (\varphi_1, \varphi_2, \cdots, \varphi_p)^{\mathrm{T}}$ 称为自回归参数向量,其分量 $\varphi_i$ 称为自回归系数[20]。

2) MA($q$)序列——滑动平均序列

设$\{X_t\}$是零均值平稳序列,如果满足下式:

$$X_t = \varepsilon_t - \theta_q \varepsilon_{t-1} - \theta_2 \varepsilon_{t-2} - \cdots - \theta_q \varepsilon_{t-q} \tag{3.21}$$

其中,序列$\{X_t\}$是阶数为$q$的滑动平均序列,简记为MA($q$)序列;$\theta = (\theta_1, \theta_2, \cdots, \theta_p)^{\mathrm{T}}$称为滑动平均参数向量,其分量称为滑动平均系数。

3) ARMA($p$, $q$)序列——自回归滑动平均序列

设$\{X_t\}$是零均值平稳序列,满足下式:

$$X_t - \varphi_1 X_{t-1} - \varphi_2 X_{t-2} - \cdots - \varphi_p X_{t-p} = \varepsilon_t - \theta_1 \varepsilon_{t-1} - \theta_2 \varepsilon_{t-2} - \cdots - \theta_q \varepsilon_{t-q} \tag{3.22}$$

其中,$\{X_t\}$是阶数为$p$、$q$的自回归滑动平均序列,简记为ARMA($p$, $q$)序列。当$q$ =0时,它是AR($p$)序列;当$p$ = 0时,它为MA($q$)序列。

ARIMA模型的应用流程如图3.13所示。

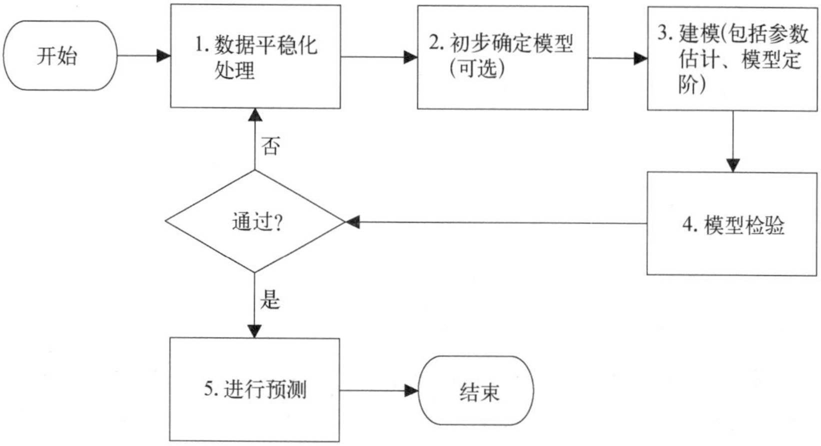


图3.13　ARIMA应用流程

## 3.5.2　数据平稳化

使用ARMA模型要求数据必须是平稳的,有很多方法可以检验数据的平稳性,如直接观察法、逆序检验法、游程检验法、单位根检验法(unit root test、DF检验)、扩展DF检验法(ADF检验)等。选取样本自相关函数法和Daniel检验法进行更理论化的判断。

1）样本自相关函数法

对于从平稳序列 $\{X_t\}$ 中抽样得到的样本，随机序列的均值可以用样本均值估计：

$$\hat{\mu} = \frac{1}{n}\sum_{t=1}^{n} x_t = \bar{x}$$

平稳序列自协方差函数通常有如下两种估计：

$$\hat{\gamma}_k = \frac{1}{n}\sum_{t=1}^{n-k} (x_{t+k} - \bar{x})(x_t - \bar{x})$$

$$\hat{\gamma}_k = \frac{1}{n-k}\sum_{t=1}^{n-k} (x_{t+k} - \bar{x})(x_t - \bar{x}) \tag{3.23}$$

样本自相关函数计算公式为

$$\hat{\rho}_k = \frac{\hat{\gamma}_k}{\hat{\gamma}_0} \tag{3.24}$$

其中，$n$ 为采样个数；$x_t$ 为 $t$ 时刻采样点；$\bar{x}$ 为样本均值。

判断准则如下：当 $k$ 逐渐增大时，$\hat{\rho}_k$ 迅速衰减，趋向于 0，则认为该序列是平稳的；如果它衰减非常缓慢，则认为该序列是非平稳的。从图 3.14 中可以看出原始数据是非平稳的。

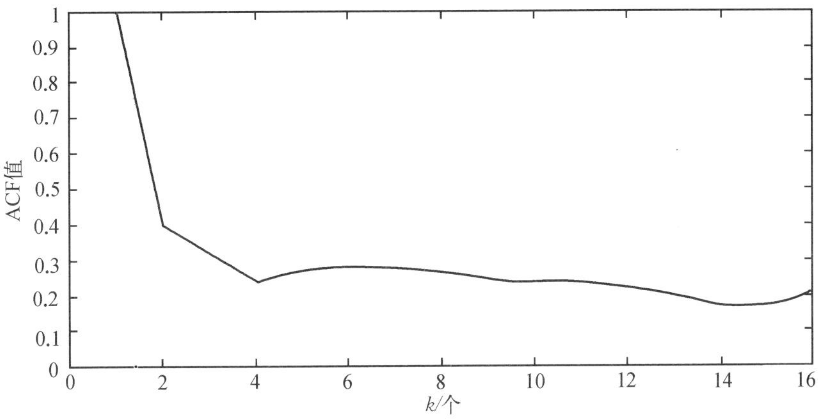


图 3.14　原始数据样本自相关函数

2）Daniel 检验法

该检验法通过 Spearman 秩相关系数进行检验，Spearman 秩相关系数又称为等级相关系数,是建立在秩统计量基础上的。设 $x_1, x_2, \cdots, x_n$ 是从一元总体抽取的容量为 $n$ 的样本,将 $x_1, x_2, \cdots, x_n$ 从小到大排列,若 $x_i$ 在排列的第 $R_i$ 个位置,那么 $x_i$ 的秩为 $R_i$,$R_1, R_2, \cdots, R_n$ 称作 $x_1, x_2, \cdots, x_n$ 的秩统计量,它总是1到 $n$ 的某个排列。对于二元总体 $(X, Y)$ 的样本观测值 $(x_1, y_1), (x_2, y_2), \cdots, (x_n, y_n)$,可以得到每个分量 $X, Y$ 的一维样本值 $x_1, x_2, \cdots, x_n$ 与 $y_1, y_2, \cdots, y_n$。设 $x_1, x_2, \cdots, x_n$ 的秩统计量是 $R_1, R_2, \cdots, R_n$,$y_1, y_2, \cdots, y_n$ 的秩统计量是 $S_1, S_2, \cdots, S_n$。如果 $X$ 和 $Y$ 之间联系很紧密,那么它们的秩统计量联系也会很紧密,这两组秩统计量的相关系数就是 Spearman 秩相关系数,计算公式为

$$q_{xy} = \frac{\sum_{i=1}^{n}(R_i - \bar{R})(S_i - \bar{S})}{\sqrt{\sum_{i=1}^{n}(R_i - \bar{R})^2}\sqrt{\sum_{i=1}^{n}(S_i - \bar{S})^2}} \tag{3.25}$$

其中,$\bar{R}$、$\bar{S}$ 为均值。经计算可得

$$q_{xy} = 1 - \frac{6}{n(n-1)(n+1)}\sum_{i=1}^{n} d_i^2 \tag{3.26}$$

其中,$d_i = R_i - S_i$。对于 Spearman 秩相关系数,作假设检验:$H_0: \rho_{xy} = 0$,$H_1: \rho_{xy} \neq 0$ 可以证明,当 $(X, Y)$ 是二维正态总体,且 $H_0$ 成立时,统计量:

$$t = \frac{q_{xy}\sqrt{n-2}}{\sqrt{1 - q_{xy}^2}} \tag{3.27}$$

服从自由度为 $n-2$ 的 $t$ 分布 $t(n-2)$。对于给定的显著水平 $\alpha$,通过 $t$ 分布表可查到统计量 $t$ 的临界值 $t_{\alpha/2}(n-2)$,当 $|t| \leqslant t_{\alpha/2}(n-2)$ 时,接受 $H_0$;否则,拒绝 $H_0$。

对于时间序列的样本 $x_1, x_2, \cdots, x_n$,考虑变量对 $(t, R_t)$ 的 Spearman 秩相关系数 $q_s$,有

$$q_s = 1 - \frac{6}{n(n-1)(n+1)}\sum_{t=1}^{n}(t - R_t)^2 \tag{3.28}$$

构造统计量:

$$T = \frac{q_s\sqrt{n-2}}{\sqrt{1 - q_s^2}} \tag{3.29}$$

作以下假设检验,$H_0$:序列 $X_t$ 平稳;$H_1$:序列 $X_t$ 非平稳。对于显著水平 $\alpha$,计

算时间序列 $X_t$ 的 Spearman 相关系数 $q_s$ 和统计量 $T$,如果 $|T| > t_{\alpha/2}(n-2)$,那么拒绝 $H_0$,序列 $X_t$ 可以认为是非平稳的,此时,若 $q_s > 0$,则 $X_t$ 序列有递增的趋势;若 $q_s < 0$,则 $X_t$ 序列有递减的趋势。如果 $|T| \leq t_{\alpha/2}(n-2)$,那么接受 $H_0$,序列 $X_t$ 可以认为是平稳序列。

该方法的程序实现参见附录 MATLAB 函数 is_stable,对原数据进行计算结果为拒绝 $H_0$,序列非平稳,$q_s = 0.474\,3$,说明数据有上升趋势,与观察结果和样本自相关函数法得到的结论一致。对非平稳序列要进行平稳化处理,此处选用差分法进行平稳化处理,进行一次差分,取 $dx_t = x_{t+1} - x_t$,结果如图 3.15 所示。

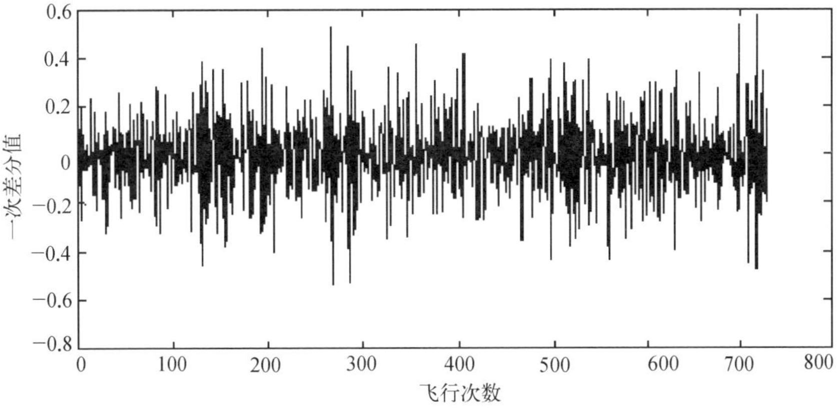


图 3.15　一次差分结果

其自相关函数如图 3.16 所示,可以看到曲线迅速衰减,在第 3 阶后就基本为 0,则认为该序列是平稳的。

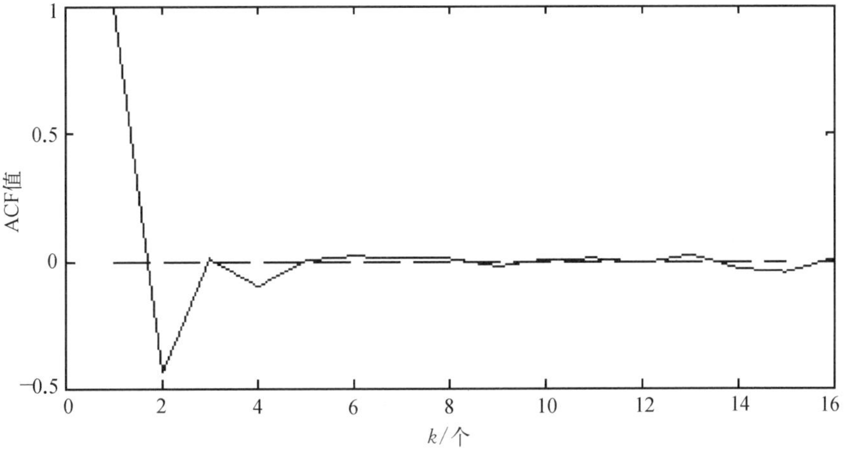


图 3.16　一次差分自相关函数

使用 Daniel 检验方法,计算结果为接受 $H_0$,序列平稳。综上,原始数据经过一次差分后消除了趋势性,变为平稳序列。若数据仍然不平稳,可进行多次差分直到数据变为平稳,或者采用其他数据平稳化方法。

### 3.5.3 初步确定模型

本步骤初步确定选用 AR 模型、MA 模型和 ARMA 模型,并确定阶数 $p$、$q$ 的大概值,通过观察自相关系数(ACF)和偏自相关系数(PACF)可以得到一个直观的初步判断,因为从理论上说,AR 模型、MA 模型和 ARMA 模型的 ACF 和 PACF 有如表 3.4 所示特性。

**表 3.4 AR、MA 和 ARMA 模型的 ACF 和 PACF 特性**

| 模型(序列) | AR($p$) | MA($q$) | ARMA($p$, $q$) |
|---|---|---|---|
| ACF | 拖尾 | $q$ 阶截尾 | 拖尾 |
| PACF | $p$ 阶截尾 | 拖尾 | 拖尾 |

样本自相关函数的计算见式(3.24),对于 MA($q$)序列有

$$\rho_k = \begin{cases} 1, & k = 0 \\ \hat{\rho}_k, & 1 \leqslant k \leqslant q \\ 0, & k > q \end{cases} \tag{3.30}$$

自相关函数在 $k > q$ 时都为 0,此即截尾性;对于 AR($p$)和 ARMA($p$, $q$)序列有 $\lfloor \rho_k \rfloor \leqslant c_2 e^{-c_1 k}$($c_1$, $c_2 > 0$),即序列的自相关函数是被负指数控制的,序列不能在有限步之后截尾,而是按负指数率衰减。这种性质称为拖尾性。

样本 PACF 递推公式如下:

$$\begin{cases} \varphi_{1,1} = \rho_1 \\ \varphi_{k+1,k+1} = \left(\rho_{k+1} - \sum_{j=1}^{k} \rho_{k+1-j}\varphi_{k,j}\right)\left(1 - \sum_{j=1}^{k} \rho_j \varphi_{k,j}\right)^{-1} \\ \varphi_{k+1,j} = \varphi_{k,j} - \varphi_{k+1,k+1}\varphi_{k,k+1-j}, \ j = 1, 2, \cdots k \end{cases} \tag{3.31}$$

对 AR($p$)序列有

$$\varphi_{k,k} = \begin{cases} \varphi_k, & 1 \leqslant k \leqslant p \\ 0, & k > p \end{cases} \tag{3.32}$$

具有截尾性,对 MA($q$)和 ARMA($p$, $q$)序列样本偏自相关函数有拖尾性。

实际数据不可能像理论上一样,样本自相关函数和样本偏自相关函数不会在某阶之后等于 0,只会近似等于 0,仍然可以通过 $\{\hat{\rho}_k\}$ 和 $\{\hat{\varphi}_{k,k}\}$ 来进行估计。

当样本容量 $n$ 充分大时,有 $\hat{\varphi}_{k,k} \sim N(0, 1/n)$,这样根据正态分布的性质,有

$$P\left\{|\hat{\varphi}_{k,k}| \leqslant \frac{2}{\sqrt{n}}\right\} = 95.5\% \text{ 或 } P\left\{|\hat{\varphi}_{k,k}| \leqslant \frac{1}{\sqrt{n}}\right\} = 68.3\% \tag{3.33}$$

这样,关于偏自相关函数 $\{\hat{\varphi}_{k,k}\}$ 的截尾性判断具体方法为对于每一个 $p > 0$,考查 $\varphi_{p+1,p+1}, \varphi_{p+2,p+2}, \cdots, \varphi_{p+M,p+M}$ 中落入 $(0, 2/\sqrt{n}]$ 或 $(0, 1/\sqrt{n}]$ 的比例是否占总数 $M$(取 $M=\sqrt{n}$)的 95.5%或 68.3%。一般地,如果 $p=p_0$ 之前 $\hat{\varphi}_{k,k}$ 都明显地不为零,而当 $p > p_0$ 时,$\varphi_{p_0+1,p_0+1}, \varphi_{p_0+2,p_0+2}, \cdots, \varphi_{p_0+M,p_0+M}$ 中满足不等式:

$$|\hat{\varphi}_{k,k}| \leqslant \frac{2}{\sqrt{n}} \text{ 或 } |\hat{\varphi}_{k,k}| \leqslant \frac{1}{\sqrt{n}} \tag{3.34}$$

的个数占总数 $M$ 的 95.5%或 68.3%,则可以认定 $\{\varphi_{k,k}\}$ 在 $p_0$ 处截尾,由此可以初步判定序列 $\{X_t\}$ 为 AR($p_0$)模型。

对于样本的 ACF,$q > 0$ 时,$\{\hat{\rho}_k\}$ 满足:

$$\hat{\rho}_k \sim N\left(0, \frac{1}{n}\left[1 + 2\sum_{j=1}^{q}\hat{\rho}_j^2\right]\right) \tag{3.35}$$

进一步地,当样本容量 $n$ 充分大时,$\{\hat{p}_k\}$ 也满足 $\hat{\rho}_k \sim N(0, 1/n)$。类似的,对于每一个 $q > 0$,检查 $\hat{\rho}_{q+1}, \hat{\rho}_{q+2}, \cdots, \hat{\rho}_{q+M}$ 中落入:

$$|\hat{\rho}_k| \leqslant \frac{2}{\sqrt{n}} \text{ 或 } |\hat{\rho}_k| \leqslant \frac{1}{\sqrt{n}} \tag{3.36}$$

中的比例是否占总数 $M$ 的 95.5%或 68.3%左右。如果在 $q_0$ 之前,$\hat{\rho}_k$ 都明显不为零,而当 $q=q_0$ 时,$\hat{\rho}_{q_0+1}, \hat{\rho}_{q_0+2}, \cdots, \hat{\rho}_{q_0+M}$ 中满足上述不等式的个数达到比例,则判断 $\{\rho_k\}$ 在 $q_0$ 处截尾。初步认为序列 $\{X_t\}$ 为 MA($q_0$)模型。

综上,可以利用样本的 PACF 和 ACF,得到 ARMA 模型阶数的初步判断方法,具体做法如下:

(1) 如果样本 PACF 的绝对值在最初的 $p$ 阶明显的大于 $2/\sqrt{n}$,而后几乎 95%的样本 PACF 绝对值都小于 $2/\sqrt{n}$,并且样本 PACF 由非零值衰减为在零附近小值波动的过程非常突然,这时可以认为 PACF 具有截尾性,可以初步判断相应的时间序列为 AR($p$)模型。

(2) 类似地,样本 ACF 如果满足上述性质,则可以初步判定相应的时间序列为 MA($q$)模型。

(3) 对于样本 PACF 和样本 ACF,如果不具有上述性质,均视为不截尾,初步判定时间序列为 ARMA 模型,此时模型的阶数 $p$ 和 $q$ 很难确定。

总之,基于ACF和PACF的定阶法只是一种初步定阶方法,可在建模开始时加以粗略地估计。对于一次差分结果的ACF和PACF,结果如图3.17和图3.18所示,ACF在第3阶后截尾,PACF拖尾,可初步确定模型为MA(3)。

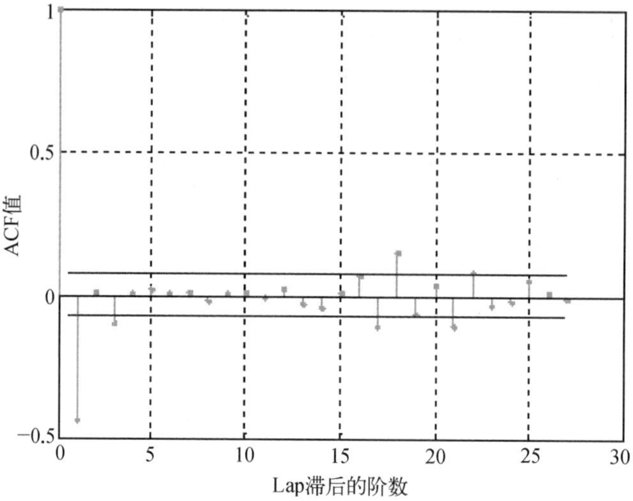


图3.17 一次差分样本自相关函数

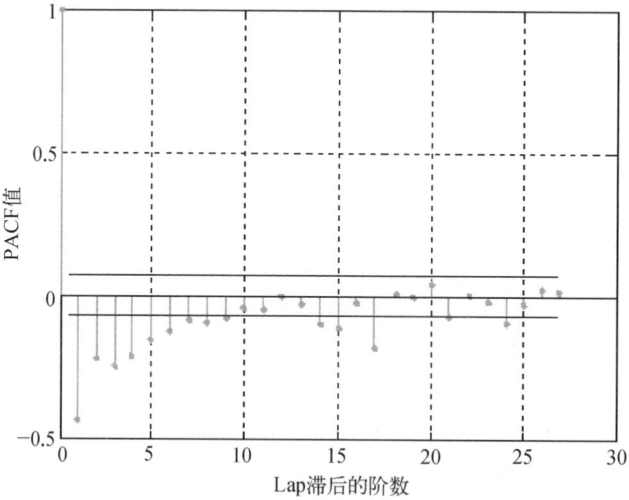


图3.18 一次差分样本偏自相关函数

### 3.5.4 建立模型

1. 参数估计——最大似然估计

假设$\{X_t\}$是零均值正态ARMA$(p, q)$序列,已取得样本的概率密度是

$$f(x \mid \beta, \sigma_\varepsilon^2) = (2\pi)^{-n/2} \mid Q \mid^{-0.5} \exp(-0.5 x^{\mathrm{T}} Q^{-1} x) \tag{3.37}$$

其中，$\beta = (\varphi_1, \cdots, \varphi_p, \theta_1, \cdots, \theta_q)$；$x = (x_1, x_2, \cdots, x_n)^{\mathrm{T}}$；$Q = E(xx^{\mathrm{T}})$。令 $M = \sigma_\varepsilon^2 Q^{-1}$，则有

$$f(x \mid \beta, \sigma_\varepsilon^2) = (2\pi\sigma_\varepsilon^2)^{-n/2} \mid M \mid^{0.5} \exp\left(-\frac{x^{\mathrm{T}} M x}{2\sigma_\varepsilon^2}\right) \tag{3.38}$$

取对数似然函数：

$$L(\beta, \sigma_\varepsilon^2 \mid x) = \ln f(x \mid \beta, \sigma_\varepsilon^2) = \frac{1}{2}\ln \mid M \mid - \frac{n}{2}\ln(2\pi) - \frac{n}{2}\ln \sigma_\varepsilon^2 - \frac{x^{\mathrm{T}} M x}{2\sigma_\varepsilon^2} \tag{3.39}$$

可以证明 $x^{\mathrm{T}} M x$ 仅与 $\beta$ 有关，而与 $\sigma_\varepsilon^2$ 无关。$M$ 也与 $\sigma_\varepsilon^2$ 无关。令

$$\frac{\partial L}{\partial \sigma_\varepsilon^2} = -\frac{n}{2\sigma_\varepsilon^2} + \frac{x^{\mathrm{T}} M x}{2(\sigma_\varepsilon^2)^2} = 0 \tag{3.40}$$

解得

$$\sigma_\varepsilon^2 = \frac{x^{\mathrm{T}} M x}{n} \tag{3.41}$$

代入式(3.39)得

$$L(\beta, \sigma_\varepsilon^2 \mid x) = \frac{1}{2}\ln \mid M \mid - \frac{n}{2}\ln(x^{\mathrm{T}} M x) + c \tag{3.42}$$

其中，

$$c = -\frac{n}{2}\ln(2\pi) - \frac{n}{2} - \frac{n}{2}\ln(n) \tag{3.43}$$

为常数，略去，得到

$$L(\beta, \sigma_\varepsilon^2 \mid x) = \frac{1}{2}\ln \mid M \mid - \frac{n}{2}\ln(x^{\mathrm{T}} M x) \tag{3.44}$$

$\beta$ 的最大似然估计使式(3.44)达到最大。实际计算可以使用 MATLAB 中 GARCH 工具箱，工具箱中模型 ARMAX($R, M, Nx$)的标准形式为

$$y_t = C + \sum_{i=1}^{R} \varphi_i y_{t-i} + \varepsilon_t + \sum_{j=1}^{M} \theta_j \varepsilon_{t-j} + \sum_{k=1}^{Nx} \beta_k X(t, k) \tag{3.45}$$

其中，$\varphi$ 是自回归系数；$\theta$ 是滑动平均系数；$X$ 是解释回归矩阵，它的每一个列是一

个时间序列，$X(t,\ k)$表示第 $t$ 行第 $k$ 列的数据。通过命令 garchset 指定模型的结构，通过命令 garchfit 对模型中的参数进行估计。

2. 模型定阶

采用 AIC 和 BIC 准则进行模型的定阶。AIC(An information criterion)全称为最小信息量准则，该准则既考虑模型中所含待定参数的个数，也考虑拟合模型对数据的接近程度，适用于 ARMA(包括 AR 和 MA)模型的定阶。

AIC 的一般形式可表示为

$$\text{AIC} = -2\ln(\text{最大似然度}) + 2(\text{独立参数个数}) \tag{3.46}$$

对于中心化的 ARMA$(p,\ q)$模型：$n$ 为样本容量，$\text{AIC} = n\ln(\hat{\sigma}^2) + 2(p+q+1)$。式中第一项体现了模型拟合的好坏，它随着阶数的增大而减小；第二项体现了模型参数的多少，它随着阶数的增大而变大。

AIC 是样本容量 $n$ 的线性函数，在 $n\to\infty$ 时，不收敛于真实模型，它通常比真实模型所含的未知参数要多，是过相容的。为了弥补 AIC 的不足，Akaike 于 1976 年提出 BIC，对于中心化的 ARMA$(p,\ q)$模型：$n$ 为样本容量，$\text{BIC} = n\ln(\hat{\sigma}^2) + \ln(n)(p+q+1)$。

该步骤的程序实现参见 MATLAB 函数 build_model，程序中对 AIC 和 BIC 都有计算，主要以 BIC 结果为判断依据。因为模型阶数大部分都小于 3，所以取 $p,\ q \leqslant 3$，对一次差分后数据进行建模，运行结果如表 3.5 所示，在 $p=0,\ q=3$ 时，AIC 和 BIC 同时取得最小值，模型初步确定为 MA(3)。滑动平均系数估计值 $\hat{\theta} = (-0.7348,\ -0.0661,\ -0.1057)$。

**表 3.5　定阶结果**

| |
|---|
| $p=0,\ q=0$，AIC = - 524.422 810，BIC = - 526.225 586 |
| $p=0,\ q=1$，AIC = - 826.471 993，BIC = - 829.176 156 |
| $p=0,\ q=2$，AIC = - 837.789 639，BIC = - 841.395 190 |
| $p=0,\ q=3$，AIC = - 842.777 883，BIC = - 847.284 822 |
| $p=1,\ q=0$，AIC = - 675.620 518，BIC = - 678.324 682 |
| $p=1,\ q=1$，AIC = - 840.440 021，BIC = - 844.045 572 |
| $p=1,\ q=2$，AIC = - 840.134 448，BIC = - 844.641 386 |
| $p=1,\ q=3$，AIC = - 841.313 508，BIC = - 846.721 834 |
| $p=2,\ q=0$，AIC = - 710.080 077，BIC = - 713.685 628 |
| $p=2,\ q=1$，AIC = - 841.033 070，BIC = - 845.540 008 |
| $p=2,\ q=2$，AIC = - 840.487 477，BIC = - 845.895 803 |
| $p=2,\ q=3$，AIC = - 839.662 877，BIC = - 845.972 591 |

续　表

| |
|---|
| $p=3,\ q=0$, AIC $=-752.713\,928$, BIC $=-757.220\,867$ |
| $p=3,\ q=1$, AIC $=-840.933\,043$, BIC $=-846.341\,369$ |
| $p=3,\ q=2$, AIC $=-839.078\,076$, BIC $=-845.387\,790$ |
| $p=3,\ q=3$, AIC $=-837.665\,136$, BIC $=-844.876\,238$ |

### 3.5.5　模型检验

理论上 $\varepsilon_t$ 服从均值为 0 的正态分布,是白噪声。拟合模型的残差,记为 $\hat{\varepsilon}_t$,它是 $\varepsilon_t$ 的估计。例如,对于 ARMA$(p,\ q)$序列,设未知参数的估计是 $\hat{\varphi}_1,\ \cdots,\ \hat{\varphi}_p,\ \hat{\theta}_1,\ \cdots,\ \hat{\theta}_q$,则残差 $\hat{\varepsilon}_t = x_t - \sum_{i=1}^{p}\hat{\varphi}_i x_{t-i} + \sum_{i=1}^{q}\hat{\theta}_i\hat{\varepsilon}_{t-i}$。记

$$\eta_k = \frac{\sum_{t=1}^{n-k}\hat{\varepsilon}_t\hat{\varepsilon}_{t+k}}{\sum_{t=1}^{n}\hat{\varepsilon}_t^2},\ k=1,\ 2,\ \cdots,\ m \tag{3.47}$$

检验统计量:

$$\chi^2 = n(n+2)\sum_{k=1}^{m}\frac{\eta_k^2}{n-k} \tag{3.48}$$

检验的假设是 $H_0$: 当 $k \leqslant m$ 时,$\rho_k = 0$; $H_1$: 对某些 $k \leqslant m$, $\rho_k \neq 0$。在 $H_0$ 成立时,若 $n$ 充分大,$\chi^2$ 近似于$\chi^2(m-r)$分布,其中,$r$ 是估计的模型参数个数。

$\chi^2$ 检验法: 给定显著性水平 $\alpha$,查表得上 $\alpha$ 分位数$\chi_\alpha^2(m-r)$,则当$\chi^2 > \chi_\alpha^2(m-r)$ 时,拒绝 $H_0$,即认为 $\varepsilon_t$ 非白噪声,模型检验未通过;而当$\chi^2 \leqslant \chi_\alpha^2(m-r)$时,接受 $H_0$,认为 $\varepsilon_t$ 是白噪声,模型通过检验。

该步骤的程序代码参看附录 testing 函数,对一次差分数据按 $p=0,\ q=3,\ \hat{\theta}=(-0.734\,8,\ -0.066\,1,\ -0.105\,7)$ 进行检验,运行结果为 $h=1$,没有通过检验。经过分析,把定阶阶段 $p,\ q$ 的上限变大,再次运行 build_model 得到 $p=4,\ q=3,\ \hat{\varphi}=(1.752\,0,\ -1.145\,1,\ 0.024\,7,\ 0.124\,1)$, $\hat{\theta}=(-2.505\,4,\ 2.403\,5,\ -0.878\,4)$,模型为 ARMA(4, 3),进行模型检验,得到结果 $h=0$,通过检验。

### 3.5.6　使用模型进行预测

时间序列的 $m$ 步预报,是根据$\{X_k,\ X_{k-1},\ X_{k-2}\cdots\}$的取值对未来 $k+m$ 时刻的随

机变量 $X_{k+m}(m>0)$ 做出估计。估计量记作 $\hat{X}_k(m)$，它是 $X_k$，$X_{k-1}$，$X_{k-2}\cdots$的线性组合。

1. AR($p$)序列的预报

预报基本公式为 $\hat{X}_k(m)=\sum_{i=1}^{p}\varphi_i\hat{X}_k(m-i)$，$m>p$，又 $\hat{X}_k(m)=X_{k-m}(k\leqslant m)$，这就给出 AR($p$)序列的预报递推公式：

$$\begin{cases}\hat{X}_k(1)=\varphi_1X_k+\varphi_2X_{k-1}+\cdots+\varphi_pX_{k-p+1}\\ \hat{X}_k(2)=\varphi_1\hat{X}_k(1)+\varphi_2X_k+\cdots+\varphi_pX_{k-p+2}\\ \cdots\\ \hat{X}_k(p)=\varphi_1\hat{X}_k(p-1)+\varphi_2\hat{X}_k(p-2)+\cdots+\varphi_{p-1}\hat{X}_k(1)+\varphi_pX_k\\ \hat{X}_k(m)=\sum_{i=1}^{p}\varphi_i\hat{X}_k(m-i),\ m>p\end{cases}\tag{3.49}$$

由此可见，$\hat{X}_k(m)\ (m\geqslant1)$ 仅仅依赖于 $X_t$ 的 $k$ 时刻以前的 $p$ 个时刻的值，这是 AR($p$)序列预报的特点。

2. MA($q$)与 ARMA($p$, $q$)序列的预报

关于 MA($q$)序列的预报，有 $\hat{X}_k(m)=0$，$m>q$，因此只需要讨论 $\hat{X}_k(m)$，$m=1, 2, 3, \cdots, q$。为此，定义预报向量 $\hat{X}_k^{(q)}=(\hat{X}_k(1), \hat{X}_k(2), \cdots, \hat{X}_k(q))^{\mathrm{T}}$，需要的递推预报是求 $\hat{X}_k^{(q)}$ 与 $\hat{X}_{k-1}^{(q)}$ 的递推关系，对 MA($q$)序列有

$$\begin{cases}\hat{X}_{k+1}(1)=\theta_1\hat{X}_k(1)+\hat{X}_k(2)-\theta_1X_{k+1}\\ \hat{X}_{k+1}(2)=\theta_2\hat{X}_k(1)+\hat{X}_k(3)-\theta_2X_{k+1}\\ \cdots\\ \hat{X}_{k+1}(q-1)=\theta_{q-1}\hat{X}_k(1)+\hat{X}_k(q)-\theta_{q-1}X_{k+1}\\ \hat{X}_{k+1}(q)=\theta_q\hat{X}_k(1)-\theta_qX_{k+1}\end{cases}\tag{3.50}$$

递推初值可取 $\hat{X}_{k_0}^{(q)}=0$（$k_0$ 较小），因为模型的可逆性保证了递推式渐近稳定，即当 $n$ 充分大后，初始误差的影响可以逐渐消失。

对于 ARMA($p$, $q$)序列，$\hat{X}_k(m)=\sum_{i=1}^{p}\varphi_i\hat{X}_k(m-i)$，$m>p$。ARMA($p$, $q$)具有传递形式：$X_t=\sum_{i=0}^{\infty}G_i\varepsilon_{t-i}$。

令 $\varphi_j^*=\begin{cases}\varphi_j, & j=1, 2, \cdots, p\\ 0, & j>p\end{cases}$ 可证下列递推预报公式：

$$
\hat{X}_{k+1}^{(q)} = \begin{bmatrix} -G_1 & 1 & 0 & \cdots & 0 \\ -G_2 & 0 & 1 & \cdots & 0 \\ \vdots & \vdots & \vdots & & \vdots \\ -G_{q-1} & 0 & 0 & \cdots & 1 \\ -G_q + \varphi_q^* & \varphi_{q-1}^* & \varphi_{q-2}^* & \cdots & \varphi_1^* \end{bmatrix} \hat{X}_k^{(q)} + \begin{bmatrix} G_1 \\ G_2 \\ \vdots \\ G_{q-1} \\ G_q \end{bmatrix} X_{k+1} + \begin{bmatrix} 0 \\ 0 \\ \vdots \\ 0 \\ \sum_{j=q+1}^{p} \varphi_j^* X_{k+q+1-j} \end{bmatrix} \tag{3.51}
$$

式中,第三项在 $p \leqslant q$ 时为零,由可逆性条件保证,当 $k0$ 较小时,可令初值 $\hat{X}_{k_0}(q) = 0$。按模型 ARMA(6, 4)对一次差分结果进行预测,前 20 步预测结果如表 3.6 所示。

**表 3.6　一次差分预测结果**

| 预测步长 | 预测值 | 预测步长 | 预测值 | 预测步长 | 预测值 | 预测步长 | 预测值 |
|---|---|---|---|---|---|---|---|
| 1 | −0.052 2 | 6 | 0.006 7 | 11 | −0.004 | 16 | 0.002 7 |
| 2 | 0.013 3 | 7 | 0.002 3 | 12 | −0.000 5 | 17 | −0.000 2 |
| 3 | 0.000 5 | 8 | −0.002 4 | 13 | 0.002 9 | 18 | −0.002 6 |
| 4 | 0.008 6 | 9 | −0.005 5 | 14 | 0.004 8 | 19 | −0.003 7 |
| 5 | 0.008 5 | 10 | −0.006 | 15 | 0.004 6 | 20 | −0.003 1 |

一次差分预测结果加到原始数据上就是原始数据的预测结果,得到原始数据预测结果如图 3.19 所示,初始阶段数据有些波动,然后波动逐渐减小,并有较小的上升趋势。根据 AMM 规定,当襟翼左右角度差值超过 9°时,发生襟翼不对称故

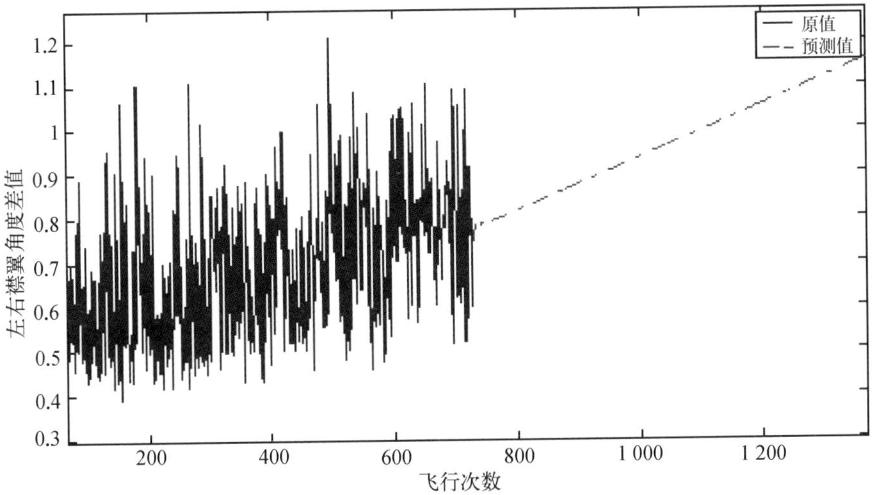


图 3.19　原始数据预测结果

障，但实际操作时，角度差大于3°就会进行故障报告，以此作为阈值，发现在3 049步之后左右襟翼角度差大于3°。得出结论，按照当前情况，在较长时间内不会发生左右襟翼不对称故障。

为了验证模型的准确性，以实际数据的前706个为基础，对后20个数据进行预测，与实际值进行比较，得到如表3.7所示结果。

**表3.7 预测值与实际值比较**

| 序号 | 预测值/(°) | 实际值/(°) | 绝对误差/(°) |
|---|---|---|---|
| 1 | 0.742 8 | 0.786 3 | 0.043 5 |
| 2 | 0.726 3 | 0.845 5 | 0.119 2 |
| 3 | 0.788 5 | 0.681 1 | −0.107 4 |
| 4 | 0.767 8 | 0.641 4 | −0.126 4 |
| 5 | 0.765 6 | 0.862 0 | 0.096 4 |
| 6 | 0.779 9 | 0.796 1 | 0.016 2 |
| 7 | 0.757 8 | 0.671 9 | −0.085 9 |
| 8 | 0.772 3 | 0.998 7 | 0.226 4 |
| 9 | 0.779 2 | 0.517 8 | −0.261 4 |
| 10 | 0.756 8 | 1.090 1 | 0.333 3 |
| 11 | 0.776 2 | 0.767 4 | −0.008 8 |
| 12 | 0.775 9 | 0.737 6 | −0.038 3 |
| 13 | 0.757 7 | 0.823 3 | 0.065 6 |
| 14 | 0.779 6 | 0.568 9 | −0.210 7 |
| 15 | 0.772 2 | 0.914 5 | 0.142 3 |
| 16 | 0.759 9 | 0.758 3 | −0.001 6 |
| 17 | 0.781 9 | 0.769 4 | −0.012 5 |
| 18 | 0.768 5 | 0.796 5 | 0.028 0 |
| 19 | 0.763 0 | 0.598 1 | −0.164 9 |
| 20 | 0.782 9 | 0.794 3 | 0.011 4 |

对误差进行分析，其服从正态分布（参看附件MATLAB函数get_dist），方差为0.020 5，平均误差0. 003 2，最大误差0.333 3，这表明预测的整体准确性较高。

### 3.5.7 指数加权移动平均

对某型民用飞机多个飞行循环9级压力调控监测值构成时间序列数据集 $D1$ 中100个监测值进行分析，如图3.20。图中 $X$ 轴是连续多个飞行循环中间隔2秒采集 9 级调压系统监测值组成的样本，$y$ 轴是 9 级调压系统监测值，在 9 级调压系统监测过程中，9 级调压值在 30 psi 附近波动。通过多个飞行循环监测数据分析，在监测过程中仅有随机或偶然的因素存在时，9 级调压系统监测值为正态分布；当系统中某个组件出现故障时，9 级调压系统监测值就会偏离原来的典型分布，可用统计学中的假设检验方法来及时发现这种分布的偏离，从而以此来判断系统故障是否存在在。根据小概率事件原理：小概率事件在一次实验中几乎不可能发生，若发生即判断过程异常。在 9 级调压系统监测控制图中，显著性水平取为在 9 级调压系统正常的情况下，监测值纯粹由于偶然原因而落入拒绝域的概率很小，可以认为，在监测有限个样本的条件下，落入拒绝域是不会发生的。相反，9 级调压系统异常，监测值的分布将偏离原来的类型分布，监测值落入拒绝域的可能性大大增加。因此，利用控制图理论的方法检测引气系统性能异常可行。在控制图中，指数加权滑动平均(exponentially weighted moving average，EWMA)控制图采用指数加权累计移动均值设置控制线，图上的每个点包含着前面所有子组的信息，具有检出过程均值小漂移的敏感性，所以可选择该方法并优化后检测引气系统性能异常。

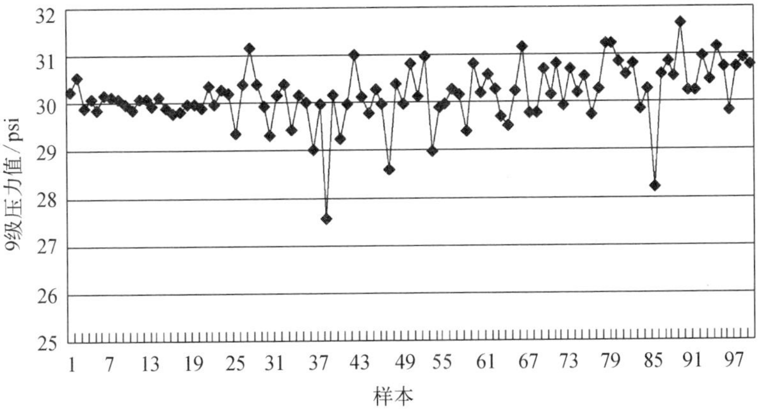


图 3.20 调控的 9 级压力监测值时序图

优化 EWMA，检测 9 级调压系统异常的步骤如下。

设 $X_1$, $X_2$, …是相互独立的随机变量序列，则 EWMA 统计量 $Z_i$ 为

$$Z_i = \lambda X_i + (1-\lambda) Z_{i-1} \tag{3.52}$$

其中，$0 < \lambda \leqslant 1$ 是一个常数，为平滑系数。

EWMA 统计量的初值 $Z_0$ 一般取 $E(x) = \mu$。

$$Z_i = \lambda \sum_{j=0}^{i-1} (1-\lambda)^j X_{i-j} + (1-\lambda)^i Z_0 Z_i \tag{3.53}$$

EWMA 统计量 $Z_i$ 的期望和方差为

$$E(Z_i) = E\left[\lambda \sum_{j=0}^{i-1} (1-\lambda)^j X_{i-j}\right] + E[(1-\lambda)^i Z_0] = \mu \tag{3.54}$$

$$\mathrm{Var}(Z_i) = \mathrm{Var}\left[\lambda \sum_{j=0}^{i-1} (1-\lambda)^j X_{i-j}\right] = \frac{\lambda}{2-\lambda}[1-(1-\lambda)^{2i}]\sigma \tag{3.55}$$

借鉴质量控制图的原理,EWMA 的异常检测限为
当 $i$ 较小时,

$$\begin{aligned} \mathrm{UCL} &= \mu + k\frac{\lambda}{2-\lambda}[1-(1-\lambda)^{2i}]\sigma \\ \mathrm{CL} &= \mu \\ \mathrm{LCL} &= \mu - k\frac{\lambda}{2-\lambda}[1-(1-\lambda)^{2i}]\sigma \end{aligned} \tag{3.56}$$

当 $i$ 很大时,

$$\begin{aligned} \mathrm{UCL} &= \mu + k\frac{\lambda}{2-\lambda}\sigma \\ \mathrm{CL} &= \mu \\ \mathrm{LCL} &= \mu - k\frac{\lambda}{2-\lambda}\sigma \end{aligned} \tag{3.57}$$

其中,$k$ 为控制(检测)限系数。

EWMA 异常检测限中确定 $k$ 和 $\lambda$ 的传统方法并不适用于引气系统的异常检测。为了确定有效的异常检测限,在原有方法的基础上引入准确率(accuracy, A)、虚警率(false alarm rate, FAR)和漏警率(missing alarm rate, MAR)的指标(表 3.8)。

**表 3.8 参数说明表**

| | | Sample detect | | Total |
|---|---|---|---|---|
| | | T | F | |
| Sample | Ture(T) | Ture to Ture($n_{\mathrm{TT}}$) | Ture to False($n_{\mathrm{TF}}$) | Ture sample($S_{\mathrm{T}}$) |
| | False(F) | False to True($n_{\mathrm{FT}}$) | False to False($n_{\mathrm{FF}}$) | False sample($S_{\mathrm{F}}$) |
| Total | | To True sample($D_{\mathrm{T}}$) | to False sample($D_{\mathrm{F}}$) | |

$$A = \frac{n_{\mathrm{TT}} + n_{\mathrm{FF}}}{n_{\mathrm{TT}} + n_{\mathrm{TF}} + n_{\mathrm{FF}} + n_{\mathrm{FT}}} \tag{3.58}$$

$$\mathrm{FAR}=\frac{n_{\mathrm{TF}}}{n_{\mathrm{TT}}+n_{\mathrm{TF}}} \tag{3.59}$$

$$\mathrm{MAR}=\frac{n_{\mathrm{FT}}}{n_{\mathrm{FF}}+n_{\mathrm{FT}}} \tag{3.60}$$

确定 $k$ 和 $\lambda$ 的流程如下：

（1）监测数据（含有已知故障）根据采集顺序标记飞行循环和 T/F；

（2）监测数据点根据采集顺序分别以样本数为 $s=5$、6、7、8、9 分成多组；

（3）使 $f(\lambda)=\sum_{i=1}^{n}(Z_{i-1}-X_i)^2$ 最小确定 $\lambda$；

（4）根据准确率、虚警率和漏警率确定 $k$；

（5）计算平均运行长度 ARL；

（6）确定 EWMA 合适的 $s$、$\lambda$ 和 $k$；

（7）结束。

## 3.6　多元状态估计

多元状态估计技术（multivariate state estimation technique，MSET）是由美国阿尔贡国家实验室 Singer 等人开发，主要用于核电厂中传感器、设备以及部件性能劣化的早期检测而开发的一种非线性、非参数的多元回归技术[21-22]，之后美国田纳西大学的 Gribok 和 Hines 等人进一步完善了这种方法[23-24]。由于其建模方法简单，且在核电厂的状态监控应用中的优异表现，目前这项技术已在众多的工业领域获得了广泛而成功的应用，如美国国家航空航天局把这项技术应用于航天运载工具的推进系统以及地面支持设备的传感器信号校正、状态监控等[25-26]；Sun Microsystems 公司将这项技术用于企业级服务器的状态监控[27]；MSET 也被用来分析振动信号，以实现对机械装置的异常工况的早期检测[28-30]。

多元状态估计技术通过对用于系统状态监视的一组相关参数进行学习，进而对系统物理过程进行相似性建模，然后对系统某一时刻观测，根据学习过程中获得的经验模式来估计此时系统应有的状态。多元状态估计技术是一种基于相似性的建模技术，它收集足够多的足以涵盖系统正常运行状态的历史数据，并从中学习用于定义系统状态的各个参数之间的相互关系，当每一个新观测到达时，MSET 借助已学习到的经验模式（这个模式实际包含在收集的历史数据中）来估计系统的状态。状态估计值是存储的历史样本的加权组合，而每个样本的权值是由每个样本与观测量的相似性确定的，因此这项技术属于相似性建模的一种。相对于参数化的建模技术，多元状态估计技术不需要对系统模型做任何假设，学习和模型构建过程更加快速和简单，且模型易于扩展以包含新的工作状态而不要烦琐的重新学习或训练过程，同时估计系统状态时计算量较小，因而可更好地满足状态监控的实时性要求。

### 3.6.1 多元状态估计技术介绍

假设系统工作状态由 $P$ 个传感器的测量数据表示，则在 $t_j$ 时刻，系统的观测向量为

$$X(t_j) = [x_1(t_j), x_2(t_j), \cdots, x_P(t_j)]^{\mathrm{T}}$$

因此，系统模型可以由正常运行期间采集的 $M$ 个观测向量构成的矩阵来描述，这个矩阵称为训练矩阵：

$$\boldsymbol{D} = \begin{bmatrix} x_1(t_1) & x_1(t_2) & \cdots & x_1(t_M) \\ x_2(t_1) & x_2(t_2) & \cdots & x_2(t_M) \\ \vdots & \vdots & & \vdots \\ x_P(t_1) & x_P(t_2) & \cdots & x_P(t_M) \end{bmatrix}$$

训练矩阵 $\boldsymbol{D}$ 的每一列代表系统运行状态的一个观测量，可包括任意数目的观测向量，但应尽量涵盖系统所有正常运行状态或感兴趣的运行状态，如对发动机状态监控来说，并不需要对发动机所有的工作状态进行建模，通常感兴趣的是起飞最大推力状态下或巡航状态下发动机的运行特性，因此可以根据需要选择感兴趣的工作状态进行建模。一旦创建了训练矩阵，MSET 就可根据新的观测向量对系统的动态行为进行估计。假设系统在某时刻的新观测向量为 $X_{\mathrm{obs}}$，MSET 将当前观测向量与训练矩阵的每一个历史观测向量进行相似性比较，并计算出对当前系统状态的估计：

$$\boldsymbol{X}_{\mathrm{est}} = \boldsymbol{D} \cdot \boldsymbol{W} \tag{3.61}$$

其中，$\boldsymbol{W}$ 为权重向量，代表当前观测向量和历史观测向量之间的一种相似性测度，因此当前时刻系统状态的估计值实为历史观测向量的加权平均。权重向量的计算可通过最小化误差向量 $\boldsymbol{\varepsilon}$ 来获得。

$$\boldsymbol{\varepsilon} = \| \boldsymbol{X}_{\mathrm{obs}} - \boldsymbol{X}_{\mathrm{est}} \| \tag{3.62}$$

在最小化 $\boldsymbol{\varepsilon}$ 的约束条件下，权重向量 $\boldsymbol{W}$ 的最小平方误差估计可表示为

$$\boldsymbol{W} = (\boldsymbol{D}^{\mathrm{T}}\boldsymbol{D})^{-1}\boldsymbol{D}^{\mathrm{T}}\boldsymbol{X}_{\mathrm{obs}} \tag{3.63}$$

运用式(3.63)计算权重向量 $\boldsymbol{W}$ 的一个必要条件就是矩阵 $\boldsymbol{D}^{\mathrm{T}}\boldsymbol{D}$ 是可逆的，但在实际中，通常观测向量个数多于观测向量维数，且很多情况下观测向量之间存在一

定的相关性，导致了式(3.63)计算过程中的矩阵不可逆问题，限制了最小平方误差估计方法的应用。为了解决这一问题，在权重向量 $\boldsymbol{W}$ 的计算中，MSET 使用非线性运算符⊗来代替向量点乘运算，即

$$\boldsymbol{W} = (\boldsymbol{D}^{\mathrm{T}} \otimes \boldsymbol{D})^{-1} \cdot (\boldsymbol{D}^{\mathrm{T}} \otimes \boldsymbol{X}_{\mathrm{obs}}) \tag{3.64}$$

因此，当前系统状态的估计为

$$\boldsymbol{X}_{\mathrm{est}} = \boldsymbol{D} \cdot (\boldsymbol{D}^{\mathrm{T}} \otimes \boldsymbol{D})^{-1} \cdot (\boldsymbol{D}^{\mathrm{T}} \otimes \boldsymbol{X}_{\mathrm{obs}}) \tag{3.65}$$

其中，⊗是应用在输入向量上的一种非线性运算，旨在将输入向量空间转换到特征空间，该空间是由输入数据与训练数据的相似度构成的，称为相似特征空间。非线性运算符是 MSET 的一个关键技术，又称为相似性运算符，它使得矩阵 $\boldsymbol{D}^{\mathrm{T}} \otimes \boldsymbol{D}$ 成为可逆的。MSET 并没有指定某一特定的相似性运算符，Singer 等人的研究指出，一个合适的相似性运算符一般应满足以下几个条件：

（1）确保 $\boldsymbol{D}^{\mathrm{T}} \otimes \boldsymbol{D}$ 是非奇异的；

（2）具有较好的外推特性，即如果观测向量中的某一个观测量超出训练样本的上界或下界，MSET 仍然能给出一个较合理的估计值；

（3）当观测向量与训练矩阵中某一历史样本完全一样时，则状态估计值应该与观测向量相同；

（4）确保误差向量 $\boldsymbol{\varepsilon}$ 最小化。

针对不同的应用问题，MSET 会选择或设计不同的相似性运算符来构造相似特征空间，文献[31]提出了几种常用的非线性算子。实际应用中核函数是较常采用的一种相似性运算符用来计算两个向量之间的相似度[32]，而高斯核函数是应用最广泛的一种相似运算符，本书采用高斯核函数来实现相似性运算，计算公式如下：

$$K_h(x, x_i) = \frac{1}{\sqrt{2\pi h}} e^{\frac{(x-x_i)^2}{2h^2}} \tag{3.66}$$

其中，$h$ 是核函数带宽；$K_h(x, x_i)$ 表示向量 $x$ 与 $x_i$ 之间的相似度。

### 3.6.2　多元状态估计技术的改进

多元状态估计技术通过把新的运行状态下的观测样本纳入已有训练矩阵，由此扩展模型以涵盖新的工作状态，且不需烦琐地重新学习或训练，因此更易实施。但模型参数的选择对算法性能具有重要影响，对于多源状态估计技术来说，主要是选择合适的核函数的带宽、正则化参数以及构造训练矩阵。

1. 训练矩阵观测样本的选择

训练矩阵样本选择的基本原则是涵盖系统所有的正常运行状态或感兴趣的工

作状态，MSET 估计技术要求当前的观测样本与每个训练样本进行比较并计算相似度，因此过多的训练样本会导致计算时间难以接受。此外，虽然从信息论的角度来看，训练矩阵包含越多的信息（观测样本）越好，但样本过多也会带来另一个问题——矩阵病态，主要是由于相似的或具有较强相关性的样本被纳入训练矩阵。因此，实践中通常选择已有的历史观测样本的一个子集来构造训练样本，最小-最大法（min-max selection）、样本向量排序法（vector ordering）、以上两者的混合法、模糊聚类法（fuzzy c-means clustering）以及 Adeli-Hung 聚类方法都被尝试用来选择样本子集构造训练矩阵[33]。这里仅对前三种方法进行简单介绍。

最小-最大样本向量选择方法将所有的观测样本等分成 $N$ 段：

$$N = \frac{n_m}{2P} \tag{3.67}$$

其中，$n_m$ 是观测样本向量总数；$P$ 为样本向量的维数。这样观测样本被等分成 $N$ 段后，每一段中的每个传感器参数的最小和最大值所在的样本被选择来构造训练矩阵。

样本向量排序法是按照某种准则把所有观测样本排序，然后等间隔的抽取一定数量的观测样本来构造训练矩阵。如可按照观测样本的欧几里得范数来排序：

$$N_i = \sqrt{X_{i,1}^2 + X_{i,2}^2 + \cdots + X_{i,P}^2} \tag{3.68}$$

其中，$X_{i,j}$ 是第 $i$ 个观测样本的第 $j$ 个分量。在求欧几里得范数前，通常各路传感器信号都要先进行标准化处理。

第三种训练矩阵的构造方法是以上两种方法的混合，即首先在整个观测样本集里按最小-最大方法选择 $2P$（可能少于 $2P$）个样本，剩余的观测样本按照某种准则排序，然后等间隔抽取一定数量的样本与之前得到观测样本来共同组成训练矩阵。

2. 核函数带宽的确定

较小的带宽容易导致过拟合现象，估计结果可能仅依赖于训练矩阵中的几个带噪声的观测样本，因此估计结果波动性较大；而选择较大的带宽则容易导致拟合过于平滑，估计结果可能是过多的观测样本的加权平均，因此估计结果较平滑。通常可以借助定义目标函数把带宽参数的选择问题转化为一个寻优问题，如定义如下形式的目标函数：

$$S_i = \frac{1}{P}\sum_{j=1}^{P}\sum_{k=1}^{n}[\hat{x}_k^j - x_k^j]^2 \tag{3.69}$$

其中，$S_i$ 为选择第 $i$ 个带宽时，MEST 估计值与实际观测值的均方误差；$\hat{x}_k^j$ 为第 $k$ 个验证样本的第$j$个观测量的估计值;$x_k^j$为第$k$个验证样本的第$j$个观测量的实际观测值。这样在给定一组观测样本后,可运用交叉验证方法来选择使均方误差最小的带宽。

3. 模型的正则化

估计结果不稳定或波动性较大的一个重要原因可能是源于训练矩阵的病态,这通常是由于构造训练矩阵的样本存在较强的相关性,导致训练矩阵病态,其逆矩阵的元素取值较大,使得 MEST 成为一个信号放大器,观测样本的噪声被放大进而导致估计结果的不稳定。

一种避免训练矩阵病态的方法就是合理地选择训练矩阵的观测样本,并尽量降低训练矩阵的样本个数。此外,岭正则化(ridge regularization method)被证明是一种降低训练矩阵病态对估计结果的影响,提高 MEST 估计性能的有效方法。岭正则化技术将式中的$\boldsymbol{D}^{\mathrm{T}}\otimes\boldsymbol{D}$项由下式代替:

$$\boldsymbol{D}^{\mathrm{T}}\otimes\boldsymbol{D}+\lambda\boldsymbol{I}$$

因此,正则化后的系统状态的估计值为

$$\boldsymbol{X}_{\mathrm{est}}=\boldsymbol{D}\cdot(\boldsymbol{D}^{\mathrm{T}}\otimes\boldsymbol{D}+\lambda\boldsymbol{I})^{-1}\cdot(\boldsymbol{D}^{\mathrm{T}}\otimes\boldsymbol{X}_{\mathrm{obs}})\tag{3.70}$$

其中,$\lambda$ ($\lambda>0$) 为正则化参数;$\boldsymbol{I}$为单位矩阵。一般$\lambda$的选择也是个优化问题,文献[34]的研究表明,当训练样本标准化后(均值为0,标准差为1),核函数带宽为1时,正则化参数$\lambda$取值为1,通常能取得较好的结果。

正则化技术能够提高 MSET 算法的性能,特别是训练矩阵样本数较多时,正则化技术对 MSET 算法性能的改善是比较明显的,而当训练矩阵样本数较少时,正则化技术对算法性能的改进不再那么明显。从信息论的角度来讲,模型应尽量包含尽量多的信息或观测样本,因此,在对算法实时性要求不高的场合,一种折中的选择就是选择所有观测样本作为训练矩阵,同时采用正则化技术。

## 3.7 基于贝叶斯因子状态监测方法

现有的状态监控技术对发动机运行安全性和经济性具有重要作用,但时有发生的安全事故也折射出现有状态监控技术的不足:一方面是现有监测技术的监测范围和深度不够,需要新型监测系统,如气路静电监测技术;另一方面也体现在现有异常检测方法的不足,仅依靠简单的关键参数超限监控方法无法提供早期故障预警的能力,通常故障比较严重时才发出预警,带来了安全隐患。如气路状态监控中,通常在故障足够严重以致影响到气路性能参数,并导致性能参数偏差值超标时,系统才能发出预警,而实际上在故障发生发展的早期,同样会引起参数序列的微小变化。气路性能参数、滑油/燃油系统状态参数以及振动参数微小变化，如参数序列结构的异常等，通常是故障发生的早期征兆，研究新的异常检测方法，从高噪声的参数序列中及时发现这些微小的变化，对故障早期发现、早期诊断和早期排除，进而实现“风险关口前移”具有重要意义。因此本书提出了一种基于自适应动态线性模型[35-36]的发动机气路部件状态监控方法，它是一种基于数理统计的方法，借助贝叶斯因子来分析性能参数偏差值序列，在气路部件发生异常时能够及时预警。

### 3.7.1 动态线性模型

动态线性模型是一类线性高斯状态空间模型，通常具有以下形式：

$$\boldsymbol{Y}_t = \boldsymbol{F}_t \boldsymbol{X}_t + \boldsymbol{\nu}_t,\ \boldsymbol{\nu}_t \sim N(0,\ \boldsymbol{V}) \tag{3.71}$$

$$\boldsymbol{X}_t = \boldsymbol{G}_t \boldsymbol{X}_{t-1} + \boldsymbol{w}_t,\ \boldsymbol{w}_t \sim N(0,\ \boldsymbol{W}) \tag{3.72}$$

其中，$\boldsymbol{Y}_t$ 表示 $t$ 时刻的 $m$ 维的观测向量；$\boldsymbol{X}_t$ 表示 $p$ 维的状态向量，描述了过程在 $t$ 时刻的状态；而 $\boldsymbol{F}_t$ 和 $\boldsymbol{G}_t$ 为已知的 $m\times p$ 和 $p\times p$ 维矩阵，分别描述了状态向量与观测向量之间映射关系以及相邻状态之间的转移关系；$\boldsymbol{\nu}_t$ 和 $\boldsymbol{w}_t$ 分别为 $t$ 时刻的观测噪声与过程噪声，服从均值为 0，方差矩阵分别为 $\boldsymbol{V}$ 和 $\boldsymbol{W}$ 的高斯分布，称为观测方程和状态方程，两者共同组成了一个线性高斯状态空间模型，即动态线性模型。线性增长模型为一类特殊的动态线性模型，此时 $m = 1$，$p = 2$。

$$\boldsymbol{X}_t = \begin{bmatrix} \mu_t \\ \beta_t \end{bmatrix},\ \boldsymbol{G}_t = \begin{bmatrix} 1 & 1 \\ 0 & 1 \end{bmatrix},\ \boldsymbol{F}_t = [1\quad 0],\ \boldsymbol{W} = \begin{bmatrix} W_\mu & 0 \\ 0 & W_\beta \end{bmatrix}。$$

其中，状态向量 $\boldsymbol{X}_t$ 为二维向量；$\mu_t$ 为系统 $t$ 时刻的状态；$\beta_t$ 为系统状态的变化率。动态线性模型可用于描述一元或多元时序数据，由于不需要数据序列平稳性的假设，借助完善的贝叶斯统计理论在工程和经济领域中广泛应用于时序数据的分析。

### 3.7.2 贝叶斯推理与模型监控

1. 动态线性模型的贝叶斯推理

给定一个动态线性模型以及观测序列 $y_{1:T}$，在贝叶斯理论框架下，贝叶斯状态估计利用当前所获得所有观测信息构造未知状态的后验分布，给出系统的最优状态估计，并预测状态的未来发展趋势。对于一个定义完好的动态线性模型，贝叶斯状态估计与预测可以得到解析解。假设已知 $t-1$ 时刻状态的后验分布为高斯分布，即 $x_{t-1} \mid y_{1:t-1} \sim N(m_{t-1},\ C_{t-1})$，那么状态的一步预测仍为高斯分布，即

$$x_t \mid y_{1:t-1} \sim N(a_t,\ R_t) \tag{3.73}$$

其中，$a_t = E(x_t \mid y_{1:t-1}) = G_t m_{t-1}$，$R_t = Var(x_t \mid y_{1:t-1}) = G_t C_{t-1} G_t^{\mathrm{T}} + W_t$。观测值的一步预测同样为高斯分布，即

$$y_t \mid y_{1:t-1} \sim N(f_t, Q_t) \tag{3.74}$$

其中，$f_t = F_t a_t$，$Q_t = F_t R_t F_t^{\mathrm{T}} + V_t$。依据贝叶斯理论，$t$ 时刻状态的后验分布为

$$x_t \mid y_{1:t} \sim N(m_t, C_t) \tag{3.75}$$

其中，$m_t = E(x_t \mid y_{1:t}) = a_t + R_t F_t^{\mathrm{T}} Q_t^{-1} e_t$；$C_t = Var(x_t \mid y_{1:t}) = R_t - R_t F_t^{\mathrm{T}} Q_t^{-1} F_t R_t$；$e_t = y_t - a_t$。

因此，给定状态的初始分布 $x_0 \sim N(m_0, C_0)$，迭代执行算式，可得到任意时刻在贝叶斯理论框架下的最优状态估计，$x_t \mid y_{1:t} \sim N(m_t, C_t)$，$t \leqslant T$。而状态预测是估计的一个简单推广，在已知 $t$ 时刻的状态 $x_t \mid y_{1:t} \sim N(m_t, C_t)$ 后，应用式(3.75)可得到状态在未来任一时刻($t+j$)的预测分布：

$$\pi(x_{t+j} \mid y_{1:t}) = \int \pi(x_{t+j} \mid x_{t+j-1}) \pi(x_{t+j-1} \mid y_{1:t}) \mathrm{d}x_{t+j-1} (1 \leqslant j \leqslant k) \tag{3.76}$$

2. 共轭先验贝叶斯推理

在动态线性模型的实际应用中观测噪声和过程噪声的方差通常是未知的，因此，一个实际的问题就是观测噪声与过程噪声方差($V$ 和 $W$)的估计。对于动态线性模型，通过定义初始状态以及观测噪声方差的共轭先验分布并引进贴现因子这一概念，可以在贝叶斯理论框架下解析的求解状态以及噪声方差的最优估计，这一过程称之为基于共轭先验的贝叶斯推理。

对于一个观测和过程噪声方差，即 $V$ 和 $W$ 均未知的动态线性模型(式和)，令 $V = \sigma^2 \tilde{V}$，$W = \sigma^2 \tilde{W}$，$C_0 = \sigma^2 \tilde{C}_0$，假设 $\tilde{V}$，$\tilde{W}$ 和 $\tilde{C}_0$ 已知，而 $\phi = 1/\sigma^2$ 未知。定义扩展的初始状态向量($x_0$, $\phi$)服从高斯-伽马共轭先验分布 $(x_0, \phi) \sim NG(m_0, \tilde{C}_0, \alpha_0, \beta_0)$，即

$$\phi \sim G(\alpha_0, \beta_0),\ x_0 \mid \phi \sim N(m_0, \phi^{-1} \tilde{C}_0)$$

由贝叶斯共轭推理可得$(x_t, \phi) \mid y_{1:t}$服从以下高斯-伽马分布 $(x_t, \phi) \mid y_{1:t} \sim NG(m_t, \tilde{C}_t, \alpha_t, \beta_t)$：

$$m_t = a_t + \tilde{R}_t \tilde{F}_t \tilde{Q}_t^{-1}(y_t - f_t)$$

$$\tilde{C}_t = \tilde{R}_t F'_t \tilde{Q}_t^{-1} \tilde{R}'_t$$

$$\alpha_t = \alpha_{t-1} + m/2$$

$$\beta_t = \beta_{t-1} + 0.5(y_t - f_t)' \tilde{Q}_t^{-1}(y_t - f_t)$$

其中，$a_t = G_t m_{t-1}$；$\tilde{R}_t = G_t \tilde{C}_{t-1} G'_t + \tilde{W}_t$；$f_t = F_t a_t$；$\tilde{Q}_t = F_t \tilde{R}_t F'_t + \tilde{V}_t$，最终可得

$$\phi \mid y_{1:t} \sim G(\alpha_t, \beta_t)$$

$$x_t \mid y_{1:t} \sim T(m_t, \tilde{C}_t \beta_t / \alpha_t, 2\alpha_t)$$

若令 $\tilde{V} = I_m$，并且引进贴现因子 $\delta$，则 $\tilde{W} = (1-\delta)/\delta \cdot G'_t \tilde{C}_{t-1} G_t$，即通过引进贴现因子的概念，仅需给定 $\tilde{C}_0$ 一个初始值即可进行以上贝叶斯共轭推理，得到任意时刻的状态及未知参数的估计值。

3. 贝叶斯模型监控

在贝叶斯理论中，贝叶斯因子常用于监控观测序列中的异常值或者序列结构的变化，其基本思想是通过比较模型的一步预测值与实际观测值之间的一致性来评估模型的性能，实现对模型的监控。

在 $t-1$ 时刻，考虑两个（或多个）具有相同结构而参数不同的模型 $M_1$ 和 $M_2$，一个是用于预测的原模型，称之为标准模型；另一个是用于比较参考，称之为备择模型，他们对下一时刻的观测值的预测分别为 $\pi(y_t \mid y_{1:t-1}, M_1)$ 和 $\pi(y_t \mid y_{1:t-1}, M_2)$［由式(3.74)和式(3.75)可得］。那么，$t$ 时刻模型 $M_1$ 相对于 $M_2$ 的贝叶斯因子定义为

$$H_t = \frac{\pi(y_t \mid y_{1:t-1}, M_1)}{\pi(y_t \mid y_{1:t-1}, M_2)} \tag{3.77}$$

$H_t$ 给出了 $t$ 时刻基于最新观测值 $y_t$ 的标准模型与备择模型的预测能力的定量的比较，进一步也可以依据最近的 $k$ 个观测值( $y_{t-k+1}, \cdots, y_{t-1}, y_t$) 来比较两个模型的性能，因此，定义累积贝叶斯因子为

$$H_t(k) = \prod_{j=t-k+1}^{t} H_j = \frac{\pi(y_{t-k+1}, \cdots, y_{t-1}, y_t \mid y_{1:t-k}, M_1)}{\pi(y_{t-k+1}, \cdots, y_{t-1}, y_t \mid y_{1:t-k}, M_2)} \tag{3.78}$$

由式(3.78)可知，$H_t(1) = H_t$，较小的 $H_t(1)$ 意味着模型 $M_2$ 优于模型 $M_1$，这可能是观测序列的野值点引起的，也可能是序列结构发生变化引起的。通过改变 $k$ 值，寻找最小的 $H_t(k)$ 就能找到观测序列最有可能发生变化的时间点。

令 $L_t = \min\limits_{1 \leqslant k \leqslant t} H_t(k)$，$l_t = k$，则 $L_1 = H_1$，$l_t = 1$，那么 $L_t$ 和 $l_t$ 可分别按式(3.79)和式(3.80)进行更新：

$$L_t = H_t \min\{1, L_{t-1}\} \tag{3.79}$$

$$l_t = \begin{cases} 1 + l_{t-1}, & L_{t-1} < 1 \\ 1, & L_{t-1} \geqslant 1 \end{cases} \tag{3.80}$$

累积贝叶斯因子 $L_t$ 提供了标准模型与备择模型预测性能的量化比较，若 $L_t$ 低

于下限值（阈值），则可判断序列结构发生了变化，且变化开始于 $l_t$ 步以前。因此，序列 $\{L_t\}$ 能够实现对模型的持续监控，以及时刻检测到序列结构的异常。

## 参考文献


[1] 姚晨榕. 基于状态的民航发动机维修管理研究[D].南京：南京航空航天大学，2006.

[2] Helers, LEEWC, MITCHELLG. Repository support form meta data-based legacy migrate on [J]. IEEE Data Engineer Bulletin，1999，22(1)：37－42.

[3] Aebi D, Perrochon L, Towards improving data quality [C]. Delhi：Proceedings of the International Conference on Information Systems and Management of Data, 1993.

[4] Redman, Thomas C. The impact of poor data quality on the typical enterprise[J]. Communications of the ACM, 1998, 41(2)：79－82.

[5] 陈伟.数据清理关键技术及其软件平台的研究与应用[D].南京：南京航空航天大学，2004.

[6] Rahm E, Do H H. Data cleaning：problems and current approaches [J]. IEEE Data Engineer Bulletin，2000，23(4)：3－13.

[7] Mikhail B, Raymond J M, Adaptive duplicate detection using learnable string similarity measures [C]. Boston：Proceeding of the 9th ACM SIGKDD International Conference on Knowledge Discovery and Data Mining, 2003.

[8] Lee N C. Improving data quality：development and evaluation of error detection methods [D]. Kaohsiung City：National Sun Yat-sen University, 2002.

[9] 王婧韫.数据迁移的一般原则[J].电脑开发与应用，2000，13(4)：31－33.

[10] 刘海英，冯文秀，杜晓通.管理信息系统升级过程中数据迁移的研究及实现[J].电力自动化设备，2005，25(5)：37－39.

[11] 潘玉娜. 滚动轴承的性能退化特征提取及评估方法研究[D].上海：上海交通大学，2011.

[12] Žiha K. Event oriented system analysis[J]. Probabilistic engineering mechanics, 2000, 15(3)：261－275.

[13] Ozdemir S. Measures of uncertainty in power split systems[J]. Mechanism and Machine Theory, 2007, 42(2)：159－167.

[14] Pincus S M. Approximate entropy：a complexity measure for biological time series data[C]. Hartford：Bioengineering Conference, Proceedings of the 1991 IEEE 17th Annual Northeast, 1991.

[15] Bandt C, Pompe B. Permutation entropy: a natural complexity measure for time series[J]. Physical Review Letters, 2002, 88(17): 174102 - 0.

[16] Ouyang G, Li J, Liu X, et al. Dynamic characteristics of absence EEG recordings with multiscale permutation entropy analysis[J]. Epilepsy research, 2012, 104: 246 - 252.

[17] Yan R, Liu Y, Gao R X. Permutation entropy: A nonlinear statistical measure for status characterization of rotary machines[J]. Mechanical Systems and Signal Processing, 2012,29: 474 - 484.

[18] Cottis R A, Laycock P J, Scarf P A. Extrapolation of extreme pit depth in space and time[J]. Electrochem. Soc., 1990, 137: 64 - 69.

[19] 程科. 飞机操纵系统状态监测与故障预测方法研究[D]. 南京: 南京航空航天大学,2014.

[20] 王黎明,王连.应用时间序列分析[M].上海: 复旦大学出版社,2009.

[21] Hines J W, Garvey D, Seibert R, et al. Technical review of on-line monitoring techniques for performance assessment [R]. Washington: Nuclear Regulatory Commission, 2007.

[22] Singer R M, Gross K C, Herzog J P, et al. Model-based nuclear power plant monitoring and fault detection: theoretical foundations, international conference on intelligent systems applications to power systems[C]. Washington: USDOE Assistant Secretary for Nuclear Energy, 1997.

[23] Gribok A V, Hines J W, Uhrig R E. Use of kernal based techniques for sensor validation in nuclear power plants[C]. Washington : The Third American Nuclear Society International Topical Meeting on Nuclear Plant Instrumentation and Control and Human-Machine Interface Technologies, 2000.

[24] Gribok A V, Hines J W, Urmanov A M. Uncertainty analysis of memory based sensor validation techniques[J]. Real Time Systems, 2004, 27(1): 7 - 26.

[25] Bickford R L. MSET signal validation system for space shuttle main engine[R]. Washington: National Aeronautics and Space Administration,2000.

[26] Bickford R L, Meyer C, Lee V. Online signal validation for assured data quality [C]. Proceedings of the 2001 Instrument Society of America, 2001, 147: 107 - 110.

[27] Gross K C, Lu W. Early detection of signal and process anomalies in enterprise computing systems [C]. Las Vegas: Proceedings 2002 IEEE International Conference on Machine Learning and Applications (ICMLA), 2002.

[28] Wegerich S. Similarity based modeling of time synchronous averaged vibration

signals for machinery health monitoring[C]. Big Sky, MT: Proceedings, IEEE Aerospace Conference, 2004.

[29] Wegerich S. Similarity based modeling of vibration features for fault detection and identification[J]. Sensor Review, 2005,25(2): 114 - 122.

[30] 姚良，李艾华，孙红辉，等. 基于MSET和SPRT的内燃机气阀机构振动监测[J]. 振动工程学报，2009，22(2): 150 - 155.

[31] Black L C, Uhrig R E, Wesldy H J. System modeling and instrument calibration verification with a nonlinear state estimation technique[C]. Knoxville, TN: Proceedings of the Maintenance and Reliability Conference, 1998.

[32] Cherkassky V, Mulier F, Learning from data[M]. Hoboken: John Wiley & Sons, 1998.

[33] Hines J W, Garvey D. Traditional and robust vector selection methods for use with similarity based models[C]. Albuquerque: 5th International Topical Meeting on Nuclear Plant Instrumentation, Control and Human-Machine Interface Technologies,2006.

[34] Hines J W, Usynin A. MSET performance optimization through regularization[J]. Nuclear Engineering and Technology,2005, 37(2): 177 - 184.

[35] West M, Harrison P J. Bayesian forecasting and dynamic models[M]. New York: Springer-Verlag,1997.

[36] Petris G, Petrone S, Campagnoli P. Dynamic linear models with R[M]. New York: Springer-Verlag, 2009.

# 第 4 章　可靠性建模

## 4.1　可靠性

在可靠性研究中，系统正常工作的时间就是寿命，寿命长度是随机的，因此用非负随机变量 $T$ 来表示，如果在 $T$ 长度时间中，系统能按要求完成其预定的功能，那称系统有寿命 $T$。

产品在规定的条件下和规定的时间内，完成规定功能的概率，称为可靠度，以 $R(t)$ 表示。可靠度是在规定的时间内的概率，是时间的函数，对于相同的产品，在不同的时间区间内可靠度是不同的。其概率表达式为

$$R(t) = P\{\boldsymbol{T} > t\},\ t \geqslant 0 \tag{4.1}$$

其中，$T$ 是产品的寿命，是一个随机向量。式(4.1)的含义是表示产品的寿命至少要比时间 $t$ 长的概率。

累积故障概率是指产品在规定的条件下和规定时间内发生故障失效的概率，以 $F(t)$ 表示。

$$F(t) = 1 - R(t),\ t \geqslant 0 \tag{4.2}$$

如果 $F(t)$ 是可微的，即 $\dfrac{\mathrm{d}F(t)}{\mathrm{d}t}$ 存在，则累积故障概率密度函数为

$$f(t) = \frac{\mathrm{d}F(t)}{\mathrm{d}t} = -\frac{\mathrm{d}R(t)}{\mathrm{d}t} \tag{4.3}$$

而且有

$$F(t) = \int_0^t f(u)\,\mathrm{d}u,\ t \geqslant 0 \tag{4.4}$$

瞬时故障率是指产品在时刻 $t$ 处于可用状态，当 $\Delta t$ 趋于 0 时，在时间 $(t,\ t+\Delta t)$ 内出现故障失效的条件概率与区间长度 $\Delta t$ 之比的极限，以 $\lambda(t)$ 表示。

$$\lim_{\Delta t\to 0}\frac{P\{T<t+\Delta t\mid T\geqslant t\}}{\Delta t}=\lim_{\Delta t\to 0}\frac{F(t+\Delta t)-F(t)}{\Delta t R(t)}$$
$$\approx\frac{f(t)}{R(t)}=\lambda(t),\ t\geqslant 0 \tag{4.5}$$

以上指标之间的相互关系如图 4.1 所示。

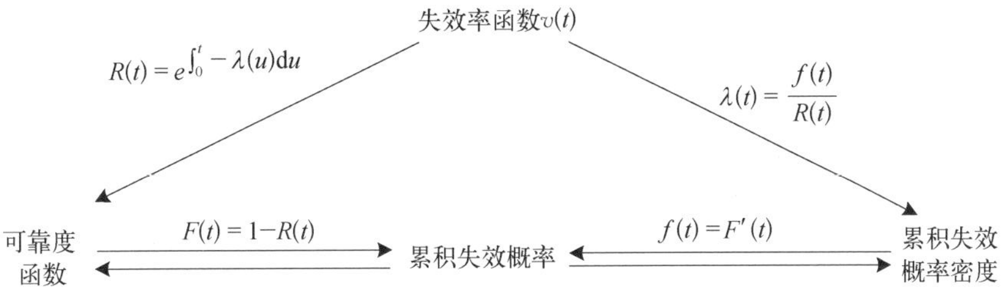


图 4.1　主要可靠性指标之间的相互关系

寿命服从的分布主要有指数分布、Weibull 分布、极值分布、Gamma 分布、正态分布以及一些离散的分布。航空发动机的在役寿命一般认为服从 Weibull 分布[1]，两参数的 Weibull 分布定义如下。

若非负随机变量 $T$ 满足分布函数：

$$F(t)=1-\exp\left[-\left(\frac{t}{\eta}\right)^{\beta}\right],\ t\geqslant 0 \tag{4.6}$$

则称 $T$ 服从 Weibull 分布，记为 $T\sim Wei(t,\ \beta,\ \eta)$。

Weibull 分布可以看作是指数分布的扩展，常应用于描述老化、磨损、疲劳失效等现象，对应故障密度函数 $f(t)$、可靠度函数 $R(t)$ 和失效率函数 $\lambda(t)$ 如下：

$$f(t)=\frac{\beta}{\eta}\left(\frac{t}{\eta}\right)^{\beta-1}\exp\left[-\left(\frac{t}{\eta}\right)^{\beta}\right],\ t\geqslant 0$$
$$R(t)=\exp\left[-\left(\frac{t}{\eta}\right)^{\beta}\right],\ t\geqslant 0$$
$$\lambda(t)=\frac{\beta}{\eta}\left(\frac{t}{\eta}\right)^{\beta-1},\ t\geqslant 0 \tag{4.7}$$

其中，$\beta$ 是形状参数；$\eta$ 是尺度参数。当 $\beta>1$ 时，失效率严格递增；当 $0<\beta<1$ 时，失效率严格递减；当 $\beta=1$ 时，就退化为指数分布。

## 4.2 基于类似产品的使用可靠性建模

任何产品在都要在一定的环境条件下工作，如辐射、磁场、电场、温度、湿度、光照、地形地貌、振动、冲击等或其组合。这些条件是自然的、人为的或自身引起的，但都可能影响产品的性能和可靠性。很多设备不仅工作环境和实验环境差别很大，而且进行一次实验又需要耗费巨大人力、物力和财力。这样所得的数据不仅有限，而且可能不是在同一个环境和条件下的数据。这样产品的可靠性评估需要在两种或两种以上的条件下进行，但产品在不同环境条件下工作时，产品的可靠性和性能参数会有显著差别。这就存在一个将不同环境条件下的可靠性数据折算或转换成相同条件下的数据，然后综合利用所有这些数据评价产品的可靠性。

可靠性数据折算问题最早是钱学森在两弹一星的研究中提出的，即为了评估可靠性经常需要把不同环境下的实验数据进行折算和综合。例如，火箭发动机在空中工作一小时相当于地面实验室环境下试车多少小时；人造卫星在实验室环境下工作一天相当于在太空飞行工作多少天；月球车在月球上工作一月相当于在地球上工作多少月等。这些设备的工作环境非常严酷，与实验室的环境差别很大，而且实验成本很高，实验数据又非常少，尤其是工作状态下的真实寿命数据更是少之又少。为了评估可靠度，需要把实验环境下的可靠性数据折合成工作环境下的数据，综合实验室折算的数据和实际工作环境的数据共同评估产品的可靠度。可靠性折算就是把一种环境下的可靠性数据合理地折算成另一种环境下的数据，就是通常所说的天地折合问题，当然，常见的还有舰载设备的陆水折合问题。

随着现代科技的发展，产品的可靠性越来越高。如果在正常环境下鉴定和评估这些高可靠性设备的寿命，会导致实验量和实验件数非常多。例如，某设备通常工作环境下故障率只有 $10^{-6}$，则至少要做 $1.2\times10^{6}$ 次实验才能比较准确地验证出设备的可靠性。这导致了昂贵的实验成本，如此高的成本很难承担得起，此时往往采取加速寿命实验。若能寻找到比正常工作状态还要严酷且使其故障率增大到 0.1 左右的实验环境，则只需要几十次实验即可。这类实验中，就需要把严酷实验条件下的数据转换成正常工作环境下的数据才能衡量设备的可靠性。故在许多加速寿命实验中，也涉及一个环境因子和寿命数据折算的问题。现在，环境因子已经广泛应用到可靠性预测、分配和实验中，成为可靠性研究领域中一个炙手可热的主题。

由于我国民用飞机研制的时间短、积累少、经验缺乏，因此在我国自主产权的民用飞机研制中，缺少真实的可靠性数据。虽然国内研制的飞机和国外飞机在设计、制造、结构上有一定差别，但是无论国内飞机还是国外飞机许多零部件都购买自相同供应商的相同产品，只是这些零部件的使用工作环境有所差异而已。考虑到航空公司现已积累许多外国飞机的真实使用可靠性数据,本书拟将现有的外国飞机的可靠性数据折算成国产民用飞机的同一个零部件的可靠性数据,这样综合折算的外国飞机的数据和我国自己的实验数据就能比较好地评估我国新研飞机的可靠性。

总的来说,可靠性折算方法分为两大类——用环境因子折算可靠性和可靠性数据的回归折算,如图 4.2 所示。用环境因子折算可靠性时,首先要明确环境因子的定义,然后用某种方法估计环境因子。对可靠性数据进行回归折算时也分为两步,首先对两个环境下的可靠性样本进行配对,然后对配对数据进行回归拟合。

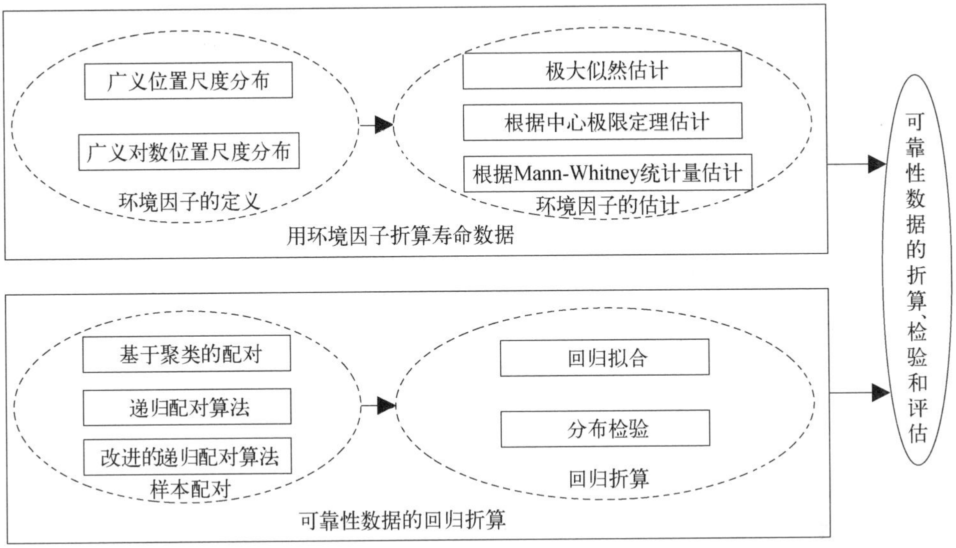


图 4.2　可靠性折算的内容和步骤

### 4.2.1　基于环境因子的可靠性数据折算

通常对可靠性折算的研究都是建立在以下几个假设和前提条件下。

前提 1: 产品在不同环境应力水平下失效机理保持不变,但是故障的概率和频度发生了变化。

前提 2: 产品在不同环境因子下的寿命服从同一形式的分布,即寿命分布的类型不变,但是寿命分布的参数发生了变化。

前提 3: 产品的寿命仅依赖于已累积的失效和当前的环境应力,而与累积方式无关,但是不同环境下失效积累的速度不同。

假设在环境 A 和 B 下故障分布均为 $F(t;\theta)$,但是分布参数分别是 $\theta_A$、$\theta_B$,则分布函数分别是 $F(t;\theta_A)$、$F(t;\theta_B)$。如果在环境 A 下有 $n_A$ 个寿命样本 $\phi_A=$

$\{x_1, x_2, \cdots, x_{n_A}\}$，环境B下有 $n_B$ 个寿命样本 $\phi_B = \{y_1, y_2, \cdots, y_{n_B}\}$，则可靠性折算问题通常是指把环境A下的数据通过某种映射 $g(t)$ 变换成 $y'_i = g(x_i)(i = 1, \cdots, n_A)$ 且使得 $y'_i(i=1, \cdots, n_A)$ 与 $y_i(i=1, \cdots, n_B)$ 有相同的分布 $F(t, \theta_B)$。由于 $y'_i(i=1, \cdots, n_A)$ 与 $y_i(i=1, \cdots, n_B)$ 分布完全相同，故本书后面不再区分二者，并把环境B当作环境A用 $g(t)$ 变换的结果。这样就可以利用 $y'_i(i = 1, \cdots, n_A)$ 和 $y_i(i = 1, \cdots, n_B)$ 共同确定评估寿命分布 $F(t, \theta_B)$。可靠性折算的关键是确定映射 $g(t)$。

环境A通常是实验的环境和条件，在本文中，将环境A定义为通过航空公司采集到的已有飞机的使用数据；环境B通常是工作环境，在本文中，主要是指我国自主研发的民机数据，即把国外机型的实际使用数据折算成我国自主新研机型的数据，弥补国产新机型数据不足的问题，综合折算的国外机型的使用数据和我国自己的实验数据共同评估我国新研机型的可靠性。

目前，对环境因子的研究主要是从两个角度进行的：① 产品的层次关系，即经历了从单一元器件、零部件、子系统到系统的研究过程；② 寿命分布类型，即从最初的指数分布，逐渐扩展到伽马分布等其他分布[2]。赵婉和温玉全对环境因子的近期研究做了比较详尽地总结，尤其是列举了各类寿命分布的折算方式，因为各类寿命分布的折算方式是可靠性折算的基础和重点[3]。目前，周源泉、王善、刘琦、孙祝岭、王炳兴、黄美英等人对可靠性折算问题都有深入地研究[4]。

目前，环境因子的定义还不统一，对环境因子的估计和确定也不一样，折算方式也不尽相同。但是，无论是环境因子的定义和估计还是利用环境因子折算寿命数据都依赖于具体的寿命分布类型。

文献[5-7]把两个环境下的寿命当作随机变量，把两个随机变量之比当作环境因子，即把环境因子定义为随机变量。但是该定义在理论上有其不合理的地方：如果环境因子是随机的，那么把一个环境下的数据折算到另一个环境下也是随机的，也就不具有确定性，折算就没有意义[8]。就环境因子的用途和目的而言，因为环境因子是为了折算寿命数据，故本书认为应该从数据折算的角度定义环境因子。

周源泉[9]给出了环境因子的三种定义：① 对任意给定的可靠度，两种环境下的瞬时失效率之比；② 产品在两种不同环境下的MTBF之比；③ 对任意给定的可靠度，两种环境下的可靠寿命之比。周源泉证明了这三种定义本质上是等价的[9]。但是，它们只简单地乘以一个系数进行折算，这些定义折算的准确性不够高。另外，这些定义比较严格，例如，孙祝岭要求两个环境必须满足 $\frac{\sigma_A}{\mu_A} = \frac{\sigma_B}{\mu_B}$，故实用性不够强[10]。

文献[11]至[14]把折算的映射 $g(t)$ 当作线性函数 $g(t) = kt + b$，已经突破了传统环境因子的概念了,或者说已经不再是传统意义上的环境因子。这种定义是从数据折算方式的角度定义的,无论是从理论上还是在实践上这种定义和折算都更加有效。本文在文献[11]至[14]的基础上进行扩展,将其定义扩展到广义位置尺度模型和对数位置尺度模型,使得定义更具有通用性[15]。

和当前流行的可靠性折算方法的相比,本书首先推广了环境因子的定义。通常环境因子的定义与分布类型紧密结合在一起的,缺少通用性。本书对环境因子的定义进行了扩展,使其适用于所有广义位置尺度模型和广义对数位置尺度模型,这样就提高了环境因子的适用性。另外,目前的环境因子定义通常可以通过样本期望来计算,而本书的环境因子是通过综合样本期望和方差两个因素来计算。这样,折算后不仅保证样本期望的一致性,而且还能让样本的方差尽量接近,折算的效果更好。

通常广义位置尺度模型的分布函数形如 $F\left(\frac{t-\mu}{\sigma}\right)$,其中 $\mu$、$\sigma$ 分别是位置参数和尺度参数,而且在环境 A 和 B 中故障概率分布函数分别是 $F\left(\frac{x-\mu_A}{\sigma_A}\right)$、$F\left(\frac{y-\mu_B}{\sigma_B}\right)$。如果用 $y'=g(x)$ 把环境 A 中的数据进行变换,则得 $y_i'$, $i=1, 2, \cdots, n_A$,其分布为 $F\left(\frac{g(t)-\mu_A}{\sigma_A}\right)$。由于要求折算后的分布 $F\left(\frac{g(t)-\mu_A}{\sigma_A}\right)$ 与环境 B 的分布相同,故式(4.8)必须成立。

$$F\left(\frac{g(t)-\mu_A}{\sigma_A}\right)=F\left(\frac{t-\mu_B}{\sigma_B}\right) \tag{4.8}$$

根据数据折算的前提条件,折算后的分布 $F\left(\frac{g(t)-\mu_A}{\sigma_A}\right)$ 必须也服从同一类型的分布且形如 $F\left(\frac{t-\mu}{\sigma}\right)$,故有式(4.9)成立。

$$g(t)=at+b,\ a=\frac{\sigma_A}{\sigma_B},\ b=\mu_A-\frac{\sigma_A}{\sigma_B}\mu_B \tag{4.9}$$

其中,$a=\frac{\sigma_A}{\sigma_B}$ 称为伸缩环境因子,反映了两种环境下故障发生频率/概率的变化;$b=\mu_A-\frac{\sigma_A}{\sigma_B}\mu_B$ 为平移环境因子,表征了不同环境下故障起始时间的差异。系数 $a$

的差别通常说明了不同环境下故障积累速度的差异；系数 $b$ 与平均寿命在不同环境下的差异有密切关系。

**定义 4-1** 假设在环境 A 和 B 中，故障分别服从广义位置尺度分布 $F\left(\frac{t-\mu_A}{\sigma_A}\right)$ 和 $F\left(\frac{t-\mu_B}{\sigma_B}\right)$，则 $y'=g(t)=at+b$，$a=\frac{\sigma_A}{\sigma_B}$，$b=\mu_A-\frac{\sigma_A}{\sigma_B}\mu_B$ 可以把环境 A 的样本折合成与环境 B 同分布的样本，$a$ 称为伸缩环境因子，$b$ 称为平移环境因子。

显然，该定义有以下性质。

**定理 4-1** 在任意给定的同一可靠度 $R$ 下，产品无论是在环境 A 还是环境 B 下，其可靠寿命处的故障率是相同的。

证明：在环境 A 和 B 下，当可靠度均为 $R$ 时，可靠寿命分别是：$t_A=\mu_A+\sigma_A F^{-1}(1-R)$，$t_B=\mu_B+\sigma_B F^{-1}(1-R)$。

同样地，在环境 A 和 B 下，故障率分别是：$h_A=\frac{f\left(\frac{t-\mu_A}{\sigma_A}\right)}{R}=\frac{f\left[\frac{\mu_A+\sigma_A F^{-1}(1-R)-\mu_A}{\sigma_A}\right]}{R}=\frac{f\left[F^{-1}(1-R)\right]}{R}$；$h_B=\frac{f\left(\frac{t-\mu_B}{\sigma_B}\right)}{R}=\frac{f\left[\frac{\mu_B+\sigma_B F^{-1}(1-R)-\mu_B}{\sigma_B}\right]}{R}=\frac{f\left[F^{-1}(1-R)\right]}{R}$。

故只要在可靠度相同的时刻，产品无论是在环境 A 还是 B 其故障率都相同，这是分布类型一致的必然结果。证毕。

**定理 4-2** 若产品在环境 A 和 B 下的平均寿命分别是 $\mathrm{MTTF}_A$、$\mathrm{MTTF}_B$，则有 $\mathrm{MTTF}_B=a\mathrm{MTTF}_A+b$，$a=\frac{\sigma_A}{\sigma_B}$，$b=\mu_A-\frac{\sigma_A}{\sigma_B}\mu_B$。

证明：根据期望的定义有

$$\mathrm{MTTF}_B=\int_{-\infty}^{+\infty}(at+b)\mathrm{d}F\left(\frac{t-\mu_A}{\sigma_A}\right)=a\int_{-\infty}^{+\infty}t\mathrm{d}F\left(\frac{t-\mu_A}{\sigma_A}\right)+b=a\mathrm{MTTF}_A+b$$

证毕。

根据本定理可见，两个环境下样本均值的关系可以粗略估计环境因子。

**定理 4-3**　在任意给定的同一可靠度 $R$ 下，产品在环境 A 和 B 下，其可靠寿命满足 $t_A-\mu_A=\frac{\sigma_A}{\sigma_B}(t_B-\mu_B)=a(t_B-\mu_B)$，即 $\frac{t_A-\mu_A}{t_B-\mu_B}=\frac{\sigma_A}{\sigma_B}=a$。

证明：当可靠度是 $R$ 时，可靠寿命分别是：$t_A=\mu_A+\sigma_A F^{-1}(1-R)$，$t_B=\mu_B+\sigma_B F^{-1}(1-R)$。故得 $\frac{t_A-\mu_A}{\sigma_A}=F^{-1}(1-R)$ 和 $\frac{t_B-\mu_B}{\sigma_B}=F^{-1}(1-R)$。这样，$t_A-\mu_A=\frac{\sigma_A}{\sigma_B}(t_B-\mu_B)=a(t_B-\mu_B)$。

证毕。

从以上性质可见，本书的环境因子定义是对周源泉的定义[9]进行了扩充，完全兼容和满足周源泉的定义。

表 4.1 列出了常见位置尺度概率分布模型的环境因子，并标出了用本书方法折算的条件。值得注意的是，广义指数分布、威布尔分布、逆威布尔分布和 Pareto 分布中只有当参数 $\beta$ 已知或固定时才能作为位置尺度模型。因此对于广义指数分布、威布尔分布、逆威布尔分布和 Pareto 分布，只有当两个环境下的参数满足 $\beta_A=\beta_B$ 并且已知时才能用本书的定义进行折算，否则不能用上述定义直接进行可靠性折算。在实际中，一旦对这些分布的样本进行折算，就必须首先检验两个环境下的样本是否满足 $\beta_A=\beta_B$。

**表 4.1　常见的位置尺度概率分布模型的环境因子**

| 分布类型 | 分布函数 | 环境因子 | 约束条件 |
|---|---|---|---|
| 正态分布 | $F(t)=\Phi\left(\frac{t-\mu}{\sigma}\right)$ | $a=\frac{\sigma_A}{\sigma_B},\ b=\mu_A-\frac{\sigma_A}{\sigma_B}\mu_B$ | 无 |
| 广义指数分布 | $F(t)=\left(1-e^{-\frac{t-\mu}{\sigma}}\right)^{\beta}$ | $a=\frac{\sigma_A}{\sigma_B},\ b=\mu_A-\frac{\sigma_A}{\sigma_B}\mu_B$ | $\beta_A=\beta_B$ |
| 威布尔分布 | $F(t)=1-e^{-\left(\frac{t-\mu}{\sigma}\right)^{\beta}}$ | $a=\frac{\sigma_A}{\sigma_B},\ b=\mu_A-\frac{\sigma_A}{\sigma_B}\mu_B$ | $\beta_A=\beta_B$ |
| 逆威布尔分布 | $F(t)=1-e^{-\left(\frac{\sigma}{t-\mu}\right)^{\beta}}$ | $a=\frac{\sigma_A}{\sigma_B},\ b=\mu_A-\frac{\sigma_A}{\sigma_B}\mu_B$ | $\beta_A=\beta_B$ |
| 极小值分布 | $F(t)=1-e^{-e^{\frac{t-\mu}{\sigma}}}$ | $a=\frac{\sigma_A}{\sigma_B},\ b=\mu_A-\frac{\sigma_A}{\sigma_B}\mu_B$ | 无 |
| 极大值分布 | $F(t)=e^{-e^{-\frac{t-\mu}{\sigma}}}$ | $a=\frac{\sigma_A}{\sigma_B},\ b=\mu_A-\frac{\sigma_A}{\sigma_B}\mu_B$ | 无 |

续 表

| 分布类型 | 分布函数 | 环境因子 | 约束条件 |
|---|---|---|---|
| Pareto Ⅰ分布 | $F(t)=1-\left(\frac{t-\mu}{\sigma}\right)^{-\beta}$ | $a=\frac{\sigma_A}{\sigma_B},\ b=\mu_A-\frac{\sigma_A}{\sigma_B}\mu_B$ | $\beta_A=\beta_B$ |
| Pareto Ⅱ分布 | $F(t)=1-\left(1+\frac{t-\mu}{\sigma}\right)^{-\beta}$ | $a=\frac{\sigma_A}{\sigma_B},\ b=\mu_A-\frac{\sigma_A}{\sigma_B}\mu_B$ | $\beta_A=\beta_B$ |
| Pareto Ⅳ分布 | $F(t)=1-\left(1+\left(\frac{t-\mu}{\sigma}\right)^{\frac{1}{\gamma}}\right)^{-\beta}$ | $a=\frac{\sigma_A}{\sigma_B},\ b=\mu_A-\frac{\sigma_A}{\sigma_B}\mu_B$ | $\beta_A=\beta_B,\ \gamma_A=\gamma_B$ |

当计算出环境因子 $a$, $b$ 后,则用 $y'=\frac{x-b}{a}$ 可以把环境 A 下的样本 $x_i(i=1, 2, \cdots, n_A)$ 转化成环境 B 下的 $y_i'(i=1, 2, \cdots, n_A)$;用 $x'=ay+b$ 能把环境 B 下的样本 $y_i(i=1, 2, \cdots, n_B)$ 转化成环境 A 中的 $x_i'(i=1, 2, \cdots, n_B)$。

广义对数位置尺度模型的分布函数通常形如 $F\left(\frac{\ln t-\mu}{\sigma}\right)$,其中 $\mu$、$\sigma$ 分别为位置参数和尺度参数。假设在环境 A 和 B 中,故障概率分布函数分别是 $F\left(\frac{\ln t-\mu_A}{\sigma_A}\right)$ 和 $F\left(\frac{\ln t-\mu_B}{\sigma_B}\right)$,如果用 $y'=g(t)$ 把环境 A 中的数据变换成 $y_i'(i=1, 2, \cdots, n_A)$,则 $y_i'(i=1, 2, \cdots, n_A)$ 的分布为 $F\left[\frac{\ln g(t)-\mu_A}{\sigma_A}\right]$。由于要求折算后的分布 $F\left[\frac{\ln g(t)-\mu_A}{\sigma_A}\right]$ 与环境 B 的分布完全相同,故式(4.10)必须成立。

$$F\left[\frac{\ln g(t)-\mu_A}{\sigma_A}\right]=F\left(\frac{\ln t-\mu_B}{\sigma_B}\right) \tag{4.10}$$

根据数据折算的前提条件,折算后的分布 $F\left[\frac{\ln g(t)-\mu_A}{\sigma_A}\right]$ 不仅必须服从形如 $F\left(\frac{\ln t-\mu}{\sigma}\right)$ 的同一类型分布,而且必须与环境 B 的分布 $F\left(\frac{\ln t-\mu_B}{\sigma_B}\right)$ 相同,故当且仅当式(4.11)成立时才能满足式(4.10)。

$$g(t)=bt^a,\ a=\frac{\sigma_A}{\sigma_B},\ b=e^{\mu_A-\frac{\sigma_A}{\sigma_B}\mu_B} \tag{4.11}$$

其中，$a$ 称为伸缩环境因子；$b$ 为平移环境因子。

**定义 4－2**　如果设备的故障在环境 A 和 B 中分别服从广义对数位置尺度分布 $F\left(\dfrac{\ln t-\mu_A}{\sigma_A}\right)$ 和 $F\left(\dfrac{\ln t-\mu_B}{\sigma_B}\right)$，则 $y'=g(t)=bt^a$，$a=\dfrac{\sigma_A}{\sigma_B}$，$b=e^{\mu_A-\frac{\sigma_A}{\sigma_B}\mu_B}$ 可以把环境 A 的样本折合成与环境 B 同分布的样本，$a$ 称为伸缩环境因子，$b$ 称为平移环境因子。

和广义位置尺度分布类似，广义对数位置尺度分布也有如下性质。

**定理 4－4**　在任意给定的同一可靠度 $R$ 下，产品无论是在环境 A 还是环境 B 下，其可靠寿命处的故障率是相同的。

证明：当可靠度为 $R$ 时，在环境 A 和 B 下，可靠寿命分别是：$t_A=e^{\sigma_A F^{-1}(1-R)+\mu_A}$，$t_B=e^{\sigma_B F^{-1}(1-R)+\mu_B}$。

同样地，在环境 A 和 B 下，故障率分别是：$h_A=\dfrac{f\left(\dfrac{\ln t-\mu_A}{\sigma_A}\right)}{R}=\dfrac{f\left[\dfrac{\mu_A+\sigma_A F^{-1}(1-R)-\mu_A}{\sigma_A}\right]}{R}=\dfrac{f[F^{-1}(1-R)]}{R}$，$h_B=\dfrac{f\left(\dfrac{\ln t-\mu_B}{\sigma_B}\right)}{R}=\dfrac{f\left[\dfrac{\mu_B+\sigma_B F^{-1}(1-R)-\mu_B}{\sigma_B}\right]}{R}=\dfrac{f[F^{-1}(1-R)]}{R}$。

故只要在可靠度相同的时刻，产品无论是在环境 A 还是 B，其故障率都相同。只要分布类型一致，这必然成立。证毕。

**定理 4－5**　若产品在环境 A 和 B 下的对数寿命的平均值分别是 $\ln \mathrm{MTTF}_A$ 和 $\ln \mathrm{MTTF}_B$，则有 $\ln \mathrm{MTTF}_B=a\ln \mathrm{MTTF}_A+\ln b$ 和 $a=\dfrac{\sigma_A}{\sigma_B}$，$b=e^{\mu_A-\frac{\sigma_A}{\sigma_B}\mu_B}$ 成立。

证明：根据期望的定义有

$$\begin{aligned}\ln \mathrm{MTTF}_B&=\int_{-\infty}^{+\infty}\ln(bt^a)\,\mathrm{d}F\left(\frac{\ln t-\mu_A}{\sigma_A}\right)=\int_{-\infty}^{+\infty}(\ln b+a\ln t)\,\mathrm{d}F\left(\frac{\ln t-\mu_A}{\sigma_A}\right)\\&=a\int_{-\infty}^{+\infty}\ln t\,\mathrm{d}F\left(\frac{\ln t-\mu_A}{\sigma_A}\right)+\ln b=a\ln \mathrm{MTTF}_A+\ln b\end{aligned}$$

证毕。

根据本定理可见,根据两个环境下样本的对数均值的关系可以粗略估计环境因子。

**定理 4-6** 在任意给定的同一可靠度 $R$ 下,产品在环境 A 和 B 下,其可靠寿命满足 $\ln t_A - \mu_A = \frac{\sigma_A}{\sigma_B}(\ln t_B - \mu_B) = a(\ln t_B - \mu_B)$,即$\frac{\ln t_A - \mu_A}{\ln t_B - \mu_B} = \frac{\sigma_A}{\sigma_B} = a$。

证明:当可靠度是 $R$ 时,两个环境下的可靠寿命分别是:$t_A = e^{\alpha_A F^{-1}(1-R)+\mu_A}$ 和 $t_B = e^{\sigma_B F^{-1}(1-R)+\mu_B}$。故得 $\frac{\ln t_A - \mu_A}{\sigma_A} = F^{-1}(1-R)$ 和$\frac{\ln t_B - \mu_B}{\sigma_B} = F^{-1}(1-R)$。这样,$\ln t_A - \mu_A = \frac{\sigma_A}{\sigma_B}(\ln t_B - \mu_B) = a(\ln t_B - \mu_B)$。

证毕。

从定理 4-1~定理 4-6 可知,本书的环境因子的定义与传统的定义是兼容的,可以看作是对传统定义的一种扩展。

本书把常见的对数位置尺度模型的参数列在表 4.2 中,但是对于对数威布尔分布只有在$\beta$、$\lambda$ 固定或已知的条件下才能算作对数位置尺度模型。如果环境 A 和 B 服从对数威布尔分布,则用本定义折算前必须检验两个环境下参数$\beta$、$\lambda$ 是否相等。只有当$\beta_A = \beta_B$、$\lambda_A = \lambda_B$ 相等时,才能用本书的方法折算,否则不能用本书的方法进行折合。$y' = g(t) = bt^a$, $a = \frac{\sigma_A}{\sigma_B}$, $b = e^{\mu_A - \frac{\sigma_A}{\sigma_B}\mu_B}$。

**表 4.2 常见的对数位置尺度概率模型的环境因子**

| 分布类型 | 分布函数 | 环 境 因 子 | 约束条件 |
|---|---|---|---|
| 对数正态分布 | $F(t) = \Phi\left(\frac{\ln t - \mu}{\sigma}\right)$ | $a = \frac{\sigma_A}{\sigma_B}$, $b = \exp\left(\mu_A - \frac{\sigma_A}{\sigma_B}\mu_B\right)$ | 无 |
| 对数威布尔分布 | $F(t) = 1 - e^{-\left(\frac{\ln(1+\lambda t)-\mu}{\sigma}\right)^{\beta}}$ | $a = \frac{\sigma_A}{\sigma_B}$, $b = \exp\left(\mu_A - \frac{\sigma_A}{\sigma_B}\mu_B\right)$ | $\beta_A = \beta_B$, $\lambda_A = \lambda_B$ |

当计算出环境因子 $a$、$b$ 后,则用 $y' = \left(\frac{x}{b}\right)^{\frac{1}{a}}$ 可以把环境 A 下的样本 $x_i(i = 1, 2, \cdots, n_A)$ 转化成环境 B 下的 $y_i'(i=1, 2, \cdots, n_A)$;用 $x' = by^a$ 能把环境 B 下的样本 $y_i(i = 1, 2, \cdots, n_B)$ 转化成环境 A 中的 $x_i'(i = 1, 2, \cdots, n_B)$。

### 4.2.2 可靠性数据的回归折算方法

因为利用环境因子进行可靠性折算多数情况下具有较好的稳健性,因此目前折算可靠性数据都是利用环境因子进行折算。但是利用环境因子进行折算比较保守,有时候还有一定的限制和约束,因此有必要寻找更高效实用和适用范围更广的可靠性折算方法。孙祝岭等把可靠性数据折算当作配对问题,利用回归方法进行折算并取得了较好的效果[16-17]。

根据孙祝岭等的观点,利用回归分析方法折算寿命数据,关键是用合适的方法对两组数据进行配对,或者说是在不同环境下的数据之间建立可靠性的对应关系[16-17]。当数据配对确定后,再建立回归方程拟合出映射关系,然后把实验环境下的寿命数据折算到工作环境下,最后评估工作环境下的可靠度。

假设环境 A、B 下变量用 $X$、$Y$ 表示,来自 $X$、$Y$ 的样本分别为 $x_1, x_2, \cdots, x_{n_A}$ 和 $y_1, y_2, \cdots, y_{n_B}$ 并且 $n_A \geqslant n_B$。折算的目的是把环境 A 下的样本 $x_1, x_2, \cdots, x_{n_A}$ 变换成环境 B 下的 $y_1', y_2', \cdots, y_{n_A}'$。孙祝岭认为两个环境下样本均值应该对应,故他提出了以样本均值为匹配基准的回归折算方法。

记环境 A、B 下样本均值为 $\bar{x} = \dfrac{1}{n_A}\sum_{i=1}^{n_A} x_i$ 和 $\bar{y} = \dfrac{1}{n_B}\sum_{i=1}^{n_B} y_i$,再记 $|x_r - \bar{x}| = \min_{i=1}^{n_A} |x_i - \bar{x}|$,$|y_s - \bar{y}| = \min_{i=1}^{n_B} |y_i - \bar{y}|$,即 $X$ 中第 $r$ 个样本 $x_r$ 和 $Y$ 中第 $s$ 个样本 $y_s$ 是最接近各自期望的样本。这样 $x_r$ 把样本 $X$ 分成三部分:$\{x_1, x_2, \cdots, x_{r-1}\}$、$\{x_r\}$ 和 $\{x_{r+1}, x_{r+2}, \cdots, x_{n_A}\}$。同样地,样本 $Y$ 也被分成三部分:$\{y_1, y_2, \cdots, y_{s-1}\}$、$\{y_s\}$ 和 $\{y_{s+1}, y_{s+2}, \cdots, y_{n_B}\}$。传统的折算方法在样本匹配时主要分为以下四类情形。

(1) 当 $n_A = n_B \wedge r = s$ 时,则构造样本的配对为 $(x_i, y_i)$,$i = 1, 2, \cdots, n$。

(2) 当 $n_A > n_B \wedge \dfrac{r-1}{s-1} = k_1 \wedge \dfrac{n_A - r}{n_B - s} = k_2$ 并且 $k_1$、$k_2$ 是正整数时,构造配对为 $(x_{ik_1}, y_i)$,$i = 1, 2, \cdots, s-1$;$(x_r, y_s)$;$(x_{jk_2}, y_j)$,$j = s+1, s+2, \cdots, n_B$;也可构造为 $(x_{1+(i-1)k_1}, y_i)$,$i = 1, 2, \cdots, s-1$;$(x_r, y_s)$;$(x_{1+(j-1)k_2}, y_j)$,$j = s+1, s+2, \cdots, n_B$。当然也可以用 $\{x_{1+(i-1)k_1}, x_{1+(i-1)k_1+1}, \cdots, x_{ik_1}\}$ 的均值或中位数与 $y_i$ 配对,$\{x_{1+(j-1)k_2}, x_{1+(j-1)k_2+1}, \cdots, x_{jk_2}\}$ 的均值或中位数与 $y_j$ 配对。

(3) 当 $n_A < n_B \wedge \dfrac{s-1}{r-1} = k_1 \wedge \dfrac{n_B - s}{n_A - r} = k_2$ 并且 $k_1$、$k_2$ 是正整数时,$(x_i, y_{ik_1})$,$i = 1, 2, \cdots, r-1$;$(x_r, y_s)$;$(x_j, y_{jk_2})$,$j = r+1, r+2, \cdots, n_A$,也可以把 $(x_i,$

$y_{1+(i-1)k_1}$), $i=1, 2, \cdots, r-1$; $(x_r, y_s)$; $(x_j, y_{1+(j-1)k_2})$, $j=r+1, r+2, \cdots, n_A$。当然也可以用 $\{y_{1+(i-1)k_1}, y_{1+(i-1)k_1+1}, \cdots, y_{ik_1}\}$ 的均值或中位数与 $x_i$ 配对，$\{y_{1+(j-1)k_2}, y_{1+(j-1)k_2+1}, \cdots, y_{jk_2}\}$ 的均值或中位数与 $x_j$ 配对。

（4）当 $\frac{r-1}{s-1}=k_1 \vee \frac{n_A-r}{n_B-s}=k_2 \vee \frac{s-1}{r-1}=k_3 \vee \frac{n_B-s}{n_A-r}=k_4$，$k_i$ 在 $i=1, 2, 3, 4$ 不是正整数时，需要聚类后进行配对。记 $l=\min\{r-1, s-1\}$，若 $r<s$ 时，用聚类方法把数据 $\{y_1, y_2, \cdots, y_{s-1}\}$ 分成 $l$ 类，记第 $i$ 类的均值或中位数为 $\bar{y}_i$，$i=1, 2, \cdots, l$，这样配对为 $(x_i, \bar{y}_i)$，$i=1, 2, \cdots, l$；若 $r>s$，则用某种聚类方法把 $\{x_1, x_2, \cdots, x_{r-1}\}$ 聚成 $l$ 类，记第 $i$ 类的均值或中位数为 $\bar{x}_i$，$i=1, 2, \cdots, l$，这样，$(\bar{x}_i, y_i)$，$i=1, 2, \cdots, l$ 形成了配对。

这样，在环境 A、B 之间就构造了不超过 $\min(|\phi_A|, |\phi_B|)$ 个样本配对，并且让两组样本的期望尽可能的一致。配对后，就可以用某种回归方法，拟合这些配对数据，进而求出回归曲线及其参数，该回归曲线的方程就是可靠性数据折算公式。综上分析可知，配对及其方法是可靠性数据回归折算的关键和核心。

传统的可靠性数据的回归折算方法虽然根据期望或中位数对两组寿命样本进行配对，但是只是仅仅对样本总体进行配对。故准确度仍然不高，尤其是在可靠度分布比较复杂且呈现多峰特性时。但是其对样本配对的思路还是值得借鉴的。

事实上，当且仅当任意点的分布都相同时，两个分布才完全相同。因此，样本配对匹配时，不仅要保证两组样本在期望处一致，而且让每一个样本都能找到对应的匹配点。所以，在借鉴传统可靠性回归折算中样本匹配的思想，不仅让两组样本的期望/中位数匹配，而且还递归地让期望/中位数前、后两部分也进行匹配，这样就实现了每一个样本都进行了配对。

记环境 A、B 下的寿命样本分别是 $\phi_A=\{x_1, x_2, \cdots, x_{n_A}\}$ 和 $\phi_B=\{y_1, y_2, \cdots, y_{n_B}\}$。令 $K(\cdot)$ 为选择匹配元素的算子，匹配元素通常是样本集合的一个代表，最能反映样本集合的特点，通常是取期望或中位数。这样，$x_i=K(\phi_A)$ 表示样本集合 $\phi_A$ 中第 $i$ 个元素是配对元素；同样的，$y_j=K(\phi_B)$ 表示样本集合 $\phi_B$ 中第 $j$ 个元素是配对元素。若记集合运算 $L(\phi, a)=\{x: x\in\phi \wedge x<a\}$，$R(\phi, a)=\{x: x\in\phi \wedge x>a\}$，则 $L_A=L(\phi_A, x_i)=\{x: x\in\phi_A \wedge x<x_i\}$，$R_A=R(\phi_A, x_i)=\{x: x\in\phi_A \wedge x>x_i\}$ 分别是环境 A 下小于和大于配对元素 $x_i$ 的样本集合。类似地，$L_B=L(\phi_B, y_j)=\{y: y\in\phi_B \wedge y<y_j\}$，$R_B=R(\phi_B, y_j)=\{y: y\in\phi_B \wedge y>y_j\}$ 分别是环境 B 下小于和大于配对元素 $y_j$ 的样本集合。传统方法在让 $\phi_A$、$\phi_B$ 配对后，就让 $L_A$、$L_B$ 中的元素强制地按照顺序逐一匹配，而不考虑 $L_A$、$L_B$ 的统计特性，因此匹配

可能不太准确。

但是，本书认为 $L_A$ 和 $L_B$ 之间的匹配也应该像 $\phi_A$ 和 $\phi_B$ 的匹配一样，即递归地根据匹配算子 K( · )来匹配，直到 $L_A$ 或 $L_B$ 只有一个元素为止。这样，不仅有了统一地匹配标准，而且每一个元素的匹配更加合理和准确。若记 $x_i = \mathrm{K}(\phi_A)$，$y_j = \mathrm{K}(\phi_B)$ 且$(x_i, y_j)$表示 $\phi_A$ 和 $\phi_B$ 的一个匹配对，则匹配对的集合用递归模型可写为 $\{\mathrm{K}[L(\phi_A, x_i)], \mathrm{K}[L(\phi_B, y_j)]\} \cup (x_i, y_j) \cup \{\mathrm{K}[R(\phi_A, x_i)], \mathrm{K}[R(\phi_B, y_j)]\}$。

综上所述，寿命样本匹配的递归算法如下：

算法　令 $x_i = \mathrm{K}(\phi_A)$，$y_j = \mathrm{K}(\phi_B)$，且让$(x_i, y_j)$作为一个匹配对。

$$L_A = L(\phi_A, x_i) = \{x: x \in \phi_A \wedge x < x_i\}, \quad R_A = R(\phi_A, x_i) = \{x: x \in \phi_A \wedge x > x_i\}$$
$$L_B = L(\phi_B, y_j) = \{y: y \in \phi_B \wedge y < y_j\}, \quad R_B = R(\phi_B, y_j) = \{y: y \in \phi_B \wedge y > y_j\}$$

若 $|L_A| \geqslant 1 \wedge |L_B| \geqslant 1$，则递归计算 $L_A$、$L_B$ 的匹配对，记作$[\mathrm{K}(L_A), \mathrm{K}(L_B)]$。

若 $|R_A| \geqslant 1 \wedge |R_B| \geqslant 1$，则递归计算 $R_A$、$R_B$ 的匹配对，记作$[\mathrm{K}(R_A), \mathrm{K}(R_B)]$。

构建匹配对的集合为 $[\mathrm{K}(L_A), \mathrm{K}(L_B)] \cup (x_i, y_j) \cup [\mathrm{K}(R_A), \mathrm{K}(R_B)]$。

这样，就形成了寿命样本的期望和中位数两种配对算法。算法不仅使得全体样本的均值实现了匹配，而且局部样本也实现了按照均值进行匹配。另外，上述新算法也不需要对样本进行聚类，减少了计算量。

## 4.3　基于 EGTM 的气路性能退化预测及可靠性评估

航空发动机随着服役时间的累积，由于内部零部件的磨损/腐蚀等导致其性能衰退，成为实践中发动机下发的主要原因之一，研究其性能退化规律以评估在役发动机的性能可靠性及在役剩余寿命，对提高发动机运行安全性以及经济性具有重要意义。在输出同样推力情况下，发动机性能退化将导致尾气排气温度(exhaust gas temperature, EGT)升高，或排气温度裕度(exhaust gas temperature margin, EGTM)降低：

$$\mathrm{EGTM} = \mathrm{EGT}_{\mathrm{red}} - \mathrm{EGT}_{\mathrm{e}} \tag{4.12}$$

其中，$\mathrm{EGT}_{\mathrm{red}}$ 为发动机的红线温度，由制造厂家给定；$\mathrm{EGT}_{\mathrm{e}}$ 为发动机在基准条件下(海平面压力、拐点温度)全功率起飞时的排气温度。对于一台新的发动机，制造商可以通过比较实际 EGTM 与设计 EGTM，判定发动机的质量，而对于使用中的发动机，随着发动机性能逐渐衰退，EGTM 逐渐减小，通过 EGTM 可以衡量发动机的性能衰退程度，结合发动机监控数据来确定发动机的送修和更换时间。发动机的性能退化虽无法直接测量，但其一个重要的外在表现为 EGTM 的降低，因此，在航空公司的实际运营中 EGTM 成为评估发动机健康状况、预测发动机在役寿命的重要依据，当 EGTM 衰退到阈值时便会下发。由于这种方法简单、容易操作，在航空公司得到了广泛应用。但实际中发动机不可能总在基准条件下做全功率起飞，因此实测的 EGT 通常需要借助模型转化为基准条件下的 $EGT_e$，即

$$EGT_e = f(X,\ EGT) \tag{4.13}$$

其中，$X$ 代表起飞机场大气环境参数、起飞条件以及其他发动机状态参数，由于模型以及输入参数的误差，EGT 标准化过程不可避免的引进了误差。因此，除发动机实际性能退化本身会影响 EGTM 外，其他因素如环境因素、起飞条件、飞机正常引气以及传感器噪声等均会影响 EGTM 值，使得最终得到 EGTM 数据噪声较高、离散度较大。

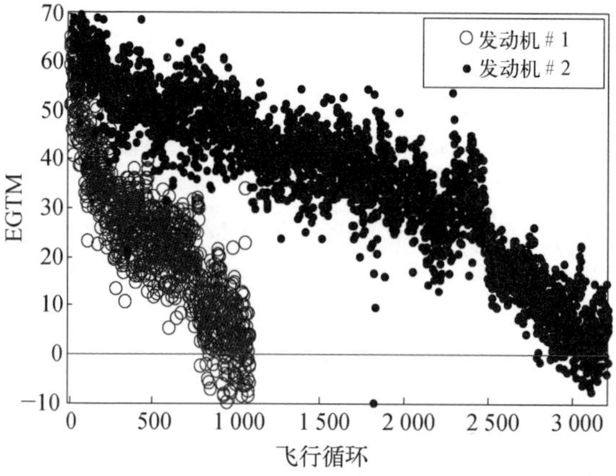

图 4.3　CFM56－5C 型发动机 EGTM 数据

图 4.3 所示为某航空公司的两台 CFM56－5C 型发动机整个在役寿命周期内所收集到的EGTM原始数据，两台发动机因性能衰退分别在使用了 1 089 个和 3 320 个循环后下发。由图 4.3 可见，实际得到的 EGTM 数据离散度非常大，难以准确地反映发动机的性能衰退情况，因此直接建模预测其衰退趋势不确定性也较大；另外，由于外界环境、使用因素以及内在材料的随机性使得发动机的性能退化过程具有随机性，表现在 EGTM 序列上也具有较强的随机性，并且由于故障、外界环境的变化以及人为因素引起的性能突变，使得 EGTM 还具有非平稳性的特征。图中所示两台发动机虽为同一型号，但由于个体之间的差异（如返修次数的不同）以及使用载荷的不同，导致两者性能衰退速率相差较大，其实际使用寿命相差高达数倍。因此，从用户的角度来说，评估实际运行环境下的个体发动机的使用可靠性，对于合理安排运营维修更具有现实意义。

### 4.3.1　基于 EGTM 的性能退化建模

实际的 EGTM 数据含有较高的噪声，直接建模并预测其趋势会引进过多的不确定性而使预测失去意义，因此本书区分隐含的性能退化状态与带有噪声的观测值，采用状态空间模型来对发动机的性能退化建模。假设 $t$ 时刻实际观测到的

EGTM 是系统隐含的退化状态 $x_t$ 的函数,即

$$\mathrm{EGTM}_t = x_t + \nu_t \tag{4.14}$$

其中,$\nu_t$ 是观测噪声,包括由模型误差、传感器噪声以及其他影响因素等引进的误差,假设观测噪声服从高斯分布,即 $\nu_t \sim N(0, V)$,方差 $V$ 待估计。由图 4.3 中实测的 EGTM 数据可见,在发动机的整个在役寿命周期内,EGTM 大致呈分段线性衰退趋势,即刚投入使用的初始磨损期性能退化较快,之后在较长一段时期内性能退化比较平缓,而在发动机寿命后期性能加速衰退。因此,采用一个线性增长模型[局部线性增长(递减)、斜率可变]作为状态方程来描述系统的退化轨迹[18]:

$$x_t = x_{t-1} + \mu_{t-1} + w_{x,t},\ w_{x,t} \sim N(0, W_x) \tag{4.15}$$

$$\mu_t = \mu_{t-1} + w_{\mu,t},\ w_{\mu,t} \sim N(0, W_\mu) \tag{4.16}$$

其中,$x_t$ 为实际的退化状态;$\mu_t$ 为退化状态的变化率;$w_{x,t}$和 $w_{\mu,t}$为服从高斯分布的过程噪声,其方差 $W_x$ 和 $W_\mu$ 均未知,待估计。最终得到一个基于 EGTM 观测序列的用于描述发动机性能退化的高斯线性状态空间模型如下:

$$\begin{cases} \boldsymbol{Y}_t = \boldsymbol{F}_t\boldsymbol{X}_t + \boldsymbol{\nu}_t, & \boldsymbol{\nu}_t \sim N(0, V) \\ \boldsymbol{X}_t = \boldsymbol{G}_t\boldsymbol{X}_{t-1} + \boldsymbol{w}_t, & \boldsymbol{w}_t \sim N(0, W) \end{cases} \tag{4.17}$$

其中,$\boldsymbol{X}_t = \begin{bmatrix} x_t \\ \mu_t \end{bmatrix}$,$\boldsymbol{Y}_t = \mathrm{EGTM}_t$,$\boldsymbol{W} = \begin{bmatrix} W_x & 0 \\ 0 & W_\mu \end{bmatrix}$,$\boldsymbol{G}_t = \begin{bmatrix} 1 & 1 \\ 0 & 1 \end{bmatrix}$,$\boldsymbol{F}_t = [1 \quad 0]$。

### 4.3.2 发动机性能退化状态估计与预测

给定一台发动机的 EGTM 观测序列及 4.3.1 节所述状态空间模型,由共轭先验贝叶斯推理可估计发动机的性能退化状态并预测其未来发展趋势。本书计算借助统计分析软件 ***R***[19] 及其 dlm 软件包[18]实现。以 1#号发动机为例,假设在发动机使用了 500 个循环后,根据前 500 个循环的 EGTM 数据可估计出当前时刻系统的退化状态以及模型未知参数如下:

$$\begin{aligned} \pi(x_{500} \mid Y_{1:500}) &= N(20.7, 0.95^2),\ \pi(\mu_{500} \mid Y_{1:500}) \\ &= N(-0.044, 0.003^2),\ W_x = 0.14^2 \end{aligned}$$

在估计出模型参数后,未来任意时刻的退化状态的预测分布可由式(4.15)得到。图 4.4(a)所示为基于前 500 个 EGTM 观测值得到的发动机退化状态估计与预测的结果,图 4.4 中同时给出了对第 800 个循环时的退化状态的预测分布。当新的 EGTM 观测值到达后,可实时地更新退化状态的估计与预测,图 4.4 (b)所示为在

第900个循环后对退化趋势的预测。由图4.4(a)和图4.4(b)相比较可见,在接近发动机寿命周期的末期,退化趋势预测更加准确,预测不确定性也逐渐降低。

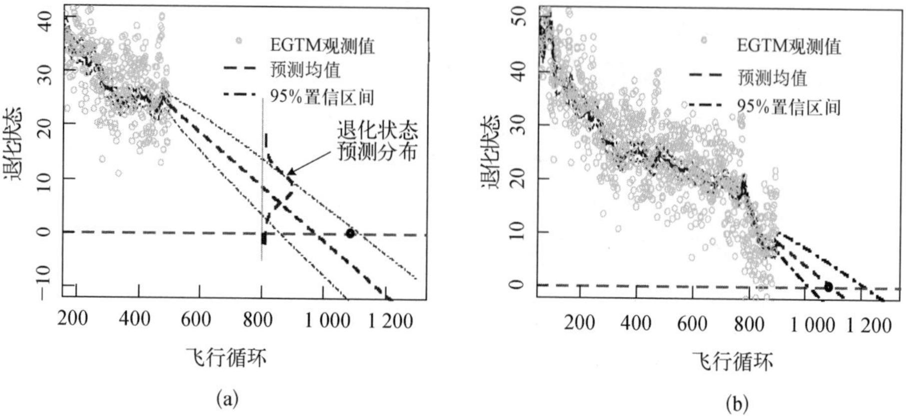


图4.4 基于EGTM序列的性能退化状态估计与预测

## 4.3.3 发动机性能可靠性评估

在得到发动机退化状态的预测分布后,由4.3.1节介绍的方法可得系统失效时间分布的估计,若 $t$ 时刻状态估计为 $x_t \mid Y_{1:t} \sim N(m_t, C_t)$,$t+k$ 时刻的预测状态为 $x_{t+k} \mid Y_{1:t} \sim N(a_{t+k}, R_{t+k})$,则可得其累积失效概率及失效时间概率密度分布分别为

$$\hat{F}_T(t+k) = \int_{-\infty}^{x_F} \pi(x_{t+k})\,\mathrm{d}x_{t+k} = \phi\left(\frac{x_F - a_{t+k}}{\sqrt{R_{t+k}}}\right) = \phi\left(\frac{x_F - (m_t + k\mu)}{\sqrt{C_t + k(W_x + V)}}\right) \tag{4.18}$$

$$\begin{aligned}\hat{f}_T(t+k) &= \frac{\partial[\hat{F}_T(t+k)]}{\partial(k)} \\ &= \frac{1}{\sqrt{\pi}}\exp\left[-\frac{(x_F - m_t - k\mu)^2}{2kV + 2kW_x + 2C_t}\right]\frac{(V + W_x)(m_t - x_F - k\mu) - 2\mu C_t}{(2kV + 2kW_x + 2C_t)^{3/2}}\end{aligned} \tag{4.19}$$

根据前500个飞行循环采集的EGTM数据对1#发动机的性能可靠性进行评估,结果如图4.5所示。由式(4.14)和式(4.15)可得任意时刻系统的累积失效概率及失效时间概率密度分布,图中红色阴影部分面积表示第1 000个循环时的发动机累积失效概率,即不可靠度 $F_T(1\ 000)$。

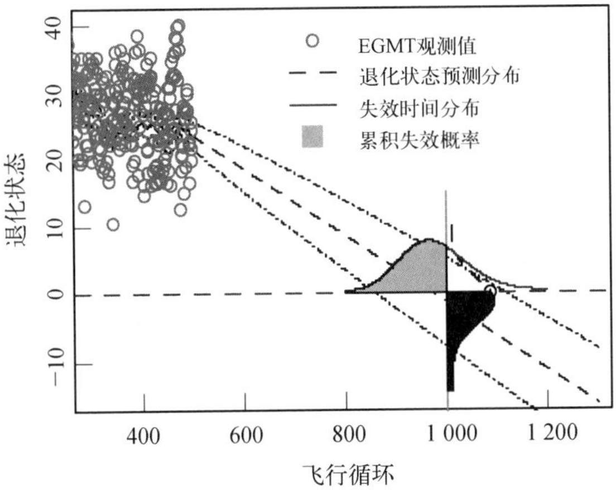


图 4.5 性能退化状态预测分布与失效时间分布

实时性能可靠性评估可根据新的观测信息实时更新系统失效时间分布，图 4.6 所示为根据不同时刻的 EGTM 观测序列分别对两台发动机性能可靠性评估的结果，图中垂线所示为发动机的实际下发时间。图 4.6(a) 为 1#发动机分别在使用 500、800 和 900 个飞行循环后，根据其 EGTM 数据评估得到的发动机的失效时间分布，由图可见，越接近寿命周期的末期，失效时间预测越准确，其预测的不确定性也越小。这是由于贝叶斯方法能够不断把最新的观测信息融合到状态估计与预测结果中，随着观测信息的增加，其不确定性逐渐降低。图 4.6(b) 所示为 2#发动机分别在使用 2 000、2 600 及 2 800 个循环后的性能可靠性评估结果，同样，越接近发动机的下发时间点，预测也越准确，但在第 2 000 个循环时，预测结果误差较大，不确定性也较大。这是因为在第 2 400 个循环左右，由于故障及维修等突发性因素的影响造成了性能退化的突变，引起了性能退化模式的改变，因此在第 2 400 个循环之

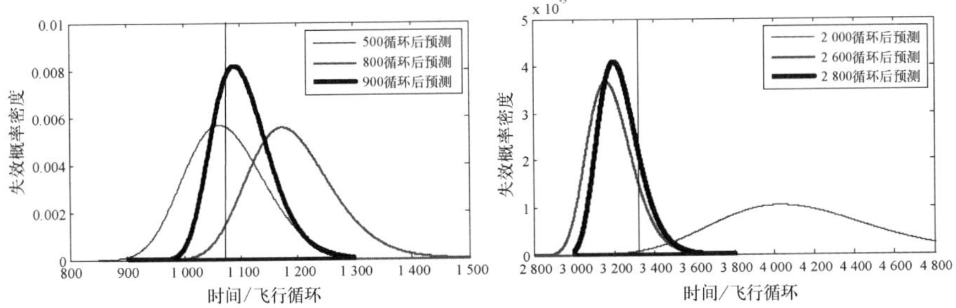


图 4.6 性能可靠性实时评估

前的预测结果误差较大，而在这之后通过不断融合新的观测信息，预测结果仍具有较高的精度。

状态空间模型不需要对系统的退化轨迹作平稳性的假设，因此能够考虑因维修、故障等突发性因素对系统退化的影响，在系统退化轨迹出现突变后，能够借助新的观测信息调整模型参数，更加准确地反映系统的退化趋势。实际上，性能可靠性反映了个体发动机在实际使用情况下的使用可靠性，考虑了每台发动机个体之间差异以及工作环境的不同，借助实际的观测信息来动态地评估发动机的可靠性，便于用户根据每台发动机的实际健康状况来安排运营维修计划。

## 4.4 性能可靠性

### 4.4.1 退化量模型

一般的退化量统计模型是在考虑退化量测量值 $y(t)$ 与真实值 $x(t)$ 之间存在误差的基础上建立起来的，如式(4.20)所示。

$$y(t) = x(t) + \varepsilon \tag{4.20}$$

其中，$\varepsilon$ 为测量误差，如果测量误差可以忽略，则有 $y(t) = x(t)$；如果无法忽略，则假设 $E[\varepsilon] = 0$, $var[\varepsilon] = \sigma^2$，且 $\varepsilon$ 与 $x(t)$ 相互独立。而在性能可靠性分析理论中，将设备的退化过程看一个随机过程，即 $\{x(t)\}(t \geqslant 0)$ 为一个随机过程，则其分布为

$$G(x, t) = P\{x(t) \leqslant X\} \tag{4.21}$$

假设它的一维密度 $g(x, t)$ 存在，则根据一般密度函数的性质及性能退化失效机理，其具有以下性质：

(1) 对任意的 $t$, $\int_{-\infty}^{+\infty} g(x, t)\mathrm{d}x = 1$；

(2) $\lim\limits_{t\to\infty} g(x, t) = 0$, 且在有限区间 $[a, b]$ 内, $\lim\limits_{t\to\infty}\int_a^b g(x, t)\mathrm{d}x = 0$, 但仍有 $\lim\limits_{t\to\infty}\int_{-\infty}^{+\infty} g(x, t)\mathrm{d}x = 1$。

假设随着时间 $t$ 的变化，退化量分布函数 $G(x, t)$[或者密度函数 $g(x, t)$]的分布类型不变，只是其中的参数发生变化。

通常 $G(x, t)$ 可取正态、对数正态、Weibull 等。退化量 $x(t)$ 的均值 $E[x(t)]$ 一般反映的是总体的退化规律，而退化量的方差 $Var[x(t)]$ 则反映的是性能退化过

程中个体间差异的变化情况。

### 4.4.2　退化失效模型

根据退化失效的定义，假设 $t$ 时刻设备的退化量为 $x(t)$，随时间变化，当 $x(t)$ 达到失效阈值 $L$ 时，设备失效，其对应的时间为设备的寿命(或失效时间)，即可以规定退化量 $x(t)$ 首次达到失效阈值时设备失效，因此定义设备退化失效的寿命为

$$T(L) = \inf\{t:\ x(t) = L;\ t \geqslant 0\} \tag{4.22}$$

根据寿命变量的定义，设备的失效分布函数为

$$F(t \mid L) = P\{T(L) \leqslant t\} \tag{4.23}$$

以上完整的描述了设备退化失效的统计规律，称式(4.23)为退化失效模型。

根据退化失效的定义，可以导出退化量分布函数与退化失效模型的关系，当退化量呈上升趋势时，有

$$F(t,\ L) = P\{T(L) \leqslant t\} = P\{x(t) \geqslant L\} = 1 - G(L,\ t) \tag{4.24}$$

设设备的失效分布密度函数为 $f(t,\ L)$，失效分布与退化量分布之间的关系如图 4.7 所示。退化量下降时的情况类似。在不至于引起混淆的情况下，一般将 $F(t,\ L)$ 和 $f(t,\ L)$ 分别写成 $F(t)$ 和 $f(t)$。针对测量次数相等、测量点也都相同的样本，设退化量分布为 $G[x,\ \theta(t)]$，相应的密度函数为 $g[x,\ \theta(t)]$，其中参数向量 $\theta(t) = [\theta_1(t),\ \theta_2(t),\ \cdots,\ \theta_p(t)]$。令设备的退化失效阈值为 $L$，当 $x(t) > L$ 时，设备发生退化失效。设 $t$ 时刻设备的失效概率为 $F(t)$，失效密度为 $f(t)$，$T$ 为设备发生退化失效的时间，根据式(4.24)有

$$F(t) = 1 - G[L,\ \theta(t)] \tag{4.25}$$

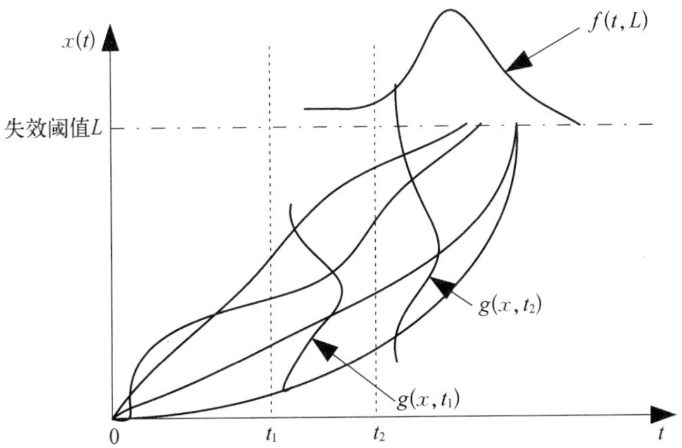


图 4.7　设备失效分布与退化量分布关系示意图

一般从两个方面对退化失效问题进行研究，首先利用退化数据确定设备的退化规律，并通过统计推断，对该模型的参数进行估计以确定设备的退化量统计模型，然后根据退化量统计模型确定设备的退化失效模型。这是因为退化量统计模型和退化失效模型之间存在很大的不同，退化量统计模型描述的是设备退化量的统计规律，而退化失效模型描述的则是设备退化失效的统计规律，在退化问题的研究中，其统计推断的最终目的是建立设备总体的退化失效统计规律，而设备总体的退化失效统计规律是由退化失效模型加以描述的。这两种模型之间存在着非常重要的内在联系，退化量统计模型是退化失效模型的基础，退化失效模型的统计推断通常可以转化为退化量统计模型的统计推断。

以航空发动机为研究对象，进行基于退化数据的性能可靠性分析的基本步骤如下：

第一步，分析发动机失效机理，确定关键性能参数（退化量）和失效标准。利用现有在航空公司正在使用的发动机状态监控软件中的主要性能监测参数，根据适航管理手册以及相关资料，确定失效标准。

第二步，收集性能退化数据。依据选定的性能退化量，按照相同的时间间隔收集该监测参数（或与该监测参数相关）的性能退化数据。数据的来源包括历史数据、可靠性试验、同类型发动机信息等。

第三步，确定退化量分布模型。分析在每个监测点上的退化量分布规律，选择适当的分布 $G[x, \theta(t)]$ 来描述设备 $t$ 时刻的退化量统计分布，该统计分布参数是时变的。利用样本在每个监测时刻 $t_j(j=1, 2, \cdots, n)$ 上的退化量数据进行模型参数估计，确定分布 $G[x, \theta(t)]$ 的参数向量 $\theta(t)$ 的估计值 $\hat{\theta}(t)$。

第四步，确定退化失效模型及可靠性的统计推断。退化失效模型的建立，需结合发动机内部失效机理，根据不同的失效机理，选用不同的随机过程方法建立退化失效模型。基于所确定的退化失效模型，利用退化数据进行统计推断并最终得出可靠性分析结果。

## 参考文献

[1] Weckman G R, Shell R L, Marvel J H. Modeling the reliability of repairable systems in the aviation industry [J]. Computers & Industrial Engineering, 2001, 40(1-2): 51-63.

[2] 胡斌. 环境因子的定义及研究现状[J]. 信息与电子工程, 2003, (1): 88-92.

[3] 赵婉, 温玉全.可靠性评估领域中环境因子的研究进展[J]. 电子产品可靠性与环境试验,2005, 4(2): 69-72.

[ 4 ] 赵仙童，孙祝岭. 多种分布下可靠性数据折算方法的比较研究[D]. 上海：上海交通大学，2012.

[ 5 ] 徐福荣. 正态随机变量之商及其在环境因子分析中的应用[J]. 宇航学报，1984，(1)：19－23.

[ 6 ] 张彪，孙东初. Weibull 分布环境因子的确定方法[J].宇航学报,1986，(4)：72－80.

[ 7 ] 周延昆. Weibull 分布环境因子的置信估计[J]. 科学通报，1985，(10)：719.

[ 8 ] 王炳兴. 环境因子的定义及其统计推断[J]. 强度与环境，1998，(4)：24－30.

[ 9 ] 周源泉，翁朝曦. Gamma 分布环境因子的统计推断[J]. 系统工程与电子技术，1995，(12)：61－71.

[10] 孙祝岭. 环境因子的非参数置信限[J]. 航天控制，2009，27(5)：102－105.

[11] 黄美英，周长胜. 正态分布参数的环境因子[J]. 哈尔滨工程大学学报,1995，16(1)：23－30.

[12] 黄美英，李丽萍，唐照东. 对数正态分布的环境因子[J]. 哈尔滨工程大学学报，1999，20(3)：57－62.

[13] 王善，李丽萍，黄美英. 环境因子的分析及应用[J]. 宇航学报，2001，22(3)：74－80.

[14] 王善，盖京波. I 型极值分布的环境因子[J]. 强度与环境，2002，29(3)：38－42.

[15] 张春华，陈循，杨拥民. 常见寿命分布下环境因子的研究[J]. 强度与环境，2001(4)：7－12.

[16] 孙祝岭. 可靠性数据的回归折算方法[J]. 航天控制，2010，28(3)：77－80.

[17] 孙祝岭，白吉潇. 可靠性数据的回归折算方法进一步研究[J]. 质量与可靠性，2010，(5)：18－21.

[18] Petris G，Petrone S，Campagnoli P. Dynamic linear models with R [M]. New York：Springer-Verlag，2009.

# 第 5 章　基于随机过程的预测模型

## 5.1　维纳过程

布朗运动(也称为维纳过程)是 1826 年英国植物学家布朗用显微镜观察悬浮在水中的花粉时首先发现的,做布朗运动的粒子非常微小,直径 1~10 μm,在周围液体或气体分子的碰撞下,产生一种涨落不定的净作用力,导致微粒的布朗运动。如果布朗粒子相互碰撞的机会很少,可以看成是巨大分子组成的理想气体,则在重力场中达到热平衡后,其数密度按高度的分布应遵循玻耳兹曼分布。佩兰的实验证实了这一点,并由此相当精确地测定了阿伏伽德罗常量及一系列与微粒有关的数据。1905 年,爱因斯坦根据扩散方程建立了布朗运动的统计理论。布朗运动的发现、实验研究和理论分析间接地证实了分子的无规则热运动,对于气动理论的建立以及确认物质结构的原子性具有重要意义,并且推动统计物理学特别是涨落理论的发展。由于布朗运动代表一种随机涨落现象,它的理论对于仪表测量精度限制的研究以及高倍放大电讯电路中背景噪声的研究等有广泛应用。

布朗运动研究的是微粒在液体表面无规则运行的过程,设有一个粒子在直线上随机游动,在每个单位时间等可能地向左或右移动一个单位的长度。现在加速这个过程,在越来越小的时间间隔中走越来越小的步子。若能以正确的方式趋于极限,就得到布朗运动。详细地说就是令此过程每隔 $\Delta t$ 时间,等概率地向左或右移动 $\Delta b$ 的距离。如果以 $B(t)$ 记时刻 $t$ 粒子的位置,则

$$B(t) = \Delta b(B_1 + \cdots + B_{[t/\Delta t]}) \tag{5.1}$$

其中,$[t/\Delta t]$ 表示 $t/\Delta t$ 的整数部分。

$$B_i = \begin{cases} +1, \text{如果步长 } \Delta b \text{ 的第 } i \text{ 步向右} \\ -1, \text{如果步长 } \Delta b \text{ 的第 } i \text{ 步向左} \end{cases}$$

假设各 $B_i$ 相互独立，

$$P\{B_i = 1\} = P\{B_i = -1\} = \frac{1}{2} \tag{5.2}$$

由于 $E[B_i] = 0$, $var(B_i) = E[B_i^2] = 1$ 结合式(5.1)，有 $E[B(t)] = 0$, $var[B(t)] = (\Delta b)^2[t/\Delta t]$。令 $\Delta b$ 和 $\Delta t$ 趋于零，并使得极限有意义。如果取 $\Delta b = \Delta t$，令 $\Delta t \to 0$，则 $var[B(t)] \to 0$，从而 $B(t) = 0$, $a.s.$(依概率1收敛)。如果 $\Delta t = (\Delta b)^3$，则 $var[B(t)] \to \infty$，这是比较合理的。因为粒子运动是连续的，不可能在很短时间内远离出发点。因此，作出下面的假设：令 $\Delta b = \sigma\sqrt{\Delta t}$，$\sigma$ 为某个正常数，从上面的讨论可见，当 $\Delta t \to 0$ 时，$E[B(t)] = 0$, $var[B(t)] \to \sigma^2 t$。下面给出布朗运动的严格定义。

**定义 5.1**　随机过程 $\{B(t), t \geqslant 0\}$ 如果满足：

(1) $B(0) = 0$；

(2) $\{B(t), t \geqslant 0\}$ 有独立的平稳增量；

(3) 对每个 $t > 0$, $B(t)$服从正态分布 $N(0, \sigma^2 t)$。

则称 $\{B(t), t \geqslant 0\}$ 为布朗运动，也称为维纳过程。常记为 $B(t)$, $t \geqslant 0$ 或 $W(t)$, $t \geqslant 0$。如果 $\sigma = 1$，称为标准布朗运动，如果 $\sigma \neq 1$，可以考虑 $\{B(t)/\sigma, t \geqslant 0\}$，则它是标准布朗运动。故不失一般性，可以只考虑标准布朗运动的情形。

由(1)式及中心极限定理可以得到如下性质：

**性质 5.1**　布朗运动是具有下列性质的随机过程 $\{B(t), t \geqslant 0\}$：

(1) (正态增量) $B(t) - B(s)$　$N[0, \sigma^2(t-s)]$。

(2) (独立增量) $B(t) - B(s)$独立于过程的过去状态 $B(u)$, $0 \leqslant u \leqslant s$。

(3) (路径的连续性) $B(t)$, $t \geqslant 0$ 是 $t$ 的连续函数。

性质 5.1 中并没有假定 $B(0) = 0$，因此称为始于 $x$ 的布朗运动，所以有时为了强调起始点，也记为 $B^x(t)$。这样，定义 5.1 所指的就是始于 0 的布朗运动 $B^0(t)$。易见：

$$B^x(t) - x = B^0(t) \tag{5.3}$$

式(5.3)按照定义 5.2 称为布朗运动的空间齐次性。此性质也说明，$B^x(t)$ 和 $x + B^0(t)$是相同的。

**定义 5.2**　设 $\{X(t), t \geqslant 0\}$ 是随机过程，如果它的有限维分布是空间平移不变的，即

$$P\{X(t_1) \leqslant x_1, X(t_2) \leqslant x_2, \cdots, X(t_n) \leqslant x_n \mid X(0)=0\}$$
$$=P\{X(t_1) \leqslant x_1+x, X(t_2) \leqslant x_2+x, \cdots, X(t_n) \leqslant x_n+x \mid X(0)=x\} \tag{5.4}$$

则如果设表示时刻微粒的坐标。设 $t>s$，则位移 $B(t)-B(s)$ 是许多相互独立的微小位移之和，由中心极限定理，应服从正态分布，根据布朗运动的特性，有 $E[B(t)-B(s)]=0$，而方差与 $t-s$ 成正比，即 $D[B(t)-B(s)]=\sigma^2(t-s)$，因此，$B(t)-B(s) \sim N[0, \sigma^2(t-s)]$。

### 5.1.1 布朗运动的马尔可夫性

所谓马尔可夫性[1]是指在知道过程的现在与过去状态的条件下，过程将来的表现与过去无关。首先介绍连续马尔可夫过程的定义。

**定理 5.1** 设 $\{X(t), t \geqslant 0\}$ 是一个连续随机过程，如果对任何 $t, s>0$，有

$$P\{X(t+s) \leqslant y \mid F_t\}=P\{X(t+s) \leqslant y \mid X(t)\}, \text{ a.s.} \tag{5.5}$$

则称 $\{X(t)\}$ 为马尔可夫过程，这里 $F_t=\sigma\{X(u), 0 \leqslant u \leqslant t\}$。式(5.5)称为马尔可夫性。与以上定义等价的，马尔可夫过程的另一种定义方式如下。

**定理 5.2** 设 $\{X(t), t \geqslant 0\}$ 是一个连续随机过程，如果对任何的有界 Borel 可测函数 $f$、实数 $t$、$h>0$，有

$$E[f(X_{t+h}) \mid F_t](\omega)=E[f(X_{t+h}) \mid X_t(\omega)]$$

则称 $\{X(t)\}$ 为马尔可夫过程，这里 $F_t=\sigma\{X(u), 0 \leqslant u \leqslant t\}$，也称为马尔可夫性。

**定义 5.3** 布朗运动 $\{B(t)\}$ 具有马尔可夫性。

连续的马尔可夫过程 $\{X(t)\}$ 的转移概率定义为在时刻 $s$ 过程处于状态 $x$ 的条件下，过程在时刻 $t$ 的分布函数：

$$P(y, t, x, s)=P\{X(t) \leqslant y \mid X(s)=x\} \tag{5.6}$$

在布朗运动的情况下，这一分布函数是正态的：

$$P(y, t, x, s)=\int_{-\infty}^{y} \frac{1}{\sqrt{2\pi(t-s)}} \mathrm{e}^{-\frac{(u-x)^2}{2(t-s)}} \mathrm{d}u \tag{5.7}$$

布朗运动的转移概率函数满足方程 $P(y, t, x, s)=P(y, t-s, x, 0)$。换言之，

$$P\{B(t) \leqslant y \mid B(s)=x\}=P\{B(t-s) \leqslant y \mid B(0)=x\} \tag{5.8}$$

当 $s=0$ 时，$P(y, t, x, 0)$ 具有密度函数：

$$p_t(x, y) = \frac{1}{\sqrt{2\pi t}} e^{-\frac{(y-x)^2}{2t}} \tag{5.9}$$

公式(5.9)给出的性质称为布朗运动的时齐性,即分布不随时间的平移而变化。

下面讨论布朗运动的强马尔可夫性。

**定理 5.3**　如果非负随机变量 $T$ 可以取无穷值,即 $T: \Omega \to [0, \infty)$,并且对任何 $t$,有 $\{T \leqslant t\} \in F_t = \sigma\{B(u), 0 \leqslant u \leqslant t\}$ 则称 $T$ 为关于 $\{B(t), t \geqslant 0\}$ 的停时。

所谓强马尔可夫性,实际上是将马尔可夫性中固定的时间 $t$ 用停时 $T$ 来代替。下面给出关于布朗运动的强马尔可夫性定理。

**定义 5.4**　设 $T$ 是关于布朗运动$\{B(t)\}$的有限停时,

$$F_T = \{A \in F: A \cap \{T \leqslant t\} \in F_t, \ \forall t \geqslant 0\} \tag{5.10}$$

则

$$P\{B(T+t) \leqslant y \mid F_T\} = P\{B(T+t) \leqslant y \mid B(t)\} \ \text{a.s.} \tag{5.11}$$

即布朗运动$\{B(t)\}$具有强马尔可夫性。

### 5.1.2　Kolmogorov 向前方程与向后方程

**定理 5.4**　一般的随机微分方程的解,是具有转移密度 $p(s, x, t, y)$的马尔可夫过程。

在系数不含 $t$ 时,如果 $\sigma(x)$、$b(x)$有相当次数的连续导数,可以证明线性偏微分方程:

$$\frac{\partial u(t, x)}{\partial t} = \frac{1}{2}\sigma^2(x) \frac{\partial^2 u}{\partial x^2} + b(x) \frac{\partial u}{\partial x} \tag{5.12}$$

的基本解就是转移密度 $p(t, x, y) \equiv p(0, x, t, y)$。即对于任意固定的 $x$,$p(t, x, y)$满足:

$$\frac{\partial p}{\partial t} = \frac{1}{2}\sigma^2(x) \frac{\partial^2 p}{\partial x^2} + b(x) \frac{\partial p}{\partial x}\left(\text{简记为}\frac{\partial p}{\partial t} = Lp\right),$$

$$\int p(0, x, y) f(y) \mathrm{d}y = f(x) \ (\text{初值})。$$

这个转移密度 $p(t, x, y)$满足的线性偏微分方程,称为扩散方程,也称为 Kolmogorov 向后方程,对应于扩散系数 $\sigma^2(x)$和漂移系数 $b(x)$。由方程:

$$\xi_t - \xi_s = \int_s^t b(\xi_u)\mathrm{d}u + \int_s^t \sigma(\xi_u)\mathrm{d}B_u \tag{5.13}$$

可以直接看出,漂移系数与扩散系数的概率含义为

$$b(x) = \lim_{h\to 0}\frac{E[(\xi_{t+h} - \xi_t) \mid \xi_t = x]}{h}\text{(即条件平均速率)} \tag{5.14}$$

$$\sigma^2(x) = \lim_{h\to 0}\frac{E[(\xi_{t+h} - \xi_t)^2 \mid \xi_t = x]}{h}\text{(即条件平均二阶矩增长速率)}$$

再则

$$E[f(\xi_t) \mid \xi_0 = x] = \int p(t,\ x,\ y)f(y)\mathrm{d}y$$

**定理 5.5** (Kolmogorov 向前方程,Fokker-Plank 方程)在定理 5.4 同样的假定下且系数不含 $t$ 的时齐情形,扩散过程的转移密度 $p(t,\ x,\ y)$ 是方程:

$$\frac{\partial p}{\partial t} = \frac{\partial^2}{\partial y^2}\left[\frac{\sigma(y)^2}{2}p\right] - \frac{\partial}{\partial y}[b(y)p]\left(\text{简记为}\frac{\partial p}{\partial t} = L^* p\right)$$

的基本解,即它还满足

$$\int p(0,\ x,\ y)f(y)\mathrm{d}y = f(x)\ \text{(初值)} \tag{5.15}$$

这个方程称为 Kolmogorov 向前方程,或 Fokker-Plank 方程。线性微分运算 $L^*$ 称为线性微分运算 $L$ 的形式共轭运算,其含义为对于任意 $C_0^2$[紧支集的(即只在有限区间上可能取非零值的)二阶连续可微函数类]函数 $f$ 与 $g$,恒有

$$\int (Lf)(x)g(x)\mathrm{d}x = \int f(x)(L^* g)(x)\mathrm{d}x \tag{5.16}$$

**推论 5.1** 对于有界连续函数 $f(x)$,函数

$$u(t,\ x) = E_x f(\xi_t) = E[f(\xi_t) \mid \xi_0 = x] \tag{5.17}$$

是方程

$$\begin{cases}\dfrac{\partial u}{\partial t} = \dfrac{1}{2}\sigma^2(x)\dfrac{\partial^2 u}{\partial x^2} + b(x)\dfrac{\partial u}{\partial x} \\ u(0,\ x) = f(x)\end{cases} \tag{5.18}$$

的解。

### 5.1.3　布朗运动的最大值变量

以 $T_L$ 记服从布朗运动的发动机性能参数首次达到失效阈值 $L$ 的时刻,即

$$T_L = \inf\{t > 0: B(t) = L\} \tag{5.19}$$

当 $L > 0$ 时,为计算 $P\{T_L \leqslant t\}$,考虑 $P\{B(t) \geqslant L\}$。由全概率公式:

$$\begin{aligned} P\{B(t) \geqslant L\} &= P\{B(t) \geqslant L \mid T_L \leqslant t\} P\{T_L \leqslant t\} \\ &\quad + P\{B(t) \geqslant L \mid T_L > t\} P\{T_L > t\} \end{aligned} \tag{5.20}$$

若 $T_L \leqslant t$,则 $B(t)$ 在 $[0, t]$ 中的某个点击中 $L$,由对称性得

$$P\{B(t) \geqslant L \mid T_L \leqslant t\} = \frac{1}{2} \tag{5.21}$$

再由连续性可知,$B(t)$ 不可能还未击中 $L$ 就大于 $L$,所以(5.20)式中第二项为零。因此

$$\begin{aligned} P\{T_L \leqslant t\} &= 2P\{B(t) \geqslant L\} \\ &= \frac{2}{\sqrt{2\pi t}} \int_L^{\infty} \mathrm{e}^{-u^2/2t} \mathrm{d}u \\ &= \frac{2}{\sqrt{2\pi}} \int_{L/\sqrt{t}}^{\infty} \mathrm{e}^{-y^2/2} \mathrm{d}y \end{aligned} \tag{5.22}$$

由此可见,

$$P\{T_L < \infty\} = \lim P_{t \to \infty}\{T_L \leqslant t\} = \frac{2}{\sqrt{2\pi}} \int_0^{\infty} \mathrm{e}^{-y^2/2} \mathrm{d}y = 1$$

对分布函数求导数可得其分布密度:

$$f_{T_x}(u) = \begin{cases} \dfrac{L}{\sqrt{2\pi}} u^{-\frac{3}{2}} \mathrm{e}^{-\frac{x^2}{2u}}, & \text{如果 } u > 0 \\ 0, & \text{如果 } u \leqslant 0 \end{cases} \tag{5.23}$$

可以得到

$$\begin{aligned} E[T_L] &= \int_0^{\infty} P\{T_L > t\} \mathrm{d}t = \int_0^{\infty} \left(1 - \frac{2}{\sqrt{2\pi}} \int_{L/\sqrt{t}}^{\infty} \mathrm{e}^{-y^2/2} \mathrm{d}y\right) \mathrm{d}t \\ &= \frac{2}{\sqrt{2\pi}} \int_0^{\infty} \int_0^{L/\sqrt{t}} \mathrm{e}^{-y^2/2} \mathrm{d}y \mathrm{d}t = \frac{2}{\sqrt{2\pi}} \int_0^{\infty} \mathrm{e}^{-y^2/2} \mathrm{d}y \int_0^{L^2/y^2} \mathrm{d}t \end{aligned}$$

$$= \frac{2L^2}{\sqrt{2\pi}} \int_0^\infty \frac{1}{y^2} e^{-y^2/2} dy \geq \frac{2L^2 e^{-1/2}}{\sqrt{2\pi}} \int_0^1 \frac{1}{y^2} dy$$
$$= \infty \tag{5.24}$$

因此,$T_L$ 虽然几乎必然是有限的,但有无穷的期望。直观地看,就是布朗运动以概率 1 会击中 $L$,但它的平均时间是无穷的。性质 $P\{T_L < \infty\} = 1$ 称为布朗运动的常返性。由于始于点 $a$ 的布朗运动与 $a+B(t)$ 是相同的,这里 $B(t)$ 是始于 0 的布朗运动,所以

$$P_a\{T_L < \infty\} = P_0\{T_{L-a} < \infty\} = 1 \tag{5.25}$$

即布朗运动从任何一点出发,击中 $L$ 的概率都是 1[1]。

## 5.2 基于参数更新的维纳过程

设共有 $m$ 台发动机的性能退化样本,对于第 $i$ 台发动机,初始时刻 $t_{i0}$ 性能退化量为 $W_{i0}=0$,在时刻 $t_{i1}, \cdots, t_{iq_i}$ 得到的发动机性能退化量分别为 $W_{i1}, \cdots, W_{iq_i}$,其中,$q_i$ 表示第 $i$ 台发动机第 $q_i$ 次的发动机性能退化测量。设 $\Delta W_{ij} = W_{ij} - W_{i(j-1)}$ 是发动机 $i$ 在时刻 $t_{i(j-1)}$ 和 $t_{ij}$ 之间的性能退化量,根据 Wiener 过程的性质:

$$\Delta W_{ij} \sim N(\mu \Delta t_{ij}, \sigma^2 \Delta t_{ij})$$

其中,$\Delta t_{ij} = t_{ij} - t_{i(j-1)}$,$i=1, 2, \cdots, m$;$j=1, 2, \cdots, q_i$。根据维纳过程的定义有

$$\begin{aligned} W_{ij} &= W_{i(j-1)} + \mu \Delta t_{ij} + \sigma[W_0(t_{ij}) - W_0(t_{ij-1})] \\ &= W_{i(j-1)} + \mu \Delta t_{ij} + \sigma \Delta W_0(t_{ij}) \end{aligned}$$

由于 $W_0(t)$ 是标准 Wiener 过程,所以在时间上的小增量 $\Delta t$ 内满足 $\Delta W_0(t_{ij}) = \varepsilon \sqrt{\Delta t}$,其中 $\varepsilon$ 是一个标准正态随机变量,因此上式可变为

$$W_{ij} = W_{i(j-1)} + \mu \Delta t + \sigma \varepsilon_{ij} \sqrt{\Delta t}$$

利用 Monte Carlo 法模拟发动机性能退化数据,其具体步骤如文献[2],可以得到一组其波动遵循 Wiener 过程的数据。构造如下参数 $k$,它是实际性能退化量波动与模拟退化量波动之差的函数,其计算公式为

$$k = [(W_{ij} - W_{i(j-1)}) - (W'_{ij} - W'_{i(j-1)})] \frac{1}{\sigma\sqrt{2\Delta t}}$$

通过采用 SPSS 软件中的 Shapiro - Wilk 法,以检验 $k$ 是否符合标准正态分布,

即可说明实际退化量变化数据是否服从 Wiener 过程。如果 $P$ 值大于 0.05，表明服从正态分布。

由发动机性能退化过程 $W(t)=\mu t+\sigma W_0(t)$ 的模型，需要通过发动机性能数据样本估计模型的参数 $\mu$ 和 $\sigma$，则可以得到性能退化的似然函数为

$$g(\Delta W \mid \mu,\ \sigma^2)=\prod_{i=1}^{m}\prod_{j=1}^{q_i}\frac{1}{\sqrt{2\pi\sigma^2\Delta t_{ij}}}\exp\left[-\frac{(\Delta W_{ij}-\mu\Delta t_{ij})^2}{2\sigma^2\Delta t_{ij}}\right]$$

由上式，分别对 $\mu$，$\sigma$ 求偏导，可以得到

$$\hat{\mu}=\frac{\sum_{i}^{m}W_{iq_i}}{\sum_{i}^{m}t_{iq_i}},\ \hat{\sigma}^2=\frac{1}{\sum_{i}^{m}q_i}\left[\sum_{i=1}^{m}\sum_{j=1}^{q_i}\frac{(\Delta W_{ij})^2}{\Delta t_{ij}}-\frac{\left(\sum_{i}^{m}W_{iq_i}\right)^2}{\sum_{i}^{m}t_{iq_i}}\right] \tag{5.26}$$

由于发动机性能数据具有随机性，需要根据最新的性能退化数据对单台发动机的在役剩余寿命进行更新，从而及时掌握单台发动机性能，提高性能可靠性与在役剩余寿命预测的精度，控制非计划下发的风险，同时也为发动机的备发和换发提供数据支持。为了对单台发动机在役剩余寿命进行更新，首先需要对其中的参数进行更新。在获得单台发动机的退化数据 $x=[x_{ij}]$ 后，根据贝叶斯的基本原理：

$$f(\mu,\ \theta \mid x)=\frac{g(x \mid \mu,\ \theta)f(\mu)f'(\theta)}{\int_{D(\mu)}\int_{D(\theta)}g(x \mid \mu,\ \theta)f(\mu)f'(\theta)\,\mathrm{d}\mu\mathrm{d}\theta}$$

其中，$f(\mu)$、$f'(\theta)$ 分别表示 $\mu$ 和 $\theta$ 的先验概率密度函数；$f(\mu,\ \theta|x)$ 表示后验概率密度函数；$D(\mu)$ 和 $D(\theta)$ 分别表示 $\mu$ 和 $\theta$ 取值范围；$g(x|\mu,\ \theta)$ 为似然函数。设 $\sigma^2=1/\theta^2$，通常检测的间隔相同即 $\Delta t_{ij}=\Delta t$，$x_{ij}=\Delta W_{ij}/\Delta t$，则似然函数可以写成：

$$g(x \mid \mu,\ \theta)=\prod_{i=1}^{m}\prod_{j=1}^{q_i}\frac{\theta^{1/2}}{\sqrt{2\pi\Delta t}}\exp\left[-\frac{\theta(\Delta x_{ij}-\mu\Delta t)^2}{2\Delta t}\right]$$

下面根据 $\mu$ 和 $\theta$ 的先验分布情况进行讨论：

（1）当 $\mu$ 和 $\theta$ 的先验分布未知时，可以用假设 $\mu$ 和 $\theta$ 服从区间上的均匀分布，$f(\mu)$、$f'(\theta)$ 概率密度分布函数，则后验概率可以写成：

$$f(\mu,\ \sigma \mid x)=\frac{g(x \mid \mu,\ \sigma)f(\mu)f'(\sigma)}{\int_{-K}^{K}\int_{0}^{K'}g(x \mid \mu,\ \sigma)f(\mu)f'(\sigma)\,\mathrm{d}\mu\mathrm{d}\sigma}$$

可以得到

$$f(\mu,\ \theta \mid x) = \frac{b^{a}}{\Gamma(a)}\sigma^{a-1}\exp(-b\theta)\sqrt{\frac{n\theta}{2\pi}}\exp\left[-\frac{n\theta}{2}(\mu - c)\right]$$
$$= G(a,\ b)N\left[c,\ \frac{1}{\theta(2a-1)}\right] \tag{5.27}$$

其中,$m$ 台发动机检测得到的退化量次数 $n = \sum_{i=1}^{m} q_i$; $a = \frac{n+1}{2}$; $b = \frac{1}{2}\sum_{i=1}^{m}\sum_{j=1}^{q_i}(x_{ij} - \bar{x})^2$; $\bar{x} = \frac{\sum_{i=1}^{m}\sum_{j=1}^{q_i} x_{ij}}{\sum_{i=1}^{n} q_i}$; $c = \bar{x}$。可以看出 $\mu$ 和 $\theta$ 的后验分布是伽马分布和正态分布的组合。

(2) 当 $\mu$ 和 $\theta$ 的先验分布已知时,由文献[3 - 4],假设先验分布满足式(5.27),则后验分布可以写成:

$$f(\mu,\ \theta \mid x) = \frac{b'^{a'}}{\Gamma(a)}\theta^{a'-1}\exp(-b'\theta)\sqrt{\frac{n\theta}{2\pi}}\exp\left[-\frac{n\theta}{2}(\mu - c')\right]$$
$$= G(a',\ b')N\left[c',\ \frac{1}{\theta(2a'-1)}\right] \tag{5.28}$$

其中, $a' = \frac{n}{2} + a$; $b' = \frac{1}{2}\sum_{i=1}^{n}\sum_{j=1}^{q_i}(x_{ij} - \bar{x})^2 + b + \frac{n(2a-1)(\bar{x}-c)^2}{2(n+2a-1)}$; $c' = \frac{n\bar{x} + (2a-1)c}{n+2a-1}$。

当后验概率密度函数 $f(\mu,\ \theta|x)$ 得到之后,可以通过边缘概率密度计算得到 $\mu$ 和 $\theta$ 的参数估计。$\theta$ 的边缘分布可以写成:

$$f(\theta \mid x) = \int_{-\infty}^{+\infty} g(\mu,\ \theta \mid x)\,\mathrm{d}\mu f(\theta \mid x)$$
$$= G(a',\ b')\int_{-\infty}^{+\infty} N\left(c',\ \frac{1}{\theta(2a'-1)}\right)\mathrm{d}\mu f(\theta \mid x),$$
$$= \frac{b'^{a'}}{\Gamma(a)}\theta^{a'-1}\exp(-b'\theta) = G(a',\ b')$$

则 $\theta$ 的点估计 $\hat{\theta}$ 可以写成:

$$\hat{\theta} = \frac{a'-1}{b'}$$

同样 $\mu$ 的边缘分布可以写成:

$$f(\mu \mid x) = \int_0^{+\infty} f(\mu,\ \theta)\,\mathrm{d}\theta = \frac{b^a\sqrt{2a-1}}{\partial^{a+\frac{1}{2}}\sqrt{2\pi}} \frac{\Gamma\left(a+\frac{1}{2}\right)}{\Gamma(a)} \tag{5.29}$$

其中, $\partial = b + \frac{1}{2}(2a-1)(\mu - c)^2$, 则 $\mu$ 的点估计 $\hat{\mu}$ 可以写成:

$$\hat{\mu} = c' = \frac{n\bar{x} + (2a-1)c}{n + 2a - 1} \tag{5.30}$$

## 5.3　隐马尔可夫模型

### 5.3.1　模型建立及参数估计

由于多数机械系统的退化过程具有单调性,即在未采取维护措施之前系统只能由好的状态向劣化的状态转变,因此系统的状态过程 $X = (X_t:\ t \geqslant 0)$ 可用非减连续时间齐次马尔可夫链来描述。由 Kim 和 Makis 等[5]可知,3 状态的马尔可夫模型足以描述系统的退化过程。假设系统为 3 状态(状态空间 $S = \{0,\ 1,\ 2\}$) 的隐马尔可夫模型:健康状态(状态 0)、警告状态或不健康状态(状态 1)和失效状态(状态 2)。状态 0 和状态 1 是不可观测的状态,即状态是隐藏的。只有状态 2 可直接被观测。假设系统总是起始于健康状态,即 $P(X_0 = 0) = 1$。系统的状态转移如图 5.1 所示,转移概率矩阵为 $P = [P_{ij}](i,\ j \in S)$, 其中 $P_{ij}$ 表示从状态 $i$ 离开后转移到状态 $j$ 的概率。

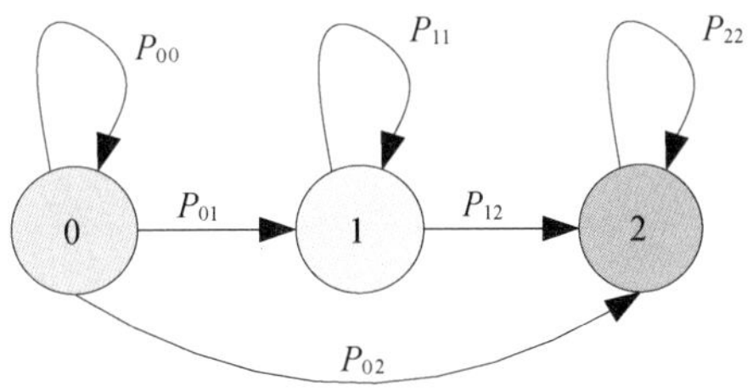


图 5.1　系统状态转移示意图

假设系统起始于状态 0,即 $X_0 = 0$, 瞬态转移速率矩阵为

$$Q = \{q_{ij}\} = \begin{pmatrix} -(\lambda_{01} + \lambda_{02}) & \lambda_{01} & \lambda_{02} \\ 0 & -\lambda_{12} & \lambda_{12} \\ 0 & 0 & 0 \end{pmatrix} \tag{5.31}$$

其中，$\lambda_{01}$、$\lambda_{02}$、$\lambda_{12} \in (0, +\infty)$为未知的状态参数。由于系统是逐步退化至失效的，因此从状态 0 到状态 2 的转移速率小于状态 1 到状态 2 的转移速率，即 $\lambda_{02} < \lambda_{12}$。转移速率矩阵各行元素之和为 0。$Q$ 矩阵最后一行只有 0 元素，表明状态 2 为吸收态。

用 $\xi = \inf\{t \geqslant 0: X_t = 2\}$ 表示系统的失效时间。观测值 $Y = (Y_n: n \in \mathbb{N})$ 在给定系统状态的条件下是独立的。用 $y_\Delta, y_{2\Delta}, \cdots, y_{k\Delta} \in \mathbb{R}^d$ 表示 $d$ 维观测值，即 VAR 模型的残差，那么在状态 $x$ 下，$y_{k\Delta}$服从 $N_d(\mu_x, \Sigma_x)$，$x = 0, 1$ 的 $d$ 元正态分布，其概率密度函数为

$$f_{y_{k\Delta}|X_{n\Delta}}(y_{k\Delta} \mid x) = \frac{1}{\sqrt{(2\pi)^d \det(\Sigma_x)}} \exp\left[-\frac{1}{2}(y_{k\Delta} - \mu_x)'\Sigma_x^{-1}(y_{k\Delta} - \mu_x)\right] \tag{5.32}$$

其中，$\mu_0$、$\mu_1 \in \mathbb{R}^d$；$\Sigma_0$、$\Sigma_1 \in \mathbb{R}^{d\times d}$为未知的观测参数。

假设收集到的 $N$ 组状态监测失效数据，用 $F_1, \cdots, F_N$ 表示。失效数据 $F_i$ 用 $Y_i = (y_1^i, y_2^i, \cdots, y_{T_i}^i)$ 表示，失效时间为 $\xi_i = t_i$，其中 $T_i\Delta < t_i \leqslant (T_i + 1)\Delta$。假设收集到 $M$ 组截尾数据，用 $S_1, \cdots, S_j$ 表示。同样的，截尾数据 $S_j$ 用 $Y_j = (y_1^j, y_2^j, \cdots, y_{T_i}^j)$ 表示，失效时间 $\xi_i > T_i\Delta$。用 $O = \{F_1, \cdots, F_N, S_1, \cdots, S_M\}$ 表示观测数据，$L = (\Lambda, \Psi \mid O)$ 为相应的似然函数，其中 $\Lambda = (\lambda_{01}, \lambda_{02}, \lambda_{12})$，$\Psi = (\mu_0, \mu_1, \Sigma_0, \Sigma_1)$ 为待估参数。由于隐马尔可夫模型状态过程的样本路径$(X_t: t \geqslant 0)$是不可观测的，因此最大化似然函数的解析表达式难以求出。期望最大化(EM)算法可通过迭代最大化伪似然函数求解。令 $\hat{\Lambda} = (\hat{\lambda}_{01}, \hat{\lambda}_{02}, \hat{\lambda}_{12})$ 和 $\hat{\Psi} = (\hat{\mu}_0, \hat{\mu}_1, \hat{\Sigma}_0, \hat{\Sigma}_1)$ 为待估参数的初值，EM 算法步骤如下。

（1）E-step：计算伪似然函数。

$$Q(\Lambda, \Psi \mid \hat{\Lambda}, \hat{\Psi}) = E_{\hat{\Lambda},\hat{\Psi}}[\ln L(\Lambda, \Psi \mid \bar{O}) \mid O] \tag{5.33}$$

其中，$\bar{O} = \{\bar{F}_1, \cdots, \bar{F}_N, \bar{S}_1, \cdots, \bar{S}_M\}$ 为完全数据集，即观测数据集 $O$ 每组失效数据 $F_i$ 和截尾数据 $S_j$ 增加了状态过程的不可观测的样本路径信息。

（2）M-step：选取 $\Lambda^*$、$\Psi^*$，使得

$$(\Lambda^*, \Psi^*) \in \text{e} \operatorname*{argmax}_{\Lambda,\Psi} Q(\Lambda, \Psi \mid \hat{\Lambda}, \hat{\Psi}) \tag{5.34}$$

每步更新的参数 $\Lambda^*$、$\Psi^*$ 再作为初值代入 E-step 中，使得 E-step 和 M-step 迭代运算直至欧几里得范数 $|(\Lambda^*, \Psi^*) - (\hat{\Lambda}, \hat{\Psi})| < \varepsilon$，其中 $\varepsilon$ 为任意小的正数。

### 5.3.2　基于隐马尔可夫模型的剩余寿命预测

在部分可观测马尔可夫决策过程理论中，系统处于警告状态的后验概率为决策制定提供了充分信息。用 $\Pi_k$ 表示在时刻 $k\Delta$ 给定观测数据 $y_{\Delta}, y_{2\Delta}, \cdots, y_{k\Delta} \in \mathbb{R}^2$ 条件下系统处于状态 1 的后验概率：

$$\Pi_k = \Pr(X_k = 1 \mid \xi > k\Delta, y_{\Delta}, y_{2\Delta}, \cdots, y_{k\Delta}) \tag{5.35}$$

由贝叶斯定理，在每个采样点，后验概率 $\Pi_k$ 可由下式迭代更新：

$$\Pi_k = \frac{f_{Y_k X_{k\Delta}}(Y_k \mid 1)[P_{01}(\Delta)(1 - \Pi_{k-1}) + P_{11}(\Delta)\Pi_{k-1}]}{f_{Y_k X_{k\Delta}}(Y_k \mid 0)P_{00}(\Delta)(1 - \Pi_{k-1}) + f_{Y_k X_{k\Delta}}(Y_k \mid 1)[P_{01}(\Delta)(1 - \Pi_{k-1}) + P_{11}(\Delta)\Pi_{k-1}]} \tag{5.36}$$

其中，初始值 $\Pi_0 = 0$；$P_{ij}(t) = P(X_t = j \mid X_0 = i)$ 为转移概率矩阵。转移概率矩阵 $P_{ij}(t)$ 可对转移速率矩阵由 Kolmogorov 向后微分方程求解，即可求出转移概率矩阵 $P_{ij}(t)$。

$$P_{ij}(t) = \begin{pmatrix} e^{-(\lambda_{01}+\lambda_{02})t} & \dfrac{\lambda_{01}[e^{-\lambda_{12}t} - e^{-(\lambda_{01}+\lambda_{02})t}]}{\lambda_{01} + \lambda_{02} - \lambda_{12}} & 1 - e^{-(\lambda_{01}+\lambda_{02})t} - \dfrac{\lambda_{01}[e^{-\lambda_{12}t} - e^{-(\lambda_{01}+\lambda_{02})t}]}{\lambda_{01} + \lambda_{02} - \lambda_{12}} \\ 0 & e^{-\lambda_{12}t} & 1 - e^{-\lambda_{12}t} \\ 0 & 0 & 1 \end{pmatrix} \tag{5.37}$$

因此，在采样点 $k\Delta$ 系统剩余寿命的条件可靠度函数为

$$\begin{aligned} R(t \mid \Pi_k) &= \Pr(\xi > k\Delta + t \mid \xi > k\Delta, Y_1, \cdots, Y_k, \Pi_k) \\ &= \Pr(X_{k\Delta+t} \neq 2 \mid \xi > k\Delta, Y_1, \cdots, Y_k, \Pi_k) \\ &= \sum_{j=0,1}[(1 - \Pi_k)P_{0j}(t) + \Pi_k P_{1j}(t)] \\ &= (1 - \Pi_k)[1 - P_{02}(t)] + \Pi_k[1 - P_{12}(t)] \\ &= (1 - \Pi_k)\left[e^{-(\lambda_{01}+\lambda_{02})t} + \frac{\lambda_{01}(e^{-\lambda_{12}t} - e^{-(\lambda_{01}+\lambda_{02})t})}{\lambda_{01} + \lambda_{02} - \lambda_{12}}\right] + \Pi_k \cdot e^{-\lambda_{12}t} \end{aligned} \tag{5.38}$$

概率密度函数为

$$\begin{aligned} f(t \mid \Pi_k) &= \frac{\mathrm{d}F(t \mid \Pi_k)}{\mathrm{d}t} \\ &= \frac{\mathrm{d}[1 - R(t \mid \Pi_k)]}{\mathrm{d}t} \\ &= \frac{(\lambda_{01} + \lambda_{02})^2 \mathrm{e}^{-(\lambda_{01}+\lambda_{02})t} - \lambda_{12}^2 \mathrm{e}^{-\lambda_{12}t} - [\lambda_{01} + \lambda_{12} + \Pi_k(\lambda_{02} - \lambda_{12})][(\lambda_{01} + \lambda_{02})\mathrm{e}^{-(\lambda_{01}+\lambda_{02})t} - \lambda_{12}\mathrm{e}^{-\lambda_{12}t}]}{\lambda_{01} + \lambda_{02} - \lambda_{12}} \end{aligned} \tag{5.39}$$

平均剩余寿命定义为从当前时刻到使用寿命结束时的平均时间长度。它是健康管理中获得剩余使用寿命的一个重要的可靠性特性[6]。平均剩余寿命为

$$\begin{aligned} \mu_{k\Delta} &= E(\xi - k\Delta \mid \xi > k\Delta,\ Y_1,\ \cdots,\ Y_k,\ \Pi_k) \\ &= \int_0^{\infty} R(t \mid \Pi_k)\mathrm{d}t \\ &= (1 - \Pi_k)\left(\frac{1}{\lambda_{01} + \lambda_{02}} + \frac{\lambda_{01}\left(\frac{1}{\lambda_{12}} - \frac{1}{\lambda_{01} + \lambda_{02}}\right)}{\lambda_{01} + \lambda_{02} - \lambda_{12}}\right) + \Pi_k \frac{1}{\lambda_{12}} \end{aligned} \tag{5.40}$$

## 5.4 隐半马尔可夫模型

如 5.3 节所述,隐马尔可夫模型假设系统在各隐藏状态的驻留时间为指数分布,通常这一假设并不符合实际。作为隐马尔可夫模型的扩展,隐半马尔可夫模型在各操作状态的驻留时间不受指数分布的限制,其退化过程也更接近实际情况。

### 5.4.1 模型建立及参数估计

假设系统为 3 状态(状态空间 $S = \{0,\ 1,\ 2\}$)的隐半马尔可夫模型:健康状态(状态 0)、警告状态或不健康状态(状态 1)和失效状态(状态 2)。状态 0 和状态 1 是不可观测的状态,即状态是隐藏的。只有状态 2 可直接被观测。假设系统总是起始于健康状态,即 $P(X_0 = 0) = 1$。当采样间隔 $\Delta$ 为固定时,系统的观测值 $Y = (Y_k:\ k \in \mathbb{N})$ 在给定系统状态的条件下是独立的。用 $y_\Delta,\ y_{2\Delta},\ \cdots,\ y_{k\Delta} \in \mathbb{R}^d$ 表示 $d$

维观测向量，那么在状态 $x$ 下多元观测向量 $y_{k\Delta}$ 服从 $N_3(\mu_x, \Sigma_x)$，$x=0, 1$ 的 $d$ 维多元正态分布，其概率密度函数为

$$f_{y_{k\Delta}|X_{n\Delta}}(y_{k\Delta} \mid x) = \frac{1}{\sqrt{(2\pi)^d \det(\Sigma_x)}} \exp\left[-\frac{1}{2}(y_{k\Delta} - \mu_x)'\Sigma_x^{-1}(y_{k\Delta} - \mu_x)\right] \tag{5.41}$$

其中，$\mu_0$、$\mu_1 \in \mathbb{R}^d$，$\Sigma_0$、$\Sigma_1 \in \mathbb{R}^{d\times d}$ 为未知的观测参数。

转移概率矩阵为 $P = [P_{ij}]$ $(i, j \in S)$，其中 $P_{ij}$ 表示从状态 $i$ 离开后转移到状态 $j$ 的概率。通常，假设系统的转移概率矩阵为

$$P = \begin{pmatrix} p_{00} & p_{01} & p_{02} \\ p_{10} & p_{11} & p_{12} \\ p_{20} & p_{21} & p_{22} \end{pmatrix} = \begin{pmatrix} 0 & p_{01} & p_{02} \\ 0 & 0 & 1 \\ 0 & 0 & 1 \end{pmatrix} \tag{5.42}$$

式(5.42)表明系统起始于健康状态，以概率 $p_{01}$ 从健康状态转移到不健康状态，以概率 $p_{02}$ 从健康状态直接转移到失效状态，其中 $p_{01}+p_{02}=1$。$p_{12}=1$ 表明系统从不健康状态离开后只能转移到失效状态。$p_{22}=1$ 表明状态 2 为吸收态。当 $i>j$ 时，$p_{ij}=0$，表明系统的退化过程是不可逆的，即未采取外加的维修措施时，系统不能从比较差的状态转移到比较好的状态。

不受在各隐藏状态的驻留时间服从指数分布这一假设的限制，假设在隐藏状态 $i$ $(i=0, 1)$ 的驻留时间服从通用的 Erlang 分布，其概率密度函数 $f_i(t)$ 和概率分布函数分别为

$$f_i(t) = \frac{\lambda^{k_i} t^{k_i-1} e^{-\lambda t}}{(k_i-1)!}, \quad t \geqslant 0 \tag{5.43}$$

$$F_i(t) = 1 - \sum_{j=0}^{k_i-1} \frac{(\lambda t)^{k_i} e^{-\lambda t}}{j!}, \quad t \geqslant 0 \tag{5.44}$$

其中，$k_i \in \mathbb{N}^+$ 为未知的形状参数；$\lambda > 0$ 为未知的速率参数。Erlang 分布可建模为一系列给定数量的指数相一个接一个运行直至驻留时间结束。当最后一个指数相完成时，驻留时间完成。假设在健康状态有 $k_1$ 个相，在警告状态有 $k_2$ 个相。为了记录马尔可夫模型中运行的相的数量，必须扩大其状态空间。新的状态空间为 $\Theta = \{K_1, K_2, K_3\}$，其中 $K_1 = \{1, \cdots, k_1\}$ 表示系统处于健康状况的状态的集合，$K_2 = \{k_1+1, \cdots, k_1+k_2\}$ 表示系统处于不健康状况的状态的集合，$K_3 = \{k_1+k_2+1\}$ 表示系统处于失效状态。系统随机退化的状态过程为连续时间齐次马尔

可夫链,其状态空间为 $\Theta$。状态过程 ($\Theta_t$: $t \geqslant 0$) 从状态 $i$ 到状态 $j$ 的瞬时转移速率矩阵 $Q=(q_{ij})_{i,j\in\mathbb{Z}}$ 为

$$q_{ij}=\begin{cases}\lambda, & i\neq k_1, j=i+1, j>i\\ p_{12}\lambda, & i=k_1, j=k_1+1\\ p_{13}\lambda, & i=k_1, j=k_1+k_2+1\\ 0, & \text{其他}\end{cases}\qquad q_{ii}=-\sum_{i\neq j}q_{ij} \tag{5.45}$$

HSMM 状态转移示意图如图 5.2 所示。在各操作状态服从通用 Erlang 分布的隐半马尔可夫模型本质上为多状态的马尔可夫过程。

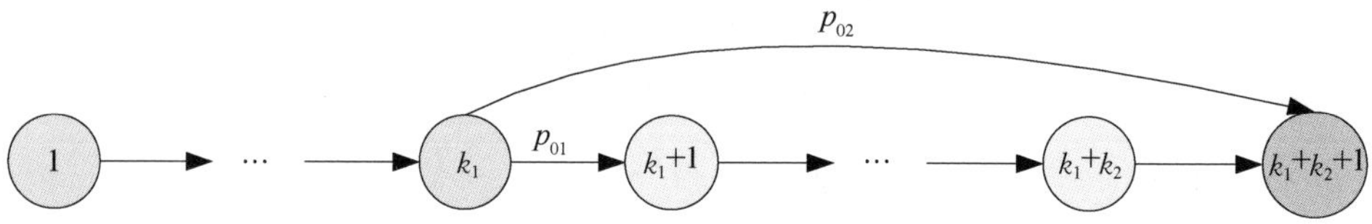


图 5.2　HSMM 转换为多状态的马尔可夫链

转移概率矩阵 $P_{ij}(t)$ 可由 Kolmogorov 向后微分方程求解:

$$P'_{ij}(t)=\sum_{k\neq i}q_{ik}P_{kj}(t)-\lambda P_{ij}(t) \tag{5.46}$$

举例来说,若 Erlang 分布的两个形状参数 $k_1=k_2=2$, 系统的状态转移如图 5.3 所示。

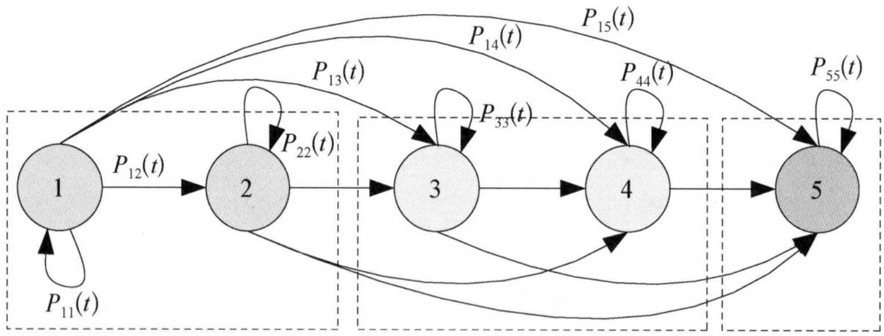


图 5.3　隐半马尔可夫模型系统状态转移示意图

用 $\xi=\inf\{t\geqslant 0: X_t=2\}$ 表示系统的失效时间。假设已经收集了 $N$ 组状态监测失效历史数据,用 $F_1, \cdots, F_N$ 表示。失效数据 $F_i$ 用 $Y_i=(y_1^i, y_2^i, \cdots, y_{T_i}^i)$ 表示,失效时间为 $\xi_i=t_i$, 其中 $T_i\Delta<t_i\leqslant(T_i+1)\Delta$。收集到 $M$ 组截尾历史数

据,用 $S_1, S_2, \cdots, S_M$ 表示。同样的,截尾数据 $S_j$ 用 $Y_j=(y_1^j, y_2^j, \cdots, y_{T_j}^j)$ 表示,失效时间 $\xi_i > T_i\Delta$。用 $O=\{F_1, \cdots, F_N, S_1, \cdots, S_M\}$ 表示观测数据,$L=(\Lambda, \Psi \mid O)$ 为相应的似然函数,其中 $\Lambda=(p_{01}, p_{02}, k_1, k_2, \lambda)$, $\Psi=(\mu_0, \mu_1, \Sigma_0, \Sigma_1)$ 分别为待估的状态和观测参数。由于隐半马尔可夫模型状态过程的样本路径($X_t$: $t \geqslant 0$)是不可观测的,因此最大化似然函数的解析表达式难以求出。期望最大化算法(EM 算法)可通过最大化伪似然函数迭代求解。令 $\hat{\Lambda}=(\hat{p}_{01}, \hat{p}_{02}, \hat{k}_1, \hat{k}_2, \hat{\lambda})$ 和 $\hat{\Psi}=(\hat{\mu}_0, \hat{\mu}_1, \hat{\Sigma}_0, \hat{\Sigma}_1)$ 为待估参数的初值,EM 算法流程如图 5.4 所示。

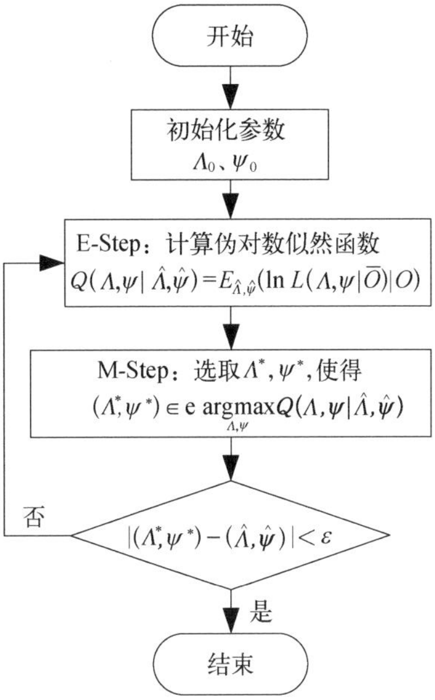


图 5.4　EM 算法估计 HSMM 参数流程图

EM 算法具体步骤如下。

(1) E-step：计算伪对数似然函数：

$$Q(\Lambda, \Psi \mid \hat{\Lambda}, \hat{\Psi}) = E_{\hat{\Lambda}, \hat{\Psi}}(\ln L(\Lambda, \Psi \mid \bar{O}) \mid O) \tag{5.47}$$

其中,$\bar{O}=\{\bar{F}_1, \cdots, \bar{F}_N, \bar{S}_1, \cdots, \bar{S}_M\}$ 为完全数据集,即观测数据集 $O$ 每组失效数据 $F_i$ 和截尾数据 $S_j$ 增加了状态过程的不可观测的样本路径信息。

(2) M-step：选取 $\Lambda^*$、$\Psi^*$,使得

$$(\Lambda^*, \Psi^*) \in \mathrm{e}\ \underset{\Lambda, \Psi}{\arg\max}\, Q(\Lambda, \Psi \mid \hat{\Lambda}, \hat{\Psi}) \tag{5.48}$$

每步更新的参数 $\Lambda^*$、$\Psi^*$ 再作为初值代入 E-step 中,使得 E-step 和 M-step 迭代运算直至欧几里得范数收敛 $|(\Lambda^*, \Psi^*) - (\hat{\Lambda}, \hat{\Psi})| < \varepsilon$。

## 5.4.2　基于隐半马尔可夫模型的剩余寿命预测

假设系统的退化过程服从 3 状态的隐半马尔可夫模型。在隐半马尔可夫模型退化建模的基础上,本节首先定义 $\Pi_k(i)$ 表示在时刻 $k\Delta$ 给定观测数据 $y_\Delta$, $y_{2\Delta}, \cdots, y_{k\Delta} \in \mathbb{R}^2$ 条件下系统处于状态 $i(1 \leqslant i \leqslant k_1 + k_2)$ 的后验概率：

$$\Pi_k(i) = P(\Theta_{k\Delta} = i \mid \xi > k\Delta, y_\Delta, y_{2\Delta}, \cdots, y_{k\Delta}, \boldsymbol{\Pi}_{k-1}) \tag{5.49}$$

其中，$\sum_{i=1}^{k_1+k_2}\Pi_k(i)=1$，$\boldsymbol{\Pi}_k=[\Pi_k(1),\Pi_k(2),\cdots,\Pi_k(k_1+k_2)]$ 表示后验概率向量。假设系统起始于第一个相且处于健康状态，即 $\boldsymbol{\Pi}_0=(1,0,\cdots,0)$。由贝叶斯定理，在每个采样时刻，状态监测数据后验概率 $\Pi_k(i)$ 可由式(5.50)迭代更新。

$$\begin{aligned}\Pi_k(i)&=P(\Theta_{k\Delta}=i\mid\xi>k\Delta,y_{k\Delta},\boldsymbol{\Pi}_{k-1})\\&=\frac{g(y_{k\Delta}\mid\Theta_{k\Delta}=i,\xi>k\Delta,y_{(k-1)\Delta},\boldsymbol{\Pi}_{k-1})\times P(\Theta_{k\Delta}=i\mid\xi>k\Delta,y_{(k-1)\Delta},\boldsymbol{\Pi}_{k-1})}{\sum_{j=1}^{k_1+k_2}g(y_{k\Delta}\mid\Theta_{k\Delta}=j,\xi>k\Delta,y_{(k-1)\Delta},\boldsymbol{\Pi}_{k-1})\times P(\Theta_{k\Delta}=j\mid\xi>k\Delta,y_{(k-1)\Delta},\boldsymbol{\Pi}_{k-1})}\end{aligned}\tag{5.50}$$

其中，

$$P(\Theta_{k\Delta}=i,\xi>k\Delta,y_{(k-1)\Delta},\boldsymbol{\Pi}_{k-1})=\frac{\sum_{1\leqslant m\leqslant i}P_{mi}(\Delta)\Pi_{k-1}(m)}{\sum_{m=1}^{k_1+k_2}\sum_{j=m}^{k_1+k_2}P_{mj}(\Delta)\Pi_{k-1}(m)}\tag{5.51}$$

由式(5.41)可知，$y_{k\Delta}\mid\Theta_{k\Delta}\sim N_d(\mu_x,\Sigma_x)$，$x=1,2$。那么

$$g(y_{k\Delta}\mid\Theta_{k\Delta}=i,\xi>k\Delta,y_{(k-1)\Delta},\boldsymbol{\Pi}_{k-1})=\begin{cases}f(y_{k\Delta}\mid\mu_1,\Sigma_1), & i\in K_1\\f(y_{k\Delta}\mid\mu_2,\Sigma_2), & i\in K_2\end{cases}\tag{5.52}$$

其中，

$$f(y_{k\Delta}\mid\mu_x,\Sigma_x)=\frac{1}{\sqrt{(2\pi)^d\det(\Sigma_x)}}\exp\left[-\frac{1}{2}(y_{k\Delta}-\mu_x)'\Sigma_x^{-1}(y_{k\Delta}-\mu_x)\right],\quad x=1,2\tag{5.53}$$

转移概率矩阵 $P_{ij}(\Delta)$ 可由转移速率矩阵 $Q$ 通过 Kolmogorov 向后微分方程求解。例如，对于 $k_1=3$，$k_2=2$，转移概率矩阵为

$$P_{ij}(t)=\begin{pmatrix} e^{-\lambda t} & \lambda te^{-\lambda t} & p_{01}\frac{(\lambda t)^2}{2!}e^{-\lambda t} & p_{01}\frac{(\lambda t)^3}{3!}e^{-\lambda t} & p_{01}\frac{(\lambda t)^4}{4!}e^{-\lambda t} & 1-e^{-\lambda t}-p_{01}e^{-\lambda t}\sum_{n=1}^{4}\frac{(\lambda t)^n}{n!} \\ 0 & e^{-\lambda t} & \lambda te^{-\lambda t} & p_{01}\frac{(\lambda t)^2}{2!}e^{-\lambda t} & p_{01}\frac{(\lambda t)^3}{3!}e^{-\lambda t} & 1-e^{-\lambda t}-p_{01}e^{-\lambda t}\sum_{n=1}^{3}\frac{(\lambda t)^n}{n!} \\ 0 & 0 & e^{-\lambda t} & p_{01}\lambda te^{-\lambda t} & p_{01}\frac{(\lambda t)^2}{2!}e^{-\lambda t} & 1-e^{-\lambda t}-p_{01}e^{-\lambda t}\sum_{n=1}^{2}\frac{(\lambda t)^n}{n!} \\ 0 & 0 & 0 & e^{-\lambda t} & \lambda te^{-\lambda t} & 1-e^{-\lambda t}-\lambda te^{-\lambda t} \\ 0 & 0 & 0 & 0 & e^{-\lambda t} & 1-e^{-\lambda t} \\ 0 & 0 & 0 & 0 & 0 & 1 \end{pmatrix} \tag{5.54}$$

进一步,式(5.50)可写为

$$\Pi_k(i)=\begin{cases} \dfrac{f(y_{k\Delta}\mid\mu_0,\Sigma_0)\times\sum\limits_{m=1}^{i}P_{mi}(\Delta)\Pi_{k-1}(m)}{f(y_{k\Delta}\mid\mu_0,\Sigma_0)\sum\limits_{1\leqslant i\leqslant j}\sum\limits_{\forall j\in K_1}P_{ij}(\Delta)\Pi_{k-1}(i)+f(y_{k\Delta}\mid\mu_1,\Sigma_1)\sum\limits_{1\leqslant i\leqslant j}\sum\limits_{\forall j\in K_2}P_{ij}(\Delta)\Pi_{k-1}(i)}, & i\in K_1 \\ \dfrac{f(y_{k\Delta}\mid\mu_1,\Sigma_1)\times\sum\limits_{m=1}^{i}P_{mi}(\Delta)\Pi_{k-1}(m)}{f(y_{k\Delta}\mid\mu_0,\Sigma_0)\sum\limits_{1\leqslant i\leqslant j}\sum\limits_{\forall j\in K_1}P_{ij}(\Delta)\Pi_{k-1}(i)+f(y_{k\Delta}\mid\mu_1,\Sigma_1)\sum\limits_{1\leqslant i\leqslant j}\sum\limits_{\forall j\in K_2}P_{ij}(\Delta)\Pi_{k-1}(i)}, & i\in K_2 \end{cases} \tag{5.55}$$

假设在 $k\Delta$ 时刻系统还未失效,即 $\xi>k\Delta$, 对于任意的 $t\geqslant 0$, 在 $k\Delta$ 时刻系统剩余使用寿命的条件可靠度函数为

$$\begin{aligned} R(t\mid\boldsymbol{\Pi}_k)&=P(\xi-k\Delta>t\mid\xi>k\Delta,\boldsymbol{\Pi}_k)\\ &=P(\Theta_{k\Delta+t}\notin K_3\mid\xi>k\Delta,\boldsymbol{\Pi}_k)\\ &=\sum_{i=1}^{k_1+k_2}P(\Theta_{k\Delta+t}\notin K_3\mid\Theta_{k\Delta}=i,\xi>k\Delta,\boldsymbol{\Pi}_{k-1})\\ &\quad\times P(\Theta_{k\Delta}=i\mid\xi>k\Delta,\boldsymbol{\Pi}_{k-1}) \end{aligned}$$

$$= \sum_{i=1}^{k_1+k_2} \sum_{\substack{j=1 \\ j \geqslant i}}^{k_1+k_2} P_{ij}(t) \Pi_k(i) \tag{5.56}$$

由转移概率矩阵本节推导剩余寿命预测的几个关键指标，如可靠度分布函数、概率密度函数以及平均剩余寿命。假设估计参数为 $k_1 = 3$、$k_2 = 2$，那么每次更新的后验概率向量为 $\boldsymbol{\Pi}_k = (\Pi_k(1), \Pi_k(2), \Pi_k(3), \Pi_k(4), \Pi_k(5))$。可得在 $k\Delta$ 采样时刻系统的条件可靠度概率分布函数为

$$\begin{aligned} R(t \mid \boldsymbol{\Pi}_k) &= P(\xi - k\Delta > t \mid \xi > k\Delta, \boldsymbol{\Pi}_k) \\ &= \sum_{i=1}^{5} \sum_{\substack{j=1 \\ j \geqslant i}}^{5} P_{ij}(t) \Pi_k(i) = \Pi_k(1) \mathrm{e}^{-\lambda t} \left[1 + \lambda t + p_{01} \sum_{n=1}^{4} \frac{(\lambda t)^n}{n!}\right] \\ &\quad + \Pi_k(2) \mathrm{e}^{-\lambda t} \left[1 + \lambda t + p_{01} \sum_{n=1}^{3} \frac{(\lambda t)^n}{n!}\right] \\ &\quad + \Pi_k(3) \mathrm{e}^{-\lambda t} \left[1 + \lambda t + p_{01} \sum_{n=1}^{2} \frac{(\lambda t)^n}{n!}\right] \\ &\quad + \Pi_k(4) \mathrm{e}^{-\lambda t} (1 + \lambda t) + \Pi_k(5) \mathrm{e}^{-\lambda t} \end{aligned} \tag{5.57}$$

进而在 $k\Delta$ 时刻系统的条件可靠度概率密度函数为

$$\begin{aligned} f(t \mid \boldsymbol{\Pi}_k) &= \frac{\mathrm{d}[1 - R(t \mid \boldsymbol{\Pi}_k)]}{\mathrm{d}t} \\ &= \mathrm{e}^{-\lambda t} \Pi_k(1) \left[\lambda + \sum_{n=2}^{3} \frac{(\lambda t)^{n-1}(\lambda t + 1 - n)}{t(n-1)!} + p_{01} \sum_{n=4}^{5} \frac{(\lambda t)^{n-1}(\lambda t + 1 - n)}{t(n-1)!}\right] \\ &\quad + \mathrm{e}^{-\lambda t} \Pi_k(2) \left[\lambda + \frac{\lambda t(\lambda t - 1)}{t} + p_{01} \sum_{n=4}^{5} \frac{(\lambda t)^{n-1}(\lambda t + 1 - n)}{t(n-1)!}\right] \\ &\quad + \mathrm{e}^{-\lambda t} \Pi_k(3) \left[\lambda + p_{01} \sum_{n=4}^{5} \frac{(\lambda t)^{n-1}(\lambda t + 1 - n)}{t(n-1)!}\right] \\ &\quad + \mathrm{e}^{-\lambda t} \Pi_k(4) \left[\lambda + \frac{\lambda t(\lambda t - 1)}{t}\right] \\ &\quad + \mathrm{e}^{-\lambda t} \Pi_k(5) \lambda \end{aligned} \tag{5.58}$$

在 $k\Delta$ 时刻系统的平均剩余寿命为

$$
\begin{aligned}
\mu_{k\Delta} &= E(\xi - k\Delta > t \mid \xi > k\Delta, \boldsymbol{\Pi}_k) = \int_0^{\infty} R(t \mid \boldsymbol{\Pi}_k)\mathrm{d}t \\
&= \frac{1}{\lambda}[\Pi_k(1)(3 + 2p_{01}) + \Pi_k(2)(2 + 2p_{01}) \\
&\quad + \Pi_k(3)(1 + 2p_{01}) + 2\Pi_k(4) + \Pi_k(5)]
\end{aligned}
$$

## 参考文献


[1] 张波. 应用随机过程[M].北京：中国人民大学出版社，2001.

[2] 任淑红.民航发动机性能可靠性评估与在翼寿命预测方法研究[D].南京：南京航空航天大学,2010.

[3] Congdon P. Bayesian statistical modelling[M]. Hoboken：Wiley, 2001.

[4] Ahmad K E, Jaheen Z F. Approximate Bayes estimators applied to the inverse Gaussian lifetime model[J]. Computers & Mathematics with Applications, 1995, 29(12)：39－47.

[5] Kim M J, Makis V, Jiang R. Parameter estimation for partially observable systems subject to random failure[J]. Applied Stochastic Models in Business and Industry, 2013, 29(3)：279－294.

[6] Si X, Wang W, Hu C, et al. Remaining useful life estimation-A review on the statistical data driven approaches[J]. European Journal of Operational Research, 2011, 213(1)：1－14.

# 第 6 章　状态空间模型

## 6.1　状态空间基本模型

由于传感器噪声、信号处理以及特征提取等引进的误差，最终得到的表征系统退化状态的退化参数不可避免的含有噪声，因此，合适的退化过程建模方法应该区别对待含有噪声的观测信息与系统的实际退化状态，而状态空间模型正是这样一类模型，认为系统的退化状态不可直接观测或精确测量[1]，区别对待系统的隐含的真正状态和观测量；此外，贝叶斯理论及其计算技术的发展，特别是序贯蒙特卡罗（或粒子滤波）方法的发展，为处理更复杂条件下（非线性、非高斯状态空间模型）的状态估计和参数估计问题提供了有效的解决机制，使得状态空间模型在众多的应用领域中得了长足的发展，如 Freitas 等将 Rao-Blackwellised 粒子滤波器用于故障诊断问题[2]，Orchard 与 Vachtsevanos 将粒子滤波用于齿轮传动系统的关键结构件的剩余寿命预测问题[3]。此外，贝叶斯理论为状态估计和预测提供了有效的不确定性管理框架，这在个体系统的剩余寿命预测和可靠性评估中尤为重要。因此，本书引进状态空间模型用于个体系统的退化建模，提出了基于状态空间模型和贝叶斯状态估计理论的剩余寿命预测及可靠性评估方法。

### 6.1.1　状态空间退化模型

状态空间模型假设系统随时间的演化由一个不可观测的状态序列确定，与该序列相伴的是一个可观测序列。状态空间分析的目的是从观测序列提供的信息来推断不可观测状态的有关性质。状态空间模型提出了“状态”这一概念，用于反映动态系统内在特征，实际的工程系统中出现的某些状态都是无法直接观测的，称为状态变量，反映了系统所具有的真实状态。一般的用 $x_t$ 表示 $t$ 时刻的状态，而把时间 $t=1, 2, \cdots, s$ 内的状态序列记为 $x_{1:s}$，即 $x_{1:s}=\{x_1, x_2, \cdots, x_s\}$。在许多工程问题中，状态变量可以是有实际物理含义的变量，例如在系统的退化状态估计中，状态变量可以是其关键结构件的裂纹长度或磨损量；状态变量也可以是一个没有特定的物理含义的虚拟指数，如由多个状态或性能参数融合得到的系统健康指数[4-6]。系统可观测的变量称为观测变量，如发动机的气路可测参数，一般由于受到传感器噪声的干扰而含有观测噪声，通常用 $y_t$ 表示 $t$ 时刻的观测量，而用 $y_{1:s}=\{y_1, y_2, \cdots, y_s\}$ 表示时间 $t=1, 2, \cdots, s$ 内的观测序列。状态空间模型区别状态变量与观测变量对动态系统进行建模，建立如下的状态空间模型：

$$\begin{cases} y_t = f_\theta(x_t, \nu_t) \\ x_t = g_\theta(x_{t-1}, w_t) \end{cases} \tag{6.1}$$

其中，$f_\theta(\cdot)$ 为观测方程，借助似然度 $\pi(y_t|x_t)$ 描述系统状态与观测量的映射关系；$g_\theta(\cdot)$ 为状态方程，借助转移概率 $\pi(x_t|x_{t-1})$ 描述了系统状态随时间的演化；$y_t$ 为 $t$ 时刻观测量，如系统的状态/性能参数，$x_t$ 为 $t$ 时刻不可观测的系统状态，如系统隐含的退化状态；$\nu_t$ 和 $w_t$ 分别为观测噪声和过程噪声；$\theta$ 为模型参数。对于一个状态空间模型，通常假设其状态序列 $x_{1:T}$ 为一阶马尔可夫链，即当前时刻的状态仅取决于前一时刻系统的状态，而当前时刻的观测量 $y_t$ 仅取决于系统当前的状态 $x_t$，如图 6.1 所示。

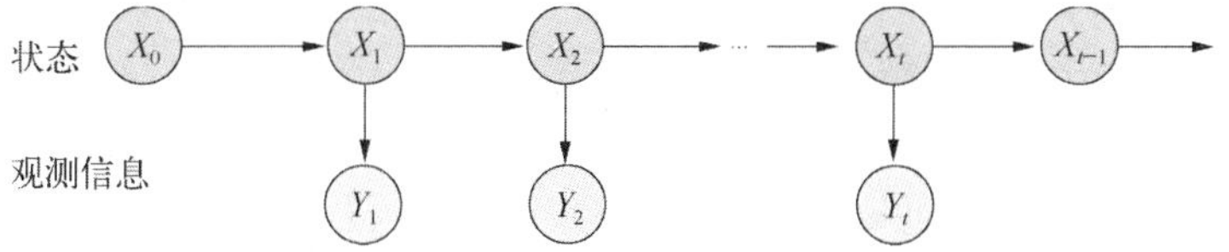


图 6.1　状态空间模型

实际中系统的退化过程大多可认为具有马尔可夫性，即下一时刻的退化仅与当前的退化状态相关，而与之前的退化历史无直接关系。状态方程 $g(\cdot)$ 描述了系统的退化状态随时间的变化，即系统的退化轨迹，针对具体问题可依据其退化失效机理或经验建立状态方程。系统观测变量仅取决于系统的状态，系统观测量通常含有噪声，因此观测方程 $f(\cdot)$ 描述了系统的观测量与系统隐含的退化状态之间统计意义上的相关性，实际中通常需要进一步的信号处理以提取与系统实际退化状态具有较强的相关性的特征量作为系统的退化参数，观测方程的建立依赖于专家经验或通过设计专门的验证实验来获得。

### 6.1.2 退化状态估计

1. 贝叶斯状态估计理论

给定系统的状态空间模型以及观测序列 $y_{1:t}$，贝叶斯状态估计利用当前所获得的所有观测信息来构造未知状态的后验分布 $\pi(x_t|y_{1:t})$，给出系统的最优状态估计。假设 $t=0$ 时系统初始状态为 $x_0 \sim \pi(x_0)$，则对任意 $t \geqslant 1$[7]：

（1）给定系统 $t-1$ 时刻的状态后验分布 $\pi(x_{t-1}|y_{1:t-1})$，则系统状态量的超前一步预测为

$$\pi(x_t \mid y_{1:t-1}) = \int \pi(x_t \mid x_{t-1})\pi(x_{t-1} \mid y_{1:t-1})\mathrm{d}x_{t-1} \tag{6.2}$$

（2）系统观测量的超前一步预测为

$$\pi(y_t \mid y_{1:t-1}) = \int \pi(y_t \mid x_t)\pi(x_t \mid y_{1:t-1})\mathrm{d}x_t \tag{6.3}$$

（3）在已知 $t$ 时刻的实际观测量的情况下，由贝叶斯定理可得系统 $t$ 时刻的状态的后验分布为

$$\pi(x_t \mid y_{1:t}) = \frac{\pi(y_t \mid x_t)\pi(x_t \mid y_{1:t-1})}{\pi(y_t \mid y_{1:t-1})} \tag{6.4}$$

式(6.4)提供了贝叶斯理论框架下的最优状态估计，但仅在极少数情况下存在解析解，如高斯线性模型[7]，实际中面对的大量非线性、非高斯问题，特别是模型含有未知参数的情况下，贝叶斯状态估计难以用解析方法求得其精确解[8]，需要采用近似的计算方法得到次优解。

2. 序贯蒙特卡罗法

序贯蒙特卡罗(sequential Monte Carlo，SMC)实际上是使用蒙特卡罗仿真来完成递推贝叶斯状态估计，利用状态空间的一组加权随机样本(粒子)逼近状态变量的后验概率分布，每个样本代表系统的一个可能状态，通过一组加权样本逼近状态的最优估计，并且不受模型的线性和高斯假设约束，适用于任意非线性、非高斯动态系统。自 Gordon 于 1993 年提出了重采样概念，克服了算法的退化问题后，伴随着现代计算技术的发展序贯蒙特卡罗在理论和计算方法上均得到了长足发展，现在已经成为研究非线性、非高斯动态系统最优状态估计问题的一个热点和有效方法，由于其精度高、普适性强、使用灵活，在诸多领域迅速得到了广泛应用。

最基本的序贯蒙特卡罗算法[9]，通过状态空间一组随机的自适应演化的样本探索状态的发展变化，具有较好的鲁棒性，适用于强非线性、非高斯问题，这里给出最基本的序贯蒙特卡罗算法流程[9]。假设在 $t-1$ 时刻系统状态的后验分布$\pi(x_{t-1}|$

$y_{1:t-1}$)由 $N$ 个带权重的样本(粒子) $\{x_{t-1}^{(i)}, w_{t-1}^{(i)}\}_{i=1}^{N}$ 逼近:

$$\pi(x_{t-1} \mid y_{1:t-1}) \approx \hat{\pi}(x_{t-1} \mid y_{1:t-1}) = \sum_{i=1}^{N} w_{t-1}^{(i)} \delta_{x_{t-1}^{(i)}}(x) \tag{6.5}$$

则逼近下一时刻系统状态后验分布的样本集可由以下算法得到

**算法 6-1** 序贯蒙特卡罗算法

1) 重要性采样

对于 $i=1, \cdots, N$, 从建议分布 $q[x_t \mid x_{0:t-1}^{(i)}, y_{1:t}]$ 中抽取样本 $\tilde{x}_t^{(i)}$,并令 $\tilde{x}_{0:t}^{(i)} \triangleq (x_{0:t-1}^{(i)}, \tilde{x}_t^{(i)})$;

对于 $i=1, \cdots, N$, 计算样本 $\tilde{x}_t^{(i)}$ 的权重: $W_t^{(i)} = w_{t-1}^{(i)} \dfrac{p[y_t \mid \tilde{x}_t^{(i)}] p[\tilde{x}_t^{(i)} \mid x_{t-1}^{(i)}]}{q(\tilde{x}_t^{(i)} \mid x_{0:t-1}^{(i)}, y_{1:t})}$;

对于 $i=1, \cdots, N$, 归一化权重: $w_t^{(i)} = \dfrac{W_t^{(i)}}{\sum_{j=1}^{N} W_t^{(j)}}$。

2) 重采样

对于 $i=1, \cdots, N$, 对 $k=1, \cdots, N$, 按照 $\Pr\{j(i)=k\} = w_t^{(k)}$ 进行采样得到一个索引集: $\{j(i)\}_{i=1}^{N}$;

对于 $i=1, \cdots, N$ 令 $x_{0:t}^{(i)} = \tilde{x}_{0:t}^{j(i)}$, $w_t^{(i)} = \dfrac{1}{N}$。

最终得到逼近系统 $t$ 时刻状态后验分布的样本集, $\{x_t^{(i)}, 1/N\}_{i=1}^{N}$:

$$\pi(x_t \mid y_{1:t}) \approx \hat{\pi}(x_t \mid y_{1:t}) = \frac{1}{N} \sum_{i=1}^{N} \delta_{x_t^{(i)}}(x) \tag{6.6}$$

序贯蒙特卡罗算法的改进主要围绕着如何增加粒子的多样性和重要性分布函数的选择[10]。对于模型中含有未知参数的情况,通常把未知参数视为扩维的状态向量($x_t$, $\theta$)的一部分,借助改进的序贯蒙特卡罗算法进行状态与参数的联合估计[11-14],即由原先的估计 $\pi(x_t|y_{1:t})$转变为估计 $\pi(x_t, \theta|y_{1:t})$。针对联合估计的参数粒子退化快的问题,核平滑方法[11]、充分统计量方法[13]、参数学习方法[12,14]以及马尔可夫链蒙特卡罗和序贯蒙特卡罗相互结合的粒子马尔可夫链蒙特卡罗方法分别被提出来[15]。

3. 状态与参数联合估计

在贝叶斯理论框架下,状态空间模型中的未知参数 $\theta$ 被视为一个随机变量,并且作为扩展的状态向量($x_{0:t}$, $\theta$)的一部分,同时进行估计。假设状态和参数的初

始分布分别为 $\pi(\theta)$ 和 $\pi(x_0|\theta)$，则给定观测序列状态 $y_{1:t}$ 后，在贝叶斯理论框架下状态与参数的联合后验分布为[16]

$$\pi(x_{0:t}, \theta \mid y_{1:t}) \propto \pi(\theta)\pi(x_0 \mid \theta)\left[\prod_{j=1}^{t}\pi(x_j \mid x_{j-1}, \theta)\right]\left[\prod_{j=1}^{t}\pi(y_j \mid x_j, \theta)\right] \tag{6.7}$$

式(6.7)为状态与参数的联合后验分布的求解提供了一种理论框架，但实际中式(6.7)的计算仍然是一个难题，除少数简单模型，如噪声方差未知的高斯线性模型借助共轭先验分布推理可以获得式的解析解，大多数情况下需要借助蒙特卡罗模拟的方法来逼近后验分布，常用的主要包括 MCMC 和 SMC 方法。贝叶斯理论框架下状态与参数联合估计问题仍是贝叶斯计算领域的研究热点，本章仅对这部分内容做一简单介绍，并对两种状态与参数的联合方法做重点介绍。

1）充分统计量法

在统计学中，充分统计量是一种重要的维数缩减技术，它可以将复杂的数据简化为数量较少的参数集合，方便问题的分析与处理。如果 $s_t = S(x_{0:t}, y_{1:t})$ 包含的关于 $\theta$ 的信息等价于数据集合$(x_{0:t}, y_{1:t})$包含的关于 $\theta$ 的信息，那么 $s_t$ 就称为是随机变量 $\theta$ 的一个充分统计量。当未知参数的后验概率分布可以用充分统计量进行描述，并且充分统计量易于更新时，可通过更新充分统计量代替后验粒子的更新，从而可避免粒子退化现象。因此，要利用这项技术需要满足两个条件：

（1）存在充分统计量 $s_t = S(x_{0:t}, y_{1:t})$，使得 $p(\theta \mid x_{0:t}, y_{1:t}) = p(\theta \mid s_t)$；

（2）充分统计量易于更新，$s_t = S(s_{t-1}, x_t, y_t)$。

引进充分统计量后，$t$ 时刻的参数粒子集合由更新后的充分统计量所确定的概率分布 $p(\theta|s_t)$ 重新生成，不再需要直接对粒子进行采样，因而能够避免粒子退化现象。Storvik 最早把充分统计量引入到状态与参数的联合估计问题中，尽管关于充分统计量的一些假设会限制这一类方法的应用，但实际中很多常用模型能满足这一条件或经过一定处理后能满足这一条件[11]。

这里考虑一类重要的含有未知参数的线性高斯模型，并给出其未知参数的充分统计量的更新方程，考虑以下含有未知参数的状态空间模型：

$$\begin{cases} y_t = \alpha_0 + \alpha_1 x_t + \nu_t, & \nu_t \sim N(0, \tau^2) \\ x_t = \beta_0 + \beta_1 x_{t-1} + w_t, & w_t \sim N(0, \sigma^2) \end{cases} \tag{6.8}$$

对于模型，给定参数，则模型为线性高斯模型，若给定状态值，则模型为线性回归模型：

$$\begin{cases} y_t = F_t^T \alpha + \nu_t, & \nu_t \sim N(0, \tau^2) \\ x_t = G_t^T \beta + w_t, & w_t \sim N(0, \sigma^2) \end{cases} \tag{6.9}$$

其中，$\alpha=(\alpha_0, \alpha_1)^{\mathrm{T}}$ 和 $\beta=(\beta_0, \beta_1)^{\mathrm{T}}$ 为未知参数向量；$F_t^{\mathrm{T}}=F(x_t)$ 和 $G_t^{\mathrm{T}}=G(x_{t-1})$ 为回归向量，相当于回归模型的自变量，其元素为状态的线性或非线性函数值，在本例中 $F(x_t)=[1, x_t]$，$G(x_{t-1})=[1, x_{t-1}]$。以状态方程的未知参数$(\beta, \sigma^2)$的估计为例，假设其共轭先验分布为高斯-逆伽马分布，即 $\beta \sim N(\beta_0, \sigma^2 C_0)$，$\sigma^2 \sim IG(n_0/2, s_0/2)$，则未知参数的后验分布为[7,11]

$$[\beta \mid x_{1:t}, y_{1:t}, \sigma^2] \sim N(m_t, \sigma^2 C_t) \tag{6.10}$$

$$[\sigma^2 \mid x_{1:t}, y_{1:t}] \sim IG\left(\frac{n_t}{2}, \frac{s_t}{2}\right) \tag{6.11}$$

其中，$m_t$、$C_t$、$n_t$ 和 $s_t$ 是未知参数$(\beta, \sigma^2)$的充分统计量，其更新方程如下[11,14]：

$$D_t = G_t^{\mathrm{T}} C_{t-1} G_t + I \tag{6.12}$$

$$C_t = C_{t-1} - C_{t-1} G_t D_t^{-1} G_t^{\mathrm{T}} C_{t-1} \tag{6.13}$$

$$m_t = m_{t-1} + C_{t-1} G_t D_t^{-1}(x_t - G_t^{\mathrm{T}} m_{t-1}) \tag{6.14}$$

$$n_t = n_{t-1} + (x_t - G_t^{T} m_{t-1})^{\mathrm{T}} D_t^{-1}(x_t - G_t^{\mathrm{T}} m_{t-1}) \tag{6.15}$$

$$s_t = s_{t-1} + 1 \tag{6.16}$$

对于观测方程的未知参数$(\alpha, \tau^2)$，通过选择高斯-逆伽马共轭先验分布可以得到类似结果。

2）粒子马尔可夫链蒙特卡罗

马尔可夫链蒙特卡罗是一种离线估计方法，每当有新的观测信息到来，需要重新采样来获得后验分布的粒子，因此这种方法并不适合在线或实时估计，特别是当观测频率较高时。马尔可夫链蒙特卡罗法估计状态与参数的联合后验分布时，通过构造一个状态变量为$(x_{0:t}, \theta)$、稳态分布为 $p(x_{0:t}, \theta \mid y_{1:t})$ 的马尔可夫链来生成后验样本：

$$p(x_{0:t}, \theta \mid y_{1:t}) \propto p(\theta)p(x_0 \mid \theta)\left(\prod_{i=1}^{t} p(x_i \mid x_{i-1}, \theta)\right)\left(\prod_{i=1}^{t} p(y_i \mid x_i, \theta)\right) \tag{6.17}$$

式(6.17)的一种常见的实现方法就是交替地更新状态分量和参数分量，即在给定 $x_{0:t}$ 条件下更新 $\theta$，然后在给定 $\theta$ 的条件下更新 $x_{0:t}$。本部分将重点介绍一种特殊的状态与参数联合估计的马尔可夫链蒙特卡罗法——粒子马尔可夫链蒙特卡罗(particle Markov chain Monte Carlo，PMCMC)。

一般情况下从条件分布 $p(\theta|x_{0:t}, y_{1:t})$ 中对 $\theta$ 采样相对容易实现，而除个别特殊情况，从条件分布 $p(x_{0:t}|y_{1:t}, \theta)$ 中采样 $x_{0:t}$ 却比较困难[16]。Andrieu 等人最先提出了一种基于 MCMC 和 SMC 思想的粒子 Metropolis－Hastings 采样和粒子 Gibbs 采样算法（统称为 PMCMC 方法），用于产生逼近后验分布 $p(x_{0:t}, \theta|y_{1:t})$ 的高维粒子集合[15] $\{x_{0:t}(i), \theta(i)\}_{i=1}^{N}$。PMCMC 方法融合了 MCMC 和 SMC 方法的优势，是一种混合方法，在 MCMC 框架下借助 SMC 方法解决了难以从 $p(x_{0:t}|y_{1:t}, \theta)$ 中采样的问题。粒子 Gibbs 采样算法交替地从条件分布 $p(\theta|x_{0:t}, y_{1:t})$ 和 $p(x_{0:t}|y_{1:t}, \theta)$ 中采样，对于 $p(x_{0:t}|y_{1:t}, \theta)$ 的采样问题，文献[15]给出了一种特殊的 SMC 采样方法，称为条件 SMC，用来生成逼近目标分布 $\pi(x_{0:T}|y_{1:T}, \theta)$ 的粒子集合 $\{x_{1:T}^{k}, W_{T}^{k}\}_{k=1}^{n}$。这里直接给出粒子 Gibbs 采样算法及条件 SMC 算法流程，相关证明请参考文献[15]。

**算法 6－2** 粒子 Gibbs 采样算法

初始化，$i=0$：

设置参数初始值 $\theta(0)$，

运行条件 SMC 生成逼近目标分布 $p(x_{1:T}|y_{1:T}, \theta(0))$ 的粒子集合 $\{x_{1:T}^{k}, W_{T}^{k}\}_{k=1}^{n}$，并从中采样得到初始粒子 $x_{1:T}(0)$，令 $B_{1:T}(0)$ 表示粒子 $x_{1:T}(0)$ 的世系（ancestral lineage）。

迭代，当 $1 \leqslant i \leqslant N$ 时：

采样 $\theta(i) \sim p[\theta|\ y_{1:T}, x_{1:T}(i-1)]$，

在给定 $x_{1:T}(i-1)$ 和 $B_{1:T}(i-1)$ 的条件下，运行条件 SMC 生成逼近目标分布 $p[x_{1:T}|y_{1:T}, \theta(i)]$ 的粒子集合 $\{x_{1:T}^{k}, W_{T}^{k}\}_{k=1}^{n}$，

从集合 $\{x_{1:T}^{k}, W_{T}^{k}\}_{k=1}^{n}$ 中采样得到粒子 $x_{1:T}(i)$，同时更新粒子的世系 $B_{1:T}(i)$。

其中，$N$ 表示 MCMC 迭代次数；$n$ 代表 SMC 粒子数；$T$ 代表状态序列的长度；世系 $B_{1:T}(i)$ 为粒子 $x_{1:T}(i)$ 在 $t=1, \cdots, T$ 时刻的索引。

令 $x_{1:T}=(x_{1}^{B_1}, x_{2}^{B_2}, \cdots, x_{T}^{B_T})$ 表示世系为 $B_{1:T}$ 的一个状态序列的样本（粒子），则条件 SMC 算法如下。

**算法 6－3** 条件 SMC 算法

当 $t=1$：

For $k \neq B_1$，采样 $x_{1}^{k} \sim q[\cdot|\ y_1, \theta(i)]$，

计算粒子的权重 $w_1(x_1^k)$ 并归一化 $W_1^k \propto w_1(x_1^k)$。

当 $t=2, \cdots, T$：

For $k \neq B_t$, 采样 $A_{t-1}^k \sim P(\cdot \mid W_{t-1})$, 其中 $W_{t-1} = \{W_1^k\}_{k=1}^n$,

For $k \neq B_t$, 采样 $x_t^k \sim q[\cdot \mid y_t, x_{t-1}^{A_{t-1}^k}, \theta(i)]$, 并令 $x_{1:t}^k = (x_{1:t-1}^{A_{t-1}^k k}, x_t^k)$,

更新权重 $w_t(x_{1:t}^k)$并进行归一化 $W_t^k \propto w_t(x_{1:n}^k)$。

其中,$A_{t-1}^k$表示粒子 $x_{1:t}^k$在 $t-1$ 时刻的父代粒子的索引。

在得到后验粒子集合 $\{x_{0:T}(i), \theta(i)\}_{i=1}^N$ 后,则 $T$ 时刻的状态与参数联合后验分布可由式(6.18)逼近:

$$\hat{p}(x_{0:T}, \theta \mid y_{1:T}) = \frac{1}{N}\sum_{i=1}^{N} \delta_{[x_{0:T}(i), \theta_T(i)]}(x_{0:T}, \theta) \tag{6.18}$$

### 6.1.3 退化状态预测

贝叶斯状态预测和平滑是估计的一个推广,三个问题都可归结为给定一定的观测信息($y_{1:t}$)后对某个时刻的状态($x_s$)的后验概率分布 $\pi(x_s|y_{1:t})$的估计:若 $s > t$, 即利用已经获得的信息对未来某一时刻的状态进行预测,为状态预测;若 $s = t$, 即利用已经获得的信息对当前时刻的状态进行估计,为状态估计(或滤波);若 $s < t$, 即利用已经获得的信息对过去某一时刻的状态进行估计,为状态平滑。

在剩余寿命预测问题中更加关注状态预测,若已知 $t$ 时刻的状态后验分布 $\pi(x_t|y_{1:t})$,则可得到未来任意时刻($t+k$)系统状态的概率分布为[7]

$$\pi(x_{t+k} \mid y_{1:t}) = \int \pi(x_{t+k} \mid x_{t+k-1})\pi(x_{t+k-1} \mid y_{1:t})\mathrm{d}x_{t+k-1}(k \geqslant 1) \tag{6.19}$$

若模型为高斯线性,并且已知 $t$ 时刻的状态估计的结果为 $x_t \sim N[a_t(0), R_t(0)]$, 则 $t+k$ 时刻的状态预测分布仍为高斯分布,即

$$x_{t+k} \sim N[a_t(k), R_t(k)] \tag{6.20}$$

其中, $a_t(k) = G_{t+k}a_t(k-1)$; $R_t(k) = G_{t+k}R_t(k-1)G'_{t+k} + W_{t+k}$。

与贝叶斯状态估计类似,除个别情况外是无法获得解析解的,通常还需借助蒙特卡罗方法来逼近状态的概率分布。假设已知 $t$ 时刻状态和参数的联合后验分布 $\pi(x_{0:t}, \theta|y_{1:t})$由粒子集合 $\{(x_{0:t}, \theta_t)^{(i)}\}_{i=1}^N$ 逼近,则逼近 $t+k$ 时刻的状态预测分布 $\pi(x_{t+k}|y_{1:t})$的粒子集合 $\{x_{t+k}^{(i)}\}_{i=1}^N$ 可由算法 6-4 得到。

**算法 6-4** $k$ 步状态预测

For $j = 1 : k$

For $i = 1, \cdots, N$ 采样 $x_{t+j}^{(i)} \sim \pi(x_{t+j} \mid x_{t+j-1}^{(i)}, \theta_t^{(i)})$, 令 $x_{t:t+j}^{(i)} \stackrel{\Delta}{=} (x_{t:t+j-1}^{(i)}, x_{t+j}^{(i)})$。

$t+k$ 时刻的状态预测分布由式(6.21)逼近：

$$\pi(x_{t+k} \mid y_{1:t}) \approx \hat{\pi}(x_{t+k} \mid y_{1:t}) = \frac{1}{N}\sum_{i=1}^{N}\delta_{x_{t+k}^{(i)}}(x_{t+k}) \tag{6.21}$$

当新的观测信息到达后，贝叶斯状态估计通过吸收新的观测信息将首先更新状态和参数的后验分布，然后更新状态预测分布。贝叶斯方法的统计特性使得状态估计和预测的不确定性可以借助概率分布来描述或量化。

### 6.1.4 失效时间分布估计

假设退化状态 $x_t$ 首次达到阈值 $x_F$ 时系统失效，其对应的时间即为系统失效时间 $T$，令 $F_T(t)$ 表示系统在 $t$ 时刻的累计失效概率[$f_T(t)$ 为相应的失效时间概率密度分布函数或失效时间分布函数]，不失一般性，对于一个具有上界的单调递增的退化过程，可得

$$F_T(t) = \Pr[T \leqslant t] = \Pr[x_t \geqslant x_F] = \int_{x_F}^{\infty}\pi(x_t)\mathrm{d}x_t \tag{6.22}$$

其中，$\pi(x_t)$ 表示 $t$ 时刻系统退化状态分布。

图 6.2 给出了系统失效时间分布与退化状态分布之间的关系，对于一个单调递增的退化过程，若定义退化状态首次达到阈值 $x_F$ 时为其失效时间，则其在任意时刻的累积失效概率等于此时退化状态超越失效阈值的累积概率($\Pr[x_t \geqslant x_F]$)，而这一累积概率可对退化状态分布进行积分得到[17]。需要指出的是，对于非严格单调递增(减)的退化过程，理论上 $\Pr[T < t] \neq \Pr[x_t > x_F]$，两者之间存在误差，但在实际中，特别是退化趋势比较明显时，两者之间的误差很小几乎可以忽略，因

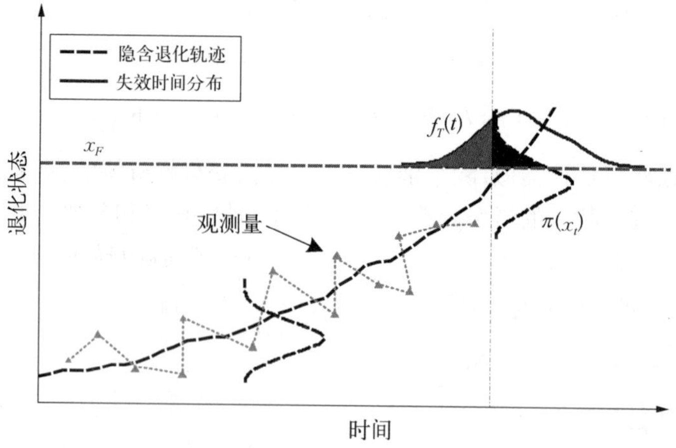


图 6.2 系统失效时间分布与退化状态分布

此仍然认为式(6.22)近似成立,即

$$F_T(t) = \Pr[T < t] \approx \Pr[x_t \geqslant x_F] \tag{6.23}$$

为了更严格地表述后文中采用 $\hat{F}_T(t)$ 来近似 $F_T(t)$:

$$\hat{F}_T(t) = \Pr[x_t \geqslant x_F] = \int_{x_F}^{\infty} \pi(x_t)\,\mathrm{d}x_t \tag{6.24}$$

若系统在 $t$ 时刻的退化状态分布 $\pi(x_t)$ 由样本集 $\{x_t^{(i)}\}_{i=1}^{N}$ 逼近,则系统 $t$ 时刻累积失效概率可由式近似。

$$\hat{F}_T(t) \approx \frac{\text{number of } x_t^{(i)}: x_t^{(i)} \geqslant x_F(i = 1, 2, \cdots, N)}{N} \tag{6.25}$$

## 6.2 基于数据驱动与物理模型相融合的结构损伤检查仿真分析方法

### 6.2.1 民用飞机复合材料典型结构件失效概率方法建模

通过复合材料层合板低速冲击性能试验研究,表明凹坑深度能够很好地描述复合材料损伤,因此,本节相关的复合材料损伤特征均使用凹坑深度来描述。通过复合材料层合板的试验数据,建立的凹坑深度与剩余强度之间的关系模型,经过数据处理后,适用于复合材料典型结构件的凹坑深度与剩余强度之间的关系描述。因此,可以把上述结论作为本节复合材料典型结构件失效概率方法建模的输入。图 6.3 是民用飞机复合材料典型结构件的失效概率评估和检查间隔确定的方法流程。

由图 6.3 可知,本节主要讨论民用飞机在运行过程中复合材料结构件遭受意外冲击事件(低速冲击事件)结构件损伤的漏检失效和检测问题。在考虑民用飞机服役期间冲击损伤的产生、载荷超限以及维护过程中损伤漏检等因素的基础上,结合航线统计数据和结构件的低速冲击试验数据,采用概率方法对复合材料结构件的失效问题进行分析,并依照相关适航文件中规定的安全阈值来确定合适的检查间隔,在保证民用飞机安全性和可靠性水平的基础上,为民用飞机维修大纲修订过程中结构检查间隔的分析提供一定的参考。

1. 损伤检出概率

损伤的检出概率不仅是飞机复合材料结构设计阶段中结构静强度、疲劳、损伤容限等问题的重要基础数据,而且直接关乎结构的检查维修大纲的制定和全寿命

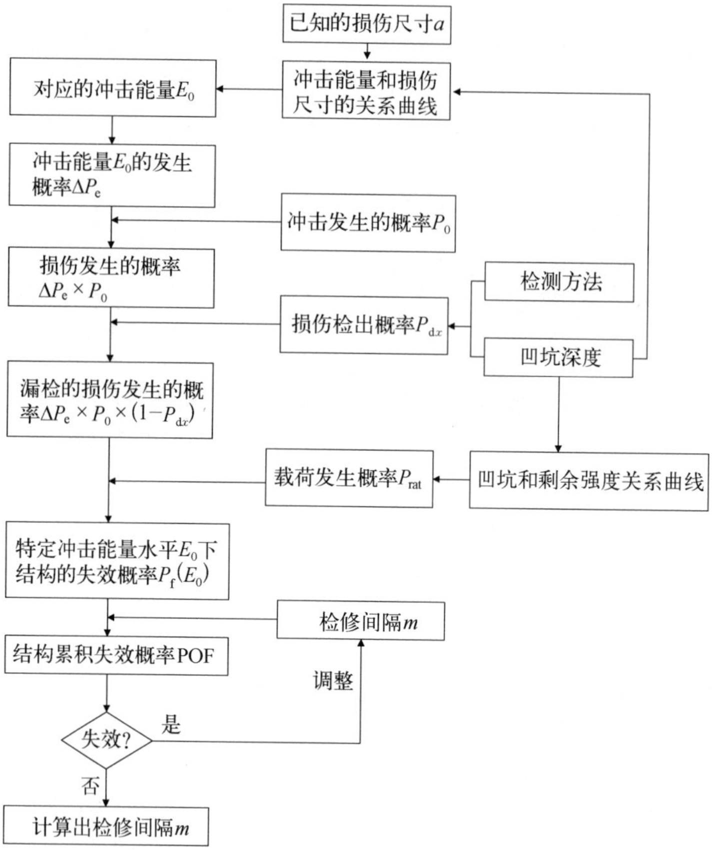


图 6.3　民用飞机复合材料典型结构件的失效概率评估和检查间隔确定的方法流程图

成本。本节从损伤的目视检测说起，进而阐述现阶段常用的损伤检出概率模型和处理方法，并以此来确定复合材料结构件的可检性门槛值的确定方法，为下一步评估结构件的失效概率和检查间隔的确定方法模型提供输入。

1）目视检测类型对损伤的分类

目视检测方法作为外场维修环境下最重要的一种检测方法，其在飞机维修中占据很重要的地位。无论是大型运输机还是小型运输机或通用类航空飞机都依赖目视检测技术，其可以被认为是防备与飞机安全有关的第一道防线，并是评估有关飞机结构状态比较廉价和快捷的方法。一般地，目视检测按照难度和有效性可分为巡回检测（WA）、一般目视检测（GVI）、详细目视检测（DET）、特别详细目视检测（SDI）四类。

具体到飞机复合材料结构件，冲击损伤的主要检测方法是 GVI 和 DET 两种方法。图 6.4 是不同目视检测类型对冲击损伤的分类。

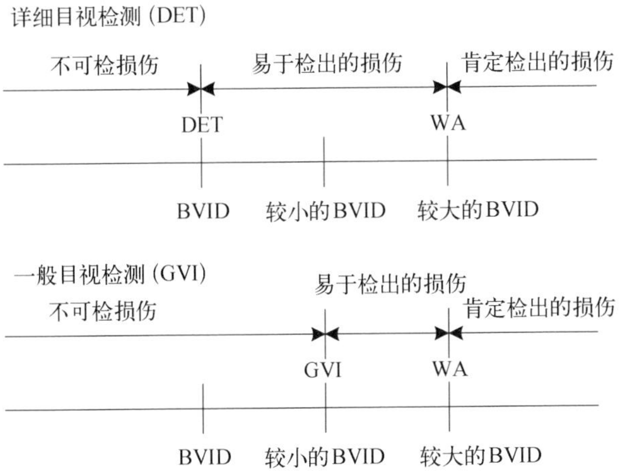


图 6.4 不同目视检测类型对冲击损伤的分类

2) 损伤检出概率模型

本书选择凹坑深度作为表征冲击损伤的特征参数,且现阶段针对复合材料冲击损伤的检测问题的研究表明,大多选取的表征参数同样是凹坑深度[18]。因此,损伤的检出概率是对特定检测方法下某一凹坑深度 $a$ 检测效率的度量。

实际上,每一种目视检测方法(WA/GVI/DET/SDI)的检测效率都可以通过概率分布来描述。本节主要考虑复合材料结构件检测中两种常用检测方法的检出概率,即 GVI 和 DET。

假设 $P_{dat}$ 是被检凹坑深度 $a$ 的概率函数,检出概率可以用累积对数正态模型来表述[18-20],那么,相应的检出概率 $P_{dat}$ 为

$$P_{dat} = \text{pod}(a) = \Phi\left(\frac{\lg a - \mu}{\sigma}\right) = \frac{1}{\sqrt{2\pi}}\int_{-\infty}^{\frac{\lg a-\mu}{\sigma}} \exp\left(-\frac{x^2}{2}\right)\mathrm{d}x \tag{6.26}$$

确定损伤检出概率 $P_{dat}$ 涉及如下 4 个方面问题[21]:

(1) 冲击损伤相关的试验方案设计[凹坑损伤的测量与采集、检测方法的描述(GVI 或 DET)、目视检测结果的独立性和有效数据量的要求等];

(2) 统计数据(试验或航线数据)处理(损伤检出超越数统计或损伤检出频率统计等);

(3) 检出概率密度函数(对数正态分布假设等)及其参数的确定(最大似然估计方法);

(4) 一定置信水平下的 $P_{dat}$ 曲线的确定方法。

接下来的工作包括:给出检出概率密度函数的最大似然估计方法以及一定置信水平下的凹坑检出概率的确定方法。

(1) 检出概率密度函数的最大似然估计[18]

根据冲击试验,损伤的检测结果无非两种结果,即凹坑被检出或未被检出;数据的记录形式为凹坑深度及其检测结果的数对。因此,$P_{dat}$概率模型的相关参数可采用最大似然法进行估计。

为了便于数据记录,可令 $a_i$ 表示第 $i$ 个凹坑深度,$z_i$ 表示对应凹坑的检测结果,那么,如果凹坑被检出,$z_i$ 取值为 1;如果凹坑未被检出,$z_i$ 取值为 0。

令 $\mathrm{pod}(a_i)$表示被检凹坑深度的概率函数,根据凹坑检测结果的记录数对$(a_i, z_i)$,其似然函数可表述为

$$L(\theta) = \prod [\mathrm{pod}(a_i)]^{z_i}[1 - \mathrm{pod}(a_i)]^{1-z_i} \tag{6.27}$$

式中,$\boldsymbol{\theta} = (\theta_1, \theta_2, \cdots, \theta_k)$ 是 $\mathrm{pod}(a)$函数的待定参数;$\theta_1, \theta_2, \cdots, \theta_k$ 的值由似然函数 $L(\boldsymbol{\theta})$的最大极值点来确定。

根据式(6.27),检出概率函数模型的对数形式可表述为

$$\ln L(\boldsymbol{\theta}) = \sum \{z_i \ln \mathrm{pod}(a_i) + (1 - z_i)\ln[1 - \mathrm{pod}(a_i)]\} \tag{6.28}$$

通过求解下列 $k$ 个联立方程组即可获得参数 $\theta_1, \theta_2, \cdots, \theta_k$ 的最大似然估计值,即

$$\frac{\partial \ln L(\theta)}{\partial \theta_i} = 0 \quad (i = 1, 2, \cdots, k)$$

(2) 一定置信水平下的凹坑检出概率的确定[19]

由式(6.26),凹坑的检出概率函数符合累积对数正态模型。假设 $pod(a_p) = p$ 对应的凹坑深度为 $a_p$,标准正态分布的 $p$ 分位点为 $z_p$,那么

$$\frac{\ln a_p - \mu}{\sigma} = z_p \tag{6.29}$$

由式(6.29),$a_p = \exp(\mu + z_p \sigma)$。

式(6.29)中的参数 $\mu$ 和 $\sigma$ 服从渐近正态分布,那么 $X_p = \mu + z_p \sigma$ 同样服从渐近正态分布,其均值、方差及标准差分别为

$$M(X_p) = \mu + z_p \sigma$$

$$D(X_p) = V_{11} + 2z_p V_{12} + z_p^2 V_{22}$$

$$\mathrm{SD}(X_p) = \sqrt{D(X_p)}$$

则有

$$a_{p/q} = \exp[\mu + z_p \sigma + z_q \mathrm{SD}(X_p)] \tag{6.30}$$

若需求出 95%置信水平下,检出概率 $P_{\mathrm{dat}}$ 曲线的均值和标准差。

那么,

$$a_{90} = \exp(\hat{\mu} + 1.282\hat{\sigma})$$

$$a_{90/95} = \exp[\hat{\mu} + 1.282\hat{\sigma} + 1.645\mathrm{SD}(X_{90})]$$

$$a_{50/95} = \exp[\hat{\mu} + 1.645\mathrm{SD}(X_{90})]$$

$$a_{99/95} = \exp[\hat{\mu} + 2.327\hat{\sigma} + 1.645\mathrm{SD}(X_{99})]$$

式中,$\hat{\mu}$、$\hat{\sigma}$ 分别表示 $\mu$、$\sigma$ 的最大似然估计值。

在 95%的置信水平下,曲线的均值和标准差分别为

$$\mu_{95} = \ln(a_{50/95}) \tag{6.31}$$

$$\sigma_{95} = \frac{\ln(a_{99/95}) - \ln(a_{50/95})}{2.33} \tag{6.32}$$

下面结合具体的结构损伤检出数据,仅对损伤检出概率的累积对数正态模型中参数的最大似然估计和一定置信水平下检出概率模型参数的确定推导过程进行说明。结合文献[18]中的试验数据,根据本节的推导过程,即可得到累积对数正态分布模型中的参数估计值分别为 $\mu = -1.869$, $\sigma = 0.612$, $\mu_{95} = -1.785$, $\sigma_{95} = 0.677$;那么,凹坑损伤检出概率 $P_{\mathrm{dat}}$ 累积对数正态模型曲线和凹坑深度 $a$ 的关系如图 6.5 所示。图中实线表示凹坑损伤检出概率曲线;虚线表示 95%置信水平下凹坑损伤检出概率曲线。

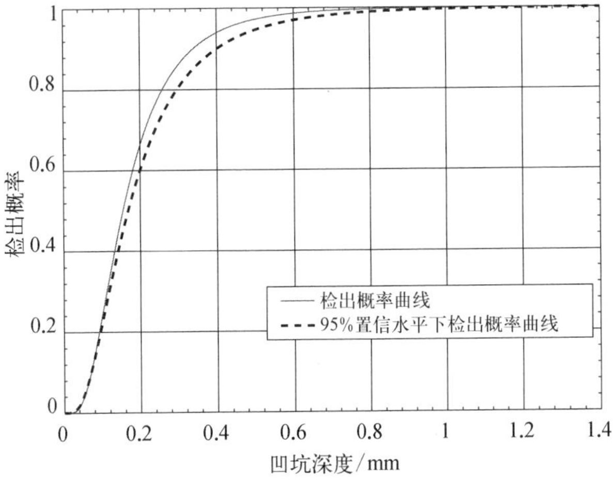


图 6.5　DET 下凹坑损伤检出概率曲线

特别说明的是,为了消除试验过程中人为因素带来的误差,保证数据的有效性,在实际操作过程中,均选取95%置信水平下的凹坑损伤检出概率曲线来表征一定检测条件下损伤的检出效率。

3) 复合材料结构件可检性门槛值的确定

目前针对复合材料结构件的设计理念一般采用"静力覆盖疲劳"和"损伤容限"的概念[21]。对于不可检损伤,即不超过目视勉强可见的损伤(BVID),在损伤容限设计阶段已经要求需满足极限载荷能力,因此,对于不可检损伤,可以认为在全寿命期间不会发生失效。本章研究的对象是为可检的冲击损伤的漏检情况导致结构失效问题,因此,确定复合材料结构件可检性门槛值是必不可少的。下面是复合材料结构件的可检性门槛值(目视勉强可见损伤尺寸)确定的一般方法。

(1) 一般原则说明。关于可检门槛值,目前较为常用的是采用凹坑深度作为度量。对于复合材料结构件,分析相关冲击源多考虑维护操作,即工具掉落、可拆卸壁板的坠落等,损伤的形状对应到冲击试验用冲击头直径,通常为6~25 mm[22];对于地面维护车辆那样的钝冲头冲击,则需要考虑更大的冲头直径。

BVID的定义是由定期检测保证检出的最小冲击损伤[21]。对此,需要说明的是:① 对复合材料采用凹坑深度作为损伤的度量;② 它对应于置信度95%时的检出概率为90%;③ 针对不同的目视检测类型,建立不同的BVID准则。

(2) 确定BVID方法的试验要求。根据BVID的定义,只要通过试验建立结构件的检出概率曲线,找出目视检测方法对应的置信水平为95%,检出概率为90%的损伤即可。不同的目视检测类型对应的试验要求详见文献[21]。

(3) 试验数据统计。

(4) 建立检出概率曲线。

(5) 确定BVID。

下面结合具体的结构损伤检出数据,仅对复合材料结构件可检性门槛值的确定过程进行说明。结合文献[18]中试验数据,根据步骤(1)~(5),可得到详细目视检测方法对应下的BVID值为 $a_{90/95}=0.386\ \mathrm{mm}$。图6.6是DET下BVID确定方法示意图。

2. 损伤的发生概率

对于复合材料结构件,飞机服役期间单位飞行小时遇到意外冲击损伤的发生概率主要包括两部分[21,23]:单位飞行小时内冲击发生的概率和冲击能量发生的概率。只有当这两个事件同时发生,冲击损伤才会产生,因此,可以认为单位飞行小时内冲击损伤的发生概率是冲击发生的概率和冲击能量发生的概率的乘积。令单位飞行小时内冲击损伤的发生概率为 $P_{at}$,单位飞行小时内冲击发生的概率为 $P_0$,冲击能量发生的概率为 $\Delta P_e$,则

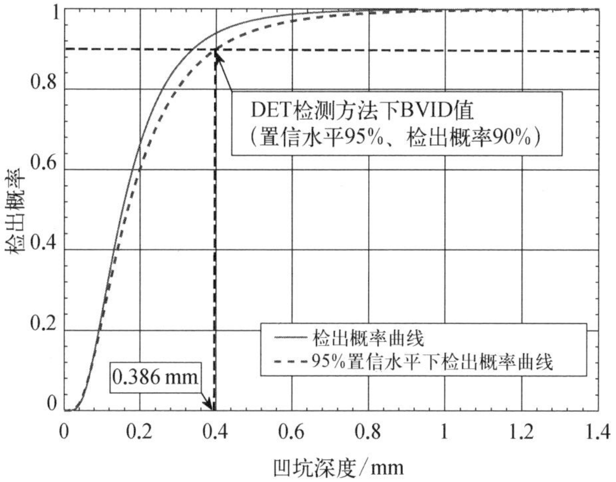


图 6.6　DET 下 BVID 确定方法示意图

$$P_{at} = P_0 \Delta P_e \tag{6.33}$$

下面对单位飞行小时冲击发生的概率 $P_0$ 和冲击能量发生的概率 $\Delta P_e$ 进行阐述。

1）冲击能量发生的概率

由外场调查所知的仅有结果见 MIL－HDBK－17F[24]。基于对 1 644 次冲击事件的分析,可以认为这一结果相当全面的。虽然这些记录代表了美国海军军用飞机(F－4,F－111,A－10 和 F－18)的使用情况,但是一方面由于运输类飞机的维护工具和维护操作应该与这项研究的差别不大,另一方面,由于复合材料结构件统计数据的缺乏,行业内对相关问题的处理均是采用这项研究成果[25-29],因此可以把它们推广用于运输类飞机的复合材料结构件的研究中。

在这项研究中,通过用 F－15 机翼得到的标定曲线,把金属结构上观察到的 1 644 个冲击凹坑转换成能量水平,如图 6.7 所示。

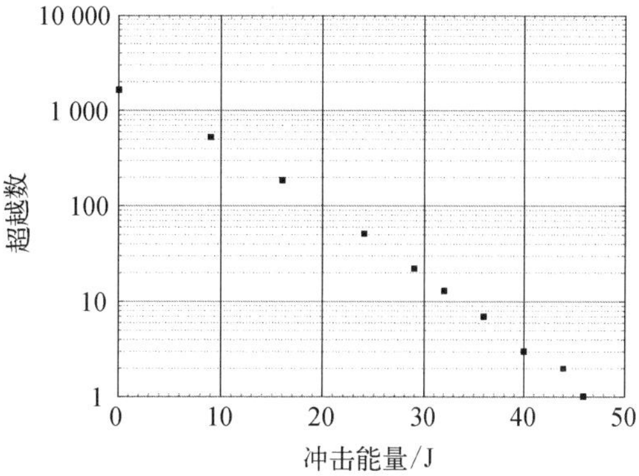


图 6.7　冲击能量超越数统计图

根据上述航线中冲击能量的统计数据,可以转化为冲击能量发生的概率分布[30,31],即 MCAir 冲击威胁,其表明了民用飞机在服役期间机身结构可能遭受的冲击能量概率分布。

研究表明[30,31],由于服役期间冲击源的不同,实际的冲击威胁取决于机身结构的位置及其构型。为了建立符合不同冲击源、不同结构及其区域位置的冲击威胁分布，需要使用结构性分区程序对结构进行分类。基于上述考虑，Han 等人[30,31]在 MCAir 冲击威胁的基础上做了保守的修正，把冲击威胁分为低、中、高三个等级，即 Low Threat、Medium Threat、High Threat，其保守程度依次增加，以使之满足不同冲击源、不同结构以及区域位置对冲击威胁的要求。

图 6.8 是各冲击威胁下冲击能量发生的概率分布[31]。表 6.1 是四种冲击威胁下概率分布的参数值[31]。

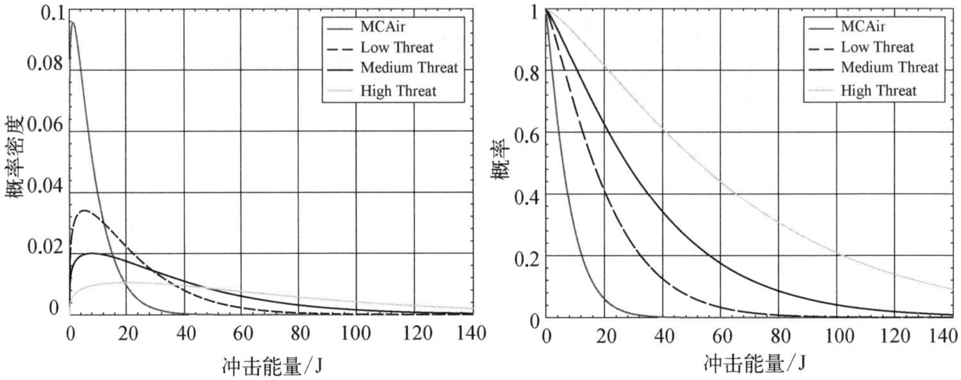


图 6.8　冲击能量发生的概率分布

**表 6.1　冲击能量发生的概率分布的参数值**

| 冲击威胁 | 分布类型 | 分布参数 |
|---|---|---|
| MCAir | 威布尔 | $\alpha = 1.147, \beta = 8.11$ |
| Low Threat | 威布尔 | $\alpha = 1.221, \beta = 21.96$ |
| Medium Threat | 威布尔 | $\alpha = 1.192, \beta = 37.69$ |
| High Threat | 威布尔 | $\alpha = 1.264, \beta = 70.10$ |

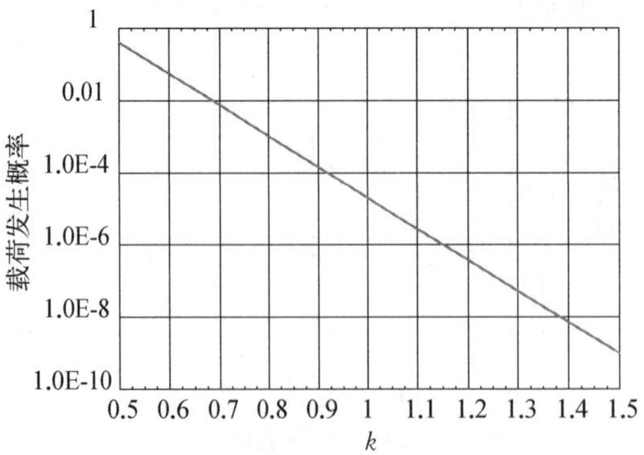


图 6.9　载荷发生概率曲线(对数线性模型)

由图 6.9 的冲击威胁分布和表 6.1 中概率分布的参数值，可以得到四种冲击威胁下概率分布 $P_e$ 的概率密度表达式

$$f(e;\ \alpha,\ \beta) = \frac{\beta}{\alpha^{\beta}} e^{\beta-1} \exp[-(e/\alpha)^{\beta}]$$

$$(e \geqslant 0,\ \alpha > 0,\ \beta > 0) \tag{6.34}$$

其中，$e$ 为冲击威胁对应的冲击能量；$\alpha$ 为威布尔概率密度函数的形状参数；$\beta$ 为威布尔概率密度函数的尺寸参数；$\alpha$ 和 $\beta$ 的取值见表 6.1。

由于冲击能量发生的概率分布是一个连续概率分布，因此根据式(6.34)，对于给定的任一能量值 $E_0$，该点处对应的概率需要取一个小的能量间隔来近似计算，即

$$\Delta P_e(E_0) \cong \int_{E_0}^{E_0+\delta} f(x)\,\mathrm{d}x \cong P_e(E_0 - \delta/2) - P_e(E_0 + \delta/2) \tag{6.35}$$

其中，$\delta$ 为能量小量；$f(x)$ 为各冲击威胁下冲击能量发生的概率密度函数。

2）单位飞行小时内冲击发生的概率

MIL－HDBK－17F[24] 给出了基于 19 个运营商的 2 100 架飞机的损伤记录的损伤发生概率分析结果。在总共 3 814 805 飞行小时中，发现了 1 484 次维护引起的损伤(相应于低速冲击损伤)。

依据这些数据估计的低速冲击发生概率是 $1\,484/3\,814\,805 = 3.9 \times 10^{-4}$／飞行小时[24]。显然这一概率是针对全部飞机而言的，而对于零件(如方向舵蒙皮)，相应的概率应该低一些。但是这样的判断可能会与事实不符，因此应假定对零件的冲击发生概率有着同样的数量级[21]。根据 AMC 25.1309 的定义[32]，应认为低速冲击发生的概率的范围在($10^{-3} \sim 10^{-5}$)／飞行小时之间是合理的，即 $x$ 的取值范围为 3~5。因此单位飞行小时冲击发生的概率 $P_0$ 可表示为

$$P_0 = 10^{-x} \tag{6.36}$$

式中，参数 $x$ 与结构受冲击部位有关。

表 6.2 是部分飞机外翼不同部位的参数 $x$ 的取值。它是使用中损伤检测的统计研究与工程经验判断共同得到的结果[21]。

**表 6.2　飞机外翼不同部位的参数 $x$ 的取值**

| 机翼区 | 描　　述 | 参数 $x$ 的取值 |
|---|---|---|
| BT | 机翼盒段上蒙皮外部：外侧发动机的外侧肋到倒数第二肋 | 3 |
| CT | 机翼盒段上蒙皮外部：倒数第二肋到翼尖 | 3 |
| BB | 机翼盒段下蒙皮外部：外侧发动机的外侧肋到倒数第二肋 | 3 |
| CB | 机翼盒段下蒙皮外部：倒数第二肋到翼尖 | 3 |

在后续的 6.2.2 节的案例分析中，需要根据飞机外翼具体的冲击部位，依照表 6.2 选取相应的参数 $x$ 的值即可。

3）漏检的冲击损伤发生的概率

由于检测条件的限制，复合材料结构件的损伤并不能被完全检出。因此，每一

次冲击产生的损伤尺寸即对应一个检出概率的概念。

复合材料结构冲击损伤被检出的概率，即检出概率，用符号 $P_{\mathrm{dat}}$ 表示，那么未被检出概率为 $1-P_{\mathrm{dat}}$，即漏检概率。因此，漏检的冲击损伤发生的概率为

$$\Delta P_{\mathrm{e}} \times P_0(1 - P_{\mathrm{dat}}) \tag{6.37}$$

3. 载荷发生概率

影响含冲击损伤的结构压缩剩余强度的因素有很多，包括冲击源、损伤尺寸等。对于特定的冲击源，本节假设含冲击损伤的结构压缩剩余强度与损伤尺寸相关，由 6.2.1 节，损伤尺寸和剩余强度之间的关系符合指数函数模型。

假设载荷发生概率（即载荷大于剩余强度的概率）为 $P_{\mathrm{rat}}$。对于民用飞机复合材料结构，主要考虑阵风载荷发生的概率[21,32]：

（1）对应于限制载荷的阵风载荷发生的概率为 $P_{\mathrm{rat}} = P(Rs > Rs_{LL}) = 2 \times 10^{-5}$/飞行小时；

（2）对应于极限载荷的阵风载荷发生的概率为 $P_{\mathrm{rat}} = P(Rs > Rs_{UL}) = 1 \times 10^{-9}$/飞行小时。

研究表明[19,21,23]，介于限制载荷和极限载荷之间的载荷发生概率可以用对数线性模型来描述，因此 $\lg P_{\mathrm{rat}}$ 与剩余强度 $Rs_{\mathrm{r}}$ 的线性关系可表述为

$$\lg P_{\mathrm{rat}} = \lg[P(Rs > Rs_{\mathrm{r}})] = a(Rs_{\mathrm{r}}/Rs_{LL}) + b = ak + b \tag{6.38}$$

式中，$k = Rs_{\mathrm{r}}/Rs_{LL}$；$a$ 与 $b$ 为待定常数。参数 $k$ 表示含冲击损伤的结构压缩剩余强度与限制载荷的比值。

由式(6.38)，当 $k = 1$ 时，相应于限制载荷的阵风载荷发生概率为

$$P_{\mathrm{rat}} = P(Rs > Rs_{\mathrm{r}}) = P(Rs > Rs_{LL}) = 2 \times 10^{-5}\text{/飞行小时}$$

当 $k = 1.5$ 时，相应于极限载荷的阵风载荷发生概率为

$$P_{\mathrm{rat}} = P(Rs > Rs_{\mathrm{r}}) = P(Rs > 1.5Rs_{LL}) = 1 \times 10^{-9}\text{/飞行小时}$$

那么，

$$a = -8.6,\ b = 3.9$$

则有

$$P_{\mathrm{rat}} = 10^{-8.6k+3.9} \tag{6.39}$$

根据式(6.39)，可作出 $k$ 和 $P_{\mathrm{rat}}$ 关系曲线，如图 6.9 所示。图 6.9 是载荷发生概率曲线（对数线性模型）。

4. 特定冲击能量下结构的失效概率模型

本部分主要考虑 6.2.1 节中飞机运行过程中损伤检出概率、损伤发生概率以及载荷发生概率等因素，结合结构件损伤和能量之间的关系，分析复合材料结构发生任一低速冲击损伤情况的失效概率。

图 6.10 是特定冲击能量下结构的失效概率模型计算框图。基于图 6.10，给出了特定能量水平下结构失效概率的分析流程如下：

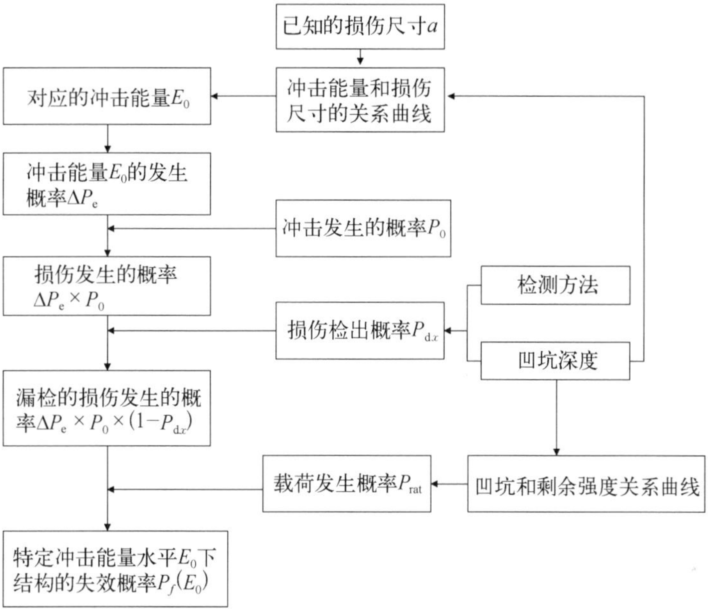


图 6.10　特定冲击能量下结构的失效概率模型计算框图

（1）对于飞机的维修操作和目视检测中，比较容易得到最直观的信息是损伤；已知某一损伤尺寸 $a$，根据冲击能量和损伤尺寸之间的关系模型，可以确定对应的冲击能量 $E_0$；

（2）根据描述冲击能量的概率分布曲线并结合冲击发生的概率 $P_0$，计算 $\Delta P_e \times P_0$；

（3）根据所选择的检测方法（GVI 或 DET）对应的凹坑检出概率曲线，确定凹坑深度 $a$ 对应的检出概率 pod($a$)；

（4）根据结构的凹坑深度与剩余强度的关系曲线，确定结构的剩余强度 $Rs_r$；

（5）根据载荷发生概率曲线，确定阵风载荷大于结构剩余强度的概率 $P_{rat}$；

（6）对于给定凹坑深度对应的冲击能量水平 $E_0$，单位飞行小时内结构的失效概率可表述为

$$P_{\mathrm{f}}(E_0)=P_{\mathrm{rat}}[Rs_{\mathrm{r}}(E_0)][1-P_{\mathrm{dat}}(E_0)]\Delta P_{\mathrm{e}}(E_0)P_0 \tag{6.40}$$

5. 结构累积失效概率计算模型和检查间隔确定方法

上节讨论的是单位飞行小时内特定冲击能量下结构的失效概率问题。实际上,飞机结构在全寿命期间可能受到多种冲击源、各种损伤尺寸、各种冲击能量的冲击。这些损伤在飞机运行期间由于可能会被漏检而会长时间存在,久而久之导致飞机结构发生累积失效。为保证可检性的损伤在被检出之前飞机能够安全运行,需要确定合适的检查间隔。

在飞机实际的维修操作中,易于得到的检查信息是损伤的尺寸参数。对于特定结构,研究表明,损伤尺寸参数和冲击能量呈现一一对应关系。因此,已知损伤尺寸,便可以认为可以得到对应的冲击能量。

现在假设飞机结构在运行过程中会遭受低速冲击损伤。低速冲击损伤尺寸的区间范围确定方法如下:

(1) 区间下限:结构件的可检性门槛值;

(2) 区间上限:根据文献[21]可知,理论上其对应飞机结构的损伤容限设计中静强度能量截止上限值,即 136 J 冲击能量对应的损伤尺寸;但是在实际中,针对具体的飞机结构件,其结构厚度是一定的,当结构发生穿透损伤时,冲击能量远远小于 136 J,因此,该区间的上限值需要根据具体的结构进行确定。

特别说明的是,对于具体的飞机结构,低速冲击损伤尺寸的区间范围确定后,冲击能量的区间范围随之确定。

以冲击能量 $E$ 为变量,结构的累积失效概率推导过程如下。

对于特定的冲击源,民用飞机复合材料结构运行到最后一个飞行小时的累积失效概率为

$$P_{\mathrm{f}}=\int_{E_1}^{E_2}P_{\mathrm{rat}}[Rs_{\mathrm{r}}(E)]R_{\mathrm{r}}(E)\mathrm{d}E=\sum_{E_1}^{E_2}\{P_{\mathrm{rat}}[Rs_{\mathrm{r}}(E)]R_{\mathrm{r}}(E)\Delta E\} \tag{6.41}$$

式中,$E_1$ 为冲击损伤尺寸区间下限值对应的冲击能量;$E_2$ 为冲击损伤尺寸区间上限值对应的冲击能量;$P_{\mathrm{rat}}[Rs_{\mathrm{r}}(E)]$ 表示阵风载荷大于受到能量为 $E$ 的冲击的结构剩余强度发生概率,而 $R_{\mathrm{r}}(E)\Delta E$ 表示在民用飞机结构寿命的最后一个飞行小时能量为 $E$ 的冲击损伤被漏检的概率,则 $P_{\mathrm{rat}}[Rs_{\mathrm{r}}(E)]R_{\mathrm{r}}(E)\Delta E$ 表示因漏检能量为 $E$ 的冲击损伤而导致的失效概率。

对于含可检性损伤复合材料结构的修理检测,只考虑两种目视检测方法,即一般目视检测(GVI)和详细目视检测(DET)。假设结构总的寿命时间为 $n$ 个飞行小时,DET 的检测间隔为 $m$ 飞行小时。为了说明计算方法,不失一般性,假设只对结构进行 DET,仅考虑第 $j$ 个冲击源造成的损伤所导致的失效,则

(1) 第一次检测($m$ 时刻)前,对于给定冲击能量 $E$,单位飞行小时内遇到能量等于 $E$ 的冲击损伤的发生概率近似为 $\Delta P_e(E)P_0=[P_e(E-\delta/2)-P_e(E+\delta/2)]P_0$(其中 $\delta$ 为小量,通常为几个焦耳),则 $[1-\Delta P_e(E)]P_0$ 是民用飞机结构在单位飞行小时内未遇到能量为 $E$ 的冲击损伤的发生概率。那么,$[1-\Delta P_e(E)P_0]^m$ 是在 $m$ 飞行小时内未遇到能量等于 $E$ 的冲击损伤的发生概率,则在 $m$ 飞行小时内至少遇到一次能量等于 $E$ 的冲击损伤的发生概率为

$$1-(1-\Delta P_e P_0)^m \tag{6.42}$$

第一次检测完成($m$ 时刻)后,结构损伤的发生概率降低为

$$[1-(1-\Delta P_e P_0)^m](1-P_{\text{dat}}) \tag{6.43}$$

式(6.43)含义是第一次检测完成后损伤被漏检的概率。假设被检出的损伤已在第一次检测完成后被立即修理并且结构的强度、刚度因此而恢复到初始水平。

(2) 第二次检测($2m$ 时刻)前,结构损伤的发生概率为

$$\begin{aligned}&[1-(1-\Delta P_e P_0)^m](1-P_{\text{dat}})+[1-(1-\Delta P_e P_0)^m]\\&=\sum_{i=1}^{2}[1-(1-\Delta P_e\cdot P_0)^m](1-P_{\text{dat}})^{i-1}\end{aligned} \tag{6.44}$$

第二次检测完成($2m$ 时刻)后,结构损伤的发生概率降低为

$$\begin{aligned}&\left\{\sum_{i=1}^{2}[1-(1-\Delta P_e P_0)^m](1-P_{\text{dat}})^{i-1}\right\}(1-P_{\text{dat}})\\&=\sum_{i=1}^{2}[1-(1-\Delta P_e P_0)^m](1-P_{\text{dat}})^{i}\end{aligned} \tag{6.45}$$

式(6.45)含义是第二次检测完成后损伤被漏检的概率,假设被检出的损伤已在第二次检测完成后被立即修理并且结构的强度、刚度因此而恢复到初始水平。

(3) 第三次检测($3m$ 时刻)前,结构损伤的发生概率为

$$\begin{aligned}&\sum_{i=1}^{2}[1-(1-\Delta P_e P_0)^m](1-P_{\text{dat}})^{i}+[1-(1-\Delta P_e P_0)^m]\\&=\sum_{i=1}^{3}[1-(1-\Delta P_e P_0)^m](1-P_{\text{dat}})^{i-1}\end{aligned} \tag{6.46}$$

第三次检测完成($3m$ 时刻)后,结构损伤的发生概率降低为

$$\begin{aligned}&\left\{\sum_{i=1}^{3}[1-(1-\Delta P_e P_0)^m](1-P_{\text{dat}})^{i-1}\right\}(1-P_{\text{dat}})\\&=\sum_{i=1}^{3}[1-(1-\Delta P_e P_0)^m](1-P_{\text{dat}})^{i}\end{aligned} \tag{6.47}$$

以此类推,第 $n/m$ 次检测($n$ 时刻)前,即民用飞机结构的寿命结束前最后一个飞行小时,损伤的发生概率为

$$\sum_{i=1}^{n/m}[1-(1-\Delta P_{e}P_{0})^{m}](1-P_{dat})^{i-1} \tag{6.48}$$

显然,结构在最后一个飞行小时里损伤的发生概率最大。

又因 $m\Delta P_{e}P_{0}<1$,因此 $1-(1-\Delta P_{e}P_{0})^{m}\approx m\Delta P_{e}P_{0}$,则式(6.48)中的 $R_{r}(E)\Delta E$ 为

$$\begin{aligned} R_{r}(E)\Delta E &= \sum_{i=1}^{n/m}[1-(1-\Delta P_{e}P_{0})^{m}](1-P_{dat})^{i-1} \\ &= \sum_{i=1}^{n/m}m\times\Delta P_{e}\times P_{0}\times(1-P_{dat})^{i-1} \\ &= \sum_{i=1}^{n/m}m[f(E)\Delta E](1-P_{dat})^{i-1} \end{aligned} \tag{6.49}$$

将式(6.49)代入式(6.48),可获得在第 $j$ 个冲击源损伤下结构失效概率为

$$P_{f}^{j}=\int_{E_1}^{E_2}\left\{P_{rat}[Rs_{r}(E)]\sum_{i=1}^{n/m}mf(E)[1-P_{dat}(E)]^{i-1}\right\}dE \tag{6.50}$$

为了便于计算,给出下面的数值计算公式,即

$$P_{f}^{j}=\sum_{E=E_1}^{E_2}\left\{P_{rat}[Rs_{r}(E)]\times\sum_{i=1}^{n/m}m\Delta P_{e}(E)P_{0}[1-P_{dat}(E)]^{i-1}\right\} \tag{6.51}$$

评估结构的失效概率需要综合两种检测方法,计算公式的推导方法与以上推导完全相同,只需注意不同检测方法所对应的检出概率以及检测间隔不同即可。

实际上,结构在运行过程中会受到多种不同的冲击源的冲击(假设数量为 $L$),一般来说,对于不同的冲击源,其冲击能量的发生概率分布 $P_{e}$ 并不相同,因此,结构的总失效概率是把不同冲击源损伤所引起的失效概率 $P_{f}^{j}$ 进行累加即可,由此可得

$$P_{f}=\sum_{j=1}^{L}P_{f}^{j} \tag{6.52}$$

确定的结构检查间隔必须使得 $P_{f}$ 小于或等于规定的失效概率(根据具体的结构件,结合工程经验和设计参数,来规定不同的失效概率;对于不同危害性等级的

结构，可以选择 $10^{-3} \sim 10^{-9}$ 每飞行小时作为失效概率阈值，也可能对安全关键件取更低的概率值）。

### 6.2.2 案例分析

本部分基于具体的复合材料翼盒蒙皮面板的试验数据和航线统计数据，并结合复合材料层合板试验中得到的凹坑深度与剩余强度关系模型，对6.2.1节中复合材料典型结构件失效概率方法的可行性进行验证分析。

本部分的典型结构件试验数据来源于本课题组和上海交通大学课题组关于某型飞机复合材料外翼翼盒蒙皮面板的低速冲击试验。其中，冲击源为16 mm直径的冲击物，损伤检测方法为详细目视检测（DET）方法。特别说明的是，由于试验条件的限制，典型结构件的试验数据中不包括结构件的剩余强度数据。为了使复合材料典型结构件失效概率方法可行性验证的计算过程能够进行，这里假设6.2.1节中基于复合材料层合板试验数据的相对剩余强度和凹坑深度关系模型适用于本案例中外翼翼盒蒙皮面板；如果工程实际中能够获得典型结构件的剩余强度数据，只要替换本部分的相对剩余强度和凹坑深度关系模型即可。另外，本书所使用的航线统计数据主要包括民用飞机机身结构服役过程中的损伤数据、冲击威胁数据和检查数据以及载荷数据等，这些数据的统计模型来源于现有的研究文献[27-29,34]，相应的说明详见2.3节相关内容。

1. 复合材料外翼翼盒结构描述

本部分的冲击试验对象是一多梁共固化碳纤维复合材料翼盒结构，其局部剖面形式如图6.11（a）所示。整个翼盒的蒙皮按照铺层厚度分成6个区域，如图6.11（b）所示，各区域蒙皮铺层层数及厚度如表6.3所示，其中 $\Delta h$ 为黏接于蒙皮上的翼梁厚度。翼盒根部固定于地面，被冲击蒙皮表面保持水平，冲击的位置分为A型点和B型点。

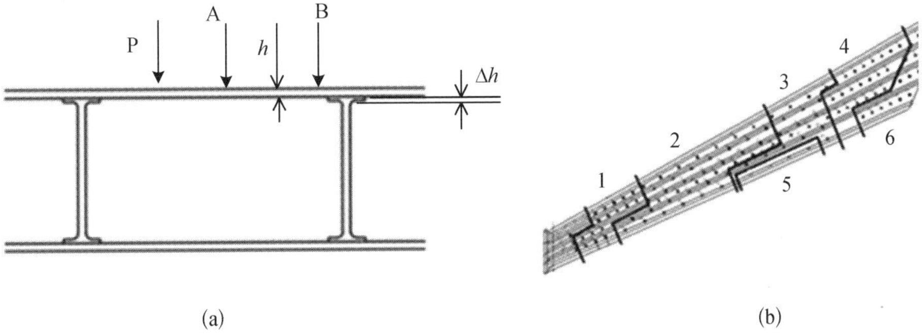


图6.11 翼盒冲击点示意图与翼盒冲击试验区域

**表 6.3　各区域铺层参数**

| 区域划分 | 铺层数 | 蒙皮厚度 $h$/mm |
| --- | --- | --- |
| 1 | 16 | 3.01 |
| 2 | 20 | 3.76 |
| 3 | 24 | 4.51 |
| 4 | 32 | 6.02 |
| 5 | 40 | 7.52 |
| 6 | 46 | 8.65 |

本试验选择 1、2、3 共三个区域进行冲击，冲击部位均为 A 型点，是梁翼腹板中间部分的蒙皮，远离翼梁；落锤重量为 5.3 kg，冲头直径为 16 mm。试验过程中的力值信息由数据采集设备测量，试验后进行凹坑损伤的测量和分层损伤面积的超声扫描。

2. 试验损伤数据统计与处理

在 1、2、3 三个区域的冲击中，区域 1 的有效数据点为 34 个，区域 2 的有效数据点为 7 个，区域 3 的有效数据点为 13 个，因此，这里选取区域 1 的冲击数据，作为研究对象。

表 6.4 为翼盒结构件区域 1 的冲击损伤统计数据。

**表 6.4　翼盒结构件冲击损伤统计数据**

| 冲击点编号 | 能量/J | 凹坑深度/mm | |
| --- | --- | --- | --- |
| | | 回弹前 | 回弹后 |
| 1 | 29.8 | 0.29 | 0.07 |
| 2 | 30.0 | 0.29 | 0.08 |
| 3 | 34.6 | 0.27 | 0.06 |
| 4 | 34.6 | 0.30 | 0.10 |
| 5 | 39.6 | 0.45 | 0.24 |
| 6 | 39.7 | 0.46 | 0.16 |
| 7 | 43.7 | 0.81 | 0.50 |
| 8 | 43.7 | 0.84 | 0.59 |
| 9 | 49.9 | 1.00 | 0.72 |
| 10 | 47.9 | 1.00 | 0.65 |
| 11 | 53.8 | 穿透 | 穿透 |
| 12 | 52.9 | 2.29 | 1.88 |
| 13 | 50.2 | 1.51 | 1.14 |

续 表

| 冲击点编号 | 能量/J | 凹坑深度/mm | |
|---|---|---|---|
| | | 回弹前 | 回弹后 |
| 14 | 50.3 | 1.67 | 1.23 |
| 15 | 49.3 | 穿透 | 穿透 |
| 16 | 49.0 | 1.59 | 1.26 |
| 17 | 48.4 | 1.14 | 0.69 |
| 18 | 50.1 | 1.79 | 1.39 |
| 19 | 48.6 | 1.86 | 1.50 |
| 20 | 47.1 | 1.40 | 0.98 |
| 21 | 46.6 | 1.37 | 1.00 |
| 22 | 45.7 | 1.48 | 1.05 |
| 23 | 45.7 | 1.46 | 1.21 |
| 24 | 58.7 | 穿透 | 穿透 |
| 25 | 63.4 | 穿透 | 穿透 |
| 26 | 66.5 | 穿透 | 穿透 |
| 27 | 37.4 | 0.39 | 0.26 |
| 28 | 58.0 | 2.46 | 2.23 |
| 29 | 44.8 | 0.27 | 0.07 |
| 30 | 44.3 | 0.53 | 0.45 |
| 31 | 41.0 | 0.17 | 0.12 |
| 32 | 41.4 | 0.14 | 0.08 |
| 33 | 44.7 | 0.96 | 0.69 |
| 34 | 59.4 | 1.77 | 1.49 |

由上述统计数据，选取凹坑深度 $a$ 作为损伤表征参数。研究表明，冲击能量 $E$ 和凹坑深度 $a$ 之间的函数关系符合指数函数模型[35]，表达式如下：

$$a = \alpha_a \cdot \exp(\beta_a \cdot E) \tag{6.53}$$

其中，$\alpha_a$、$\beta_a$ 均为关系拟合参数。

冲击能量和凹坑深度关系曲线如图 6.12 所示，则回弹前，拟合参数 $\alpha_a = 0.043\,6$，$\beta_a = 0.068\,6$；回弹后，拟合参数 $\alpha_a = 0.017\,3$，$\beta_a = 0.081\,6$。

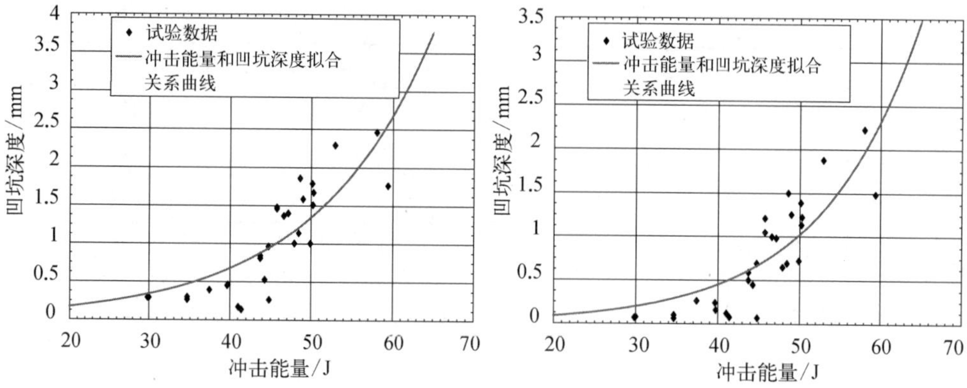


(a) 回弹前　　(b) 回弹后

图 6.12　冲击能量和凹坑深度关系曲线

3. 翼盒结构件的失效概率计算和检修间隔确定

1）结构冲击损伤的检出概率和取值区间的描述

民用飞机复合材料结构低速冲击损伤的检出概率的确定是一个系统的、复杂的、专业的工程。由于试验条件的限制，本案例中相关的凹坑深度检查数据参照文献[20]中的数据。由于文献[20]中的研究对象同样为复合材料翼盒结构的蒙皮，在这里可以认为适用于本节的讨论内容。

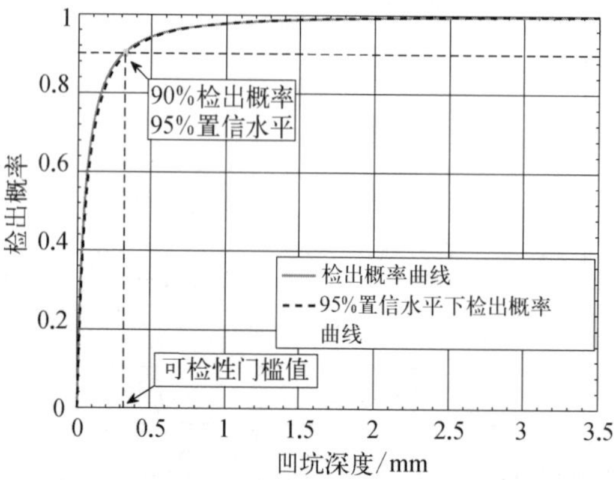


图 6.13　结构损伤 DET 条件下检出概率曲线

选取文献[20]中详细目视检测方法（DET）的数据进行拟合。图 6.13 是结构损伤 DET 条件下检出概率曲线。拟合结果显示与累积对数正态分布模型符合性较好。

由拟合结果可知，参数估算值分别为：对数正态分布检出概率模型的均值 $\mu = -3.163$，标准差 $\sigma = 1.56$；置信水平为 95%时对数正态分布检出概率模型的均值 $\mu_{95} = -3.005$，标准差 $\sigma_{95} = 1.482$。那么结构的冲击损伤检出概率和凹坑深度 $a$ 的关系表达式为

$$\mathrm{pod}(a) = \frac{1}{\sqrt{2\pi}} \int_{-\infty}^{\frac{\lg a - (-3.005)}{1.482}} \exp\left(-\frac{x^2}{2}\right) \mathrm{d}x \tag{6.54}$$

结合图 6.13 的结构检出概率曲线，复合材料结构件可检性门槛值的确定方

法,在 95%置信水平下 90%检出概率的凹坑深度值 $a_{90/95}=0.331$ mm(回弹后),该值为目视勉强可见冲击损伤(BVID)门槛值,也是本案例中低速冲击损伤区间的下限值。该值符合波音公司对可检性门槛值范围 0.254~0.508 mm 的规定[20],是合理的。

对于低速冲击损伤区间的上限值,由表 6.4 中的结构试验数据,当冲击能量超过 50 J 时翼盒结构蒙皮出现穿透损伤,因此,本案例中可以认为冲击损伤的区间上限值为 3.008 mm(即翼盒蒙皮面板的厚度),那么,结合式(6.52)对应的冲击能量区间为[36 J~62 J]。

2)低速冲击损伤的发生概率

对于本案例中的翼盒蒙皮结构,区域 1 属于机翼区的 BT 区,参数 $x$ 选取 3 是合适的。该区域低速冲击的发生概率 $P_0$ 为 $10^{-3}$/飞行小时,那么,应属于发生概率较高的冲击。

对于冲击能量的发生概率,由低速冲击能量区间可知,选取中等威胁冲击威胁类型。冲击能量的发生概率符合双参数威布尔分布,形状参数和尺度参数分别为 $\alpha=1.192$,$\beta=37.69$,则冲击能量的概率分布表达式为

$$P_e(E)=1-\exp[-(E/\beta)^{\alpha}] \tag{6.55}$$

因此,特定冲击能量 $E_0$ 的发生概率为

$$\Delta P_e(E_0)\cong\int_{E_0}^{E_0+\delta}f(x)\mathrm{d}x\cong P_e(E_0-\delta/2)-P_e(E_0+\delta/2)$$

其中,冲击能量小量 $\delta$ 取值为 2 J。

那么,冲击损伤的发生概率为

$$\Delta P_e\times P_0=10^{-3}\times\Delta P_e\text{/飞行小时}$$

3)载荷发生概率

由 6.2.1 节中关于载荷发生概率的描述,根据结构可检性门槛值,并结合式 2-2 中凹坑深度和剩余强度的关系及相对凹坑深度与相对剩余强度的关系,可以得到 $k$ 值(结构剩余强度与限制载荷比值)与相对凹坑深度之间的关系为

$$k=1.634\,1\exp(-21.040\,8\Delta a)+1.338\,6 \tag{6.56}$$

其中,$k$ 表示结构剩余强度与限制载荷的比值;$\Delta a$ 表示相对凹坑深度。那么,载荷发生概率为 $P_{rat}=10^{-8.6k+3.9}$。

4)翼盒结构件的失效概率和检修间隔关系描述

根据 6.2.1 节中建立的结构件失效概率分析模型,计算本案例中结构件的检查间隔。

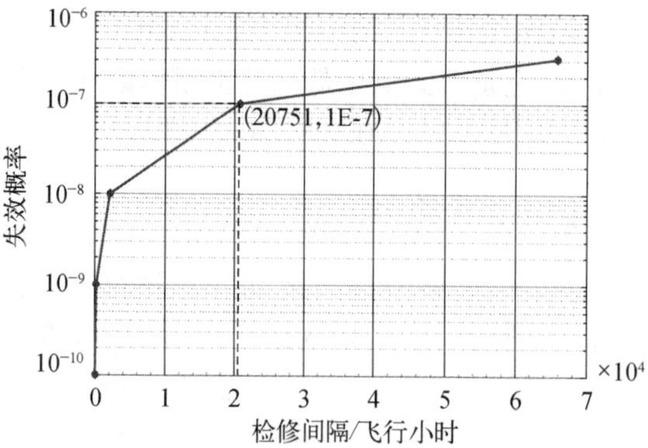


图 6.14　结构的检查间隔与失效概率关系曲线

由文献[36]可知，波音 757－200 民用客机的设计寿命是 150 000 飞行小时，可以认为其他民用客机也具有同等水平的设计寿命[36]。为了方便计算，本案例不妨假设该民用客机的翼盒蒙皮面板的设计生命周期为 150 000 飞行小时。由上述计算结果可得，本案例中的民用客机翼盒段蒙皮面板结构的失效概率与检查间隔的关系曲线如图 6.14 所示。

通过调整检查间隔 $m$ 来确保结构的失效概率 POF 不超过规定的失效阈值，从而保证结构的安全性和可靠性水平。假如取 POF $\leqslant 10^{-7}$ / 飞行小时，由图 6.15 可得结构的检查间隔 $m$ = 20 751 飞行小时。

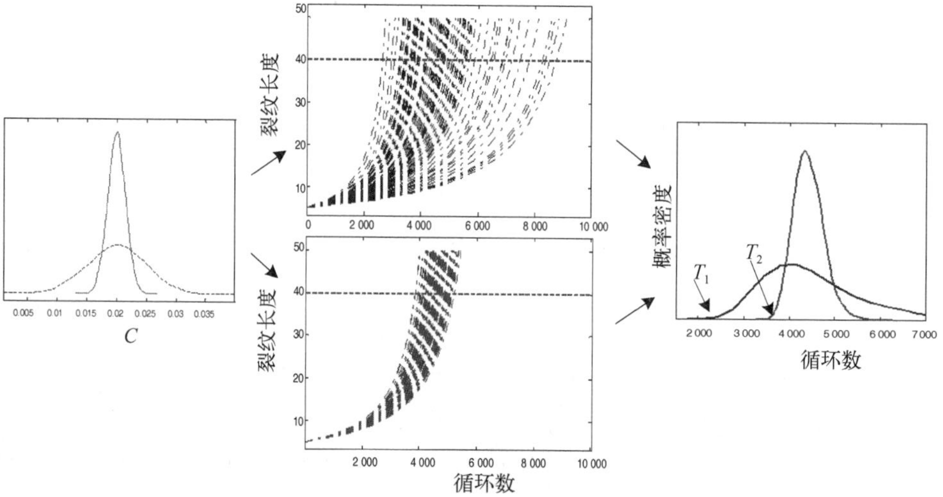


图 6.15　裂纹扩展不确定性

文献[21]和文献[36]中对复合材料结构件在详细目视检测(DET)方法下对应的检查间隔不应超过“4C”值，即 16 000 飞行小时。对比该规定，采用本书的结构失效概率分析方法获得的检查间隔为 20 751 飞行小时，大于“4C”值。从低速冲击损伤的单因素来考虑，在满足 $10^{-7}$/飞行小时安全性水平下延长了检查间隔，降低了维修成本，提高了经济效益。从另一方面来讲，本书只考虑了单一冲击源的冲击损伤，实际上民用飞机结构在服役期间可能会遭受不同种类、不同数量的冲击源冲击，因此需要考虑多种冲击源的冲击情况，根据式(6.50)把单一冲击源下的失效概率累加即可。同时,本书在计算损伤发生概率时,认为检出的损伤被修复时结构强度、刚度是完全恢复的,实际的修理操作并不能保证结构的强度、刚度恢复效率达到 100%,还需要考虑修理工艺的影响,这样确定的检查间隔将会小于 20 751 飞行小时并可能接近 16 000 飞行小时。综上分析,本案例计算得到的检查间隔大于"4C"值可以认为是基本合理的,换言之,本章所讨论的复合材料结构件失效概率的分析和检修间隔的确定方法在一定程度上是可行的。

## 6.3　基于损伤的叶片疲劳裂纹预测方法

剩余寿命预测不可避免地带有不确定性,根源在于系统自身的故障演化发展是不确定的,因此其失效时间具有随机性。如以结构件疲劳裂纹扩展为例,结构件几何尺寸的差异、材料的不均匀以及载荷的不确定性等使得裂纹扩展及其失效时间具有很强的不确定性[37]。这里以最简单的一种情形——平板穿透型裂纹的扩展为例来说明裂纹扩展失效时间的不确定性问题,由 Paris 裂纹扩展方程可得[38]

$$\frac{\mathrm{d}a}{\mathrm{d}N} = C(1.12\Delta\sigma\sqrt{\pi a})^m \tag{6.57}$$

其中,$a$ 为裂纹长度;$N$ 为载荷循环数;$C$ 和 $m$ 是与材料属性相关的参数。显然,裂纹的扩展寿命与材料性能参数 $C$ 和 $m$ 及实际的运行载荷 $\sigma$ 有关,如果这些参数是确定值,那么裂纹扩展寿命也将是个确定值。但在实际中考虑到几何尺寸的差异、材料的不均匀、材料性能参数的不确定性等,通常用一个概率分布来表示 $C$ 和 $m$ 的值。如图 6.15 所示,假设 $m$ 已知且 $\sigma$ 是恒定值,而 $C$ 是不确定的,并且假设其服从正态分布(图6.15 中左图所示),则由式(6.39)可得不同载荷循环数下的裂纹长度,若假设裂纹长度的失效阈值为 40,则可得裂纹扩展失效的时间分布。在设计阶段缺乏足够的数据和信息情况下,式(6.39)中的参数通常假设一个比较广的分布以覆盖可能出现的各种极限情况(图 6.15 左图中虚线所示),其裂纹扩展的不确定性也较大(图 6.15 中间上图),因此得到的失效时间的分布也比较广(图 6.15 右图中较广的寿命分布)。但实际上用户通常关心在特定的运行环境和载荷下使用的个体系统,在预测个体系统的实际使用寿命时,若能根据实际情况,选择一个不确定性相对较小的参数分布(图 6.15 左图中实线所示),则可以得到一个更加精确的寿命分布(图6.15 右图中较窄的寿命分布)。显然,从运营维修决策的角度来说,基于精确的剩余寿命预测制定的维修和更换计划更加经济。如本例中,如果要求结构件的可靠度为 99%,按照第一种寿命分布(不确定性较大)则需要在 $T_1$时刻就要更换结构件,而实际上对于这个特定的结构件而言在 $T_2$时刻更换仍然能够确保99%的可靠度,这就造成了($T_2-T_1$)剩余寿命的浪费。在设计阶段,信息有限且缺乏对象实际使用载荷的数据,因此得出寿命分布比较广,不确定性较大,而在系统投入运行后,可以掌握一些实际的使用载荷、环境参数以及退化数据,如何把这些信息融合进来,以降低模型中参数初始分布的不确定性以及寿命预测的不确定性是剩余寿命预测的一个重要研究问题。

剩余寿命预测不确定性的不合理表示或不确定性过大都会使预测失去意义,降低预测不确定性的重要途径就是多源信息的融合,这也是目前剩余寿命预测方法研究的一个重要方向[35,39-41]。在剩余寿命预测方法研究里,单纯的数据驱动或物理模型都很难给出满意的预测结果,一种自然且合理的考虑就是物理规律或经验模型与实际的监测信息的融合,在可能的情况下应尽量融合系统退化的物理规律和知识,以获得更加准确和精确的剩余寿命预测。

### 6.3.1 裂纹扩展数据

方法的验证借助一组著名的裂纹扩展数据——Virkler 裂纹扩展数据,是由美国普渡大学的 Virkler 基于 68 个 2024－T3 铝合金试件通过疲劳寿命试验获得的[37],如图 6.16 所示,所有试件的初始裂纹长度均为 9 mm。Virkler 裂纹扩展数据首次揭示了疲劳裂纹扩展的随机性,即使在严格控制的实验室条件下,宏观上不存在任何差别的试样所得到的实验结果(裂纹扩展长度或寿命)也会相差很大,这种随机性主要由材料在微观结构的不确定性引起的,如果再考虑对象投入使用后的实际使用环境和载荷的不确定性,疲劳裂纹扩展将表现出更强的随机性。

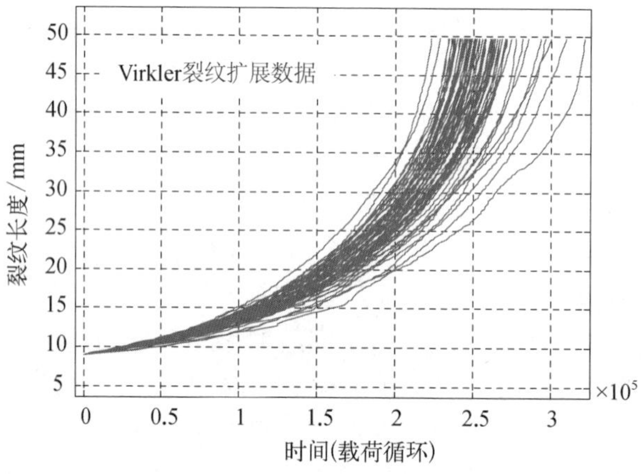

图 6.16 Virkler 裂纹扩展数据

自 Virkler 裂纹扩展数据公布以来,疲劳裂纹扩展的随机性这一事实已被普遍承认与重视,多年来许多学者试图建立疲劳裂纹扩展的随机模型来解释这一事实,以更好地预测裂纹扩展和疲劳寿命,这些建模方法基本可分成两大类:随机变量模型(random variable models)和随机过程模型(random process models)[42]。随机变量模型通常是把确定性的裂纹扩展模型中的某个参数或变量随机化来表示和管理裂纹扩展的不确定性，如初始裂纹长度、Paris 方程参数等用一个分布来描述[43-46]。而随机过程模型则通常是把裂纹扩展历史看作一个以使用时间或循环为索引的随机过程[47-49]。这些建模方法仍然是以估计一批产品的可靠性为主，用于评估特定产品或系统在实际使用载荷下的使用可靠性并不合适，特别是无法融合状态监控信息或外场检查信息来减小裂纹扩展寿命的预测的不确定性。这里以确定性的 Paris 方程为基础，建立基于状态空间的随机裂纹扩展模型来描述裂纹的扩展过程，这一模型的优势在与可以借助贝叶斯理论把状态监控或外场检查信息融合到模型中，以提高裂纹扩展预测的精度。图 6.16 所示的 Virkler 裂纹扩展数据是在实验室条件下测得，精度较高，因此可以认为观测量代表了裂纹的实际长度，但在外场或系统运行期间，裂纹长度观测量通常含有噪声或误差。这些误差可能来源于监测系统的传感器噪声、信号处理方法的误差等，为了使验证数据更加接近实际情况，在 Virkler 裂纹扩展数据的基础上添加一定的高斯噪声来模拟实际外场情况下的测量噪声。考虑了观测噪声的裂纹扩展数据如图 6.17 所示，图中给出了一个试件在不同载荷循环数下的实际裂纹长度及带噪声的观测数据。

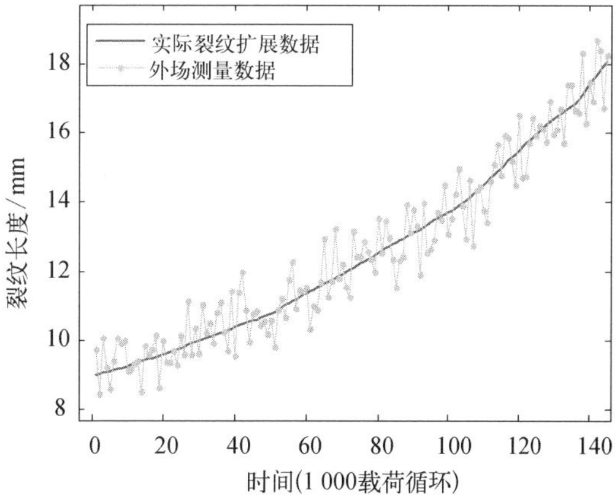


图 6.17 裂纹扩展外场检测/监测数据(18 号试件)

### 6.3.2 裂纹扩展的状态空间模型

在断裂力学基础上发展起来的 Paris 裂纹扩展方程是一种确定性的裂纹扩展模型，实际中应用较为广泛[38-50]：

$$\frac{\mathrm{d}a}{\mathrm{d}N} = C[\Delta K(a)]^m \tag{6.58}$$

其中，$a$ 为裂纹长度；$N$ 为载荷循环数；$C$ 和 $m$ 是模型常数，与材料属性有关。根据线弹性断裂力学，应力强度因子 $\Delta K(a)$ 由式(6.41)得到

$$\Delta K(a) = f\Delta\sigma\sqrt{\pi a} \tag{6.59}$$

其中，$\Delta\sigma$ 是应力变化范围；$f$ 为修正系数，取决于试件和裂纹的几何形状。

在模型的基础上，建立基于状态空间的裂纹扩展模型，以便于融合外场检查信息到模型中。假设 $x_t$ 为 $t$ 时刻裂纹长度，则式(6.40)可改写为以下形式：

$$x_t = x_{t-1} + C[\Delta K(x_{t-1})]^m + w_t \tag{6.60}$$

其中，$t$ 为时间单位，根据实际情况可为飞行循环、飞行小时或载荷循环（如每 1 000 个载荷循环）；考虑到疲劳裂纹扩展的随机性，常数 $C$ 和 $m$ 为随机变量；$w_t$ 为裂纹扩展过程噪声项，假设服从高斯分布。最终，可得到基于状态空间的裂纹扩展模型如式：

$$\begin{cases} x_t = x_{t-1} + Cf^m \Delta\sigma^m \pi^{m/2}(x_{t-1})^{m/2} + w_t, & w_t \sim N(0, \sigma^2) \\ y_t = x_t + \nu_t, & \nu_t \sim N(0, \tau^2) \end{cases} \tag{6.61}$$

式中，$y_t$ 为带噪声的外场裂纹长度观测量；$w_t$ 和 $\nu_t$ 分别为过程噪声和观测噪声，假设均服从均值为 0 的高斯分布，其方差 $\sigma^2$ 和 $\tau^2$ 未知，待估计。令 $\alpha = Cf^m \Delta\sigma^m \pi^{m/2}$，$\beta = m/2$，这样可简化模型中的状态方程，得到以下更简单的基于状态空间的裂纹扩展模型：

$$\begin{cases} x_t = x_{t-1} + \alpha(x_{t-1})^\beta + w_t, & w_t \sim N(0, \sigma^2) \\ y_t = x_t + \nu_t, & \nu_t \sim N(0, \tau^2) \end{cases} \tag{6.62}$$

### 6.3.3 裂纹扩展状态估计与预测

在基于状态空间的裂纹扩展模型的基础上，根据外场实测的带噪声的裂纹扩展数据来估计裂纹的实际长度，并预测其未来扩展趋势，若定义裂纹扩展的失效阈值，则可以进一步估计出裂纹扩展失效的时间分布。为减少模型待估计参数的个数和计算复杂度，令 $\beta$ 为确定值，取其经验值；$\alpha$ 为随机变量，并假设其初始值 $\alpha_0$ 的分布为均匀分布；过程噪声和观测噪声的方差均未知，假设其初始值分布也假设为均匀分布；裂纹长度初始值 $x_0$ 假设为高斯分布。最终模型中待估计参数为 $\theta = (\sigma, \tau, \alpha)$，状态空间裂纹扩展模型中参数和变量初始值的先验分布如表 6.5 所示。

**表 6.5　状态空间裂纹扩展模型参数和变量的先验分布**

| 随机变量 | 分　布 | |
|---|---|---|
| $\sigma_0$ | 均匀分布 | $\sigma_0 \sim U[0, 0.1]$ |
| $\tau_0$ | 均匀分布 | $\tau_0 \sim U[0, 1]$ |
| $\alpha_0$ | 均匀分布 | $\alpha_0 \sim U[0, 0.002]$ |
| $x_0$/mm | 正太分布 | $x_0 \sim N(9, 2)$ |

PMCMC 方法被用来逼近退化状态与参数的联合后验分布 $p(x_{1:t},\ \theta|y_{1:t})$。在得到模型后验参数后,更新模型参数并预测裂纹扩展趋势。以 18 号试件的裂纹扩展数据为例来说明这种方法,$t<145$ 千循环时的观测信息如图 6.17 所示,根据 $t<145$ 千循环时的观测序列可估计得到 $t=145$ 千循环时模型参数及裂纹长度的后验分布,图 6.18 所示为模型未知参数的估计结果。图 6.18 底部为 PMCMC 迭代 5 000 次得到的未知参数的后验样本,顶部为参数的后验样本的分布图。其中观测噪声标准偏差 $\tau$ 后验样本的均值为 0.656,实际添加的高斯噪声的标准差为 0.707,估计值比较接近实际值,说明 PMCMC 方法能够给出未知参数较准确的估计值。在得到参数的后验样本后,根据 6.3.3 节算法 4 可预测裂纹扩展趋势及其不确定性边界,预测结果如图 6.19 所示。

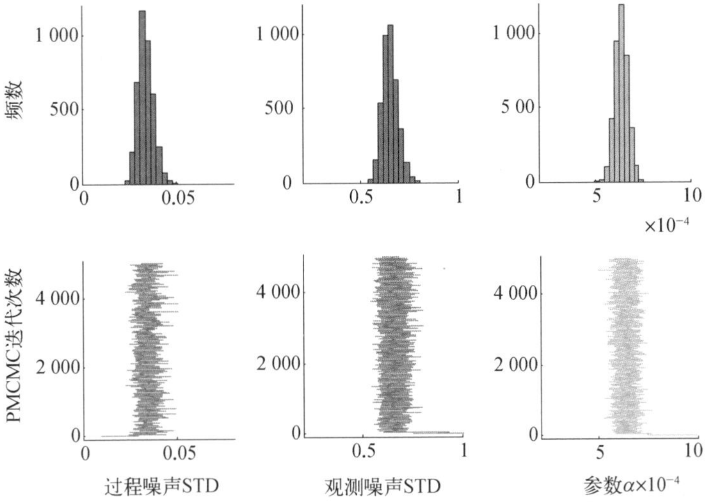


图 6.18　模型参数估计结果(18 号试件)

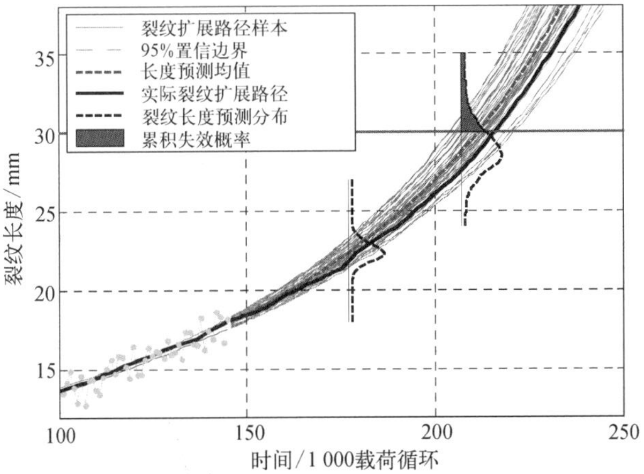


图 6.19　试件裂纹扩展预测(18 号试件)

### 6.3.4 剩余寿命预测

假设试件裂纹扩展失效的阈值 $x_F = 30\ \text{mm}$，则可得到部件失效时间的概率密度分布以及累积失效时间分布，如图 6.20 所示。图 6.21 所示为 18 号试件先验失效时间分布与后验失效时间分布的对比图，图示结果可见相对于没有考虑任何状态监控或外场检查信息的先验分布，后验分布融合外场观测信息后得到的寿命分布更加精确，寿命分布预测不确定性较小。图6.22 所示为 18 号试件在不同时刻的寿命预测结果，越接近试件的失效时间，寿命预测结果也越来越精确，不确定性越来越小。图 6.23 所示结果为在 $t$ = 145 千循环时，各试件寿命预测结果与实际寿命值的对比图，由图示结果可见，多数试件的实际寿命落在预测值的 95% 的置信区间内，随着收集到更多的观测信息，预测结果会进一步改善。

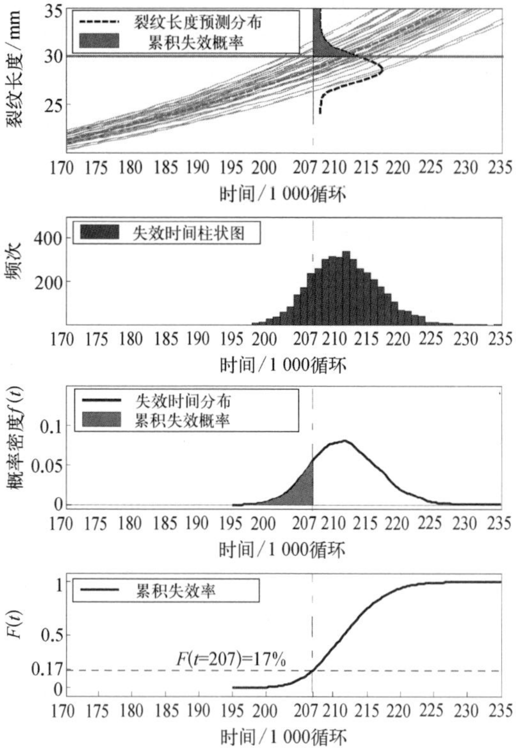


图 6.20 试件失效时间分布估计(18 号试件)

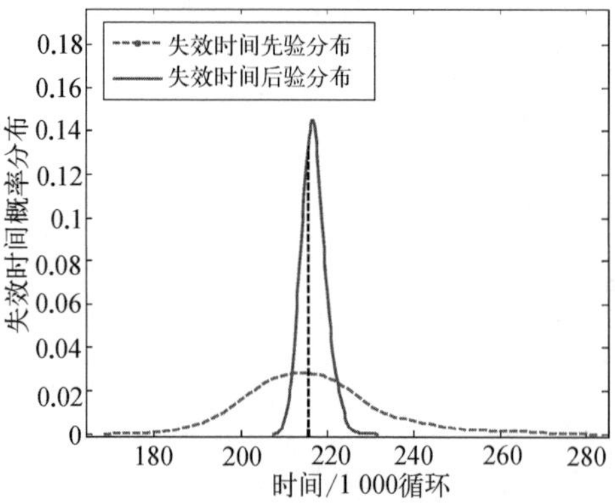


图 6.21 失效时间的先验分布与后验分布

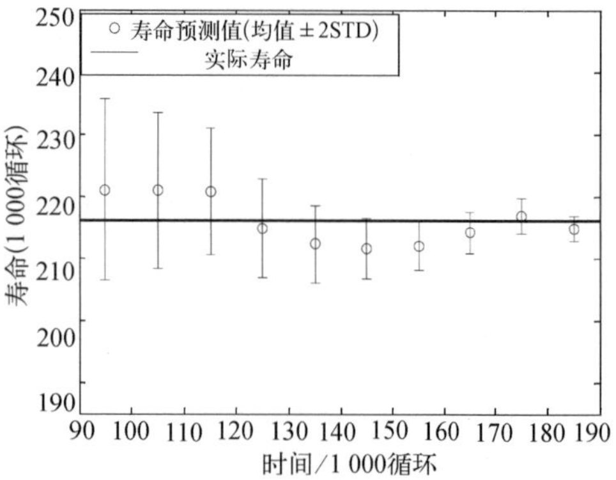


图 6.22 不同时刻试件失效时间预测结果

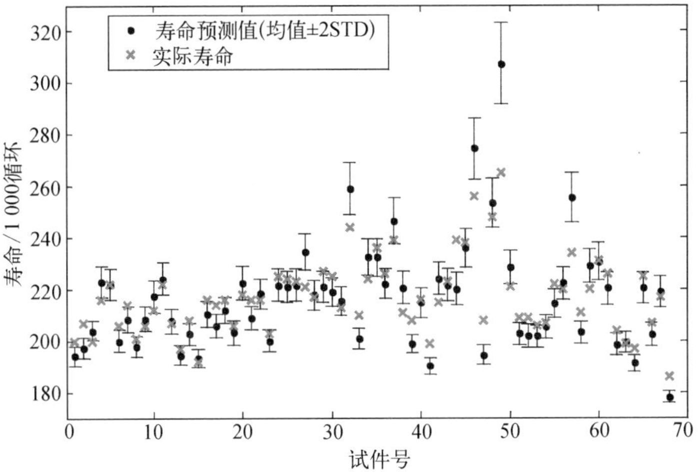


图 6.23　各试件寿命预测结果( $t$ = 145 千循环时)

## 6.3.5　不确定性管理

不确定性表示和管理成为剩余寿命预测方法研究的重要课题,相关研究中对不确定性问题都给予了足够的重视[40,51-53],2008 年的 PHM 年会设立专题会议讨论剩余寿命预测的不确定性问题[54]。

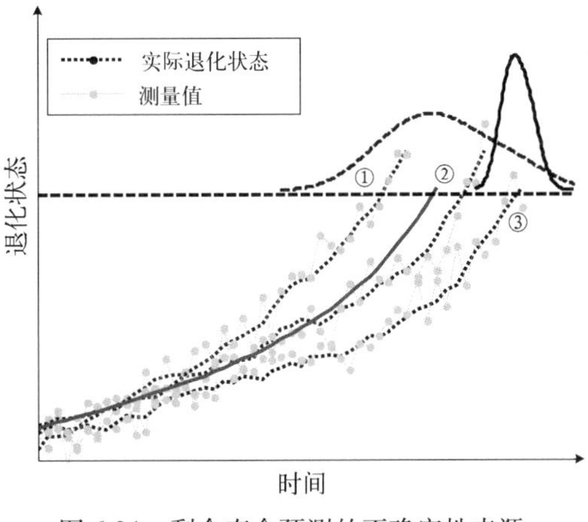


图 6.24　剩余寿命预测的不确定性来源

假设一批产品随着服役的时间的累积发生缓慢的退化,如图 6.24 所示,图中①、②、③分别代表同批产品中的三个样本的退化路径,虚线为实际的退化路径,点划线为各个时刻的带噪声的退化状态观测值(直接或间接测量)。如果所有产品完全相同,且在同样的环境和载荷下运行,则理论上所有产品应该具有相同的退化路径(图 6.24 中实线所示),因此其失效时间也是完全一致的,是一个确定量[55]。但实际上,由于产品加工制造的误差(如零部件几何尺寸的不同)、材料的不均匀、产品的初始磨损状态不同以及运行载荷和环境的差异等原因,不可避免地造成了产品的退化路径的差异(如图 6.24 中①、②、③退化路径不同),最终的失效时间也不同,具有不确定性。我们把这一类由于个体之间的差异引进的失效时间的不确定性称为第一类不确定性。第二类不确定性是由于个体的退化过程本身具有随机性所决定,这可能是由于个体在寿命周期内的运行环境和载荷的随机性引起的。这就意味着对于一个特定的个体,即使已知当前的退化状态也无法确定地推断出其失效时间,因为其退化过程具有随机性,最终的失效时间也是不确定。此外,测量噪声以及信号处理误差等最终也会在寿命预测中引进不确定性。

从系统退化分析的角度来看,剩余寿命预测不确定性来源可分为三类,即个体间差异引入的不确定性、个体退化过程的随机性引入的不确定性以及测量噪声和信号处理误差等引进的不确定性。理想的剩余寿命预测方法应合理的建模表示这三类不确定性,而不确定性管理则是通过融合新的监测信息(如环境/载荷数据、状态/性能数据等)或其他信息(如经验知识、物理规律等)来尽量降低寿命预测的不确定性。在分析了剩余寿命预测的不确定性来源后,就可以从不确定性管理的角度来分析比较表 6.1 中三类剩余寿命预测方法的精度。表 6.1 中第一类剩余寿命预测方法的预测精度较低,寿命分布较广(图 6.24 中虚线所示的寿命分布),从不确定性表示与管理的角度来看,主要原因是第一类方法既要考虑产品的个体自身之间差异,又要考虑其未来使用载荷和环境的差异,且没有融合新的监测信息来降低这种不确定性;第二类剩余寿命预测方法通过融合实际监测的环境/载荷信息来降低不确定性,因此理论上可以降低因运行载荷和环境的差异引进的不确定性,其预测精度较第一类方法精度高;系统的状态/性能数据隐含着系统运行环境和载荷的相关信息,因此第三类方法通过融合实测的某一特定系统(如图 6.24 中产品③)的状态/性能数据可以获得更加精确的剩余寿命预测(图 6.24 中实线所示的寿命分布),因为第三类方法理论上可以降低因运行载荷和环境的差异以及个体之间的差异引入的不确定性。

6.3 节讨论的状态空间模型正是一类理想的退化模型,不仅能够合理地表示各种不确定性,更重要的是状态空间模型结合贝叶斯状态和参数联合估计理论提供了一种有效的不确定性管理机制,通过不断融合新的观测信息来降低状态和参数估计的不确定性,进而降低预测的不确定性。在基于状态空间的裂纹扩展模型中,状态方程中的随机参数 $\alpha$ 用于表征由于加工制造的误差(如零部件几何尺寸的不同)、材料的不均匀、产品的初始退化状态不同以及运行载荷和环境的差异等原因引入的不确定性(即第一类不确定性),由于缺乏足够的信息,$\alpha$ 通常根据经验先给定一个分布较广的初始分布,也称为先验分布。对于实际运行条件下的个体系统,尽管无法获得 $\alpha$ 的精确值,但可以不断地通过融合观测信息来获得不确定性较小的未知参数 $\alpha$ 的后验分布。过程噪声项 $w_t$ 用于表征由于个体的退化过程具有的随机性所引入的第二类不确定性,个体在寿命周期内的运行环境和载荷的波动性越大,这类不确定性也就越大($w_t$ 越大)。观测噪声项 $\nu_t$ 用于表征由于测量噪声以及信号处理误差等引入的不确定性。在本例中,假设这两类噪声均服从高斯分布,也可根据具体情况选择不同的概率分布,两种噪声分布的方差 $\sigma^2$ 和 $\tau^2$ 也是未知的,取决于个体系统实际的运行环境和载荷的波动性以及测量噪声以及信号处理误差的大小等因素,类似于未知参数

$\alpha$ 的处理方法，同样给定这两个未知参数一个分布较广的初始分布，通过融合实际的观测信息来得到不确定性相对较小的后验分布。根据某一特定系统的监测信息得到了所有未知参数的后验分布，带入模型中取代未知参数的先验分布，因此，这个个性化的“后验退化模型”反映的是这一个体系统在实际运行条件下的退化模式，而不是一批系统的退化特征，由此得到剩余寿命预测的不确定性也就相对较小。

## 参考文献


[1] Harvey A, Koopman S J, Shephard N. State space and unobserved component models: theory and applications [M]. Cambridge: Cambridge University Press, 2004.

[2] Freitas N. Rao-Blackwellised particle filtering for fault diagnosis[C]. Big Sky, MT: Proceedings, IEEE Aerospace Conference, 2002.

[3] Orchard M, Vachtsevanos G. A particle filtering approach for on-line fault diagnosis and failure prognosis [J]. Transactions of the Institute of Measurement and Control, 2009, 31(3-4): 221-246.

[4] Wang D, Miao Q, Kang R. Robust health evaluation of gearbox subject to tooth failure with wavelet decomposition[J]. Journal of Sound and Vibration, 2009, 324(3-5): 1141-1157.

[5] Sun J, Zuo H, Wang W, et al. Application of a state space modeling technique to system prognostics based on a health index for condition-based maintenance[J]. Mechanical Systems and Signal Processing, 2012, 28: 585-596.

[6] Yan J, Koc M, Lee J. A prognostic algorithm for machine performance assessment and its application[J]. Production Planning & Control, 2004, 15(8): 796-801.

[7] West M, Harrison P J. Bayesian forecasting and dynamic models [M]. New York: Springer-Verlag, 1997.

[8] Doucet A, de Freitas J, Gordon N. Sequential Monte Carlo methods in practice [M]. New York: Springer-Verlag, 2001.

[9] Gordon N J, Salmond D J, Smith A F M. Novel approach to nonlinear/non-Gaussian Bayesian state estimation [J]. IEE Proceedings on Radar and Signal Processing, 1993, 140(2): 107-113.

[10] Doucet A, de Freitas J, Gordon N. Sequential Monte Carlo methods in practice [M]. New York: Springer-Verlag, 2001.

[11] Liu J, West M. Combined parameters and state estimation in simulation based filtering [M]. New York: Springer-Verlag, 2001.

[12] Carvalho C M, Johannes M, Lopes H F, et al. Particle learning and smoothing [J]. Statist. Science, 2010, 25(1): 88 - 106.

[13] Storvik G. Particle filters in state space models with the presence of unknown static parameters [J]. IEEE Transactions on Signal Processing, 2002, 50(2): 281 - 289.

[14] Polson G N, Stroud J R, Muller P. Practical filtering with sequential parameter learning [J]. Journal of the Royal Statistical Society: Series B (Statistical Methodology), 2008, 70(2): 413 - 428.

[15] Andrieu C, Doucet A, Holenstein R. Particle Markov chain Monte Carlo methods [J]. Journal of the Royal Statistical Society: Series B (Statistical Methodology), 2010, 72(3),269 - 342.

[16] Fearnhead P. Handbook of Markov chain Monte Carlo: methods and applications [M]. London: Chapman and Hall, 2011.

[17] Zuo M J, Jiang R, Yam R C. Approach for reliability modeling of continuous-state devices[J]. IEEE Transactions on Reliability, 1999, 48: 9 - 18.

[18] Holtz C, Smith G, Friend R. Modernizing systems through data integration — A vision for EHM in the United States Air Force [C]. Fort Lauderdale, FL: Proceeding of AIAA/ASME/SAE/ASEE 40th Joint Propulsion Conference and Exhibit, 2004.

[19] Department of Defense. Nondestructive evaluation system reliability assessment, MIL - HDBK - 1823[M]//Department of Defense Handbook, 1999: 61 - 76.

[20] Clark G J, Vian J L, West M E, et al. Multi-platform airplane health management[C]. Big Sky, MT: IEEE Aerospace Conference, 2007.

[21] Tang G, Yates C, Zhang J, et al. A practical intelligent system for condition monitoring and fault diagnosis of jet engines [C]. San Jose: Joint Propulsion Conference & Exhibit,2013.

[22] 费成巍，艾延廷. 航空发动机健康管理系统设计技术[J]. 航空发动机，2009，35(5)：24 - 29.

[23] 姜彩虹，孙志岩，王曦. 航空发动机预测健康管理系统设计的关键技术[J]. 航空动力学报，2009，24(11)：2589 - 2594.

[24] 王施，王荣桥，陈志英，等. 航空发动机健康管理综述[J]. 燃气涡轮试验与研究，2009，22(1)：51 - 58.

[25] Volponi A J. Gas path analysis: an approach to engine diagnostics [R]. Gaithersbury, MD: 35th Symposium Mechanical Failure Prevention Group,1982.

[26] Dewallef P P, Léonard O O, Mathioudakis K K. On-Line aircraft engine

diagnostic using a soft-constrained Kalman filter[C]. Vienna: Turbo Expo,2004.

[27] 陈恬，孙健国，郝英. 基于神经网络和证据融合理论的航空发动机气路故障诊断[J]. 航空学报,2006,27(6): 1014-1017.

[28] 张鹏,黄金泉.航空发动机气路故障诊断的平方根 UKF 方法研究[J].航空动力学报,2008(01): 169-173.

[29] Chen G, Yang Y W, Zuo H F. Intelligent fusion for aero engine wear fault diagnosis[J]. Transactions of Nanjing University of Aeronautics & Astronautics, 2006, 23(4): 297-303.

[30] 文振华，左洪福，李耀华. 气路颗粒静电监测技术及实验[J]. 航空动力学报，2008，23(12): 2321-2326.

[31] 李耀华，左洪福，刘鹏鹏. 某型航空涡轮轴发动机尾气静电监测探索性实验[J]. 航空学报，2010，31(11): 2174-2181.

[32] 孙见忠，左洪福，詹志娟，等. 涡轴发动机尾气静电信号影响因素分析[J]. 航空学报，2012，32(3): 412-420.

[33] 陈志雄，左洪福，詹志娟，等. 滑油系统全流量在线磨粒静电监测技术研究[J]. 航空学报，2012，32(3): 437-443.

[34] Dewallef P, Leonard O, Mathioudakis K. On-line aircraft engine diagnostic using a soft-constrained Kalman filter [C]. ASME PaPer No.GT2004-53539, 2004.

[35] Volponi A. Data fusion for enhanced aircraft engine prognostics and health Management[R].NASA/CR-2005-214055, E-15412, 2005.

[36] 段发阶,张玉贵,欧阳涛,等.航空发动机旋转叶片振动监测系统研究[J].光学与光电技术,2008(01): 48-51.

[37] Virkler D A, Hillberry B M, Goel P K. The statistical nature of fatigue crack propagation [J]. Journal of Engineering Materials Technology, 1979, 101: 148-153.

[38] Bannantine J, Comer J J, Handrock J L. Fundamentals of metal fatigue analysis [M], New Jersey: Prentice Hall, 1989.

[39] Roemer M J, Kacprzynski G J, Schoeller M H. Improved diagnostic and prognostic assessments using health management information fusion[C]. Valley Forge, PA: IEEE Systems Readiness Technology Conference, 2001.

[40] Goebel K, Eklund N. Prognostic fusion for uncertainty reduction, proceedings of AIAA@ Infotech Aerospace Conference[C]. Reston, VA: American Institute for Aeronautics and Astronautics, Inc, 2007.

[41] Cheng S F, Pecht M. A fusion prognostics method for remaining useful life prediction of electronic products [C]. Bangalore, India: 5th Annual IEEE

Conference on Automation Science and Engineering Bangalore, 2009.

[42] Maymon G. The problematic nature of the application of stochastic crack growth models in engineering design[J]. Engineering Fracture Mechanics, 1996, 53(6): 911-916.

[43] Fawaz S. Equivalent initial flaw size testing and analysis of transport aircraft skin splices[J]. Fatigue & Fracture of Engineering Materials & Structures, 2000(26): 279-290.

[44] Luo J, Bowen P. A probabilistic methodology for fatigue life prediction[J]. Acta Materialia, 2003, 51(12): 3537-3550.

[45] Chan K, Enright M. Probabilistic micromechanical modeling of fatigue life variability in an α+β Ti alloy[J]. Metallurgical and Materials Transactions A, 2005, 36(10): 2621-2631.

[46] Bigerelle M, Najjar D, Fournier B, et al. Application of lambda distributions and bootstrap analysis to the prediction of fatigue lifetime and confidence intervals[J]. International Journal of Fatigue, 2006, 28(3): 223-236.

[47] Ebrahimi N. System reliability based on diffusion models for fatigue crack growth [J]. Naval Res. Logistics Quart., 2005, 52(1): 46-57.

[48] Yang J, Manning S. A simple second order approximation for stochastic crack growth analysis[J]. Eng. Fract. Mech., 1996, 53(5): 677-686.

[49] Dolinski K. Formulation of a stochastic model of fatigue crack growth[J]. Fatigue Fract. Eng. Mater. Struct., 1993, 16(9): 1007-1019.

[50] Paris P, Erdogan F. A critical analysis of crack propagation laws[J]. Journal of Basic Engineering, 1963(85): 528-534.

[51] Papazian J M. SIPS, a structural integrity prognosis system[C]. Big Sky, MT: 2007 IEEE Aerospace Conference, 2007.

[52] Hess A, Calvello G, Frith P, et al. Challenges, issues, and lessons learned chasing the " Big P ": real predictive prognostics part 2[C]. Big Sky, MT: 2006 IEEE Aerospace Conference, 2006.

[53] Orchard M, Kacprzynski G, Goebel K, et al. Advances in uncertainty representation and management for particle filtering applied to prognostics[C]. Denver, CO: International Conference on Prognostics and Health Management, 2008.

[54] PHM'08 conference: http://www.phmsociety.org/.

[55] Meeker W Q, Escobar L A. Statistical method for reliability data[M]. New York: John Wiley & Sons, 1998.

# 第 7 章　多参数多模式预测模型

## 7.1　多参数融合评估模型

### 7.1.1　比例模型定义与参数估计

对各种各样的寿命数据的统计分析方法较早予以关注的是医学、生物学和保险学领域。到 20 世纪 50 年代,随着对工业产品可靠性要求的提高,更是吸引了众多统计学家对各种各样的寿命数据展开研究,使得寿命数据分析的理论方法和应用逐渐得以发展起来,成为统计学中的一个完善的独立分支。

1972 年 Cox 提出的比例危险(Proportional Hazards, PH)模型是一类面向实际应用的非线性多元回归模型(通常称为 Cox PHM)。该模型假定各状态参数、维修、运行因素等协变量是影响系统寿命行为的伴随因素,以乘积效应叠加到基本危险函数上。该模型能反映失效时间的分布和协变量向量之间的关系,即得到各重要协变量对系统寿命分布和失效倾向的影响程度[1]。

危险函数(hazards function)与故障率一样,是指 $t$ 时刻未失效而在其后瞬时失效的条件概率,危险率可以定义为

$$h(t) = \lim_{\Delta t \to 0} \frac{P\{t \leqslant T \leqslant t + \Delta t \mid T \geqslant t\}}{\Delta t} = \frac{f(t)}{R(t)}$$

其中,$f(t)$ 为概率密度函数;$R(t)$ 是可靠度函数。

在比例危险模型中,令连续随机变量 $t$ 表示个体的寿命;$h_0(t)$ 为基本危险函数(baseline hazard function);$\boldsymbol{Z}$ 为伴随变量,可以与时间相关;$\boldsymbol{\gamma}$ 为与变量 $\boldsymbol{Z}$ 对应的回归系数,则一般形式的比例危险模型为

$$h(t \mid \boldsymbol{Z}) = h_0(t)\psi(t, \boldsymbol{Z})$$

式中,基本危险率 $h_0(t)$ 仅与役龄时间有关,而 $h(t|\boldsymbol{Z})$ 不仅与役龄时间有关,还依赖于伴随变量和回归系数的值。与基本危险率相乘的 $\psi(t, \boldsymbol{Z})$ 是协变量函数(所以称 PH 模型是乘积性强度模型),可以是指数形式 $\exp(\boldsymbol{\gamma Z})$、对数形式 $\ln[1+\exp(\boldsymbol{\gamma Z})]$、反线性形式 $1/(1+\boldsymbol{\gamma Z})$、或线性形式 $1+\boldsymbol{\gamma Z}$。在可靠性应用中,常见的是指数形式的协变量函数形式,此时对应的 PH 模型为

$$h(t \mid \boldsymbol{Z}) = h_0(t) \cdot \exp(\boldsymbol{\gamma Z})$$

回归系数的解释为对危险率 $h(t \mid \boldsymbol{Z}) / h_0(t) = \exp(\boldsymbol{\gamma Z})$ 两边取对数,得到对数危险率 $\ln[h(t \mid \boldsymbol{Z}) / h_0(t)] = \boldsymbol{\gamma Z}$。显然,回归系数的意义是伴随变量 $\boldsymbol{Z}$ 改变一个单位引起对数危险率的改变量。当回归系数是正数或危险率大于 1 时,认为该伴随变量 $\boldsymbol{Z}$ 是一个风险因素;反之,当回归系数是负数或危险率小于 1 时,认为该伴随变量 $\boldsymbol{Z}$ 是一个保护性因素。当 $\boldsymbol{Z}$ 代表多个伴随变量组成的向量时,各伴随变量的联合作用反映为各危险率的乘积。

模型一般假设故障事件是独立同分布的(independent and identically distributed, IID)。而且,若两个不同的协变量 $\boldsymbol{Z}_1$ 和 $\boldsymbol{Z}_2$ 对应的危险率之比 $h(t \mid \boldsymbol{Z}_1) / h(t \mid \boldsymbol{Z}_2) = \exp[\boldsymbol{\gamma}(\boldsymbol{Z}_1 - \boldsymbol{Z}_2)]$ 是与时间 $t$ 无关的量,则就说寿命 $T$ 与协变量 $\boldsymbol{Z}$ 适合比例危险模型。

$h_0(t)$ 的变化就会导致参数化的模型,如果 $h_0(t)$ 具体形式已知,那么该模型就是参数型比例危险模型;如果 $h_0(t)$ 具体形式未知,那么该模型就是半参数型比例危险模型,因为不需要知道基本危险率的具体形式,所以在实际使用中半参数型 PH 模型具有很大的优点。两种模型的参数估计方法是不同的。这里给出似然函数的一般形式,具体的参数估计过程将在后续的章节介绍。

1) 半参数型 PH 模型的参数估计

半参数型 PH 模型中基本危险率未知,需要构造偏似然函数。令 $t_1 < t_2 < \cdots < t_k$ 分别表示 $n$ 个样本中 $k$ 个不同的观测到的故障时间组成的序列及 $n-k$ 个截尾时间,假定不存在截尾,令 $\boldsymbol{Z}_i$ 表示在失效时间 $t_i$ 时个体所对应的协变量函数。定义在时间 $t_i$ 处未发生故障且未被截尾的样本风险集合 $\mathbb{R}(t_i) = \{T \mid T \geqslant t_i\}$,则按照 Cox 的观点,偏似然函数可表达为

$$L(\boldsymbol{\gamma}) = \prod_{i=1}^{k} \left[ \frac{\exp(\boldsymbol{\gamma} \cdot \boldsymbol{Z}_i)}{\sum\limits_{l \in \mathbb{R}(t_i)} \exp(\boldsymbol{\gamma} \cdot \boldsymbol{Z}_l)} \right]$$

这里的连乘是指各非截尾失效时间数据 $t_i$ 所对应协变量的条件概率之间的乘

积。虽然偏似然函数不是传统意义下的似然函数,但可视为一类特殊的似然函数,按照极大似然估计的思想进行推断。

2）参数型 PH 模型的参数估计

民航发动机相关的寿命一般是服从威布尔分布,所以考虑威布尔型基本危险率,则对应的参数型 PH 模型下的危险率为

$$h(t \mid \mathbf{Z}) = \frac{\beta}{\eta}\left(\frac{t}{\eta}\right)^{\beta-1} \cdot \exp(\boldsymbol{\gamma} \cdot \mathbf{Z})$$

此时若有 $n$ 个样本用于参数估计,如果不考虑截尾数据,令 $t_1 \leqslant t_2 \leqslant \cdots t_i \leqslant \cdots \leqslant t_n$ 分别表示 $n$ 个观测故障时间样本组成的序列[如图 7.1(a)],威布尔参数型 PH 模型的似然函数为

$$\begin{aligned} L(\beta, \eta, \boldsymbol{\gamma}, \mathbf{Z}) &= \prod_{i=1}^{n} h(t_i \mid \mathbf{Z}) \cdot \exp\left[-\int_0^{t_i} h(t \mid \mathbf{Z})\mathrm{d}t\right] \\ &= \prod_{i=1}^{n} \frac{\beta}{\eta}\left(\frac{t_i}{\eta}\right)^{\beta-1} \cdot \exp(\boldsymbol{\gamma}\mathbf{Z}) \cdot \exp\left[-\int_0^{t_i} \frac{\beta}{\eta}\left(\frac{t}{\eta}\right)^{\beta-1} \cdot \exp(\boldsymbol{\gamma}\mathbf{Z})\mathrm{d}t\right] \end{aligned}$$

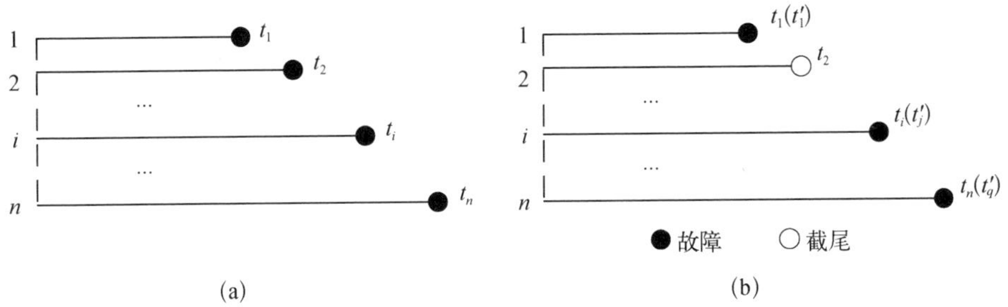


图 7.1　不可修系统故障事件样本组成

如果 $n$ 个样本中,有 $q$ 个故障事件[图 7.1(b)],故障时间序列为 $t'_1 \leqslant t'_2 \leqslant \cdots t'_j \leqslant \cdots \leqslant t'_q$, $n-q$ 个截尾事件,那么上式就可以改写为

$$\begin{aligned} L(\beta, \eta, \boldsymbol{\gamma}, \mathbf{Z}) = &\prod_{j=1}^{q} \frac{\beta}{\eta}\left(\frac{t'_j}{\eta}\right)^{\beta-1} \cdot \exp(\boldsymbol{\gamma}\mathbf{Z}) \\ &\cdot \prod_{i=1}^{n} \exp\left[-\int_0^{t_i} \frac{\beta}{\eta}\left(\frac{t}{\eta}\right)^{\beta-1} \cdot \exp(\boldsymbol{\gamma}\mathbf{Z})\mathrm{d}t\right] \end{aligned}$$

如果 $\mathbf{Z}$ 是时间相关的,该式将非常复杂,需要用数值方法来求解参数估计问题,后续的章节将尝试解决。

### 7.1.2 PMIM 定义与参数估计

比例瞬时平均强度模型(proportional mean intensity model, PMIM)也就是比例故障发生率(rate of occurrence of failure, ROCOF)模型,以 ROCOF 为基本强度函数,再乘上协变量的函数,就构成了 PMIM。PMIM 与 PH 模型非常类似,构成和参数估计是相同的,但是两者是基于截然不同的故障过程强度概念。在有些文献中,经常把两者混淆,把 PH 模型应用于可修系统,实际上是应用了 PMIM。

由前面章节内容,若随机变量 $N(t)$ 为在区间(0,t]内系统故障次数,则全故障强度函数为

$$\nu(t) = \lim_{\Delta t \to \infty} \frac{P\{N(t + \Delta t) - N(t) \geq 1 \mid H(t)\}}{\Delta t} = \frac{\mathrm{d}E[N(t) \mid H(t)]}{\mathrm{d}t}$$

其中,$t$ 是系统的运营时间;$H(t)$ 是系统在 $t$ 时刻前的历史信息。

若假设协变量函数 $\psi(t, \boldsymbol{Z})$ 表示历史信息 $H(t)$ 的影响,那么可以得出 PMIM 的一般形式:

$$\nu(t \mid \mathrm{Z}) = \nu_0(t)\psi(t, \boldsymbol{Z})$$

其中,$\nu_0(t)$ 是基本强度函数,也就是基本 ROCOF。

与 PH 模型类似,协变量函数 $\psi(t, \boldsymbol{Z})$ 也可以具有多种形式,通常是指数形式 $\exp(\boldsymbol{\gamma Z})$,在此基础上,描述这一故障过程行为的 PMIM 为

$$\nu(t \mid \boldsymbol{Z}) = \nu_0(t)\exp[\boldsymbol{\gamma Z}(t)]$$

在 PMIM 下,系统的生存函数为

$$\begin{aligned} S[t \mid \boldsymbol{Z}(t)] &= P\{N(t + \Delta t) - N(t) = 0 \mid \boldsymbol{Z}(t)\} \\ &= \exp\left\{-\int_t^{t+\Delta t} \nu[u \mid \boldsymbol{Z}(u)]\mathrm{d}u\right\} \end{aligned}$$

系统失效的概率密度函数为

$$f_t(t) = -S'(t) = \nu_0(t)\exp[\boldsymbol{\gamma Z}(t)]\exp\left\{-\int_t^{t+\Delta t} \nu[u \mid \boldsymbol{Z}(u)]\mathrm{d}u\right\}$$

由此可以得到在 $t$ 时刻的寿命分布,从而执行某种特定的维修活动。

与 PH 模型类似,PMIM 也可以分为参数型和半参数型两种。参数型 PMIM 是已知基本 ROCOF 函数服从某种分布的情形,半参数 PHM 中基本 ROCOF 函数 $\nu_0(t)$ 是未知的。

1) 半参数型 PMIM 参数估计

由于基本 ROCOF 函数形式未知,无法直接用极大似然估计法求解,需要引入

“偏似然函数”来进行模型估计。令 $t_1 < t_2 < \cdots < t_k$ 分别表示 $n$ 个样本中 $k$ 个不同的观测到的故障时间组成的序列及 $n-k$ 个截尾时间，假定不存在结，令 $\mathbf{Z}_i$ 表示在失效时间 $t_i$ 时个体所对应的协变量函数。定义在时间 $t_i$ 处未发生故障且未被截尾的样本风险集合 $\mathbb{R}(t_i) = \{T \mid T \geqslant t_i\}$，则构造偏似然函数表达式为

$$L(\boldsymbol{\gamma}) = \prod_{i=1}^{k}\left[\frac{\exp(\boldsymbol{\gamma}\cdot\mathbf{Z}_i)}{\sum_{l\in\mathbb{R}(t_i)}\exp(\boldsymbol{\gamma}\cdot\mathbf{Z}_l)}\right]$$

2）参数型 PMIM 参数估计

PMIM 通常将系统运营视为非齐次 Possion 过程（NHPP），NHPP 符合条件独立增量[2]。在 NHPP 假设下的基本 ROCOF 函数 $\nu_0(t)$ 包括有三种形式：常量、对数线性、幂律形式，即

$$\nu_0(t) = \alpha,\ \nu_0(t) = \alpha\cdot\exp(\zeta t),\ \nu_0(t) = \alpha\zeta t^{\zeta-1}$$

针对民用航空发动机的可靠性数据，ROCOF 函数 $\nu_0(t)$ 通常采用幂律形式，也就是和威布尔分布相对应。此时的 PMIM 为

$$\nu(t \mid \mathbf{Z}) = \beta t^{\beta-1}\cdot\exp(\boldsymbol{\gamma}\mathbf{Z})$$

其中，$\beta$ 是威布尔分布中的形状参数。方便起见，用 $\exp(\gamma_0 Z_0)$ 表示威布尔分布中的位置参数 $\eta$，$Z_0 = 1$ 时，$\eta = \exp(\gamma_0)$。

如果有 $U$ 个可修系统样本，发生故障或截尾的情况如图 7.2 所示，对应的对数似然函数可以为

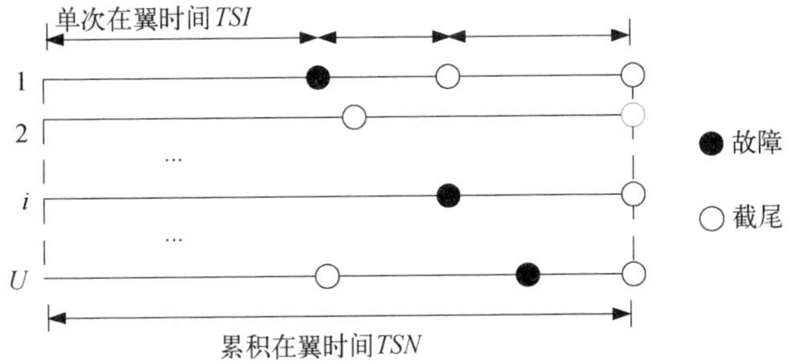


图 7.2　可修系统故障事件样本组成

$$\ln L(\beta,\ \mathbf{Z}) = NU\ln\beta + (\beta - 1)\sum_{i=1}^{U}\sum_{j=1}^{N}\ln t_{ij} + \sum_{i=1}^{U}N\boldsymbol{\gamma}\mathbf{Z} - \sum_{i=1}^{U}t_i^{\delta}N\exp(\boldsymbol{\gamma}\mathbf{Z})$$

其中,$t$ 是累积在翼时间;$N$ 是观察到的故障数;$U$ 是可修系统的样本数。进一步,可以得出 $\beta$ 的估计值为

$$\hat{\beta} = \frac{-(N \times U)}{\sum_{i=1}^{U} \sum_{j=1}^{N} \ln\left(\frac{t_{ij}}{t_{iN}}\right)}$$

## 7.2 多失效模式预测模型

### 7.2.1 概述

航空发动机的高可靠性设计除必须通过高可靠性的制造技术来实现外,还必须通过使用过程中各个阶段的可靠性试验来核实。因此,航空发动机投入使用后,其可靠性评定工作也随之开始。飞行使用的可靠性数据对发动机设计和制造的评价最具权威性,可真实地反映使用条件和环境;评定结果反映了发动机趋向成熟或达到成熟期的可靠性水平,是发动机可靠性工作的最终检验,也是以后发动机可靠性设计最有用的参考。

传统的可靠性分析理论基于大量失效数据,其分析结果反映的是在给定条件下总体的"平均属性"。另外,在分析过程中,没有区分不同的失效机理,不注重使用过程中产品的微观变化,假定产品只具有两种状态:正常、失效,不管其是否具有容错能力,产品的正常与失效状态之间都具有明显的界限划分,产品"非好即坏",没有充分利用产品失效前的相关信息。

然而航空发动机由于结构复杂,外部环境多变,使得其在翼寿命受多种因素影响。本章选取了四个主要的在翼寿命影响因素进行分析,分别是气路性能衰退、叶片、高压涡轮罩损伤、滑油泄漏和轴承损伤,而这些因素可以认为是由不同的失效机理导致的,因此可以将以上在翼寿命影响因素看作发动机的不同失效模式,而航空发动机的失效是不同失效模式间竞争的结果,在实际操作中,航空发动机的失效是由最早出现的失效模式导致的。

根据以上在翼寿命影响因素分析,可以认为发动机可靠性是一个串联系统的可靠性,其可靠性框图如图 7.3 所示。其中,A1 表示气路性能衰退;A2 表示叶片和高压涡轮罩损伤;A3 表示滑油泄漏;A4 表示轴承损伤。

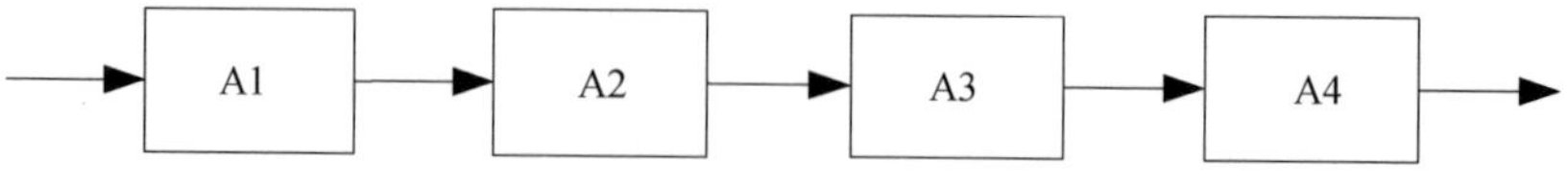


图 7.3　可靠性框图

目前,有文献研究了多失效模式共存时的产品竞争失效问题,但大多数文献均是在假设失效模式间相互独立的情况下基于失效数据进行分析的,即采用传统的可靠性分析方法,在分析过程中并不区分不同的失效模式。然而,在实际情况中,多个失效模式之间可能是相关的,而且在不同的功能状态下,产品发生各类失效的可能性可能不相同。

针对以上情况,本章研究建立了多失效模式共存的航空发动机可靠性评估模型。首先,对于气路性能退化失效部分,借助第 4 章介绍的方法,建立基于多参数的航空发动机退化失效模型;然后,对于另外三类失效模式,由于气路性能退化失效和其余三类失效模式间具有相关性,而比例危险模型能够很好地体现性能参数对故障率的影响,因此,为了体现气路性能衰退对其余三类失效的影响,本书利用比例危险模型建立了其余三类失效模型;最后,结合可靠性分析理论,给出了多失效模式共存的航空发动机可靠性分析模型。该方法能够给出航空发动机在一定时期内哪种失效模式更容易引起失效或者某种失效模式出现的概率,为航空公司能够及时掌握发动机的健康状态,有针对性地进行发动机的维修计划安排以及更加灵活的机队管理提供了科学理论基础,为发动机以后的可靠性设计提供了依据。

### 7.2.2　航空发动机在翼寿命影响因素分析

现代民用航空发动机在翼寿命一方面主要取决于承包商掌握的成熟发动机研制经验和用户使用要求,以及影响发动机寿命的各种外界因素[3,4];另一方面则是因为复杂的视情维修策略也是影响民用航空发动机在翼寿命的主要因素[5]。具体如下: ① 用户的使用条件以及使用习惯等,如果使用不当,会严重影响发动机工作载荷,从而影响发动机在翼寿命。② 不同飞机类型。由于工作载荷不同,对于同一型号的发动机而言,安装在类型不同的飞机上,其寿命会有很大不同。③ 允许发动机气路性能衰退的程度。④ 可接受的风险。⑤ 发动机翻修成本。有时候为了节约维修成本,在零部件损坏初期就进行修理。⑥ 非计划换发率。⑦ 振动。⑧ 叶片损伤。如裂纹、灼烧、断裂等。⑨ 滑油泄漏。⑩ 服务通告(service bulletin, SB)。⑪ 适航指令(airworthiness directive, AD)。⑫ 外来物损伤(foreign object damage, FOD)。⑬ 时控件(life limited parts, LLP)。⑭ 租赁到期。⑮ 备发情况等。

其中,典型在翼寿命影响因素所占比例如图 7.4 所示[6]。

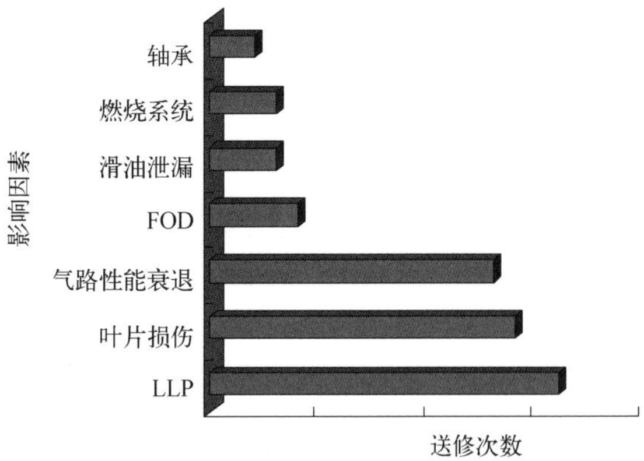


图 7.4　送修中典型的寿命影响因素

由图 7.4 可以看到,航空发动机的在翼寿命不仅与气路性能衰退引起的退化失效有关,还与叶片损伤、FOD、滑油泄露等此类失效有关。因此,要全面评估航空发动机的可靠性,不仅要考虑气路性能退化失效,还要考虑其他失效的影响。由于航空发动机的气路性能退化失效模型在第 4 章已经做过介绍,以下着重介绍航空发动机其他三类典型失效模式失效模型的建立。

### 7.2.3 航空发动机典型失效模式失效模型的建立

航空发动机同时具有多种失效模式,并且多失效模式之间是存在相关性的。对于气路性能退化失效来说,性能参数本身就是各种因素综合作用的结果,因此,在建立气路性能退化模型时所利用的性能数据本身就体现了突发其他失效模式对其的影响,无须另外加以讨论。而如何体现气路性能退化失效对其他失效的影响成了现在需要解决的关键问题,比例危险模型因为能够很好地表达协变量对故障率的影响而成为目前各领域普遍适用的模型。所以,在此选用比例危险模型建立航空发动机三类典型失效模式的失效模型。

1. 三类典型失效模式失效数据的收集整理

本书通过航空公司收集到三类典型失效数据:叶片和高压涡轮罩损伤、滑油泄漏和轴承损伤。同时,将失效时的性能数据如 EGTM、DN2、AOC 一起收集整理列于表 7.1。

表 7.1 航空发动机失效数据

| 发动机序号 | 在翼寿命/循环 | EGTM | DN2 | AOC | 故障类型 |
|---|---|---|---|---|---|
| 1 | 490 | 90 | −0.5 | 0.20 | 叶片和高压涡轮罩损伤 |
| 2 | 97 | 88 | −0.6 | 0.19 | 叶片和高压涡轮罩损伤 |
| 3 | 9 446 | 30 | −0.9 | 0.28 | 叶片和高压涡轮罩损伤 |
| 4 | 5 576 | 34 | −1.4 | 0.16 | 叶片和高压涡轮罩损伤 |
| 5 | 686 | 88 | −1 | 0.19 | 叶片和高压涡轮罩损伤 |
| 6 | 1 825 | 66 | 0.3 | 0.14 | 叶片和高压涡轮罩损伤 |
| 7 | 8 508 | 40 | −1.1 | 0.24 | 叶片和高压涡轮罩损伤 |
| 8 | 3 043 | 84 | −0.7 | 0.18 | 叶片和高压涡轮罩损伤 |
| 9 | 6 816 | 60 | −1.3 | 0.17 | 叶片和高压涡轮罩损伤 |
| 10 | 11 907 | 28 | −0.6 | 0.21 | 叶片和高压涡轮罩损伤 |
| 11 | 1 065 | 62 | −0.5 | 0.18 | 叶片和高压涡轮罩损伤 |

续　表

| 发动机序号 | 在翼寿命/循环 | EGTM | DN2 | AOC | 故 障 类 型 |
|---|---|---|---|---|---|
| 12 | 2 206 | 68 | −0.8 | 0.22 | 叶片和高压涡轮罩损伤 |
| 13 | 9 433 | 50 | −0.5 | 0.16 | 叶片和高压涡轮罩损伤 |
| 14 | 8 375 | 58 | −1.0 | 0.115 | 叶片和高压涡轮罩损伤 |
| 15 | 6 553 | 67 | −1 | 0.17 | 叶片和高压涡轮罩损伤 |
| 16 | 10 137 | 52 | −1.2 | 0.17 | 叶片和高压涡轮罩损伤 |
| 17 | 11 078 | 47 | −1.7 | 0.16 | 叶片和高压涡轮罩损伤 |
| 18 | 9 095 | 54 | −1.5 | 0.21 | 叶片和高压涡轮罩损伤 |
| 19 | 9 639 | 62 | −1 | 0.38 | 滑油泄漏 |
| 20 | 1 463 | 66 | 0.3 | 0.14 | 滑油泄漏 |
| 21 | 1 912 | 82 | −1 | 0.17 | 滑油泄漏 |
| 22 | 7 354 | 72 | −0.8 | 0.23 | 滑油泄漏 |
| 23 | 7 786 | 44 | −1 | 0.29 | 滑油泄漏 |
| 24 | 1 428 | 106 | −1.0 | 0.28 | 滑油泄漏 |
| 25 | 6 121 | 74 | −1.1 | 0.25 | 轴承损伤 |
| 26 | 12 527 | 46 | −0.1 | 0.29 | 轴承损伤 |
| 27 | 1 430 | 82 | −0.5 | 0.18 | 轴承损伤 |
| 28 | 7 567 | 76 | −0.7 | 0.2 | 轴承损伤 |
| 29 | 3 765 | 86 | −1 | 0.30 | 轴承损伤 |
| 30 | 6 400 | 71 | −0.7 | 0.13 | 轴承损伤 |
| 31 | 7 716 | 82 | −1.3 | 0.26 | 轴承损伤 |
| 32 | 298 | 82 | −1 | 0.25 | 轴承损伤 |
| 33 | 7 586 | 48 | −1.2 | 0.17 | 轴承损伤 |
| 34 | 6 125 | 48 | −0.6 | 0.22 | 轴承损伤 |
| 35 | 9 781 | 62 | −1.5 | 0.22 | 轴承损伤 |
| 36 | 8 986 | 57 | −1.3 | 0.22 | 轴承损伤 |
| 37 | 4 137 | 49 | −1.6 | 0.19 | 轴承损伤 |

2. 协变量主成分分析

通过第 4 章的分析,可知性能监测参数 EGTM、DN2、AOC 之间具有相关性,而比例危险模型要求各变量间的偏相关系数尽量小,因此,首先利用主成分分析方法消除性能参数间的相关性,同时生成新的不相关变量。

主成分分析(principal component analysis)是研究多个定量(数值)变量间相关性的一种多元统计方法。它是研究如何导出少数几个主分量,使它们尽可能地完整保留原始变量的信息,且彼此间不相关。

设 $y_1, y_2, \cdots, y_n$ 为初始气路性能监测参数;新变量 $X_1, X_2, \cdots, X_m\ (m \leqslant n)$,分别称为初始监测参数的第一、第二、… 、第 $m$ 主成分,其彼此间不相关。

主成分分析法的具体步骤如下:

首先,对原始监测数据进行标准化处理,得到相应的相关系数矩阵如下:

$$R = \begin{bmatrix} r_{11} & r_{12} & \cdots & r_{1n} \\ r_{21} & r_{22} & \cdots & r_{2n} \\ \vdots & \vdots & & \vdots \\ r_{n1} & r_{n2} & \cdots & r_{nn} \end{bmatrix}$$

其中,矩阵元素 $r_{ij}(i, j = 1, 2, \cdots, n)$ 为原始监测参数 $y_i$ 与 $y_j$ 的相关系数。

然后,计算各主成分,其步骤如下:

(1) 特征方程为 $|\lambda I - R| = 0$,求解得到其特征值,并将其按降序排列,即 $\lambda_1 \geqslant \lambda_2 \geqslant \cdots \geqslant \lambda_m \geqslant 0$。

(2) 根据所得特征值 $\lambda_i$ 分别求出对应的特征向量 $\mathrm{e}_i(i = 1, 2, \cdots, m)$,其中要求 $\|\mathrm{e}_i\| = 1$,即 $\sum_{j=1}^{m} \mathrm{e}_{ij}^2 = 1$,$\mathrm{e}_{ij}$表示第 $i$ 个向量的第 $j$ 个分量。

(3) 计算主成分累计贡献率。

贡献率:$\dfrac{\sum_{k=1}^{i} \lambda_k}{\sum_{k=1}^{m} \lambda_k}\ (i = 1, 2, \cdots, m)$

累计贡献率:$\dfrac{\lambda_i}{\sum_{k=1}^{m} \lambda_k}\ (i = 1, 2, \cdots, m)$

计算主成分载荷:$a_{ij} = p(X_i, y_i) = \sqrt{\lambda_i}\,\mathrm{e}_{ij}(i, j = 1, 2, \cdots, m)$

从而得到各主成分:

$$X=\begin{bmatrix}X_1\\X_2\\\vdots\\X_m\end{bmatrix}=\begin{bmatrix}a_{11}&a_{12}&\cdots&a_{1n}\\a_{21}&a_{22}&\cdots&a_{2n}\\\vdots&\vdots&&\vdots\\a_{m1}&a_{m2}&\cdots&a_{mn}\end{bmatrix}\begin{bmatrix}y_1\\y_2\\\vdots\\y_n\end{bmatrix}\tag{7.1}$$

设 $y_1$、$y_2$、$y_3$ 分别表示性能参数 EGTM、DN2、AOC，$X_i$ 抽取的主成分，直接利用 SPSS 软件进行主成分分析，可以得到三类突发失效的性能监测参数的主成分。

（1）叶片和高压涡轮罩损伤类

$$X=\begin{bmatrix}X_1\\X_2\end{bmatrix}=\begin{pmatrix}a_{11}&a_{12}&a_{13}\\a_{21}&a_{22}&a_{23}\end{pmatrix}\begin{bmatrix}y_1\\y_2\\y_3\end{bmatrix}=\begin{pmatrix}0.806&0.697&-0.549\\0.068&0.544&0.791\end{pmatrix}\begin{bmatrix}y_1\\y_2\\y_3\end{bmatrix}\tag{7.2}$$

其中，原性能参数经主成分分析后压缩为 2 个主成分，总占比是 78.769%。

（2）滑油泄漏类

$$X=\begin{bmatrix}X_1\\X_2\end{bmatrix}=\begin{pmatrix}a_{11}&a_{12}&a_{13}\\a_{21}&a_{22}&a_{23}\end{pmatrix}\begin{bmatrix}y_1\\y_2\\y_3\end{bmatrix}=\begin{pmatrix}0.038&0.899&-0.908\\0.986&-0.241&-0.197\end{pmatrix}\begin{bmatrix}y_1\\y_2\\y_3\end{bmatrix}\tag{7.3}$$

其中，原性能参数经主成分分析后压缩为 2 个主成分，总占比是 90.126%。

（3）轴承损伤类

$$X=\begin{bmatrix}X_1\\X_2\end{bmatrix}=\begin{pmatrix}a_{11}&a_{12}&a_{13}\\a_{21}&a_{22}&a_{23}\end{pmatrix}\begin{bmatrix}y_1\\y_2\\y_3\end{bmatrix}=\begin{pmatrix}0.702&0.334&0.777\\-0.428&0.904&-0.002\end{pmatrix}\begin{bmatrix}y_1\\y_2\\y_3\end{bmatrix}\tag{7.4}$$

其中，原性能参数经主成分分析后压缩为 2 个主成分，总占比是 73.618%。

3. 基于比例危险模型的典型失效模式的失效分布函数的建立

由于威布尔分布可以看作是指数分布的扩展，其分布曲线形状可以根据形状参数的变化而变化，经常被用来描述磨损、老化、疲劳等失效现象，因此被广泛应用于可靠性工程领域，并在民用航空发动机领域得到了验证[7]。所以，可以假设发动机以上三类失效模式的概率分布形式为威布尔分布。

威布尔过程型全参数的 PH 模型如下所示：

$$\upsilon(t\mid X(t))=\frac{\beta}{\eta}\left(\frac{t}{\eta}\right)^{\beta-1}\exp[\gamma X(t)]\tag{7.5}$$

其中,$\beta$、$\eta$、$\gamma$ 为未知参数,$X(t)$ 为协变量。

根据可靠性理论可知,其生存函数有如下形式:

$$R(t;\ \eta,\ \beta,\ \gamma) = \exp\left[-\int_0^t r(t;\ \eta,\ \beta,\ \gamma)\mathrm{d}t\right] = \exp\left[-\int_0^t \frac{\beta}{\eta}\left(\frac{t}{\eta}\right)^{\beta-1}\exp[\gamma\cdot X(t)]\mathrm{d}t\right]$$
$$= \exp\left[-\left(\frac{t}{\eta}\right)^{\beta}\exp[\gamma\cdot X(t)]\right] = \exp\left\{-\left(\frac{t}{\eta}\right)^{\beta}\exp[\gamma\cdot X(t)]\right\} \tag{7.6}$$

寿命分布函数和概率密度函数分别为

$$F(t;\ \eta,\ \beta,\ \gamma) = 1 - R(t;\ \eta,\ \beta,\ \gamma)$$
$$= 1 - \exp\left\{-\left(\frac{t}{\eta}\right)^{\beta}\exp[\gamma\cdot X(t)]\right\} \tag{7.7}$$

$$f(t;\ \eta,\ \beta,\ \gamma) = \nu(t;\ \eta,\ \beta,\ \gamma)R(t;\ \eta,\ \beta,\ \gamma)$$
$$= \frac{\beta}{\eta}\left(\frac{t}{\eta}\right)^{\beta-1}\exp[\gamma\cdot X(t)]\exp\left\{-\left(\frac{t}{\eta}\right)^{\beta}\exp[\gamma\cdot X(t)]\right\} \tag{7.8}$$

对于未知参数的估计在这里采用极大似然估计。其似然函数如下:

$$L(t;\ \eta,\ \beta,\ \gamma) = \prod_{i=1}^{n} f(t_i;\ \eta,\ \beta,\ \gamma)^{\delta_i} R(t_i;\ \eta,\ \beta,\ \gamma)^{1-\delta_i}$$
$$= \prod_{i=1}^{n}\left[\frac{\beta}{\eta}\left(\frac{t_i}{\eta}\right)^{\beta-1}\exp[\gamma\cdot X(t)]\exp\left\{-\left(\frac{t_i}{\eta}\right)^{\beta}\exp[\gamma\cdot X(t)]\right\}\right]^{\delta_i}$$
$$\left[\exp\left\{-\left(\frac{t_i}{\eta}\right)^{\beta}\exp[\gamma\cdot X(t)]\right\}\right]^{1-\delta_i} \tag{7.9}$$

其中,$\delta_i$ 为是否截尾的状态量,$\delta_i = 0$ 表示截尾,$\delta_i = 1$ 表示失效;$Q$ 为观测到寿命时间的样本集合;$n$ 为样本总体个数;$q$ 为失效个数。

由于协变量 $X(t)$ 与时间相关,但是具体函数形式未知,可以假设只在时刻 $t_j(j = 1,\ \cdots,\ n)$,协变量的值已知,这样可以将过程 $\{\gamma X(t) \mid t \geqslant 0\}$ 看作右连续的跳跃过程 $\{[\gamma X(t)]^* \mid t \geqslant 0\}$,即只在时刻 $t_j(j = 1,\ \cdots,\ n)$ 时,函数值发生变化,其他时刻跟前一时刻的值相同。

在此,采用的是完全寿命数据样本,因此,其似然函数简化为

$$L(t;\eta,\beta,\gamma)=\prod_{i=1}^{n}f(t_i;\eta,\beta,\gamma)$$
$$=\prod_{i=1}^{n}\left\{\frac{\beta}{\eta}\left(\frac{t_i}{\eta}\right)^{\beta-1}\exp(\gamma\cdot X)\exp\left[-\left(\frac{t_i}{\eta}\right)^{\beta}\exp(\gamma\cdot X)\right]\right\}\tag{7.10}$$

由于待估计的参数较多,无法采用解析方法进行求解,因此需要利用数值求解方法。通常都是利用牛顿-努弗森(Newton-Raphson, N-R)迭代算法求解得到参数估计值。初值的选取可以采用参数的矩估计值或与问题相关的某一特殊值,最终迭代的收敛准则是相邻向量的差值小于给定的一个向量。具体过程如下:

首先对似然函数取对数,然后通过对数似然函数对各待估计参数求一阶偏导数,并让其为零,如下所示:

$$\frac{\partial\ln L(t;\eta,\beta,\gamma)}{\partial\eta}=\sum_{i=1}^{n}\left[-\frac{\beta}{\eta}+\frac{\beta t_i^{\beta}}{\eta^{\beta+1}}\exp(\gamma\cdot X)\right]=0\tag{7.11}$$

$$\frac{\partial\ln L(t;\eta,\beta,\gamma)}{\partial\beta}=\sum_{i=1}^{n}\left[\frac{1}{\beta}+\ln(t_i)-\ln\eta-\frac{\beta t_i^{\beta}}{\eta^{\beta}}\ln\left(\frac{t_i}{\eta}\right)\exp(\gamma\cdot X)\right]=0\tag{7.12}$$

$$\frac{\partial\ln L(t;\eta,\beta,\gamma)}{\partial\gamma_k}=\sum_{i=1}^{n}\left[x_{i,k}-\left(\frac{t_i}{\eta}\right)^{\beta}x_{i,k}\exp(\gamma\cdot X)\right]=0,\ k=1,2\tag{7.13}$$

对其再求各参数的二阶偏导数组成海森矩阵,设 $\omega=[\beta,\eta,\gamma]=[\beta,\eta,\gamma_1,\gamma_2]$,具体如下:

$$H(\omega)=\left[\frac{\partial\ln L(\beta,\eta,\gamma)}{\partial\beta},\frac{\partial\ln L(\beta,\eta,\gamma)}{\partial\eta},\frac{\partial\ln L(\beta,\eta,\gamma)}{\partial\gamma_1},\frac{\partial\ln L(\beta,\eta,\gamma)}{\partial\gamma_2}\right]$$

$$G(\omega)=\begin{pmatrix}\frac{\partial^2\ln L(\beta,\eta,\gamma)}{\partial\beta^2} & \frac{\partial^2\ln L(\beta,\eta,\gamma)}{\partial\eta\partial\beta} & \frac{\partial^2\ln L(\beta,\eta,\gamma)}{\partial\gamma_1\partial\beta} & \frac{\partial^2\ln L(\beta,\eta,\gamma)}{\partial\gamma_2\partial\beta}\\ \frac{\partial^2\ln L(\beta,\eta,\gamma)}{\partial\beta\partial\eta} & \frac{\partial^2\ln L(\beta,\eta,\gamma)}{\partial\eta^2} & \frac{\partial^2\ln L(\beta,\eta,\gamma)}{\partial\gamma_1\partial\eta} & \frac{\partial^2\ln L(\beta,\eta,\gamma)}{\partial\gamma_2\partial\eta}\\ \frac{\partial^2\ln L(\beta,\eta,\gamma)}{\partial\beta\partial\gamma_1} & \frac{\partial^2\ln L(\beta,\eta,\gamma)}{\partial\eta\partial\gamma_1} & \frac{\partial^2\ln L(\beta,\eta,\gamma)}{\partial\gamma_1^2} & \frac{\partial^2\ln L(\beta,\eta,\gamma)}{\partial\gamma_2\partial\gamma_1}\\ \frac{\partial^2\ln L(\beta,\eta,\gamma)}{\partial\beta\partial\gamma_2} & \frac{\partial^2\ln L(\beta,\eta,\gamma)}{\partial\eta\partial\gamma_2} & \frac{\partial^2\ln L(\beta,\eta,\gamma)}{\partial\gamma_1\partial\gamma_2} & \frac{\partial^2\ln L(\beta,\eta,\gamma)}{\partial\gamma_2^2}\end{pmatrix}$$

则 N－R 迭代公式为

$$\omega^{(m+1)} = \omega^{(m)} - H(\omega^{(m)})[G(\omega^{(m)})]^{-1} \tag{7.14}$$

由此迭代公式，最终联立求解得到各参数的估计值 $\hat{\eta}$、$\hat{\beta}$、$\hat{\gamma}$，从而得到故障率函数如式(7.15)所示：

$$\nu(t \mid X) = \frac{\beta}{\eta}\left(\frac{t}{\eta}\right)^{\beta-1} \exp(\gamma \cdot X) \tag{7.15}$$

4. 误差分析

通常 PH 模型的建模精度会受到发动机状态数据的数量和质量的影响。其标准差由 Fisher 信息矩阵决定[8]，该矩阵为

$$G(\theta) = \begin{pmatrix} \mathrm{var}(\beta) & \mathrm{cov}(\beta, \eta) & \mathrm{cov}(\beta, \gamma_1) & \mathrm{cov}(\beta, \gamma_2) \\ \mathrm{cov}(\eta, \beta) & \mathrm{var}(\eta) & \mathrm{cov}(\eta, \gamma_1) & \mathrm{cov}(\eta, \gamma_2) \\ \mathrm{cov}(\gamma_1, \beta) & \mathrm{cov}(\gamma_1, \eta) & \mathrm{var}(\gamma_1) & \mathrm{cov}(\gamma_1, \gamma_2) \\ \mathrm{cov}(\gamma_2, \beta) & \mathrm{cov}(\gamma_2, \eta) & \mathrm{cov}(\gamma_2, \gamma_1) & \mathrm{var}(\gamma_2) \end{pmatrix}$$

$$= \begin{pmatrix} \frac{\partial^2 \ln L(\beta, \eta, \gamma)}{\partial \beta^2} & \frac{\partial^2 \ln L(\beta, \eta, \gamma)}{\partial \eta \partial \beta} & \frac{\partial^2 \ln L(\beta, \eta, \gamma)}{\partial \gamma_1 \partial \beta} & \frac{\partial^2 \ln L(\beta, \eta, \gamma)}{\partial \gamma_2 \partial \beta} \\ \frac{\partial^2 \ln L(\beta, \eta, \gamma)}{\partial \beta \partial \eta} & \frac{\partial^2 \ln L(\beta, \eta, \gamma)}{\partial \eta^2} & \frac{\partial^2 \ln L(\beta, \eta, \gamma)}{\partial \gamma_1 \partial \eta} & \frac{\partial^2 \ln L(\beta, \eta, \gamma)}{\partial \gamma_2 \partial \eta} \\ \frac{\partial^2 \ln L(\beta, \eta, \gamma)}{\partial \beta \partial \gamma_1} & \frac{\partial^2 \ln L(\beta, \eta, \gamma)}{\partial \eta \partial \gamma_1} & \frac{\partial^2 \ln L(\beta, \eta, \gamma)}{\partial \gamma_1^2} & \frac{\partial^2 \ln L(\beta, \eta, \gamma)}{\partial \gamma_2 \partial \gamma_1} \\ \frac{\partial^2 \ln L(\beta, \eta, \gamma)}{\partial \beta \partial \gamma_2} & \frac{\partial^2 \ln L(\beta, \eta, \gamma)}{\partial \eta \partial \gamma_2} & \frac{\partial^2 \ln L(\beta, \eta, \gamma)}{\partial \gamma_1 \partial \gamma_2} & \frac{\partial^2 \ln L(\beta, \eta, \gamma)}{\partial \gamma_2^2} \end{pmatrix} \tag{7.16}$$

5. 模型实现

根据上述方法求得三类失效模式的威布尔过程型全参数 PH 模型如下：

1) 叶片和高压涡轮罩损伤类

叶片和高压涡轮罩损伤类 PH 模型参数估计结果如表 7.2 所示。

**表 7.2　叶片和高压涡轮罩损伤类 PH 模型参数估计结果**

| PH 模型参数 | 估计值 | 标准差 | Wald 卡方值 | 显著度水平 $p$ 值 |
|---|---|---|---|---|
| $\beta$ | 0.853 | — | — | — |
| $\eta$ | 6 761.744 | — | — | — |

续　表

| PH 模型参数 | 估计值 | 标准差 | Wald 卡方值 | 显著度水平 $p$ 值 |
|---|---|---|---|---|
| $X_1$ | -0.066 | 0.112 | 0.353 | 0.553 |
| $X_2$ | 2.155 | 1.358 | 2.517 | 0.113 |

其故障率函数为

$$\nu(t \mid X) = \frac{\beta}{\eta}\left(\frac{t}{\eta}\right)^{\beta-1} \exp(\gamma \cdot X)$$
$$= \frac{0.853}{6\,761.744}\left(\frac{t}{6\,761.744}\right)^{-0.147} \exp(-0.066X_1 + 2.155X_2) \tag{7.17}$$

根据可靠性理论知,其生存函数为

$$R(t;\ \eta,\ \beta,\ \gamma) = \exp\left[-\left(\frac{t}{\eta}\right)^{\beta} \exp[\gamma \cdot X(t)]\right]$$
$$= \exp\left[-\left(\frac{t}{6\,761.744}\right)^{0.853} \exp(-0.066X_1 + 2.155X_2)\right] \tag{7.18}$$

2）滑油泄漏类

滑油泄漏类 PH 模型参数估计结果如表 7.3 所示。

**表 7.3　滑油泄漏类 PH 模型参数估计结果**

| PH 模型参数 | 估计值 | 标准差 | Wald 卡方值 | 显著度水平 $p$ 值 |
|---|---|---|---|---|
| $\beta$ | 1.087 | — | — | — |
| $\eta$ | 5 774.532 | — | — | — |
| $X_1$ | 2.887 | 1.903 | 2.301 | 0.129 |
| $X_2$ | 0.007 | 0.052 | 0.015 | 0.901 |

其故障率函数为

$$\nu(t \mid X) = \frac{\beta}{\eta}\left(\frac{t}{\eta}\right)^{\beta-1} \exp(\gamma \cdot X)$$
$$= \frac{1.087}{5\,774.532}\left(\frac{t}{5\,774.532}\right)^{0.087} \exp(2.887X_1 + 0.007X_2) \tag{7.19}$$

根据可靠性理论知,其生存函数为

$$R(t;\eta,\beta,\gamma)=\exp\left[-\left(\frac{t}{\eta}\right)^{\beta}\exp[\gamma\cdot X(t)]\right]$$
$$=\exp\left[-\left(\frac{t}{5\,774.532}\right)^{1.087}\exp(2.887X_1+0.007X_2)\right] \tag{7.20}$$

3）轴承损伤类

轴承损伤类 PH 模型参数估计结果如表 7.4 所示。

**表 7.4　轴承损伤类 PH 模型参数估计结果**

| PH 模型参数 | 估计值 | 标准差 | Wald 卡方值 | 显著度水平 $p$ 值 |
|---|---|---|---|---|
| $\beta$ | 1.088 | — | — | — |
| $\eta$ | 7 935.506 | — | — | — |
| $X_1$ | 0.076 | 0.413 | 0.034 | 0.854 |
| $X_2$ | 0.021 | 0.657 | 0.001 | 0.975 |

其故障率函数为

$$\nu(t\mid X)=\frac{\beta}{\eta}\left(\frac{t}{\eta}\right)^{\beta-1}\exp(\gamma\cdot X)$$
$$=\frac{1.088}{7\,935.506}\left(\frac{t}{7\,935.506}\right)^{0.088}\exp(0.076X_1+0.021X_2) \tag{7.21}$$

根据可靠性理论知,其生存函数为

$$R(t;\eta,\beta,\gamma)=\exp\left[-\left(\frac{t}{\eta}\right)^{\beta}\exp[\gamma\cdot X(t)]\right]$$
$$=\exp\left[-\left(\frac{t}{7\,935.506}\right)^{1.088}\exp(0.076X_1+0.021X_2)\right] \tag{7.22}$$

## 参考文献

[1] Jiang S T, Landers T L, Rhoads T R. Assessment of repairable-system reliability using proportional intensity models: a review [J]. IEEE Transactions on Reliability, 2006, 55(2): 328－336.

[2] Percy D F, Kobbacy K A H, Ascher H E. Using proportional-intensities models to schedule preventive-maintenance intervals [J]. IMA Journal of Mathematics Applied in Business and Industry, 1998, 9(3): 289－302.

[ 3 ] 莫布雷. 以可靠性为中心的维修 [M]. 北京：机械工业出版社，1995.
[ 4 ] Catelani M, Fort A, Grande V, et al. Automatic fault diagnosis system for a gas turbine using a simulation before test approach [C]. Sorrento: 2006 IEEE Instrumentation and Measurement Technology Conference Proceedings, 2006.
[ 5 ] 严志军.机械设备状态维修最佳检测周期的仿真分析方法(续)[J].中国设备管理，2001(3)：9－10.
[ 6 ] 严志军.机械设备状态维修最佳检测周期的仿真分析方法[J].中国设备管理，2001(2)：11－12.
[ 7 ] Ghasemi A, Yacout S, Ouali M S. Optimal condition based maintenance with imperfect information and the proportional hazards model [J]. International Journal of Production Research, 2007, 45(4): 989－1012.
[ 8 ] 严立，朱新河，严志军，等. 面向 21 世纪的交通运输机械设备维修现状与展望[J]. 交通运输工程学报，2001，1(2)：47－51.

# 第 8 章　基于故障统计的维修间隔优化

## 8.1　维修数据及其映射方法

### 8.1.1　使用可靠性数据采集流程

使用可靠性数据是设备使用过程中产生的实际故障数据、维修数据、拆换记录等使用状况的记录，通常每一次设备使用中产生的异常情况都记录在案。现在，随着计算机信息系统的普及，这些数据都通过维修管理信息系统的软件记录在数据库软件中，保存在各类存储介质中。这样使用可靠性数据采集的过程就是从数据库读取数据并进行分析的过程。

通常，原始维修记录来自维修过程中的故障记录和拆换记录，尤其是拆换记录。对民用航空公司产生的拆换主要包含每一次拆换的信息：序号、所属分子公司、机型、机号、ATA 部件名称、装上件号、装上序号、拆下件号、拆下序号、拆下日期、故障原因、是否计划拆换、TSN、TSR、TSI、CSN、CSR、CSI 等数据。拆换数据只记录拆换过程，并没有直接的寿命数据，需要从拆换记录中分析出寿命数据。其主要过程如下图 8.1。例如，在定时更换策略下，某设备多次拆换使用的过程可用图 8.2 仿真。

从图 8.1 可见，实际的维修活动产生的数据保存在维修数据库或可靠性数据库中，分析使用可靠性数据的第一步是先从数据库中读取设备在使用历史上产生的所有维修记录，维修记录中故障记录、拆换记录、设备使用状态记录对评估可靠性最重要。不仅要能根据拆换过程或故障情况分析出新设备投入使用时的首次使用寿命，而且还必须跟踪出该设备整个寿命过程中反复的故障、修理、使用的循环周期，根据该设备历史上全部的维修使用过

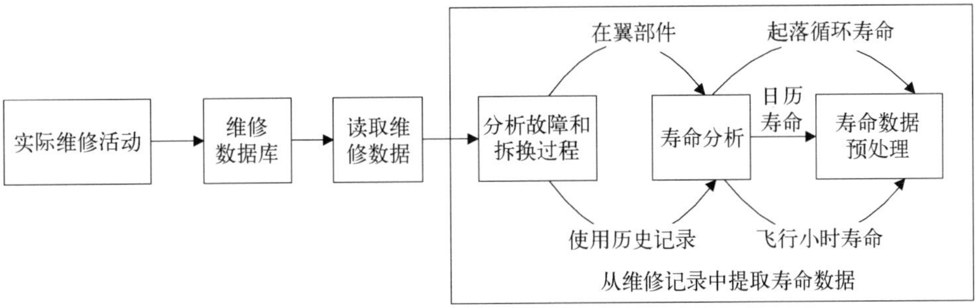


图 8.1　民用飞机使用可靠性数据采集流程图

程产生所有的寿命记录。民用飞机的寿命根据设备工作机理和用途的不同还能同时计算出每个设备的日历寿命、飞行时数寿命和起落循环寿命三类寿命。另外，还根据设备故障情况、拆换类别、是否在役来判断出寿命数据的截尾类型，以使估计更加准确。由于数据记录人员情况不同以及设备的性能不同，寿命数据中往往有异常数据，在正式评估寿命前必须先处理好异常数据。

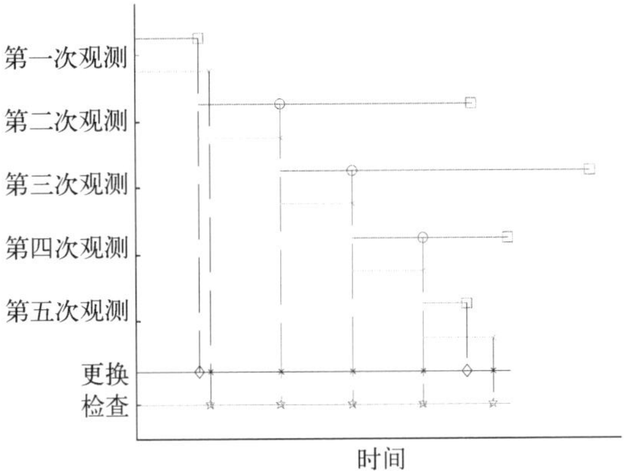


图 8.2　定时更换策略观察值的产生过程

## 8.1.2　寿命数据的分析和提取

因为维修记录中不直接存储寿命样本，需要通过分析拆换记录，找出寿命样本。为了准确起见，仍然需要根据分公司和机型对维修记录进行分类，假设只有当分公司相同并且机型也相同的部件才是同一个部件。分类后，在每一类中扫描搜索拆下记录，如果拆下记录的装上时间被确定，即可确定其日历寿命，否则只能用起落循环或飞行时间来衡量该件的寿命。如果一个只有拆下记录是因为故障拆下的，是非计划拆下的，把该寿命记为完全样本，如果该部件是计划拆下的，并且没有故障原因，则该样本视为提前更换，当作右截尾样本。

本项目的寿命分三类：首次使用的寿命、重复使用的寿命和混合寿命。首次使用的寿命是指一个新件第一次投入使用到第一次故障的时间。重复使用的寿命是指可修部件经过一次或多次修理之后的连续两次故障之间的正常运行时间。平均寿命是指不区分第一次使用的寿命和后续的重复使用寿命，把两类寿命混合在一起考虑。第一次使用的新件的判断标准：CSR 和 TSR 都是空或 0。

另外,装上没有拆下的在役部件因为不能确定其飞行时间或起落循环衡量的寿命,故暂时忽略。

1）以飞行时数为标准的寿命计算方式

（1）以飞行时间为标准,首次使用的寿命的判断思路如下：因为首次使用的寿命只对新件有效,而且新件没有重复使用的寿命,对于第一次使用的新件,首先采用 TSI,如果 TSI 是空或零,采用 TSN。

（2）以飞行时间为标准,重复使用的寿命的判断思路如下：因为新件没有重复使用的寿命,故新件不用判断重复使用的寿命;重复使用的寿命只对修理过的部件有效,但每一次修理都会产生一个重复使用的寿命,因此需要反复跟踪每一次拆换,记录每一次拆换的寿命。具体方式是：对于每一个拆下的件,如果不是新件,如果其 TSR 是有效的数据,则以该 TSR 作为这次拆换的寿命;如果其 TSR 是无效的数据,则查找该件的最近一次拆下记录,用本次拆下时的 TSN 减去上一次拆下时的 TSN 得到一个寿命样本。

（3）以飞行时间为标准,混合寿命的判断思路如下：混合寿命是把上述两类数据混合到一起,不区分新件第一次使用的时间寿命与后续的经过修理后再用时的运行时间。对于新件按照第一种方法,计算首次使用的寿命;对于修理过的部件按照第二类方法,计算重复使用的寿命;把这两类数据综合起来当作寿命样本。

2）以起落循环数为标准的寿命计算方式

（1）以起落循环为标准,首次使用的寿命的判断思路如下：因为首次使用的寿命只对新件有效,而且新件没有重复使用的寿命,对于第一次使用的新件,首先采用 CSI,如果 CSI 是空或零,采用 CSN。

（2）以起落循环为标准,重复使用的寿命的判断思路如下：因为新件没有重复使用的寿命,故新件不用判断重复使用的寿命;重复使用的寿命只对修理过的部件有效,但每一次修理都会产生一个重复使用的寿命,因此需要跟踪到上一次拆换,利用两次维修之间的时间差作为寿命。具体方式是：对于每一个拆下的件,如果不是新件,其 CSR 是有效的数据则以该 CSR 作为这次拆换的寿命;如果其 CSR 是无效的数据,则查找该件的最近一次拆下记录,用本次拆下时的 CSN 减去上一次拆下时的 CSN 得到一个寿命样本。

（3）以起落循环为标准,混合寿命的判断思路如下：混合寿命是把上述两类数据混合到一起,不区分新件第一次使用的时间寿命与后续的经过修理后再用时的运行时间。对于新件按照第一种方法,计算首次使用的寿命;对于修理过的部件按照第二类方法,计算重复使用的寿命;把这两类数据综合起来当作寿命样本。

3）以日历时间为标准的寿命计算方式

（1）以日历时间为标准,首次使用的寿命的判断思路如下：因为首次使用的寿命只对新件有效,而且新件没有重复使用的寿命,对于第一次使用的新件,首先找到该件的最近的装上记录,用拆下的日期和装上日期之间的日历天数作为寿命。

(2) 以日历时间为标准,重复使用的寿命的判断思路如下:因为新件没有重复使用的寿命,故新件不用判断重复使用的寿命;重复使用的寿命只对修理过的部件有效,但每一次修理都会产生一个重复使用的寿命,因此需要跟踪到上一次安装日期,利用两次维修之间的时间差作为寿命。具体方式是:对于每一个拆下的件,如果不是新件,则查找该件的最近装上记录,把从装上时间到拆下时间这段日历天数作为寿命。

(3) 以日历时间为标准,混合寿命的判断思路如下:混合寿命是把上述两类数据混合到一起,不区分新件第一次使用的时间寿命与后续的经过修理后再用时的运行时间。由于不论新件还是修好再用的件,日历时间都是从上一次装上到这一次拆下的天数,因此对每一个拆下记录都先找到最近的装上时间,用从装上时间到拆下时间之间的天数作为寿命。

### 8.1.3　维修数据映射关系

维修数据并不直接包含寿命数据,而是需要根据维修记录分析出部件的寿命,即需要把维修数据映射为寿命样本。维修数据包含计划维修和非计划维修,拆换又有计划拆换与非计划拆换。计划维修和非计划维修并不完全表示一定发生故障,当故障发生时也并不必然说明一定进行计划或非计划维修。同样,部件拆换或更换的发生不一定说明该部件一定产生了故障,产生了故障并不必然意味着进行了部件的拆换。因此维修和拆换数据并不一定代表设备故障,而寿命数据只能从故障中进行分析,而且故障数据也不一定是寿命的真实样本,很有可能是截尾样本,这样就存在一个数据映射问题。目前工程实际中,维修相关的数据主要有拆换数据和故障记录,需要从这两个数据表中提取寿命样本。以图 8.3 为例,可以分析得到寿命样本如表 8.1 所示。

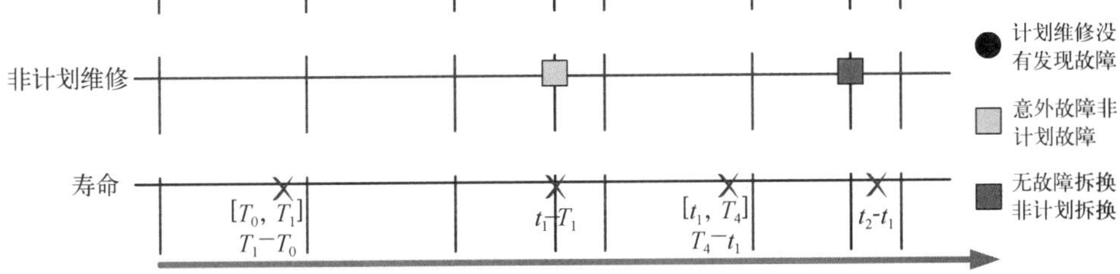

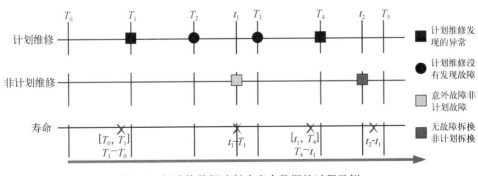

图 8.3　把维修数据映射为寿命数据的过程示例

**表 8.1 维修数据映射的寿命数据**

| 序号 | 事　　件 | 寿命区间 | 寿命样本 | 样本类型 |
|---|---|---|---|---|
| 1 | $T_1$ 时刻计划维修发现故障 | $[T_0, T_1]$ | $T_1-T_0$ | 左截尾样本 |
| 2 | $t_1$ 时刻非计划维修发现故障 | | $t_1-T_1$ | 完全样本 |
| 3 | $T_4$ 时刻计划维修发现故障 | $[T_3, T_4]$ | $T_4-t_1$ | 左截尾样本 |
| 4 | $t_1$ 时刻非计划维修无故障 | $[t_2, \infty)$ | $t_2-t_1$ | 右截尾样本 |

### 8.1.4 异常数据剔除

在飞机的寿命数据中常有一些异常数据，在实际中发现一些拆换记录，刚刚装上去三两天就又被拆下来，这些设备常常称为垃圾件。一般地，当寿命数据的直方图出现严重不均衡时，就可能是异常数据造成的。必须把这些异常数据识别并且剔除出去，即在确定寿命分布之前先要把特别小或特别大的不正常观察值去掉，然后才能根据有效数据进行分析。

异常数据剔除的基本思路是：极端大或极端小的异常数据出现的概率非常小，大多数中间数据是可信的，按照一定置信水平接受中间的大多数数据，并根据概率统计原理排除那些可信度非常低的异常数据。其步骤如下：

第一，根据样本 $t_1, t_2, \cdots, t_n$，计算其一阶矩 $E(t)=\dfrac{1}{n}\sum^{n} t_i$ 和二阶矩 $Var(t)=\dfrac{1}{n}\sum^{n}(t_i-\bar{t})$。

第二，用矩估计方法粗略的估计分布参数，对于寿命数据而言，分布类型一般是对数正态分布和指数分布，个别情况是正态分布，估计出参数后就知道了概率分布函数 $F(t)$。

第三，根据确定的概率分布和置信水平指定置信区间，假设接受的概率是 $\alpha$，则令接受区间是 $\left[F^{-1}\left(\dfrac{1-\alpha}{2}\right), F^{-1}\left(\dfrac{1+\alpha}{2}\right)\right]$。如果某样本 $t_i \in \left[F^{-1}\left(\dfrac{1-\alpha}{2}\right), F^{-1}\left(\dfrac{1+\alpha}{2}\right)\right]$ 则接受样本 $t_i$；若 $t_i \notin \left[F^{-1}\left(\dfrac{1-\alpha}{2}\right), F^{-1}\left(\dfrac{1+\alpha}{2}\right)\right]$ 则拒绝样本 $t_i$，把 $t_i$ 作为异常数据剔除。

上述利用概率统计原则剔除异常数据的思路如图 8.4 所示，从图 8.4 可见，一旦某样本落在区间两端就认为是不可接受的异常数据；如果样本值处在中间区间就认为该样本是可以接受的。在实际中，可以不断调整可接受的水平，先假定的概率分布类型（最优先的是对数正态分布、指数分布、其次是正态分布），直到合理地过滤掉异

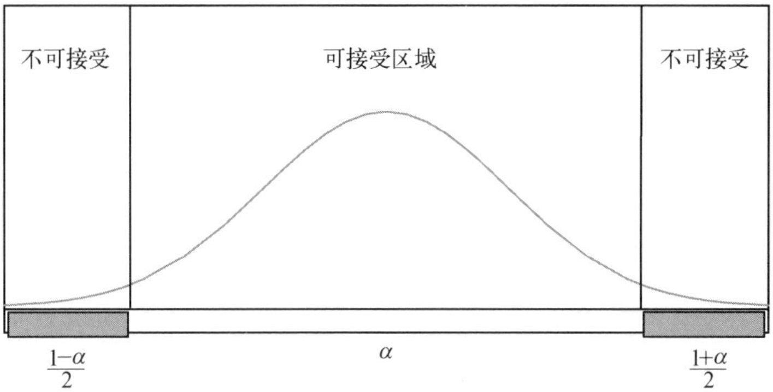


图 8.4　异常数据剔除思路

常值,通常当寿命直方图中没有出现 0 值,直方图分布比较均匀时就是比较合理的。

### 8.1.5　数据的填补

在实际数据中,由于各种各样的原因,经常出现数据不完整的情况,发现有的寿命数据缺失,这给寿命评估带来不必要的麻烦,造成估计结果不准确。为了插补这些缺失数据,增加估计的准确性,本书采用均值填补法。

所谓均值填补法,就是分别计算各个变量的均值,将各个均值作为各变量内所有缺失项的填补值。当然这是指变量服从正态或近似正态分布的情况下,如果分布为偏态,则以中位数来填补。均值填补法的特点是操作简便,并且对均值和总量这样的单变量可以有效地降低其点估计的偏差。但它的弱点也是显而易见的,首先,填补结果歪曲了样本单位中变量的分布,因为缺失数据的填补值都由均值来充当,使得其分布状况受到由观测数据计算出的组均值的制约;其次,填补结果将导致在均值和总量估计中对方差的低估,因为此时样本单位的偏差将由于同一个数值的多次出现而偏低。因此,均值填补仅适用于进行简单的点估计,而不是适用于需要方差估计等比较复杂的分析。

为了弥补通常均值填补法的缺陷,本书根据寿命数据的实际情况,对均值填补法做适当的改进。假设已经估计出某寿命数据真值 $t$ 在区间 $t \in [u, v]$ 内,其估计步骤如下:

第一,根据已知的确定样本 $t_1, t_2, \cdots, t_n$,计算其一阶矩 $E(t) = \frac{1}{n}\sum^{n} t_i$ 和二阶矩 $var(t) = \frac{1}{n}\sum^{n}(t_i - \bar{t})$。

第二,用矩估计方法粗略的估计分布参数,估计出参数后就知道了概率分布函数 $F(t)$ 或概率密度函数 $f(t)$。对于寿命数据而言,分布类型一般是对数正态分布和指数分布，个别情况是正态分布。

第三，令真值 $t$ 的估计值为 $\hat{t}=\int_0^{\infty} tf(t)\,\mathrm{d}t$ 或 $\hat{t}=\int_0^{\nu} tf(t)\,\mathrm{d}t$ 或 $\hat{t}=F^{-1}(0.5)$。

## 8.2 基于维修数据的可靠性评估

### 8.2.1 乘积限法估计可靠度经验分布

进行可靠度估计必须首先确定每一个寿命样本点的可靠度，只根据样本来估计每一个样本观察值的可靠度，常采用乘积限法[1]。

设样本集合 $o=\{t_1, \cdots, t_i, \cdots, t_n\}$ 中的右截尾、左截尾、区间截尾和完全样本的集合分别是 $C^{r}$、$C^{l}$、$C^{I}$、$C^{c}$ 即 $o=C^{r}+C^{l}+C^{I}+C^{c}$。每个样本观察值 $t_i$ 的右截尾频数、左截尾频数、区间截尾频数、完全样本频数分别为 $r$、$l_i$、$i_i$、$c_i$，则样本总频数：

$$N=\sum_{t_i\in 0}(r_i+l_i+i_i+c_i)$$

若令 $n_i$ 为样本 $t_i$ 时仍然存活（没有故障）并且没有被截尾的样本数目，这样 $n_1=N$, $n_2=n_1-r_1-i_1$, $\cdots$, $n_i=n_{i-1}-r_{i-1}-i_{i-1}$，则 $t_i$ 时刻瞬时故障率（死亡率）为：$q_i=\dfrac{c_i+l_i}{n_i}$，瞬时存活率为 $p_i=\dfrac{n_i-c_i-l_i}{n_i}=1-q_i$。进一步，乘积限法估计的 $t_i$ 时刻的可靠度为

$$R_i=R_{i-1}p_i=\prod_{j=1}^{i}p_j$$

相应地，乘积限法估计的经验生存函数（经验可靠度分布函数）为

$$R(t)=\prod_{j:t_j<t}\frac{n_j-c_j-l_j}{n_j}$$

经验分布函数的方差常用 Geenwood 公式计算：

$$var[R(t)]=R^2(t)\sum_{j:t_j<t}\frac{c_j+l_j}{n_j(n_j-c_j-l_j)}$$

综上所述，乘积限法估计可靠度经验分布的详细步骤如下：

(1) 对寿命样本的观察值进行排序，形成顺序统计量 $o=\{t_1, \cdots, t_i, \cdots, t_n\}$。

(2) 统计样本观察值，确定每一个观察值 $t_i$ 的右截尾频数、左截尾频数、区间截尾频数、完全样本频数分别为 $r_i$、$l_i$、$i_i$、$c_i$，样本总频数 $N=\sum_{t_i\in 0}(r_i+l_i+i_i+c_i)$。

（3）对每一个样本 $t_i \in o$ 估计可靠度经验分布：

① 计算面临风险的样本数，即 $t_i$ 时，没有故障的样本存活数目为

$$n_1 = N,\ \cdots,\ n_i = n_{i-1} - r_{i-1} - i_{i-1}$$

② 估计 $t_i$ 时刻瞬时故障率 $q_i = \dfrac{c_i + l_i}{n_i}$，瞬时存活率 $p_i = \dfrac{n_i - c_i - l_i}{n_i} = 1 - q_i$；

③ 估计 $t_i$ 时刻的可靠度 $R_i = R_{i-1} p_i = \prod_{j=1}^{i} p_j$。

（4）确定连续的经验分布函数 $R(t) = \prod_{j:t_j<t} \dfrac{n_j - c_j - l_j}{n_j}$，并估计其方差 $var[R(t)] = R^2(t) \sum_{j:t_j<t} \dfrac{c_j + l_j}{n_j(n_j - c_j - l_j)}$。

（5）画出经验分布函数的曲线。

### 8.2.2　最小二乘估计可靠度经验分布

估计寿命分布需要把各种分布转化呈线性关系，由于位置尺度模型或对数位置尺度模型在衡量寿命中应用最广泛，这里只讨论常见的位置尺度参数的变换方法。对于位置尺度可靠度分布 $R(t) = G\left(\dfrac{t-\mu}{\sigma}\right)$ 或对数位置尺度模型 $R(t) = G\left(\dfrac{\ln t - \mu}{\sigma}\right)$，可变换为 $y = G^{-1}[R(t)] = \dfrac{t-\mu}{\sigma}$ 或 $y = G^{-1}[R(t)] = \dfrac{\ln t - \mu}{\sigma}$。

（1）指数分布：

$$F(t) = 1 - e^{-\frac{t}{\sigma}}$$

$$R(t) = e^{-\frac{t}{\sigma}}$$

$$\ln R(t) = -\frac{1}{\sigma} t$$

$$-\ln R(t) = \frac{1}{\sigma} t$$

$$y = -\ln R(t),\ b = \frac{1}{\sigma},\ a = 0,\ x = t$$

$$y_i = -\ln R(t_i) = -\ln R_i,\ x_i = t_i$$

（2）双参数指数分布：

$$F(t) = 1 - e^{-\frac{t-\mu}{\sigma}}$$

$$R(t) = e^{-\frac{t-\mu}{\sigma}}$$

$$\ln R(t) = -\frac{1}{\sigma}t + \frac{\mu}{\sigma}$$

$$-\ln R(t) = \frac{1}{\sigma}t - \frac{\mu}{\sigma}$$

$$y = -\ln R(t),\ x = t,\ b = \frac{1}{\sigma},\ a = -\frac{\mu}{\sigma}$$

$$y_i = -\ln R(t_i) = -\ln R_i,\ x_i = t_i$$

（3）极值分布：

$$F(t) = 1 - e^{-e^{\frac{t-\mu}{\sigma}}}$$

$$R(t) = e^{-e^{\frac{t-\mu}{\sigma}}}$$

$$\ln R(t) = -e^{\frac{t-\mu}{\sigma}}$$

$$-\ln R(t) = e^{\frac{t-\mu}{\sigma}}$$

$$\ln[-\ln R(t)] = \frac{1}{\sigma}t - \frac{\mu}{\sigma}$$

$$y = \ln[-\ln R(t)],\ x = t,\ b = \frac{1}{\sigma},\ a = -\frac{\mu}{\sigma}$$

$$y_i = \ln[-\ln R(t_i)] \Rightarrow y_i = \ln(-\ln R_i),\ x_i = t_i$$

（4）两参数威布尔分布：

$$F(t) = 1 - e^{-\left(\frac{t}{\sigma}\right)^{\beta}}$$

$$R(t) = e^{-\left(\frac{t}{\sigma}\right)^{\beta}}$$

$$\ln R(t) = -\left(\frac{t}{\sigma}\right)^{\beta}$$

$$-\ln R(t) = \left(\frac{t}{\sigma}\right)^{\beta}$$

$$\ln[-\ln R(t)] = \beta\ln t - \beta\ln\sigma$$

$$y = \ln[-\ln R(t)],\ x = \ln t,\ b = \beta,\ a = -\beta\ln\sigma$$

$$y_i = \ln[-\ln R(t_i)] = \ln(-\ln R_i),\ x_i = \ln t_i$$

（5）正态分布：

$$F(t) = \Phi\left(\frac{t-\mu}{\sigma}\right)$$

$$R(t)=1-\Phi\left(\frac{t-\mu}{\sigma}\right)$$

$$\Phi^{-1}[1-R(t)]=\frac{t-\mu}{\sigma}$$

$$\Phi^{-1}[1-R(t)]=\frac{t}{\sigma}-\frac{\mu}{\sigma}$$

$$y=\Phi^{-1}[1-R(t)],\ x=t,\ b=\frac{1}{\sigma},\ a=-\frac{\mu}{\sigma}$$

$$y_i=\Phi^{-1}[1-R(t_i)]=\Phi^{-1}(1-R_i),\ x_i=t_i$$

（6）对数正态分布：

$$F(t)=\Phi\left(\frac{\ln t-\mu}{\sigma}\right)$$

$$R(t)=1-\Phi\left(\frac{\ln t-\mu}{\sigma}\right)$$

$$\Phi^{-1}[1-R(t)]=\frac{\ln t-\mu}{\sigma}$$

$$\Phi^{-1}[1-R(t)]=\frac{\ln t}{\sigma}-\frac{\mu}{\sigma}$$

$$y=\Phi^{-1}[1-R(t)],\ x=\ln t,\ b=\frac{1}{\sigma},\ a=-\frac{\mu}{\sigma}$$

$$y_i=\Phi^{-1}[1-R(t_i)]=\Phi^{-1}(1-R_i),\ x_i=\ln t_i$$

常见的位置尺度模型或对数位置尺度模型的可靠度模型如表 8.2 所示。

**表 8.2　常见分布对应的可靠度分布**

| 分布类型 | 概率密度 | 可靠度分布 |
| --- | --- | --- |
| 单参数指数分布 | $f(t)=\frac{1}{\sigma}e^{-\frac{1}{\sigma}},\ t\geqslant 0$ | $R(t)=e^{-\frac{1}{\sigma}},\ t\geqslant 0$ |
| 两参数指数分布 | $f(t)=\frac{1}{\sigma}e^{\frac{t-\mu}{\sigma}}$ | $R(t)=e^{\frac{t-\mu}{\sigma}}$ |
| 极值分布 | $f(t)=\frac{1}{\sigma}e^{\frac{t-\mu}{\sigma}-e^{\frac{t-\mu}{\sigma}}}$ | $R(t)=e^{-e^{\frac{t-\mu}{\sigma}}}$ |

续 表

| 分布类型 | 概率密度 | 可靠度分布 |
|---|---|---|
| 两参数威布尔分布 | $f(t)=\frac{\beta}{\sigma}\left(\frac{t}{\sigma}\right)^{\beta-1}e^{-\left(\frac{t}{\sigma}\right)^{\beta}}$ | $R(t)=e^{-\left(\frac{t}{\sigma}\right)^{\beta}}$ |
| 正态分布 | $f(t)=\phi\left(\frac{t-\mu}{\sigma}\right)=\frac{1}{\sqrt{2\pi\sigma}}e^{-\frac{1}{2}\left(\frac{t-\mu}{\sigma}\right)^{2}}$ | $R(t)=1-\Phi\left(\frac{t-\mu}{\sigma}\right)$ |
| 对数正态分布 | $f(t)=\frac{1}{\sqrt{2\pi}\sigma t}e^{-\frac{1}{2}\left(\frac{\ln t-\mu}{\sigma}\right)^{2}}$ | $R(t)=1-\Phi\left(\frac{\ln t-\mu}{\sigma}\right)$ |

用 LSE 对表 8.2 的分布进行线性变换的方式如表 8.3 所示。

**表 8.3　常见分布进行线性变换的方式**

| 分布类型 | 线性形式 | 变换关系 |
|---|---|---|
| 单参数指数分布 | $-\ln R(t)=\frac{1}{\sigma}t$ | $y=-\ln R(t),\ x=t,\ b=\frac{1}{\sigma},\ a=0$ |
| 两参数指数分布 | $-\ln R(t)=\frac{1}{\sigma}t-\frac{\mu}{\sigma}$ | $y=-\ln R(t),\ x=t,\ b=\frac{1}{\sigma},\ a=-\frac{\mu}{\sigma}$ |
| 极值分布 | $\ln[-\ln R(t)]=\frac{1}{\sigma}t-\frac{\mu}{\sigma}$ | $y=\ln[-\ln R(t)],\ x=t,\ b=\frac{1}{\sigma},\ a=-\frac{\mu}{\sigma}$ |
| 威布尔分布($\beta$ 未知) | $\ln[-\ln R(t)]=\beta\ln t-\beta\ln\sigma$ | $y=\ln[-\ln R(t)],\ x=\ln t,\ b=\beta,\ a=-\beta\ln\sigma$ |
| 威布尔分布($\beta$ 已知) | $[-\ln R(t)]^{\frac{1}{\beta}}=\frac{t}{\sigma}-\frac{\mu}{\sigma}$ | $y=[-\ln R(t)]^{\frac{1}{\beta}},\ x=t,\ b=\frac{1}{\sigma},\ a=-\frac{\mu}{\sigma}$ |
| 正态分布 | $\Phi^{-1}[1-R(t)]=\frac{t}{\sigma}-\frac{\mu}{\sigma}$ | $y=\Phi^{-1}[1-R(t)],\ x=t,\ b=\frac{1}{\sigma},\ a=-\frac{\mu}{\sigma}$ |
| 对数正态分布 | $\Phi^{-1}[1-R(t)]=\frac{\ln t}{\sigma}-\frac{\mu}{\sigma}$ | $y=\Phi^{-1}[1-R(t)],\ x=\ln t,\ b=\frac{1}{\sigma},\ a=-\frac{\mu}{\sigma}$ |

### 8.2.3　极大似然法估计可靠度经验分布

极大似然估计是目前参数估计最准确、最常用的一种方法[2-5]。最小二乘法虽然可以估计分布参数,但是其精度不够。实际上,常常先用 LSE 初步估计出分布参数,然后再用极大似然估计进一步精确求出分布参数。

通常,若样本的概率密度是 $f(x;\ \theta)$,$\theta$ 是待估计的分布参数,则其联合概率密度为

$$\prod_{i=1}^{n} f(x_i;\ \theta)$$

若把联合概率密度看作分布参数 $\theta$ 的函数,则其似然函数为

$$L(\theta)=\prod_{i=1}^{n} f(x_i;\ \theta)$$

若存在 $\hat{\theta}$,使得 $L(\hat{\theta})=\max\limits_{\theta\in\Theta}\prod_{i=1}^{n} f(x_i;\ \theta)$,则 $\hat{\theta}$ 为最大似然估计。为了求最大似然估计,常常先对似然函数 $L(\theta)$ 取对数,然后再求对数似然函数 $\ln L(\theta)$ 的最大值。为了求 $\ln L(\theta)$ 的最大值,需要先对对数似然函数 $\ln L(\theta)$ 求导数 $\dfrac{\partial \ln L(\theta)}{\partial \theta_i}=0,\ i=1,\ 2,\ \cdots,\ k$,并令导数为零,得到似然方程。然后用方程求根方法求解方程,最后估计出分布参数。

这里求解并列出常见分布,在右截尾情形下的极大似然估计的似然方程。其中 $D$ 表示完全样本集合,$C$ 表示右截尾样本集合。

(1) 指数分布:

$$L_o=\prod_{i\in D} f(t_i)\prod_{j\in C} R(l_j)=\prod_{i\in D}\frac{1}{\sigma}\mathrm{e}^{-\frac{t_i}{\sigma}}\prod_{j\in C}\mathrm{e}^{-\frac{l_j}{\sigma}}$$

$$=\sigma^{-|D|}\mathrm{e}^{-\sum\limits_{i\in D}\frac{t_i}{\sigma}-\sum\limits_{j\in C}\frac{l_j}{\sigma}}$$

$$\ln L_o=-|D|\ln\sigma-\sum_{i\in D}\frac{t_i}{\sigma}-\sum_{j\in C}\frac{l_j}{\sigma}$$

$$\frac{\partial \ln L_o}{\partial\sigma}=-\frac{|D|}{\sigma}+\sum_{i\in D}\frac{t_i}{\sigma^2}+\sum_{j\in C}\frac{l_j}{\sigma^2}$$

$$\frac{\partial \ln L_o}{\partial\sigma}=-\frac{|D|}{\sigma}+\sum_{i\in D}\frac{t_i}{\sigma^2}+\sum_{j\in C}\frac{l_j}{\sigma^2}=0$$

$$\sigma=\frac{\sum\limits_{i\in D} t_i+\sum\limits_{j\in C} l_j}{|D|}$$

(2) 双参数指数分布:

$$L_o=\prod_{i\in D} f(t_i)\prod_{j\in C} R(l_j)=\prod_{i\in D}\frac{1}{\sigma}\mathrm{e}^{-\frac{t_i-\mu}{\sigma}}\prod_{j\in C}\mathrm{e}^{-\frac{l_j-\mu}{\sigma}}$$

$$=\sigma^{-|D|}\mathrm{e}^{-\sum\limits_{i\in D}\frac{t_i-\mu}{\sigma}-\sum\limits_{j\in C}\frac{l_j-\mu}{\sigma}}$$

$$L_o=\sigma^{-|D|}e-\sum_{i\in D}\frac{t_j-\mu}{\sigma}-\sum_{j\in C}\frac{l_j-\mu}{\sigma}$$

$$\ln L_o=-|D|\ln\sigma-\sum_{i\in D}\frac{t_i-\mu}{\sigma}-\sum_{j\in C}\frac{l_j-\mu}{\sigma}$$

$$\frac{\partial\ln L_o}{\partial\sigma}=-\frac{|D|}{\sigma}+\sum_{i\in D}\frac{t_i-\mu}{\sigma^2}+\sum_{j\in C}\frac{l_j-\mu}{\sigma^2}$$

$$\frac{\partial\ln L_o}{\partial\mu}=\sum_{i\in D}\frac{1}{\sigma}+\sum_{j\in C}\frac{1}{\sigma}$$

$$\frac{\partial\ln L_o}{\partial\sigma}=-\frac{|D|}{\sigma}+\sum_{i\in D}\frac{t_i-\mu}{\sigma^2}+\sum_{j\in C}\frac{l_j-\mu}{\sigma^2}=0$$

$$\sigma=\frac{\sum\limits_{i\in D}(t_i-\mu)+\sum\limits_{j\in C}(l_j-\mu)}{|D|}$$

$$\mu=\min[\min_{i\in D}(t_i),\ \min_{j\in C}(l_j)]$$

（3）极值分布：

$$L_o=\prod_{i\in D}f(t_i)\prod_{j\in C}R(l_j)=\prod_{i\in D}\frac{1}{\sigma}\mathrm{e}^{\frac{t_i-\mu}{\sigma}-\mathrm{e}^{\frac{t_i-\mu}{\sigma}}}\prod_{j\in C}\mathrm{e}^{-\mathrm{e}^{\frac{l_j-\mu}{\sigma}}}$$

$$=\sigma^{-|D|}\mathrm{e}^{\sum\limits_{i\in D}\left(\frac{t_i-\mu}{\sigma}-\mathrm{e}^{\frac{t_i-\mu}{\sigma}}\right)}-\sum_{j\in C}\mathrm{e}^{\frac{l_j-\mu}{\sigma}}$$

$$L_o=\sigma^{-|D|}\mathrm{e}^{\sum\limits_{i\in D}\left(\frac{t_i-\mu}{\sigma}-\mathrm{e}^{\frac{t_i-\mu}{\sigma}}\right)}-\sum_{j\in C}\mathrm{e}^{\frac{l_j-\mu}{\sigma}}$$

$$\ln L_o=\sum_{i\in D}\left(\frac{t_i-\mu}{\sigma}-\mathrm{e}^{\frac{t_i-\mu}{\sigma}}\right)-\sum_{j\in C}\mathrm{e}^{\frac{l_j-\mu}{\sigma}}-|D|\ln\sigma$$

$$\frac{\partial\ln L_o}{\partial\sigma}=\sum_{i\in D}\left(-\frac{t_i-\mu}{\sigma^2}+\frac{t_i-\mu}{\sigma^2}\mathrm{e}^{\frac{t_i-\mu}{\sigma}}\right)+\sum_{j\in C}\frac{l_j-\mu}{\sigma^2}\mathrm{e}^{\frac{l_j-\mu}{\sigma}}-\frac{|D|}{\sigma}$$

$$\frac{\partial\ln L_o}{\partial\mu}=\sum_{i=D}\left(-\frac{1}{\sigma}+\frac{1}{\sigma}\mathrm{e}^{\frac{t_i-\mu}{\sigma}}\right)+\sum_{j\in C}\frac{1}{\sigma}\mathrm{e}^{\frac{l_j-\mu}{\sigma}}$$

$$\frac{\partial \ln L_o}{\partial \sigma}=\sum_{i\in D}\left(-\frac{t_i-\mu}{\sigma^2}+\frac{t_i-\mu}{\sigma^2}\mathrm{e}^{\frac{t_i-\mu}{\sigma}}\right)+\sum_{j\in C}\frac{l_j-\mu}{\sigma^2}\mathrm{e}^{\frac{l_j-\mu}{\sigma}}-\frac{|D|}{\sigma}=0$$

$$\frac{\partial \ln L_o}{\partial \mu}=\sum_{i\in D}\left(-\frac{1}{\sigma}+\frac{1}{\sigma}\mathrm{e}^{\frac{t_i-\mu}{\sigma}}\right)+\sum_{j\in C}\frac{1}{\sigma}\mathrm{e}^{\frac{l_j-\mu}{\sigma}}=0$$

$$\begin{cases}\sum_{i\in D}\left(-\frac{t_i-\mu}{\sigma}+\frac{t_i-\mu}{\sigma}\mathrm{e}^{\frac{t_i-\mu}{\sigma}}\right)+\sum_{j\in C}\frac{l_j-\mu}{\sigma}\mathrm{e}^{\frac{l_j-\mu}{\sigma}}-|D|=0\\ \sum_{i\in D}\left(-1+\mathrm{e}^{\frac{t_i-\mu}{\sigma}}\right)+\sum_{j\in C}\mathrm{e}^{\frac{l_j-\mu}{\sigma}}=0\end{cases}$$

$$\begin{cases}\sum_{i\in D}\left(-\frac{t_i-\mu}{\sigma}+\frac{t_i-\mu}{\sigma}\mathrm{e}^{\frac{t_i-\mu}{\sigma}}\right)+\sum_{j\in C}\frac{l_j-\mu}{\sigma}\mathrm{e}^{\frac{l_j-\mu}{\sigma}}-|D|=0\\ \sum_{i\in D}\left(\mathrm{e}^{\frac{t_i-\mu}{\sigma}}\right)+\sum_{j\in C}\mathrm{e}^{\frac{l_j-\mu}{\sigma}}-|D|=0\end{cases}$$

（4）三参数威布尔分布：

$$L_o=\prod_{i\in D}f(t_i)\prod_{j\in C}R(l_j)=\prod_{i\in D}\frac{\beta}{\sigma}\left(\frac{t_i-\mu}{\sigma}\right)^{\beta-1}\mathrm{e}^{-\left(\frac{t_i-\mu}{\sigma}\right)^{\beta}}\prod_{j\in C}\mathrm{e}^{-\left(\frac{l_j-\mu}{\sigma}\right)^{\beta}}$$

$$=\left(\frac{\beta}{\sigma}\right)^{|D|}\mathrm{e}^{-\sum_{i\in D}\left(\frac{t_i-\mu}{\sigma}\right)^{\beta}-\sum_{i\in C}\left(\frac{l_j-\mu}{\sigma}\right)^{\beta}}\prod_{i\in D}\left(\frac{t_i-\mu}{\sigma}\right)^{\beta-1}$$

$$L_o=\left(\frac{\beta}{\sigma}\right)^{|D|}\mathrm{e}^{-\sum_{i\in D}\left(\frac{t_i-\mu}{\sigma}\right)^{\beta}-\sum_{i\in C}\left(\frac{l_j-\mu}{\sigma}\right)^{\beta}}\prod_{i\in D}\left(\frac{t_i-\mu}{\sigma}\right)^{\beta-1}$$

$$\ln L_o=|D|\ln\beta-|D|\ln\sigma-\sum_{i\in D}\left(\frac{t_i-\mu}{\sigma}\right)^{\beta}-\sum_{i\in C}\left(\frac{l_j-\mu}{\sigma}\right)^{\beta}$$

$$+\sum_{i\in D}(\beta-1)\ln\left(\frac{t_i-\mu}{\sigma}\right)$$

$$\frac{\partial \ln L_o}{\partial \beta}=\frac{|D|}{\beta}-\sum_{i\in D}\left(\frac{t_i-\mu}{\sigma}\right)^{\beta}\ln\left(\frac{t_i-\mu}{\sigma}\right)-\sum_{i\in C}\left(\frac{l_j-\mu}{\sigma}\right)^{\beta}\ln\left(\frac{l_j-\mu}{\sigma}\right)$$

$$+\sum_{i\in D}\ln\left(\frac{t_i-\mu}{\sigma}\right)$$

$$\frac{\partial \ln L_o}{\partial \sigma} = -\frac{|D|}{\sigma} + \sum_{i\in D}\frac{\beta}{\sigma}\left(\frac{t_i-\mu}{\sigma}\right)^{\beta} + \sum_{i\in C}\frac{\beta}{\sigma}\left(\frac{l_j-\mu}{\sigma}\right)^{\beta} - \sum_{i\in D}\frac{\beta-1}{\sigma}$$

$$= -\frac{\beta|D|}{\sigma} + \sum_{i\in D}\frac{\beta}{\sigma}\left(\frac{t_i-\mu}{\sigma}\right)^{\beta} + \sum_{i\in C}\frac{\beta}{\sigma}\left(\frac{l_j-\mu}{\sigma}\right)^{\beta}$$

$$\frac{\partial \ln L_o}{\partial \mu} = \sum_{i\in D}\frac{\beta}{\sigma}\left(\frac{t_i-\mu}{\sigma}\right)^{\beta-1} + \sum_{i\in C}\frac{\beta}{\sigma}\left(\frac{l_j-\mu}{\sigma}\right)^{\beta} - \sum_{i\in D}\frac{\beta-1}{t_i-\mu}$$

$$\frac{\partial \ln L_o}{\partial \beta} = \frac{|D|}{\beta} - \sum_{i\in D}\left(\frac{t_i-\mu}{\sigma}\right)^{\beta}\ln\left(\frac{t_i-\mu}{\sigma}\right) - \sum_{i\in C}\left(\frac{l_j-\mu}{\sigma}\right)^{\beta}\ln\left(\frac{l_j-\mu}{\sigma}\right) + \sum_{i\in D}\ln\left(\frac{t_i-\mu}{\sigma}\right) = 0$$

$$\frac{\partial \ln L_o}{\partial \sigma} = -\frac{\beta|D|}{\sigma} + \sum_{i\in D}\frac{\beta}{\sigma}\left(\frac{t_i-\mu}{\sigma}\right)^{\beta} + \sum_{i\in C}\frac{\beta}{\sigma}\left(\frac{l_j-\mu}{\sigma}\right)^{\beta} = 0$$

$$\frac{\partial \ln L_o}{\partial \mu} = \sum_{i\in D}\frac{\beta}{\sigma}\left(\frac{t_i-\mu}{\sigma}\right)^{\beta-1} + \sum_{i\in C}\frac{\beta}{\sigma}\left(\frac{l_j-\mu}{\sigma}\right)^{\beta} - \sum_{i\in D}\frac{\beta-1}{t_i-\mu} = 0$$

$$\begin{cases} \dfrac{|D|}{\beta} - \sum\limits_{i\in D}\left(\dfrac{t_i-\mu}{\sigma}\right)^{\beta}\ln\left(\dfrac{t_i-\mu}{\sigma}\right) - \sum\limits_{i\in C}\left(\dfrac{l_j-\mu}{\sigma}\right)^{\beta}\ln\left(\dfrac{l_j-\mu}{\sigma}\right) + \sum\limits_{i\in D}\ln\left(\dfrac{t_i-\mu}{\sigma}\right) = 0 \\ -|D| + \sum\limits_{i\in D}\left(\dfrac{t_i-\mu}{\sigma}\right)^{\beta} + \sum\limits_{i\in C}\left(\dfrac{l_j-\mu}{\sigma}\right)^{\beta} = 0 \\ \sum\limits_{i\in D}\left(\dfrac{t_i-\mu}{\sigma}\right)^{\beta-1} + \sum\limits_{i\in C}\left(\dfrac{l_j-\mu}{\sigma}\right)^{\beta} - \dfrac{\beta-1}{\beta}\sum\limits_{i\in D}\dfrac{\sigma}{t_i-\mu} = 0 \end{cases}$$

（5）两参数威布尔分布：

$$L_o = \prod_{i\in D} f(t_i)\prod_{j\in C} R(l_j) = \prod_{i\in D}\frac{\beta}{\sigma}\left(\frac{t_i}{\sigma}\right)^{\beta-1} e^{-\left(\frac{t_i}{\sigma}\right)^{\beta}}\prod_{j\in C} e^{-\left(\frac{l_j}{\sigma}\right)^{\beta}}$$

$$= \left(\frac{\beta}{\sigma}\right)^{|D|} e^{-\sum_{i\in D}\left(\frac{t_i}{\sigma}\right)^{\beta}-\sum_{i\in C}\left(\frac{l_j}{\sigma}\right)^{\beta}}\prod_{i\in D}\left(\frac{t_i}{\sigma}\right)^{\beta-1}$$

$$L_o = \left(\frac{\beta}{\sigma}\right)^{|D|} e^{-\sum_{i\in D}\left(\frac{t_i}{\sigma}\right)^{\beta}-\sum_{i\in C}\left(\frac{l_j}{\sigma}\right)^{\beta}}\prod_{i\in D}\left(\frac{t_i}{\sigma}\right)^{\beta-1}$$

$$\ln L_o = |D| \ln\beta - |D| \ln\sigma - \sum_{i\in D}\left(\frac{t_i}{\sigma}\right)^{\beta} - \sum_{i\in C}\left(\frac{l_j}{\sigma}\right)^{\beta} + (\beta-1)\sum_{i\in D}\ln\left(\frac{t_i}{\sigma}\right)$$

$$\frac{\partial \ln L_o}{\partial\beta} = \frac{|D|}{\beta} - \sum_{i\in D}\left(\frac{t_i}{\sigma}\right)^{\beta}\ln\left(\frac{t_i}{\sigma}\right) - \sum_{i\in C}\left(\frac{l_j}{\sigma}\right)^{\beta}\ln\left(\frac{l_j}{\sigma}\right) + \sum_{i\in D}\ln\left(\frac{t_i}{\sigma}\right)$$

$$\begin{aligned}\frac{\partial \ln L_o}{\partial\sigma} &= -\frac{|D|}{\sigma} + \frac{\beta}{\sigma}\sum_{i\in D}\left(\frac{t_i}{\sigma}\right)^{\beta} + \frac{\beta}{\sigma}\sum_{i\in D}\left(\frac{l_j}{\sigma}\right)^{\beta} - (\beta-1)\sum_{i\in D}\frac{1}{\sigma}\\ &= -\frac{\beta|D|}{\sigma} + \frac{\beta}{\sigma}\sum_{i\in D}\left(\frac{t_i}{\sigma}\right)^{\beta} + \frac{\beta}{\sigma}\sum_{i\in D}\left(\frac{l_j}{\sigma}\right)^{\beta}\end{aligned}$$

$$\frac{\partial \ln L_o}{\partial\beta} = \frac{|D|}{\beta} - \sum_{i\in D}\left(\frac{t_i}{\sigma}\right)^{\beta}\ln\left(\frac{t_i}{\sigma}\right) - \sum_{i\in C}\left(\frac{l_j}{\sigma}\right)^{\beta}\ln\left(\frac{l_j}{\sigma}\right) + \sum_{i\in D}\ln\left(\frac{t_i}{\sigma}\right) = 0$$

$$\frac{\partial \ln L_o}{\partial\sigma} = -\frac{\beta|D|}{\sigma} + \frac{\beta}{\sigma}\sum_{i\in D}\left(\frac{t_i}{\sigma}\right)^{\beta} + \frac{\beta}{\sigma}\sum_{i\in D}\left(\frac{l_j}{\sigma}\right)^{\beta} = 0$$

$$\begin{cases}\dfrac{|D|}{\beta} - \sum\limits_{i\in D}\left(\dfrac{t_i}{\sigma}\right)^{\beta}\ln\left(\dfrac{t_i}{\sigma}\right) - \sum\limits_{i\in C}\left(\dfrac{l_j}{\sigma}\right)^{\beta}\ln\left(\dfrac{l_j}{\sigma}\right) + \sum\limits_{i\in D}\ln\left(\dfrac{t_i}{\sigma}\right) = 0\\ -|D| + \sum\limits_{i\in D}\left(\dfrac{t_i}{\sigma}\right)^{\beta} + \sum\limits_{i\in D}\left(\dfrac{l_j}{\sigma}\right)^{\beta} = 0\end{cases}$$

（6）正态分布：

$$L_o = \prod_{i\in D} f(t_i)\prod_{j\in C} R(l_j) = \prod_{i\in D}\Phi\left(\frac{t_i-\mu}{\sigma}\right)\prod_{j\in C}\left[1-\Phi\left(\frac{l_j-\mu}{\sigma}\right)\right]$$

$$\begin{aligned}L_o &= \prod_{i\in D}\Phi\left(\frac{t_i-\mu}{\sigma}\right)\prod_{j\in C}\left[1-\Phi\left(\frac{l_j-\mu}{\sigma}\right)\right]\\ &= \prod_{i\in D}\frac{1}{\sqrt{2\pi}\,\sigma}\mathrm{e}^{-\frac{1}{2}\left(\frac{t_i-\mu}{\sigma}\right)^2}\prod_{j\in C}\left[1-\Phi\left(\frac{l_j-\mu}{\sigma}\right)\right]\end{aligned}$$

$$\begin{aligned}\ln L_o &= \sum_{i\in D}\ln\Phi\left(\frac{t_i-\mu}{\sigma}\right) + \sum_{j\in C}\ln\left[1-\Phi\left(\frac{l_j-\mu}{\sigma}\right)\right]\\ &= -|D|\ln\sqrt{2\pi} - |D|\ln\sigma - \frac{1}{2}\sum_{i\in D}\left(\frac{t_i-\mu}{\sigma}\right)^2\end{aligned}$$

$$+\sum_{j\in C}\ln\left[1-\Phi\left(\frac{l_j-\mu}{\sigma}\right)\right]$$

$$\frac{\partial\ln L_o}{\partial\sigma}=-\frac{|D|}{\sigma}+\frac{1}{\sigma}\sum_{i\in D}\left(\frac{t_i-\mu}{\sigma}\right)^2+\frac{1}{\sigma}\sum_{j\in C}\frac{l_j-\mu}{\sigma}\frac{\Phi\left(\frac{l_j-\mu}{\sigma}\right)}{1-\Phi\left(\frac{l_j-\mu}{\sigma}\right)}$$

$$\frac{\partial\ln L_o}{\partial\mu}=\frac{1}{\sigma}\sum_{i\in D}\frac{t_i-\mu}{\sigma}+\frac{1}{\sigma}\sum_{j\in C}\frac{\Phi\left(\frac{l_j-\mu}{\sigma}\right)}{1-\Phi\left(\frac{l_j-\mu}{\sigma}\right)}$$

$$\begin{cases}-|D|+\sum\limits_{i\in D}\left(\frac{t_i-\mu}{\sigma}\right)^2+\sum\limits_{j\in C}\frac{l_j-\mu}{\sigma}\frac{\Phi\left(\frac{l_j-\mu}{\sigma}\right)}{1-\Phi\left(\frac{l_j-\mu}{\sigma}\right)}=0\\ \sum\limits_{i\in D}\frac{t_i-\mu}{\sigma}+\sum\limits_{j\in C}\frac{\Phi\left(\frac{l_j-\mu}{\sigma}\right)}{1-\Phi\left(\frac{l_j-\mu}{\sigma}\right)}=0\end{cases}$$

（7）对数正态分布：

$$\begin{aligned}L_o&=\prod_{i\in D}f(t_i)\prod_{j\in C}R(l_j)\\&=\prod_{i\in D}\Phi\left(\frac{\ln t_i-\mu}{\sigma}\right)\prod_{j\in C}\left[1-\Phi\left(\frac{\ln l_j-\mu}{\sigma}\right)\right]\\&=\prod_{i\in D}\frac{1}{\sqrt{2\pi}\sigma t_i}\mathrm{e}^{-\frac{1}{2}\left(\frac{\ln t_i-\mu}{\sigma}\right)^2}\prod_{j\in C}\left[1-\Phi\left(\frac{\ln l_j-\mu}{\sigma}\right)\right]\\&=(\sqrt{2\pi})^{-|D|}\sigma^{-|D|}\mathrm{e}^{-\frac{1}{2}\sum\limits_{i\in D}\left(\frac{\ln t_i-\mu}{\sigma}\right)^2}\prod_{i\in D}\frac{1}{t_i}\prod_{j\in C}\left[1-\Phi\left(\frac{\ln l_j-\mu}{\sigma}\right)\right]\end{aligned}$$

$$L_o=(\sqrt{2\pi})^{-|D|}\sigma^{-|D|}\mathrm{e}^{-\frac{1}{2}\sum\limits_{i\in D}\left(\frac{\ln t_i-\mu}{\sigma}\right)^2}\prod_{i\in D}\frac{1}{t_i}\prod_{j\in C}\left[1-\Phi\left(\frac{\ln l_j-\mu}{\sigma}\right)\right]$$

$$\ln L_o = -|D| \ln(\sqrt{2\pi}) - |D| \ln\sigma - \frac{1}{2}\sum_{i\in D}\left(\frac{\ln t_i - \mu}{\sigma}\right)^2 - \sum_{i\in D}\ln t_i + \sum_{j\in C}\ln\left[1 - \Phi\left(\frac{\ln l_j - \mu}{\sigma}\right)\right]$$

$$\frac{\partial \ln L_o}{\partial\sigma} = -\frac{|D|}{\sigma} + \frac{1}{\sigma}\sum_{i\in D}\left(\frac{\ln t_i - \mu}{\sigma}\right)^2 + \frac{1}{\sigma}\sum_{j\in C}\frac{\ln l_j - \mu}{\sigma}\frac{\Phi\left(\frac{\ln l_j - \mu}{\sigma}\right)}{1 - \Phi\left(\frac{\ln l_j - \mu}{\sigma}\right)}$$

$$\frac{\partial \ln L_o}{\partial\mu} = \frac{1}{\sigma}\sum_{i\in D}\left(\frac{\ln t_i - \mu}{\sigma}\right) + \frac{1}{\sigma}\sum_{j\in C}\frac{\Phi\left(\frac{\ln l_j - \mu}{\sigma}\right)}{1 - \Phi\left(\frac{\ln l_j - \mu}{\sigma}\right)}$$

$$\frac{\partial \ln L_o}{\partial\sigma} = -\frac{|D|}{\sigma} + \frac{1}{\sigma}\sum_{i\in D}\left(\frac{\ln t_i - \mu}{\sigma}\right)^2 + \frac{1}{\sigma}\sum_{j\in C}\frac{\ln l_j - \mu}{\sigma}\frac{\Phi\left(\frac{\ln l_j - \mu}{\sigma}\right)}{1 - \Phi\left(\frac{\ln l_j - \mu}{\sigma}\right)} = 0$$

$$\frac{\partial \ln L_o}{\partial\mu} = \frac{1}{\sigma}\sum_{i\in D}\left(\frac{\ln t_i - \mu}{\sigma}\right) + \frac{1}{\sigma}\sum_{j\in C}\frac{\Phi\left(\frac{\ln l_j - \mu}{\sigma}\right)}{1 - \Phi\left(\frac{\ln l_j - \mu}{\sigma}\right)} = 0$$

$$\begin{cases} -|D| + \sum_{i\in D}\left(\frac{\ln t_i - \mu}{\sigma}\right)^2 + \sum_{j\in C}\frac{\ln l_j - \mu}{\sigma}\frac{\Phi\left(\frac{\ln l_j - \mu}{\sigma}\right)}{1 - \Phi\left(\frac{\ln l_j - \mu}{\sigma}\right)} = 0 \\ \sum_{i\in D}\left(\frac{\ln t_i - \mu}{\sigma}\right) + \sum_{j\in C}\frac{\Phi\left(\frac{\ln l_j - \mu}{\sigma}\right)}{1 - \Phi\left(\frac{\ln l_j - \mu}{\sigma}\right)} = 0 \end{cases}$$

## 8.3 基于使用可靠性的维修优化

### 8.3.1 传统 MLE 估计截尾数据的缺陷

设样本集合 $o=\{t_1, \cdots, t_i, \cdots, t_n\}$ 中的右截尾、左截尾、区间截尾和完全样本的集合分别是 $C^r$、$C^l$、$C^I$、$C^c$，即 $o=C^r \cup C^l \cup C^I \cup C^c$。若样本的概率密度函数、分布函数和可靠度函数分别为 $f(t)$、$F(t)$、$R(t)$，估计的分布参数是 $\theta$，则对于只含有右截尾或左截尾或区间截尾的样本，传统极大似然估计常采用式(8.1)、式(8.2)和式(8.3)；如果样本同时含有左截尾和右截尾数据，极大似然函数 $L_o$ 为式(8.4)；若还混合有区间截尾，$L_o$ 用式(8.5)。

$$L_o(\theta)=\prod_{i\in C^c} f(t_i)\prod_{j\in C^r} R(l_j) \tag{8.1}$$

$$L_o(\theta)=\prod_{k\in C^l} F(s_k)\prod_{i\in C^c} f(t_i) \tag{8.2}$$

$$L_o(\theta)=\prod_{i\in C^c} f(t_i)\prod_{l\in C^I}\left(R(t_l^l)-R(t_l^r)\right) \tag{8.3}$$

$$L_o(\theta)=\prod_{k\in C^l} F(s_k)\prod_{i\in C^c} f(t_i)\prod_{j\in C^r} R(l_j) \tag{8.4}$$

$$L_o(\theta)=\prod_{k\in C^l} F(s_k)\prod_{i\in C^c} f(t_i)\prod_{j\in C^r} R(l_j)\prod_{l\in C^I}\left(R(t_l^l)-R(t_l^r)\right) \tag{8.5}$$

### 8.3.2 改进右截尾极大似然估计

假设只有当设备可靠运行到 $l$ 时并且右截尾事件发生后才产生右截尾数据。若右截尾事件的概率密度函数是 $g_r(l)$，即在区间 $(l, l+\Delta l)$ 内右截尾事件发生概率为 $g_r(l)\Delta l$。这样在无穷小的时间区间 $(l, l+\Delta l)$ 内右截尾数据出现的频数为 $R(l)g_r(l)\Delta l$，在 $(-\infty, +\infty)$ 内累计的右截尾数据总数为 $\int_{-\infty}^{+\infty} R(l)g_r(l)\mathrm{d}l$，故右截尾数据的概率密度函数 $f_r(l)$ 为下式(8.6)。按照 MLE 的定义，在有右截尾的情况下，式(8.1)可以改写成式(8.7)，形成改进 MLE。

$$f_r(l)=\frac{R(l)g_r(l)}{\int_{-\infty}^{+\infty} R(l)g_r(l)\mathrm{d}l} \tag{8.6}$$

$$L_N(\theta)=\prod_{i\in C^c} f(t_i)\prod_{j\in C^r} f_r(l_j)=\prod_{i\in C^c} f(t_i)\prod_{j\in C^r}\frac{R(l_j)g_r(l_j)}{\int_{-\infty}^{+\infty} R(l)g_r(l)\mathrm{d}l} \tag{8.7}$$

由于式(8.7)中每一项都是概率密度函数,能克服式(8.1)的缺陷。式(8.6)和(8.7)中 $g_r(l)$ 可以是能确保 $R(l)g_r(l)$ 可积的任意函数,改进 MLE 算法的关键是确定 $g_r(l)$。最简单地,右截尾事件 A 均匀发生,即 $g_r(l)=\lambda$ 是常数,则式(8.6)和(8.7)能写成下式(8.8)和(8.9)。

$$f_r(l)=\frac{R(l)}{\int_{-\infty}^{+\infty}R(l)\,\mathrm{d}l}=\frac{R(l)}{E(T)} \tag{8.8}$$

$$L_N(\theta)=\prod_{i\in C^c}f(t_i)\prod_{j\in C^r}f_r(l_j)=\prod_{i\in C^c}f(t_i)\prod_{j\in C^r}\frac{R(l_j)}{E(T)} \tag{8.9}$$

其中,$R(t)$、$E(T)$ 分别是寿命的可靠度和期望,都是未知参数 $\theta$ 的函数。式(8.9)与 Wendai Wang 一致[6]。实际中,右截尾事件一般只发生在有限时间范围内,即 $g_r(l)$ 通常是有限支撑的。这样 $g_r(l)$ 可定义为:$g_r(l)=\begin{cases}\lambda & l\in[l_{\min},\ l_{\max}]\\ 0 & l\notin[l_{\min},\ l_{\max}]\end{cases}$。通常有 $l_{\min}=0$, $l_{\max}$ 可以根据截尾样本或经验估计;$l_{\min}$, $l_{\max}$ 也可以分别取样本中右截尾数据的最小值或最大值。式(8.8)和式(8.9)可以写成如下式(8.10)和(8.11):

$$f_r(l)=\frac{R(l)}{\int_{l_{\min}}^{l_{\max}}R(l)\,\mathrm{d}l} \tag{8.10}$$

$$L_N(\theta)=\prod_{i\in C^c}f(t_i)\prod_{j\in C^r}\frac{R(l)}{\int_{l_{\min}}^{l_{\max}}R(l)\,\mathrm{d}l} \tag{8.11}$$

### 8.3.3　民机升降舵作动器的可靠性评估

从某航空公司调查得到 A320 飞机的升降舵作动器 30 个寿命样本为 227.15+、276.55+、414.26、628.98、1 218.62+、2 070.32、2 320.4、2 663.37、3 095.65+、3 363.92+、3 543.27、3 728.74、3 958.1、4 097.19、4 235.69、4 779.69、4 863.09、5 650.75、6 622.85+、7 025.81+、7 263.03+、7 412.24、7 544.16+、7 827.17+、12 984.29、14 733.12+、15 237.35、18 209.15、30 588.31、31 296.9,其中加+号表示右截尾数据,寿命样本的单位为 FH(飞行小时)。

首先,用乘积限法初步估计每一个样本的可靠度、可靠度方差及其置信区间 $[CI_L,\ CI_U]$。当初步估计出每一个样本的可靠度后,再把可靠度作线性变换,根据寿命样本及其可靠度用 LSE 进行线性拟合,初步估计分布参数。最后,用 MLE 估计指数分布、对数正态分布和威布尔分布的参数,以进一步精确确定其可靠度模型。故可以确定该升降舵作动器的可靠度分布为：$R(t) = 1 - \Phi\left(\frac{\ln t - \mu}{\sigma}\right)$，$\mu = 8.392\,929$，$\sigma = 0.968\,873$。故在不同的风险和可靠性水平下，该升降舵作动器的优化维修间隔如表 8.4 所示。

**表 8.4　升降舵作动器的优化维修间隔**

| 可靠性/风险水平 | 优化维修间隔/FH | 间隔缩短/FH | 间隔缩短比 |
|---|---|---|---|
| 0.7 | 2.656 730 477 736 642E+003 | 1.343 269 522 263 358E+003 | 0.505 6 |
| 0.8 | 1.953 748 102 575 236E+003 | 2.046 251 897 424 764E+003 | 1.047 3 |
| 0.9 | 1.275 722 916 232 397E+003 | 2.724 277 083 767 604E+003 | 2.135 5 |

## 参考文献

[ 1 ] 李怀远.基于可靠性的民用飞机计划维修的决策方法[D].南京航空航天大学,2016.

[ 2 ] Balakrishnan N, Iliopoulos G. Stochastic monotonicity of the MLE of exponential mean under different censoring schemes [J]. General Information, 2009, 61 (3): 753 - 772.

[ 3 ] Gonzalez-Gonzalez D, Cantu-Sifuentes M, Praga-Alejo R, et al. Fuzzy reliability analysis with only censored data [J]. Engineering Applications of Artificial Intelligence, 2014, 32(2): 151 - 159.

[ 4 ] Jing W, Yi-liang Z, Xiao-hui L, et al. Censored data approximation methods in fatigue reliability [J]. Journal of Materials Engineering,2014,4(7): 85 - 91.

[ 5 ] Gao F, Wellner J A. Global rates of convergence of the MLE for multivariate interval censoring [J]. Electronic journal of statistics, 2013, 7(1): 364 - 380.

[ 6 ] Wang Wendai. New study on MLE for censored lifetime data. Reliability and Maintainability Symposium, 2005. Proceedings. Annual. IEEE, 2005: 308 - 312.

# 第 9 章 基于预测的维修决策方法

维修决策主要分为单部件维修决策研究和多部件维修决策研究。单部件维修决策模型的决策变量主要有部件的剩余寿命和检查间隔期两种。Barlow 和 Proschan[1] 于 1960 年在“Operation Research”上开创性地提出了预防性维修优化模型。而后的几十年里,大量的单部件维修决策研究取得了较大进展, Scarf[2]、McCall[3]、Pierskalla[4]、Sherif[5]、Flores[6] 等先后对于维修优化模型进行了综述。McCall 将随机失效设备的模型分为两类: 预备维修模型(preparedness models)和预防性维修模型(preventive maintenance models),并根据设备故障分布是否已知介绍了最大-最小策略(minimax maintenance policies)和贝叶斯自适应法(Bayes adaptive method)等。

发动机的部分零部件是高价格、高风险、定寿命的部件,必须对其跟踪管理,但这些零部件的寿命不同、使用的时间也不同,导致了不同的拆换时刻,根据各维修优化模型确定整机的维修任务和间隔后,需要将这些维修任务有机组合在一起,形成系统维修方案,这种组合就是成组维修问题。对于民用飞机来讲,成组维修是降低维修费用的有效手段[7]。成组维修策略分为修复性成组维修策略和预防性成组维修策略。

寿命预测是维修决策优化的基础,主要来自传统的维修优化模型理论,涉及概率论、随机过程、运筹学等知识。发动机的寿命与其安全性和经济性是密切相关的。Vittal 等提出旋转类零件的寿命预测影响安全性,气路部分的寿命预测影响经济性。寿命预测是维修决策优化的基础,主要来自传统的维修优化模型理论,涉及概率论、随机过程、运筹学等知识。发动机的寿命与其安全性和经济性是密切相关的。Vittal.S 等提出了旋转类零件的寿命预测影响安全性、气路部分的寿命预测影响经济性;归纳了多种航空发动机常见的寿命预测方法[8]。文献[9]将与发动机性能数据相关的参数方程应用到部件的寿命跟踪里,这与传统的发动机寿命预测方法不同[9]。还有一种重要的寿命预测方法来自可靠性工程,用故障分布函数来预测零件的安全运行寿命,最常用的是威布尔分布[10],即比例故障模型(proportional hazards models, PHM),这种方法最初由Cox应用在生物领域,后来人们用它将视情维修CBM数据与零件寿命信息综合起来产生了新的发动机寿命预测方法。有研究人员用最优停止模型描述航空发动机的维修行为,用随机动态规划来决策发动机送修[11]。也有研究人员将结构模型[12]或多部件联合更换的启发式方法应用到航空发动机上[13]。也有研究人员使用发动机的硬寿命和软寿命概念来优化维修成本[14]。文献[15]建立了确定最优空中停车率的数学规划方法。文献[16]运用统计粗集模型,通过发动机性能状态来预测各单元体的维修等级,辅助维修决策。文献[17]研究了基于遗传算法和BP网络的航空发动机拆换期望值预测方法,考虑了影响发动机拆换期望值的25个民航发动机大修后试车参数,包括耗油率、发动机低/高压转子转速及变化量、排气温度及其变化、排气温度裕度、发动机压比、低/高压压气机出口静压与压气机进口总压之比、振动、九种滑油金属含量、AD报告、SB服务通告等。徐玮玮等[18,19]对于航空发动机故障诊断数据分析中的svd重构方法做了修正,其理论结果可以更好地运用于航空发动机故障诊断数据分析,并为后续的发动机维修决策提供了数据分析和参考的依据。文献[20]针对燃气涡轮发动机提出建立评估发动机健康状况的综合指数和寿命预测模型,分别研究了压气机和涡轮的衰退机理和衰退量的计算方法,并结合发动机稳态模型,建立了发动机性能衰退模型,最后,以F404-GE-400为例进行了发动机性能预测。

## 9.1 基于预测的小修决策

### 9.1.1 影响水洗效果的因素分析

通过对航空公司近年来发动机水洗的流程和效果的分析,为了达到每次水洗后发动机EGTM恢复10℃以上,同时实现EGTM衰退率下降的目的,航空公司需要从以下几方面改进维修工作,如图9.1所示。

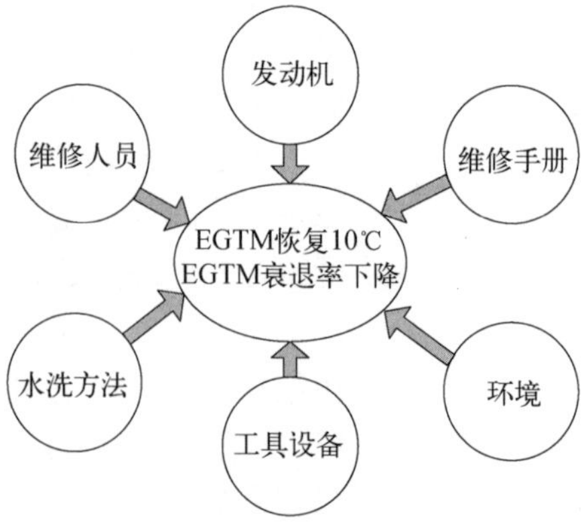


图9.1 影响水洗效果的因素

1) 维修人员

维修人员的自身素质对维修工作起着重要作用,航空公司应不断加强维修人员专业知识和技能的培训,提高维修人员的工作责任心,掌握发动机水洗的基本知识和正确的操作流程。

2）发动机

显然发动机自身的性能和状态对于水洗的效果有着直接的影响。维修人员需要根据不同发动机的性能衰退情况、发动机的在翼时间以及发动机的送修时间,制定不同的发动机水洗方案。同时从多年航空公司水洗数据上看,并不是所有发动机经过水洗都能得到 EGTM 的恢复,有些时候经过水洗后 EGTM 反而下降,此时发动机维修人员需要根据发动机维修手册和排故手册对发动机进行故障诊断,找到 EGTM 下降的真实原因。

3）维修手册

航空公司需要不断加大维修手册、排故手册的更新,确保维修人员依照手册的流程对发动机进行操作。同时,对于维修过程中发现与手册中不一致或有歧义的地方,需要及时与发动机生产商或飞机制造商联系,以寻求及时的帮助。

4）水洗方法

根据对航空公司水洗过程的研究,目前航空公司主要采取的水洗材料包括冷水、冷水+清洁剂、热水、热水+清洁剂等。航空公司需要根据发动机所处的运行环境、发动机在翼时间等多种因素,选择合适的水洗方法。根据发动机制造商建议,国内某航空公司以 3 到 8 个月或 800 至 2 000 小时作为水洗间隔,对 CFM56 发动机采取不同的水洗方法,得到如表 9.1 所示的水洗统计数据。

**表 9.1　不同水洗方法对于 EGTM 恢复情况**

| 水洗方法 | 水洗发动机台次 | EGTM 恢复/(℃) |
|---|---|---|
| 冷水 | 5 | 2~12 |
| 冷水+清洁剂 | 18 | 2~20 |
| 热水+清洁剂 | 5 | 5~16 |
| 热水 | 19 | 7~18 |

从表 9.1 可以看出,对于此航空公司的发动机而言,冷水+清洁剂的清洗效果比纯冷水的好;纯热水的清洗效果与冷水加清洁剂的几乎一样。纯热水清洗是一个很有效的方法,2000 年该航空公司机队发动机的平均 EGT 基本保持不变,这与坚持发动机水洗工作是分不开的。纯热水清洗也是一个经济可靠的方法,它既可以降低清洗成本(不需要专用的清洁剂),也可以消除清洁剂对发动机本体腐蚀的可能性。

发动机水洗间隔也是影响 EGTM 恢复的重要因素。水洗间隔通常都是根据厂家建议的间隔,水洗是厂家推荐的在翼性能恢复措施,一般不是强制性的,没有给定的标准,也没有指定间隔。例如,GE90 发动机的厂方推荐水洗间隔是 1 000 飞行小时,而 CFM56 发动机的厂方推荐水洗间隔为 3 到 8 个月或 800 至 2 000 飞行小时。

5）工具设备

从航空公司发动机水洗工作流程上看，水洗的工具设备也是影响 EGTM 恢复的因素。目前，通过实际检验，通常采用喷头、水枪（雾化）效果比只使用简易水管的水洗效果更好，同时水枪喷水角度与发动机轴线夹角 45°位置注水效果最佳，水洗时水温要求保持在 80~90℃。

6）环境

环境因素主要分为发动机运营环境与发动机水洗环境两个方面。发动机运营环境主要指是发动机运营时所处的温度、压力、湿度、地理位置等方面。在同一地区使用的发动机随着季节的变化，水洗的效果也会由于环境温度和空气颗粒浓度的改变而改变。发动机水洗环境主要是考虑维修人员在地面对发动机进行水洗时的工作环境，包括工作场所的灯光，所使用工具的摆放位置等。

从上面的讨论可以看出，发动机水洗效果受多方面因素综合影响。航空公司需根据自身发动机的情况，结合发动机厂商的建议，制定合理的水洗方案，从而使 EGTM 恢复至 10℃左右，同时实现降低 EGTM 衰退率的目标。

### 9.1.2 水洗效果评估的指标

发动机排气温度裕度（EGTM）是衡量发动机健康状态的一项辅助参考指标，同时也是被航空公司采用的发动机换发的依据和重要的性能指标。国内某航空公司 2009 年和 2010 年 35 台发动机水洗前后 EGTM 恢复情况部分数据，如表 9.2 所示。其中，TSN 表示发动机自新使用时间（飞行小时），CSN 表示发动机自新使用循环（飞行循环）。

**表 9.2 EGTM 值水洗情况统计**

| 机号 | ESN | 水洗前（E1） | 水洗后（E2） | 恢复裕度（E2−E1） | 当前值 | 水洗日期 | TSN | CSN |
|---|---|---|---|---|---|---|---|---|
| 2201 | xxxx23 | 32 | 36 | 4 | 33 | 3 月 29 日 | 29 878 | 19 244 |
| | xxxx26 | 92 | 95 | 3 | 93 | | 25 047 | 15 616 |
| 2202 | xxxx33 | 46 | 55 | 9 | 58 | 3 月 19 日 | 28 338 | 18 829 |
| | xxxx45 | 42 | 50 | 8 | 48 | | 27 989 | 17 474 |
| …… | …… | …… | …… | …… | …… | …… | …… | …… |
| …… | …… | …… | …… | …… | …… | …… | …… | …… |

EGTM 恢复是指水洗前后发动机 EGTM 的差值，它是判定水洗效果的重要指标。某航空公司 2009 年和 2010 年 35 台发动机 50 组和 150 组水洗的数据柱状图如图 9.2 所示。通过假设检验原理和 Matlab 软件的计算，可以验证 EGTM 恢复值

服从正态分布，检验结果如图 9.3 所示，其中正态分布的参数估计结果如表 9.3 所示。从表 9.3 可以看出，2009 年和 2010 年水洗的 EGTM 恢复均值分别为 8.08℃ 和 8.95℃，说明根据 2009 年发动机水洗工作经验，航空公司在 2010 年度对水洗方法和水洗流程进行了改进，提升了 EGTM 恢复值。同时看出，两年内水洗的 EGTM 恢复均值都没有用达到厂方所给出的 10℃ 目标，说明航空公司在目前的水洗工作仍有提高的空间，可以继续通过改进水洗方法和水洗工具的角度，进一步完善水洗的效果。

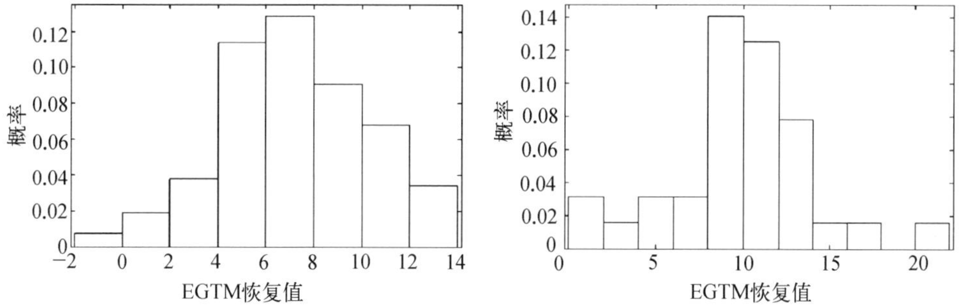


图 9.2　2009 年和 2010 年 EGTM 恢复值统计

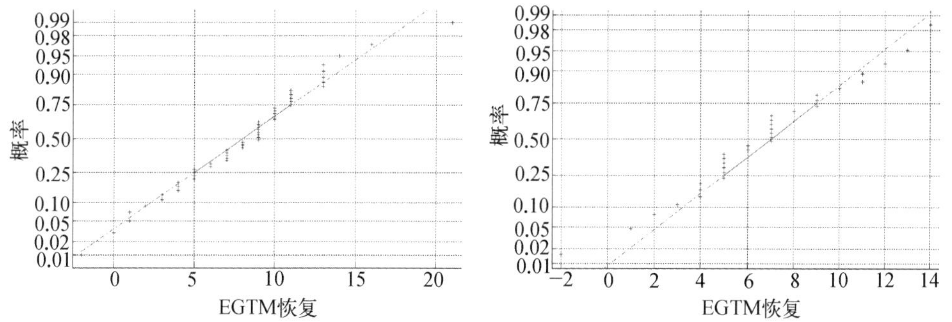


图 9.3　2009 年和 2010 年 EGTM 恢复值服从正态分布的检验

**表 9.3　EGTM 恢复值的正态分布参数估计**

| 年度 | $\mu$ | $\delta^2$ | $\mu$ 的标准差 | $\delta^2$ 的标准差 |
|---|---|---|---|---|
| 2009 | 8.08 | 4.313 4 | 0.61 | 0.437 9 |
| 2010 | 8.95 | 4.327 1 | 0.365 7 | 0.26 |

通过 EGTM 恢复的统计计算，航空公司不仅可以及时了解目前航空公司水洗工作的效果，评价维修部门的工作质量，而且通过对不同发动机水洗效果的分析，累积发动机水洗维修经验，为发动机运营和管理提供数据支持。

### 9.1.3 基于使用可靠性的水洗效果评估方法

发动机使用可靠性指的是发动机在一段时间内在一定使用环境内无故障运营的概率。目前航空公司非常重视可靠性的统计工作,可靠性的统计有助于航空公司制定合理的发动机维修计划,预测发动机的剩余寿命。发动机的使用可靠性可以写成:

$$R_0 = \frac{\mathrm{MTBM}}{\mathrm{MTBM} + \mathrm{MDT}}$$

其中 MTBM 表示平均维修间隔时间;MDT 表示平均维修时间。

根据表 9.3 可以得到发动机水洗间隔数据,图 9.4 给出了 2009 年和 2010 年发动机水洗间隔的柱状图。通过统计学的假设检验和 Matlab 软件的计算,可以验证发动机水洗间隔数据服从威布尔分布,图 9.5 给出了发动机水洗间隔数据服从威布尔分布的检验结果,同时表 9.4 给出了威布尔分布的参数估计结果。其中威布尔分布表示随机变量 $X$ 有密度函数为

$$y = f(x \mid a, b) = ba^{-b}x^{b-1}\mathrm{e}^{-\left(\frac{x}{a}\right)^{b}}, x \geqslant 0, a, b > 0$$

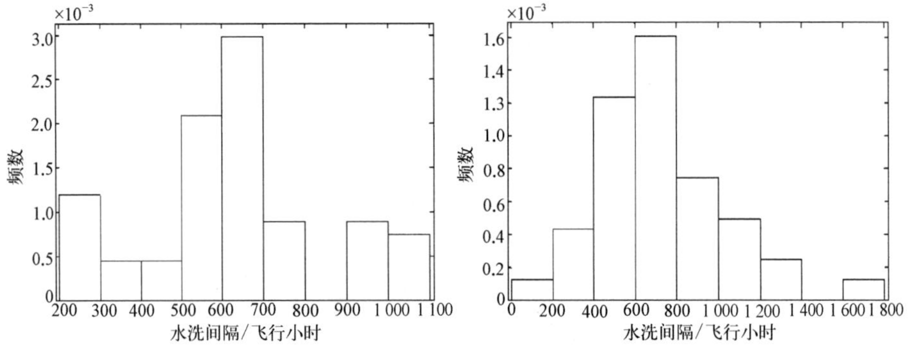


图 9.4　2009 年和 2010 年水洗间隔数据统计

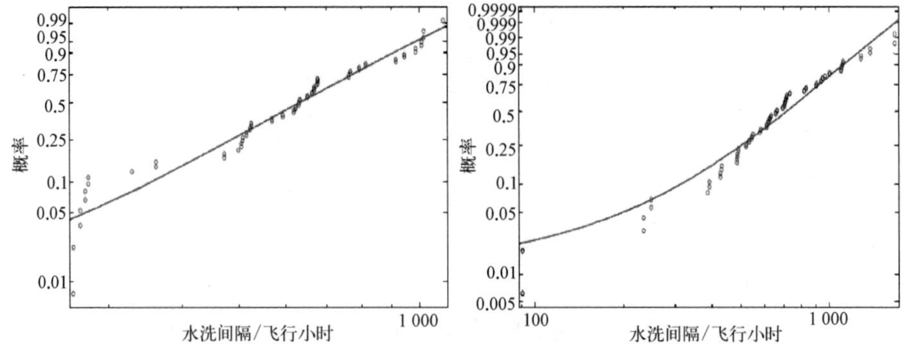


图 9.5　2009 年和 2010 年水洗间隔数据服从威布尔分布的检验

表 9.4　2009 年和 2010 年水洗间隔数据的威布尔分布的参数估计

| 年度 | $a$ | $b$ | $a$ 的区间估计 | $b$ 的区间估计 |
|---|---|---|---|---|
| 2009 | 705.181 8 | 3.232 9 | (652.224 9, 762.438 5) | (2.680 5, 3.899 2) |
| 2010 | 806.990 5 | 2.414 6 | (733.752 4, 887.538 7) | (2.051 4, 2.842 0) |

分布函数为

$$F(x \mid a, b) = \int_0^x b a^{-b} x^{b-1} e^{-\left(\frac{t}{a}\right)^b} dt = 1 - e^{-\left(\frac{x}{a}\right)^b},\ x \geq 0,\ a, b > 0。$$

根据表 9.3 所得到的威布尔分布的参数估计，由于 CFM56 发动机厂方推荐水洗间隔为 3 到 8 个月或 800 至 2 000 飞行小时，将 800 至 2 000 飞行小时代入上述威布尔分布函数可以得到 2009 年和 2010 年发动机在基于建议水洗间隔条件下的使用可靠度，如表 9.5 所示。根据表 9.5 得到的使用可靠度计算公式，可以计算出水洗间隔从 100 飞行小时到 800 飞行小时下的可靠度，如表 9.6 所示。

表 9.5　发动机使用可靠性模型

| 年度 | 使用可靠度函数 | 建议间隔/飞行小时 | 基于建议间隔的可靠度 |
|---|---|---|---|
| 2009 | $R = 1 - p = e^{-\left(\frac{x}{705.181\,8}\right)^{3.232\,9}}$ | 800~2 000 | $(0.222\,3,\ 2.342\times10^{-13})$ |
| 2010 | $R = 1 - p = e^{-\left(\frac{x}{806.990\,5}\right)^{2.414\,0}}$ | 800~2 000 | (0.375 6, 0.000 129 9) |

表 9.6　不同水洗间隔下的使用可靠度

| 水洗间隔/飞行小时 | 2009 年可靠度 | 2010 年可靠度 |
|---|---|---|
| 100 | 0.998 2 | 0.993 5 |
| 200 | 0.983 1 | 0.966 1 |
| 300 | 0.938 9 | 0.912 3 |
| 400 | 0.852 2 | 0.832 2 |
| 500 | 0.719 6 | 0.729 9 |
| 600 | 0.552 5 | 0.613 3 |
| 700 | 0.376 6 | 0.491 9 |
| 800 | 0.222 3 | 0.375 6 |

发动机水洗工作的目的是为了保持发动机的可靠性在一个可接受的范围，如 GE 公司希望发动机的可靠性保持在 99%，如果航空公司根据实际发动机运行情况，将使用可靠性范围定在 90%，那么根据表 9.6 所计算的发动机使用可靠度，显然，目前航空公司的水洗方案无法到达所期望的安全性和可靠性要求。

由表 9.6 所得可靠度计算公式，可以方便得到给定可靠度要求下的水洗间隔。

具体公式如下。

（1）2009 年水洗间隔公式：

$$x = 705.181\,8(-\ln R_1)^{1/3.232\,9}$$

（2）2010 年水洗间隔公式：

$$x = 806.990\,5(-\ln R_2)^{1/2.414\,6}$$

表 9.7 给出了可靠度分别为 0.5、0.9、0.95、0.99 的水洗间隔。从表 9.7 可以看出，如果需要满足 GE 公司对发动机 0.99 可靠度要求，那么航空公司在 2009 与 2010 年需要将水洗间隔的均值缩小为 120.081 7 飞行小时和 169.955 8 飞行小时。同样，如果希望发动机的使用可靠度达到 0.9，则需要将水洗间隔变更为 317.770 2 飞行小时和 351.557 2 飞行小时。

**表 9.7　给定使用可靠度下的水洗间隔**

| 使用可靠度 | 2009 年水洗间隔/飞行小时 | 2010 年水洗间隔/飞行小时 |
|---|---|---|
| 0.5 | 693.340 7 | 629.600 8 |
| 0.9 | 317.770 2 | 351.557 2 |
| 0.95 | 235.854 2 | 281.382 6 |
| 0.99 | 120.081 7 | 169.955 8 |

### 9.1.4　基于马尔可夫的水洗间隔优化方法

1. 马尔可夫链的定义

考虑是在每个时间段有一个值的随机过程，令 $\{X_n,\ n = 0,\ 1,\ 2,\ \cdots\}$ 是有限个值或可数值的随机过程，除非特别提醒，这个随机过程的可能值的集合都将记为非负整数的集合 $\{0,\ 1,\ 2,\ \cdots\}$。如果 $X_n = i$ 则称该过程在时刻 $n$ 时的状态为 $i$。假设只要在状态 $i$，就有一个固定的概率 $P_{ij}$ 使得它在下一个时刻在状态 $j$，即对于所有的状态 $i_0,\ i_1,\ \cdots,\ i,\ j$ 和所有的 $n \geqslant 0$ 有

$$P\{X_{n+1} = j \mid X_n = i,\ X_{n-1} = i_{n-1},\ \cdots,\ X_1 = i_1,\ X_0 = i_0\} = P_{ij}$$

这样的随机过程称为马尔可夫链。对于 $P_{ij}$ 的定义可以解释为，对于一个马尔可夫链，在给定过去的状态 $X_{n-1},\ \cdots,\ X_1,\ X_0$ 和现在的状态 $X_n$ 时，将来的状态 $X_{n+1}$ 的条件分布独立于过去的状态，而只依赖于现在的状态。

$P_{ij}$ 表示过程处在状态 $i$ 时下一次转移到状态 $j$ 的概率，由于概率都是非负的，又由过程必须转移到某个状态，所以有 $P_{ij} \geqslant 0,\ i,\ j \geqslant 0$，并且

$$\sum_{j=0}^{\infty} P_{ij} = 1,\ i = 0,\ 1,\ \cdots$$

$P$ 记为一步转移概率 $P_{ij}$ 的矩阵,则

$$P = \begin{pmatrix} P_{11} & \cdots & \cdots & \cdots & P_{1m} \\ P_{21} & \cdots & \cdots & \cdots & P_{2m} \\ \vdots & & & & \vdots \\ P_{m1} & \cdots & \cdots & \cdots & P_{mm} \end{pmatrix}$$

对于一步转移概率 $P_{ij}$,定义 $n$ 步转移概率 $P_{ij}^n$ 为处于状态 $i$ 的过程将在 $n$ 次转移后处于状态 $j$ 的概率,即

$$P_{ij}^n = P\{X_{n+k} = j \mid X_k = i\},\ n \geqslant 0,\ i,\ j \geqslant 0$$

记 $P_{ij}^1 = P_{ij}$。由 C-K(Chapman-Kolmogorov)方程提供了计算 $n$ 步转移概率的一个方法,对于任意的 $n,\ m \geqslant 0$, C-K(Chapman-Kolmogorov)方程可以写成:

$$P_{ij}^{n+m} = \sum_{k=0}^{\infty} P_{ik}^n P_{kj}^m$$

其中,$P_{ik}^n P_{kj}^m$ 表示通过一条第 $n$ 次转移处于状态 $k$ 的路径初始处于状态 $i$ 的过程经过 $n+m$ 步转移至状态 $j$ 的概率。因此,对于所有的中间状态 $k$ 求和就能得到这个过程在 $n+m$ 步转移后处于状态 $j$ 的概率,形式上有

$$\begin{aligned} P_{ij}^{n+m} &= P\{X_{n+m} = j \mid X_0 = i\} = \sum_{k=0}^{\infty} P\{X_{n+m} = j,\ X_n = k \mid X_0 = i\} \\ &= \sum_{k=0}^{\infty} P\{X_{n+m} = j \mid X_n = k,\ X_0 = i\} P\{X_n = k \mid X_0 = i\} = \sum_{k=0}^{\infty} P_{ik}^n P_{kj}^m \end{aligned}$$

对于一个不可约的遍历的马尔可夫链,$\lim_{n\to\infty} P_{ij}^n$ 存在并且与 $i$ 独立,进一步令

$$\pi_j = \lim_{n\to\infty} P_{ij}^n,\ j \geqslant 0$$

则

$$\pi_j = \sum_{i=0}^{\infty} P_{ij},\ j \geqslant 0,\ \sum_{j=0}^{\infty} \pi_j = 1$$

其中,$\pi_j$ 是唯一非负解。

2. 时间连续状态离散的马尔可夫链

一个取值于非负整数集合的连续时间的随机过程 $\{X(t),\ t \geqslant 0\}$ 是时间连

续状态离散的马尔可夫链，如果对于任意的 $s, t \geqslant 0$ 和非负整数 $i, j, x(u), 0 \leqslant u < s$ 有

$$P\{X(t+s)=j \mid X(s)=i, X(u)=x(u), 0 \leqslant u < s\}$$
$$=P\{X(t+s)=j \mid X(s)=i\}$$

即时间连续状态离散的马尔可夫链是具有马尔可夫性质的随机过程，即在给定的现在 $X(s)$ 和过去 $X(u)=x(u), 0 \leqslant u < s$，将来 $X(t+s)$ 的条件分布只依赖于现在并独立于过去。此外，如果 $P\{X(t+s)=j \mid X(s)=i\}$ 独立于 $s$，那么这个时间连续状态离散的马尔可夫链称为具有平稳或者时齐的转移概率。因此，时间连续状态离散的马尔可夫链具有如下性质：

（1）如果 $T_i$ 表示转移到一个不同的状态之前，过程在状态 $i$ 停留的时间，则 $T_i$ 是均值为 $1/\nu_i$ 的指数随机变量；

（2）当过程立刻状态为 $i$ 时，以某个概率 $P_{ij}$ 进入下一个状态 $j$，同时 $P_{ij}$ 必须满足对于任意的 $i$，有 $P_{ij}=0$，同时 $\sum_j P_{ij}=1$。

时间连续状态离散的马尔可夫链可以理解为一个按离散马尔可夫链从状态运动到状态，但是在进入下一个状态前，停留在每个状态的时间是按指数分布的。此外，过程停留在状态 $i$ 的时间和下一个访问的状态必须是独立的随机变量。

以 $P_{ij}(t)=P\{X(t+s)=j \mid X(s)=i\}$ 作为处在状态 $i$ 的过程在时间 $t$ 后处在状态 $j$ 的概率，这些量被称为时间连续状态离散的马尔可夫链的转移概率。对于一对 $i, j$ 令

$$q_{ij}=\nu_i P_{ij}$$

由于 $\nu_i$ 是过程处于状态 $i$ 时的转移速率，而 $P_{ij}$ 是状态 $i$ 转移到状态 $j$ 的概率，由此推出 $q_{ij}$ 是过程处于状态 $i$ 时转移到状态 $j$ 的速率，$q_{ij}$ 称为瞬时转移率。由于 $\nu_i=\sum_j \nu_i P_{ij}=\sum_j q_{ij}$，以及 $P_{ij}=\dfrac{q_{ij}}{\nu_i}=\dfrac{q_{ij}}{\sum_j q_{ij}}$，可以得到对于任意状态 $i, j$ 和时间 $t \geqslant 0$，有

$$P'_{ij}(t)=\sum_{k \neq j} q_{kj} P_{ik}(t)-\nu_j P_{ij}(t)$$

即 Chapman-Kolmogorov 向前方程。

与离散时间马尔可夫链的一个基本结果类似，时间连续状态离散的马尔可夫链在时间 $t$ 的极限状态 $i$ 的概率常常收敛到一个独立于初始状态的极限值，即给定这个极限值为 $P_j$，则

$$P_j=\lim_{t \to \infty} P_{ij}(t)$$

其中,假定了极限存在并且独立于初始状态 $i$。

为了推导 $P_j$ 的一组方程,首先考虑这组向前方程:

$$P'_{ij}(t) = \sum_{k \neq j} q_{kj} P_{ik}(t) - \nu_j P_{ij}(t)$$

如果让 $t \to \infty$,则假定可以交换极限和求和的次序,则

$$\lim_{t \to \infty} P'_{ij}(t) = \lim_{t \to \infty} \left[ \sum_{k \neq j} q_{kj} P_{ik}(t) - \nu_j P_{ij}(t) \right] = \sum_{k \neq j} q_{kj} P_k - \nu_j P_j$$

由于 $P_{ij}(t)$ 是一个有界函数(是一个概率,总在 0 到 1 之间),因此有

$$0 = \sum_{k \neq j} q_{kj} P_k - \nu_j P_j$$

或者对于任意的 $j$ 有

$$\sum_{k \neq j} q_{kj} P_k = \nu_j P_j$$

同时有 $\sum_j P_j = 1$,将这两个方程联立就能解出极限概率 $P_j$。

由于在任意时间区间$(0, t)$中,转移到状态 $j$ 的次数必须在相差 1 的范围内等于转出状态 $j$ 的次数,因此,在长过程中,转移到状态 $j$ 的速率必须等于转移出状态 $j$ 的速率。当过程处于状态 $j$ 时,它以速率 $\nu_j$ 离开,而 $P_j$ 使它处在状态 $j$ 的时间的比例,于是推出:

$$\nu_j P_j = \text{过程离开状态}\ j\ \text{的速率}$$

类似地,当过程处在状态 $k$,它以速率 $q_{kj}$ 从状态 $k$ 进入状态 $j$,因此 $P_k$ 作为在状态 $k$ 的时间比例,而从 $k$ 到 $j$ 的转移发生的速率正是 $q_{kj}P_k$,于是

$$\sum_{k \neq j} q_{kj} P_k = \text{过程进入状态}\ j\ \text{的速率}$$

所以,方程正是一个过程进入和离开状态 $j$ 的速率相等的一个陈述,因为它平衡了这些速率。

3. 模型的假设

(1) 根据发动机的性能可以通过 EGTM 参数完全反映,根据 EGTM 参数确定不同的劣化状态。

(2) 发动机有两类形式的失效。第一类是发动机性能衰退导致无法满足使用要求而下发,第二类是发动机发生的随机故障失效(部件失效)而导致的下发。

(3) 将发动机的性能变化模拟成一个时间连续状态离散的马尔可夫过程,设 $X(t)$ 表示发动机性能的随机变量,其中性能状态包括 $k$ 个退化工作状态和一个故障状态,当发动机完成 $k$ 个正常工作状态后立即进入故障状态。

（4）发动机在每个退化状态的停留时间服从参数为 $\lambda_{dk}$ 的指数分布，其中 $k$ 表示系统 $k$ 个退化状态。

（5）当发动机进入故障状态时，必须返厂进行修理，假设修理的时间服从指数分布。

（6）水洗的间隔服从指数分布，发动机水洗后性能状态提前 $\tau_1$，即如果发动机在水洗前的状态为 $n$，则水洗后的状态为 $n-\tau_1$。

（7）发动机需要进行周期性检查，检查间隔为 $1/\lambda_I$。

（8）发动机水洗间隔为 $1/\lambda_m$。

基于时间连续状态离散的马尔可夫过程的预防性维修模型如图 9.6 所示。状态 $D_1$ 到 $D_k$ 表示发动机性能退化的 $k$ 个状态，$D_1$ 表示发动机处于最优状态，$D_k$ 表示发动机处于最差状态。$D_i$ 表示发动机处于性能退化状态的第 $i$ 阶段。$D_F$ 表示发动机由于性能退化导致下发。$I_i$ 表示发动机在进行检查时处于第 $i$ 状态，检查所需要的时间为 $1/\mu_{pi}$。如果检查首次发现发动机状态 $i > l$，则进行首次发动机水洗工作。$P_{mi}$ 表示发动机处于 $i$ 状态并且接受水洗。此后发动机水洗工作按照周期性进行，即水洗的间隔为一个常数 $1/\lambda_m$，水洗所需要的时间均值是 $1/\mu_{pm}$，并且水洗后发动机的性能状态更新 $\tau_1$，当发动机达到 $D_F$ 状态，发动机需要返厂进行大修。大修所需要的时间为 $1/\mu_{D_F}$。

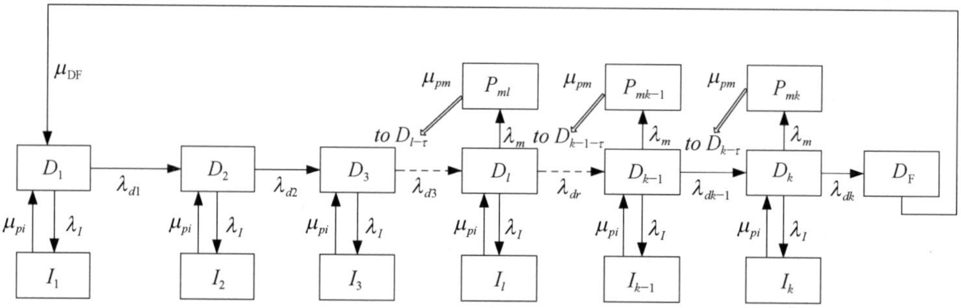

图 9.6　基于时间连续状态离散的马尔可夫过程的预防性维修模型

根据建立的时间连续状态离散的马尔可夫过程，首先得到 Chapman-Kolmogorov 等式：

$$\frac{\mathrm{d}PD_{D_1}(t)}{\mathrm{d}t} = -(\lambda_{d1} + \lambda_I)P_{D_1}(t) + \mu_{D_F}P_{D_F}(t) + \mu_{pi}P_{I1}(t)$$

$$\frac{\mathrm{d}P_{D_i}(t)}{\mathrm{d}t} = -(\lambda_{di} + \lambda_I)P_{D_i}(t) + \lambda_{di-1}P_{D_{i-1}}(t) + \mu_{pi}P_{Ii}(t),\ 1 < i < l$$

$$\frac{\mathrm{d}P_{D_i}(t)}{\mathrm{d}t}=-(\lambda_{di}+\lambda_I+\lambda_m)P_{D_i}(t)+\lambda_{di-1}P_{D_{i-1}}(t)$$
$$+\mu_{pm}P_{D_{mi+\tau}}(t)+\mu_{pi}P_{Ii}(t),\ l\leqslant i\leqslant k$$

$$\frac{\mathrm{d}P_{Ii}(t)}{\mathrm{d}t}=\lambda_I P_{D_i}(t)-\mu_{pi}P_{Ii}(t),\ 1\leqslant i\leqslant k$$

$$\frac{\mathrm{d}P_{D_{mi}}(t)}{\mathrm{d}t}=\lambda_m P_{D_i}(t)-\mu_{pm}P_{D_{mi}}(t),\ l\leqslant i\leqslant k$$

由有限齐次马尔可夫链的遍历性质,得到一系列线性方程组,在给定初始条件的前提下,得到稳态时发动机状态的概率分布。从建立的时间连续状态离散的马尔可夫过程模型上来看,发动机退化状态数参数 $k$、水洗后发动机的性能状态更新参数 $\tau_1$ 和首次需要水洗的状态 $l$ 这三个参数对模型的结构与模型的求解起着关键作用,需要对这三个参数进行优化,从而得到较为精确的发动机性能退化模型。

为了保持发动机的安全性和良好的经济性,需要对发动机进行检查和水洗工作,此时发动机处于不可用状态,由于检查和水洗的时间不可忽略同时会产生一定的费用,所以频繁的检查和水洗工作会影响发动机的可用度,所以在制定检查和水洗工作间隔时必须保证发动机一定的可用度。发动机的可用度即发动机处于性能退化状态 $D_1$ 到 $D_k$ 的概率之和:

$$A=\sum_{i-1}^{k}P_{D_i}(t)$$

当求得稳态时发动机状态的概率分布并判断此维修方案满足发动机可用度条件后,下面可以计算出此时发动机单位时间内的费用。假设 $C_{pi}$ 表示检查成本,$C_{pm}$ 表示水洗成本,表示 $C_{\mathrm{DF}}$ 发动机返厂维修成本,$C_{\mathrm{op}}$ 表示发动机运行成本,主要与油耗有关。由于发动机 LLP 部件限制或是由于租发等因素限制,必须在某个时间点下发,所以考虑在给定时间 $T$ 内,如何安排检查和水洗工作,使得发动机在下发前,发动机单位时间内的费用最低。

给定时间内发动机返厂费用可以表示为

$$E(TC_{\mathrm{DF}})=C_{\mathrm{DF}} \tag{9.1}$$

给定时间内检查费用可以表示为

$$E(TC_{\mathrm{I}})=\left(\sum_{i=1}^{k}P_{Ii}\right)\mu_{pi}C_{pi}CT \tag{9.2}$$

给定时间内水洗费用可以表示为

$$E(TC_{\mathrm{pm}}) = \left(\sum_{i=1}^{k} P_{mi}\right) \mu_{\mathrm{pm}} C_{\mathrm{pm}} CT \tag{9.3}$$

给定时间内运行费用可以表示为

$$E(TC_{\mathrm{op}}) = \left(\sum_{i=1}^{k} P_{i}\right) C_{\mathrm{op}} CT \tag{9.4}$$

则发动机单位时间内的费用可以表示为

$$E(TC) = \frac{E(TC_{\mathrm{DF}}) + E(TC_{\mathrm{CI}}) + E(TC_{\mathrm{pm}}) + E(TC_{\mathrm{op}})}{CT} \tag{9.5}$$

4. 算法步骤

算法步骤如下。

(1) 根据发动机性能退化的规律，首先选取适当的发动机退化状态数参数 $k=1$，根据航空公司目前已有的维修方案确定初始的发动机检查间隔为 $1/\lambda_I$ 和初始发动机水洗间隔为 $1/\lambda_m$，可以假设在发动机不同状态下检查所需要的时间 $1/\mu_{pi}$ 是不变的，同时水洗所需要的时间 $1/\mu_{pm}$ 也是不变的。

(2) 根据发动机退化状态数参数 $k$ 的取值，选取适当的退化状态的停留时间参数 $\lambda_{dk}$，由 Chapman-Kolmogorov 等式，在给定初始条件的前提下，得到稳态时发动机状态的概率分布。

(3) 由第二步确定的发动机状态的概率分布确定此维修方案下的发动机可用度，判断可用度是否满足初始要求，如果满足进入第四步，否则转回第二步。

(4) 分别根据公式(9.1)到(9.5)计算发动机单位时间内的费用。记下相应检查间隔和水洗间隔对应的发动机单位时间内的费用。

(5) 检查间隔 $1/\mu_{pi}$ 加 1，转入第二步，直到检查间隔 $1/\mu_{pi}$ 到达 $\max(\lambda_{dk})$。

(6) 水洗间隔 $1/\lambda_m$ 加 1，转入第二步。重复 2 到 5 步。

(7) 发动机退化状态数参数 $k$ 加 1，转入第一步，重复 2 到 6 步。

统计每台发动机从修复如新到下一次返厂维修期间每周 EGTM 数据，以发动机水洗工作为分界点，分别计算水洗前后 EGTM 每千飞行小时退化率即

$$\text{EGTM 每千飞行小时退化量} = \frac{\mathrm{EGTM}_0 - \mathrm{EGTM}_{\mathrm{W}}}{T_{\mathrm{W}} - T_0} \times 1\,000$$

其中，$\mathrm{EGTM}_0$ 表示发动机在初始时刻(修复如新时)EGTM 值；$\mathrm{EGTM}_{\mathrm{W}}$ 表示发动机在水洗前 EGTM 值；$T_{\mathrm{W}}$ 表示在发动机水洗时所经历的飞行小时 $T_0$ 表示发动机在初始时刻(修复如新时)的飞行小时。

根据发动机性能退化状态的划分，将 35 台发动机从修复如新到下一次返厂维

修期间每周 EGTM 数据，根据 EGTM 每千飞行小时退化量的转换公式，得到相应的发动机能退化状态的序列。从而可以得到不同状态转移的频率。

$$F=\begin{pmatrix} F_{11} & \cdots & \cdots & \cdots & F_{1m} \\ F_{21} & \cdots & \cdots & \cdots & F_{2m} \\ \vdots & & & & \vdots \\ F_{m1} & \cdots & \cdots & \cdots & F_{mm} \end{pmatrix}$$

其中，$F_{ij}$表示从 $D_i$ 到 $D_j$ 的次数，则不同状态间的转移概率矩阵可以写成：

$$P=\begin{pmatrix} P_{11} & \cdots & \cdots & \cdots & P_{1m} \\ P_{21} & \cdots & \cdots & \cdots & P_{2m} \\ \vdots & & & & \vdots \\ P_{m1} & \cdots & \cdots & \cdots & P_{mm} \end{pmatrix}$$

其中，

$$P_{ij}=\begin{cases} \dfrac{F_{ij}}{\sum\limits_{i=1}^{m} F_{ij}}, & \text{如果} \sum\limits_{i=1}^{m} F_{ij} > 0 \\ 0, & \text{如果} \sum\limits_{i=1}^{m} F_{ij} = 0 \end{cases}$$

从而得到转移概率矩阵。

5. 实例应用

某航空公司 2010 年 35 台发动机的 150 组水洗数据，可以得到发动机 EGTM 每千飞行小时退化量达到 10℃时必须进行水洗，同时 2009 和 2010 年水洗对于 EGTM 恢复的平均值分别为 8.08 与 8.95。以发动机 EGTM 每千飞行小时退化量划分发动机性能退化状态，下面以发动机性能退化状态数为 5 为例说明。如果发动机 EGTM 每千飞行小时退化量为 0℃时为 $D_1$ 状态，EGTM 每千飞行小时退化量小于 5℃时为 $D_2$ 状态，EGTM 每千飞行小时退化量大于 5℃小于 10℃时为 $D_3$ 状态，EGTM 每千飞行小时退化量大于等于 10℃小于等于 20℃为 $D_4$ 状态，EGTM 每千飞行小时退化量大于 20℃为 $D_F$ 状态即发动机需要发下返厂维修。根据划分发动机状态数目的不同，根据所得的转移概率矩阵可以得到相应的 $\lambda_{dk}$和水洗后发动机的性能状态更新参数 $\tau_1$。表 9.8 给出了当发动机性能退化状态数为 5 时维修模型的参数初始值。通过模型计算可以得到相应的检查间隔、水洗间隔与发动机单位时间内的费用，如表 9.9 所示。通过对于发动机状态数 $k$ 的不同取值，可以建立不同的马尔可夫过程的维修模型，如表 9.10 所示。

表 9.8　退化状态数为 5 时维修模型的参数初始值

| $\lambda_{d1}$ | $\lambda_{d2}$ | $\lambda_{d3}$ | $\lambda_{d4}$ | $\tau_1$ | $1/\mu_{pi}$ | $1/\mu_{pm}$ | $1/\mu_{DF}$ |
|---|---|---|---|---|---|---|---|
| 0.003 3 | 0.005 2 | 0.01 | 0.008 | 2 | 7 | 200 | 1 000 |

表 9.9　退化状态数为 5 时计算结果

| 检查间隔/飞行小时 | 水洗间隔/飞行小时 | 可用度 | 单位时间内的费用 |
|---|---|---|---|
| 7 | 350 | 0.85 | 120 |

表 9.10　不同退化状态数时计算结果

| $k$ | 水洗前状态数 | 需要水洗状态数 | 水洗间隔 | 单位时间内的费用 |
|---|---|---|---|---|
| 5 | 2 | 1 | 350 | 120 |
| 6 | 3 | 2 | 402 | 124 |
| 6 | 4 | 1 | 415 | 135 |
| 7 | 4 | 2 | 452 | 130 |
| 7 | 5 | 1 | 446 | 142 |

## 9.2　基于知识的大修决策

### 9.2.1　研究意义与基本思路

据统计，民用航空发动机单次送修费用动辄数百万美元，使得其送修成本占到飞机总维修成本的 40%左右和发动机总维修成本的 90%以上。对于航空公司而言，发动机的送修等级与维修费用息息相关，确定发动机的送修等级成为控制维修成本的首要任务。当送修等级被不合理地设定过高时，相应的维修工时和材料费用就会大幅增长，并且由于提前更换造成零部件有效剩余寿命的损失，会给航空公司造成巨大浪费；而当送修等级设定过低时，又会因维修工作范围的限制而出现失修问题，从而给航空运营带来安全隐患。如何兼顾效益与安全这两大主题，是民用航空营运企业保持生存与可持续发展所亟待解决的重要问题之一。

针对机械工程设备维修决策中关于对送修等级的确定问题，陶基斌等根据前馈式神经网络模型提出了一种根据设备的各状态因素来判断设备的送修等级的维修决策方法；胡涛等运用决策树模型和经济性模型分析了舰船装备的维修级别；胡彦平利用模糊神经网络进行维修决策，根据输入的状态参数判断系统的劣化程度，从而制定送修等级决策，但缺损数据、冲突数据以及数据集合的大小等都会对这些方法的精度和速度产生明显的影响。

1982 年波兰数学家 Pawlak 在研究不完整数据及不精确知识的表达、学习、归纳等方法时提出了粗糙集理论。该理论是一种刻画不确定性和不完整性数据的数学工具，无须任何先验信息即能有效地分析和处理不精确、不一致、不完整等各种不完备数据。

粗糙集理论可支持知识获取的多个步骤，如数据预处理、数据约简、规则生成、数据依赖关系获取等。近年来粗糙集理论对模糊和不完全知识的处理较为出色，成为数据库知识获取研究中的有力工具。在应用粗糙集理论对实际数据进行分析和获取知识时，由实际数据构成的决策表中各个属性值必须用离散值表达。若某些条件属性或决策属性的值域为连续的，则在处理前必须经过离散化。对粗糙集连续属性离散化的方法是一种其他领域已有的离散化方法，但是这些方法没有考虑到粗糙集理论的特殊性，对决策表使用这些方法离散化后易于导致决策表相容性的降低，使提取的规则泛化能力下降。为此针对粗糙集连续属性离散化人们进行了广泛的研究，提出了很多新的离散化方法。常见的离散化方法一般可分为两大类：第一类要求离散化时不改变决策表的相容性，即对连续属性离散化应在保证决策表相容性不变的条件下选择最少的断点（分点）；第二类则不把相容性是否改变作为指标，而仅考虑数据本身的规律，这样可能得到的离散化断点集合较少。

使用粗糙集理论获取知识的优点在于：

① 知识直接从记录的历史案例中提取；② 获得的知识具有较好的客观性；③ 当知识和数据随时间动态发生变化时，更新知识比较容易；④ 粗糙集方法以直接的方式描述发现的知识，并且非常容易转换成可用的、易于理解的规则，较好地克服了神经网络将知识隐含于网络的连接权值中缺乏透明性、无法为用户理解的缺点。

但是，粗糙集理论对知识的表达是建立在不可分辨关系上的，而不可分辨关系是一种非常严格的二元等价关系，它对数值的精度要求很高，一个断点微小差异就可改变一个集合的下近似集的内容，甚至改变一条决策规则。这样的模型缺乏对噪声的适应能力，另外，粗糙集理论对数据丢失问题也不能很好地得以解决。为了提高粗糙集模型的抗干扰能力，1993 年 Ziarko 提出了可变精度粗糙集（variable precision rough set, VPRS）模型。该模型是对经典粗糙集理论的进一步扩展，允许一定的分类不精确性存在，并给出了不精确率低于预先设定的分类策略，能够有效处理不确定或不完整知识的表达与推理、经验学习、不一致信息分析、知识约简等问题，该模型既能够简化信息系统又不损失有用信息，已成为知识获取的重要方法，使得粗糙集理论的应用范围得以拓展。

本章根据发动机下发前的性能监控参数和发动机维修厂商返回的历史维修记录，采用基于 VPRS 的数据挖掘方法，来获取性能参数和送修等级之间的内在关联规则，从而为工程师拟定合理的送修等级提供有价值的参考。针对连续属性在离散化过程中存在断点值和断点数目难以确定的问题，提出了采用自组织映射(self-organizing maps, SOM)神经网络来优化处理得到满意效果。最后以航空公司CF6－80C2A5 型发动机为例，通过提取决策规则获得了一种估算送修等级的方法。

1. 经典粗糙集的基本概念

**定义 9.1** 决策表通过信息表来进行知识表达的系统，一般由四部分构成：$S=<U, R, V, f>$，其中，$U$ 为论域集合；$R=C\cup D$ 为条件属性集 $C=\{c_1, c_2\cdots, c_m\}$ 和决策属性集 $D=\{d_1, d_2\cdots, d_m\}$ 的集合；$V$ 为属性值域集合；$f$ 为一个单一映射函数。

**定义 9.2** 不可分辨关系 对每个属性子集 $B\subseteq R$，定义不可分辨二元关系 IND($B$)，即

$$\mathrm{IND}(B)=\{(x, y)\mid (x, y)\in U^2, \forall b\in B(b(x)=b(y))\}$$

**定义 9.3** 基本集 由论域中相互间不可分辨的对象组成的集合，是组成论域知识的颗粒。

**定义 9.4** 上下近似集 设知识表达系统 $S=<U, R, V, f>$，对于每个子集和不可分辨关系 $\boldsymbol{B}$, $\boldsymbol{X}$ 的上近似(upper approximation)集和下近似(lower approximation)集可以由 $\boldsymbol{B}$ 的基本集定义：

$$B_{-}(X)=\cup\{Y_i\mid (Y_i\in U)\mid (\mathrm{IND}(B)\wedge Y_i\subseteq X)\}$$

$$B^{-}(X)=\cup\{Y_i\mid (Y_i\in U)\mid (\mathrm{IND}(B)\wedge Y_i\cap X\neq\phi)\}$$

其中，$\mathrm{IND}(B)=\{X\mid X\subseteq U\wedge\forall x, \forall y, \forall b\in B(b(x)=b(y))\}$ 是 B 对 U 的划分。

**定义 9.5** 相容样本 若存在两个样本 $U_1$, $U_2$，其中 $U_1, U_2\in U$, $U_1\neq U_2$，满足 $d_{U_1}\mid C=d_{U_2}\mid C$，且 $d_{U_1}\mid D=d_{U_2}\mid D$，则称样本 $U_1$ 和 $U_2$ 是相容样本。对应地，若满足 $d_{U_1}\mid C=d_{U_2}\mid C$，且 $d_{U_1}\mid D\neq d_{U_2}\mid D$，则称样本 $U_1$ 和 $U_2$ 是不相容样本。

2. 可变精度粗糙集的基本概念

可变精度粗糙集理论采用决策表描述论域 $U$ 中的对象。决策表为二维表格，类似于关系数据库中的关系数据模型，行描述研究对象，列表征各对象的某种属性(条件属性或决策属性)。

**定义 9.6** 给定一个决策表，假定由条件属性集合 $C$ 导出的等价类 $\mathrm{IND}(C)=\{C_1, C_2, \cdots, C_k\}$，决策属性 $D$ 导出的等价类 $\mathrm{IND}(D)=\{D_1, D_2, \cdots, D_n\}$，阈值$\beta$

依赖于数据噪声程度通常在[0, 0.5]内取值,则

(1) $\beta$ 正域定义为

$$\mathrm{POS}_{C,\beta}(D_j) = \bigcup_{P(D_j|C_i)\geqslant 1-\beta} \{C_i \in C\}$$

(2) $\beta$ 负域定义为

$$\mathrm{NEG}_{C,\beta}(D_j) = \bigcup_{P(D_j|C_i)\leqslant \beta} \{C_i \in C\}$$

(3) $\beta$ 边界域定义为

$$\mathrm{BN}_{C,\beta}(D_j) = \bigcup_{\beta < P(D_j|C_i) < 1-\beta} \{C_i \in C\}$$

**定义 9.7** 相关度 条件属性集 $C$ 和决策属性集 $D$ 之间的相关度定义为

$$K_\beta(C, D) = \frac{\mathrm{card}[\mathrm{POS}_{C,\beta}(D) \cup \mathrm{NEG}_{C,\beta}(D)]}{\mathrm{card}(U)}$$

其中, $\mathrm{POS}_{C,\beta}(D) = \sum \mathrm{POS}_{C,\beta}(D_j)$;$\mathrm{NEG}_{C,\beta}(D) = \sum \mathrm{NEG}_{C,\beta}(D_j)$。

**定义 9.8** 依赖度 属性集合 $R \subseteq C$ 在给定的 $\beta$ 水平下对属性集合 $C$ 的依赖度定义为

$$\gamma_{R,\beta}(D) = \frac{|\mathrm{POS}R_\beta(D)|}{|\mathrm{POS}C_\beta(D)|}$$

由 $\beta$ 近似依赖的概念,就可以得到近似约简的概念。

**定义 9.9** 属性约简 设决策表中由条件属性集 $C$ 导出的等价类为 $\mathrm{X} = \{X_1, X_2, \cdots, X_k\}$,由决策属性集 $D$ 导出的等价类为 $Y = \{Y_1, Y_2, \cdots, Y_n\}$。当对象所在的等价类在某种程度上包含于集合 $X$ 时,就认为该对象属于 $X$。若有属性 $r \in C$ 满足依赖性 $\gamma_{C,\beta}(D) = \gamma_{C\setminus\{r\},\beta}(D)$,则 $r$ 为 $C$ 中相对于 $D$ 可省略的,否则是不可省略的;若 $C$ 中每个 $r$ 都是相对于 $D$ 不可省略的,则称 $C$ 为 $D$ 独立的;若 $C$ 的 $D$ 独立子集 $S \subset C$ 满足依赖性 $\gamma_{C,\beta}(D) = \gamma_{S,\beta}(D)$,则称 $S$ 为 $C$ 的 $D$ 约简,记其全体约简关系簇为 $\mathrm{red}_{D,\beta}(C)$。

属性约简是由属性的重要度确定的,为考虑正域之外的元素对属性重要性的影响以及噪声数据对信息表中不可分辨关系的干扰,需要引入信息熵作为属性重要度的判定准则。

**定义 9.10** 概率分布 设 $C$ 和 $D$ 在 $U$ 上导出的划分分别为 $X$ 和 $Y$,则其在 $U$ 的子集组成的概率分布为

$$(X: p) = \begin{matrix} X_1 & X_2 & L & X_n \\ p(X_1) & p(X_2) & L & p(X_n) \end{matrix}$$

$$(Y: p) = \begin{matrix} Y_1 & Y_2 & L & Y_m \\ p(Y_1) & p(Y_2) & L & p(Y_m) \end{matrix}$$

其中，$p(X_i) = \dfrac{|X_i|}{|U|}$，$i = 1, 2, L, n$；$p(Y_j) = \dfrac{|Y_j|}{|U|}$，$j = 1, 2, L, m$。

**定义 9.11** 信息熵 若属性集合 $C$ 在 $U$ 的子集组成的概率分布记为 $p(\cdot) = |\cdot|/|U|$，则信息熵定义为

$$H(C) = -\sum_{i=1}^{n} p(X_i)\log_2 p(X_i)$$

**定义 9.12** 条件熵 $X$ 上的 $Y$ 信息依赖性测度可表示为条件概率的形式 $H(D|C)$，其不确定信息的统计测度可定义为条件熵，即

$$H(D|C) = -\sum_{i=1}^{n} p(X_i) \sum_{j=1}^{m} p(Y_j | X_i)\log_2 p(Y_j | X_i)$$

其中，$p(Y_j | X_i) = \dfrac{|Y_j \cap X_i|}{|X_i|}$，$i = 1, 2, \cdots, n$；$j = 1, 2, \cdots, m$。

**定义 9.13** 属性重要性 对于决策表，设 $R \subset C$，条件属性 $a \in C\backslash R$，则定义在 $\boldsymbol{R}$ 中增加属性 $\boldsymbol{a}$ 后，$\boldsymbol{a}$ 对于系统决策影响的重要性定义为

$$\sigma_Y(a) = H(D|R) - H(D|R \cup \{a\})$$

在已知 $\boldsymbol{R}$ 时，$\sigma_Y(a)$ 的值越大，说明属性 $\boldsymbol{a}$ 具有越大的识别熵增量和越小的误识别概率，因而其对决策就越重要。

### 9.2.2 连续数据的离散化处理

由于粗糙集只能处理离散的数据，因此需要对连续属性的值进行离散化处理。在实际工程应用中，通常是根据属性的实际意义、按照专家经验人为设置断点值、按照断点之间形成的区间进行分类的方法进行离散化处理，但是该方法具有一定程度的主观特性，并且对断点值的设定还需要具有丰富的先验知识。鉴于这些不足，人们开始研究利用机器学习的方法来确定连续属性值离散化过程中的断点设置问题。由于该类问题在许多领域里普遍存在，从而构成了机器学习理论方法中有待解决的多个关键问题之一。

目前从数据离散化的思想来看，离散化方法可分为两大类：第一类方法是离

散化时不改变决策表的相容性,即对连续属性进行离散化处理时应在保证决策表相容性不变的条件下选择最少的断点，该类方法理论上可找出所有可能组合的离散化断点集,但其算法的复杂度呈指数级递增,在实际问题中难以直接应用;第二类则是仅考虑数据本身的规律而不考虑决策表相容性是否改变,这样做有可能使得到的离散断点集数量减少,但往往会引起离散化后决策表的相容性发生变化。

上述这两类方法只考虑到决策表的不相容性或数据本身的聚类规律,都具有一定的片面性。由于 SOM 神经网络进行聚类时能反映原始数据的分布规律,因此本书采用 SOM 神经网络作为离散化工具。当应用 SOM 神经网络对连续属性进行离散处理时,需要人为的指定聚类数目,因而正确选取聚类数目是非常关键的,因为若聚类数目少,则可能会得到不相容的决策系统,导致实际应用时根据判断条件无法做出决策;若聚类数目多,则会出现过离散情况,增加了计算的复杂性。因此,采用离散化后决策表的不相容度以及各个属性的不相容度作为离散性能评判的依据,在此基础上,按照属性重要性依次增加分类数目,这样就综合考虑了数据离散化后决策表的不相容度和数据本身的分布特征,既保证了断点数目尽可能的少,又保证了决策表的相容性。

1. 连续属性的重要性评估

对于离散属性重要性的评估,可以用其分类能力和分类质量等指标进行度量。而对于连续属性重要性的评估可以按如下方法计算:

(1) 设 $A$ 为连续型条件属性,按照决策属性将所有对象划分为 $n$ 类;

(2) 分别计算每一类中 $A$ 属性的平均值 $\mathrm{mean}(A_i)$,并找出最大值 $\max[\mathrm{mean}(A_i)]$和最小值 $\min[\mathrm{mean}(A_i)]$,其中 $i=1, 2, \cdots, n$ 为类别标号;

(3) 计算所有样本 $A$ 属性值的标准差 $std$;

(4) 对该属性重要性的评定指标用 $SGF$ 表示,即

$$SGF(A)=\frac{\{\max[\mathrm{mean}(A_i)]-\min[\mathrm{mean}(A_i)]\}}{std}$$

2. 决策表的不相容度计算

在文献中,分别给出了计算单个属性的不相容度和整个决策表的近似的不相容度的方法。设某个信息系统 $S=\langle U, C\cup D, V, f\rangle$,其中,$U$ 为论域集合,$C=\{A_1, A_2, \cdots, A_m\}$ 为条件属性集合,$D$ 为决策属性集合,$V$ 为属性值域,$f$ 为一个信息函数,则定义属性 $A_i$ 的不相容度为 $\alpha_i=\frac{Card(\tilde{A}_i)}{Card(U)}$,其中 $\tilde{A}_i$ 为只考虑条件属性 $A_i$ 时,论域中不相容样本的集合。而样本集中各个属性不相容的情况可以看作是独立统计的,因此整个决策表的相容性度量为 $\alpha=\prod_{i=1}^{m}\alpha_i$。如果做近似处理,即假

定每个属性的不相容度相等,则每个属性的不相容度的近似估计为 $\tilde{\alpha} = \sqrt[m]{\alpha}$。

一般地,离散化后的决策表要求为一个相容的决策表,即该决策表的不相容度为零。然而在实际应用中只需要设定一个充分小的数即可。此外,对于单个的属性不相容度属性之间也存在一定的差异,通常只是要求每个属性的不相容度落在某个区间 $|\alpha_i - \tilde{\alpha}| \leqslant \varepsilon$ 即可。其中,$\varepsilon$ 为预先设定的误差。

3. SOM 神经网络的原理

SOM 神经网络是芬兰学者 Kohonen 于 1982 年提出的一种无监督竞争学习型前馈神经网络,该网络模拟大脑神经系统自组织特征映射的功能,通过无监督竞争学习的方式,实现对输入模式的分类。SOM 神经网络由输入层和竞争层组成,输入层与竞争层之间的神经元实行全互连接,竞争层之间有时还存在侧向抑制连接,其结构图如图 9.7 所示。该网络自组织学习的基本原理为:对于网络的每个输入模式,调整一部分网络的连接权值,使权值向量更加接近或偏离输入向量,该调整过程即为竞争学习过程。通过学习,所有权值向量在输入向量空间中相互分离,形成各自代表的输入模式,实现特征自动识别的聚类分析功能。

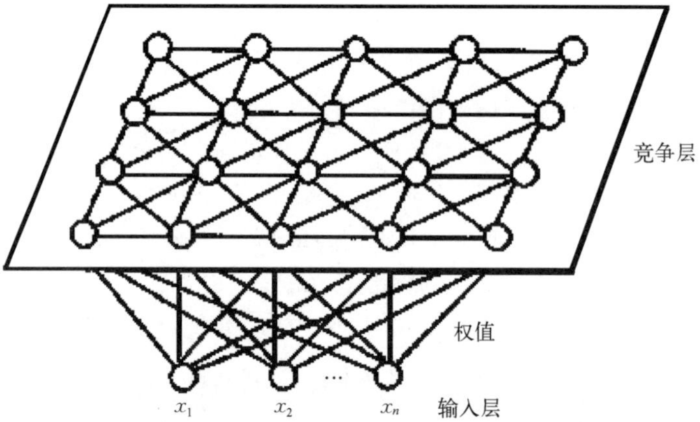


图 9.7 自组织神经网络结构图

自组织映射是一个非参数递归衰减过程,其基本计算步骤如下:

(1) 初始化:将网络的连接权值 $W_{ij}$ 在[0, 1]区间内随机取值,确定学习率 $\alpha(t)$ 的初始值 $\alpha(0)$,确定邻域 $N_g(t)$ 的初始值 $N_g(0)$(所谓的邻域就是指以获胜神经元 $g$ 为中心,包含若干神经元的区域范围)以及总的学习次数 $T$;

(2) 给定网络的输入样本模式 $P_k$,进行归一化处理,得 $\bar{P}_k = \dfrac{P_k}{|P_k|}$;

(3) 计算输入模式 $\bar{P}_k$ 与归一化权 $\tilde{W}_j(t) = \dfrac{W_j(t)}{\|W_j(t)\|}$ 两向量之间的距离,即

$d_k = \left[ \sum_{i=1}^{n} (\bar{p}_{ik} - \bar{W}_{ij}(t))^2 \right]^{\frac{1}{2}}$,其中,$j = 0, 1, 2, \cdots, m$;

(4) 选取使距离 $d_k$ 最小的神经元 $g$ 为获胜节点;

(5) 对获胜的节点的权值及其邻域 $N_g(t)$ 节点的连接权值进行更新,即

$$W_{ij}(t+1) = \begin{cases} \bar{W}_{ij}(t) + a(t)[\bar{p}_{ik} - \bar{W}_{ij}(t), & j \in N_g(t)] \\ \bar{W}_{ij}(t), & j \notin N_g(t) \end{cases}$$

其中,$j = 0, 1, 2, \cdots, n$;

(6) 返回步骤(2),选取另外一个模式输入网络,直到将样本集中的每一个都提供给网络;

(7) 更新学习率及邻域:

$$a(t) = a(0)(1 - t/T);\ N_g(t) = INT(N_g(0))(1 - t/T)$$

(8) 令 $t = t + 1$,返回步骤(2),重复至 $t = T$ 为止;

SOM 神经网络在经过训练之后,按照以下方式对输入的连续型属性进行分类:

记竞争神经元的输出为

$$a_j = \begin{cases} 1, & d_j = \min(d_j) \\ 0, & d_j \neq \min(d_j) \end{cases} \quad j = 0, 1, 2, \cdots, m$$

对于输出值为 1 的获胜神经元即代表连续型属性处于不同的类别。

4. 连续数据离散化的步骤

针对连续属性的数据进行离散处理,可以按以下步骤进行:

(1) 根据公式计算出各个连续属性的重要性,并按重要性大小排队;

(2) 设单个属性的初始分类数为 2,设置自组织神经网络的参数,对单个的属性进行离散化处理;

(3) 输出离散化结果,并计算决策表的不相容度以及各个属性的不相容度;

(4) 如果不相容度均满足要求或者离散化后的决策表已经为一个相容的决策表,只有个别属性尚不能满足单属性不相容度的要求,不需要对该属性增加断点继续离散化;否则按照属性重要性排列的顺序增加属性分类数目。返回步骤(3)。

### 9.2.3　决策规则生成算法及评估

1. 基本思想

决策规则的生成实际上是决策表的值约简问题。经典的粗糙集方法采用 $\gamma$ 标准(该标准指决策属性对条件属性的依赖度,表示能够划入决策类的对象与论域上全体元素的比率)来度量和选择规则有其局限性。

Rissanen 提出的最小描述长度原理是一种信息理论方法，即对于给定一组数据和一组关于待定参数的数据统计模型，则最佳的模型应该提供最小的描述长度。由于该原理引入了信息熵准则作为值约简的启发因子，最低限度地减少信息丢失，保持数据分类能力和使最终得到的离散化最小，因此相对于 $\gamma$ 标准而言，它解决了由知识划分粒度而引起的不确定性度量问题，但对于噪声数据对规则的不确定性影响仍难以解决。

根据可变精度粗糙集模型，不一致性较弱的规则是由于已知数据中少量的噪声引起的，因此利用预定义的精度等级 $\beta$ 过滤，从而把这部分规则视为一致性规则。

根据最小描述长度原理，理想的预测属性 $C$ 应满足：

$$H^*(C \to D) = H(C) + H^*(D \mid C)$$

其中，$H(C)$ 表示条件属性 $C$ 编码的复杂性；$H(D|C)$ 表示在已知属性 $C$ 时因不确定性规则而使决策 $D$ 存在的统计不确定性。

根据粗糙集的观点，$V_\beta = \cup \, \mathrm{pos}_{C,\beta}(Y_j)$ 中的对象有确定的 $C$ 到 $D$ 的对应关系，而对于正域之外的对象 $y \in U \backslash V_\beta$ 则无此确定的对应关系。设任意 $y \in U \backslash V_\beta$ 有对应的随机规则，其发生的不确定性度量为 $\frac{1}{|U|}\log_2(|U|)$，从而得到等价关系为 $R^* = \{(x, y) \in U^2 \mid x = y, \exists i \leqslant c, x, y \in X_i\}$。则有

$$H^*(C \xrightarrow{\beta} D) = \sum_{i<C} \frac{|\mathrm{pos}_{X_i,\beta}(Y_j)|}{|U|}\log_2\left(\frac{|U|}{|\mathrm{pos}_{X_i,\beta}(Y_j)|}\right) + |U \backslash V| \frac{1}{|U|}\log_2(|U|)$$

上式右边第一项表示确定性知识的度量；而第二项表示不确定性知识的度量。从而有

$$\begin{aligned} H^*(D|C) &= H^*(C \xrightarrow{\beta} D) - H(C) \\ &= |U \backslash V| \frac{1}{|U|}\log_2(|U|) - \sum_{i>c} p(X_i)\log_2 \frac{1}{p(X_i)} \end{aligned}$$

由于 $0 \leqslant H(D|C) \leqslant \log_2(|U|)$，故对 $H^*(D|C)$ 作归一化处理得到

$$S^*(D|C) = 1 - \frac{H^*(D|C)}{\log_2(|U|)}$$

设定一个标准 $\delta$,若满足 $S^*(D|C) > \delta$, 则划归到最佳属性子集。

决策规则挖掘的目的是用最少的条件辨别每一个决策类,即将决策表中包含的决策知识精炼。决策表规则提取的挖掘过程描述如下：

(1) 计算条件属性的约简即从决策表中删去一些冗余的列;

(2) 删去重复的行即删除重复对象;

(3) 删去多余的属性值;

(4) 求出提取规则的置信度,并将其表示为 IF...THEN 的条件判断形式。

其中,前两步是对决策表进行整体约简;第三步是对每一条决策规则进一步化简,使得在一行中去掉某些属性值后仍能划分到原来的决策类中;第四步是生成具有一定置信度的规则。综上所述,粗糙集理论的基本框架可归纳为：以不可分辨关系划分所研究论域的知识,形成知识表达系统,利用上、下近似集逼近描述对象,通过知识约简,获得最简捷的决策规则。

2. 决策规则生成算法

属性约简算法实现的基本流程如下：设 $d_x$ 表示决策规则,对于 $\forall x \in U$, 有 $d_x$: $\mathrm{des}([x]_C) \Rightarrow \mathrm{des}([x]_D)$, $d_x(a)=a(x)$, $a \in C \cup D$。定义 $d_x$ 的条件和决策为 $d_x|C$、$d_x|D$,基于可变精度粗糙集的决策规则类、决策类 $y$ 的核值属性集、决策规则 $d_x$ 的核值属性集分别为 $\mathrm{drc}_\beta(Y_j)$、$\mathrm{core}_\beta(Y_j)$、$\mathrm{core}_\beta(d_x)$,则利用可变精度粗糙集模型可得到决策类 $Y_j$ 的信息熵启发式属性约简算法实现的基本流程。该约简算法的详细流程图如图 9.8 所示。

3. 决策规则的评估

决策规则的有效程度主要依据置信度、覆盖度 2 个指标来衡量。置信度、覆盖度和支持数的定义如下所示：

$$CF(A \to B) = \frac{|X \cap Y|}{|X|}$$

$$CV(A \to B) = \frac{|X \cap Y|}{|Y|}$$

其中,集合 $X = \{x | x \in U \wedge A_x\}$ 是条件属性值满足公式 $A$ 的实例集合;集合 $Y = \{y | y \in U \wedge B_y\}$ 是决策属性值满足公式 $B$ 的实例集合;置信度、覆盖度分别用 $CF(A \to B)$、$CV(A \to B)$ 表示。

直观地讲,置信度表示运用该规则进行推理正确的概率,覆盖度表示该规则的支持数在相应的决策类中的比重。在提取决策规则的过程中当然希望得到置信度和覆盖度都较高的有效规则,但实际上这两个指标是矛盾的,通常需要在置信度和覆盖度之间权衡。本书中,进行规则匹配的时候,采用以置信度优先,然后再参

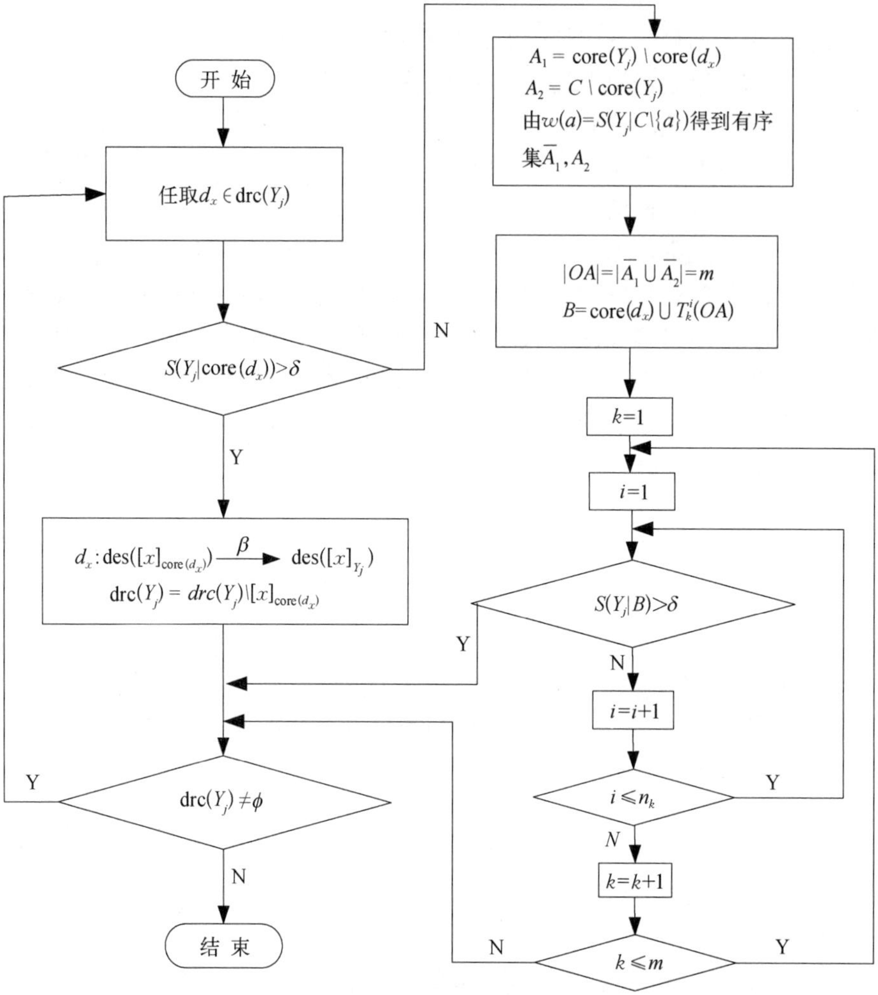


图 9.8 属性约简的流程图

考覆盖度的原则。

### 9.2.4 实例对比分析

1. 数据准备

在此以 A300 飞机上的 CF6－80C2A5 型发动机维修数据为例,采集某航空公司 1999~2004 年期间该类型发动机送修前的状态参数及送修后的送修等级信息,运用上述得到的算法提取状态参数与送修等级之间的决策规则,从而可以客观地评定发动机的送修等级。

民航发动机包含低压压气机(LPC)、低压涡轮(LPT)、高压压气机(HPC)、高压涡轮(HPT)、燃烧室(COMB)五个单元体,可分别作为决策属性,记为 $D = \{d_i\}$, $i = 1, 2, \cdots, 5$。其属性值即为具体的送修等级,通常包括 VC(一般检查)、POH(性能恢复)、OH(翻修)三级。以反映单元体性能的监控参数:发动机排气温度偏差值(DEGT)、高压转子转速偏差值(DN2)、燃油消耗量偏差值(DWF)、低压转子振动偏差值(ZVB1F)、高压转子振动偏差值(ZVB2R)等作为条件属性,记为 $C = \{c_1, c_2, c_3, c_4, c_5\}$。以 HPT 的维修等级作为决策属性为例,条件属性和决策属性数据组成的信息系统如表 9.11 所示。

**表 9.11　发动机初始监控参数信息数据表**

| Sn | DEGT /℃ | DN2 /% | DWF /% | ZVB1F /% | ZVB2R /% | HPT 的维修等级 |
|---|---|---|---|---|---|---|
| 1 | 10.613 | -0.136 | 1.148 | 0.099 | 0.402 | OH |
| 2 | 6.349 | -0.089 | 0.149 | 0.247 | 0.232 | OH |
| 3 | 15.007 | -0.049 | 3.313 | 0.106 | 0.274 | OH |
| 4 | 9.318 | 0.232 | 1.092 | 0.549 | 0.173 | POH |
| 5 | 6.95 | 0.069 | 0.008 | 0.237 | 0.389 | POH |
| 6 | 10.132 | -0.202 | 1.556 | 0.423 | 0.077 | OH |
| 7 | -1.207 | 0.107 | -0.863 | 0.239 | 0.418 | POH |
| 8 | 8.263 | 0.071 | 1.102 | 0.231 | 0.167 | POH |
| 9 | 11.382 | 0.291 | 0.598 | 0.823 | 0.304 | OH |
| 10 | 5.687 | 0.446 | -1.869 | 0.484 | 0.392 | POH |
| 11 | 10.253 | 0.184 | 0.087 | 0.199 | 0.207 | OH |
| 12 | 12.589 | -0.251 | 3.944 | 0.026 | 0.564 | OH |
| 13 | 17.411 | -0.117 | 5.465 | 0.225 | 0.292 | OH |
| 14 | -6.986 | -0.121 | 0.517 | 0.003 | 0.15 | POH |
| 15 | 13.616 | -0.435 | 2.427 | 0.034 | 0.297 | OH |
| 16 | 7.096 | 0.466 | -2.187 | 0.114 | 0.058 | VC |
| 17 | 21.656 | -0.14 | 0.2 | 0.157 | 0.321 | OH |
| 18 | 0.277 | 0.225 | 0.801 | 0.234 | 0.073 | POH |
| 19 | 11.026 | -0.237 | 1.229 | 0.118 | 0.325 | OH |
| 20 | 9.46 | 0.361 | -1.023 | 0.322 | 0.332 | POH |
| 21 | -1.568 | -0.443 | 1.039 | 0.265 | 0.093 | OH |
| 22 | 7.097 | 0.008 | -2.056 | 0.244 | 0.078 | VC |
| 23 | 2.176 | 0.116 | 2.055 | 0.371 | 0.204 | POH |
| 24 | 13.994 | -0.081 | 0.16 | 0.601 | 0.06 | OH |

续 表

| Sn | DEGT /℃ | DN2 /% | DWF /% | ZVB1F /% | ZVB2R /% | HPT 的维修等级 |
|---|---|---|---|---|---|---|
| 25 | 11.203 | 0.255 | 1.366 | 0.261 | 0.423 | OH |
| 26 | 16.396 | −0.075 | 0.265 | 0.041 | 0.388 | OH |
| 27 | 0.957 | 0.144 | 0.137 | 0.199 | 0.197 | POH |
| 28 | 13.002 | −0.033 | 2.217 | 0.274 | 0.157 | OH |
| 29 | 14.533 | −0.103 | −3.15 | 0.173 | 0.237 | OH |
| 30 | 12.373 | 0.253 | 2.468 | 0.445 | 0.094 | OH |
| 31 | 16.846 | 0.012 | −2.257 | 0.283 | 0.106 | OH |
| 32 | 12.085 | −0.227 | 1.421 | 0.433 | 0.182 | OH |
| 33 | 7.796 | 0.522 | 1.311 | 0.204 | 0.383 | OH |
| 34 | 5.032 | 0.615 | 1.458 | 0.155 | 0.035 | POH |
| 35 | 15.941 | −0.36 | 2.304 | 0.296 | 0.091 | OH |
| 36 | 1.415 | −0.53 | −0.786 | 0.138 | 0.175 | OH |
| 37 | −0.01 | −0.124 | 1.291 | 0.227 | 0.12 | POH |
| 38 | 11.349 | −0.068 | 0.471 | 0.032 | 0.063 | OH |
| 39 | 13.697 | −0.649 | 2.16 | 0.186 | 0.195 | OH |
| 40 | 6.431 | 0.348 | −0.874 | 0.167 | 0.059 | POH |

2. 对数据的离散化处理

设不相容度误差界限值 $\varepsilon$ 为 0.1，设 $\alpha = 4 \times 10^{-3}$，则有每个属性的不相容度的近似估计值为 $\tilde{\alpha} = \sqrt[5]{\alpha} = 0.33$。因此要求离散化后条件属性的不相容度 $\alpha_i$ 满足 $|\alpha_i - \tilde{\alpha}| = |\alpha_i - 0.33| < 0.1$ 即可。首先按照前面介绍的属性重要性评估的方法，计算出各个属性的重要性值，其结果如 9.12 所示。

**表 9.12　连续属性重要性列表**

| | DEGT | DN2 | DWF | ZVB1F | ZVB2R |
|---|---|---|---|---|---|
| 重要性 | 1.37 | 1.19 | 1.89 | 0.50 | 1.28 |
| 排　队 | 2 | 4 | 1 | 5 | 3 |

设定初始分类数为 2，将所有元素含量均按两类离散后，计算出整个决策表的相容性为 5/40=0.125，不满足预先设定的要求，因此增加 DEGT 的分类数设为 3，然后再进行相容度评估，最后依次当 DEGT、DWF、DN2、ZVB2R 属性离散为 3 类、ZVB1F 离散为 2 类的时候，决策表为一个相容的决策表，即离散后的决策表的不相容度为 0；且单个属性的不相容度依次为{0.375, 0.35, 0.325, 0.225, 0.5, 0.415}，

除了属性 ZVB1F 外其他的属性均满足预先设定的 $|\alpha_i - 0.33| < 0.1$ 不相容度阈值,但此时因整个决策表已经为相容决策表,因此该离散结果可以为最终结果,如表 9.13 所示。

**表 9.13　离散后信息表**

| Sn | DEGT /℃ | DN2 /% | DWF /% | ZVB1F /% | ZVB2R /% | HPT 的维修等级 |
|---|---|---|---|---|---|---|
| 1 | 2 | 1 | 2 | 1 | 3 | OH |
| 2 | 2 | 2 | 2 | 1 | 2 | OH |
| 3 | 3 | 2 | 3 | 1 | 3 | OH |
| 4 | 2 | 3 | 2 | 2 | 2 | POH |
| 5 | 2 | 2 | 2 | 1 | 3 | POH |
| 6 | 2 | 1 | 3 | 2 | 1 | OH |
| 7 | 1 | 2 | 1 | 1 | 3 | POH |
| 8 | 2 | 2 | 2 | 1 | 2 | POH |
| 9 | 3 | 3 | 2 | 2 | 3 | OH |
| 10 | 1 | 3 | 1 | 2 | 3 | POH |
| 11 | 2 | 3 | 2 | 1 | 2 | OH |
| 12 | 3 | 1 | 3 | 1 | 3 | OH |
| 13 | 3 | 1 | 3 | 1 | 3 | OH |
| 14 | 1 | 1 | 2 | 1 | 1 | POH |
| 15 | 3 | 1 | 3 | 1 | 3 | OH |
| 16 | 2 | 3 | 1 | 1 | 1 | VC |
| 17 | 3 | 1 | 2 | 1 | 3 | OH |
| 18 | 1 | 3 | 2 | 1 | 1 | POH |
| 19 | 3 | 1 | 3 | 1 | 3 | OH |
| 20 | 2 | 3 | 1 | 2 | 3 | POH |
| 21 | 1 | 1 | 2 | 2 | 1 | OH |
| 22 | 2 | 2 | 1 | 1 | 1 | VC |
| 23 | 1 | 3 | 3 | 2 | 2 | POH |
| 24 | 3 | 2 | 2 | 2 | 1 | OH |
| 25 | 3 | 3 | 3 | 2 | 3 | OH |
| 26 | 3 | 2 | 2 | 1 | 3 | OH |
| 27 | 1 | 3 | 2 | 1 | 2 | POH |
| 28 | 3 | 2 | 3 | 2 | 1 | OH |

续 表

| Sn | DEGT /℃ | DN2 /% | DWF /% | ZVB1F /% | ZVB2R /% | HPT 的维修等级 |
|---|---|---|---|---|---|---|
| 29 | 3 | 1 | 1 | 1 | 2 | OH |
| 30 | 3 | 3 | 3 | 2 | 1 | OH |
| 31 | 3 | 2 | 1 | 2 | 1 | OH |
| 32 | 3 | 1 | 3 | 2 | 2 | OH |
| 33 | 2 | 3 | 3 | 1 | 3 | OH |
| 34 | 1 | 3 | 3 | 1 | 1 | POH |
| 35 | 3 | 1 | 3 | 2 | 1 | OH |
| 36 | 1 | 1 | 1 | 1 | 2 | OH |
| 37 | 1 | 1 | 3 | 1 | 1 | POH |
| 38 | 3 | 2 | 2 | 1 | 1 | OH |
| 39 | 3 | 1 | 3 | 1 | 2 | OH |
| 40 | 2 | 3 | 1 | 1 | 1 | POH |

3. 连续属性离散断点的求解

离散断点的求解：按网络输出端为不同分类值时的输入值，取第 $i$ 类的最大值与第 $i+1$ 类的最小值之间的中间点作为分界断点。以 DEGT 为例，在离散后被标号为“1”类的样本中，DEGT 最小值为 11.206，标号为“2”类的样本中，DEGT 的最大值为 10.613，取两者的中间值为 $\frac{1}{2}(11.206 + 10.613) = 10.8195$。依此计算其他属性的离散断点值，其结果如 9.14 所示。

**表 9.14 离散区间表**

| 条件属性 | 离散区间 | | |
|---|---|---|---|
| | 1 | 2 | 3 |
| DEGT | <6.018 | 6.018~10.819 5 | >10.819 5 |
| DN2 | <−0.096 | −0.096~0.111 5 | >0.111 5 |
| DWF | <−0.389 | −0.389~1.188 5 | >1.188 5 |
| ZVB1F | <0.254 | >0.254 | — |
| ZVB2R | <0.162 | 0.162~0.255 | >0.255 |

4. 决策规则提取及实例分析

1）决策规则提取

设可变精度参数 $\beta = 0.2$，根据以上算法进行规则提取，设置置信度阈值 $CF =$

0.8，覆盖度 $CV = 0.25$，即可得到确定发动机维修等级的决策规则。然而，由于该方法进行规则提取之前并没有进行属性值的约简，所以提取的规则具有一定的冗余性。为此需要对生成的规则集进行整理，方法如下：以置信度为依据，对于规则的结论和置信度相同的两条规则 $R_1$ 和 $R_2$，若规则 $R_1$ 的前件包含规则 $R_2$ 的前件，则删除规则 $R_1$；反之，若规则 $R_1$ 和 $R_2$ 的前件不满足包含关系时，可参照覆盖度指标，作为对不完备信息的一种辅助决策规则。经过上述的计算及整理，得到如下 7 条决策规则。

规则 1：(DN2 = 2)&(ZVB2R = 2)&(DEGT = 1)⇒(HPT = VC)，CF = 1.000，CV = 0.500。

规则 2：(DN2 = 3)⇒(HPT = POH)，CF = 0.800，CV = 0.615。

规则 3：(DN2 = 3)&(ZVB1F = 2)⇒(HPT = POH)，CF = 0.857，CV = 0.462。

规则 4：(DN2 = 3)&(ZVB1F = 2)&(DEGT = 1)⇒(HPT = POH)，CF = 1.000，CV = 0.308。

规则 5：(DN2 = 3)&(ZVB2R = 3)⇒(HPT = POH)，CF = 1.000，CV = 0.385。

规则 6：(DEGT = 3)⇒(HPT = OH)，CF = 1.000，CV = 0.440。

规则 7：(DN2 = 1)⇒(HPT = OH)，CF = 1.000，CV = 0.720。

2）决策规则说明

上述规则的实际工程意义如下：

规则 1：DN2 和 ZVB2R 均属于正常或稍高状态，DEGT 较小，说明 HPT 单元体损伤的可能性不大，所以只需要做一般性检查工作。

规则 2：DN2 上偏，表明高压转子超速，结论是 HPT 需要做性能恢复工作。

规则 3：DN2 上偏且 ZVB1F 值增大，表明高压转子超速，所以和规则 2 相比进一步判定需要做性能恢复工作。

规则 4：DN2 上偏且 ZVB1F 值增大，与 HPT 衰退的规律相匹配，但 DEGT 值较小，所以只需要做性能恢复工作。

规则 5：DN2 和 ZVB2R 均偏高，说明高压转子超速和振动现象明显，是性能衰退的征兆，但是 DEGT 和 DWF 等参数未有异常信息，所以只需做性能恢复工作。

规则 6：DEGT 值较大，表明系统性能严重衰退从而引起热端部件超温，所以需要进行翻修工作。

规则 7：DN2 下偏，表明系统性能衰退明显，HPT 已不能保证正常的做功，所以需要进行翻修工作。

根据民用航空发动机的工作原理可知，当高压涡轮性能衰退时会导致其高压转子转速(DN2)下降，此时为保证发动机所需要的推力，需要通过控制系统使供应的燃油量增加以实现燃气热能和机械能之间的转换，这必然导致燃油流量(DWF)

的增加，进而使得发动机排气温度(DETG)升高。高压转子与高压涡轮结构相连，当高/低压转子的振动级增大时，极有可能是由于HPT的内部损伤造成性能衰退的。规则集所体现出来的工程意义基本符合发动机的工作原理，体现了本方法的有效性。

3) 实例分析

某发动机下发前的状态数据为如表9.15所示，按照离散区间表对其进行离散化处理后为得到相应的值，则根据上述的规则，可很方便地评判来估算出相应的送修等级。后经维修厂商返回的修理账单和技术报告显示该发动机的HPC送修等级确定为OH，该结果符合根据规则预估的送修等级，表明该算法具有一定的有效性，能够为工程师提供合理的指导性建议。

**表9.15 实例验证的计算结果**

| 状态参数 | DEGT | DN2 | DWF | ZVB1F | ZVB2R |
|---|---|---|---|---|---|
| 检测值 | 12.415 | -0.153 | 1.786 | 0.138 | 0.175 |
| 离散值 | 1 | 1 | 3 | 2 | 2 |
| 匹配规则 | 规则6 | | | | |
| 结论 | 送修等级为OH | | | | |

## 参考文献

[1] Barlow R, Hunter L. Optimum preventive maintenance policies[J]. Operations Research, 1960, 8(1): 90-100.

[2] Scarf P A. On the application of mathematical models in maintenance[J]. European Journal of Operational Research, 1997, 99(4): 493-506.

[3] McCall J J. Maintenance policies for stochastically failing equipment: a survey[J]. Management Science, 1965, 10(1): 85-97.

[4] Pierskalla W P, Voelker J A. A survey of maintenance models: the control and surveillance of deteriorating systems[J]. Naval Research Logistics, 1976. 23: 353-388.

[5] Sherf Y S, Smith M L. Optimal maintenance models for systems subject to failure — a review[J]. Naval Research Logistics, 1981, 28(1): 47-74.

[6] Flores C V, Feldman R M. A survey of preventive maintenance models for stochastically deteriorating single-unit systems[J]. Naval Research Logistics, 1989, 36: 419-446.

[7] 蔡景.民用飞机系统维修规划方法研究[D].南京航空航天大学,2007.

[8] Vittal S, Hajela P, Joshi A. Review of approaches to gas turbine life management [C]. New York: 10th AIAA/ISSMO Multidisciplinary Analysis and Optimization Conference, 2004.

[9] Enright M P, Huyse L, McClung R C, et al. Probabilistic methodology for life prediction of aircraft turbine rotors [C]. Houston: Proceedings of the Ninth Biennial ASCE Aerospace Division, 2004.

[10] Suarez E L, Hansen J P, Duffy M J, et al. New approach to tracking engine life [C]. Seattle, WA: AIAA/ASME/SAE/ASEE Joint Propulsion Conference & Exhibit, 1997.

[11] Jardine A K S. Applications of the Weibull proportional hazards model to aircraft and marine engine failure data [J]. Quality & Reliability Engineering International, 1987, 3: 77－82.

[12] Kennet D M. A structural model of aircraft engine maintenance[J]. Journal of Applied Econometrics, 1994, 9(4): 351－368.

[13] Hopp W J, Kuo Y L. Heuristics for multi component joint replacement: applications to aircraft engine maintenance[J]. Naval Research Logistics, 1998, 45: 435－458.

[14] Kumar U D, Crocker J, Knezevic J. Evolutionary maintenance for aircraft engines [C]. Washington : Annual Reliability and Maintainability Symposium, USA, 1999.

[15] 白广忱,王延荣.航空发动机空中停车率的优化[J].北京航空航天大学学报, 2000(04): 393－395.

[16] 梁剑.基于成本优化的航空发动机视情维修决策研究[D].南京: 南京航空航天大学,2005.

[17] 宋金光,许春生.基于遗传算法和 BP 网络的航空发动机拆换期望值预测[J].航空动力学报,2003(05): 676－680.

[18] Xu W W, Pang H K, Li W, et al. On the explicit expression of chordal metric between generalized singular values of Grassmann matrix pairs with applications [J]. SIAM Journal on Matrix Analysis and Applications, 2018, 39 (4): 1547－1563.

[19] Xu W W, Li W, Zhu L, et al. Huang, The analytic solutions of a class of constrained matrix minimization and maximization problems with applications[J], SIAM Journal on Optimization, 2019, 29: 1657－1686.

[20] Brothernton T. Prognosis of faults in gas turbine engines[C]. Big Sky, MT: 2001 IEEE Aerospace Conference, 2001.

# 第 10 章　预测维修模式下备件资源优化研究

## 10.1　推式备件供应策略

一架完整的民航飞机由许多不同功能的航空部件组成。在其维修过程中,适当大小的航空部件更换间隔对维修成本有着重要意义。如果部件的定期更换间隔过小,导致频繁更换,很容易影响正常的飞行任务;如果部件的更换间隔过大,可能某些部件在未达到更换间隔就已故障,从而造成潜在故障或故障飞行。根据目前的研究可知,维修决策不仅影响到维修本身的管理水平和维修成本的高低,更重要的是还会影响到备件的需求预测、库存管理和保障率水平等备件支援问题。对于民用飞机而言,总运营成本的 10%以上被备件的相关成本所占据,所以,在保证飞机运行安全的前提下,将备件的相关成本尽可能降低一直是民用飞机所追寻的目标。不合理的备件库存占据着航空公司很大一部分的流动资金,根据我国骨干航空公司航材库存的统计可知,备件库存占用了 25%左右的流动资金,导致库存资金的周转时间达到了 600 天之上[1]。造成这一现状的主要原因是在备件订货中由于缺乏有效的科学手段,所以为避免飞机故障停机(aircraft on ground, AOG)事件的发生,采取了保守了备件订货策略,从而引起了库存的积压。备件的需求量依赖于维修决策,反过来,备件的库存量也可以对维修产生影响。通过将部件的定期更换策略与备件需求量的联合优化,一方面,航空公司可以明确订购的最佳备件订购量以及库存量。另一方面,确定了最佳的定期更换间隔,有效地降低并规划了维修工程师的劳动时间。

### 10.1.1　定期更换维修策略

定期更换维修策略(time-based maintenance, TBM),是依据规定的

部件累计工作时间长度或是预定间隔，在对部件的劣化过程有很清晰的了解，对部件的故障规律有了充分认识的基础上，依照预先完善的维修计划，对部件进行的维修。每种维修策略都有相应的约束条件，如果已知部件的确存在耗损期，随着时间的变化，功能状态逐渐劣化，且已知部件的寿命分布规律，另外，系统中大多数零部件可以运行到预期的时间，那么这种情况下便可以采用定期更换维修策略。定期更换策略又可以简单地分为年龄更换策略和成组更换策略。下面对两种维修策略进行简要地描述。

1. 年龄更换策略

年龄更换策略，通常适用于购买价格比较高的时寿件，是指飞机上某一个部件在达到航空公司要求的使用间隔期 $T$ 时，要对部件进行预防性更换（不论其是否发生故障）；如果航空部件发生了故障并且没有维持到规定的使用间隔期 $T$，那么就针对该部件进行故障后更换。总而言之，无论维修工程师对航空部件进行预防性的更换或者故障后的更换，都需要对该部件的工作时间要重新记录。航空部件在年龄更换策略下发生更换的工作过程如图 10.1 所示，图中的 $\overline{M}_{\text{pt}}$ 和 $\overline{M}_{\text{ct}}$ 分别代表预防性更换，以及故障后更换。

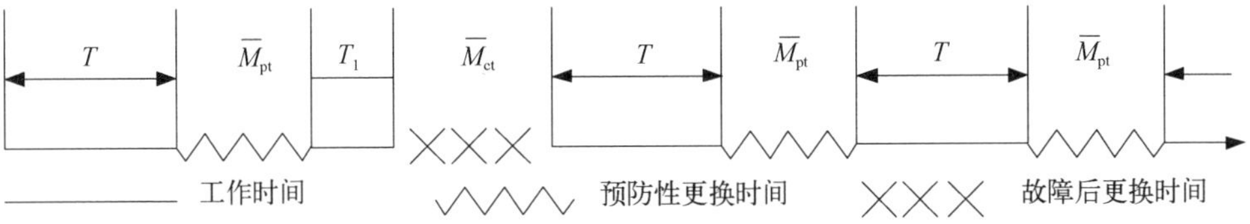


图 10.1　年龄更换策略

2. 成组更换策略

成组更换策略，通常适用于价格相对便宜而且使用需求量较多的消耗件等，是指飞机的一批部件在预定的时刻点 $MT$（其中，$M = 1, 2, 3, 4, \cdots$，取正整数）做定期更换，所有需要成组更换的部件都要更换掉，即使部分零件在使用间隔内发生了故障并且已经更换过。成组更换的工作流程如图 10.2 所示。

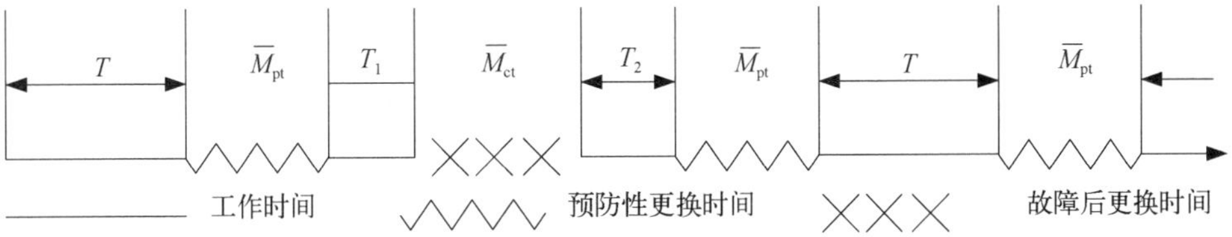


图 10.2　成组更换策略

### 10.1.2　定期更换维修建模

建立定期更换策略的模型，首先需要通过故障数据确定航空部件具体的故障分布类型。然后在此基础上,应用极大似然参数估计方法对这些分布参数的估计值求解,从而计算得出故障概率分布函数 $F(t)$。最后,根据经济性和安全性要求建立定期更换模型并求解。

1. 故障分布的确定

在航空部件可靠性研究中常用的故障分布有(0－1)分布、二项分布、指数分布、正态分布以及威布尔分布等。本书通过故障数据得出的拟合曲线服从威布尔分布,具体分析过程详见下文。威布尔分布是一种非常通用的故障分布,是由瑞典著名的物理学家威布尔在研究材料的强度以及某种链条的强度时从中推导出来的一种分布函数。它通过改变分布参数的实际值,能够组成很多种分布,有利于针对部件的类型建立不同的模型。含有两个参数的威布尔分布的故障概率分布函数 $F(t)$ 为

$$F(t) = 1 - e^{-\left(\frac{t}{\eta}\right)^m} \tag{10.1}$$

它的可靠度函数 $R(t)$ 的表达式为

$$R(t) = 1 - F(t) = e^{-\left(\frac{t}{\eta}\right)^m} \tag{10.2}$$

其中,$\eta > 0$ 代表尺度参数;$m > 0$ 代表形状参数。

2. 极大似然参数估计

极大似然估计(Maximum Likelihood Estimation, MLE),是非线性模型中常用的参数估算方法之一。它的主要思想是:抽取的子样本来源于总体样本,所以总体样本具有的特点与子样本在某种程度上很相似。利用子样本中的数据出现的概率最大的方法,最终得出总体样本中需要求出的参数估计值。如果总体样本的取样范围很大,那么极大似然估计的参数估算值就越来越接近真实参数。

假设故障数据 $t_1 \leqslant t_2 \leqslant \cdots \leqslant t_p \leqslant t_\tau$,其中,$N$ 表示某航空部件的总数,截尾时间设为 $t_\tau$,期间共有 $p\ (p \leqslant N)$ 个部件失效(故障),剩下的 $N-p$ 个部件可能会在大于截尾时间 $t_\tau$ 的某个时间点故障。如果是遵循定数截尾要求,那么 $t_\tau = t_p$。如果是遵循定时截尾要求,那么 $t_\tau \geqslant t_p$。利用极大似然估算参数方法的基本原则,需要估算的参数 $m$ 和 $\eta$ 的极大似然函数可以表示为

$$\begin{aligned} L(m, \eta) &= [1 - F(t_\tau; m, \eta)]^{N-p} \prod_{i=1}^{p} f(t_i; m, \eta) \\ &= \left[e^{-\left(\frac{t_\tau}{\eta}\right)^m}\right]^{N-p} \prod_{i=1}^{p} \frac{m}{\eta}\left(\frac{t_i}{\eta}\right)^{m-1} e^{-\left(\frac{t_\tau}{\eta}\right)^m} \end{aligned} \tag{10.3}$$

然后对等式两边的 $m$ 和 $\eta$ 分别取对数求导并且使导数为零,即分别令极大似然的

方程 $\frac{\partial \ln L}{\partial m}=0$, $\frac{\partial \ln L}{\partial \eta}=0$, 进行整理简化以后可以得到

$$\begin{cases} \dfrac{\sum_{i=1}^{p} t_i^m \ln t_i + (N-p)\, t_\tau^m \ln t_\tau}{\sum_{i=1}^{p} t_i^m + (N-p)\, t_\tau^m} - \dfrac{1}{m} - \dfrac{1}{p}\sum_{i=1}^{p} \ln t_i = 0 \\ \eta^m = \dfrac{\sum_{i=1}^{p} t_i^m + (N-p)\, t_\tau^m}{p} \end{cases} \tag{10.4}$$

由于方程组(10.4)是包含 $m$ 以及 $\eta$ 的超越方程组,没有办法通过解方程组直接得到 $m$ 和 $\eta$ 的具体数值。因此将使用 MATLAB 软件中的工具简单地求得威布尔参数中的 $m$ 和 $\eta$ 的估算值。

3. 模型的建立与求解

以年龄更换策略为例,航空部件的故障分布函数可以表示为 $F(t)$,它的故障密度分布函数表示为 $f(t)$,$C_f$ 代表部件发生一次故障后用于修复性更换的费用,$C_p$ 则表示为用于一次预防性更换的费用,可以建立定期更换策略的优化模型:

$$C(T)=\frac{\text{一个周期里的预期损失}}{\text{平均的周期长}} \tag{10.5}$$

其中,在一个周期里的预期损失等于修复性更换损失费用与预防性更换损失费用之和,可以用 $C_f F(t) + C_p R(t)$ 来表示。

平均周期:

$$\begin{aligned} \int_0^T tf(t)\,\mathrm{d}t + \int_T^\infty tf(t)\,\mathrm{d}t &= \int_0^T t\mathrm{d}F(t) + \mathrm{TR}(T) \\ &= \int_0^T R(t)\,\mathrm{d}t \end{aligned} \tag{10.6}$$

因此,单位费用可以表达为

$$C(T)=\frac{\text{一个周期里的预期损失}}{\text{平均的周期长}}=\frac{C_f F(t) + C_p R(t)}{\int_0^T R(t)\,\mathrm{d}t} \tag{10.7}$$

最后,通过 MATLAB 软件求出 $C(T)$ 的最小值来确定最优的定期更换间隔 $T^*$。

4. 案例分析

假设某家航空公司的机群规模是由 1 个机组、10 架飞机构成，这 10 架飞机上共有 10 个类型相同的继电器，并且部件之间互不干预。已知这些继电器每次故障后更换费用 $C_f = 16\,000$ 元，它的每次预防性更换费用 $C_p = 7\,500$ 元。

表 10.1 中是某航空公司提供的继电器历史故障的详细数据。

**表 10.1　民用航空器中继电器的故障数据**

| 序　号 | 故障数据/飞行小时 | 备　　注 |
|---|---|---|
| 1 | 921 | — |
| 2 | 1 132 | — |
| 3 | 788 | — |
| 4 | 750 | 截尾数据 |
| 5 | 986 | — |
| 6 | 850 | 截尾数据 |
| 7 | 985 | — |
| 8 | 1 161 | — |
| 9 | 764 | — |
| 10 | 950 | 截尾数据 |

对表 10.1 中继电器的故障数据进行分布拟合，可以得到四种拟合分布曲线，如图 10.3 所示，分别是采用正态分布、指数分布、威布尔分布和 Gamma 分布对继电器故障时间数据的拟合结果。其中，$P$ 值用来确定否定假设检验中原假设的适当性，取置信水平为 95%。当 $P$ 值大于 0.05 时，才可以认为数据服从某一分布类型。$AD$ 统计量用来测量数据对某种分布的服从程度，$AD$ 值越小，表明该分布与数据的拟合越好。由图 10.3 可知，本章中的继电器的故障分布最趋近服从威布尔分布。

根据表 10.1 给出的继电器故障的具体数据，应用 MATLAB 求得参数 $m = 3.9$、$\eta = 1\,132.1$。

此时，继电器的故障概率分布函数：

$$F(t) = 1 - e^{-\left(\frac{t}{1\,132.1}\right)^{3.9}},\ (0 \leqslant t \leqslant 2\,000) \tag{10.8}$$

其对应的可靠度函数则为

$$R(t) = 1 - F(t) = e^{-\left(\frac{t}{1\,132.1}\right)^{3.9}},\ (0 \leqslant t \leqslant 2\,000) \tag{10.9}$$

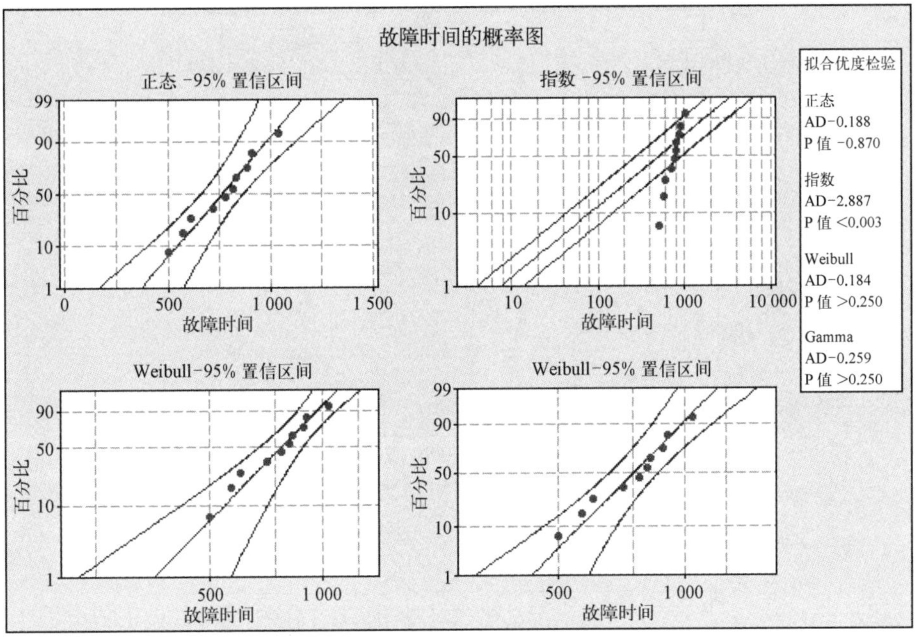


图 10.3　拟合优度检验图

最后，根据式(10.7)~式(10.9)可以得到飞机上的继电器的单位费用为

$$C(T)=\frac{16\,000\times\left[1-e^{-\left(\frac{t}{1\,132.1}\right)^{3.9}}\right]+7\,500\times e^{-\left(\frac{t}{1\,132.1}\right)^{3.9}}}{\int_0^T e^{-\left(\frac{t}{1\,132.1}\right)^{3.9}}\mathrm{d}t},\ (0\leqslant t\leqslant 2\,000) \tag{10.10}$$

通过 MATLAB 软件对等式(10.10)进行计算求解，可得到图 10.4 和图 10.5 所示的结果。

根据图 10.4 和图 10.5，可以获知年龄更换策略下的最优更换间隔是 $T^*=850$ 飞行小时，此时对应的单位费用率为最小。

### 10.1.3　备件需求量建模研究

经济的订货量意思是每次订购备件所需费用最小时的订购量，也就是航空公司付出的总成本最低[2]。经济订货量需要将购买成本、订货成本以及库存剩余成本这三者都考虑到。

1）备件的购买成本

航空公司购买备件的成本 $C_{\text{order}}^1$ 主要受备件的年需求量 $AD$ 以及备件的单位价格 $C_s$ 两个因素控制。虽然航空公司所采取的维修策略某种程度上决定了备件需

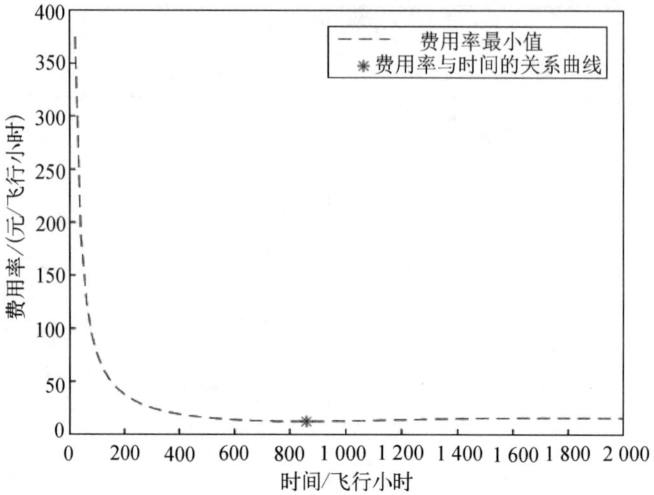


图 10.4　最小维修费用率条件下的最优更换间隔

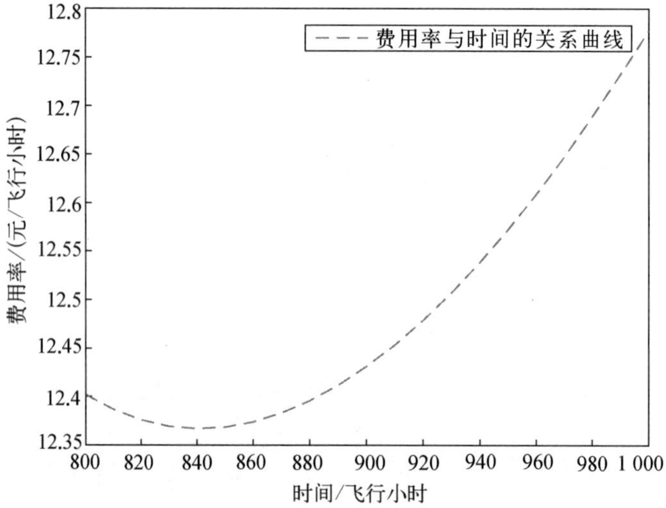


图 10.5　最优更换间隔区间放大图

求量，但是它还与规定需要达到的部件保障率有关。因此备件年需求量 AD 是关于平均更换间隔时间以及保障率 *FR* 的函数，那么备件的年需求量 AD 可以表示为 AD(MTBR, FR)。备件的购买成本的计算公式为

$$C_{\text{order}}^{1} = \text{AD}(\text{MTBR},\ \text{FR}) \times C_{\text{s}} \tag{10.11}$$

2）备件的订货成本

备件的订货成本 $C_{\text{order}}^{2}$ 主要受航空公司的订货次数和每次的订货价格控制，一

般情况下航空公司每次的订货成本 $C_o$ 是固定不变的。然而每次的订货量 $Q$ 决定了订货次数,那么每年的订货次数等于 AD(MTBR, FR)/Q,因此,订货成本 $C_{order}^2$ 可以表示为

$$C_{order}^2 = \frac{AD(MTBR,\ FR)}{Q} \times C_o \tag{10.12}$$

3）备件的库存剩余成本

备件的库存剩余成本 $C_{hold}$ 主要受航空公司仓库中的备件数量控制,备件的安全库存量为 $S$。根据航空公司安全库存的管理原则[3],航空公司预计仓库中的备件储存的最多数量和最少数量分别 $Q+s$ 和 $s$。那么这个仓库中的平均库存数量为 $(Q+s+s)/2$,假定每个备件的库存剩余成本为 $C_H$,备件的库存剩余成本 $C_{hold}$ 可以表示为

$$C_{hold} = \frac{(Q+s+s)}{2} \times C_H \tag{10.13}$$

通过以上分析,可以得出航空公司所需付出备件的总成本 $C_{spare}$ 为

$$C_{spare} = C_{order}^1 + C_{order}^2 + C_{hold} = AD(MTBR,\ FR) \times C_s + \frac{AD(MTBR,\ FR)}{Q} \times C_o + \frac{(Q+s+s)}{2} \times C_H \tag{10.14}$$

根据对式(10.14)中的 $Q$ 进行求导,可以得到

$$\frac{dC_{spare}}{dQ} = -\frac{AD(MTBR,\ FR)}{Q^2} \times C_o + \frac{1}{2} \times C_H = 0 \tag{10.15}$$

$$Q_{opt} = \sqrt{\frac{2 \times AD(MTBR,\ FR) \times C_o}{C_H}} \tag{10.16}$$

从式(10.16)中可以看出,AD(MTBR, FR)、$C_o$ 和 $C_H$ 决定了最优的备件订货量 $Q_{opt}$,但是 $C_o$ 和 $C_H$ 一般情况下航空公司认为是不变的。

### 10.1.4　备件需求量均值的确定

在开展备件支援工作的时候,通常认为备件的平均需求量是平均故障间隔或者平均非计划拆换间隔时间的倒数。航空公司计算备件平均需求量的方法通常是将两者得到的备件数量相加,这样由于一部分时间上的重叠,会导致备件的库存比

实际需求多,占用了多余的库存持有成本。因此,本章用平均更换间隔作为代替,从而避免了多余的备件库存。

航空备件的需求量为了便于订购与计算,通常以日历年为时间段。它不但依赖于航空公司所采取的维修策略,而且还与规定的保障率有密切关系。在某种程度上,维修策略影响着备件年需求量的均值,然而部件的保障率要求决定了最后的实际备件的年需求量。根据波音公司提供的成熟的备件预计的模型,备件的年需求量的均值$\overline{\mathrm{AD}}$可以通过式(10.17)得出:

$$\overline{\mathrm{AD}}=\frac{\mathrm{UN}\times\mathrm{AN}\times\mathrm{FH}\times 365}{\mathrm{MTBR}} \tag{10.17}$$

式中,UN 表示装机的件数;AN 表示机队的规模;FH 为每机每天飞行小时数;MTBR 则表示平均更换间隔(其中包括预防性更换和修复性更换)。

事实上,MTBR 的大小不仅仅是取决于部件的可靠性,而且与采用的维修策略有关,即

$$\mathrm{MTBR}=\int_0^{T^*}R(t)\,\mathrm{d}t \tag{10.18}$$

本章仅研究在年龄更换策略下的部件的更换间隔与备件需求量的联合优化。那么其中的 $T^*$ 可以表示为基于年龄更换策略下,根据式(10.7)所确定的最优的更换间隔。

因此,航空部件的年需求量的均值$\overline{\mathrm{AD}}$为

$$\overline{\mathrm{AD}}=\frac{\mathrm{UN}\times\mathrm{AN}\times\mathrm{FH}\times 365}{\int_0^{T^*}R(t)\,\mathrm{d}t} \tag{10.19}$$

### 10.1.5 备件需求量实际值的确定

备件的需求量服从不同的分布形式,如泊松分布、正态分布和威布尔分布等。它可以通过拟合航空公司储存的历史需求量的数据分布得出,也可以采用工程方法判断。通常情况下选择泊松分布来分析备件需求量。以备件需求量满足泊松分布为例,确定航空公司在规定的保障率要求下的年需求量如下:

$$\mathrm{FR}=\sum_{\mathrm{AD(MTBR,\ FR)}}\frac{(\overline{\mathrm{AD}})^{\mathrm{AD(MTBR,\ FR)}}\mathrm{e}^{-\overline{\mathrm{AD}}}}{\mathrm{AD(MTBR,\ FR)}!} \tag{10.20}$$

根据式(10.20),当年需求量的均值$\overline{\mathrm{AD}}$和保障率要求 FR 已知时,就可以计算出备件的年需求量 AD(MTBR, FR)。

### 10.1.6　案例分析

以第 10.1.2 小节中的案例数据为基础,已知该航空公司继电器每次故障后的更换费用 $C_f = 16\,000$ 元,每次预防性更换费用 $C_p = 7\,500$ 元,每个继电器的订购费用 $C_s = 7\,500$ 元,每个继电器的库存储存费用 $C_H = 5\,000$ 元,每次订购备件的成本 $C_o = 4\,000$ 元,并且该航空公司的飞机每天的平均飞行小时数为 8FH。根据航空公司以往的数据,规定该部件的保障率需要达到 94%。

1）备件年平均需求量的估计

由 10.1.2 小节可以知道年龄维修策略下的最优定期更换间隔是 $T^* = 850$ 飞行小时。于是根据式(10.18)可以得到

$$\begin{aligned}\mathrm{MTBR} &= \int_0^{860} \mathrm{e}^{-\left(\frac{t}{1\,132.1}\right)^{3.9}} \mathrm{d}t \\ &\approx 805\end{aligned}$$

由式(10.19)得到对应的年需求量均值为

$$\begin{aligned}\overline{\mathrm{AD}} &= \frac{\mathrm{UN} \times \mathrm{AN} \times \mathrm{FH} \times 365}{\int_0^{860} \mathrm{e}^{-\left(\frac{t}{1\,132.1}\right)^{3.9}} \mathrm{d}t} = \frac{10 \times 1 \times 8 \times 365}{805} \\ &\approx 36\end{aligned}$$

已知备件的年需求量服从泊松分布,那么将备件的需求量均值$\overline{\mathrm{AD}}$和给定的保障率 FR 代入式(10.20)中:

$$94\% = \sum_{\mathrm{AD}(805,\ 94\%)} \frac{36^{\mathrm{AD}(805,\ 94\%)}\mathrm{e}^{-36}}{\mathrm{AD}(805,\ 94\%)!}$$

得出备件年需求量为

$$\mathrm{AD}(805,\ 94\%) \approx 46$$

2）最优备件订购量估计

根据式(10.16)可以得到最优的备件订货量 $Q_{opt}$:

$$Q_{opt} = \sqrt{\frac{2 \times 46 \times 4\,000}{5\,000}} \approx 9$$

假设该航空公司的备件安全库存数目 $S = 3$。

那么根据式(10.14)可以得到最佳订货量为 $Q_{opt}$时航空公司需要付出的最低备件的总成本 $C$:

$$C = 46 \times 7\,500 + \frac{46}{9} \times 4\,000 + \frac{46 + 3 + 3}{2} \times 5\,000$$
$$\approx 495\,444$$

## 10.2 定期更换维修策略与备件需求量的联合优化

### 10.2.1 定期更换维修与备件需求量联合优化的模型

假设飞机上的某个系统由 $N$ 个相同类型的航空部件组成，并且部件的故障概率密度服从威布尔分布。本章基于年龄更换策略，且将 $(S, s)$ 库存策略[4]应用于备件的订购，其中 $S$、$s$ 分别为航空公司备件的最大库存量和安全库存量。如果库存内的备件数量小于 $s$，那么就不能及时地进行部件的更换，这时就需要订购备件。航空部件年龄更换策略和备件的订购策略在下文有详细的描述。

首先，假设 $T$ 表示定期更换间隔，并且每次部件更换的时刻为 $t_k$。

在定期更换间隔 $T$ 内如果发生了故障（即 $t_k < T$），则进行故障后更换维修，并且需要重新计时。如果在定期更换间隔 $T$ 内没有发生故障（即 $t_k \geqslant T$），则进行预防性更换维修。假设维修工程师技术比较娴熟，每次进行部件更换的时间很短，不进行记录。一次预防性更换的费用和一次故障后更换的费用分别用 $C_p$ 和 $C_f$ 来表示。一般情况下，$C_f$ 都大于 $C_p$。

航空公司的最初库存备件数量通常设定为 $S$。安全库存的备件数量用 $s$ 表示。进行一次部件的更换就需要用去一个备件，那么当库存内的备件数量 $N_s^{t_k}$ 小于或者等于 $s$ 时，需要及时订购备件。$S$ 与 $s$ 之间的关系是 $0 < s < S$（其中，$S$ 和 $s$ 都为正整数）。然而，航空公司向第三方订购备件与备件到达航空公司之间需要一段较长的时间，如果订购不及时会导致故障的部件不能及时得到维修，每个部件延误维修的成本为 $C_D$。订购的备件到达航空公司以后，可以直接用于更换，其余的备件都可以作为库存储存。在每次的部件更换时刻 $t_k$，如果需要订购备件时，那么航空公司需订购的备件数目等于最大库存量 $S$ 减掉仓库中剩下的备件数量再除去上次订购的但还没有到达航空公司的备件。其中，每个备件订购的成本设为 $C_s$，每个备件的储存成本设为 $C_H$。

航空部件的故障是随机发生的。当部件在定期更换间隔 $T$ 内发生了故障，并且备件的剩余库存量大于 $s$，则进行故障后更换。若备件的剩余库存量小于 $s$，那么航空公司就必须订购备件（备件的订购以及更换等所有情况都默认为在部件的更换时刻 $t_k$ 进行）。备件每次订购以后都需要运输送至航空公司，所以每次的备件订购成本设为 $C_o$。

根据以上的描述,可以看出本书中非常重要的变量参数包括：定期更换间隔 $T$、航空公司备件的最大库存量 $S$ 以及备件的安全库存量 $s$。因为部件的定期更换间隔 $T$ 对仿真中的部件更换的次数(主要针对预防性更换)有很大影响;还有变量 $S$ 以及 $s$,在实际维修过程中,都需要取适当的值。它们的取值既不能过大,否则航空公司就需要付出超出预算很多的备件储存成本,也不能过小,不然将会经常出现备件库存量不足的情况,从而增加航空公司的订购成本。

本章在满足航空公司规定的保障率的前提下,以支出的总费用率最小为目标,进行定期更换间隔与备件需求量的联合优化。如果总费用率用 $C_\infty$ 表示,则总费用率与 $T$、$S$ 以及 $s$ 变量之间的函数关系为 $f_{C_\infty}(T,\ S,\ s)$。总而言之,本章的最终目的是求出当总费用率最小时的最优的定期更换间隔 $T$、最大库存量 $S$ 以及安全库存量 $s$[即 $\min C_\infty = \min f_{C_\infty}(T,\ S,\ s)$]。

因为本章中研究的年龄更换策略与备件需求中的决策变量是随机的,所以导致它的总费用率不能够用具体的数学公式列出,只能叠加仿真部件更换时产生的所有费用。因此,得出的联合优化的总费用率模型为

$$C_\infty = \lim_{t_m \to \infty} \frac{C_\mathrm{f} \times N_\mathrm{f} + C_\mathrm{p} \times N_\mathrm{p} + C_\mathrm{s} \times N_\mathrm{S} + C_\mathrm{D} \times \sum_{k-1}^{m} N_\mathrm{d}(t_k) + C_\mathrm{o} \times N_\mathrm{e}(t_k) + C_\mathrm{H} \times \sum_{k-1}^{m} N_\mathrm{h}(t_k)}{t_m} \tag{10.21}$$

其中,$N_\mathrm{f}$ 表示所有的部件进行故障后更换的次数的总和;$N_\mathrm{p}$ 表示所有的部件进行预防性更换的次数总和;$N_\mathrm{S}$ 表示备件订购的总数量;$N_\mathrm{d}(t_k)$ 是指 $t_{k-1}$ 与 $t_k$ 时间内的总延误部件个数;$N_\mathrm{e}(t_k)$ 是指航空备件订购的总次数;$N_\mathrm{h}(t_k)$ 是指在 $t_k$ 时刻发生更换前的仓库内剩余的备件的总数。

### 10.2.2　蒙特卡洛仿真建模

蒙特卡洛(Monte Carol, MC)方法,又称做随机抽样或者随机统计模拟的方法。它不但可以应用在离散的系统中,而且可以应用于连续的系统[5]。

蒙特卡洛方法的基本思想是：假如一个随机事件发生的概率值是某个问题的答案,通过多次模拟事件发生的过程,可以根据事件发生的频率来估算这个随机事件发生的概率,最后把估算出来的值当成这个问题的答案。

蒙特卡洛仿真方法的具体过程为：首先,判断某个问题是否是随机的。如果这个问题原来不是随机发生的,就把它转变成随机的问题,建立一个随机的概率过程。然后,从上面已知的概率分布中抽取随机的样本和数据。最终,通过对

该事件发生过程进行模拟，就可以明确随机的决策变量，同时得到这个问题的答案。

国内外许多的维修策略与备件需求量优化模型中，优化的目标函数由于其中存在变量随机而无法用具体的数学解析式表达出来，本章同样如此，所以下面将使用蒙特卡洛仿真的方法来模拟航空部件的更换过程，具体流程如图 10.6 所示。

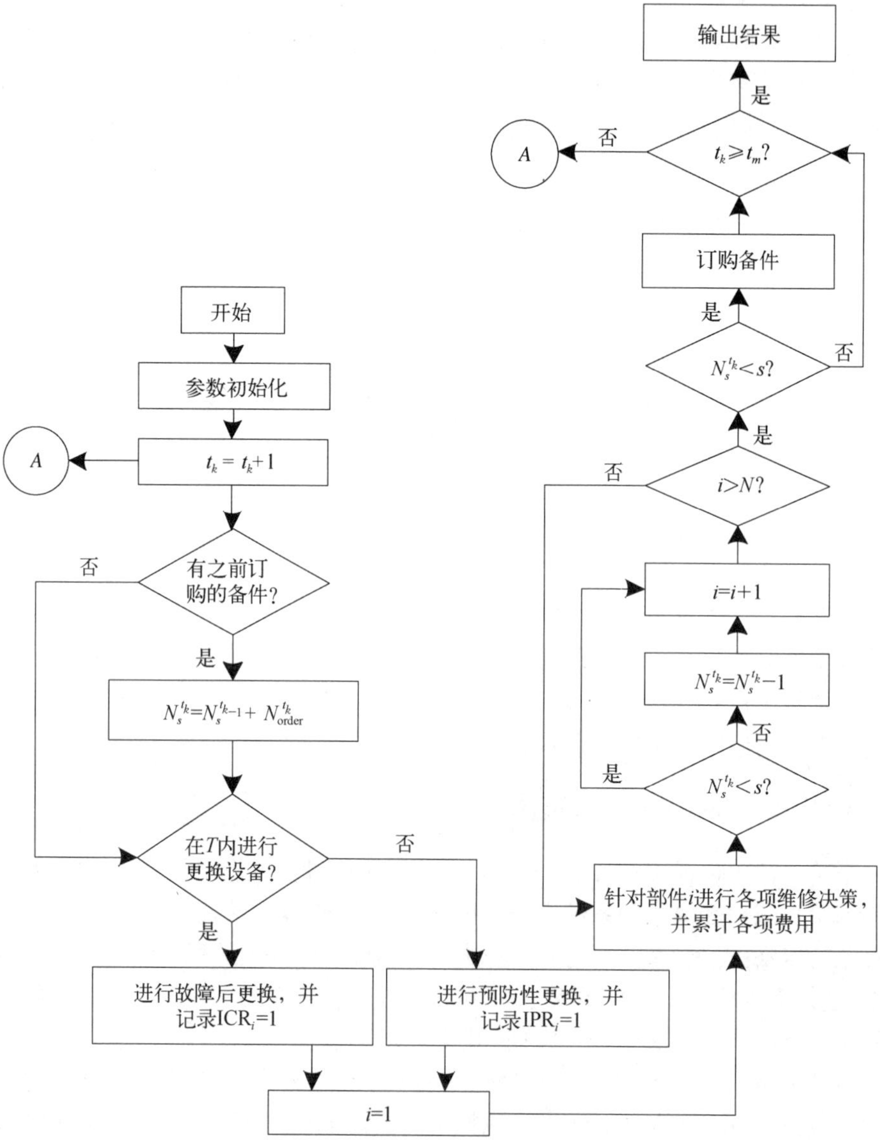


图 10.6　仿真流程图

1. 维修模型

假使某一航空部件在定期更换间隔 $T$ 内发生了故障,那么采用故障后更换策略(其中,在部件更换的时刻 $t_k$ 的备件库存的数目用 $N_s^{t_k}$ 表达)。

$$\mathrm{ICR}_i=\begin{cases}1, & (t_k<T,\ N_s^{t_k}>s)\\0, & (t_k\geqslant T)\end{cases} \tag{10.22}$$

判断部件 $i$ 是否发生一次故障后的更换可以用 $\mathrm{ICR}_i$ 记录。根据式(10.22),$\mathrm{ICR}_i$ 等于 1 时,记录部件发生了一次故障后更换。$\mathrm{ICR}_i$ 等于 0 时,则记录部件没有发生故障后的更换。

假使某一航空部件在定期更换间隔 $T$ 内没有发生故障,那么采用预防性更换。

$$\mathrm{IPR}_i=\begin{cases}1, & (t_k\geqslant T,\ N_s^{t_k}>s)\\0, & (t_k<T)\end{cases} \tag{10.23}$$

判断部件 $i$ 是否发生了一次预防性的更换可以用 $\mathrm{IPR}_i$ 记录。根据式(10.23),$\mathrm{IPR}_i$ 等于 1 时,记录部件发生了一次预防性更换。$\mathrm{IPR}_i$ 等于 0 时,则记录部件没有发生预防性更换。

2. 订购模型

$t_k$ 时刻进行部件更换后,需要再一次确认仓库内备件的数目,从而判断是否需要订购,记录为 OC。

$$N_{\mathrm{s}}^{t_k}=\begin{cases}N_{\mathrm{s}}^{t_k}-1, & \mathrm{ICR}_i=1\ \text{或}\ \mathrm{IPR}_i=1\\N_{\mathrm{s}}^{t_k}, & \text{其他}\end{cases} \tag{10.24}$$

$$\mathrm{OC}=\begin{cases}1, & N_{\mathrm{s}}^{t_k}\leqslant s\ \text{且}\ \mathrm{OC}=0\\0, & \text{其他}\end{cases} \tag{10.25}$$

3. 部件费用率计算

在 $t_k$ 时刻进行部件更换以后,分别叠加统计 $N_{\mathrm{f}}$、$N_{\mathrm{p}}$、$N_{\mathrm{s}}$ 以及 $N_{\mathrm{OC}}$。

$$N_{\mathrm{f}}=N_{\mathrm{f}}+\sum_{n-1}^{n}\mathrm{ICR}_i \tag{10.26}$$

$$N_{\mathrm{p}}=N_{\mathrm{p}}+\sum_{n-1}^{n}\mathrm{IPR}_i \tag{10.27}$$

$$N_{\mathrm{s}}=N_{\mathrm{s}}+N_{\mathrm{s}}^{\mathrm{in}} \tag{10.28}$$

$$N_{\mathrm{OC}}=N_{\mathrm{OC}}+\mathrm{OC} \tag{10.29}$$

通过不断地叠加计算,当部件更换的时刻($t_k$等于$t_m$),就意味着完成了仿真模拟的过程。然后,通过进行多次的仿真,利用穷举法对 $T$ 取不同的值,最终可以得出总费用率最小时的一组最佳的[$T^*$, $S^*$, $s^*$],再结合式(10.16)得出航空公司最优的备件年需求量。

### 10.2.3 案例分析

紧接着 10.1.6 小节的案例描述可知：该机队共有 10 个类型相同的继电器。根据之前得出的结果,继电器的故障概率密度分布满足威布尔分布,它的参数估计值分别为 $m = 3.9$ 和 $\eta = 1\,132.1$。 假设航空公司的定期更换间隔为 $T$,当继电器在 $T$ 小时内发生了故障,则进行故障后更换。更换继电器以后,需要重新开始计时。进行一次故障后的维修的成本为 $C_f = 16\,000$ 元, 每个备件的订购的成本为 $C_s = 7\,500$ 元。 发生故障后若库存内备件不足,那么每个备件延误产生的费用为 $C_D = 24\,000$ 元。 进行一次的预防性维修的成本为 $C_p = 7\,500$ 元, 每次订购备件的运送成本为 $C_o = 4\,000$ 元, 每个备件的储存费用为 $C_H = 5\,000$ 元。

将上面的数据代入总费用率模型中,并且利用穷举法列出不同的定期更换间隔 $T$,通过对部件更换过程的仿真,得到每个定期更换间隔 $T$ 下的总费用率最小时的最优的决策参数[$S^*$, $s^*$],如表 10.2 所示。

**表 10.2　不同定期更换间隔下的最小总费用结果**

| 定期更换间隔 $T$/小时 | 最大库存量 $S$/个 | 安全库存量 $s$/个 | 总费用 C/元 |
|---|---|---|---|
| 730 | 9 | 6 | 562 667 |
| 790 | 5 | 4 | 192 800 |
| 850 | 8 | 5 | 445 000 |
| 910 | 11 | 7 | 838 428 |

从表 10.2 中可以看出联合优化后得到总费用最小时的最佳定期更换间隔 $T = 790$ 飞行小时。 其最大库存以及安全库存量分别为：$S = 5$, $s = 4$。

根据式(10.16)可得出：

$$Q_{opt} = \sqrt{\frac{2 \times AD(MTBR,\ FR) \times C_o}{C_H}} = \sqrt{\frac{2 \times AD(MTBR,\ FR) \times 4\,000}{5\,000}} = 5$$

$$AD(MTBR,\ FR) \approx 16 < 46$$

$$C = 16 \times 7\,500 + \frac{16}{5} \times 4\,000 + \frac{16 + 4 + 4}{2} \times 5\,000 \approx 192\,800 < 498\,444$$

综上所述，根据上面的案例分析，对比前面第 10.2 节优化得出的定期更换间隔、备件年需求量以及航空公司运营的总成本，可以看出将定期更换维修策略与备件需求量联合优化，不但保障了飞机的运行安全，还减少了备件的年需求量，大大降低了航空公司的运营成本。

## 10.3　维修与可靠性动态评估对推式备件供应策略的迭代优化

随着基于状态的维修在飞机维修实践中的广泛应用，可以充分利用这种维修策略通过将维修和备件的库存管理联合优化，来降低飞机的运行成本，因而受到越来越多的关注。为了优化飞机劣化部件的检测间隔、维修决策以及备件供应等问题，本章首先提出联合库存管理策略，然后在此基础上提出服从维纳退化过程的飞机零部件的定期检测维修策略和备件供应的联合优化。其次，结合遗传算法(genetic algorithm，GA)和蒙特卡洛方法，将总费用率降到最低。最后进行了案例研究，将所提出的联合优化模型与现有的优化模型和航空公司实例作对比，结果表明，本章所提出的模型更加可行和有效。此外，通过对该模型的灵敏度分析，表明备件的到货时间对紧急订单成本和修复性维修成本的影响最大，这与飞机的维修实践和备件库存管理的实际情况是一致的。

1）联合库存管理策略

假设一个新的机群由 $N$ 个相同的关键部分组成，这些关键部件的退化过程符合维纳过程。由参考文献可知，维纳过程可以用来描述各种典型部件的性能退化，并已经应用于许多领域，如材料腐蚀和机械振动等[6]。根据飞机备件库存管理的实际情况，备件供应可以分为初始供应和持续供应两个阶段。为了最大限度地降低维修和备件库存管理的总成本率，本章提出了定期检测维修和备件供应的联合优化策略。

2）定期检测维修策略

定期检测维修策略如图 10.7(图 10.7 中的 FH 代表飞行小时)所示，其中：

(1) 对于任何投入运行的新部件，由于部件工作初期发生故障的概率很低，不需要频繁地进行检查，因此初始的检测间隔与运行一段时间后的检查间隔应该有所区别，设初始检查阈值为 $k_1T_0(k_1 \in N)$，$T_0$ 为重复检测间隔。通过检查可以确定部件的实际劣化状态值为 $X_i(i=1, 2, \cdots, N)$。

(2) 如果部件 $i$ 的劣化状态 $X_i$ 达到预防维修阈值 $L_p$ 但低于功能故障阈值 $L_f$，则将对部件 $i$ 进行预防性维修。如果 $X_i$ 大于 $L_f$，则将对该部件进行故障后维修。预防性维修和故障后维修都可以将部件 $i$ 恢复到全新的工作状态。

(3) 在备件库存短缺的情况下，处于预防维修状态的部件将继续运转，不对其进行任何操作。

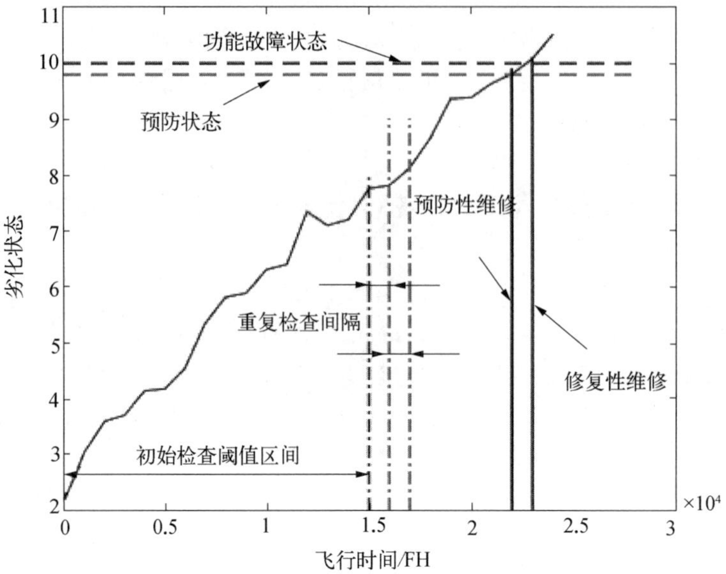


图 10.7 定期检测维修策略

3）备件供应策略

对于新型飞机，投入运营的初期几乎不需要维修，而且备件的需求也很少。但是随着时间的推移，备件的需求量逐渐稳定到一定水平，也就是进入前面所说的备件的持续供应阶段。因此，本章研究的备件供应策略如图 10.8 所示。

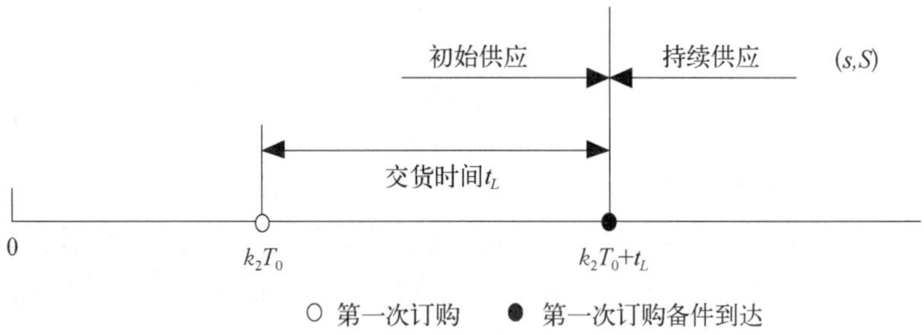


图 10.8 库存供应策略

备件随时间的供应流程为：

(1) 在飞机投入运营初期时没有备件，之后运行到 $k_2T_0(k_2 \in N)$ 时刻开始订购备件，订购数量为 $S$(最大库存水平)，备件的交货时间为 $t_L$，因此从 $k_2T_0+t_L$ 时刻开始，备件供应进入到持续供应阶段；

(2) 在备件的持续供应阶段，采用($s$, $S$)的库存策略，其中，$s$ 为安全库存；

(3) 过程中如果出现备件短缺情况，则需要立即发出紧急订单，备件的紧急订购数量等于发生故障的部件的数量。

基于以上定期检测维修策略和备件供应策略,将两者联合优化,可以得出检测间隔 $T_0$、系数 $k_1$ 和 $k_2$、预防维修阈值 $L_p$ 以及备件安全库存 $s$ 和最大库存量 $S$ 等这些优化变量的值。

### 10.3.1　基于维纳过程的退化建模

1. 维纳过程的定义

假设 $p$ 维随机向量 $\boldsymbol{X}(t)=[\boldsymbol{X}_1(t)\boldsymbol{X}_2(t)\cdots\boldsymbol{X}_p(t)]'$ 为 $p$ 元连续随机过程,如果该多元连续随机过程 $\{\boldsymbol{X}(t),\ t\geqslant 0\}$ 满足以下条件:

(1) 对于时刻 $t+\Delta t$ 和时刻 $t$ 之间的增量 $\Delta\boldsymbol{X}=\boldsymbol{X}(t+\Delta t)-\boldsymbol{X}(t)$,服从 $p$ 维正态分布 $\Delta\boldsymbol{X}\sim N(\Delta t\boldsymbol{\mu},\ \Delta t\sum)$;

(2) 任取两段不相交的时间区间 $[t_1,\ t_2]$ 和 $[t_3,\ t_4]$,且 $t_1<t_2\leqslant t_3<t_4$,这两个时间区域各自的增量 $\boldsymbol{X}(t_4)-\boldsymbol{X}(t_3)$ 与 $\boldsymbol{X}(t_2)-\boldsymbol{X}(t_1)$ 相互独立;

(3) $\boldsymbol{X}(0)=(0\quad 0\cdots 0)'$ 并且 $\boldsymbol{X}(t)$ 在 $t=0$ 时数值是连续的。

假如 $\boldsymbol{X}(t)$ 符合上面的这些条件,则称 $\boldsymbol{X}(t)$ 为 $p$ 元连续随机维纳过程。可得到均值向量及协方差矩阵 $\boldsymbol{\mu}$,$\Sigma$ 为

$$\boldsymbol{\mu}=(\mu_1\quad \mu_2\quad \cdots\quad \mu_p)',\quad \sum=\begin{pmatrix}\sigma_1^2 & \sigma_{12} & \cdots & \sigma_{1p}\\ \sigma_{12} & \sigma_2^2 & \cdots & \sigma_{2p}\\ \vdots & \vdots & & \vdots\\ \sigma_{1p} & \sigma_{2p} & \cdots & \sigma_p^2\end{pmatrix} \tag{10.30}$$

称 $\rho_{ij}=\dfrac{\sigma_{ij}}{\sigma_i\sigma_j}$ 为分量 $\boldsymbol{X}_i(t)$、$\boldsymbol{X}_j(t)$ 之间的相关系数,其中 $i,\ j=1,\ 2,\ \cdots,\ p$,$i\neq j$。

值得注意的是,当 $p=1$ 时,若该一元连续随机过程 $\{\boldsymbol{X}(t),\ t\geqslant 0\}$ 符合以下三个性质:

(1) 对于任意的 $\Delta t$,从时刻 $t$ 到时刻 $t+\Delta t$ 之间的增量 $\Delta X=X(t+\Delta t)-X(t)$ 服从正态分布,即 $\Delta X\in N(\mu\Delta t,\ \sigma^2\Delta t)$;

(2) 对任意两个没有重叠的时间区间 $[t_1,\ t_2]$ 和 $[t_3,\ t_4]$ 且 $t_1<t_2\leqslant t_3<t_4$,这两个时间区间各自的增量 $X(t_4)-X(t_3)$ 与 $X(t_2)-X(t_1)$ 相互独立;

(3) $X(0)=(0\quad 0\cdots 0)'$ 并且 $\boldsymbol{X}(t)$ 在 $t=0$ 连续。

则称 $X(t)$ 为维纳过程。若定义 $W(t)$ 是标准布朗运动,即 $W(t)\in N(0,\ t)$,$E[W(t)]=0$,$E[W(t_1)W(t_2)]=\min(t_1,\ t_2)$,则可以将 $\boldsymbol{X}(t)$ 记为如下的形式:

$$X(t) = \mu t + \sigma W(t) \tag{10.31}$$

其中，$\mu$ 称为漂移参数，$\sigma$ 称为扩散参数。根据公式可以发现，$\boldsymbol{X}(t)$ 的值是随着自变量的改变而改变的维纳过程。

2. 建立退化模型

随着时间的变化，飞机部件的运行状态逐渐劣化，将飞机部件 $i$ 在 $t_k$ 时刻的退化量表示为 $X_{it_k}$，则可由下式表征：

$$X_{it_k} = X(0) + \mu t_k + \sigma W(t_k) \tag{10.32}$$

其中，$X(0)$ 是部件的初始状态；$\mu$ 和 $\sigma$ 分别是漂移系数和扩散系数；$W(t_k)$ 是标准布朗运动，即 $W(t_k) \sim N(0, t_k)$。$\Delta X_{it_k}$ 服从正态分布，可以描述为

$$\Delta X_{it_k} \sim N(\mu T_0, \sigma^2 T_0) \tag{10.33}$$

3. 极大似然参数估计

在本章中对维纳过程中的参数 $\mu$ 和 $\sigma$ 用最大似然估计方法进行估计，根据极大似然函数表示为

$$L(\mu, \sigma) = \prod_{i=1}^{n} \prod_{k=1}^{m_i} \frac{1}{\sqrt{2\sigma^2 \pi T_0}} \exp\left[ -\frac{(\Delta X_{it_k} - \mu T_0)^2}{2\sigma^2 T_0} \right] \tag{10.34}$$

参数 $\mu$ 和 $\sigma$ 可以根据极大似然估计通过求解式(10.35)来估计：

$$\begin{cases} \dfrac{\partial \ln[L(\mu, \sigma)]}{\partial \mu} = 0 \\ \dfrac{\partial \ln[L(\mu, \sigma)]}{\partial \sigma} = 0 \end{cases} \tag{10.35}$$

根据式(10.36)和式(10.37)，可以得到参数 $\mu$ 和 $\sigma$ 的极大似然估计值 $\hat{\mu}$ 和 $\hat{\sigma}^2$ 分别为

$$\hat{\mu} = \frac{\sum_{i=1}^{n} \sum_{k=1}^{m_i} \Delta X_{it_k}}{\sum_{i=1}^{n} m_i T_0} \tag{10.36}$$

$$\hat{\sigma}^2 = \frac{1}{\sum_{i=1}^{n} m_i} \left[ \sum_{i=1}^{n} \sum_{k=1}^{m_i} \frac{(\Delta X_{it_k})^2}{T_0} - \frac{\left( \sum_{i=1}^{n} \sum_{k=1}^{m_i} \Delta X_{it_k} \right)^2}{\sum_{i=1}^{n} m_i T_0} \right] \tag{10.37}$$

### 10.3.2　联合优化模型

1. 联合优化模型的建立

根据以上提出定期检测维修策略和备件供应的联合优化策略,得到使维修和备件库存管理总成本最小化的功能函数:

$$\begin{cases}EC_{\infty} = \min f_{EC}(T_0, k_1, k_2, S, s, L_p) \\ \text{s.t. } S > s, L_f > l_p \\ S \in [0, N]; s \in [0, N-1]\end{cases} \tag{10.38}$$

在以上研究建立的优化模型中,由于参数 $T_0$、$k_1$、$k_2$、$S$、$s$ 和 $L_p$ 之间存在着复杂的关系,难以找到解析解。因此,本章选用遗传算法和蒙特卡洛方法的组合对目标参数进行联合优化,求解模型的近似最优解,即 $\theta^* = (T_0^*, k_1^*, k_2^*, S^*, s^*, L_p^*)$。

2. 仿真优化算法

该算法组合的解决方案流程如图 10.9 所示。

采用蒙特卡洛方法对遗传算法的适应度进行评估,仿真流程如图 10.10 所示。

如果仿真时间的跨度 $t_m$ 足够长,那么 $f_{EC}(T_0, k_1, k_2, S, s, L_p)$ 可以表示为

$$EC_{\infty} = \lim_{t_m \to \infty} \frac{C_{ins} \cdot N_{ins} + C_p \cdot N_p + C_f \cdot N_f + C_o \cdot N_o + C_e \cdot N_e + C_h \cdot \sum_{k=1}^{m} N_{stock}^{t_k}}{t_m} \tag{10.39}$$

其中,$C_{ins}$ 是每次检测的费用; $N_{ins}$ 是检测的总次数; $C_p$ 是一次预防性维修的成本,主要包括备件的采购成本和人工成本;$N_p$ 是预防性维修的总次数; $C_f$ 是一次故障后维修的成本,主要包括备件的采购成本和停机损失成本; $N_f$ 是故障后维修的总次数; $C_o$ 是每次订购备件的成本;$N_o$ 是 $t_k$ 时刻订购的次数;$C_e$ 是每个备件的紧急订购成本;$N_e$ 是总的紧急订购的备件数量;$C_h$ 是每个备件每单位时间的持有成本和占用资本费用;$N_{stock}^{t_k}$ 是 $t_{k-1}$ 和 $t_k$ 之间库存备件的数量。

$N_{ins}$、$N_p$、$N_f$、$N_o$、$N_e$ 和 $N_{stock}^{t_k}$ 可以根据仿真流程图统计得到。

### 10.3.3　案例分析

飞机起动机轴承是发动机上一个非常重要的部件,它的主要功能是支撑发动机内部的机械旋转体,从而降低其运动过程中的摩擦系数,并确保其回转精度。航空公司每 1 500FH 对起动机轴承的性能进行一次检查,即 $T_0$ =

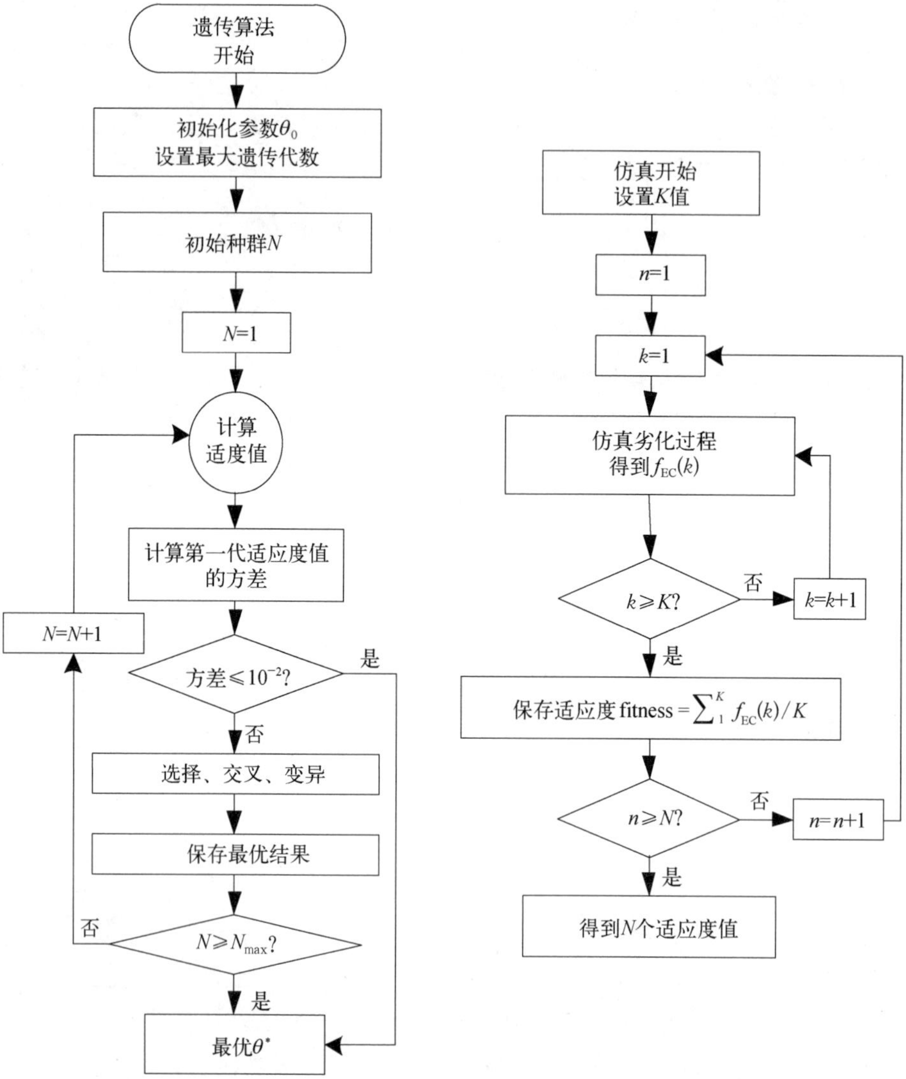


(a) 遗传算法的流程图　　(b) 蒙特卡洛的流程图

图 10.9　解决方案流程图

1 500FH。如果检测到退化信号高于故障维修阈值（$L_f$ = 0.06），则认为起动机轴承已经失效，需要立即进行维修。这里以中国某航空公司的起动机轴承为例，来说明该模型的有效性。

1. 退化参数的估计

根据收集到的航空公司某型号起动机轴承的原始性能数据，得到相应的原始振动信号如图 10.11 所示。

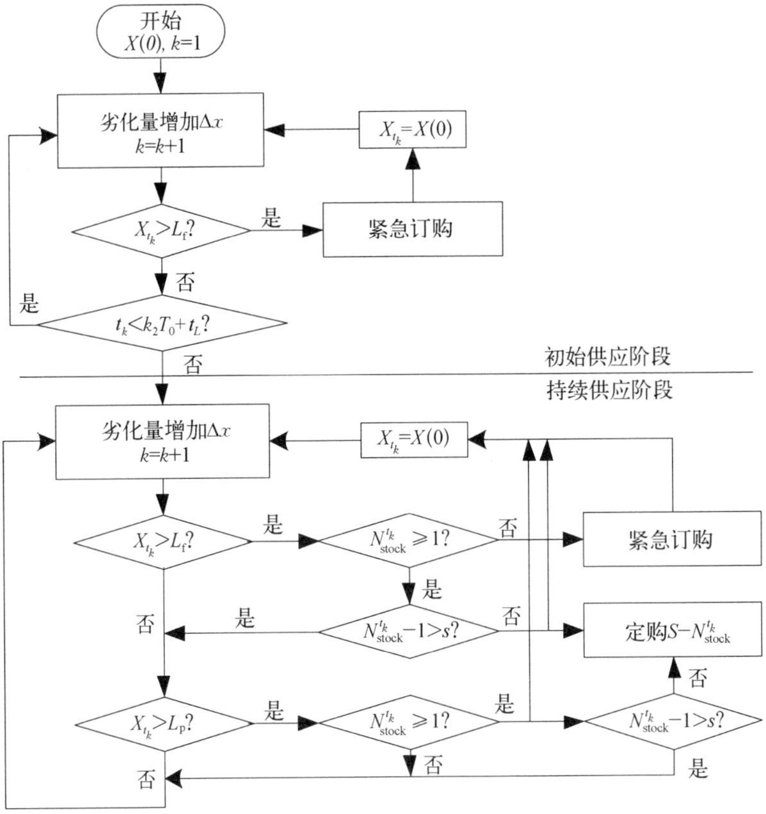


图 10.10　蒙特卡洛仿真流程图

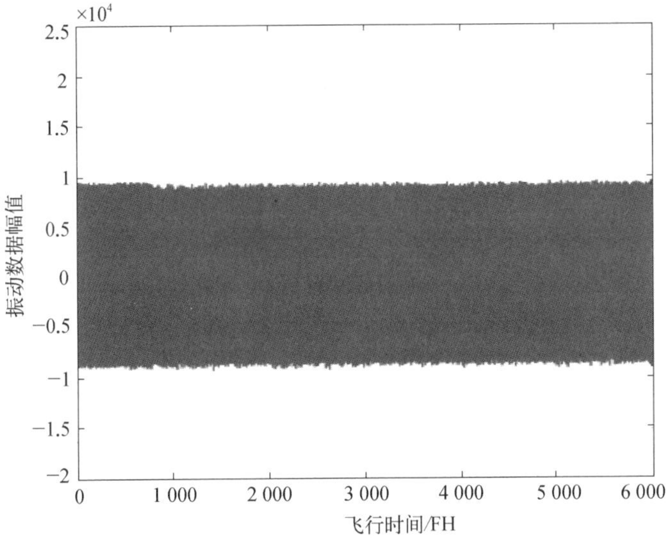


图 10.11　起动机轴承的原始信号

振动信号的能量通过均方根值(root mean square, RMS)来反映,RMS 是常用的特征指标,如图 10.12 为原始信号相应的 RMS 值随时间的变化趋势。从图中可以看出,随着时间的增加,RMS 信号有明显的退化趋势,基于此,选用 RMS 值为反映飞机起动机轴承退化过程的退化信号,即 $X(t)$。

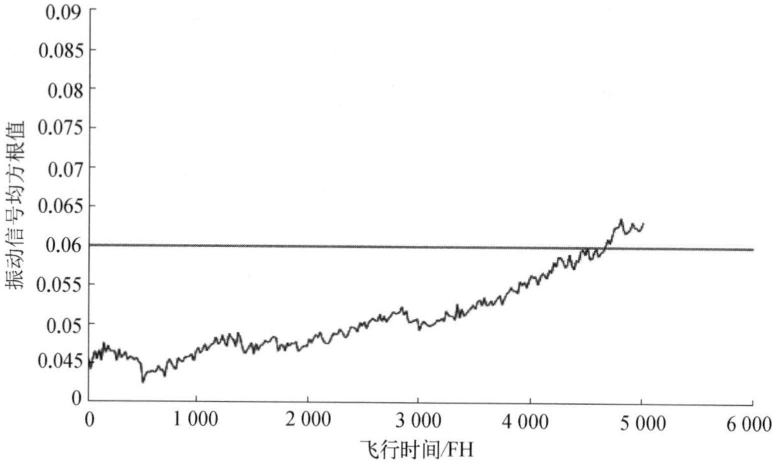


图 10.12　振动信号 RMS 值随时间的变化

根据第 10.3.1 小节介绍的方法,应用极大似然估计得到退化参数的估计值如下:

$$\hat{\mu} = 0.01,\ \hat{\sigma} = 0.223\,6$$

因此,得到退化过程的退化信号为

$$X(t) = 0.045 + 0.01t + 0.223\,6W(t) \tag{10.40}$$

其中,$W(t)$是标准布朗运动,即 $W(t) \in N(0, t)$。

2. 联合优化仿真

根据航空公司的数据统计,飞机起动机轴承每次的检测费用为 $C_{ins} = 1\,000$ 元,一次预防性维修的成本 $C_p = 55\,000$ 元,一次故障后维修的成本 $C_f = 70\,000$ 元,每次订购备件的成本 $C_o = 4\,000$ 元,每个备件的紧急订购成本为 $C_e = 100\,000$ 元,每个备件每单位时间内的库存费用 $C_h = 30/\text{FH}$,订购备件的交货时间 $t_L = 2\,000\text{FH}$。

将以上的参数带入到遗传算法中,设置遗传算法的优化参数,其中种群大小为 100,迭代次数为 300,交叉概率为 0.8,变异概率为 0.02,以费用率最小为目标函数,对系统进行仿真优化。

为了消除仿真的随机性,设定仿真时间 $t_m = 100\,000\text{FH}$,并以 200 个模拟结果的平均值作为适应度。迭代过程如图 10.13 中虚线所示,最优结果$[k_1^*, k_2^*, S^*, s^*, L_p^*]$的值为[10, 14, 4, 1, 0.55],$f_{EC}(10, 14, 4, 1, 0.55)$的值为 137.36 元/飞行小时。

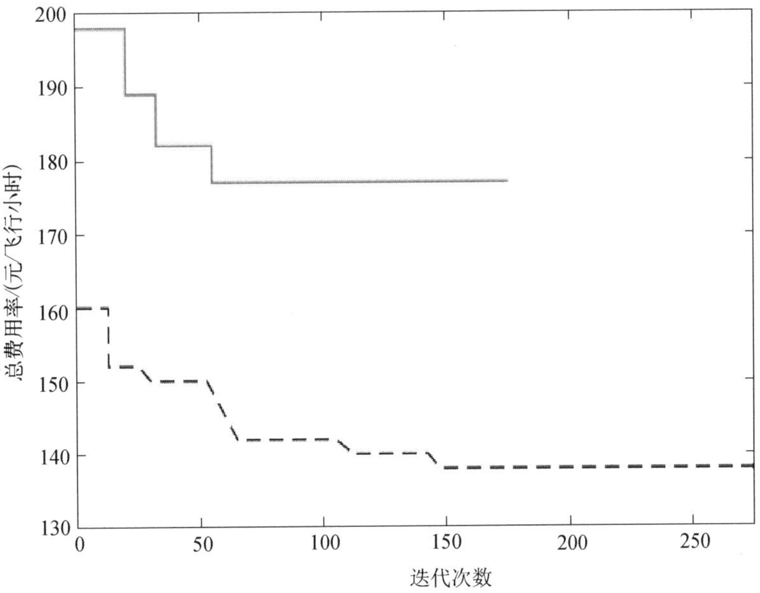


图 10.13　适应度值随迭代时间的变化

3. 与现有优化模型的比较

在现有的优化模型[7]中,认为备件的供应是一致的,尚未考虑不同的备件供应阶段,而且认为初始检测间隔阈值等于重复检测间隔,因此在现有的优化模型中不需要对 $k_1$ 和 $k_2$ 进行优化。迭代过程如图 10.14 中的实线所示,最优结果[$S^*$, $s^*$, $L_p^*$]的值为[4, 1, 0.55],$f_{EC}$(4, 1, 0.55)的值为 176.23 元/飞行小时,比$f_{EC}$(10, 14, 4, 1, 0.55)高出 28.30%。

基于以上分析,可以发现系数 $k_1$ 和 $k_2$ 对总成本率有很大的影响,如图 10.14 所示。

从图 10.14 中可以看出,较大或较小的 $k_1$ 和 $k_2$ 都会导致总成本率的升高,其原因是较大的 $k_1$ 和 $k_2$ 意味着较高的故障频率,会导致更多的故障后维修成本和备件的紧急订购成本;较小的 $k_1$ 和 $k_2$ 则意味着较高的检测频率和库存水平,导致更多的检测成本和剩余库存的持有成本。此外,图 10.14 显示 $k_2$ 对总成本率的影响比 $k_1$ 更大,其原因是 $k_2$ 和 $k_1$ 分别对备件的紧急订购和维修检测的次数有重要影响,且备件的紧急订购成本远高于检查成本。

4. 与航空公司实际案例的比较

根据航空公司实际情况统计,近 20 年来,对飞机起动机轴承检测的总次数 $N_{ins}$ =1 000; 预防性维修的总次数 $N_p$ = 40; 故障后维修的次数 $N_f$ = 3; 备件订购的次数 $N_{oc}$ = 15; 紧急订购备件的数量 $N_e$ = 0。实际上,民用航空器的备件初始供应

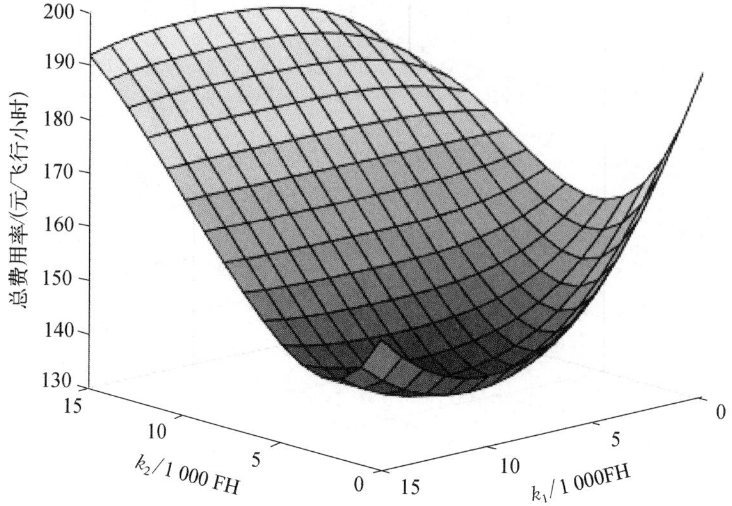


图 10.14　不同的 $k_1$ 和 $k_2$ 值对应的总成本率

时间为五年,在此期间,只需要一个备用的起动机轴承,而起动机轴承每年运行约 2 500FH,所以,

$$\sum_{k=1}^{5} N_{\text{stock}}^{t_k} = 5 \times 2\,500 = 12\,500\text{FH}$$

根据实际统计数据,在备件的持续供应阶段,每 900FH 备件的平均需求量约为 1,所以备件的年平均需求量 AD 约为 3。在航空公司,通常认为年平均需求量服从一些分布,如泊松分布、指数分布、或等于非计划维修间隔平均时间的倒数或平均故障间隔时间的倒数等。在本章研究中,中国航空公司按照波音公司推荐的方法,假设起动机轴承的年平均需求量服从泊松分布,并且短缺率 FR 小于 1%,因此 $S$ 和 $s$ 可以按照航空公司的传统方法根据如下式(10.41)计算得到。

$$\text{FR} = \sum_{s} \frac{\text{AD}^{(\text{AD}+s)} \cdot \text{e}^{-\text{AD}}}{(\text{AD}+s)!} \tag{10.41}$$

将 FR=1%和 AD = 3 代入式(10.41),可以得到 $s$ 近似等于 4,那么最大库存 $S$ 为 4 + 3 = 7。因此,备件的持续供应阶段的库存水平的平均值为 $\frac{7+3}{2} = 5$,$\sum_{k=6}^{20} N_{\text{stock}}^{t_k}$ 可以通过下式得到:

$$\sum_{k=6}^{20} N_{\text{stock}}^{t_k} = 15 \times 5 \times 2\,500 = 187\,500\text{FH}$$

因此，

$$\sum_{k=1}^{20} N_{\text{stock}}^{t_k} = 200\,000\text{FH}$$

根据式(10.39)，过去 20 年（$t_m = 50\,000\text{FH}$）的总成本率 $\text{EC}_{50\,000}$ 可以根据下式得到：

$$\text{EC}_{50\,000} = \frac{1\,000 \times 1\,000 + 55\,000 \times 40 + 70\,000 \times 3 + 4\,000 \times 15 + 30 \times 200\,000}{50\,000}$$

$$= 189.4 \text{ 元/飞行小时}$$

$\text{EC}_{50\,000}$ 要比 $f_{\text{EC}}(10,\ 14,\ 4,\ 1,\ 0.55)$ 高出 37.89%，显然，总成本率随着备件持续供应阶段的扩展而增加。

5. 灵敏度分析

在飞机的维修实践中，由于难以对紧急订购成本 $C_e$、故障后维修成本 $C_f$ 和备件交货时间 $t_L$ 进行准确估计，因此有必要分析这三个参数对最优结果的敏感性。表 10.3~10.5 分别显示了不同的 $C_e$、$C_f$ 和 $t_L$ 所对应的不同的最佳结果。

**表 10.3　不同 $C_e$ 对应的优化结果**

| $C_e$/元 | $k_1$ | $k_2$ | $S$ | $s$ | $L_p$ | $\text{EC}_\infty$ |
|---|---|---|---|---|---|---|
| 100 000 | 10 | 14 | 4 | 1 | 0.55 | 137.36 |
| 200 000 | 10 | 14 | 4 | 1 | 0.55 | 138.87 |
| 300 000 | 10 | 14 | 4 | 1 | 0.55 | 141.92 |
| 400 000 | 10 | 14 | 4 | 1 | 0.53 | 143.33 |
| 500 000 | 10 | 14 | 4 | 2 | 0.50 | 147.09 |
| 600 000 | 9 | 13 | 5 | 2 | 0.48 | 151.31 |

**表 10.4　不同 $C_f$ 对应的优化结果**

| $C_f$/元 | $k_1$ | $k_2$ | $S$ | $s$ | $L_p$ | $\text{EC}_\infty$ |
|---|---|---|---|---|---|---|
| 70 000 | 10 | 14 | 4 | 1 | 0.55 | 137.36 |
| 80 000 | 10 | 14 | 4 | 1 | 0.55 | 138.59 |
| 90 000 | 10 | 14 | 4 | 1 | 0.53 | 140.87 |
| 100 000 | 10 | 14 | 4 | 1 | 0.51 | 143.31 |
| 110 000 | 10 | 14 | 5 | 2 | 0.48 | 147.88 |
| 120 000 | 10 | 14 | 5 | 2 | 0.46 | 151.60 |

表 10.5 不同 $t_L$ 对应的优化结果

| $t_L$/FH | $k_1$ | $k_2$ | $S$ | $s$ | $L_p$ | $EC_\infty$ |
|---|---|---|---|---|---|---|
| 2 000 | 10 | 14 | 4 | 1 | 0.55 | 137.36 |
| 3 000 | 10 | 14 | 4 | 1 | 0.54 | 140.12 |
| 4 000 | 10 | 13 | 4 | 1 | 0.52 | 146.23 |
| 5 000 | 10 | 12 | 5 | 2 | 0.50 | 151.63 |
| 6 000 | 9 | 11 | 6 | 2 | 0.45 | 159.39 |

从表 10.3 中可以发现备件的紧急订购成本 $C_e$ 对 $S$、$s$ 和 $L_p$ 影响不大，说明短缺的情况已经基本避免，即短缺的可能性很小。然而，当 $C_e$ 变得非常大时，小概率事件还是不能被忽略的。因此，随着紧急订购成本的持续变大，安全库存水平从 1 变为 2，以进一步降低短缺的可能性。显然，通过比较表 10.3 和表 10.4 可以发现，故障后维修成本 $C_f$ 和紧急订购成本 $C_e$ 对最优结果具有相似的影响。

从表 10.3~10.5 可以看出，$k_1$ 和 $k_2+t_L$ 的值基本保持不变，这表明 $C_e$ 和 $C_f$ 对初始检测间隔的阈值和备件持续供应阶段开始的时间影响较小，因为 $k_1$ 和 $k_2+t_L$ 主要取决于部件劣化的变化率。

从表 10.5 可以看出，如果备件的交付时间较短，则相当于几乎可以立即提供备件，因此备件的安全库存水平 $s$ 等于 1。随着交货时间的增加，$S$ 和 $s$ 都会相应地增多以避免短缺的发生。因此，$t_L$ 相比 $C_e$ 和 $C_f$ 对最优的结果影响更大。

综上，① 如果不区分备件的供应阶段，且初始检测间隔阈值等于重复检测间隔，则基于现有优化模型的最小化总成本率比所提出的优化模型最小化的总成本率高 28.30%；② 与航空公司的实际情况相比，本章所提出的联合优化模型可以节省总成本率的 37.89%；③ 敏感性分析结果表明，该联合优化模型符合飞机维修实践和备件库存管理的实际情况。

## 10.4 预测维修模式下的库存计划模式

在目前的航空领域里，对于飞机上的可靠性要求较高的设备或者系统，普遍采用视情维修的方法来确定其剩余使用寿命。部件剩余寿命的预测方法可以分成两种：一种是根据物理失效、数据驱动模型的剩余寿命预测方法，另一种是将物理失效与数据驱动模型放在一起进行综合考虑的剩余使用寿命预测方法。如果想要建立设备的物理失效模型，应该提前了解设备的工作原理与失效原理，否则很难进行相关建模。本书以维纳过程为基础，建立了部件退化的仿真模型，根据分布函数对部件的剩余使用寿命进行预测，并将维修决策和备件订购综合考虑，建立了以工作时间为变量的联合优化模型。

### 10.4.1　基于维纳过程的剩余使用寿命预测

1. 基于维纳过程的设备剩余使用寿命分布

对于一个正常退化的设备，若给定设备的故障失效阈值为 $L(L > 0)$，即设备的劣化量超过 $L$ 时，则判定设备故障。因此设备的寿命 $T'$ 是功能劣化量第一次达到失效阈值的时长，记为

$$T' = \inf\{t \mid X(t) = L,\ t \geqslant 0\} \tag{10.42}$$

其中，$X(t)$ 为维纳过程，虽然维纳过程的漂移系数 $\mu$ 不应有任何限制，但当 $\mu < 0$ 时，设备将不会发生故障，只有当 $\mu > 0$ 时，才能保证 $X(t)$ 最终达到失效阈值 $L$。

根据文献[8－10]可知，维纳过程的增量并非单调递增，但寿命 $T'$ 符合逆高斯分布，因而具有解析解。下面介绍推导方法：

如果随机过程 $\{Z(t);\ t \geqslant 0\}$ 满足：

$$Z(t) = \sup_{0 \leqslant s \leqslant t}\{X(s);\ s \geqslant 0\} \tag{10.43}$$

在相应的区间内，无论 $t\ (t \geqslant 0)$ 为何值，总会得到一个 $Z(t)$ 的最大值，那么随机过程 $Z(t)$ 即为维纳最大过程[11]。若 $g(z,\ t)$ 是时刻 $t$ 时 $Z(t)$ 的概率密度函数，需要满足 $Z(t) < L$ 条件，产品才不会失效。由此可以得到

$$P\{T' > t\} = P\{Z(t) < L\} = \int_{-\infty}^{L} g(z,\ t)\mathrm{d}z \tag{10.44}$$

所以想要求出服从维纳过程的设备寿命分布，需要先求出 $g(z,\ t)$。结合 Fokker-Planck 方程，得到一个关于 $g(z,\ t)$ 的函数表达式：

$$g(z,\ t) = \frac{1}{\sigma\sqrt{2\pi t}}\left\{\exp\left[-\frac{(z-\mu t)^2}{2\sigma^2 t}\right] - \exp\left(\frac{2\mu L}{\sigma^2}\right)\exp\left[-\frac{(z-2L-\mu t)^2}{2\sigma^2 t}\right]\right\} \tag{10.45}$$

这里我们直接借用文献中的求解结果，具体的推导过程详见参考文献[8－10]。把式(10.45)代入式(10.44)，化简求得：

$$P\{T' > t\} = 1 - F(t) = \Phi\left(\frac{L-\mu t}{\sigma\sqrt{t}}\right) - \exp\left(\frac{2\mu L}{\sigma^2}\right)\Phi\left(\frac{-L-\mu L}{\sigma\sqrt{t}}\right) \tag{10.46}$$

接下来对寿命分布函数进行求导，可得寿命分布的概率密度函数，具体公式为

$$F(t) = \Phi\left(\frac{\mu t - L}{\sigma\sqrt{t}}\right) + \exp\left(\frac{2\mu L}{\sigma^2}\right)\Phi\left(\frac{-L-\mu t}{\sigma\sqrt{t}}\right) \tag{10.47}$$

$$f(t)=\frac{L}{\sqrt{2\pi\sigma^2 t^3}}\exp\left[-\frac{(L-\mu t)^2}{2\sigma^2 t}\right] \tag{10.48}$$

产品寿命 $T'$ 的期望和方差分别为

$$E(T')=\frac{L}{\mu},\ \operatorname{var}(T')=\frac{L\sigma^2}{\mu^3} \tag{10.49}$$

如果令 $\alpha=\frac{L}{\mu}$，$\lambda=\frac{L^2}{\sigma^2}$，则式(10.48)的密度函数转化为

$$f(t)=\sqrt{\frac{\lambda}{2\pi t^3}}\exp\left[\frac{-\lambda(t-\alpha)^2}{2\alpha^2 t}\right] \tag{10.50}$$

由此可以看出，产品寿命 $T'$ 的分布只与参数 $\alpha$、$\lambda$ 有关。图 10.15 给出了当 $L$ 的值取 6，概率密度随着时间和参数 $\mu$、$\sigma$ 变化而变化的情况。

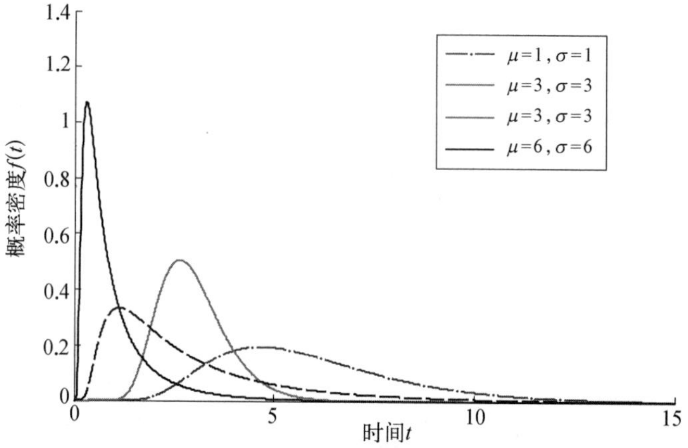


图 10.15　不同参数的逆高斯分布概率密度函数

接下来介绍退化过程服从维纳过程的设备剩余使用寿命 $T_1'$ 的推导过程。在时刻 $\tau$，假设此时设备的劣化量是 $x_r$($x_r<L$)，则剩余使用寿命 $T_1'$ 可表示为

$$T_1'=\inf\{l \mid X(l+\tau)\geqslant lX(\tau)=x_r,\ l\geqslant 0\} \tag{10.51}$$

因为维纳过程的增量是相互独立的，并且拥有齐次马尔可夫性。可得到式(10.52)：

$$\begin{aligned}T_1'&=\inf\{t \mid X(t+\tau)-X(\tau)\geqslant L-x_r,\ t\geqslant 0\}\\&=\inf\{t \mid X(t)\geqslant L-x_r,\ t\geqslant 0\}\end{aligned} \tag{10.52}$$

根据式(10.52)可以发现,设备寿命 $T'$ 的密度函数的表达式与剩余使用寿命 $T_1'$ 的密度函数的表达式并没有很大的差别,将设备的失效阈值 $L$ 用 $L-x_r$ 来代替,就可以得到

$$f_{T_1'}(t) = \frac{L - x_r}{\sqrt{2\pi\sigma^2 t^3}} \exp\left[ - \frac{(L - x_r - \mu t)^2}{2\sigma^2 t} \right] \tag{10.53}$$

由于某些设备初始时刻的功能劣化量 $X(0) \neq 0$, 只要让产品的失效阈值为 $L-X(0)$,就可以用式(10.53)来计算产品的剩余使用寿命。

2. 极大似然参数估计

这里用 $N$ 个试验品来模拟产品的功能劣化过程。试验品 $i$ ($i = 1, 2, \cdots, N$) 在初始时刻 $t_{i0}$ 功能劣化量是 $X_{i0} = 0$。在时刻 $t_{i1}, \cdots, t_{im_i}$ 测量出设备的功能劣化量,得出其测量值 $X_{i1}, \cdots, X_{im_i}$。记 $\Delta x_{ij} = X_{ij} - X_{i(j-1)}$ 是样品 $i$ 在时刻($t_{i(j-1)}, t_{ij}$)之间的功能劣化量,根据维纳过程的性质可知 $\Delta x_{ij}$ 服从正态分布:

$$\Delta x_{ij} \sim N(\mu \Delta t_{ij}, \sigma^2 \Delta t_{ij}) \tag{10.54}$$

其中, $\Delta t_{ij} = t_{ij} - t_{i(j-1)}$; $i = 1, 2, \cdots, n$; $j = 1, 2, \cdots, m_i$。

根据监测的功能劣化数据得到似然函数:

$$L(\mu, \sigma^2) = \prod_{i=1}^{n} \prod_{j=1}^{m_i} \frac{1}{\sqrt{2\sigma^2 \pi \Delta t_{ij}}} \exp\left[ - \frac{(\Delta x_{ij} - \mu \Delta t_{ij})^2}{2\sigma^2 \Delta t_{ij}} \right] \tag{10.55}$$

由式(10.55)可求得参数 $\mu$、$\sigma^2$ 的极大似然估计值为

$$\hat{\mu} = \frac{\sum_{i=1}^{n} X_{im_i}}{\sum_{i=1}^{n} t_{im_i}}, \quad \hat{\sigma}^2 = \frac{1}{\sum_{i=1}^{n} m_i} \left[ \sum_{i=1}^{n} \sum_{j=1}^{m_i} \frac{(\Delta x_{ij})^2}{\Delta t_{ij}} - \frac{\left( \sum_{i=1}^{n} X_{im_i} \right)^2}{\sum_{i=1}^{n} t_{im_i}} \right] \tag{10.56}$$

3. 航空发动机 EGTM 检测

发动机被誉为飞机的心脏,它在飞机的运行过程中起着举足轻重的作用,一旦发生故障,造成的后果不堪设想。作为飞机的核心部件,它将伴随着飞机的使用而一直工作下去。随着科技的进步,经过科学设计和严格检测的航空发动机很少有故障发生。对于航空发动机这种昂贵、特殊的航空部件,就必须采用特殊的故障检测方式,否则将无法获取充足的故障数据来进行研究。随着飞机的运行,航空发动机的工作环境有时会相当恶劣,而且航空发动机是一个非常精密的部件,普通的故

障检测方法对于航空发动机并不一定适用。通过视情维修,可以实时地监测发动机的性能数据,通过所收集的数据来判断发动机的健康状态,从而制定出合理的维修决策。

对于飞机发动机来说,可以应用视情维修的状态数据有很多,有发动机振动频率、油液内铁屑的含量等。特别的是,可以通过监测飞机发动机起飞阶段的排气温度 EGTM 的大小,来判断发动机的健康状态。EGTM 值的大小,可以从侧面反映出发动机的剩余使用寿命,维修人员可以通过发动机 EGTM 的值来判断是否需要更换发动机。发动机 EGTM 的值会随着发动机运行时间的增加而减小,一旦发动机 EGTM 的值低于发动机规定的阈值时,说明发动机已经不能再继续使用,否则极有可能在飞机飞行的过程中发生安全事故,这时需要对发动机进行拆修或者更换。为了更好地观察发动机的剩余使用寿命,把发动机起飞阶段 EGTM 值作为发动机剩余使用寿命的性能参数。在飞机正常运行的过程中,系统会根据监测软件监测发动机起飞时的 EGTM 数据,判断出发动机的剩余使用寿命与失效阈值之间的关系,然后反映给相关维修人员,帮助维修人员进行相关工作。发动机的排气温度的变化不是一个定值,它会随着大气温度或者气压等的变化而出现一些浮动甚至偏差。对于发动机来说,其性能随着工作时间的增长而降低,并且最终会退化到阈值以下,这时就需要对发动机进行修理或者更换。通过以上对维纳过程的介绍,假设发动机的劣化服从维纳过程。

发动机起飞阶段 EGTM 值的计算方法:当飞机抵达海平面大气压以下时,发动机的平均功率温度要高于飞机外部的空气温度,在航空发动机正常工作的情况下,若空调引气正常,发动机以最大功率工作时所排出气体的温度(exhaust gas temperature, EGT)和排出气体的温度临界值之间的差值。EGT 临界值表示发动机正常工作时不能达到的排出气体温度值,具体的公式为

$$\mathrm{EGTM} = \mathrm{EGT}_{\mathrm{red}} - \mathrm{EGT}_{\mathrm{e}} \tag{10.57}$$

其中,$\mathrm{EGT}_{\mathrm{red}}$ 为发动机红线温度,$\mathrm{EGT}_{\mathrm{e}}$ 为发动机以最大功率工作时排出的气体温度。

4. *航空发动机劣化建模*

在此之前,收集了某航空公司 2005 年~2011 年 17 台某型号发动机的 EGTM 监测数据,根据这些监测数据对发动机的劣化过程进行建模。但这些数据不能直接拿过来使用,在进行正式的劣化建模以前,还需要对航空公司收集的数据进行优化处理,降低噪声对数据的影响,排除一些存在明显错误的数据等工作内容。相关的数据降噪和异常数据分析方法在文献[12-14]中有详细介绍。

下一步是要检验能否用维纳过程来描述 17 台发动机的 EGTM 值的劣化过程。文献[14]给出了详细的检验方案,这里就不再介绍了。当给定三阶中心矩和四阶

中心矩估计值 $g_1$ 和 $g_2$ 时，通过计算能够得出 $a = 0.05$ 时的 $|\mu_1|$、$|\mu_2|$ 数值，具体数据如表 10.6 所示。

**表 10.6　数据统计检验结果**

| | $g_1$ | $g_2$ | $\|\mu_1\|$ | $\|\mu_2\|$ |
|---|---|---|---|---|
| 1 | 0.367 5 | 2.695 4 | 1.159 4 | 2.006 3 |
| 2 | 0.059 0 | 2.972 8 | 0.172 7 | 0.639 7 |
| 3 | 0.471 7 | 2.936 0 | 1.252 7 | 0.726 3 |
| 4 | 0.091 5 | 2.930 1 | 0.239 6 | 0.635 8 |
| 5 | −0.135 1 | 2.814 3 | 0.362 1 | 0.451 2 |
| 6 | −0.236 4 | 2.647 1 | 0.669 2 | 2.095 8 |
| 7 | −0.232 3 | 2.783 8 | 0.615 4 | 0.619 6 |
| 8 | 0.113 7 | 2.796 8 | 0.229 36 | 0.878 1 |
| 9 | 0.112 6 | 2.677 2 | 0.287 1 | 2.041 8 |
| 10 | 0.283 5 | 2.997 9 | 0.788 9 | 1.463 8 |
| 11 | −0.385 6 | 2.774 7 | 1.076 1 | 1.164 5 |
| 12 | 0.436 8 | 2.878 1 | 1.295 1 | 0.089 3 |
| 13 | −0.328 6 | 2.795 6 | 0.897 7 | 0.775 4 |
| 14 | 0.748 2 | 3.052 1 | 2.072 4 | 1.788 8 |
| 15 | 0.194 6 | 3.043 4 | 0.536 9 | 1.769 6 |
| 16 | −0.097 2 | 2.856 1 | 0.267 7 | 0.135 1 |
| 17 | −0.097 0 | 2.785 3 | 0.243 2 | 0.833 1 |

在显著水平界限为 $a = 0.05$ 的情况下，只有当 $|\mu_1| < 2.25$ 或 $|\mu_2| < 2.25$ 时，才能证明这些数据是服从维纳过程的。从表 10.6 可以发现这些数据的所有计算结果 $|\mu_1| < Z_{a/4} = 2.25$，$|\mu_2| < Z_{a/4} = 2.25$。结果表明，上述发动机的 EGTM 值的劣化是遵循维纳过程的。

下一步应用极大似然估计的方法估计参数。一台新的发动机的 EGTM 值 $S = 75$，阈值 $L_f = 0$，应用极大似然方法估计得到 $\mu$、$\sigma$ 的极大似然估计值 $\hat{\mu}$、$\hat{\sigma}$ 为

$$\hat{\mu} = -0.001\,3,\ \hat{\sigma} = 0.154\,4$$

所以此时可以由这些数据得到发动机的 EGTM 退化模型 $X(t)$：

$$X(t) = 75 - 0.001\,3t + 0.154\,4B(t) \tag{10.58}$$

其中，$B(t)$ 是一维标准布朗分布，即 $B(t) \in N(0,\ t)$。

以该退化模型 $X(t)$ 得到的一次 EGTM 变化情况如图 10.16 所示。

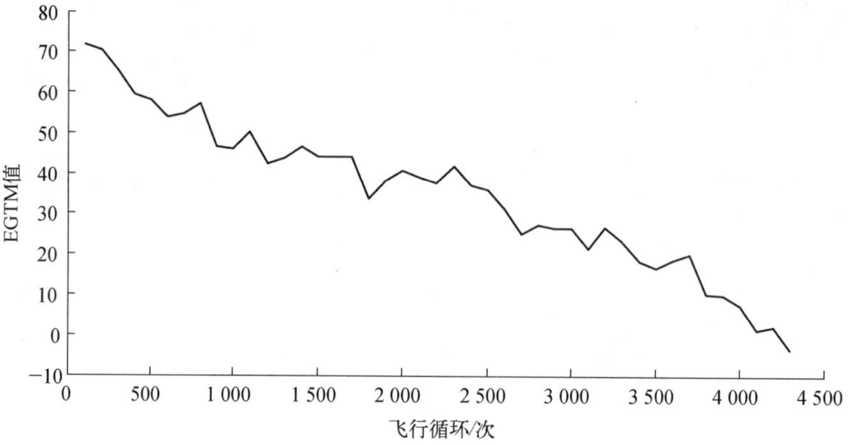


图 10.16　EGTM 仿真退化路径

根据上面得到的劣化数据结果，通过式(10.48)能够预测得到发动机的剩余使用寿命。具体剩余寿命的预测如图 10.17 所示。

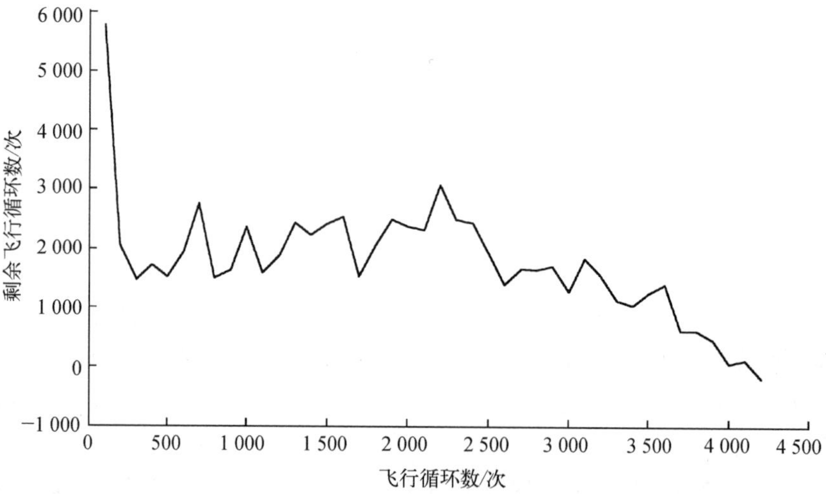


图 10.17　剩余寿命预测

## 10.4.2　基于剩余寿命预测的备件更换与订购点的联合优化

1. 部件序贯优化模型

对具有监测设备的单个部件，当时间为 0 时系统开始工作，并在工作到备件订购时间 $t_k^0$ 时发出订购备件指令，交货时长 $t_L$ 为一个定值，当之前订购的备件到达以后，在预防性更换时间 $t_k^r$ 时进行备件更换；在这段时间里，假如故障发生在 $t_k^0$ 前面，应当马上发出订购备件的指令，并且在订购的备件送到以后立即对故障部件进行更换；如果部件在 $t_k^0$ 和 $t_k^0+t_L$ 之间故障，则等到备件到达后立即更换备件；假如部件的故障发生在 $t_k^0+t_L$ 与 $t_k^r$ 之间，这时候订购的备件存放在仓库里，当部件发生故障时可以马上更换故障的部件。图 10.18 给出以当前时间为 $t_k$ 的一个生命周期内所有三种可能出现的情况的详尽说明。

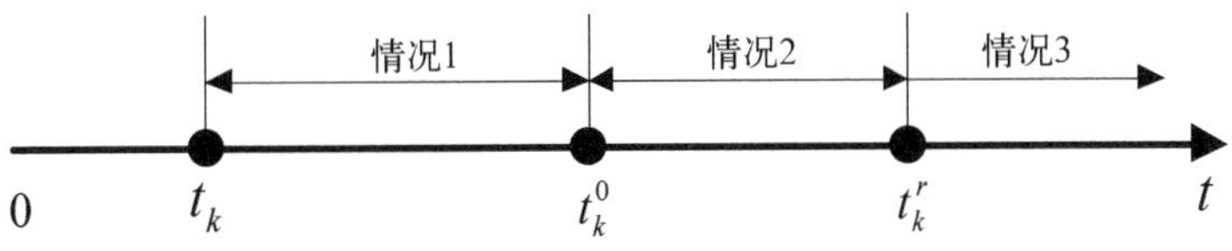


图 10.18　三种失效情况

1）系统在当前时间 $t_k$ 和预测的备件订购时间 $t_k^0$ 之间失效

若在预测的备件订购时间之前系统就已经发生故障（图 10.19），在这种情况下，必须马上执行订购决策，订单发出后，经过一定的交付时间，备件到达，到达后要立即更换，由于部件发生故障时备件没有到达，将产生缺货费用。此时备件的缺货时长为 $t_L$，用式（10.48）的数值积分乘以时长 $t_L$，就可得到此种情况下备件的缺货时间：

$$\mathrm{ES}_1=\int_0^{t_k^0-t_k} t_L f_{L_k|X_{1:k}}(l_k \mid X_{1:k})\,\mathrm{d}l_k \tag{10.59}$$

备件的库存时间为 0。

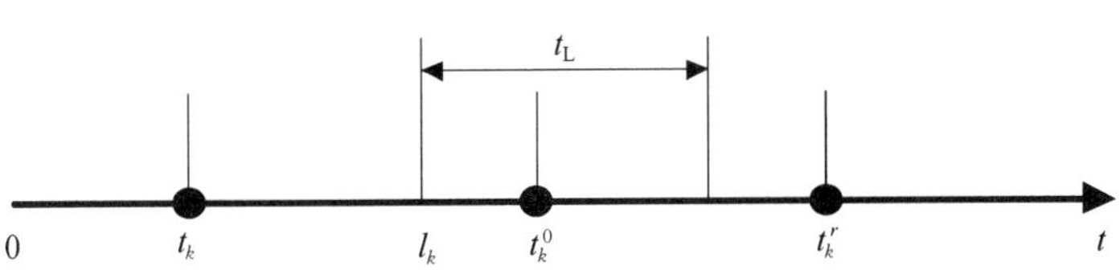


图 10.19　故障发生在 $t_k$ 和 $t_k^0$ 之间

2）系统在预测的备件订购时间 $t_k^0$ 和预测的更换时间 $t_k^r$ 之间发生故障

在这种情况下，可以进一步分为以下三种子情况来分析。

子案例 1：如图 10.20 所示，系统的故障发生在备件运货期间，在订购的备件到达的时候将立即对故障部件进行更换。由于部件故障时备件没有到达，将产生缺货费用。此种情况下备件的缺货时长为 $(t_k^0+t_L)-l_k$，用式（10.48）的数值积分乘以时长 $(t_k^0+t_L)-l_k$，就可以得到此种情况下备件的缺货时间：

$$\mathrm{ES}_2=\int_{t_k^0-t_k}^{t_k^r-t_k+t_L}[(t_k^0+t_L)-l_k]f_{L_k|X_{1:k}}(l_k \mid X_{1:k})\,\mathrm{d}l_k \tag{10.60}$$

备件的库存时间为 0。

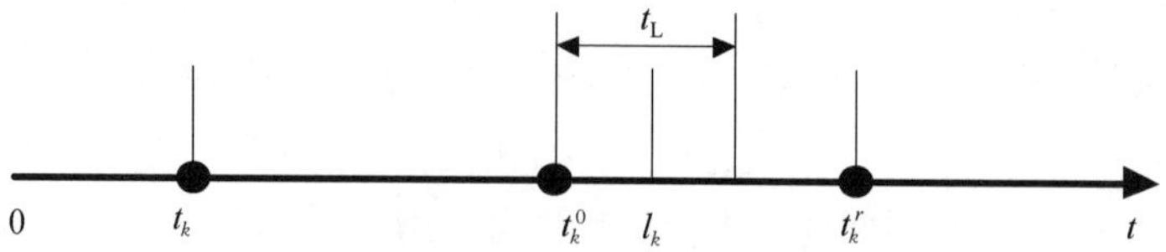


图 10.20　故障发生在 $t_k^0$ 和 $t_k^r$ 之间

子案例 2：如图 10.21 所示，备件到达时间在预计更换时间之前，之后系统发生故障，故障部件将立即由待用部件更换。由于备件库存，将产生持有成本。此种情况下备件的库存时长为 $l_k-(t_k^0+t_L)$，用式(10.48)的数值积分乘以时长 $l_k-(t_k^0+t_L)$，就可以得到此种情况下备件的库存时间：

$$EH_1=\int_{t_k^0-t_k+t_L}^{t_k^r-t_k}[l_k-(t_k^0+t_L)]f_{L_k|X_{1:k}}(l_k|X_{1:k})\mathrm{d}l_k \tag{10.61}$$

备件的缺货时间为 0。

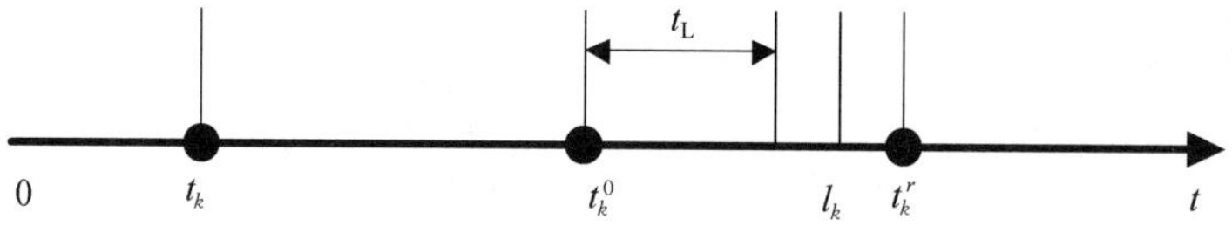


图 10.21　故障发生在 $t_k^0$ 和 $t_k^r$ 之间

子案例 3：如图 10.22 所示，备件在预计更换时间之后抵达，系统在备件抵达之前失效，失效系统将在备件抵达时立即被更换。由于部件故障时备件没有到达，将产生缺货成本。此种情况下备件的缺货时长为 $(t_k^0+t_L)-l_k$，用式(10.48)的数值积分乘以时长 $(t_k^0+t_L)-l_k$，就可以得到此种情况下备件的缺货时间：

$$ES_3=\int_{t_k^0-t_k}^{t_k^r-t_k}[(t_k^0+t_L)-l_k]f_{L_k|X_{1:k}}(l_k|X_{1:k})\mathrm{d}l_k \tag{10.62}$$

备件的库存时间为 0。

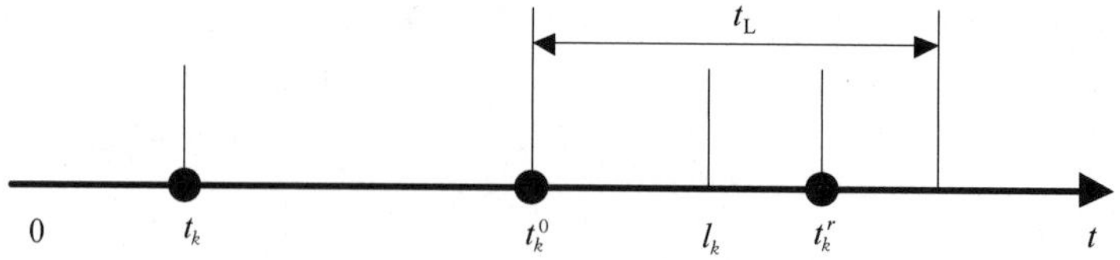


图 10.22　故障发生在 $t_k^0$ 和 $t_k^r$ 之间

3）系统在预计更换时间 $t_k^r$ 之后失效

这种情况下，也可以分成两个子情况。

子案例 1：如图 10.23 所示，订购的备件在预计的更换时间 $t_k^{\mathrm{r}}$ 没有到达，一旦订购的备件抵达，故障部件将立即被更换。由于部件故障时备件没有到达，将产生缺货费用。此种情况下备件的缺货时长为 $t_{\mathrm{L}} - (t_k^{\mathrm{r}} - t_k^0)$，用式(10.48)的数值积分乘以时长 $t_{\mathrm{L}} - (t_k^r - t_k^0)$，就可以得到此种情况下备件的缺货时间：

$$\mathrm{ES}_4 = \int_{t_k^r - t_k}^{\infty} [t_{\mathrm{L}} - (t_k^r - t_k^0)] f_{L_k|X_{1:k}}(l_k \mid X_{1:k}) \mathrm{d}l_k \tag{10.63}$$

备件库存时间为 0。

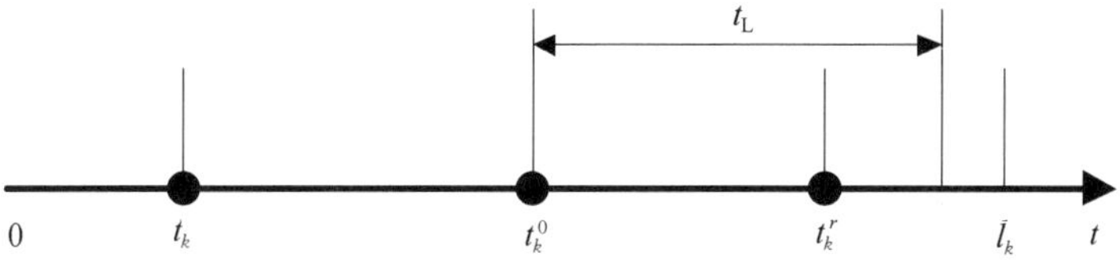


图 10.23　故障发生在 $t_k^r$ 之后

子案例 2：如图 10.24 所示，在预定的更换时间 $t_k^{\mathrm{r}}$ 之前订购的备件已经到达了，并且可以在替换时间 $t_k^{\mathrm{r}}$ 替换原始系统。由于备件库存，将产生持有成本。此种情况下备件的库存时长 $(t_k^{\mathrm{r}} - t_k^0) - t_{\mathrm{L}}$，用式(10.48)的数值积分乘以时长 $(t_k^{\mathrm{r}} - t_k^0) - t_{\mathrm{L}}$，就可以得到此种情况下备件的库存时间：

$$\mathrm{EH}_2 = \int_{t_k^r - t_k}^{\infty} [(t_k^r - t_k^0) - t_{\mathrm{L}}] f_{L_k|X_{1:k}}(l_k \mid X_{1:k}) \mathrm{d}l_k \tag{10.64}$$

备件的缺货时间为 0。

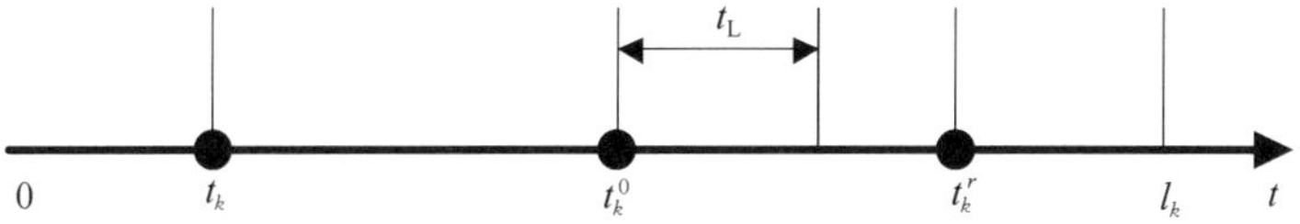


图 10.24　故障发生在 $t_k^r$ 之后

根据上述三个情况进行分析，可以得到不同情况下相关的预期备件短缺时间和预期备件库存时间。这里假设订货至到货时间 $t_{\mathrm{L}}$ 是一个定量。

2. 联合优化模型

在一个系统的生命周期内，用系统所有可能产生的费用总和除以系统的周期长度，就是该系统的平均费用率。联合优化的目的就是通过确定备件订购时间与备件更换时间，使系统在保证安全的前提下平均费用率达到最低。从 10.4.2 小节第一部分三种情况下的预期短缺时间和持有时间可以看出，在一个生命周期内，备

件的预期短缺时间为

$$\begin{aligned}\mathrm{ES} = &\int_0^{t_k^0-t_k} t_{\mathrm{L}} f_{L_k|X_{1:k}}(l_k \mid X_{1:k})\mathrm{d}l_k + \int_{t_k^0-t_k}^{t_k^r-t_k+t_L}(t_k^0 + t_{\mathrm{L}}) f_{L_k|X_{1:k}}(l_k \mid X_{1:k})\mathrm{d}l_k \\ &+ \int_{t_k^0-t_k}^{t_k^r-t_k}[(t_k^0 + t_{\mathrm{L}}) - l_k] f_{L_k|X_{1:k}}(l_k \mid X_{1:k})\mathrm{d}l_k \\ &+ \int_{t_k^r-t_k}^{\infty}[t_{\mathrm{L}} - (t_k^r - t_k^0)] f_{L_k|X_{1:k}}(l_k \mid X_{1:k})\mathrm{d}l_k \end{aligned} \tag{10.65}$$

预期库存时间为

$$\begin{aligned}\mathrm{EH} = &\int_{t_k^0-t_k+t_L}^{t_k^r-t_k}[l_k - (t_k^0 + t_L)] f_{L_k|X_{1:k}}(l_k \mid X_{1:k})\mathrm{d}l_k \\ &+ \int_{t_k^r-t_k}^{\infty}[(t_k^r - t_k^0) - t_L] f_{L_k|X_{1:k}}(l_k \mid X_{1:k})\mathrm{d}l_k \end{aligned} \tag{10.66}$$

系统在使用的过程中,有预测性的替代成本,也有失效之后的重置成本。在备件短缺的情况下,会产生短缺成本;在备件库存的情况下,会产生持有成本。由于是视情维修,会产生对系统持续监测的监测成本。在确定订购备件的情况下,还会产生订购成本。基于上述分析,可以制定预期的生命周期成本为

$$\begin{aligned}\mathrm{EU} = &C_{\mathrm{p}} + (C_{\mathrm{f}} - C_{\mathrm{p}})\int_0^{t_k^r-t_k} f_{L_k|X_{1:k}}(L_k \mid X_{1:k})\mathrm{d}l_k \\ &+ C_{\mathrm{d}}\mathrm{ES} + C_{\mathrm{h}}\mathrm{EH} + kC_{\mathrm{m}} + C_{\mathrm{s}} + C_o \end{aligned} \tag{10.67}$$

系统的期望周期从监测开始,包含所有可能发生的情况的时长总和。期望周期长度:

$$\begin{aligned}\mathrm{EV} = &t_k + (t_k^{\mathrm{r}} - t_k)\left[1 - \int_0^{t_k^{\mathrm{r}}-t_k} f_{\mathrm{L}_k|X_{1:k}}(l_k \mid X_{1:k})\mathrm{d}l_k\right] \\ &+ \int_0^{t_k^{\mathrm{r}}-t_k} l_k f_{\mathrm{L}_k|X_{1:K}}(l_k \mid X_{1:k})\mathrm{d}l_k + \mathrm{ES} \end{aligned} \tag{10.68}$$

其中,$C_{\mathrm{p}}$ 是预防性维修成本;$C_{\mathrm{f}}$ 是故障后维修成本;$C_{\mathrm{d}}$ 是每单位时间的短缺成本;$C_{\mathrm{h}}$ 是每单位时间的持有成本;$C_{\mathrm{m}}$ 是每个状态监测的成本;$C_{\mathrm{s}}$ 是每个备件的订购单价;$C_{\mathrm{o}}$ 是每次备件的订购成本。

在 10.4.2 小节第一部分已经得出剩余寿命分布函数,将式(10.67)和式(10.68)代入方程(10.69),可以确定备件订购时间 $t_k^0$ 和系统更换时间 $t_k^{\mathrm{r}}$。

$$\min E[C(t_k^0, t_k^r)] = \frac{\mathrm{EU}}{\mathrm{EV}} \tag{10.69}$$

其中，$t_k < t_k^0 < t_k^r$。

约束的影响 $t_k < t_k^0 < t_k^r$ 包括以下两个方面：一方面，有 $t_k < t_k^0$ 和 $t_k < t_k^r$，因为 $t_k$ 是当前时刻，因此预测的订货时间和预测的更换时间应该都大于 $t_k$；另一方面是 $t_k^0 < t_k^r$，这种关系是因为备件的更换是先决条件，否则由于备件的短缺，将产生额外的费用。

如果优化的备件订购时间 $t_k^0$ 大于下一个检测时间 $t_{k+1}$，就什么都不做，等待下一个决策时间，具体的流程如图 10.25 所示。

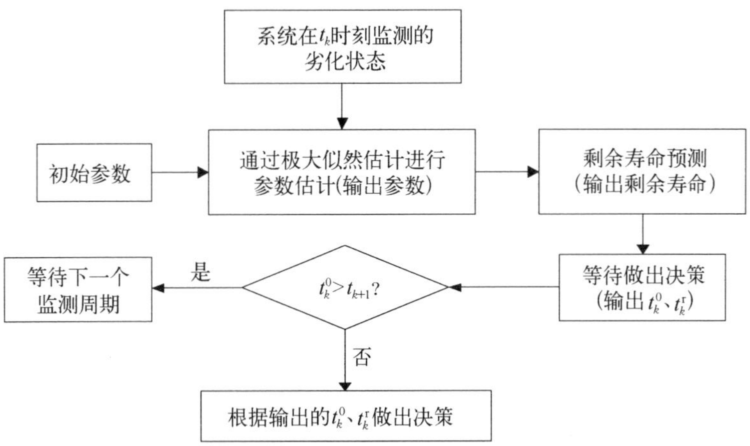


图 10.25　仿真流程图

### 10.4.3　模型求解与案例分析

1. 航空发动机 EGTM 退化仿真

利用 10.4.1 中第四部分提到的 17 架发动机的数据进行预防性更换时间与备件订购点的联合优化建模。从发动机开始工作开始，经过单位时间 $T$ 以后，对各个发动机的剩余使用寿命进行监测，监测一台发动机状态所需要的费用为 $C_m = 1\,500$ 元。当发动机出现故障时，需要更换一个新的部件，故障后更换一个新的部件的费用为 $C_f = 20\,000$ 元。如果此时订购的备件没有到达，单位时间内将产生的缺货费用为 $C_d = 30\,000$ 元。想要尽可能地杜绝故障的发生，需要在发动机的剩余使用寿命达到失效阈值 $L$ 时就进行预防性更换，实施一次预防性更换的费用为 $C_p = 4\,000$ 元。每个备件的购买费用为 $C_s = 8\,000$ 元。本章的备件供应策略为主动备件供应策略。如果退化值达到阈值 $L$，需要把部件更换掉，因而需要预定新的部件，每次订购备件都会产生 $C_o = 100$ 元的订购费用。在订购指令发出以后，经过恒定时长 $t_L$，订购的备件抵达更换现场。如果订购的备件在预防性更换时间之前就到达了，闲置的备件将产生库存，备件单位时间内的库存费用是 $C_h = 50$ 元。

把这些数据代入 10.4 节的各个公式，以平均费用率最小为优化目标，对系统进行仿真，求取最优参数$[t_k^0, t_k^r]$，结果如表 10.7 所示。平均费用率随着仿真的不断演化逐渐变小，在后期的仿真中平均费用率曲线变为上升趋势。这个最低点可认为是最小平均费用率，相应的参数组合即是最优参数。

**表 10.7　不同时刻的仿真结果**

| $l_k/h$ | $t_k^0/h$ | $t_k^r/h$ | $ECT_{min}$(¥/h) | $l_k/h$ | $t_k^0/h$ | $t_k^r/h$ | $ECT_{min}$(¥/h) |
|---|---|---|---|---|---|---|---|
| 7 000 | 7 631 | 7 725 | 48.74 | 7 400 | 7 597 | 7 726 | 47.86 |
| 7 100 | 7 624 | 7 702 | 48.65 | 7 500 | 7 635 | 7 762 | 47.42 |
| 7 200 | 7 556 | 7 639 | 47.89 | 7 600 | 7 681 | 7 745 | 47.23 |

2. 备件订购与更换建模

在计算过程中，会得到各个不同时刻的 $t_k^0$ 值，这时候就要进行判断：如果 $t_k^0 > t_{k+1}$，则进行下一次检测，不做出任何决策；如果 $t_k^0 < t_{k+1}$，需要发出订购指令，并在预防性更换时间 $t_k^r$ 时进行备件更换。从表 10.7 中可以看出，前五次的仿真结果都是 $t_k^0 > t_{k+1}$，则等待下一个监测周期进行判断。最终在第五次仿真时，$t_k^0 < t_{k+1}$，所以此时可以进行备件订购，此时的 $t_k^0$ 和 $t_k^r$ 则为最优的备件订购时间与备件更换时间。

根据表 10.7 中的 $t_k^0$ 可以看出，在 $l_k = 7\,000$ 时刻的 $t_k^0 > t_{k+1}$，则在 7 000 时刻不需要做出备件订购决策，等待下一个监测周期，如图 10.26 所示。

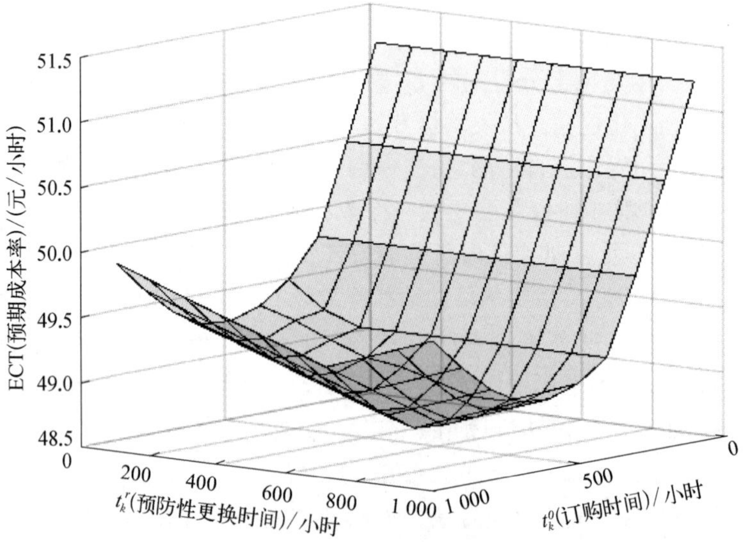


图 10.26　7 000 时刻仿真结果

根据表 10.7 中的 $t_k^0$ 可以看出,在 7 200 时刻的 $t_k^0 > t_{k+1}$,则 判断在 7 200 时刻不需要做出备件订购决策,等待下一个监测周期,如图 10.27 所示。

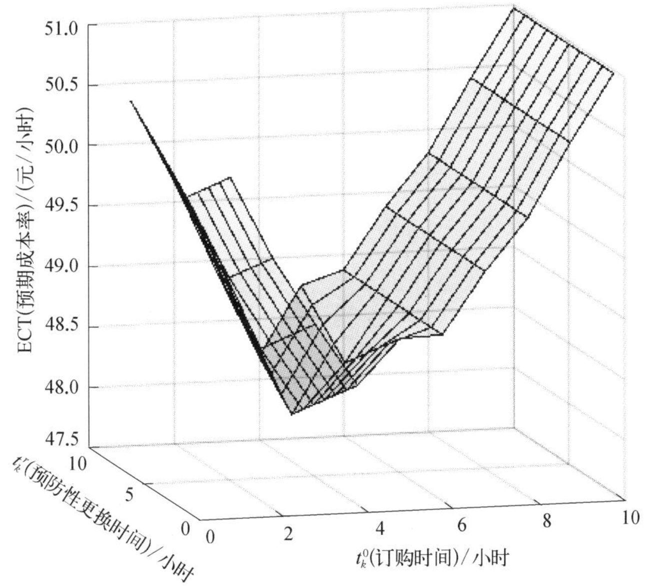


图 10.27　7 200 时刻仿真结果

根据表 10.7 中的 $t_k^0$ 可以看出,在 7 400 时刻的 $t_k^0 > t_{k+1}$, 则判断在 7 400 时刻不需要做出备件订购决策,等待下一个监测周期,如图 10.28 所示。

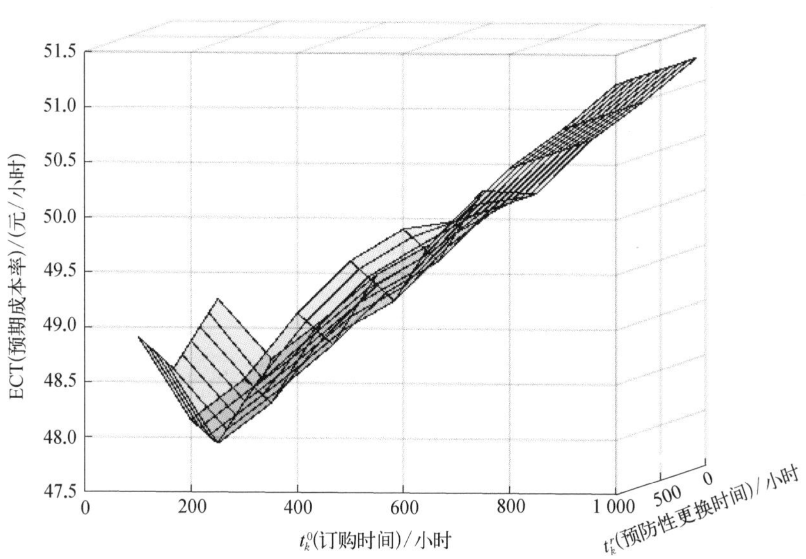


图 10.28　7 400 时刻仿真结果

根据表 4.2 中的 $t_k^0$ 可以看出,在 7 600 时刻的 $t_k^0 < t_{k+1}$,则判断在 7 600 时刻需要做出备件订购决策,如图 10.29 所示。

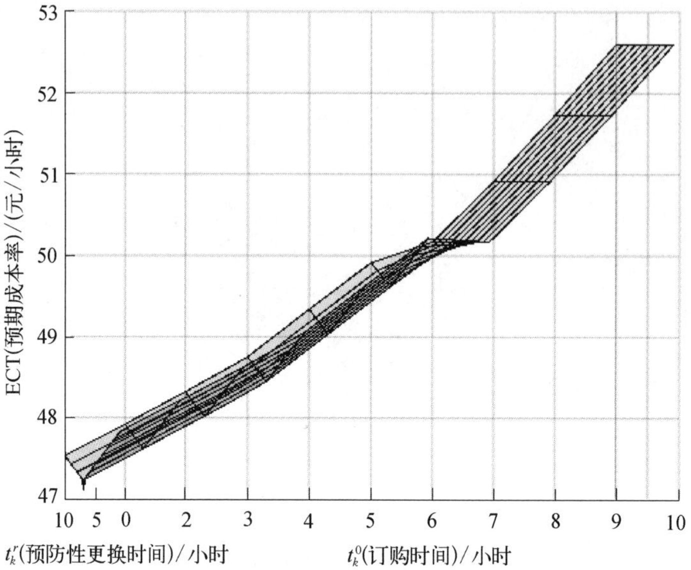


图 10.29 7 600 时刻仿真结果

从上面仿真优化的结果可以看出,最低的平均费用率 $ECT_{min}$ 为 47.23 元/小时,相关的最优参数组合为 $[ECT, t_k^0, t_k^r] = [47.23, 7\,681, 7\,745]$。

## 参考文献

[1] 张毅. 南方航空公司河南分公司航材库存管理模型应用研究[D]. 武汉:华中科技大学,2007.

[2] Ruan M Z, Luo Y, Li Hua. Configuration model of partial repairable spares under batch ordering policy based on inventory state [J]. Chinese Journal of Aeronautics, 2014, 27(3): 558-567.

[3] Sun L, Zuo H F. Multi-echelon inventory optimal model of civil aircraft spare parts[C]. Xuzhou: Chinese Control and Decision Conference, 2010.

[4] 陈童,黄卓,郭波.基于 PH 分布和 MAP 的备件(s, S)库存模型 [J].系统工程理论与实践,2009(6):107-114.

[5] Mahadevan S, Dey A. Adaptive Monte Carlo simulation for time-variant reliability analysis of brittle structures [J]. AIAA Journal, 1997, 35(2): 321-326.

[ 6 ] Si X S, Wang W, Hu C H, et al. A Wiener-process-based degradation model with a recursive filter algorithm for remaining useful life estimation [ J ]. Mechanical Systems and Signal Processing, 2013, 35(1/2): 219 - 237.
[ 7 ] Wang L, Chu J, Mao W. A condition-based replacement and spare provisioning policy for deteriorating systems with uncertain deterioration to failure [ J ]. European Journal of Operational Research, 2009, 194(1): 184 - 205.
[ 8 ] Chhikara R. The inverse Gaussian distribution theory: methodology and applications [ M ]. Boca Raton: CRC Press, 1988.
[ 9 ] Cox D R, Miller H D. The theory of stochastic processes[ M ]. Boca Raton: CRC Press, 1977.
[10] Seshadri V. The inverse Gaussian distribution: a case study in exponential families[ M ]. Oxford: Oxford University Press, 1993.
[11] Singpurwalla N D. On competing risk and degradation processes [ J ]. Lecture Notes-Monograph Series, 2006: 229 - 240.
[12] 任淑红. 民航发动机性能可靠性评估与在翼寿命预测方法研究[ D ]. 南京：南京航空航天大学, 2010.
[13] Zuo M J, Jiang R, Yam R. Approaches for reliability modeling of continuous-state devices [ J ]. IEEE Transactions on Reliability, 1999, 48(1): 9 - 18.
[14] 孔瑞莲. 航空发动机可靠性工程[ M ]. 北京：航空工业出版社, 1996.

# 第 11 章　预测维修模式设计及应用方案

## 11.1　引言

随着系统/结构健康监测(System/Structure Health Monitoring, SHM)技术[1]的发展及基于 S3000L 的综合保障理念在维修领域的应用,其在提高民机安全性、降低寿命周期成本方面日益表现出巨大应用潜力,现行计划维修任务分析标准规范(如 MSG-3、RCM、S4000M 等)如何吸收融合这些先进的理念和方法以不断对自身进行完善和改进成为目前行业内研究的热点,也是未来民机维修和全寿命管理的发展趋势。在此背景下,国际维修审查委员会政策委员会(International Maintenance Review Board Policy Board, IMRBPB)发布了 IP92[2]、IP105[3]和 IP80 对现行 MSG-3 标准进行补充和修正,但缺乏对 SHM 任务的适用性评估及系统 SHM 任务工程分析方法的深入研究,与预测维修相适应的系统化的维修工程分析方法亟须建立。

结构健康监测技术能够在线实时监测飞机结构健康情况,从而提高飞行安全性能,降低维修费用[4]。特别是,现代大型飞机越来越多地采用复合材料,相对于传统监测方法,SHM 技术可以很好地解决复合材料结构的健康监测问题。因此,世界主流的飞机制造商,如波音公司、空客公司以及庞巴迪公司等,都非常重视结构健康监测技术的研究和应用,投入大量的人力、物力开展相关研究,其技术成熟度不断提高,目前已从飞机的地面试验以及装机后的离线测试发展到在役飞机的在线监测阶段,波音和空客也在新一代的飞机型号中规划了结构健康监测系统。结构健康监测技术的引进将对目前的飞机结构持续适航概念和方法体系带来一定的变化,引起结构维修任务分析方法的改变,部分需人工实施的结构检查任务将可能由健康监测系统取而代之,极大地减少停机时间和检查的人工成本,同时部分结构由定时维修转变为视情维修,充分利用了结构的剩余寿命,这将有效地降低民用飞机的维护成本、延长其使用寿命。但结构健康监测技术的成功应用还需与目前的行业规范和标准相结合,特别是与现行的飞机计划维修任务分析标准 MSG－3 的有机融合是 SHM 成功应用的前提。在确保飞机满足持续适航要求的前提下,SHM 的采用促使飞机由定时的计划维修向更加高效的视情维修转变,这对传统的基于 MSG－3 的结构维修任务分析方法提出了挑战,如何融合吸收这些新的持续适航技术方法,制定更加有效的飞机维修任务,成为各国适航当局和世界主流飞机制造商所面临的重要问题。

预测维修将充分考虑当前飞机健康管理技术的发展趋势,将健康管理理念引入以 MSG－3 规范为基础的计划维修任务分析中,并吸收融合 ASD[5]、SAE[6] 等规范的成熟方法和技术,建立预测维修任务规划的工程分析方法,以指导飞机预测维修计划的制定与实施。

虽然 IP92 和 IP105 给定了结构健康监测下维修任务类型的调整方法,但缺乏对 SHM 任务的适用性评估及系统 AHM 任务类型的调整方法,与预测维修相适应的系统化的维修工程分析方法急需建立。因此,为了从整体上建立维修工程的分析方法,助力我国型号研制,本章具体开展了以下研究。

(1) 预测维修的任务流与数据流分析。在 ASD－S3000L[7] 的基础上,从维修工程分析(maintenance engineering analysis, MEA)的角度出发,研究目前维修工程分析所涉及的任务流与数据流,在此基础上,进一步研究考虑 ASM/SHM 的系统/结构维修任务分析方法,创立预测维修任务工程分析的任务流和数据流。

(2) 考虑健康监测的系统/结构维修任务类型的分析与评估方法。研究在 MSG－3 框架下考虑飞机系统/结构健康监测的维修任务工程分析方法,统筹基于可靠性的预防性维修任务与基于健康监测的预测维修任务,在系统/结构初始维修任务制定时合理、适时地引进预测维修任务类型,为实现系统/结构全寿命最优维修奠定基础。在现有维修工程分析任务流的基础上,引进健康管理理念,研究分析预测维修任务流。当前,基于 ASD－S3000L 的维修工程分析的任务流主要包括:维修工程分析准备工作、FMECA 分析、预防性维修任务分析、修理级别分析、维修任务分析、维修与保障资源规划以及综合保障包和信息系统等任务模块,其中 FMECA 分析与预防性维修任务分析的输出结果均会对产品设计属性产生影响。

引进健康管理理念后,将对现有的维修工程分析任务流产生影响,增加新的任务模块,即考虑 SHM 的检查/功能检查、使用/目视检查任务再分析模块,这将丰富预防性维修任务的类型,增加基于 SHM 的预防性维修任务,此外,这一分析模块的输出也可能引起对象测试性的改进,使其维修性获得改进。本部分研究在现有的基于ASD－S3000L 维修工程分析任务流的基础上,提出预测维修分析任务,如图 11.1 所示。

标准化的数据资料是实施维修工程分析的基础,维修工程分析的每一个任务需要数据输入,同时也产生新的分析数据。针对上述预测维修任务分析任务流,提出如图 11.2 所示的预测维修任务分析的数据流。

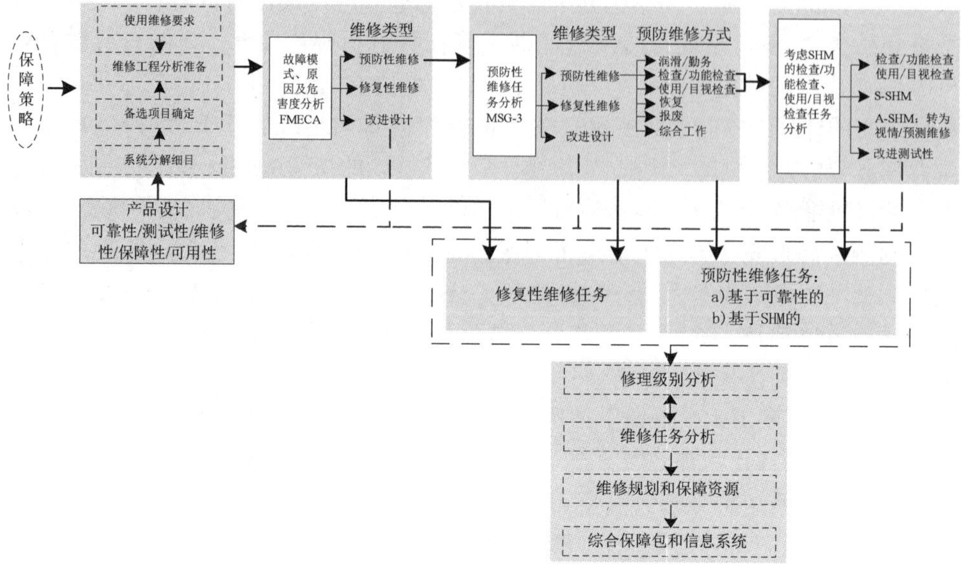


图 11.1　预测维修任务分析的任务流

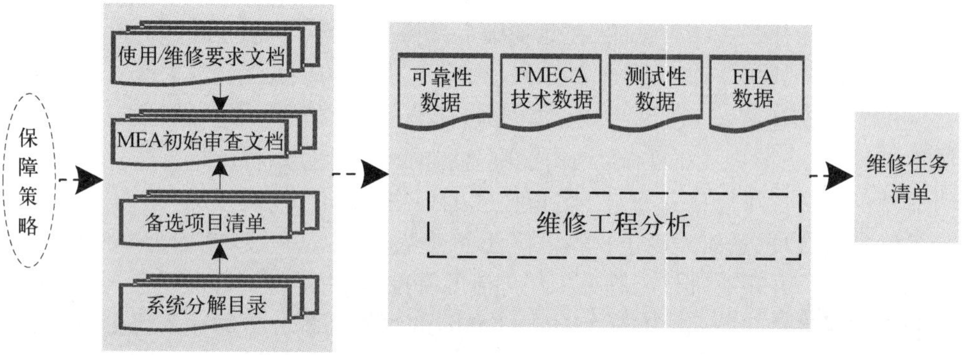


图 11.2　预测维修任务分析的数据流

## 11.2　考虑健康监测的民用飞机维修任务分析方法

### 11.2.1　基于 AHM 的系统维修任务分析方法

1. 预防性维修任务分析

1）基于 MSG-3 的系统预防性维修任务分析

MSG-3 方法是应用循序渐进的逻辑决断图来确定系统/动力装置（包括部件

和 APU)的预防性维修工作。应用 MSG－3 逻辑决断方法确定飞机系统的预定维修工作时,只分析其故障后果具有重大安全性影响/经济性影响/使用性影响/隐蔽功能故障的重要维修项目(maintenance significant item, MSI),非 MSI 采用其他方法分析(区域分析、经验方法分析等)。在确定出 MSI 后,接下来需要确定 MSI 的维修工作,步骤如下:

(1) 确定 MSI 的功能-故障-影响-原因分析。在将 MSG－3 逻辑决断法应用于一个项目之前,应该确定一个定义了 MSI 以及其功能、功能故障、故障后果、故障原因及其他与此项目相关数据的工作清单。

(2) 维修工作上层分析。维修工作上层分析从逻辑图的顶层开始分析,并由每一问题的"是"或"否"来确定下一步分析流程的方向。利用逻辑图的上层对每个功能故障进行分析,以确定其故障影响,即明显的安全性、明显的使用性、明显的经济性、隐蔽的安全性和隐隐蔽的非安全性。

(3) 维修工作的下层分析。在确定 MSI 的故障影响类别后,可依据 MSG－3 下层决断逻辑图(图 11.3)来确定 MSI 所采用的维修工作。在下层决断逻辑,即工作选择部分,可以看到并行和默认的逻辑。不管第一个问题"润滑/勤务"的回答如何,都必须提问第二个问题。在隐蔽的和明显的安全性影响分支中,所有后续问题都必须问。而在其他分支中,除了第一个问题外,得出"是"的回答后就可以结束分析工作。

检查/功能检查用来查明功能的表现,即性能是否有下降,针对潜在故障需要采用预定诊断技术。检查包括:① 一般目视检查;② 详细检查;③ 特殊详细检查。功能检查是一种定量的检查,以确定一个项目的一种或几种功能是否在规定的限度之内。

2) 考虑 AHM 的系统维修任务分析流程

五类故障影响类别的检查工作制订是相似的,在逻辑图的下层确定工作时,有必要考虑功能故障的故障原因以及工作的适用性和有效性准则,最终针对每一 MSI 可能的维修工作包括六种:润滑/勤务、使用检查/目视检查(只适用于隐蔽功能故障类,又称故障发现)、检查/功能检查、恢复、报废以及综合。

系统健康监测技术的引进将丰富现有的可选择的维修工作方式,也将影响现有的 MSG－3 逻辑决断下层分析方法,提出图 11.4 所示的考虑 SHM 的系统/动力装置逻辑决断下层分析图。

目前传统的 MSG－3 分析中,针对检查和功能检查这一大类维修任务,只提供了一般目视检查、详细目视检查以及特殊详细检查三种检查方式,但引进成熟的 AHM 技术后,部分传统的检查和功能检查任务可由 AHM 取而代之,这分为两种情况:

(1) 传统的需人工实施的定时检查任务可由 AHM 系统实施,即机载健康管理

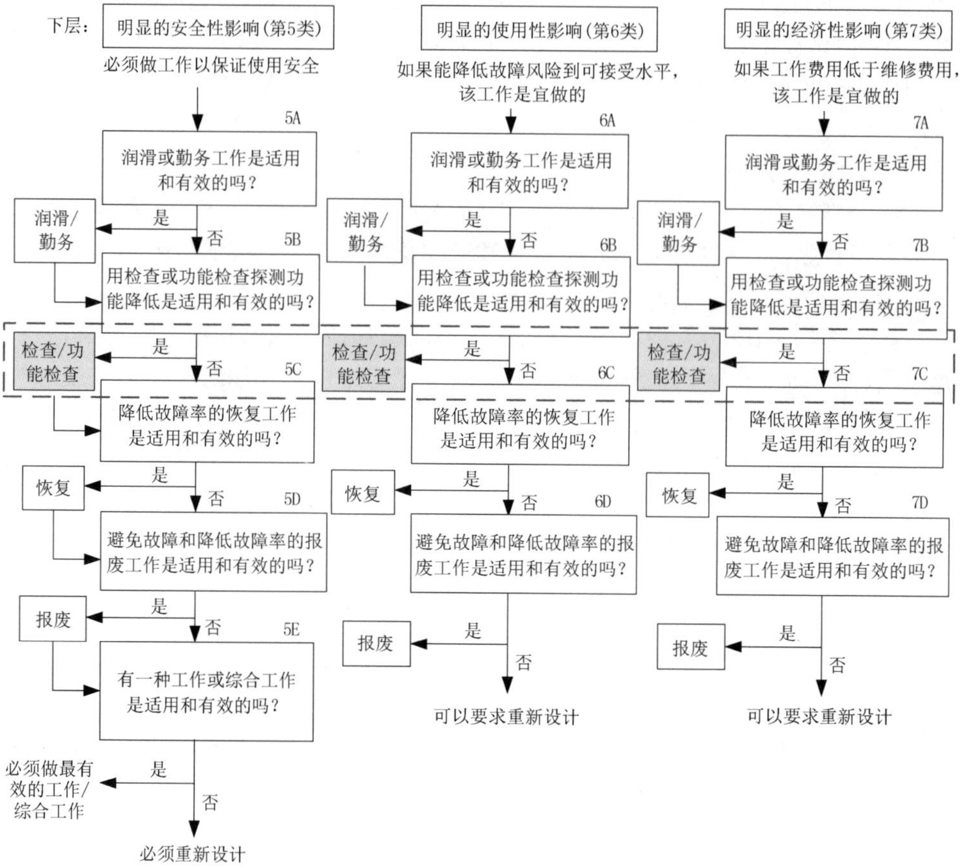


图 11.3　传统的 MSG－3 系统/动力装置逻辑决断下层分析图(以影响明显的故障类别为例)

系统定期的读取 AHM 系统的数据，并对检查对象的健康状况做出判断，输出检查结果，这种检查方式虽然借助机载 AHM 系统实现了自动检查，但仍然属于一种定期的检查方式，称为 S－AHM，属于定时维修任务。

(2) 取消部分 MSI 的定时检查/功能检查任务，取而代之的是 A－AHM，即借助 AHM 系统对 MSI 的性能或功能故障进行持续的监控，判断其健康状况或预测其剩余寿命，MSI 由定时维修转变为更加高效的视情或预测维修。

基于 AHM 飞机系统/动力装置计划维修要求分析的飞机维修决策逻辑在传统的计划维修任务需求分析逻辑基础上，考虑飞机系统/动力装置的健康监测能力，进一步优化飞机维修任务。运营商有权选择是否在飞机计划维修制定中选择基于 AHM 的任务分析程序。

对于提供 AHM 能力的系统，如果打算进行 AHM 决策逻辑分析，则必须识别相应 MSI 和候选 MSI 清单的所有相关功能。在完成全部分析后，向 ISC 提供分析

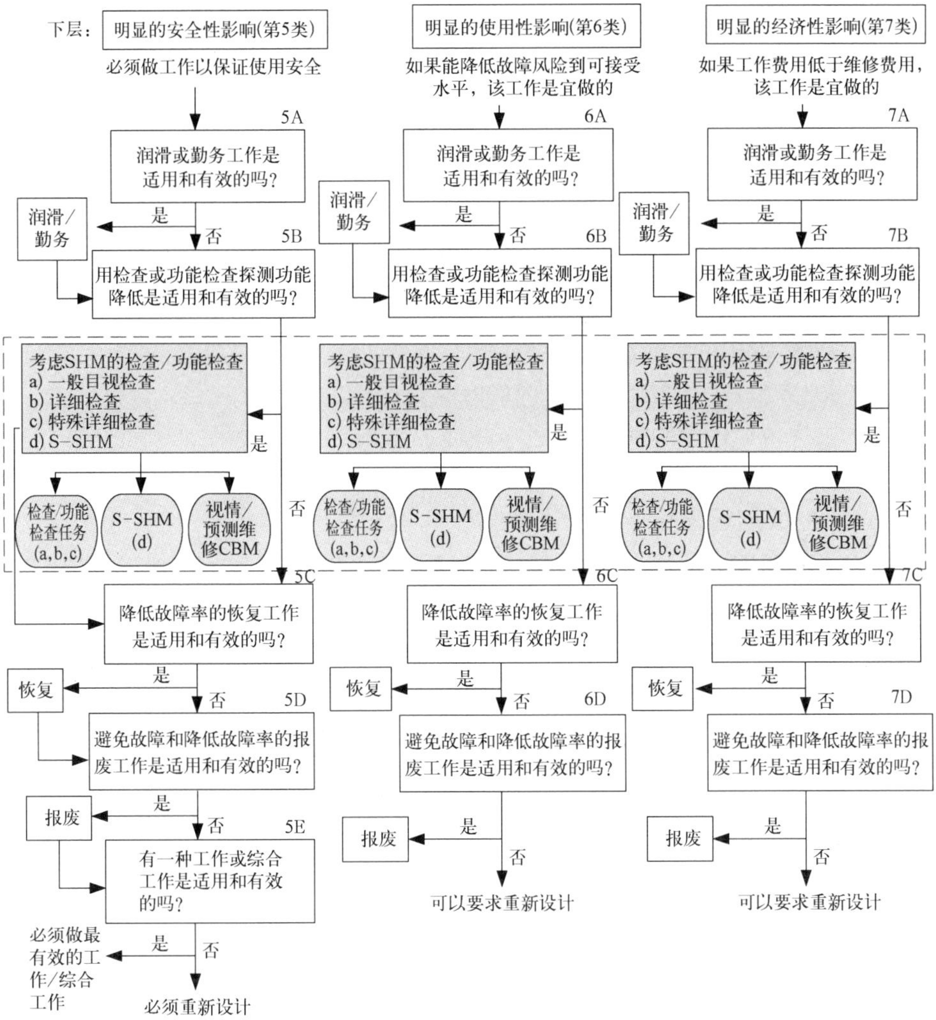


图 11.4　考虑 AHM 的系统/动力装置逻辑决断下层分析图(以影响明显的故障类别为例)

文件,以表明所有提供 AHM 功能的系统和子系统都已包括在内,并且已检查其分析的完整性。“候选 MSI 清单”应增加“AHM 能力(包括认证考虑因素)、参数和输出(产生的数据)、读出频率、信息传输和行动时间”。

OEM 必须足够清楚地识别 AHM 系统配置和 AHM 分析工作表中的各个 AHM 功能,以使得工作组可以回答 AHM 决策逻辑的所有相关问题。

2. 基于 AHM 的系统维修任务分析的一般要求

1) AHM 分析逻辑

如果系统提供 AHM 能力,且经过 MSG－3 分析存在传统任务,则工作组可以针对该任务开展 AHM 任务分析程序。AHM 分析逻辑层包括三步逻辑层: AHM 检测润滑/勤务工作、AHM 检测退化和 AHM 检测隐蔽失效,使得工作组能够评估 AHM 能力所覆盖的故障原因的润滑和勤务、检测退化和检测隐蔽故障等相关任务。

2）传统任务失效原因评估

(1) 需要润滑/勤务(步骤 1);

(2) 检测退化(步骤 2);

(3) 检测隐蔽故障[步骤 3,只适用于故障失效影响类别为隐蔽功能安全性影响(第 8 类)、隐蔽功能的非安全性影响(第 9 类)]。

3）AHM 任务适用性与有效性评估

(1) AHM 适用的失效原因;

(2) AHM 预警与 AHM 操作之间的时间裕度;

(3) 与失效原因相关的 AHM 的有效性;

(4) AHM 是否能提供传统维修任务的完整或部分替代方案。

4）AHM 候选项分析的三种可能结果

(1) 不采取 AHM;

(2) AHM 替代方案;

(3) AHM 综合方案。

使用 AHM 替代和 AHM 综合可能会替代传统任务。制造商必须提供传统任务的可追溯性。PPH 将定义如何在 MRBR 中公布这些信息,以及如何确保可追溯性和与详细程序文件的链接。除 AHM 适用性说明外,传统任务保持不变并有可使用性。传统任务,AHM 替代方案和 AHM 综合方案均满足最低要求,并可由用户单独选择。制造商应允许用户在整个飞机使用寿命期间在传统任务和 AHM 分析程序结果任务之间切换。

3. 详细要求

在 MSG-3 分析得到的传统计划维修任务基础上开展 AHM 任务分析程序,具体流程如图 11.5 所示。

1）第一步分析——AHM 检测润滑或勤务工作

(1) AHM 是否有能力检测到需要润滑或勤务工作?

润滑或勤务所需的指示参数(直接或间接地)必须适用于 AHM。

(2) AHM 是否有能力为定期的润滑或勤务工作提供足够的准备时间?

AHM 必须能在功能失效之前及时地为维修人员提供预警,以便在下一个合适的机会安排润滑或勤务工作。应考虑到维修活动实施地点的便捷性以及所需的准备时间(例如,需要在外站/航线维修或机库中完成、部件的可用性等)。

2）第二步分析——AHM 检测退化

(1) AHM 是否有能力检测到退化?

AHM 分析中必须有(直接或间接)指示部件功能退化或失效劣化的参数。

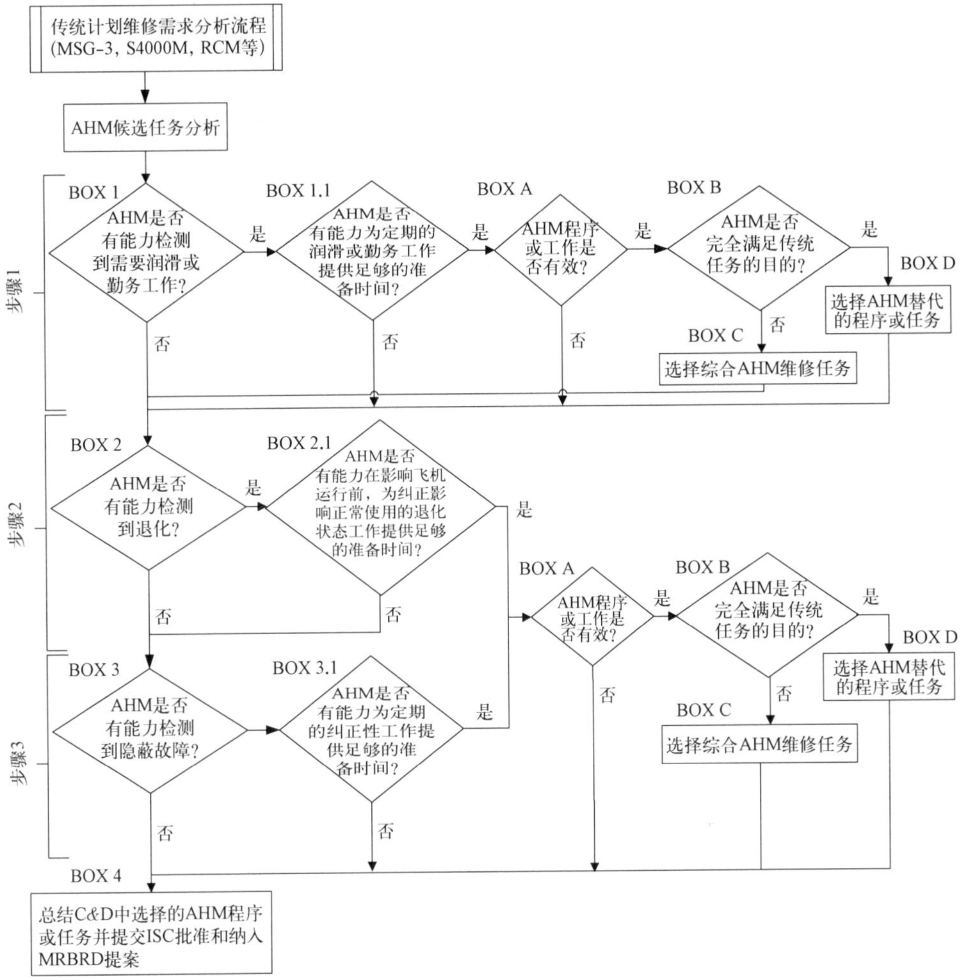


图 11.5　AHM 应用于 MSG－3 维修任务分析流程

(2) AHM 是否有能力在影响飞机运行前,为纠正影响正常使用的退化状态工作提供足够的准备时间?

AHM 必须能在功能失效之前及时地向维修人员提供警告,以便在下一个合适的机会安排纠正性维修工作。工作组必须对部件退化特性(如 P－F 曲线)有较好的理解,应考虑到维修活动实施地点的方便性以及所需的准备时间(例如,需要在外站/航线维修或机库中完成、部件的可用性等)。

3) 第三步分析——AHM 检测隐蔽失效(只适用于故障影响类别 8 和 9)

(1) AHM 是否有能力检测到隐蔽故障?(只适用于故障影响类别 8 和 9)

这个问题仅适用于类别 8 和 9 的功能故障,并且仅当 AHM 没有识别检测退化能力时,必须有(直接或间接)指示功能失效的参数。

(2) AHM 是否有能力为定期的纠正性工作提供足够的准备时间?(只适用于故障影响类别 8 和 9)

AHM 必须保证维修人员能够识别隐蔽功能失效,以防止与二次失效(包括备份系统失效)相结合产生安全、操作或经济的影响。适当的准备时间取决于受影响的功能和冗余程度。应考虑类似于 MSG-3 决策逻辑下层分析中在确定故障任务的时间间隔所使用的那些方法(例如,考虑到隐蔽失效的暴露时间长度和隐蔽功能不可用时的潜在后果),以及考虑到维修活动实施地点的方便性以及所需的准备时间(例如,需要在外站/航线维修或机库中完成、部件的可用性等)。且 AHM 程序必须提供关于在警报被触发的情况下启动缓解工作的详细说明。该工作范围可以从一次检查到部件更换,并且需要按照维修人员的定义来进行。

操作人员必须解决故障文档资料的有效管理工作。

(1) AHM 的有效性评估。(适用于三个分析步)

AHM 程序或工作是否有效?(适用于三个分析步)

在确定 AHM 的有效性时,使用与 MSG-3 第二层相同的标准。

AHM 必须和根据 FEC 的第 2 层分析中选择的传统任务一样有效或更有效。在评估 AHM 有效性时,适用的 AHM 必须满足下列标准:① FEC 8:它降低了失效风险来确保安全操作;② FEC 6 和 FEC 9:它将失效风险降低到可接受的水平;③ FEC 7 和 FEC 9:AHM 的成本小于可能的故障复发的成本。

(2) AHM 完全满足传统任务的目的。(适用于三个分析步)

AHM 是否完全满足传统任务的目的?(适用于三个分析步)

AHM 必须解决由传统任务覆盖的所有失效原因。

(3) 综合 AHM 任务。(适用于三个分析步)

这是一个由 AHM 补充的传统任务,它可以改变范围、间隔或任务程序。在这种情况下,AHM 不能完全满足传统任务的目的——即并非所有失效原因都被 AHM 覆盖(监测)。

任务综合的例子可以是(但不限于):AHM 与修订的传统任务配对在不同的时间间隔(例如,AHM 可以监测部分失效原因)、传统任务根据 AHM 参数调度优化(例如,差值$\Delta P$——恢复任务转化为缩小间隔的功能检查任务)、AHM 数据应用于计划检查(例如,空气循环机 ACM 维护——临时记录的运行环境温度数据允许 ACM 维护采用不同的间隔)和 AHM 可以提供使用参数来帮助任务间隔定义。

综合 AHM 任务在 MRBR 内发布。

(4) AHM 替代的程序或任务。(适用于三个分析步)

这一结果是完全等效的 AHM 替代传统任务。AHM 替代的程序或任务在 MRBR 内发布。

选择综合 AHM 任务或 AHM 替代任务,并提交 ISC 批准和纳入 MRBRD 提案。这意味着 AHM 决策逻辑第三层分析中遵循三个分析步(即步骤 1 至 3)中的任何一个的问题 C 和 D 的逻辑决断产生的所有结果,都应该在 PPH 中详细处理。

4. 信息来源

在评估 AHM 候选项时,应提供以下有关 AHM 能力的信息:

(1) 与 MSI 故障原因相关的所有 AHM 参数和信息;

(2) 这些参数如何传递给维修人员(维护信息、操作中心监控等);

(3) 通过自动(非人为干预)或手动(人为干预)的手段检查参数的频率;

(4) 供应商或制造商测试数据或与任何限制有关的相关分析(例如过滤器污染、制动器磨损);

(5) 当参数不可用于支持 AHM 三级分析时,AHM 要提供通知。

5. AHM 使用频率

AHM 允许制造商确定何时需要进行计划维修,以避免非计划维修的高昂费用和 AOG 状况。

与 AHM 相关的计时包含在 AHM 分析工作表中。应考虑以下几点:

(1) 信息传递频率;

(2) 阅读信息频率;

(3) 行动准备时间;

(4) 与参数相关的阈值或限制。

### 11.2.2　基于 SHM 的结构维修任务分析方法

1. 结构预防性维修任务分析

预定结构维修工作和检查间隔的制订应该根据飞机的结构设计信息、疲劳和损伤容限的评定、类似结构的使用经验以及相关的试验结果来制订。在选择维修工作时,应该考虑下述情况对结构进行评定:结构退化的原因;结构退化对持续适航性产生的后果;预防、控制或者探测结构恶化方法的适用性和有效性,考虑首次检查期限(门槛值)和重复检查间隔。

MSG-3 分析针对飞机重要结构项目的疲劳损伤、环境损伤及偶然损伤制定计划维修任务(图 11.6),以确保飞机维持固有的安全性和可靠性水平,出现安全性和可靠性退化现象时,能够采取相应的措施来恢复其固有可靠性和安全性(图 11.6)。因此,基于 MSG-3 分析的结构维修任务包括两大类,即需在预定时间内完成的计划维修任务和非计划维修任务。计划维修任务包括勤务/润滑、使用/目视检查、检查/功能检查、恢复以及报废等,这一类计划维修任务的目的是阻止飞机固有可靠性和安全性水平的退化。非计划维修任务的目标是在飞机固有安全性水平出现下降后采取维修措施使其恢复到可接受的水平。非计划维修任务通常源于计划维

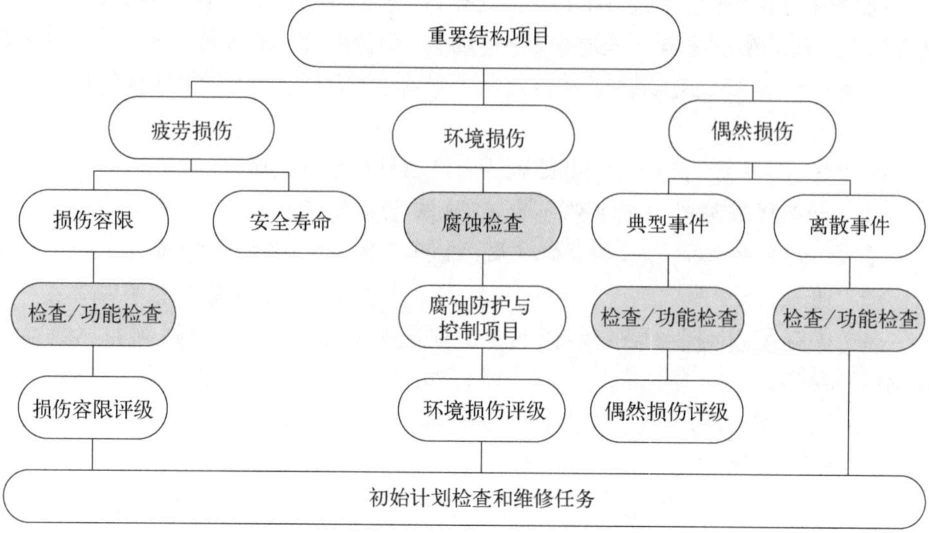


图 11.6　MSG－3 基于损伤源的结构计划维修任务分析流程

修任务(如通过定期的检查发现的结构缺陷)或者源于机组报告的故障以及数据分析(如结构健康监测数据分析)等。

2. 考虑 SHM 的结构维修任务分析流程

结构健康监测技术的应用将会丰富和改变目前的基于 MSG－3 的结构维修任务分析方法。在传统的 MSG－3 分析的基础上(图 11.7),考虑结构健康监测的技术的采用,提出如图 11.8 所示的考虑 SHM 的结构维修任务分析流程图。

在经 MSG－3 分析确定了所有重要结构件的初始计划维修任务后,通过对当前成熟 SHM 技术的可行性和适应性进行分析,选择合适的 SHM 系统以取代部分结构的定时维修任务。

3. 考虑 SHM 的结构维修任务分析逻辑框架

结构健康监测技术的应用将会丰富和改变目前的基于 MSG－3 的结构维修任务分析方法。结构健康监测按照运行模式不同可分为“计划的(定时的)”和“自动的(持续的)”两种模式:计划结构健康监测(scheduled SHM, S－SHM),按照固定的时间计划去使用/运行/读取结构健康监测系统;自动结构健康监测(automated SHM, A－SHM),没有固定的时间计划去实施结构健康监测,而是持续的监控结构并在必要的时间触发维护人员实施维修活动。

S－SHM 系统定期的检查结构状态,读取监测数据,通过内置的软件和算法判断结构性能是否出现下降,这与维修任务类型中的“功能检查”的定义一致,即通过定量的检查来判断部件或系统的一项或多项功能(性能)是否在特定的极限范围内。因此,结构健康监测的应用将丰富目前的结构计划维修任务工作类型的选

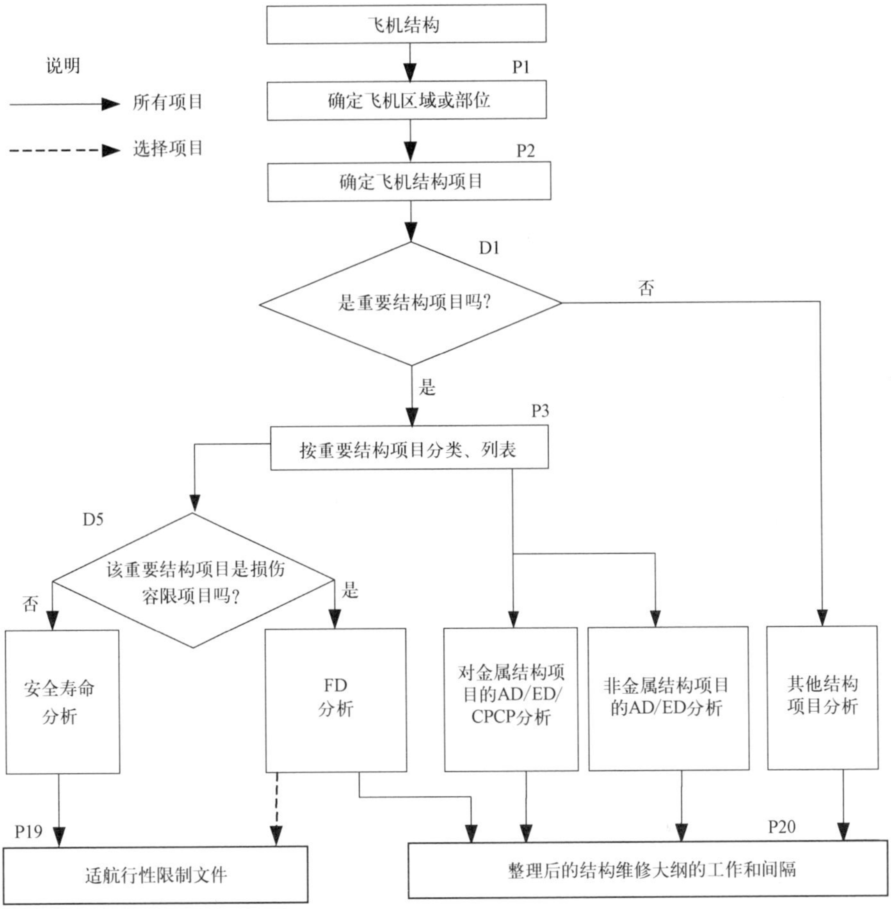


图 11.7　传统的 MSG－3 结构维修任务分析流程图

择范围,在传统的三种基本的检查/功能检查类中增加了 S－SHM 工作类型。

显然,S－SHM 相对于其他传统的检查方法具有明显的优势,不需要对飞机结构进行拆解,缩短了飞机停场时间、减少了人力成本等。A－SHM 持续的监控结构并在必要的时间触发维修活动,A－SHM 监控的结构件完全转为视情维修,从 MSG－3 分析的角度 A－SHM 将不会产生任何计划维修任务,因此,A－SHM 的应用将可能取消一部分计划检查任务,从而大大降低结构的维护成本。

结构健康监测系统按照监测参数的不同,可分为:结构损伤监测系统(structure damage monitoring system, SDMS),借助传感器直接监测结构的损伤状态;结构使用监测系统(structure operation monitoring system, SOMS),监测传感器不直接监测结构的损伤退化状态,而是监测与结构使用相关的各种参数,如环境参数、载荷参数等,借此推断结构的损伤退化状态。

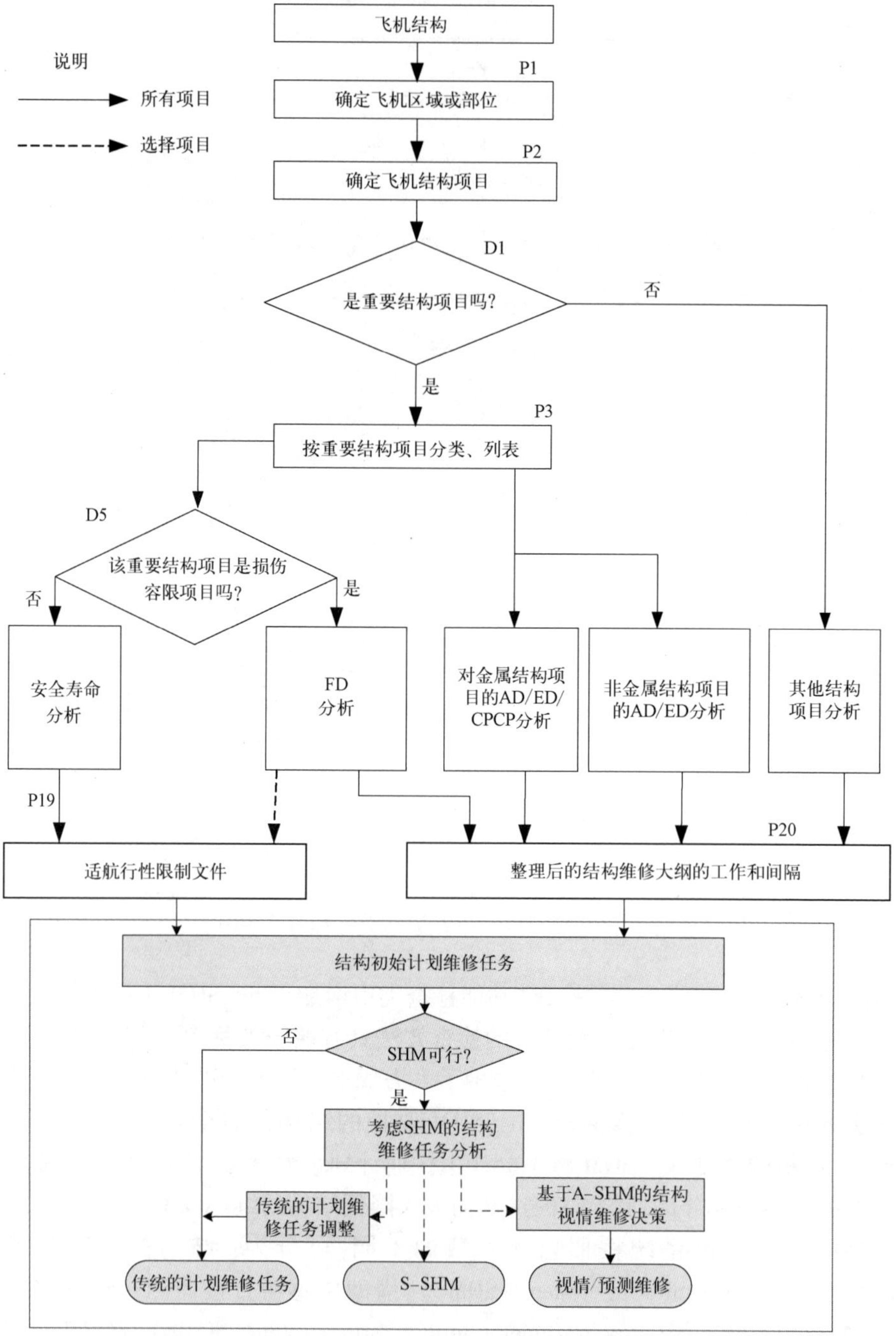


图 11.8　考虑 SHM 的结构维修任务分析流程图

在 MSG－3 分析方法基础上，考虑结构健康监测技术的结构维修任务分析逻辑决断程序如图 11.9 所示。

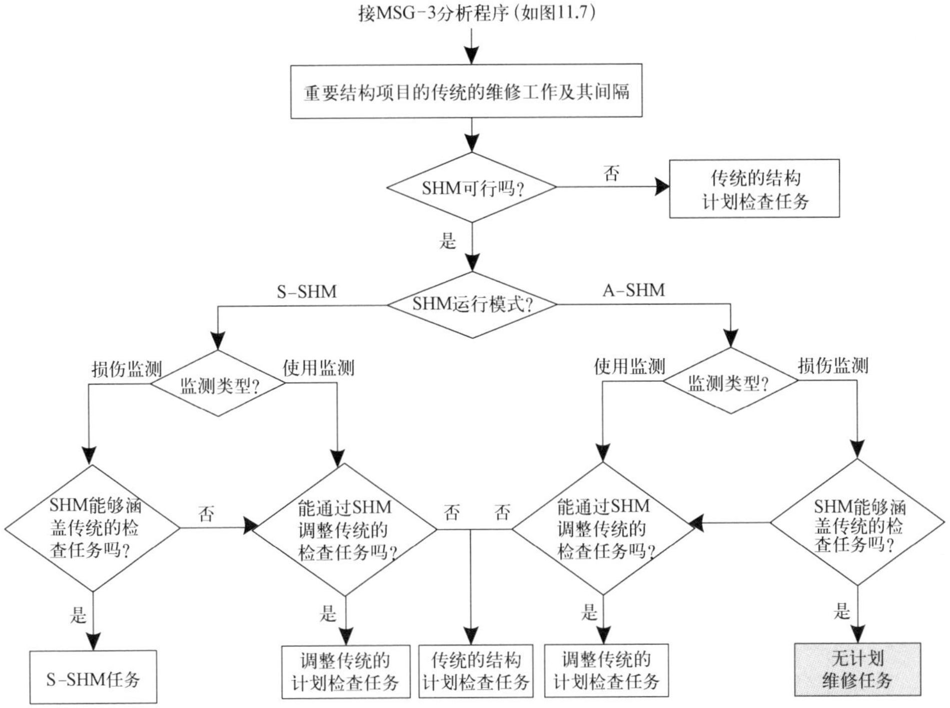


图 11.9　考虑结构健康监测的结构维修任务分析逻辑决断图

4. S－SHM 任务间隔评估

引进 SHM 后，部分传统的 FD/ED/AD 计划检查任务将完全由 S－SHM 取代，还有部分结构维修任务需根据 SHM 系统进行调整。

由图 11.10 所示的考虑结构健康监测技术的结构维修任务分析逻辑决断程序可知，在 S－SHM 能够涵盖传统的检查任务时，可以由 S－SHM 来取代针对结构 FD/AD/ED 损伤的计划检查任务，S－SHM 可以借助地面支持设备或机载设备定期的实施。以结构的疲劳损伤为例，S－SHM 间隔的评估方法如下：

1）疲劳裂纹扩展特性研究

建立从初始裂纹到临界裂纹的扩展寿命曲线，分计算裂纹的平均疲劳寿命（$T_c$）。

2）检查方法的检测概率评估及有效可检裂纹长度的确定

检测方法的检测概率是确定重复检查间隔的重要输入，需要研究相应的检测方法的检查概率评估方法。

有效可检裂纹长度取决于检查等级（检查方法）以及检查对象的观察复杂程

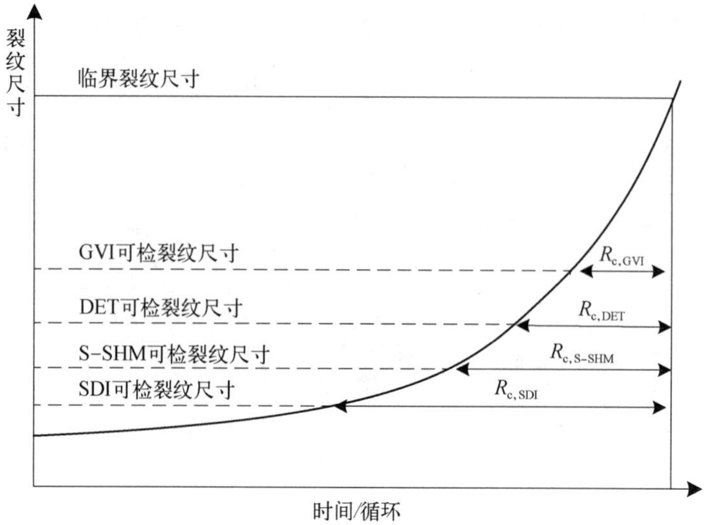


图 11.10　基于疲劳裂纹扩展特性的结构检查间隔评估

度(如 SSI 的可见性、项目尺寸、光照条件、表面情况、材料厚度和边缘影响和隐蔽裂纹尺寸),通过矩阵法来评估。

3) 裂纹扩展寿命($R_c$)的确定

在确定各种检查等级下的有效可检裂纹长度后,根据疲劳裂纹扩展特性可确定各检查等级下的疲劳裂纹扩展寿命,即从可检裂纹扩展到临界裂纹的裂纹扩展寿命。

首次检查门槛值 $T_t$ 和重复检查间隔 $T_i$ 的确定:

$$T_t < T_c / K_t$$
$$T_i < R_c / K_i$$

5. 基于 A－SHM 的结构视情维修决策

由图 11.9 所示的考虑结构健康监测技术的结构维修任务分析逻辑决断程序可知,在 A－SHM 系统能够取代传统的计划检查任务时,相应的结构计划维修任务可取消,实施视情维修,由 A－SHM 持续地监控结构的健康状态,并在必要的时间触发维修活动的实施。基于 A－SHM 的结构视情维修决策原理如图 11.11 所示。

1) 基于 A－SHM 数据的结构损伤状态评估

基于使用监测数据的结构损伤状态评估方法和直接基于损伤监测数据的损伤状态评估方法,如图 11.12 所示。

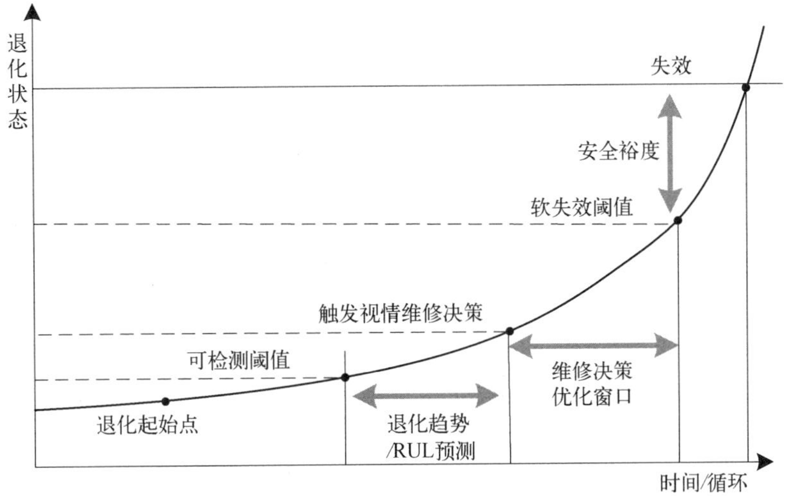


图 11.11 基于 A－SHM 的结构视情维修决策

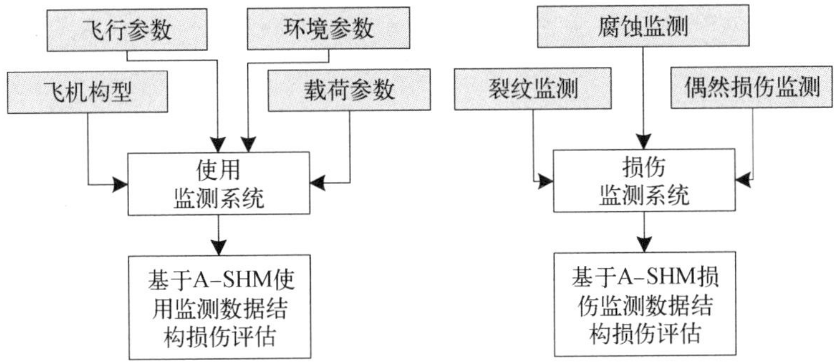


图 11.12 基于 A－SHM 数据的结构损伤监测与评估

2）基于 A－SHM 数据与物理模型的结构剩余寿命预测（图 11.13）

（1）基于 A－SHM 使用监测数据与结构寿命损耗模型的结构剩余寿命预测。部件的实际衰退程度和衰退率取决于其所处环境和使用载荷情况。合理准确的寿命预测取决于对当前衰退程度的把握和未来使用情况的合理预测。因此，首先需要分析使用参数与损伤的关系，建立两者之间映射函数；其次采用马尔可夫模型描述使用参数的变化，并基于系统以往的运行历史预测未来的使用情况；最后，基于使用参数的预测，建立基于使用参数的随机损伤累积模型，通过该模型可得到部件在未来时刻的累积损伤情况，再通过设定损伤阈值，从而实现对失效时间的分布预测。

（2）基于 A－SHM 损伤监测数据与结构物理退化模型的结构剩余寿命预测。建立基于结构损伤监测数据与物理或经验的衰退规律相结合的状态空间衰退模型。在此基础上，借助贝叶斯方法，给定损伤监测数据可估计出部件当前的衰退状

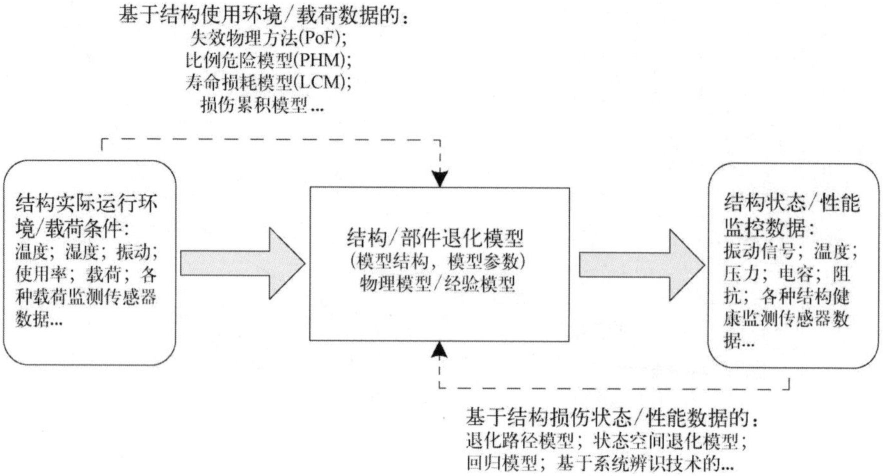


图 11.13 基于 A－SHM 数据与物理模型的结构剩余寿命预测方法

态,并预测部件未来的衰退趋势,再通过设定衰退阈值,实现对失效时间分布的预测。

### 11.2.3 发动机 PHM 维修设计流程

基于国际规范、标准和 MSG－3[1]、S4000M[8] 等思想,结合航空维修技术与方法的最新发展,形成发动机视情维修任务分析与优化原理及其技术体系,技术路线如图 11.14 所示。

在传统 RCM 计划维修分析基础上,根据现有 CBM 技术成熟度及型号采纳情况,选择航空发动机维修策略,选择视情维修项目及相应视情维修任务和支撑技术手段,涉及视情维修项目部件选择方法、适当的状态监测及信号处理技术、适当的诊断或预测模型及智能维修决策方法评估应用等。

1）发动机视情维修工程分析框架与流程

为了实现发动机视情维修,建立一套包括测试性、可靠性和可预测性在内的设计和评估方法,其次,在产品可靠性分析、FMEA 分析及以可靠性为中心的维修工程分析(RCM/MSG)等基础上,针对视情维修的动态性特点,形成基于视情的维修任务制定方法,最后,从产品的管理角度出发,研究基于视情的保障计划制定方法,从而真正实现以"在管理指导下的产品状态维修"和"在故障监测诊断技术支持下的产品管理"为核心内容的产品视情维修理念。最后,从具体的操作层面出发,需要将各相关方法和技术进行标准化,因此,需要结合现有的 MSG、RCM、MIL－STD、GJB、SAE 等,将上述理论和方法转化成可操作、可推广应用、标准化的准则、流程、分析逻辑、模型和方法体系,为形成视情维修标准奠定基础。

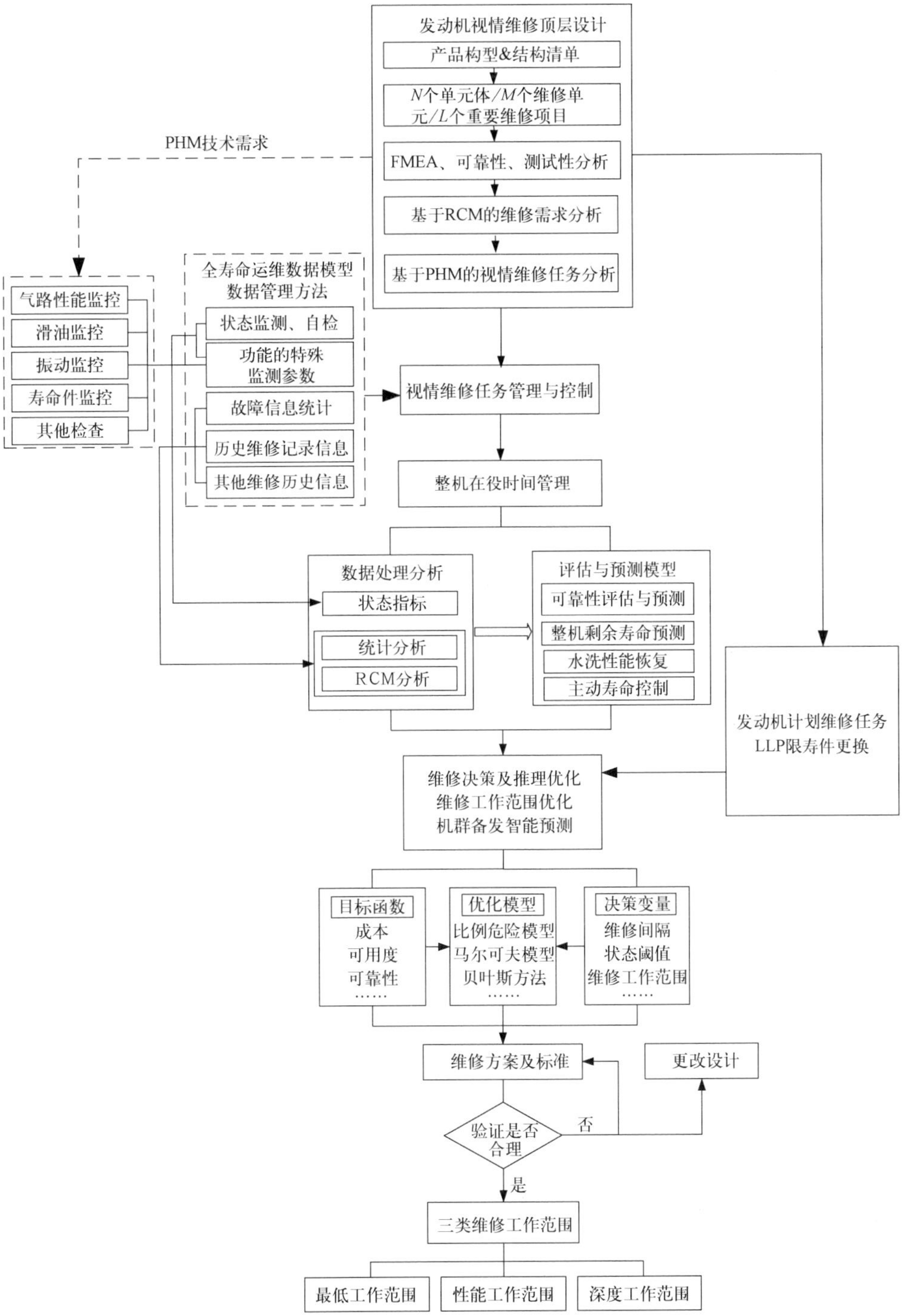


图 11.14　基于健康管理的发动维修任务分析与优化

重点解决发动机设计阶段采用适当的状态监测技术，制定视情维修任务相关工程分析方法等。具体可以参照 RCM 或 MSG－3 流程和方法对航空发动机开展分析。如图 11.15 所示，基于传统 RCM/MSG－3 维修任务分析框架基础上，考虑融入 PHM 的发动机维修任务分析，在 RCM/MSG－3 的流程基础上，将基于 PHM 的检查方式增加到下层逻辑分析过程，并考虑利用先进的机载监测传感器和维护系统代替人工操作检查或功能检查，节约维修工时和成本。

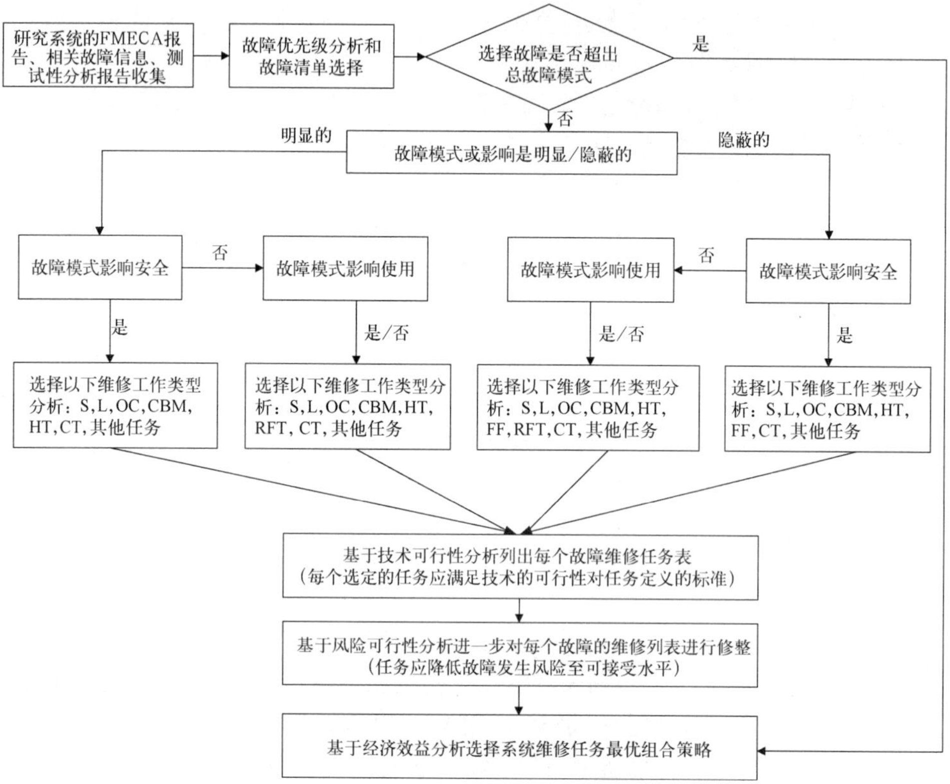


图 11.15　设计阶段：基于 RCM/MSG 分析的视情维修任务制定流程

视情维修设计的主要内容如图 11.16 所示。

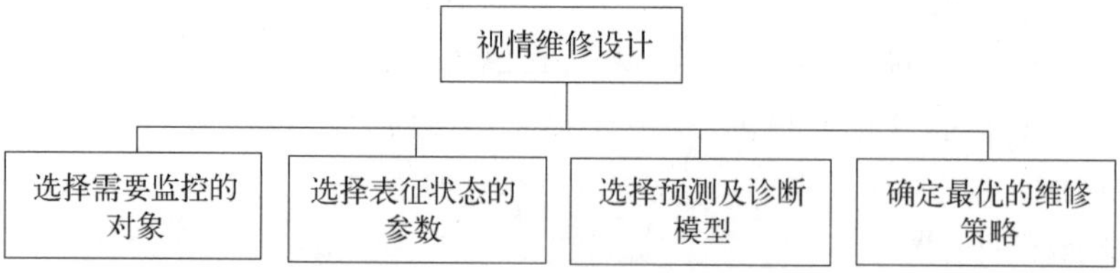


图 11.16　视情维修设计框架

2）发动机视情维修支撑技术梳理与评估

（1）发动机状态监控内容。在确定了关键系统及零部件之后，针对所选择的对象进行监控。通常有以下几类主要的监控内容：

① 气路性能监控。航空发动机的核心部件是气路系统部件，包括压气机、燃烧室、涡轮。气路部件的一些热力参数可反映发动机性能状态的变化，这些参数有：温度、压力、转子转速、燃油流量等，也叫做发动机的可测参数。气路性能分析是发动机状态监控的主要内容，也是发动机故障诊断的有效工具。美军中越来越多的直升机装备了健康使用监测系统（health usage monitoring system，HUMS），从而可以对发动机的状态进行监控。

② 滑油监控。滑油监控技术是滑油系统部件及其封严系统状况的一种监控手段，用于机械磨损类故障监控与诊断。发动机包含大量的齿轮、轴承等机械旋转部件，因此滑油监测也是发动机状态检测与故障诊断的重要手段之一。航空发动机的滑油监控包括：滑油消耗率监控、滑油磨粒监控、滑油品质状况监控、滑油温度和压力监控。其中滑油磨粒监控又可分为在线监控和离线检测分析。

③ 振动监控。振动信号是发动机状态监控与故障诊断常用的数据。发动机的高、低压转子是由叶片、盘、轴、轴承等旋转零部件构成。在装配过程中，这些部件不可能做到完全平衡，这种不平衡在旋转过程中会产生一定程度的振动信号，这些振动信号就是状态监控的与故障诊断有关的征兆信息。另外，磨损或损伤等也会引起转子的振动。

④ 寿命监控。寿命监控是对诸如盘、叶片等关键旋转部件的使用、损伤和剩余寿命等进行监控，包括运行时间、循环的跟踪。寿命监控对保证发动机在高性能水平下安全可靠地工作有十分重要的作用。但该监控方法有内在的不确定性，可能导致过分的保守或者潜在不安全的寿命预测。

针对发动机关键零部件，如轴承、叶片、齿轮传动、润滑系统、启动系统等，全面梳理国内外先进发动机的监测技术水平和测试诊断能力，总结国内外发动机监测技术新进展，评估技术成熟度等级，对比分析国内技术差距及储备情况，为型号实施视情维修策略的实施提供决策支持。

（2）发动机关键机械系统 FMEA 与测试性分析。航空发动机是一个复杂系统，子系统故障不仅引起自身功能或性能的变化，而且引起其他子系统或部件的状态变化，故障征兆有多种表现途径和形式，同一征兆也有可能是多种故障源引起的，故障源与故障征兆形成了多对多的关系。目前制约发动机可靠性寿命的主要因素是轴承、叶片、轮盘、齿轮传动、燃烧室、润滑系统等部件的情况。鉴于发动机状态监测技术的发展水平，这些部件恰恰也是提升我国航空发动机视情维修水平的突破口。因此，为了评估视情维修水平，有必要结合目前的测试技术条件，针对这些机械系统和部件开展 FMEA 与测试性分析，全面评估现有发动机关键机械系统的监测技术水平和测试诊断能力，确定合理、可行的面向视情维修的关键支撑技术要求与性能指标。

（3）发动机视情维修支撑技术梳理与技术成熟度评估。支撑发动机视情维修实现的关键支撑技术包括：① 航空发动机状态监测技术；② 航空发动机性能评估与控制技术；③ 航空发动机剩余寿命与下发预测技术；④ 航空发动机机队维修决策与备发预测技术。

梳理分析国内外现有航空发动机视情维修支撑技术的工程应用及研究的最新进展，根据技术成熟度等级划分及定义等相关国军标和规范，评估现有视情维修支撑技术的成熟度。进一步对比国内外技术水平，分析国内相关技术储备情况及差距。

## 11.3 考虑 SHM 的民机结构/系统维修模式

### 11.3.1 考虑 SHM 的结构维修模式

在现有的基于 MSG－3 思想的计划维修模式的基础上，部分重要结构引进结构健康监测方法，而大部分仍采用原定的定期停机检查等计划维修方式，因此需要在原有计划维修模式的框架下考虑实施基于 SHM 的维修[10]。现行基于 MSG－3 的结构计划维修模式如图 11.17 所示。结构维修任务间隔分为初始检查门槛值和重复检查周期，$T_i$ 表示第 $i$ 次停机检查时间。

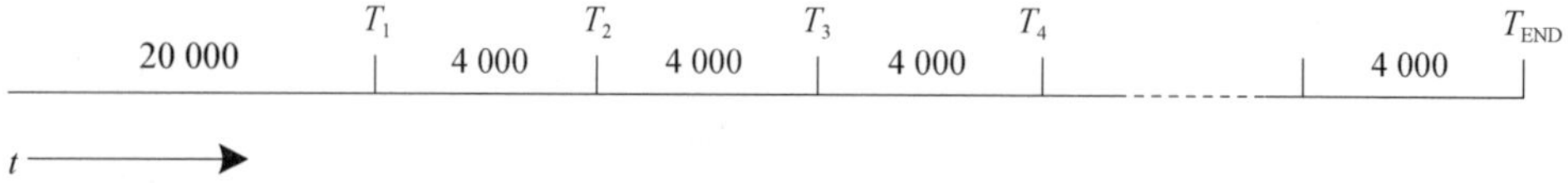


图 11.17　结构计划维修示意图

1）考虑 S－SHM 结构维修模式

考虑 S－SHM 的结构维修模式（图 11.18）与现有 MSG－3 计划维修模式完全一致，不同之处在于考虑 S－SHM 的结构维修模式下，重要结构件的检查是通过在线 SHM 系统实现的，避免实施人工检查所需要的结构拆解、检查、安装等一系列的维修活动。因此，在 S－SHM 的结构维修模式下，借助在线 SHM 系统检查结构件的损失情况，若结构损伤 $D(T_i)$ 小于结构修理阈值 $D_{\text{main}}$，则此结构件可以跳过此次计划维修，从而减少维修工时和停机时间。

2）考虑 A－SHM 结构维修模式

考虑 A－SHM 的结构维修模式下（图 11.19），在线 SHM 系统持续监测重要结

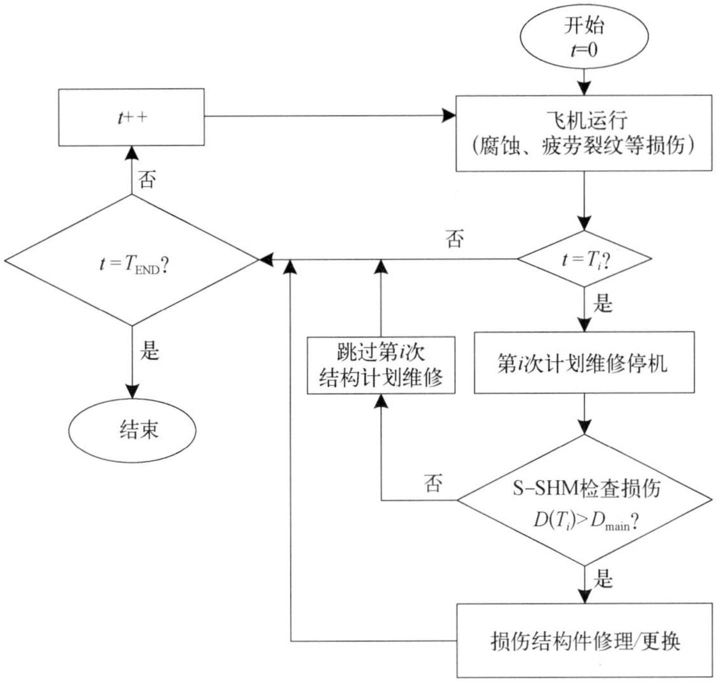


图 11.18　基于 S - SHM 的维修模式

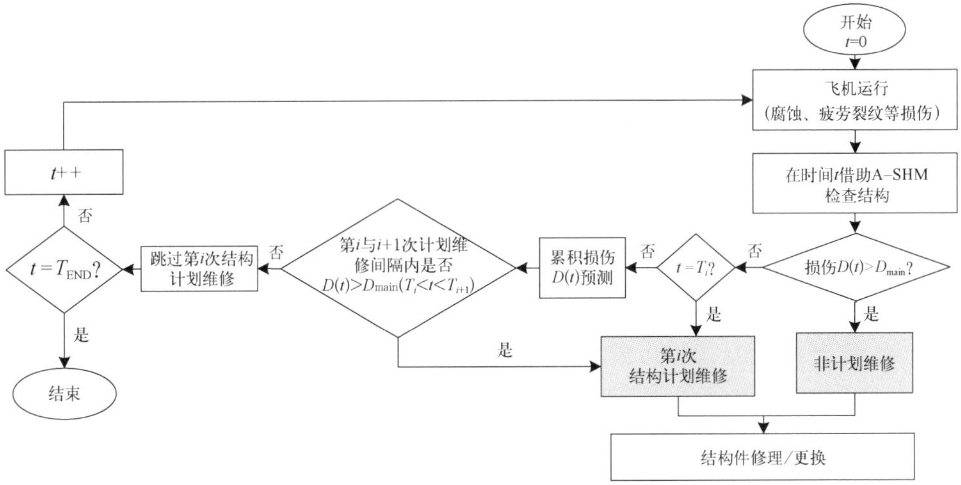


图 11.19　基于 A - SHM 的结构维修模式

构的损伤情况，若损伤 $D(t)$ 大于结构修理阈值 $D_{main}$，则需要停机实施非计划维修，否则继续实施监测并预测损失发展情况，若预测结构件的损伤在当前与下一次计划维修间隔内，将超过维修阈值 $D_{main}$，则需要在当前第 $i$ 次计划维修时对结构件进行维修，否则可跳过当前（第 $i$ 次）的计划结构计划维修。

### 11.3.2　考虑 AHM 的系统维修模式

考虑 AHM 的系统维修模式下（图 11.20），系统仍然按照 MSG－3 规划的计划维修任务执行，同时为减少系统非计划维修事件，在系统的两次计划维修的间隔内（$T_i < t < T_{i+1}$），借助 AHM 系统分析 QAR 和 ACARS 数据，持续监测系统的健康状态，若系统性能退化达到维修阈值，即 $D(t) > D_{main}$，则需要停机进行非计划维修，否则飞机正常运营并继续监测系统的健康状态，若监测到异常状态则触发对系统的故障预测，并安排基于连续监测和故障预测的"计划维修"，减少非计划维修事件和停机时间[11,12]。

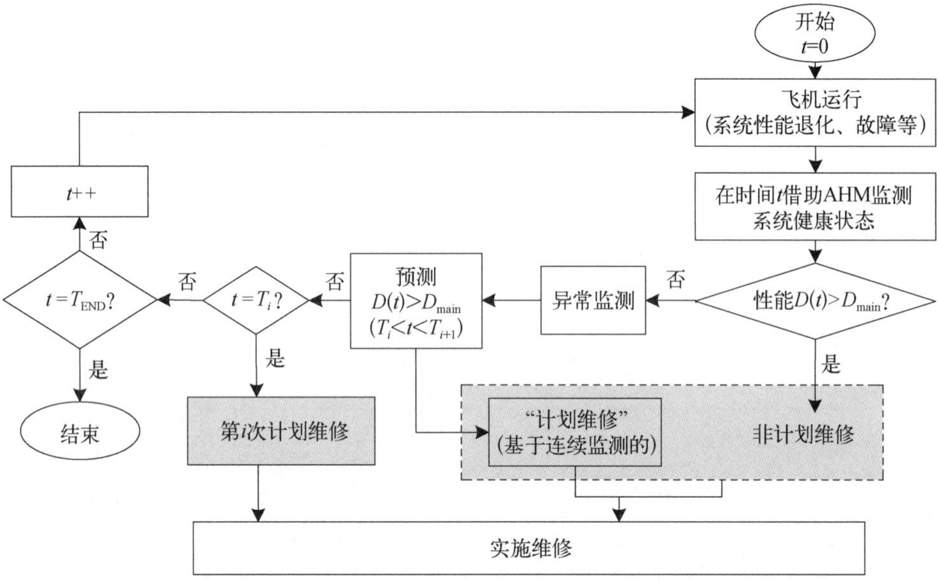


图 11.20　基于 A－SHM 的系统维修模式

## 11.4　仿真案例分析

### 11.4.1　机载系统 PHM 维修任务分析案例

空气分离系统把经过引气调节系统调节后的气体分离成富氮气体（nitrogen

enriched air, NEA)和富氧气体(oxygen enriched air, OEA),富氮气体提供给燃油箱,富氧气体排出机外。空气分离系统主要由温度隔离阀、空气分离器进口过滤器、压力传感器、空气分离器进口温度传感器、空气分离器、氧气传感器、双流量切断阀等部件组成。ASM 是飞机上空气分离系统的核心部件,包含成千上万的选择性渗透空心纤维,用来分离压缩空气中的氧气,从而产生富氮气体。ASM 故障分析如表 11.1 所示。

**表 11.1　ASM 故障分析**

| 项　目 | 功　能 | 故 障 模 式 | 影　响 | 故障原因 |
| --- | --- | --- | --- | --- |
| ASM | ASM 产生足够的 NEA | 当 ASM 进口空气参数正常时未能产生足够的 NEA | 惰化降级 | ASM 失效 |

根据 MSG－3 任务分析流程,对 ASM 开展故障影响类别分析,结果如表 11.2 所示。

**表 11.2　故障影响类别分析**

故障影响类别选择

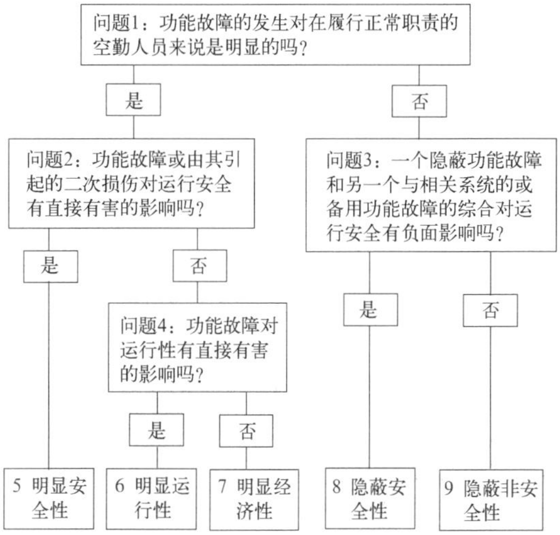


| 问题 | 回答 | 描　述 | |
| --- | --- | --- | --- |
| 1 | 否 | 功能失效对机组人员是隐蔽的,因为其不被监控 | |
| 2 | N/A | — | |
| 3 | 否 | 该失效模式结合 FTIS 其他任一个部件失效(如,一个阀)都不会影响运行安全 | |
| 4 | N/A | — | |
| | | | |
| 类别 | 9 | MMEL | 47－00－00 |

MSG－3 分析得到 ASM 维护任务如表 11.3 所示。

**表 11.3　ASM 的传统维修任务分析结果**

| 国产民机 | 系统/动力装置 MSG－3 分析 | MSI 编号：47－12－00 |
|---|---|---|
| M－5.1 | 任务选择 | MSI 名称：空气分离系统 |
| 失效影响类别 | 功能：2 ASM 产生足够的 NEA。<br>失效：2A 当 ASM 进口空气参数正常时未能产生足够的 NEA。<br>影响：2A1　惰化降级。<br>原因：2A1a ASM 失效。 | |

| 55 | 66 | 77 | 88 | 99 | 任务选择的问题 | | 是 | 否 | 不适用 | 根据适用性和有效性准则回答或解释 |
|---|---|---|---|---|---|---|---|---|---|---|
| A | A | A | A | A | 润滑或勤务工作是适用和有效的吗？ | 润滑/勤务 | | √ | | 没有适用的润滑/勤务任务，因为没有消耗品需要补充 |
| | V | B | B | B* | 验证使用状态的检查是适用和有效的吗？ | 操作/目视检查 | | √ | | 没有适用的操作/目视检查任务 |
| C | C* | C* | C | C* | 用检查或功能检查探测功能降低是适用和有效的吗？ | 检查（GVI/DET/SDI）/功能检查 | | √ | | 没有适用的检查任务检查退化 |
| D | D* | D* | D | D* | 降低失效率的恢复工作是适用和有效的吗？ | 恢复 | | √ | | 没有适用的恢复任务，因为该部件不会在可确定的寿命阶段显示退化特征 |
| E | E* | E* | E | E* | 避免失效或降低失效的报废工作是适用和有效的吗？ | 报废 | √ | | | 是的，ASM 的报废工作是有效，因为 ASM 的性能会随时间下降 |
| F | | | F | | 有一种工作或综合工作是适用和有效的吗？ | 综合工作 | | | √ | N/A |

| 工作号 | 任务类型 | 任务描述 | 失效影响类别 | 区域 | 接近方式 | 有效性 |
|---|---|---|---|---|---|---|
| 47－12－00－03 | 报废 | 报废空气分离组件 | 9 | 191 | 191AL、191BL | 10101+ |
| | | | | | | |

备注：（该表可以根据需要增加）

应用 AHM 任务分析程序，针对任务编号 47－12－00 开展 AHM 任务分析，分析结果如表 11.4 所示。

**表 11.4　AHM 任务分析结果**

<table>
<tr><td>国产民机</td><td colspan="3">系统/动力装置 MSG－3 分析</td><td>MSI 编号：47－12－00</td></tr>
<tr><td>M－5.2</td><td colspan="3">AHM 任务选择</td><td>MSI 名称：空气分离系统</td></tr>
<tr><td>失效原因</td><td colspan="4">原因：2A1a ASM 失效。</td></tr>
<tr><td>失效影响类别</td><td>9</td><td colspan="2">相关任务</td><td>47－12－00－03</td></tr>
<tr><td colspan="2">AHM 候选项问题</td><td>是</td><td>否</td><td>根据适用性和有效性准则回答或解释</td></tr>
<tr><td rowspan="2">第 1 步</td><td>2－3－9.1：AHM 是否有能力检测到需要润滑或勤务工作？</td><td></td><td>√</td><td>润滑/勤务任务不适用于这个失效原因,因为没有消耗品需要补充</td></tr>
<tr><td>2－3－9.1.1：AHM 是否有能力为定期的润滑或勤务工作提供足够的准备时间？</td><td></td><td>√</td><td>润滑/勤务任务不适用于这个失效原因,因为没有消耗品需要补充</td></tr>
<tr><td rowspan="2">第 2 步</td><td>2－3－9.2：AHM 是否有能力检测到退化？</td><td>√</td><td></td><td>ASM 降级可以被氧气浓度传感器探测到</td></tr>
<tr><td>2－3－9.2.1：AHM 是否有能力为纠正影响正常使用的退化状态工作提供足够的准备时间</td><td>√</td><td></td><td>这里有充足的时间来提前安排 ASM 更换</td></tr>
<tr><td rowspan="2">第 3 步</td><td>2－3－9.3*：AHM 是否有能力检测到隐蔽故障？（只适用于故障影响类别 8 和 9）</td><td></td><td></td><td>N/A</td></tr>
<tr><td>2－3－9.3.1*：AHM 是否有能力为定期的纠正行工作提供足够的准备时间？（只适用于故障影响类别 8 和 9）</td><td></td><td></td><td>N/A</td></tr>
<tr><td colspan="2">2－3－9.A：AHM 程序或工作是否有效？（适用于三个步骤）</td><td>√</td><td></td><td>AHM 通过测量氧气浓度可以直接用来反映 ASM 的健康状况</td></tr>
<tr><td colspan="2">2－3－9.B：AHM 是否完全满足传统任务的目的？（适用于三个步骤）</td><td>√</td><td></td><td>AHM 通过测量氧气浓度可以直接用来反映 ASM 的健康状况</td></tr>
<tr><td colspan="2">2－3－9.C：选择综合 AHM 维修任务(适用于三个步骤)</td><td></td><td>√</td><td></td></tr>
<tr><td colspan="2">2－3－9.D：选择 AHM 替代的程序或任务(适用于三个步骤)</td><td>√</td><td></td><td>AHM 通过测量氧气浓度可以直接用来反映 ASM 的健康状况</td></tr>
<tr><td colspan="5">2－3－9.4：总结 2.3.9 C & D 中选择的 AHM 程序或任务并提交 ISC 批准和纳入 MRBRD 提案</td></tr>
<tr><td colspan="2">AHM 需求/程序</td><td colspan="3">1.1　等待维护信息<br>1.2　通过维护页面监控损伤或隐蔽故障<br>2. 在规定的时间范围内安排润滑、维修或更换工作</td></tr>
<tr><td colspan="2">MRBR 关联任务(MSG－3 任务)更新描述－>包括应用认可的 AHM 的追踪能力</td><td colspan="3">MRBR 任务号：xx－xxx－xx<br>任务描述：<br>机型提示：适用于不使用 AHM 替代 xx－xxx－xx 的操作员</td></tr>
</table>

| 工　作　号 | 任务类型 | 任务描述 | 失效影响类别 | 区域 | 接近方式 | 有效性 |
|---|---|---|---|---|---|---|
| AHM 47－12－00－03 | AHM | 根据检测到氧气浓度,反映 ASM 的健康状态,低于接收水平时,更换 ASM | 9 | 191 | 191AL、191BL | 10101+ |

### 11.4.2 结构 PHM 维修任务分析案例

巴西宇航工业在 E190 飞机上尝试在部分关键结构上采取 S－SHM 来代替目前的结构 SDI 任务。

1）案例 1：S－SHM 替代 E190 飞机升降舵结构的 SDI 任务

在 MRBR 中，S－SHM 方法可以作为替代、补充或候选传统的结构检查方法（如 GVI、DET、SDI）。图 11.21 和图 11.22 为巴西宇航工业尝试在其 E190 机型上采取 S－SHM 方式替代原先针对升降舵结构（Elevator Structure-Internal, SDI）的任务[11]。其中，在 MRBR 中虽然升降舵结构的检查方式改为 S－SHM，但其检查任务的初始间隔和重复间隔并没有改变，仍然采取了原先 SDI 任务的初始和重复检查间隔，即初始和重复检查间隔为 96MO。从相应的 MPD 任务中可以看出，采用 S－SHM 方式后，需要维修人员仍然是一人（与原先 SDI 需要的维修人员数量一样），但维修工时只需 0.25，比原来的 SDI 任务节省大量维修工时。

| MRBR Task Number | Zones | Type<br>Cat-Egory | Title Description<br>Note Access Panels | Applicability | Interval<br>(I: Interval T: Threshold) |
|---|---|---|---|---|---|
| 55-20-001-0407 | 337<br>347 | S-SHM | Inspection of Elevator Structure, LH/RH, by using Structures Health Monitoring equipment-Internal Side of Elevator | ALL | T: XX MO I: YY MO |
| 55-20-002-1000 | 337<br>347 | DET | ELEVATOR HINGE AND ACTUATOR FITTINGS-INTERNAL<br>Detailed Inspection of Elevator Hinge and Actuator Fittings , LH/RH-Internal Side at Rear Spar and Elevator Area. | ALL | T: FC  I: FC |
| 55-20-004-0406 | 337<br>347 | GVI | ELEVATOR FRONT SPAR FORWARD FACE, LH/RH-INTERNAL<br>General Visual Inspection of Elevator Front Spar Foward Face, LH/RH-Internal | ALL | T:FC I:FC |

图 11.21　用 S－SHM 代替 MRBR 中升降舵结构的 SDI 任务

2）案例 2：S－SHM 替代 E190 飞机后客舱门外围结构的 SDI 任务

E190 后客舱门外围结构需要就疲劳损伤和腐蚀进行定期检查，其中，疲劳损伤检查间隔为 T20000FC、I5000FC，腐蚀检查间隔为 T12000FC、I12000FC（图 11.23）。飞机后客舱门外围结构复杂，检查准备工作繁重，需要拆卸大量外部结构，消耗大量维修工时。

巴西宇航在评估后，针对飞机后客舱门外围结构的疲劳损伤检查 SDI 任务由 S－SHM 替代后，飞机后客舱门外围结构的检查任务只需 12 000FC 做一次腐蚀检查，由此带来的优势包括：① 每 12 000FC 可节省 120 人工时；② 若进一步腐蚀检查采取 S－SHM 方式，可进一步节省超过 250 人工时/12 000FC；③ 减少因繁重复杂的维修准备工作引起的二次损伤等问题；④ 提高飞机利用率（减少停机时间）。

包括波音、空客、庞巴迪和巴西宇航在内的几大民用飞机制造商均在积极探索 SHM 应用于民用飞机结构的持续适航，考虑到民用飞机产业严格适航限制问题，制造商一方面积极和适航管理局方（FAA、EASA 等）、国际民用飞机维修标准组织

| Maintenance Requirement ID | Maint. Reqt. Effectivity | Description | M-H Tot-Nbr Pers. | Source | Periodicity (I:interval , T:Thershold) Procedure Ref./Position(M-H)/ Skill(nbr) General Task Reference Related Zone/Assesses | Effectivity |
|---|---|---|---|---|---|---|
| 55-20-001-0406 | ALL | SDI-ELEVATOR STRUCTURE-INTERNAL<br>Special Detailed Inspection of Elevator Structure.<br>LH/RH, by using an Ultrasonic Technique-Internal<br>Inspection from External Side of Elevator | | MRBS | T:MO I:MO | ALL |
| | | | | | NDT PART 4 TASK 55-20-00-270-601-B (U)/AF | ALL |
| | | | | | 123/123BL<br>124<br>147/147AL<br>148<br>199/199AL<br>337 347 | ALL<br><br>ALL<br><br>ALL |
| 55-20-001-0407 | ALL | SHM-ELEVATOR STRUCTURE.INTERNAL<br>Inspection of Elevator Structure,<br>LH/RH, by using Structures Health<br>Monitoring equipment-Internal Side of the Elevator | 0.25<br>1 | MRBS | T:MO I:MO | ALL |
| | | | | | NDT PART 5 task 55-20-00-290-601-B 0.26(U) / AF(1) | ALL |
| | | | | | 334/334GB,334HB,334JB,334KB,334LB<br>334MB,334MB<br>337<br>344/344GB,344HB,344JB,344KB,344LB<br>344MB,344SB<br>347 | ALL<br>ALL |
| 55-20-002-0001 | EMBRAER 190 ACFT | DET-ELEVATOR HINGES AND ACTUATORS FITTINGS-INTERNAL | | ALI | T:FC I:FC | EMBRAER 190 ACFC |
| | | | | | NDT PART 5 TASK 55-20-00-213-601-B (U)/AF | ALL |
| | | | | | 334;337;344;347 | |

图 11.22 用 S－SHM 代替 MPD 中升降舵结构的 SDI 任务

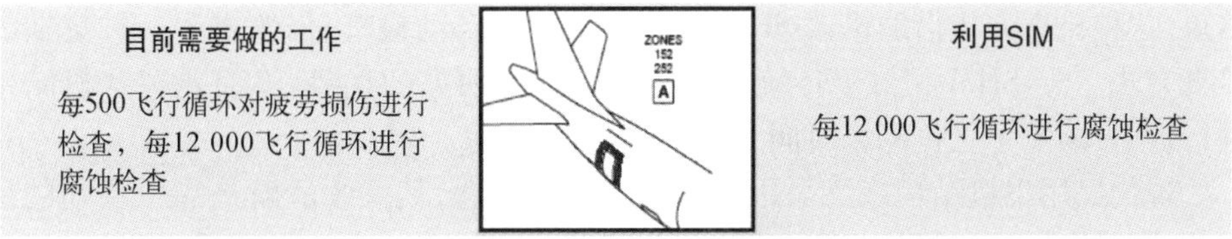


图 11.23 用 S－SHM 代替 E190 后客舱门外围结构的 SDI 任务

（A4A、SAE 等）合作，推动相关国际规范和标准的制定，为 SHM 在民用飞机结构上的应用扫除适航标准等方面的障碍，已取得一定的进展，如最新版的 MSG－3（2009 版）已接纳 S－SHM 作为一种新型的结构检查方式；另一方面，制造商也在不断尝试在初始维修任务分析时逐渐引进 S－SHM 方法。

目前，公开报道中仍未见有制造商在投入运营的飞机上采取 SHM 方法，巴西宇航的 E190 的 SHM 技术仍处于飞行试验阶段，波音、空客的相关报道中均提到 SHM 的实施策略，第一步首先在部分典型的关键结构上（特别是一些检查工作实施困难，且通常结构缺陷发现率比较低的结构上）采取 SHM 技术，这无论在适航审定和用户接纳方面均比较容易实现，但具体技术细节未见相关报道。考虑到空客、庞巴迪和巴西宇航当前在研机型上很可能在部分结构上采取 SHM 技术，国内新一代宽体客机亟待开展此方面的研究。

### 11.4.3　考虑 SHM 的飞机结构检查任务规划案例

飞机结构维修策略有很多种，预防性维修、事后维修等都属于维修策略的一种。预防性维修是在预先确定的时间间隔或根据相关规定的标准时间来执行的维修，旨在降低结构部件的失效概率。寿命周期内预防性维修任务的完整集合称为定期维修计划，通常在飞机的设计和制造阶段确定。现代商业飞机定期维修计划的制定主要是基于 MSG－3 方法。MSG－3 概括了飞机预防性维修任务分析的逻辑流程，以制定飞机的结构、系统、引擎和部件的计划维修任务，目的在于维持飞机固有的安全性和可靠性。

基于 MSG－3 方法的结构维修任务规划主要为重要结构项目（structural significant item，SSI）的退化过程［意外损伤（AD）、环境引起退化（ED）、疲劳损伤（FD）、腐蚀磨损（C&W）］选择合适和有效的结构维修任务。目前，民用飞机计划维修任务分为以下几个类别“航线”、“A”、“C”和“D”检，飞机运营商要在特定时间内去执行定期检查。以某单通道民航客机为例，每 18～20 个月或 6 000 飞行小时或 3 000 飞行循环进行一次 C 检。新兴的结构健康监测技术（structural health monitoring，SHM）可以作为 AD、ED、FD 或 C&W 退化检查的一个备选方法。一些情况下，传统的 SSI 计划检查任务可由 S－SHM 任务替代。地面维修支持设备或机载系统定期读取 SHM 传感器的数据，并对检查对象的健康状况做出判断，输出检查结果，这种检查方式借助机载 SHM 传感器实现了自动检查，仍然属于一种定期的检查方式。S－SHM 相对于传统的检查方法具有明显的优势，不需要对飞机结构进行拆解，缩短了飞机停场时间，减少了人力成本等。

现代民用飞机结构广泛采用损伤容限设计理念，其持续适航是靠一系列的预定的计划检查任务确保。耐久性与损伤容限分析技术结合结构荷载谱估计、结构分析、疲劳测试以及无损检测方法等确定结构关键检查位置及检查频率。结构元件的疲劳损伤伴随裂纹的萌生和扩展，在传统的耐久性和损伤容限分析中，通过分析疲劳裂纹萌生和扩展规律确定结构的首次检查门槛值和后续的重复检查间隔，以及时检测出结构中存在的裂纹，必要时（裂纹尺寸超过修理决策阈值）实施结构修理或更换以确保在服役期限内不会扩展为临界裂纹。

对于给定的结构元件,其检查门槛值和重复检查间隔取决于所采用的无损检测方法,如传统的一般目视检查、详细目视检查以及特殊详细检查都有不同的裂纹检测阈值。考虑 S－SHM 的结构维修模式与现有结构计划维修模式一致,不同之处在于考虑 S－SHM 的结构维修模式下,重要结构件的检查是通过在线 SHM 设备实现的,避免实施人工检查所需要的结构拆解、检查、安装等一系列的维修活动,因此检查成本将显著降低。因此,与传统的基于 NDE 的检查方法相比,SHM 技术的引进可以施行更加频繁的自主检查,然而频繁的实施 SHM 检查带来一个新问题就是可能会导致虚警事件上升,引起不必要的停机检查活动,增加了额外的维修成本和运营成本。显然,不管采用传统的 NDE 检查方法还是新兴的 SHM 监测技术,最优的检查间隔和修理决策阈值的确定需建立在结构失效风险和维修成本权衡的基础上。

本节提供一种飞机结构失效风险和维修成本权衡方法及相应的计算模型,在现有的结构计划维修模式下,综合考虑结构元件裂纹萌生和扩展规律、检查/检测系统性能、结构失效风险和结构寿命周期维护成本以确定最优的结构检查间隔和修理决策阈值。

飞机结构失效风险与维修成本分析的建模方法具体步骤如下。

第一步,基于概率损伤容限分析原理,建立飞机结构件单次飞行失效概率计算模型,进而建立机队累积风险计算模型。

对结构检查计划的风险评估确保满足安全风险要求。采用概率损伤容限分析方法来定量评估结构维修策略的风险,单次飞行失效概率(SFPOF)作为量化结构失效风险的指标。其中,单次飞行失效概率定义为在成功完成前一次飞行的基础上当次飞行失效的概率,即

$$\mathrm{SFPOF}_t = \Pr(\phi_t \mid \bar{\phi}_1, \bar{\phi}_2, \cdots, \bar{\phi}_{t-1}) = \frac{\Pr(\bar{\phi}_1, \bar{\phi}_2, \cdots, \bar{\phi}_{t-1}, \phi_t)}{\Pr(\bar{\phi}_1, \bar{\phi}_2, \cdots, \bar{\phi}_{t-1})}$$

其中,$t$ 表示当次飞行;$\phi_i$ 表示第 $i$ 次飞行失效;$\bar{\phi}_i$ 表示第 $i$ 次飞行成功。SFPOF 作为概率损伤容限分析风险度量的方法,对概率损伤容限分析至关重要。在进行结构件的概率损伤容限分析时,至少需确定结构件裂纹扩展规律以及断裂韧性、初始等效裂纹、飞行循环最大应力、裂纹检测概率等相关分布。

对于运输类飞机,机队累积风险是指在机队未来一段时间内未采取额外补充的修理或纠正措施时,整个机队发生权重事件(如人员伤亡事件)的总次数。对于一个给定的损伤状态,未来 $m$ 个飞行循环内机队累积风险 $R_m$ 定义如下:

$$R_m = P \cdot P_{\mathrm{C}} \cdot S$$

其中,$P$ 是机队在定义时期内缺陷(如裂纹)发生概率;$P_{\mathrm{C}}$ 是由于缺陷发展导致安

全后果(如结构失效)产生的条件概率;$S$ 表示引起的安全后果的严重程度(如人员伤亡率)。机队累积风险提供了一个对机队在未来时间段内风险的长远预测,它可以帮助决定机队是否存在不安全状态并且用来指导采取纠正措施。这里,利用单次飞行失效风险和机队累积风险作为飞机结构计划检查任务的风险评价指标。

第二步,基于现行的飞机结构计划维修模式,建立飞机结构寿命周期内维修成本计算模型,其包括结构检查成本、修理成本以及虚警事件引发的结构检查成本。

对于一个给定的结构元件,有多种维修策略能够确保单次飞行失效风险以及机队累积风险都在可接受水平之内,因此维修成本成为权衡和比较这几种维修策略的一个重要标准。飞机结构寿命周期内维修成本包括:检查成本、修理成本和SHM 虚警检查成本。

1) 检查成本

单次检查成本通常是用工时费乘以人工时,这些数据通常会由维修计划文档提供。因此对于一个给定的维修策略在寿命周期内 $m$ 次结构检查的总成本如下:

$$C_I = \sum_{j=1}^{m} c_I^{(j)}$$

其中,$c_I^{(j)}$ 为第 $j$ 次检查成本。自动化的 SHM 技术比传统的人工 NDE 方法能够有效减少检查的人工时,因此采用 SHM 技术能显著减少飞机结构寿命周期内的检查成本。

2) 修理成本

修理成本一般包括材料费和人工费。不管采用 NDE 方法还是 SHM 技术,在每次结构计划检查时都有可能会发现裂纹,这里,定义裂纹检测概率(PCD)来描述这种可能性。在现代航空维修中,考虑维修的经济性通常发现裂纹不会立即修复,而是根据裂纹尺寸与修理决策阈值的关系来决策是否维修,如果裂纹的损伤小于修理决策阈值,则此结构件可以延迟一段时间再修理。因此,在结构寿命周期修理成本建模时,本方法引进了裂纹修复概率(PCR)来描述每一次结构检查时进行结构修理的可能性,这取决于损伤尺寸与修理决策阈值的关系。对于一个给定的维修策略在寿命周期内 $m$ 次检查计划中,由于结构修理而引起的成本表示如下:

$$C_{\mathrm{R}} = \sum_{j=1}^{m} c_{\mathrm{R}}^{(j)} \cdot p_{\mathrm{R}}^{(j)}$$

其中,$c_{\mathrm{R}}^{(j)}$ 表示第 $j$ 次检查时实施修理的成本。需要注意的是同样的结构元件外场和基地的修理成本是有显著差异的,外场的航线维修跟有计划的基地维修相比,非计划的停机造成的损伤通常远远大于修理成本本身。$p_{\mathrm{R}}^{(j)}$ 表示第 $j$ 次检查时的结构修理概率,定义如下:

$$\mathrm{PCR} = E[\mathrm{POR}(a)] = \int_0^{\infty} \mathrm{POR}(a) f(a) \mathrm{d}a$$

其中,$f(a)$表示检查时裂纹尺寸的概率密度函数;$\mathrm{POR}(a)$表示当裂纹尺寸为 $a$ 时裂纹修理的概率。$\mathrm{POR}(a)$定义如下:

$$\mathrm{POR}(a) = \phi\left(\frac{\ln(a) - \mu}{\sigma}\right) = \phi\left[\frac{\ln(a) - \ln(a_{\mathrm{res}})}{\sigma}\right]$$

其中,$\sigma$ 是根据《无损检测系统可靠性评估手册 1823A》推荐的方法来分析 NDE 或 SHM 系统实验数据获得的,$\mu$ 取修理决策阈值的对数值,即 log(ares)。根据修理决策阈值的定义,当裂纹尺寸等于或超过阈值时进行修理,否则就不进行修理。显然,提高修理决策阈值 ares,会相应降低裂纹修理的概率值,同时也会减少结构修理虚警事件的发生。

3）虚警成本

根据《无损检测系统可靠性评估手册 1823A》的方法,由于 NDE 或 SHM 系统的损伤检测能力的限制,那么每次结构检查都会伴随有一个结构修理的虚警概率。这里,结构修理虚警事件定义为 NDE 或 SHM 系统检测到损伤尺寸已经达到了修理决策阈值,必须停机修理,但是实际上裂纹尺寸并没有超过阈值。因为不必要的停机检查和维修,虚警事件会引起飞机额外的停机和检查成本。对于一个给定的维修策略在寿命周期内的 $m$ 次检查计划中,由于虚警引起的额外维修成本表示如下:

$$C_{\mathrm{FCR}} = \sum_{j=1}^{m} c_{\mathrm{FCR}}^{(j)} \cdot p_{\mathrm{FCR}}^{(j)}$$

其中,$c_{\mathrm{FCR}}^{(j)}$表示第 $j$ 次检查时由于虚警事件引起的额外检查和维修成本,显然外场和基地的虚警成本有显著的差异,$p_{\mathrm{FCR}}^{(j)}$表示第 $j$ 次检查时修理虚警事件发生的概率。

第三步,考虑现行的飞机结构计划维修模式,在同时满足飞机结构单次飞行失效风险及机队累积失效风险的前提下,选择合适的无损检测设备(NDE)或在线结构健康监测系统(SHM),优化结构检查间隔和修理决策阈值,使飞机结构寿命周期内维修成本最低。

$$\begin{cases} \min:\ C(I,\ a_{\mathrm{res,\ depot}},\ a_{\mathrm{res,\ field}}) = \min \sum_{j=1}^{m} (c_{\mathrm{I}}^{(j)} + c_{\mathrm{R}}^{(j)} \cdot p_{\mathrm{R}}^{(j)} + c_{\mathrm{FCR}}^{(j)} \cdot p_{\mathrm{FCR}}^{(j)}) \\ \mathrm{s.t.} \\ \max(\mathrm{SFPOF}_t) < \mathrm{SFPOF}_{\mathrm{threshold}},\ t = 1,\ \cdots,\ m \\ R_m < R_{\mathrm{threshold}} \end{cases}$$

模型的求解可借助已有的成熟智能优化算法,如遗传算法、蚁群算法以及粒子群算法等。

本方法引进了概率损伤容限分析方法用于计算飞机结构单次飞行失效风险及机队累积失效风险，同时结合寿命周期内维修成本的估算用于结构检查任务的规划，包括维修任务间隔和修理决策阈值的优化，其优点与积极效果在于：能够定量估计特定计划检查策略下结构的失效风险，包括结构单次飞行失效风险及机队累积失效风险，确保结构维修检查策略满足最低安全要求；能够系统的估算飞机全寿命周期内结构维修成本，包括结构检查成本、结构修理成本以及修理虚警事件引起的额外检查成本，在飞机设计和制造阶段支持结构预定维修任务规划及优化；飞机结构检查任务规划方法，能够在现有的结构计划维修模式下，实现基于 SHM 的结构检查方式与传统的结构计划维修策略有效融合；在飞机全寿命周期结构失效风险和维修成本估算基础上，实现定量比较分析各种结构计划维修策略的风险和成本，在满足安全要求的基础上，能够确定出最优的结构检查间隔和修理阈值。

这里，以典型的现代民用飞机结构计划维修任务规划为例，图 11.24 表示的是一个典型的当代民用飞机结构维修计划，其中首次检查时间定在 12 000FC，重复检查间隔为 3 000FC。在分析中，假设一个拥有 1 000 架飞机的机队，飞机结构设计使用寿命 60 000 次循环。假设基地维修中结构件 NDE 检查一次的成本是 1 000 美元，利用在线的 SHM 系统的检查成本是 50 美元，基地定检中结构修理成本为2 000 美元，航线非计划修理成本为 10 000 美元。

图 11.25 表示的是采用传统的 NDE 方法和维修基地定检策略（结构 C 检），不同结构修理阈值情况下的整个寿命周期内的单次飞行失效风险（SFPOF）和每次定检的裂纹修理概率（PCR）的变化曲线。由图 11.25 可以得出，采用较大的结构修理决策阈值，每次结构定检中裂纹修理概率将比较低，也就意味着更低的结构修理费用，然而在整个寿命周期内结构失效风险将升高；相反地，若采用相对较低的结构修理决策阈值，每次定

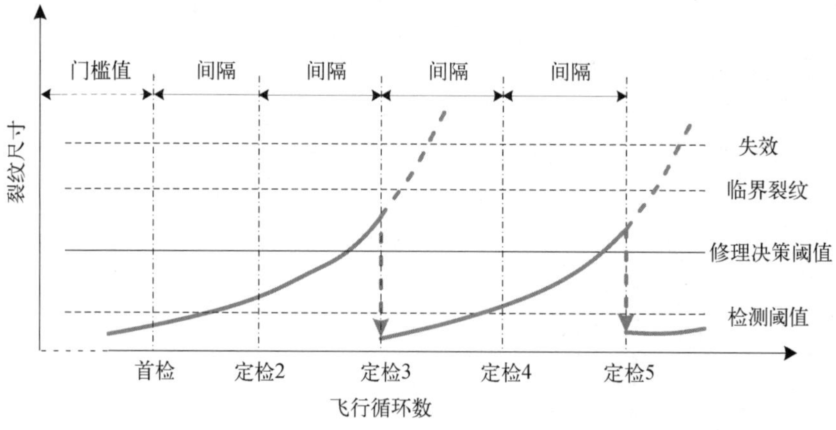


图 11.24　典型的当代民用飞机结构维修计划

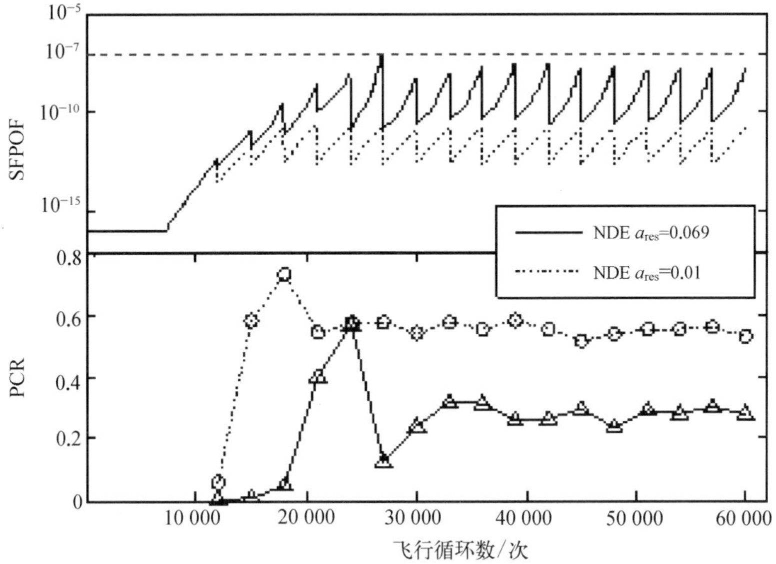


图 11.25 整个寿命周期内的单次飞行失效风险(SFPOF)和每次定检的裂纹修理概率(PCR)

检中结构裂纹修理的概率及结构修理费将上升,而结构失效风险会降低。因此,存在一个最佳的维修策略,能够在确保结构单次飞行失效风险和机队累积风险的情况下,使得寿命周期内总维修成本最低。表 11.5 所示为利用当前技术水平的 NDE 设备和维修基地定检策略(如结构 C 检,重复检查间隔 3 000FC),不同修理阈值时结构件的寿命周期维修成本和风险分析结果。基地维修中采用的 NDE 设备的虚警率通常接近于 0,且即使有修理虚警事件也可以通过现场进一步检查而排除,并不会明显增加检查成本,因此在传统基于 NDE 设备的基地定检策略的成本分析中并不需要考虑虚警成本。

**表 11.5 基于 NDE 设备的基地定检策略维修成本和风险比较**

| 修理阈值 | 总维修成本 | 检查成本 | 修理成本 | 机队累积风险 | 最大 SFPOF |
|---|---|---|---|---|---|
| 0.010 | 33 394 | 16 000 | 17 394 | 4.49E－07 | 2.33E－11 |
| 0.013 | 31 617 | 16 000 | 15 617 | 3.91E－07 | 2.40E－11 |
| 0.025 | 27 738 | 16 000 | 11 738 | 1.19E－06 | 9.18E－11 |
| 0.049 | 24 809 | 16 000 | 8 809 | 1.09E－05 | 1.03E－09 |
| 0.069 | 23 811 | 16 000 | 7 811 | 0.000 2 | 8.13E－08 |
| 0.081 | 23 323 | 16 000 | 7 323 | 0.001 5 | 7.80E－07 |
| 0.100 | 22 929 | 16 000 | 6 929 | 0.011 2 | 4.84E－06 |
| 0.120 | 22 608 | 16 000 | 6 608 | 0.053 6 | 2.36E－05 |
| 0.150 | 22 034 | 16 000 | 6 034 | 0.209 0 | 6.78E－05 |

SHM 技术用于飞机结构监测，将使得结构检查不再局限于维修基地的定检，可以在航线条件下实施更加灵活的和频繁的结构检查以维持或提高结构安全水平。然而更为频繁的检查次数就意味着由 SHM 检查引起的航线非计划维修事件的概率将会上升，由此增加的非计划维修成本有可能抵消采用 SHM 所节省的成本。图 11.26 给出了满足安全风险条件的两种不同 S－SHM 维修策略的维修成本分析。对于 S－SHM 维修策略（ares＝0.143，FCR＝0.09%，$I$＝1 000FC），从图 11.26 左图可知，80%以上的维修成本是由航线 SHM 结构检查所引起的非计划维修所产生，最终导致整个寿命周期内总的维修成本要高于目前传统的基于 NDE 的基地定检策略的维修成本。图 11.26 右图为另一基于 S－SHM 的维修策略成本分析（ares＝0.069，FCR＝63.09%，$I$＝3 000FC），对比于上述第一个 S－SHM 策略，延长 SHM 检查间隔与当前的基地定检（C 检）间隔一致，为确保安全风险满足要求，则需要同时降低结构修理决策阈值，对于给定的 SHM 系统，设置较低的修理阈值就意味着每次结构检查时虚警率将会升高，若 SHM 引发虚警事件需利用更加可靠的 NDE 等设备去进一步确认裂纹的尺寸以决定是否实施修理，这将会导致较高的虚警成本，由图 11.26 右图可以看出，第二种 S－SHM 策略中虚警事件引起的维修成本接近总维修成本的一半。

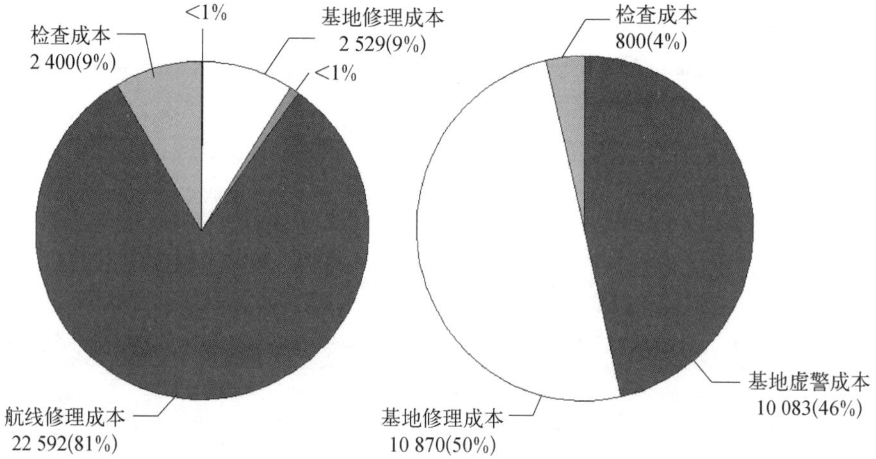


总成本＝27 766；$a_{res}$=0.143；FCR=0.000 9；$I$=1 000FC。　　总成本＝21 753；$a_{res}$=0.069；FCR=0.630 9；$I$=3 000FC。

图 11.26　两种不同 S－SHM 维修策略的维修成本分析

可以看出，增大 S－SHM 策略的结构修理决策阈值和检查间隔会相应地减少维修成本，但同时增加了结构风险。考虑同样尺寸的损伤在航线和基地情况下修理成本的差异，一个合理的 S－SHM 策略可以考虑在航线和基地分别采用不同的结构修理阈值，即适当提高航线结构修理决策阈值，同时降低基地定检时的结构修理阈值，使得结构的修理任务尽可能地转移到基地维修中实施，减少航线非计划维修。降低基地定检结构修理阈值的同时，要考虑 FCR 在可接受的范围之内，以免导致过高的虚警成本。因此，S-SHM 策略下存在最优的航线和基地结构修理决策阈值，可以使维修计划在满足安全风险要求的前提下最小化维修成本。

表 11.6 给出了 S-SHM 检查间隔为 1 000FC 时，不同基地/航线修理决策阈值组合情况下机队累积风险、最大 SFPOF 及全寿命维修成本。一个有效的维修策略必须要同时确保寿命周期内单次飞行失效风险和机队累积风险满足安全要求，因此，根据表 11.6 和 11.7，安全风险超过最低安全要求的策略排除后，风险可接受的最佳维修策略可以根据表 11.8 给出的维修成本最终确定。采取不同的 S-SHM 检查间隔，如 500FC，1 000FC，1 500FC…重复这一分析过程，可得到满足安全风险要求的前提下的成本最优的基于 S-SHM 结构检查策略。

**表 11.6 基于不同基地/航线修理阈值的 S-SHM 检查策略机队累积风险（$I$ = 1 000FC）**

| | 0.332 | 0.199 | 0.143 | 0.139 | 0.105 | 0.096 | 0.092 | 0.081 | 0.332 |
|---|---|---|---|---|---|---|---|---|---|
| 0.332 | 1.03E+00 | 5.46E-02 | 2.57E-03 | 2.11E-03 | 1.27E-04 | 5.34E-05 | 3.16E-05 | 9.46E-06 | 1.27E-06 |
| 0.199 | 2.66E-01 | 1.29E-02 | 8.59E-04 | 6.91E-04 | 8.73E-05 | 4.10E-05 | 2.73E-05 | 9.25E-06 | 1.47E-06 |
| 0.143 | 7.53E-02 | 4.35E-03 | 2.96E-04 | 2.49E-04 | 4.48E-05 | 2.46E-05 | 1.97E-05 | 5.89E-06 | 1.42E-06 |
| 0.139 | 7.01E-02 | 3.47E-03 | 2.54E-04 | 2.36E-04 | 4.31E-05 | 2.45E-05 | 2.00E-05 | 5.87E-06 | 1.31E-06 |
| 0.105 | 9.65E-03 | 8.72E-04 | 1.02E-04 | 1.02E-04 | 2.53E-05 | 1.32E-05 | 1.33E-05 | 4.17E-06 | 1.07E-06 |
| 0.096 | 4.27E-03 | **4.34E-04** | 7.52E-05 | 6.32E-05 | 2.02E-05 | 1.14E-05 | 8.66E-06 | 4.23E-06 | 1.11E-06 |
| 0.092 | 2.78E-03 | 2.94E-04 | 6.50E-05 | 5.15E-05 | 1.64E-05 | 1.09E-05 | 8.05E-06 | 4.31E-06 | 1.11E-06 |
| 0.081 | 4.58E-04 | 1.23E-04 | 3.26E-05 | 2.97E-05 | 9.18E-06 | 6.71E-06 | 7.60E-06 | 2.30E-06 | 7.72E-07 |
| 0.069 | 5.54E-05 | 4.63E-05 | 1.01E-05 | 1.05E-05 | 4.10E-06 | 2.69E-06 | 2.71E-06 | 1.28E-06 | 4.89E-07 |

**表 11.7 基于不同基地/航线修理阈值的 S-SHM 检查策略最大 SFPOF 风险（$I$ = 1 000FC）**

| | 0.332 | 0.199 | 0.143 | 0.139 | 0.105 | 0.096 | 0.092 | 0.081 | 0.069 |
|---|---|---|---|---|---|---|---|---|---|
| 0.332 | 1.83E-04 | 7.84E-06 | 3.96E-07 | 3.11E-07 | 2.63E-08 | 1.11E-08 | 6.04E-09 | 5.00E-10 | 8.72E-11 |
| 0.199 | 8.41E-05 | 3.72E-06 | 1.08E-07 | 1.09E-07 | 2.31E-08 | 8.72E-09 | 4.33E-09 | 4.66E-10 | 1.09E-10 |
| 0.143 | 3.33E-05 | 1.76E-06 | 3.89E-08 | 3.01E-08 | 8.26E-09 | 4.28E-09 | 2.54E-09 | 2.17E-10 | 6.54E-11 |
| 0.139 | 3.30E-05 | 1.38E-06 | 3.06E-08 | 2.89E-08 | 8.60E-09 | 3.53E-09 | 2.01E-09 | 2.52E-10 | 6.26E-11 |
| 0.105 | 4.95E-06 | 2.41E-07 | 6.58E-09 | 6.03E-09 | 1.53E-09 | 7.24E-10 | 7.12E-10 | 1.07E-10 | 4.74E-11 |
| 0.096 | 1.59E-06 | **9.89E-08** | 1.08E-08 | 4.98E-09 | 1.11E-09 | 6.07E-10 | 3.16E-10 | 1.10E-10 | 4.44E-11 |
| 0.092 | 1.38E-06 | 5.92E-08 | 7.11E-09 | 4.07E-09 | 8.07E-10 | 4.26E-10 | 2.47E-10 | 9.82E-11 | 4.60E-11 |
| 0.081 | 1.20E-07 | 1.64E-08 | 2.74E-09 | 2.55E-09 | 3.55E-10 | 2.97E-10 | 5.71E-10 | 4.34E-11 | 2.09E-11 |
| 0.069 | 6.81E-09 | 1.77E-08 | 8.94E-10 | 7.63E-10 | 1.77E-10 | 9.45E-11 | 7.90E-11 | 3.30E-11 | 1.25E-11 |

**表 11.8　基于不同基地/航线修理阈值的 S－SHM 检查策略维修成本（$I$ = 1 000FC）**

| | 0.332 | 0.199 | 0.143 | 0.139 | 0.105 | 0.096 | 0.092 | 0.081 | 0.069 |
|---|---|---|---|---|---|---|---|---|---|
| 0.332 | 19 623 | 33 016 | 36 572 | 37 096 | 46 021 | 54 520 | 60 484 | 109 833 | 164 937 |
| 0.199 | 13 623 | 27 138 | 33 973 | 34 254 | 45 520 | 54 200 | 60 326 | 110 121 | 164 958 |
| 0.143 | 10 507 | 19 135 | 27 766 | 28 719 | 42 510 | 53 090 | 59 898 | 109 642 | 164 948 |
| 0.139 | 10 527 | 18 411 | 27 292 | 28 206 | 42 125 | 53 036 | 59 831 | 109 607 | 165 053 |
| 0.105 | 10 358 | 13 720 | 21 248 | 22 003 | 38 509 | 50 114 | 57 998 | 110 244 | 166 356 |
| 0.096 | 11 421 | **13 798** | 19 904 | 20 906 | 36 853 | 49 410 | 56 899 | 111 974 | 168 148 |
| 0.092 | 12 032 | 14 287 | 19 672 | 20 450 | 36 100 | 49 753 | 57 388 | 112 650 | 169 362 |
| 0.081 | 15 626 | 16 647 | 20 198 | 20 827 | 35 846 | 49 743 | 58 707 | 117 103 | 174 919 |
| 0.069 | 23 305 | 23 708 | 25 100 | 25 463 | 38 921 | 53 954 | 63 312 | 125 216 | 184 222 |

## 参考文献

[1] Operator/manufacturer scheduled maintenance development: A4A MSG－3 [S]. Washington: Airlines for America, 2009.

[2] Joint Industry Proposal. International Maintenance Review Board Policy Board (IMRBPB) issue paper (IP) IP number: 92 definition of structural health monitoring (SHM)/addition to MSG－3[R]. EASA, 2009.

[3] Joint Industry Proposal. International Maintenance Review Board Policy Board (IMRBPB) issue paper (IP) IP number: 105 further advanced definition of structural health monitoring (SHM)/addition to MSG－3[R]. EASA, 2009.

[4] 孙侠生，肖迎春. 飞机结构健康监测技术的机遇与挑战[J]. 航空学报，2014，35(12)：3199－3212.

[5] AIA/ASD S3000L International procedure specification for Logistic Support Analysis (LSA)[S]. LSA, 2014.

[6] Aerospace Industry Steering Committee on structural health, SAE ARP 6461 guidelines for implementation of structural health monitoring on fixed wing aircraft [S]. SAE International, 2013.

[7] S4000M Procedural Handbook for developing scheduled maintenance programs scheduled maintenance programs for military aircraft[S]. ASD, 2013.

[8] 王利恒. 复合材料飞机结构健康监测系统的若干问题探讨[J]. 航空科学技术，2011(05)：63－66.

[9] 靳功. 应用波音 AHM 系统保障国航 B747－400 机队安全运行[J]. 中国民用航空, 2010(6): 65－67.

[10] 张林. 飞机健康管理(AHM)系统在航空运行中的应用和作用[J]. 科技传播, 2012(3): 158－165.

[11] Santos, Luís Gustavo dos. EMBRAER perspective on the challenges for the introduction of scheduled SHM (S-SHM) applications into commercial aviation maintenance programs[J]. key engineering materials, 2013(558): 323－330.

# 第 12 章 民用飞机预测维修模式实践

## 12.1 民用飞机引气系统应用实践分析

### 12.1.1 引气系统概述(监测参数)

民用飞机引气系统(图 12.1)包括：高(中)压引气(9 级和 5 级引气)、预冷器控制和调压关断活门(PRSOV),功用是提供具有一定流量、压力和温度的增压空气到用压系统。引气系统的气源来自左发引气系统、右发引气系统、APU 引气系统、地面气源接口。气流经过引气系统后供入发动机启动系统、空调和增压系统、发动机进气道防冰系统、机翼热防冰系统、水箱增压系统、液压油箱增压系统等。引气系统控制和指示面板是 P5 - 10 空调面板,控制和指示使用的是 28 V 直流电和 115 V 交流电。

在发动机低转速时引气系统从发动机的高压压气机 9 级进行引气,这时依靠高压级调节器和高压级活门控制引气压力,最大为 33PSI;在发动机高转速时从高压压气机 5 级引气,这时高压活门关闭并且 5 级单向活门打开,由引气调节器和调压关断活门(PRSOV)控制引气压力,最大为 45PSI。引气系统温度通过预冷器控制活门控制通往预冷器的冷却空气量来进行调节,预冷器控制活门靠 390℉温度传感器和地面大翼防冰(WTAI)电磁活门的信号调节活门开度。从引气系统工作原理可确定引气系统主要性能参数是输出压力和温度。

飞机引气系统飞行采集数据包括各类温度、位置、压力传感器监测数据,各类阀门开度、过热保护等控制器监测信号数据,以及各类仪器、仪表数据等。引气系统的这些机载监测数据可以反映飞机飞行期间引气系统整体及各组件的工作状态,可以为引气系统故障

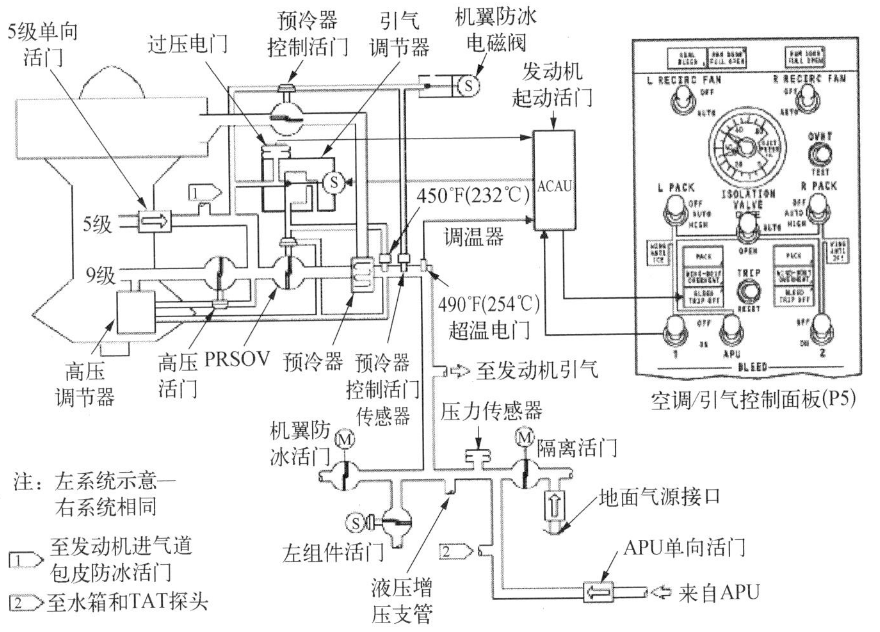


图 12.1　飞机引气系统组件示意图

分析、事件分析、维修管理等提供决策依据。这些参数保存在快速存取记录器(QAR)中[1]，利用解码软件对保存在QAR中与引气系统有关的监测数据获得引气系统主管道压力、出口温度、发动机N1、N2转速、飞机的飞行高度、飞机计算速度、地/空状态和空气温度监测数据，具体参数[2]见表12.1。

**表 12.1　某型民机引气系统相关的 QAR 解码数据**

| 采样时间 | 左发引气出口温度/℃ | 右发引气出口温度/℃ | 左发引气管道压力/PSI | 右发引气管道压力/PSI | 左发N1(%rpm) | 右发N1(%rpm) | 左发N2(%rpm) | 右发N2(%rpm) | 空气温度(Deg C) | 飞行高度/Feet | 飞行马赫数 | 机翼防冰 | 左发整流罩防冰 | 右发整流罩防冰 | 左空调组件 | 右空调组件 | 地/空 | …… |
|---|---|---|---|---|---|---|---|---|---|---|---|---|---|---|---|---|---|---|
| 05：17：21 | 142.7 | | 19.28 | | 19.6 | 20.3 | 60 | 60 | 58.26 | 60 | 0.2 | 0 | OFF | ON | ON | ON | GROUND | …… |
| 05：17：22 | | 140.2 | | 19.7 | 19.8 | 20.3 | 60 | 60 | 59.01 | 60 | 0.2 | 0 | OFF | ON | ON | ON | GROUND | …… |
| 05：17：23 | 141.3 | | 19.26 | | 19.8 | 20.3 | 60 | 60 | 60.5 | 60 | 0.2 | 0 | OFF | ON | ON | ON | GROUND | …… |

续 表

| 采样时间 | 左发引气出口温度/℃ | 右发引气出口温度/℃ | 左发引气管道压力/PSI | 右发引气管道压力/PSI | 左发N1（% rpm） | 右发N1（% rpm） | 左发N2（% rpm） | 右发N2（% rpm） | 空气温度（Deg C） | 飞行高度/Feet | 飞行马赫数 | 机翼防冰 | 左发整流罩防冰 | 右发整流罩防冰 | 左空调组件 | 右空调组件 | 地/空 | …… |
|---|---|---|---|---|---|---|---|---|---|---|---|---|---|---|---|---|---|---|
| 05:17:24 | | 138.7 | | 19.2 | 20 | 20.3 | 60 | 60 | 61.49 | 60 | 0.2 | 0 | OFF | ON | ON | ON | GROUND | …… |
| 05:17:25 | 139.7 | | 19.42 | | 20.1 | 20.3 | 60 | 60 | 62.99 | 60 | 0.2 | 0 | OFF | ON | ON | ON | GROUND | …… |
| …… | …… | …… | …… | …… | …… | …… | …… | …… | …… | …… | …… | … | … | … | | … | …… | |

### 12.1.2 引气系统常见故障

民用飞机引气系统内部结构较为复杂且状态与环境条件相关，对该系统进行故障的排查和隔离具有一定的困难。因此，需熟练掌握引气系统及相关系统的工作原理，了解典型故障现象及对应的排故方法，从而保障引气系统的正常运行。

当飞机处于地面慢车或滑行阶段时，常发生引气系统引气压力低的故障。发动机在慢车状态，无负载情况下，低压级引气压力大约在5PSI左右，高压级引气压力在20PSI左右。可见，慢车引气压力低，是高压级故障导致的。这时需检查高压级活门、高压调节器以及它们之间的PC管漏气情况。

当飞机处于起飞阶段时，这一阶段的典型故障包括引气跳开不能复位等。若引气跳开后一直无法复位，则是由引气超压即引气压力>220±10PSI引气的故障。若引气跳开后可以复位，但短时间后又再度跳开，则是由超温即引气温度>490℉（254℃）导致的。

当飞机处于起飞、巡航阶段时，发动机使用5级引气，引气压力由BAR控制，此时可能会发生引气压力过高的故障。PRSOV和BAR故障、PRSOV关闭压力管路漏气都可能导致引气压力过高，其中关闭压力管路漏气可能性最大。

### 12.1.3 引气系统故障监测方法

1. 基于LSTM－AE的引气系统健康评估模型

1）引气系统多元状态参数预处理

民用飞机的整个航班可分为不同阶段，包括地面滑出、起飞、爬升、巡航、下降、着陆以及地面滑入等，在不同阶段飞机各系统和设备工作状态不同，根据监测对象的特点，选取合适工况下的状态参数时间序列数据用于系统重构模型的训练[2]。

对时间序列数据利用等时间间隔方法提取，得到模型训练数据样本，模型训练数据样本的集合即为飞机机载系统无故障状态的训练数据集。

设定 $I$ 为采样间隔，$L$ 为采样样本长度，$N$ 为提取的多元状态时间序列数据的长度，则时间序列数据 $\boldsymbol{X} = (X1,\ X2,\ \cdots,\ XN)(N = L \times I)$，表达为以下形式：

$$\boldsymbol{X} = (X1,\ X2,\ \cdots,\ XN) = (X1,\ X2,\ \cdots,\ XI,\ Xl+1,\ \cdots,$$

$$X2I,\ X2l+1,\ \cdots,\ X(L-1)l,\ X(L-1)l+1,\ \cdots,\ XLI)$$

通过等时间间隔采样得到的模型训练数据样本构成了训练数据集 $\boldsymbol{S} = (s1,\ s2,\ \cdots,\ s\mathrm{I})$。

训练数据样本分别为

$$s1 = (X1,\ Xl+1,\ X2l+1,\ \cdots,\ X(L-1)l+1)$$
$$s2 = (X2,\ Xl+2,\ X2l+2,\ \cdots,\ X(L-1)l+2)$$
$$\cdots\cdots$$
$$sI = (XI,\ X2I,\ X3I,\ \cdots,\ XLI)。$$

2）LSTM－AE 模型构建原理

Long Short－Term Memory（LSTM）时间循环神经网络是深度学习中一种领先的网络技术，主要适用于处理和预测相对于时间序列变化的重要事件[3]。目前，LSTM 网络模型因为其在时序数据上长期记忆能力，而被广泛应用于许多学习模型和时间序列建模任务，如语音识别、情感分析、客户行为预测、时序数据预测。

在民用飞机预测维修中，LSTM 模型常用于系统异常状态可能性的评估。LSTM 模型可以保持长期记忆，在未知长度的无监督学习模型中表现突出，网络中的叠加循环隐藏层适用于复杂的时间特征问题，快速地稀疏编码和学习。在复杂系统的状态评估和异常检测中应用堆叠的 LSTM 网络模型已经开展较多的研究并且在很多数据上取得验证。

除了对民用飞机进行系统状态评估外，LSTM 模型也常应用于民用飞机的剩余寿命估计。对于有明显性能退化过程或失效演变的机械设备或系统，基于监测状态的传感器数据，国内外学者提出很多基于数据驱动的预测方法或模型[4-6]，如基于系统健康指数（Health Index，HI）的剩余寿命估计方法。健康指数是一个系统运行状态综合表征量，是与系统使用循环次数或使用时间相关的无量纲指标量，取值范围是（0，1），其中，“0”表示系统处于故障或性能低于可接受水平，“1”表示系统完全正常或初始使用阶段。

传统的基于回归使用由滑动窗口创建的特征来表征监测数据与健康指数模型和神经网络方法输入输出隐含映射关系所建的模型，没有充分考虑时间序列信息。序列学习的模型，如隐马尔可夫模型（hidden Markov models，HMM）[7]和递归神经网络(recurrent neural networks, RNNs)[8]虽然在建模时考虑到了序列信息,但是也存在着缺陷。隐马尔可夫模型依赖长时间的监测数据,并且是在有限的离散隐状态和已知有问题即存在标签时建模。RNNs 模型在传统的神经网络基础上,引入了定向循环,能够处理输入信息之间前后关联问题,极大地丰富了 RNNs 挖掘时序数据信息能力,但是,RNNs 无法解决长时依赖问题,即长期记忆会导致模型梯度消失或梯度爆炸问题。LSTM 神经网络模型是 RNNs 扩展,引入了"记忆单元",成功地避免了 RNNs 无法解决的长时依赖问题。

LSTM 模型是一种特定形式的 RNN 网络,通过增加输入门限、遗忘门限和输出门限,解决了 RNN 的梯度弥散、长期记忆能力不足导致无法解决序列长期依赖等问题,使得循环神经网络模型在不同领域的时序数据研究中获得广泛应用。根据 LSTM 网络的结构,每个 LSTM 单元的计算公式如下:

$$f_t = \sigma(W_f \cdot [h_{t-1}, x_t] + b_f)$$

$$i_t = \sigma(W_i \cdot [h_{t-1}, x_t] + b_i)$$

$$\tilde{C}_t = \tanh(W_C \cdot [h_{t-1}, x_t] + b_C)$$

$$C_t = f_t * C_{t-1} + i_t * \tilde{C}_t$$

$$o_t = \sigma(W_o \cdot [h_{t-1}, x_t] + b_o)$$

$$h_t = o_t * \tanh(C_t)$$

其中,$f_t$ 表示遗忘门限;$i_t$ 表示输入门限;$\tilde{C}_t$ 表示前一时刻 LSTM 单元状态;$C_t$ 表示 LSTM 单元当前状态;$o_t$ 表示输出门限;$h_t$ 表示当前单元的输出;$t$ 表示当前时刻;$x$ 表示采样点的数据,$*$ 表示逐个点乘积。

LSTM - AE 模型中自编码器是神经网络的一种,经过训练后能尝试将重构输入。自编码器由两部分组成:由函数 $h = \varphi(Wx + b)$ 表示的编码器和 $z = \varphi(W'h + b')$ 表示的解码器。编码器和解码器一般都是参数化的方程,搭建好编码器和解码器,并设定一个损失函数后,参数 $\theta = [w, b, w', b']$ 可以通过最小化损失函数而优化。自编码器利用无标记数据推断出数据内部隐藏的结构特征,可用于降维或者提取特征。在预测维护领域,自编码器通常作为从原始时间序列数据中提取高阶特征的强大工具,可进一步用于异常检测、健康评估、故障诊断。在这些工作中,自编码器模型的输入可以是多个传感器的原始时间序列数据,也可以是时域、频域或时频域的简单特征。

融合 LSTM 模型处理长时间序列以及自编码器模型在无监督特征学习方面的优势,提出图 12.2 所示的 LSTM - AE 模型,利用民用飞机系统无故障状态下获取的数据样本来训练系统状态重构模型。

利用训练好的 LSTM - AE 模型的状态参数,重构飞机机载系统的状态参数,计

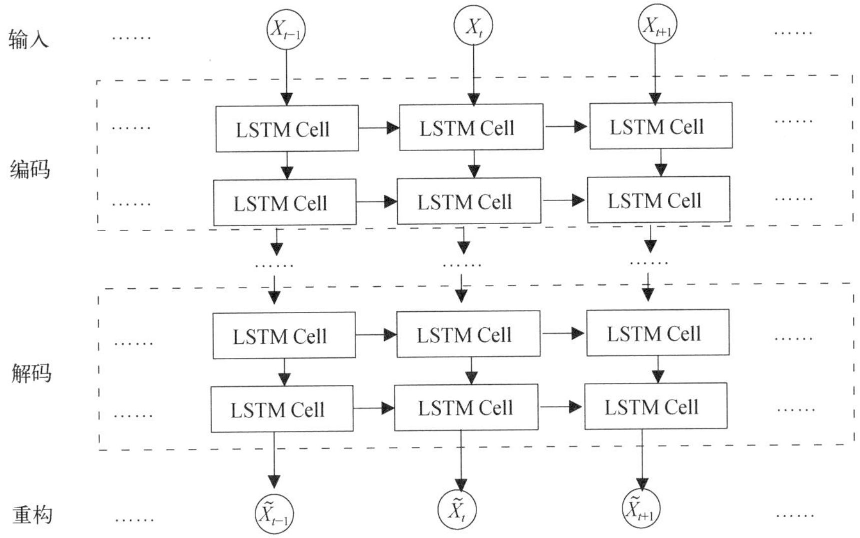


图 12.2　重构 LSTM - AE 模型

算重构误差矩阵，并在误差矩阵的基础上计算飞机机载系统健康指数和故障特征向量，健康指数用于故障预警，故障特征向量用于故障识别。

计算重构误差矩阵的方法为：用多元时序数据 $\boldsymbol{X}$ 描述飞行系统的状态，利用训练好的 LSTM - AE 模型得到飞行系统的状态估计为$\tilde{\boldsymbol{X}}$，则重构误差矩阵 $\boldsymbol{E}$ 为

$$\boldsymbol{E} = X - \tilde{\boldsymbol{X}}$$

其中，$\boldsymbol{E} = \begin{pmatrix} \mathrm{e}_1^1 & \cdots & \mathrm{e}_1^N \\ \vdots & & \vdots \\ \mathrm{e}_L^1 & \cdots & \mathrm{e}_L^N \end{pmatrix}$，$\mathrm{e}_t^j$表示第 $j$ 个参数 $t$ 时刻的重构误差，$j$、$t$ 均为正整数。

根据重构误差矩阵 $\boldsymbol{E}$，进一步计算系统健康指数 HI：

$$\mathrm{HI} = \sqrt[2]{\sum_{j=1}^{N} \left( \frac{\sum_{t=1}^{L} \mathrm{e}_t^j}{L} \right)^2 \Big/ N}$$

其中，$\mathrm{e}_t^j$表示第 $j$ 个参数 $t$ 时刻的重构误差；$I$ 为采样间隔；$L$ 为采样样本长度；$j$、$t$ 均为正整数。

依据计算，得到健康指数 HI 可实现对系统健康状态的定量评估与监控，进一步根据历史数据或工程经验设定不同的警戒值实现系统故障早期预警。

依据计算得到的系统故障特征向量 $\boldsymbol{V}$，结合模式分类方法，如支持向量机、神经网络等模型，可实现系统多种故障模式的识别与分类，辅助航线工程师开展航线

飞机系统排故,提高排故效率。

根据重构误差矩阵 $\boldsymbol{E}$,进一步计算故障特征向量为 $\boldsymbol{V}$:

$$\boldsymbol{V} = (v^1 \quad \cdots \quad v^N)$$

$$v^j = \frac{\sum_{t=1}^{L} e_t^j}{L}$$

其中,$v^j$ 表示第 $j$ 个参数的平均重构误差;$e_t^j$ 表示第 $j$ 个参数 $t$ 时刻的重构误差;$I$ 为采样间隔;$L$ 为采样样本长度;$j$、$t$ 均为正整数。

依据计算得到健康指数 HI 可实现对系统健康状态的定量评估与监控,进一步根据历史数据或工程经验设定不同的警戒值实现系统故障早期预警。依据计算得到的系统故障特征向量 $\boldsymbol{V}$,结合模式分类方法,如支持向量机、神经网络等模型,可实现系统多种故障模式的识别与分类,辅助航线工程师开展航线飞机系统排故,提高排故效率。

3)基于 LSTM－AE 的引气系统健康评估模型验证

引气系统是一个由于复杂性和缺乏可用信息而难以排除故障的系统。引气系统由许多反馈、控制和安全机制组成,因此简单分析可用的传感器参数,即预冷却器出口温度和流道压力,因为系统冗余和控制机制能够补偿故障或退化,可能不足以成为一个有效的健康监测解决方案。在本研究中,还包括描述系统运行条件的其他参数,如马赫数、高度等,利用领域知识和简单参数统计量,选择传感器参数的初始子集进行进一步分析。

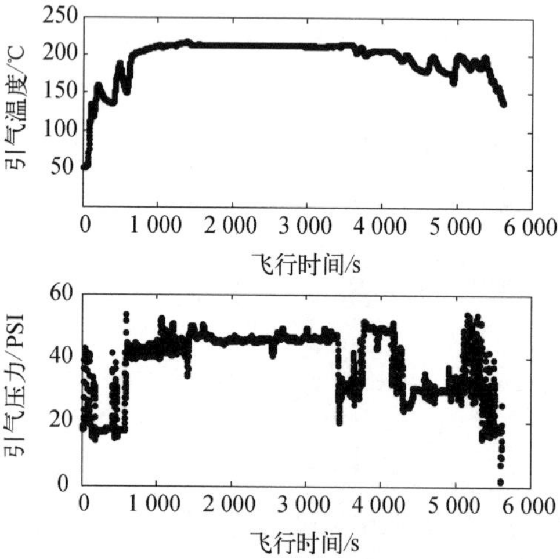


图 12.3　无故障状态下的引气系统压力和温度参数随飞行阶段变化情况

图 12.3 所示为从某民用飞机 QAR 数据中提取出的引气压力与温度数据在一个航班中随飞行阶段变化的情况,随着飞行高度、速度以及外界大气条件的变化,引气系统工况也在不断变化,本书中提取飞行阶段为巡航阶段且飞行高度为20 000 英尺以上工况下的引气系统相关参数,包括飞行高度、马赫数、外界大气静温、发动机转子转速以及引气温度与压力等参数。

查看机队维修记录,选择机队中引气系统无故障航班的飞行数据,从选出的大概 600 个航班中按照等间隔法抽取训练样本集,共获得大概 40 000

个训练样本集,用于引气系统 LSTM－AE 重构模型的训练。

图 12.4 所示为基于某飞机引气系统一年的 QAR 数据计算得到的健康指数,准确地表征了引气系统的健康状态,所监测到的故障也从这架飞机的维修记录中得到了确认。图 12.5 展示了基于故障引气系统 QAR 数据计算得到两种典型常见故障的故障特征向量,其中图 12.5 中左边所示为引气系统预冷器活门故障,右侧所示为 450F 传感器故障,故障特征向量能够有效地区分两种不同类型故障,可为航线故障隔离提供支持,提高航线故障隔离的效率。其中,ALT 为飞机高度;SAT 为大气静温;N1 为低压转子转速;N2 为高压转子转速;MP 为歧管压力;T25 为 HPC 进口空气温度;T3 为压气机出口空气温度;P5 为空调引气面板;P9 为 HPC 9 级压力;POT 为预冷器出口温度;P5 为 HPC 5 级压力。

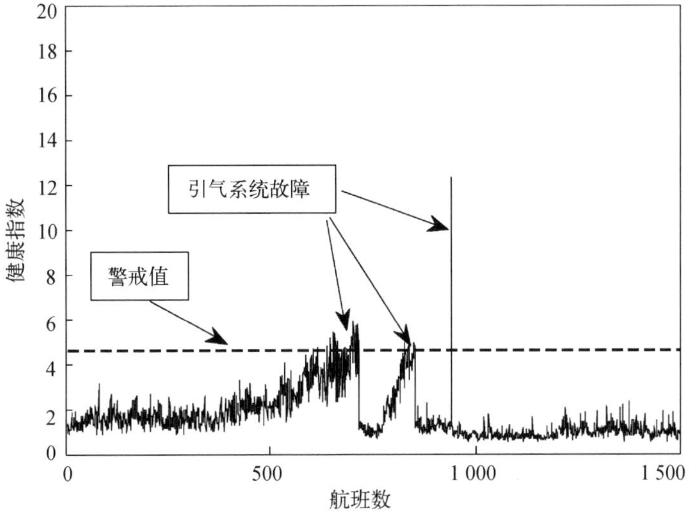


图 12.4 飞机引气系统健康指数

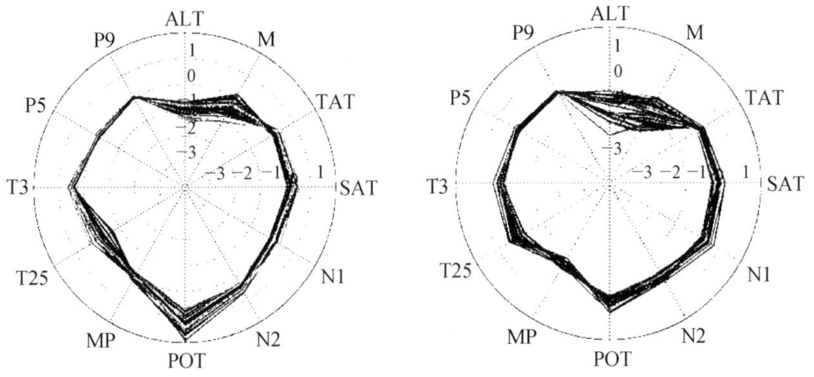


图 12.5 两种典型故障重构误差雷达图

2. 基于系统原理的引气系统健康评估方法

1）基于系统原理的引气系统健康评估方法原理

引气系统性能可通过传感器监测的引气总管压力和温度数据表征。飞机一个飞行循环的引气系统调压性能监测参数数据含有 9 级调压到 5 级调压转换间的非调压数据、9 级调压数据、5 级调压数据和 5 级调压到 9 级调压间非调压数据，工况多、波动大，如图 12.6 所示。

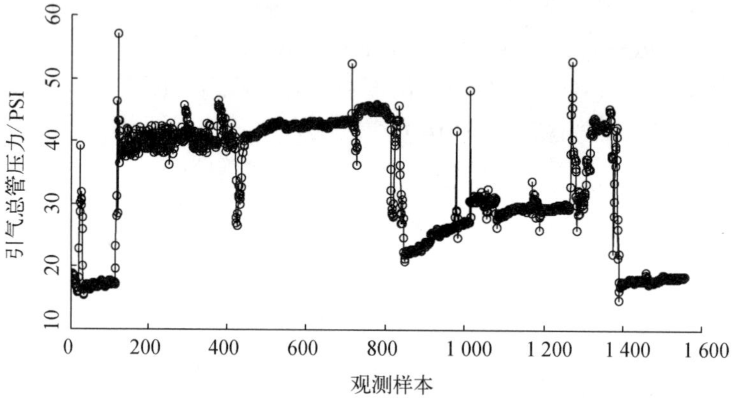


图 12.6　某型民用飞机引气系统飞行循环管道压力监测值

引气系统使用来自发动机第 9 级或第 5 级调压来调节压力。根据发动机的运行条件，第 9 级引气的调节压力设置为 32±6 PSI（26~38 PSI），第 5 级引气的调节压力设置为 42±8 PSI（34~50 PSI）。有一部分飞行剖面的压力在非调节的第 5 级压力时压力为 32~42 PSI，在非调节的第 9 级压力时低于 32 PSI（图 12.7）。

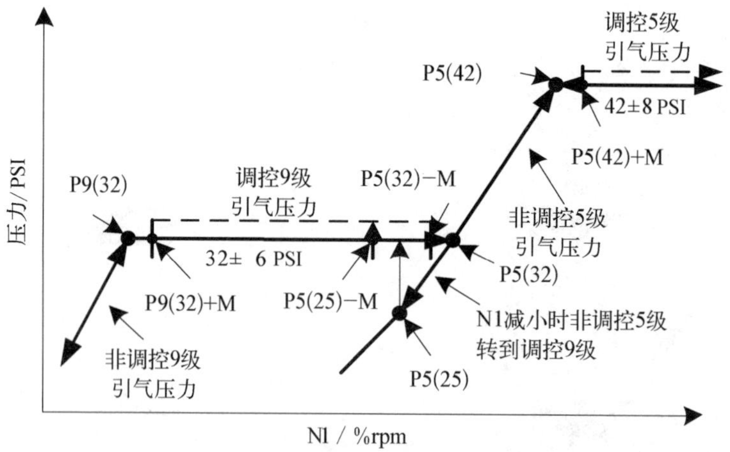


图 12.7　海拔、速度马赫、空气温度、N1 和 N2 决定的 25、32 和 42 PSI 调压转换点、9 级和 5 级压力和引气总管道压力相对 N1 变化图

2）基于系统原理的引气系统健康评估方法验证

经验表明,引气系统常见故障会引起压力下降,如预冷器性能下降、预冷器活门卡滞等故障会引起压力下降,而压力上升故障不常见,特别是引气系统具有超温、超压保护装置,使得压力过大现象不常见。表 12.2 所示某飞机引气系统 6~9 月的维修记录,对比维修记录可发现,以引气系统稳定 5 级工况下最小引气总管压力作为故障特征指标,成功监测到 3 次故障。

表 12.2 某飞机引气系统 6~9 月维修记录

| 时 间 | 故 障 | 维 修 记 录 |
|---|---|---|
| 2016/6/27 | 右发引气故障 | 航后完成右发动机引气健康测试,指示为预冷器控制活门故障,更换预冷器控制活门,测试检查正常 |
| 2016/7/31 | 右发引气故障 | 航后完成右发引气健康测试,PCV 不通过,更换右发 PCV,测试正常 |
| 2016/8/21 | 右发引气故障 | 航后完成右发引气健康测试,为证实故障,更换右发预冷器控制活门传感器,测试正常无渗漏 |

每个航段中引气系统稳定 5 级工况下,因工况转换、其他不确定因素干扰、机械装置响应慢、甚至传感器噪声等引起压力有少数非常高和非常低的情况,看起来是很不合理的,因此后续考虑用一个较小的分位数和较大的分位数来代替最小值和最大值,去掉了太小和太大的压力波动。图 12.8 所示为引气系统稳定 5 级工况下引气总管压 5%分位数趋势,图示结果表明采用 5 级工况下引气总管压力 5%分位数可以准确监测到引气系统故障,且不会引起故障虚警。因此,选取 5 级工况下引气总管压力 5%分位数作为表征引气压力故障的特征参数。

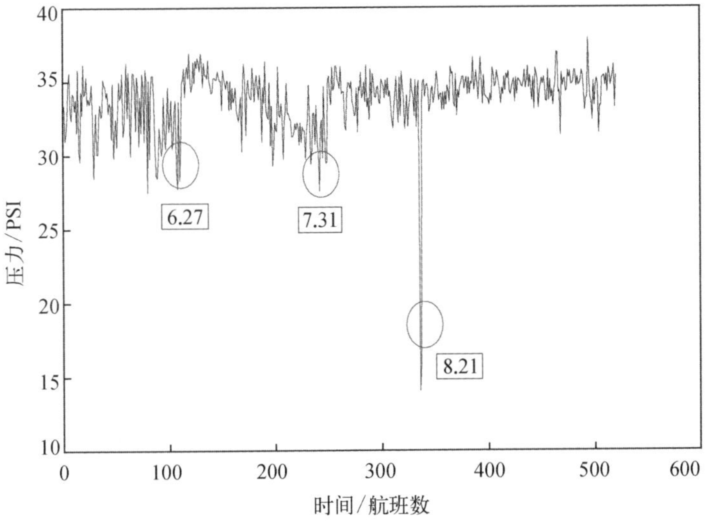


图 12.8 引气系统稳定 5 级工况下引气总管压力 5%分位数趋势

针对引气温度参数，由引气系统工作原理可知，随着引气系统预冷器性能下降，引气温度呈现上升趋势，预冷器控制活门传感器(390F)根据预冷器出口引气温度调节预冷器活门开度，球活门从390F(199℃)开始打开，到440F(227℃)时达到全开位。进一步450恒温器操作PRSOV关断引气，当发动机引气温度超过450F(232℃)，450F提供PRSOV一个温度控制功能，450F恒温器从450F开始打开，到490F(254℃)时达到全开位，使得PRSOV向关位移动并且减少引气流量。

图12.9所示为引气系统稳定5级工况下引气温度最大值及95%分位数变化趋势，图示结果表明，不管引气温度最大值或95%分位数均能较好地表征系统的性能退化，且准确地表征出故障发生时刻。因此随着预冷器性能下降，引气温度逐渐上升，可作为评估引气系统性能状态的重要指数，采用引气系统稳定5级工况下引气温度最大值作为表征引气系统的健康指数。

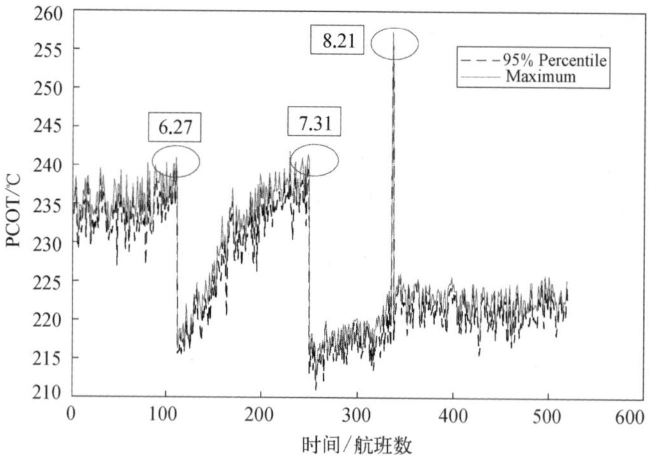


图12.9 引气系统稳定5级工况下引气温度最大值及95%分位数趋势

## 12.2 民用飞机空调系统应用实践分析

### 12.2.1 空调系统概述

飞机空调系统的主要作用就是保证飞机在不同的飞行状态下密闭舱内稳定的环境参数，以确保乘客、飞行员的舒适性、安全性和电子设备的正常工作，是现代民用飞机必不可少的一个重要组成部分[9]。空调系统主要有制冷、分配、加温、温度控制、设备冷却、增压等六个子系统。

飞机空调系统飞行采集数据包括各类温度、位置、压力传感器监测数据，各类阀门开度、过热保护等控制器监测信号数据，以及各类仪器仪表等数据。除了空调系统直接采集的相关参数之外,能够影响到空调系统工作状况的参数还包括环境载荷参数、航空发动机 N1 和 N2 转速、飞行高度、飞行速度、空调组件开/关状态、大气温度等。除去这些性能参数,空调系统内还布局了大量的传感器,理论上可以获取全部传感器所采集的飞行数据、飞行信息,并通过后续的分析实现飞机空调系统的故障预测与隔离,减少因为空调系统故障产生的飞机延误等问题。

国内某航空公司根据波音公司的建议通过改装后得到了能反应空调性能的 3 个关键参数:冲压温度传感器、组件温度传感器、混合总管温度传感器。传感器位置及功能描述分别如图 12.10 及表 12.3 所示。

**表 12.3 新增传感器功能描述**

| 传 感 器 | 功 能 描 述 |
| --- | --- |
| 冲压空气温度传感器 | 冲压温度传感器给冲压空气控制器提供温度数据,传感器位于 ACM 压缩机与次热交换器之间的管道内 |
| 组件温度传感器 | 组件温度传感器将 PACK 的温度反馈给 PACK/ZONE 温度控制器,传感器位于高压水分离组件的上方 |
| 混合总管温度传感器 | 混合总管温度传感器测量混合总管温度,然后反馈给 PACK/ZONE 温度控制器,传感器位于混合总管上前壁位置 |

B737NG 传感器位置示意图如 12.10 所示。由气源系统过来的引气通过流量控制与关断活门后进入制冷组件。FCSOV 控制进入空调系统的引气量,并将引气量分两个部分,一部分是不经任何调节的高温高压气体,被称为热路;另一部分进入空气循环制冷组件进行降温除水,被称为冷路。冷路空气首先经过主级热交换器进行一次散热冷却;冷却后的气体随后经过空气循环机的压缩机进行增压升温,这里空气被

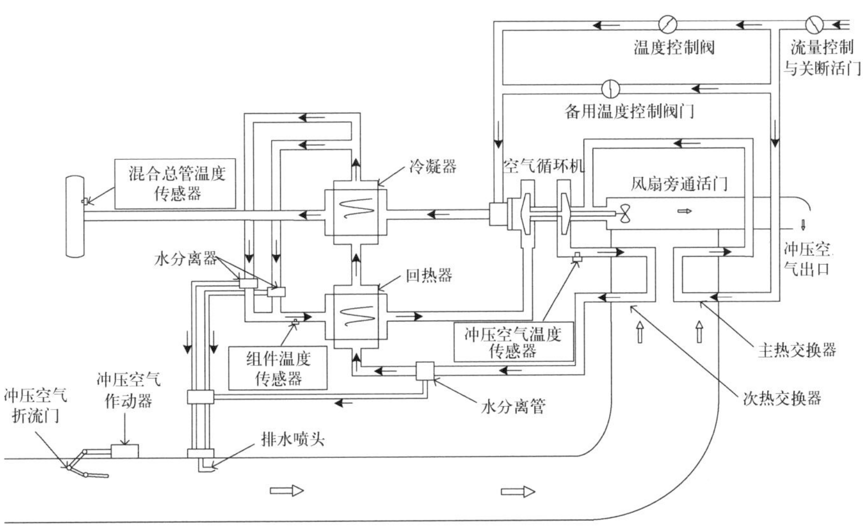

图 12.10 传感器位置示意图

加热的目的是为了使引气在次级热交换器可以更好地散热；随后，增压升温后的气体进入次级热交换器进行第二次冷却；接下来，经过初步冷却的空气经过回热器和冷凝器进入涡轮进行最后一次冷却，温度大幅度降低，该过程热空气释放的热量主要用于对涡轮做功，而涡轮则带动压缩机和风扇转动；降温完成后的水分离器进入水分离器完成空气的除水工作，这样才可以保证最终提供的空气是新鲜干燥的。引气在水分离器中被除去的水分被排入冲压空气中，可以降低冲压空气的温度，提高热交换器的降温效果。经过除水干燥后的冷空气最终进入混合总管与热路空气活门，由混合活门控制冷热空气混合比例，达到设定的温度值再供给驾驶舱和客舱使用。

### 12.2.2 空调系统常见故障

民用飞机空调系统是一个组成复杂、部件耦合性较强的一个非线性多变量控制复杂系统，故障模式多，故障的排查和隔离也相当困难[10]。通过与国内某航空公司航线和基地工程师的交流，得到空调系统最常见故障为面板上 PACK 灯亮以及温控系统失效。而引起 PACK 灯亮的故障原因有很多，具体故障原因有热交换器污染、冲压空气系统堵塞、引气和冲压空气过热、空气循环机故障等。在对该航空公司波音 737NG 机队 2016 年全年空调系统的故障记录收集与整理后发现，制冷子系统的故障在整个空调系统中的故障占比最大。通过对航空公司空调系统故障维修记录整理以及波音 737 相关 AMM、FIM、SSM 以及 FMEA 等手册的整理，将空调制冷子系统的航线常见故障模式及影响分析总结如表 12.4 所示。

**表 12.4　空调制冷子系统常见故障及影响分析**

| 部件名 | | 功能描述 | 常见故障模式 | 影响分析 |
|---|---|---|---|---|
| 流量控制与关断阀门 | | 该阀门控制气源系统进入空调系统引气流量，引气通过该阀门进入主热交换器 | 活门卡驻；<br>阀门失效；<br>制动组件故障 | 该阀门故障影响空调系统进气口引气流量控制，或影响组件阀门关断功能 |
| 主热交换器 | | 高温引气进入主热交换器，由冲压空气发生热交换散去热量，再进入空气循环机的压缩机部件 | 灰尘、风沙等污染物致使主热交换器污染、表面污垢 | 主热交换器效率降低<br>影响空调系统整体制冷效果 |
| 次热交换器 | | 经过压缩机增温增压的引气进入次热交换器与冲压空气热交换器进行散热 | 灰尘、风沙等污染物致使次热交换器污染、表面污垢 | 次热交换器效率降低<br>影响空调系统整体制冷效果 |
| 空气循环机 | 涡轮 | 经过两次热交换器降温后的气体，除水后进入的涡轮部分，进一步降温 | 涡轮结冰故障；<br>叶片剥落、裂纹等故障；<br>空气轴承磨损 | 降低涡轮转速，影响空气循环机空气循环机效率，从而影响制冷效果 |
| 空气循环机 | 压气机 | 初步散热引气进入压缩机增温增压，目的是为了提高次热交换器效率 | 叶片剥落、裂纹等故障；<br>空气轴承磨损 | 从压气机出去的气体增压效果不足，影响次热交换器工作效率，进而影响制冷效果 |
| 空气循环机 | 风扇 | 排出热交换器中用来散热的冲压空气 | 叶片剥落、裂纹等故障 | 影响空气循环机排气效果，进而影响制冷效果 |

### 12.2.3　空调系统健康评估方法

健康评估是实现空调系统视情维修的基础,有效的空调系统健康评估不仅可以防止飞行中空调系统出现故障,保证飞行安全,同时还可以减少空调系统中各子系统/部件的非计划换修,延长了系统在翼工作时间,极大地减少了由于部件非计划换修引起的航班延误甚至航班取消,增加了飞机运行的安全性以及航空公司的经济效益。

1. 空调系统性能参数基线模型

空调性能参数的基线模型能够反映健康状态下系统性能参数之间的一种基本的函数关系,由实际监测参数构建的基线模型能够准确反映系统的特性。在系统传感器和系统本身均未出现故障的情况下,由空调系统传感器监测到的参数实际测量值减去基线模型估计值得到的性能参数偏差值理论上应在 0 附近波动[11]。如果空调系统性能下降,性能参数的偏差值则会偏离 0(大于 0 或者小于 0),性能下降越多则偏差值越大。因此,通过对空调系统关键性能参数的偏差值序列分析即可实现对空调系统健康状态的监控。

根据飞机在实际运行中采集的各种监测参数构建的系统基线模型,能够更为准确地反应系统的运行特征,这种基于数据驱动建模的方法在状态监控领域也越来越受到关注。一般基于数据驱动建立的模型分为两种,分别是参数化模型和非参数化模型。参数化模型如神经网络等,通常需要实现借助一定的先验信息,假设模型为某种固定的函数形式,然后通过系统历史数据对模型进行训练得到;非参数化的模型不需要借助先验知识,也不需要对模型做出假设,或通过某个固定函数来描述模型,通常通过系统经过特殊选择后的一组历史数据样本来表征系统特性,如多元状态估计技术[12,13]。

将多元状态估计技术用于空调系统性能参数基线的挖掘具有以下优势:首先,多元状态估计是一种数据驱动建模技术,不需要建立空调系统复杂的物理模型,其次,利用多元状态估计技术建立的空调系统基线模型,仅需要借助健康空调系统的监测数据样本,不需要故障或失效数据,因此数据容易获取,且根据每架飞机的空调系统实测的数据建立起的“个性化”的基线模型能更准确地反映实际运行条件个体空调系统的运行特性。

2. 空调系统健康评估预警阈值确定

由上文可知,利用多元状态估计技术可以建立空调系统正常运行状态的一个非参数化模型。然后利用新的观测向量与估计向量之间的偏差,得到系统退化或者故障信息。然后如何对 MSET 最终得到的参数偏差值进行下一步的处理并设置合理的故障预警阈值也是需要关注的问题。本书选择用滑动窗口残差统计的方法来对由 MSET 得到的偏差值进行下一步的处理,从而消除空调系统运行中一些不确定因素和随机干扰(例如传感器测量误差等),提高系统健康评估的准确性。

假设在某段时间内，由 MSET 模型得到的某变量估计偏差值序列为

$$\varepsilon = [\varepsilon_1 \quad \varepsilon_2 \quad \varepsilon_3 \quad \cdots \quad \varepsilon_j \quad \cdots]$$

对偏差值序列取一个宽度为 $j$ 的滑动窗口，然后对窗口内连续 $j$ 个值取其平均值：

$$X_i = \frac{1}{j}\sum_{i=1}^{j}\varepsilon_i$$

通过合理的滑动窗口宽度 $j$ 的选择，可以及时、迅速地反应参数残差统计特性的连续变化，同时还可以消除一些随机因素对参数造成的影响，更加准确反应空调系统健康状况。然后通过设置合理的预警阈值，当经过滑动窗口处理后的残差均值超过健康监控报警阈值时，进行预警警告，提高了状态监控可靠性。通过对残差均值的监控来反应空调系统的健康状况，同时通过预警阈值的设置也达到了早期发现故障的目的。

下一步根据残差均值来确定故障预警阈值 $E_{AN}$：

$$E_{AN} = \pm k \cdot E_N$$

式中，$E_N$ 为空调系统在正常运行状态下由 MSET 基线模型估计得到的残差值均值绝对值的最大值；$k$ 为预警阈值系数，可根据具体系统不同情况来确定，一般大于 1.2。

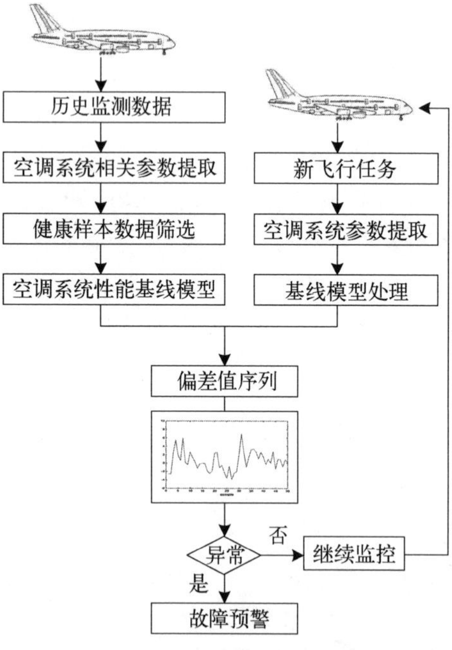

图 12.11　空调系统健康监控流程图

3. 基于 MSET 的民机空调系统健康评估

图 12.11 所示为空调系统健康评估流程图。首先，选择民用飞机空调系统历史正常运行状态下采集的参数，建立空调系统健康基线模型；当有新的飞行任务时，实时采集空调系统状态参数会通过 ACARS 传输到地面；新参数由基线模型进行处理得到参数偏差值；进一步对偏差值进行分析，当偏差值超过了预先设置的故障预警值发出警告，反之，则进行下一个循环的监控。

1) 空调系统监测参数采集

飞机空调系统飞行采集数据包括各类温度、位置、压力传感器监测数据，各类阀门开度、过热保护等控制器监测信号数据，以及各类仪器、仪表等数据。本

书所用参数皆出自 QAR 数据，经过 Airfase 译码软件译码后将 QAR 记录器内的以二进制排列的原始数据转换成有单位的直观的工程数据值。在数据进行预处理之前，需要进行译码，译码后的数据如表 12.5 所示。

**表 12.5　某航空公司 737NG 飞机空调系统相关 QAR 译码数据**

| 采样时间 | 飞行阶段 | 马赫数 | 飞行高度/feet | 左发引气温度/℃ | 右发引气温度/℃ | 左冲压温度/℃ | 右冲压温度/℃ | 混合总管温度/℃ | … |
|---|---|---|---|---|---|---|---|---|---|
| 2：11：10 | 1 | 0.15 | 40 | 67.79 | 67.24 | 69.72 | 62.33 | 25.46 | … |
| 2：11：11 | 1 | 0.15 | 40 | 68.01 | 75.28 | 69.72 | 62.33 | — | … |
| 2：11：12 | 1 | 0.15 | 40 | 68.01 | 75.28 | 70.77 | 62.33 | 25.7 | … |
| 2：11：13 | 1 | 0.15 | 40 | 68.23 | 82.99 | 70.77 | 61.31 | — | … |
| 2：11：14 | 1 | 0.15 | 40 | 68.23 | 82.99 | 68.66 | 61.31 | 25.78 | … |
| … | … | … | … | … | … | … | … | … | … |

对于空调系统的健康评估需要在特定工作模式或飞行阶段下进行，通过对空调系统在不同飞行阶段的工作状态研究，选择合适的阶段发送状态监控报告，状态监控报告通常会通过 ACARS 发送到地面基站，ACMS 报告数据可以事先在译码软件中通过设置特定飞行阶段或工作模式下需要的飞行参数来实现，从而可以直接通过报告来获取自己需要的特定参数，再进一步利用参数对空调系统健康状况进行监测。

2）空调系统基线模型建立

这里，选择空调系统故障率最高的热交换器作为建模对象，选择在冲压空气门全开条件下压缩机出口温度参数作为主监测参数，因为在冲压空气门全开的固定条件下，压缩机温度的变化只受到散热器以及空气循环机的压缩机的影响，但是两者的影响机理却完全相反，当散热器出现性能退化或者故障时，会降低气体热交换效率，造成压缩机出口温度升高；当压缩机发生故障时，会降低气体压缩效率，造成温度降低。因此，在上述特定条件下压缩机出口温度是能够表征空调系统热交换器工作状态的最佳参数，通过对特定条件下压缩机出口温度数据进行分析，挖掘数据中隐藏的潜在信息，建立基于数据驱动的空调系统热交换器基线模型。最后，围绕以压缩机出口温度作为主监测参数建立热交换器基线模型。表 12.6 给出了由某飞机一年 ACS 报文数据得到的所有原始监测参数的相关系数。

**表 12.6　ACS 报文原始参数相关系数**

| | SAT | TAT | SAP | M | ALT | N1 | N2 | BAT | BAP | CP | MFDT | RAMT | PKT |
|---|---|---|---|---|---|---|---|---|---|---|---|---|---|
| …… | | | | …… | | | …… | | | | …… | | |
| MFDT | −0.70 | −0.70 | −0.10 | 0.06 | 0.10 | −0.33 | −0.61 | −0.29 | −0.26 | −0.03 | 1.00 | −0.70 | 0.17 |

续 表

| | SAT | TAT | SAP | M | ALT | N1 | N2 | BAT | BAP | CP | MFDT | RAMT | PKT |
|---|---|---|---|---|---|---|---|---|---|---|---|---|---|
| RAMT | **0.90** | **0.90** | 0.05 | −0.07 | −0.06 | 0.48 | **0.81** | 0.44 | 0.39 | −0.03 | **−0.70** | **1.00** | 0.59 |
| PKT | 0.26 | 0.26 | −0.03 | 0.00 | 0.03 | 0.17 | 0.25 | 0.12 | 0.10 | −0.04 | 0.17 | 0.20 | 1.00 |

通过表 12.6 可以看出,在 ACS 报文中与压缩机出口温度参数相关系数达到 0.7 以上的有 4 个。也就说明,在正常飞行条件下,压缩机出口温度会受到 SAT、TAT、N2、MFDT 这四个参数影响。因此,最终选择与压缩机出口温度有较强相关性的(>~0.7) (SAT, TAT, N2, MFDT)四个参数作为辅助监测参数,共 5 个参数来建立空调系统热交换器基线模型。

按照 MSET 建模步骤,首先建立空调系统热交换器观测向量:

$$X = [\mathrm{SAT},\ \mathrm{TAT},\ \mathrm{N}_2,\ \mathrm{MFDT},\ \mathrm{RAMT}]^{\mathrm{T}}$$

本书所建空调系统热交换器基线模型所用数据均出自国内某航空公司提供的 B737－800 飞机 2016 年连续一整年的数据。每架飞机有两个相同的空调系统,即左灯(PACK)和右灯(PACK),表 12.7 给出了这两架飞机在该年中热交换器维修记录以及相关数据汇总信息。

**表 12.7 飞机空调系统运行数据和热交换器维修记录**

| 飞机编号 | | 热交换器维修记录 | 数据时间 | 共执行航班 |
|---|---|---|---|---|
| 飞机 A | 左 ACS | 2016/7/23 | 2016.1~2017.1 | 1 406 |
| | 右 ACS | 2016/6/7 | | |
| 飞机 B | 左 ACS | 无维修记录 | 2016.4~2016.12 | 1 025 |
| | 右 ACS | 无维修记录 | | |

接下来,按照 MSET 建模步骤,选择历史健康数据构建训练矩阵。在历史健康数据的选择上,选择上述两架飞机在健康状态下的正常数据构建非参数化的训练矩阵。健康数据的选择就意味着数据中没有异常行为,且飞机空调系统在此期间没有进行维修活动。因此,根据上述两架飞机的运行数据以及维修记录,为了使训练矩阵数据能够尽可能涵盖空调系统全部动态范围,共选择了 4 000 组在健康状态的数据作为训练矩阵的初始合集。同时为了降低计算负载,利用上文提出的最小-最大选择以及向量排序的方法来进行训练矩阵的选择。首先将 4 000 组数据平均分为 800 组,然后在每组 5 个向量中,选择最大值和最小值。之后在选择出的样本中,通过向量排序法最终选择出一个 400×5 的矩阵作为训练矩阵:

$$
\boldsymbol{D}=\begin{bmatrix}
\mathrm{SAT}^1 & \mathrm{SAT}^2 & \cdots & \mathrm{SAT}^{400}\\
\mathrm{TAT}^1 & \mathrm{TAT}^2 & \cdots & \mathrm{TAT}^{400}\\
N_2^1 & N_2^2 & \cdots & N_2^{400}\\
\mathrm{MFDT}^1 & \mathrm{MFDT}^2 & \cdots & \mathrm{MFDT}_2^{400}\\
\mathrm{RAMT}^1 & \mathrm{RAMT}^2 & \cdots & \mathrm{RAMT}^{400}
\end{bmatrix}
$$

因为训练矩阵中 5 个变量的量纲各不相同，不同参数绝对值相差很大，为了保证非线性运算符能够准确衡量不同向量之间的距离，因此需要对参数进行标准化处理。训练矩阵构建后对各路传感器信号按照下式进行了标准化处理：

$$nx_i(t_j)=[x_i(t_j)-\mu_i]/\sigma_i$$

式中，$\mu_i$ 和 $\sigma_i$ 分别是第 $i$ 个参数序列的均值和标准差。由下式得到

$$\mu_i=\frac{1}{n}\sum_{j=1}^{M}x_i(t_j)$$

$$\sigma_i=\sqrt{\sum_{j=1}^{M}[x_i(t_j)-\mu_i]/(n-1)}$$

训练矩阵 $\boldsymbol{D}$ 可以被认为是空调系统在健康运行状态下所采集数据建立的热交换器基线模型，模型定义了在正常运行状态下压缩机出口温度参数（RAMT）所对应的范围，因此，在热交换器健康状况下当新到一组监测参数时，用基线模型所求出的 RAMT 偏差值应该在 0 附近波动，当热交换器出现性能退化或者突然故障，则用基线模型求出的 RAMT 偏差值会偏离基线。接下来，用上文中得到的 4 000 组历史健康数据集中除去 400 组作为训练矩阵，剩下 3 600 组数据来验证基线模型。

图 12.12 所示为剩余 3 600 组 RAMT 由基线模型得到的估计值与实际值之间的偏差值。图 12.13 是将图 12.12 中部分区域放大后的具体变化情况。其中图 12.13 中的上图是压缩机出口温度估计值和实际值之间的对比图，下图是估计值与实际值的残差图。可以看出，基线模型能够准确估计出空调系统压缩机出口温度，在空调系统热交换器无故障情况下，由 MSET 得到的压缩机出口温度偏差值在 0 附近波动。

3）基于 MSET 与滑动窗口残差统计的空调系统健康评估

根据空调系统历史健康评估参数，然后用 MSET 方法构建空调系统性能参数基线模型，在此基础上，可以对新到监测参数进行估算，并得到 RAMT 的偏差值序列，然后利用滑动窗口对偏差值进行分析，以此来判断空调系统热交换器健康状况，并实现在故障前发现异常信息的目的。

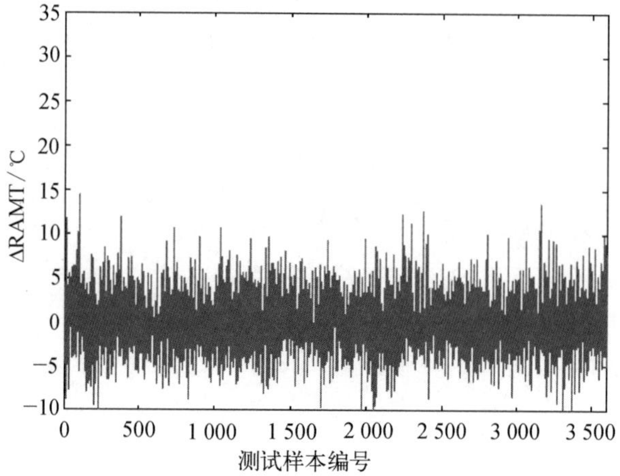


图 12.12　压缩机出口温度 MSET 模型偏差值

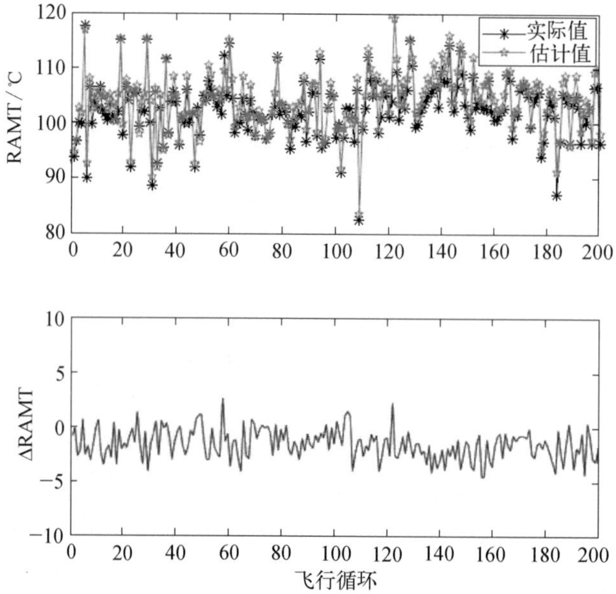


图 12.13　部分压缩机出口温度 MSET 模型状态估计结果

对于空调系统来讲，热交换器的主要故障模式为散热器表面结垢导致热交换器性能迅速下降，进而导致空调系统制冷效果下降，当热交换器性能下降到一定程度则会导致部分区域超温引起 PACK 灯亮等。因此下面开始选择上述 6 架飞机的数据来验证所建基线模型的准确性。其中这 6 架飞机空调系统热交换器维修记录分别如表 12.8 所示。

表 12－8　6 架飞机空调系统热交换器维修记录

| 飞　机　编　号 | | 热交换器维修记录 | 维修对应航班 | 共执行航班 |
|---|---|---|---|---|
| 飞机 A | 左 ACS | 2016/7/1 | 708 | 1367 |
| | 右 ACS | 2016/5/30 | 581 | |
| 飞机 B | 左 ACS | 2016/7/2 | 784 | 1504 |
| | 右 ACS | 2016/7/13 | 818 | |
| 飞机 C | 左 ACS | 2016/7/23 | 806 | 1406 |
| | 右 ACS | 2016/6/7 | 605 | |
| 飞机 D | 左 ACS | 2016/8/24 | 326 | 801 |
| | 右 ACS | 无维修记录 | 无 | |
| 飞机 E | 左 ACS | 无维修记录 | 无 | 1348 |
| | 右 ACS | 无维修记录 | 无 | |
| 飞机 F | 左 ACS | 无维修记录 | 无 | 1025 |
| | 右 ACS | 无维修记录 | 无 | |

图 12.14 所示为飞机 A 空调系统的压缩机出口温度经过 MSET 基线模型计算后的偏差值序列。其中图 12.14 上图为左侧空调系统压缩机出口温度偏差值。从图中可以看出，左侧空调系统压缩机出口温度偏差值从最初的 0℃附近波动，到第 500 个飞行循环左右开始出现上升的趋势，当到第 800 个飞行循环时，偏差值已经

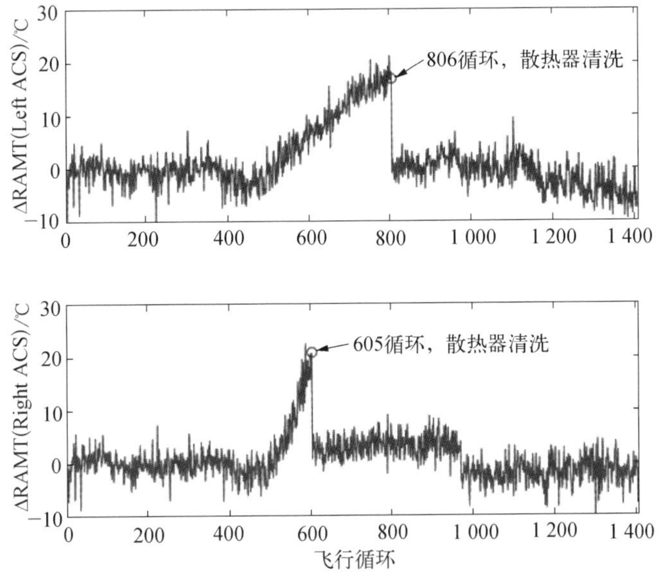


图 12.14　飞机 A 左右空调系统压缩机出口温度偏差值序列

达到了 22℃附近。随后在第 806 个飞行循环，地面工作人员在航后健康测试时发现了空调系统故障，进行了散热器清洗的维修活动。从图中可以明显看出，在散热器维修后，左侧空调系统压缩机出口温度偏差值出现了明显地下降，重新回到 0℃附近开始波动，说明左侧空调系统热交换器性能已经得到了恢复。

图 12.14 下图为右侧空调系统压缩机出口温度偏差值。从图中可以看出，右侧空调系统压缩机出口温度偏差值从最初的 0℃附近波动，到第 400 个飞行循环左右开始出现上升的趋势，当到第 600 个飞行循环时，偏差值已经达到了 20℃附近。随后在第 605 个飞行循环，发生了驾驶舱面板上右冲压空气门全开灯亮的故障现象。航后经过地面工程人员最终排故，将故障定位到热交换器上。随后进行了热交换器清洗的维修活动。从图中可以明显看出，在热交换器维修后，右侧空调系统压缩机出口温度偏差值出现了明显地下降，重新回到 0℃附近开始波动，说明右侧空调系统热交换器性能已经得到了恢复。

对飞机 A 的压缩机出口温度偏差值序列用滑动窗口进行处理。图 12.15 所示为该飞机左右空调系统压缩机出口温度平均偏差值的序列，故障预警值的设置按照公式 $E_{AN} = \pm k \cdot E_N$ 来确定。其中，左侧空调系统在健康状况下压缩机出口温度平均偏差值绝对值最大值为 4.56℃；右侧空调系统在健康状况下压缩机出口温度平均偏差值绝对值最大值为 1.99℃。预警值系数 $k_1$、$k_2$ 取值都为 3，得到左右空调系统预警值分别为 13.68℃和 5.97℃。

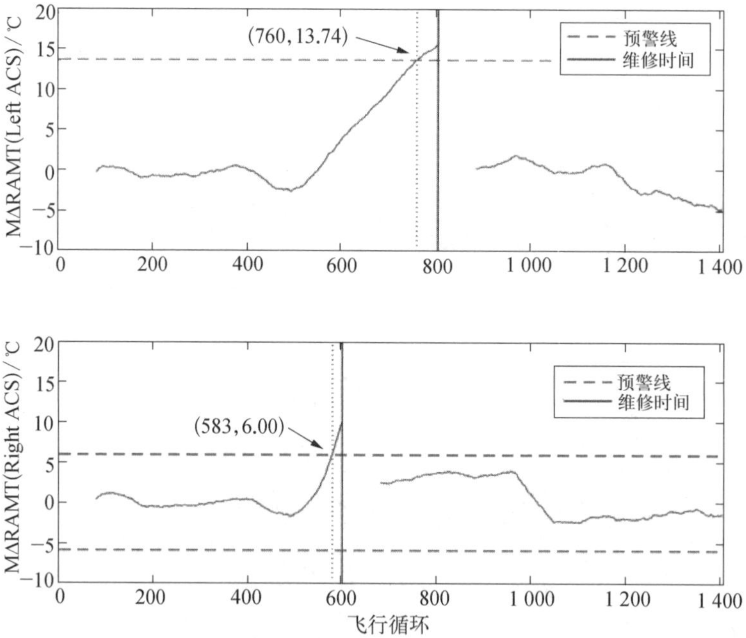


图 12.15　飞机 A 左右空调系统压缩机出口温度平均偏差值序列

从图 12.15 中可以看出,飞机 A 的左侧空调系统压缩机出口温度平均偏差值序列在第 760(13.74℃)个飞行循环超过了故障预警阈值。在故障发生前第 46 个飞行循环检测到异常;右侧空调系统压缩机出口温度平均偏差值序列在第 583(6.00℃)个飞行循环超过了故障预警阈值。在故障发生前第 22 个飞行循环检测到异常。

图 12.16 所示为飞机 F 空调系统的压缩机出口温度经过 MSET 基线模型计算后的偏差值以及平均偏差值序列。其中图 12.16(a)为左右空调系统压缩机出口温度偏差值序列;图 12.16(b)为左右空调系统压缩机出口平均偏差值序列。从图 12.16(a)可以看出,飞机 F 压缩机出口温度偏差值一直在 0℃附近波动,且平均偏差值也没有超过故障预警值。通过对飞机 F 空调系统散热器维修记录查询,在该时间段内,没有进行散热器的维修活动,证明了所提基线模型的可行性。在散热器没有出现性能退化或污染的时候,由基线模型得出来的压缩机出口温度偏差值一直在 0℃附近波动。

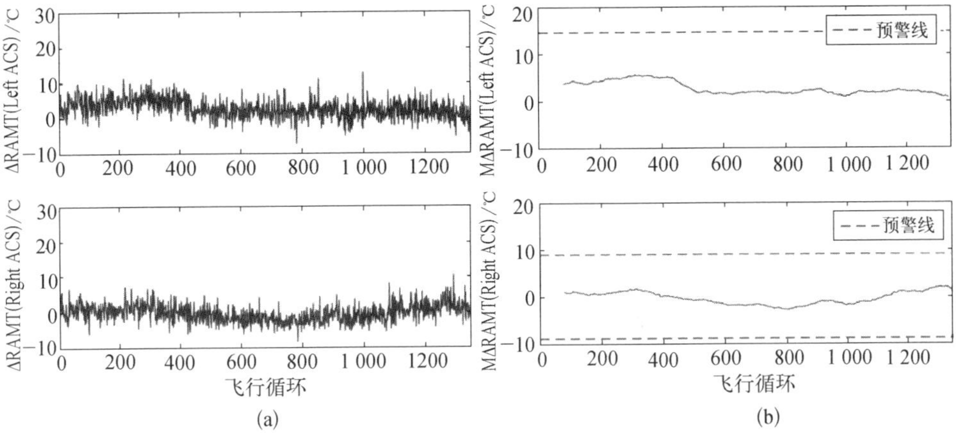


图 12.16　飞机 F 左右空调系统压缩机出口温度偏差值以及平均偏差值序列

## 参考文献


[1] 梁坤,左洪福,孙见忠,等.民机引气系统快速存取记录器数据健康监测方法[J].机械工程学报. 2015(8): 191－197.

[2] 梁坤,左洪福,孙见忠,等.基于贝叶斯网络工况分类的民机引气系统异常检测[J]. 宇航计测技术.2014(06): 76－83.

[3] Tang G, Zhou Y, Wang H, et al. Prediction of bearing performance degradation with bottleneck feature based on LSTM network[C]. Houston, TX: 2018 IEEE International Instrumentation and Measurement Technology Conference,2018.

[4] Sun J, Chaoyi L I, Liu C, et al. A data-driven health indicator extraction method for aircraft air conditioning system health monitoring[J]. Chinese Journal of Aeronautics, 2019, 32(02): 199-206.

[5] Lu C, Wang Z Y, Qin W L, et al. Fault diagnosis of rotary machinery components using a stacked denoising autoencoder-based health state identification[J]. Signal Processing, 2017,130: 377-388.

[6] 姚洪伟,王浚.飞机环控系统建模与换热器参数优化研究[J]. 系统仿真学报, 2005, 17(12): 3040-3042.

[7] 郝芳,王宏超,李宏伟.基于连续隐马尔可夫的滚动轴承故障诊断[J].中国工程机械学报,2019,17(02): 184-188.

[8] Gugulothu N, Gugulothu N. Predicting Remaining Useful Life using Time Series Embeddings based on Recurrent Neural Networks[C]. San Francisco: ACM SIGKDD Workshop on Machine Learning for Prognostics and Health Management, 2017.

[9] 李超役. 民用飞机空调系统健康评估与故障诊断方法研究[D].南京: 南京航空航天大学,2018.

[10] 王真寅. 波音 737 飞机空调系统与故障排除方法研究[D]. 郑州: 郑州大学, 2015.

[11] 孙见忠. 面向单元体的航空发动机健康状态评估与预测方法研究[D]. 南京: 南京航空航天大学, 2012.

[12] Hines J W, Garvey D, Seibert R, et al. Technical review of on-line monitoring techniques for performance assessment, Volume 2: Theoretical issues[R]. Washington: Nuclear Regulatory Commission, 2007.

[13] Singer R M, Gross K C, Herzog J P, et al. Model-based nuclear power plant monitoring and fault detection: theoretical foundations[C]. Seoul: Proceedings of 9th International Conference on Intelligent Systems Applications to Power Systems, 1996.